MULTIPLES

Des mathématiques dynamiques au service de la construction du sens

Présentation du matériel

Nous avons fait le choix d'accompagner le manuel « Multiples » d'une double planche de matériel pour favoriser la manipulation en classe ou en dehors de la classe.

Des réglettes

Des polyamants

Des polyminos

Notre proposition est volontairement limitée pour éviter la dispersion chez vos élèves. De plus, l'utilisation récurrente d'un même matériel renforce son efficacité.

Ce matériel vous permettra :

- de **renforcer l'engagement de vos élèves** en leur proposant une entrée dynamique dans certaines activités judicieusement choisies ;
- de **faciliter la compréhension** des attendus ;
- d'amener vos élèves à se **questionner**, à **verbaliser** leurs procédures et à **construire du sens** ;
- d'aider à **représenter** pour faciliter la résolution de problèmes ;
- de **favoriser la mémorisation** par la création d'images mentales auxquelles se référer par la suite.

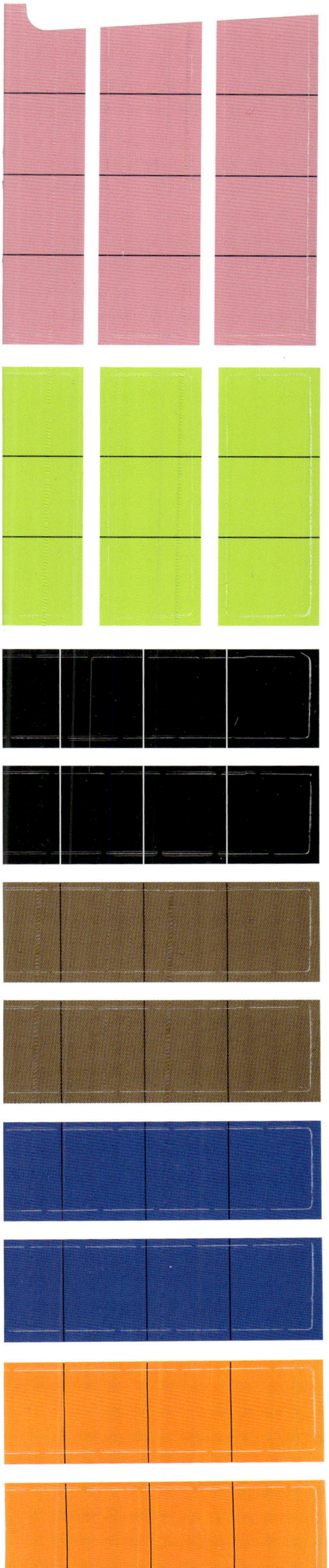

belin-education.com
ISBN 979-10-358-4371-7
9 791035 843717
Code G0002963

Des mathématiques pour chacun

1 Prendre confiance

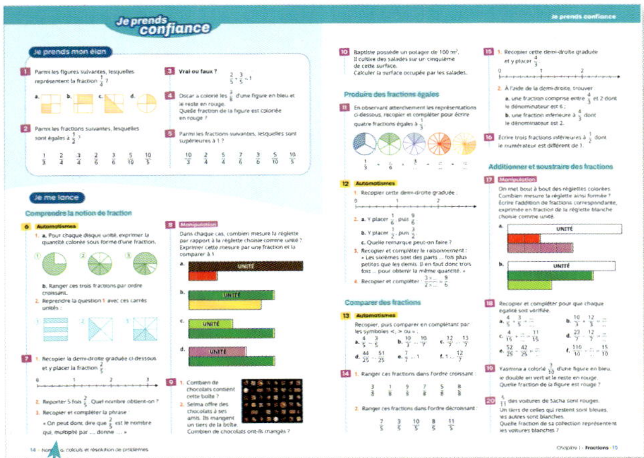

Une **double page accessible à tous** pour se mettre en situation de réussite et progresser en toute sérénité

2 Avancer à son rythme

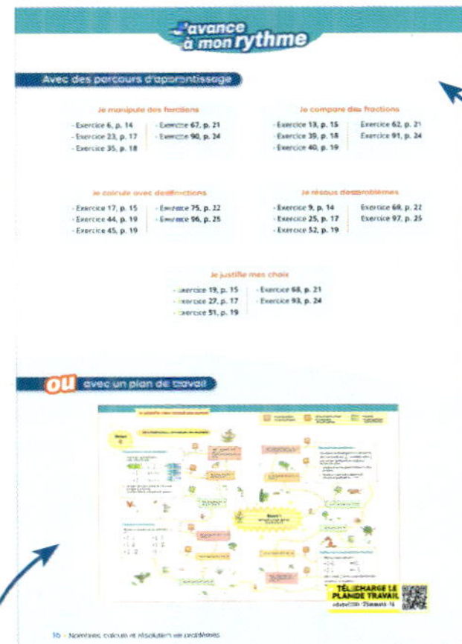

Un **plan de travail différencié** pour s'adapter aux progrès de chacun

Des **parcours ciblés** sur un savoir, une compétence mathématique ou psychosociale pour un entraînement spécifique

3 S'exercer pour progresser

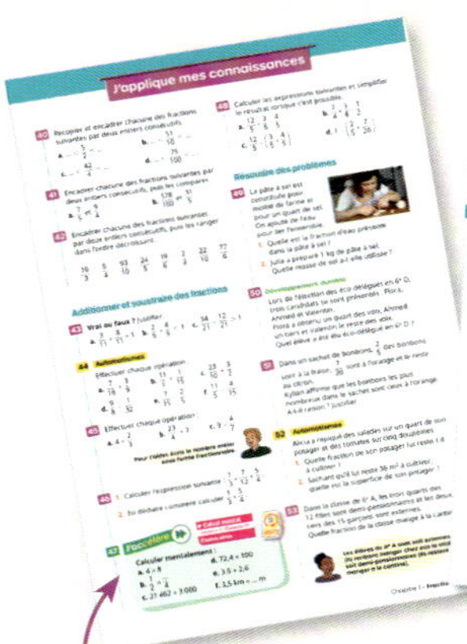

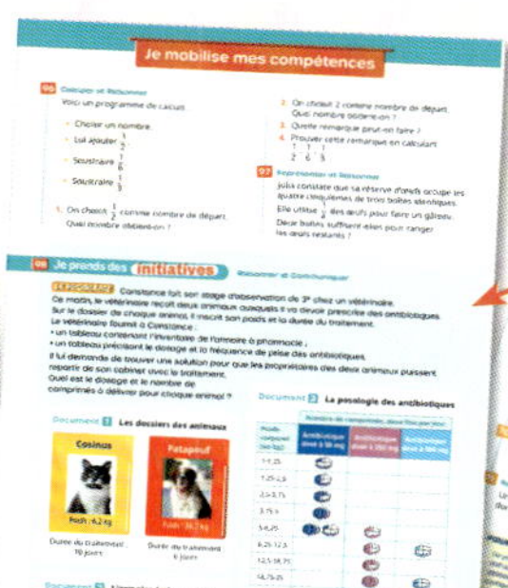

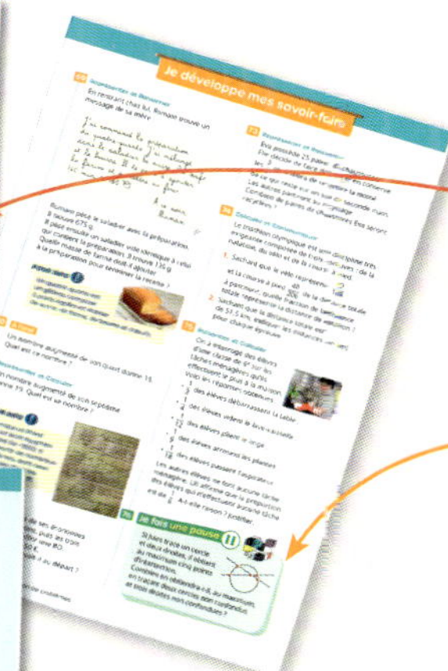

Une **tâche à prise d'initiatives** pour mobiliser ce qui a été appris dans le chapitre

Une **énigme de la FFJM** pour apprenti-chercheur

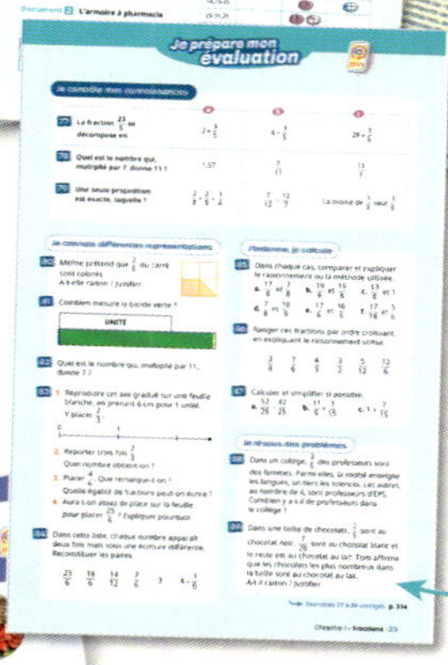

Un **rituel** pour calculer de plus en plus vite au fil de l'année

Un **test de 45 minutes** pour faire le point sur ses acquis

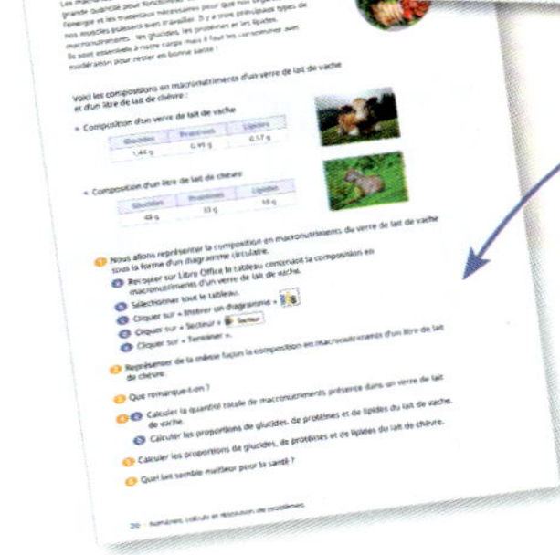

Une page pour faire des mathématiques à l'aide de **logiciels**

4 Et jouer

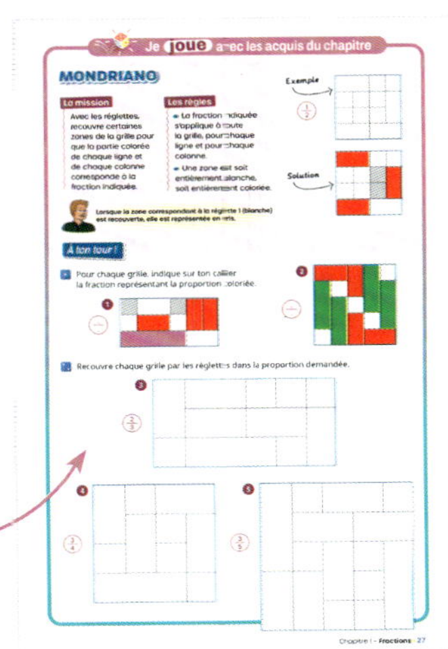

Une **activité-défi** pour utiliser ce qui vient d'être appris dans un contexte inédit et ludique

Sommaire

170 bis, boulevard du Montparnasse, 75680 Paris cedex 14

Programme

Les auteurs vous présentent les choix faits dans ce manuel pour répondre aux attentes du nouveau programme. edubelin.fr/25mmat6-4

NOMBRES, CALCULS ET RÉSOLUTION DE PROBLÈMES

Les nombres entiers et décimaux .... Chap. 2 3 4

Automatismes

- L'élève restitue de manière automatique les relations entre $\frac{1}{1\,000}$; $\frac{1}{100}$; $\frac{1}{10}$ et 1.
- L'élève restitue de manière automatique les équivalences d'écriture suivantes : $\frac{1}{10} = 0{,}1$; $\frac{1}{100} = 0{,}01$; $\frac{1}{1\,000} = 0{,}001$.
- L'élève passe de manière automatique d'une écriture sous forme de fraction décimale ou de somme de fractions décimales à une écriture décimale, et inversement.
- L'élève applique de manière automatique la procédure de multiplication d'un nombre décimal par 1, par 10, par 100 ou par 1 000, en lien avec la numération.
- Il applique de manière automatique la procédure de division d'un nombre décimal par 1, par 10, par 100 ou par 1 000.

Capacités

- Connaître et utiliser la valeur des chiffres selon leur rang dans l'écriture d'un nombre.
- Connaître les liens entre les unités de numération : unité, dizaine, centaine, millier, dixième, centième, millième.
- Connaître des grands nombres entiers.
- Reconnaître un nombre décimal.
- Connaître la définition d'un pourcentage et l'écriture d'une fraction sous forme de nombre mixte.
- Associer et utiliser différentes écritures d'un nombre décimal : écriture à virgule, fraction, nombre mixte, pourcentage.
- Placer sur une demi-droite graduée un point dont l'abscisse est un nombre décimal.
- Repérer un nombre décimal sur une demi-droite graduée.
- Comparer deux nombres décimaux.
- Ordonner une liste de nombres décimaux.
- Donner la valeur arrondie à l'unité, au dixième ou au centième d'un nombre décimal.
- Déterminer ou connaître la valeur arrondie de certains nombres non décimaux.
- Encadrer un nombre décimal par deux nombres décimaux, intercaler un nombre décimal entre deux nombres décimaux.
- Additionner et soustraire des nombres décimaux.
- Multiplier un nombre entier ou un nombre décimal par 0,1 ; 0,01 et 0,001. Connaître le lien avec la division par 10, 100 et 1 000.
- Comprendre le sens de la multiplication de deux nombres décimaux.
- Calculer le produit de deux nombres décimaux.
- Contrôler les résultats à l'aide d'ordres de grandeur.
- Résoudre des problèmes mettant en jeu des multiplications entre des nombres décimaux.
- Diviser un nombre décimal par un nombre entier inférieur à 10.
- Résoudre des problèmes mettant en jeu des divisions décimales.
- Effectuer la division euclidienne d'un nombre entier par un nombre entier inférieur à 100.
- Résoudre des problèmes mettant en jeu des divisions euclidiennes.

Les fractions .... Chap. 1 2 4 6

Automatismes

- L'élève sait reconnaître une fraction sur des représentations variées.
- L'élève connaît des relations entre un quart, un demi, trois quarts et 1, et complète de manière automatique des « égalités à trou » : $\frac{3}{4} + \frac{1}{4} = \ldots$; $\frac{1}{2} - \frac{1}{4} = \ldots$; $\frac{3}{4} - \frac{1}{4} = \ldots$.
- L'élève sait passer de manière automatique d'une écriture fractionnaire à une écriture décimale, et inversement, dans les cas suivants : $\frac{1}{4} = 0{,}25$; $\frac{1}{2} = 0{,}5$; $\frac{3}{4} = 0{,}75$; $\frac{3}{2} = 1{,}5$; $\frac{4}{2} = 2$; $\frac{5}{2} = 2{,}5$.
- Les notions de diviseur et de multiple et les tables de multiplication sont réactivées en vue de leur utilisation dans le calcul sur les fractions.

Capacités

Le sens quotient d'une fraction .... Chap. 1 4

- Relier une fraction au résultat exact de la division de son numérateur par son dénominateur.
- Comprendre et connaître le sens quotient d'une fraction.
- Utiliser la notion de quotient pour compléter des égalités à trou multiplicatives.
- Placer une fraction sur une demi-droite graduée dans des cas simples.
- Graduer un segment de longueur donnée.
- Savoir que la fraction peut représenter un nombre entier, un nombre décimal non entier ou un nombre non décimal.

La fraction comme opérateur multiplicatif .... Chap. 1

- Utiliser une multiplication pour appliquer une fraction à un nombre entier.

Comparer des fractions .... Chap. 1

- Établir des égalités de fractions.
- Comparer et encadrer des fractions.
- Ordonner une liste de nombres écrits sous forme de fractions ou de nombres mixtes.

Effectuer des opérations sur les fractions .... Chap. 1

- Additionner et soustraire des fractions.
- Multiplier une fraction par un nombre entier.
- Résoudre et inventer des problèmes mettant en jeu des fractions.

Pourcentages .... Chap. 2 6

- Comprendre le sens d'un pourcentage.
- Calculer une proportion (rapport entre une partie et le tout) et l'exprimer sous forme de pourcentage dans des cas simples.
- Appliquer un pourcentage à une quantité, à une grandeur ou à un nombre entier.

PROPORTIONNALITÉ

Automatismes

- L'élève sait repérer des relations multiplicatives simples entre des nombres (double, quadruple, moitié, tiers, quart).
- Il associe de manière automatique les expressions du type : « quatre fois plus grand, quatre fois plus petit, cinq fois plus, cinq fois moins » à une multiplication ou à une division.

Capacités .... Chap. 5 6

- Connaître la définition de la proportionnalité entre deux grandeurs et la mettre en lien avec des expressions de la vie courante.
- Identifier si une situation relève du « modèle » de la proportionnalité.
- Résoudre un problème de proportionnalité en choisissant une procédure adaptée : propriété de linéarité pour la multiplication ou l'addition, retour à l'unité.
- Représenter une situation de proportionnalité à l'aide d'un tableau ou de notations symboliques.
- S'initier à la résolution de problèmes d'échelles.

ORGANISATION, GESTION DE DONNÉES ET PROBABILITÉS

Organisation et gestion de données .... Chap. 7

Automatismes

- L'élève sait lire un tableau, un diagramme en barres, un diagramme circulaire ou une courbe dans des cas adaptés à une lecture immédiate.

Capacités

- Planifier une enquête et recueillir des données.
- Réaliser des mesures et les consigner dans un tableau.
- Construire un tableau simple pour présenter des données.
- Faire un choix en filtrant les données d'un tableau selon un critère.

Probabilités .... Chap. 8

Capacités

- Savoir que la probabilité d'un événement est un nombre compris entre 0 et 1.
- Calculer des probabilités dans des situations simples d'équiprobabilité.
- Expérimenter le hasard.

GRANDEURS ET MESURES

Les longueurs .... Chap. 9 10

Automatismes

- L'élève connaît les significations des préfixes allant du kilo au milli, ainsi que les relations entre le mètre, ses multiples et ses sous-multiples, et fait le lien avec les unités de numération du système décimal.
- L'élève connaît les relations entre deux unités successives du système décimal.
- L'élève sait convertir en mètre une longueur donnée dans une autre unité, multiple ou sous-multiple. Inversement, il sait convertir dans une unité donnée une longueur exprimée en mètre.
- L'élève sait utiliser le compas comme outil de report de longueurs.
- Il sait que le périmètre d'une figure plane est la longueur de son contour. Il sait calculer le périmètre d'un carré et d'un rectangle.

Capacités

- Savoir que le périmètre du cercle est proportionnel à son diamètre.
- Connaître la formule du périmètre d'un cercle.
- Calculer le périmètre d'un cercle.
- Calculer des périmètres de figures composées.
- Résoudre des problèmes impliquant des longueurs.

Les aires .... Chap. 9

Automatismes

- L'élève sait comparer des aires sans avoir recours à la mesure, par superposition ou par découpage et recollement de surfaces.
- L'élève sait que 1 cm^2 est l'aire d'un carré de 1 cm de côté, que 1 m^2 est l'aire d'un carré de 1 m de côté, que 1 dm^2 est l'aire d'un carré de 1 dm de côté.
- Dans des cas simples, l'élève sait déterminer l'aire d'une surface en s'appuyant sur un quadrillage composé de carreaux dont les côtés mesurent 1 cm.
- L'élève sait que : 1 m^2 = 1 m × 1 m = 10 dm × 10 dm = 10 × 10 dm2 = 100 dm^2 ; 1 dm^2 = 1 dm × 1 dm = 10 cm × 10 cm = 10 × 10 cm2 = 100 cm^2.
- L'élève mémorise que 1 cm^2 est égal à un centième de 1 dm^2, qu'il écrit : 1 $cm^2 = \frac{1}{100}$ dm^2 ou 1 cm^2 = 0,01 dm^2.
- L'élève mémorise que 1 dm^2 est égal à un centième de 1 m^2, qu'il écrit : 1 $dm^2 = \frac{1}{100}$ m^2 ou 1 dm^2 = 0,01 m^2.

Capacités

- Effectuer des conversions d'aire.
- Connaître la formule de l'aire d'un carré ou d'un rectangle.
- Calculer l'aire d'un carré ou d'un rectangle.

Les volumes .... Chap. 14

Capacités

- Connaître l'unité centimètre cube.
- Comparer des volumes.
- Déterminer un volume.

ESPACE ET GÉOMÉTRIE

Étude de configurations planes .... Chap. 10 à 13

Automatismes

- L'élève connaît le lexique et le codage des objets de base de la géométrie plane : angle droit, égalité de longueurs, égalité d'angles.
- Il reconnaît un carré, un rectangle, un triangle.
- Il reconnaît si une figure possède un ou plusieurs axes de symétrie.
- Il sait coder des angles droits et des longueurs égales.

Capacités

Distances .... Chap. 10

- Connaître et utiliser la définition de la distance entre deux points.
- Connaître et utiliser la définition du milieu d'un segment.

Cercles et disques .... Chap. 10

- Connaître les définitions : cercle, disque, rayon, diamètre, corde.
- Comprendre la définition d'un cercle et celle d'un disque sous la forme d'ensembles de points.
- Résoudre des problèmes mettant en jeu des distances à un point.

Médiatrice d'un segment .... Chap. 10 13

- Connaître la définition de la médiatrice d'un segment.
- Comprendre et utiliser sa propriété caractéristique.
- Résoudre des problèmes en s'appuyant sur sa propriété caractéristique.

Angles .... Chap. 11 12

- Connaître et utiliser les angles ainsi que le lexique et les notations qui s'y rapportent : angle droit, plat, plein, nul, aigu, obtus, angles opposés par le sommet, adjacents, supplémentaires.
- Mesurer un angle.
- Construire un angle de mesure donnée.

Bissectrice d'un angle saillant .... Chap. 11

- Connaître la définition de la bissectrice d'un angle saillant.
- Utiliser la définition de la bissectrice d'un angle pour effectuer des constructions et résoudre des problèmes.

Triangles .... Chap. 12

- Construire des triangles.
- Connaître et utiliser les propriétés angulaires des triangles particuliers : triangle rectangle, triangle isocèle, triangle équilatéral.
- Connaître la valeur de la somme des mesures des angles d'un triangle, l'utiliser pour calculer des angles, effectuer des constructions et résoudre des problèmes.
- Savoir que les médiatrices d'un triangle sont concourantes.
- Connaître et construire le cercle circonscrit à un triangle.

Symétrie axiale .... Chap. 13

- Connaître la définition ponctuelle de la symétrie axiale.
- Connaître et utiliser les propriétés de la symétrie axiale.

La vision dans l'espace .... Chap. 14

Automatismes

- L'élève identifie dans un ensemble de solides lesquels sont des pyramides, des boules, des cubes, des cylindres, des pavés, des cônes ou des prismes droits.

Capacités

- Voir dans l'espace des assemblages de cubes.

NOTIONS TRAITÉES DE FAÇON TRANSVERSE

Le repérage dans le temps et les durées

Automatismes

- L'élève lit l'heure sur un cadran à aiguilles ou sur un affichage digital (heures, minutes et secondes).
- L'élève place les aiguilles pour qu'une horloge indique une heure.
- L'élève connaît les unités de mesure de durées : jour, heure, minute et seconde et les relations qui les lient.
- L'élève sait combien de jours il y a dans une année (bissextile ou non), combien d'années il y a dans un siècle, dans un millénaire.
- L'élève sait qu'une demi-heure, c'est 30 minutes ; qu'un quart d'heure, c'est 15 minutes ; que trois quarts d'heure, c'est 45 minutes.

Capacités

- Effectuer des calculs sur des horaires et des durées.
- Résoudre des problèmes impliquant des horaires, des durées.
- Convertir des durées.

Algèbre

Capacités

- Utiliser des modèles pré-algébriques pour résoudre des problèmes.
- Identifier la structure d'un motif évolutif en repérant une régularité.

Activités algorithmiques

Capacités

- Identifier une instruction ou une séquence d'instructions.
- Produire et exécuter une séquence d'instructions.
- Répéter à la main une suite d'instructions pour accomplir une tâche.

Découverte de la programmation

Capacités

- Programmer la construction d'un chemin simple.
- Programmer le calcul d'une suite évolutive de nombres.

CHAPITRE 1

Fractions

Dans un potager, il est d'usage de délimiter différents espaces pour séparer les cultures.

ON FAIT des MATHS ?

Comment partager une longueur de corde donnée sans utiliser un mètre ?

Même si on ne les voit pas toujours, les mathématiques sont présentes partout autour de nous. En voici un exemple dans le domaine du jardinage, où on apprend comment partager équitablement un potager juste avec une corde et un mur de briques...

POUR VOIR LA VIDÉO
edubelin.fr/25mmat6-6

Je développe mes automatismes

Automatismes
edubelir.fr/25mmat6-7
5 séries en PDF

5 min

Réponds à ces questions sans utiliser la calculatrice !

1. Encadrer par deux entiers consécutifs :

$? < 0{,}199 < ?$

2. Julien a 24 paires de chaussettes dont $\frac{2}{3}$ sont noires. Les autres sont bleues. Combien de paires de chaussettes bleues a-t-il ?

3. Combien vaut « ? » ?

14				
3	?	3	?	3

4. Chez Tousport, un lot de 2 T-shirts coûte 19 € et un lot de 5 de ces mêmes T-shirts coûte 45 €.
Le prix est-il proportionnel au nombre de T-shirts achetés ?

5. Combien y a-t-il d'élèves en 6ᵉ B ?

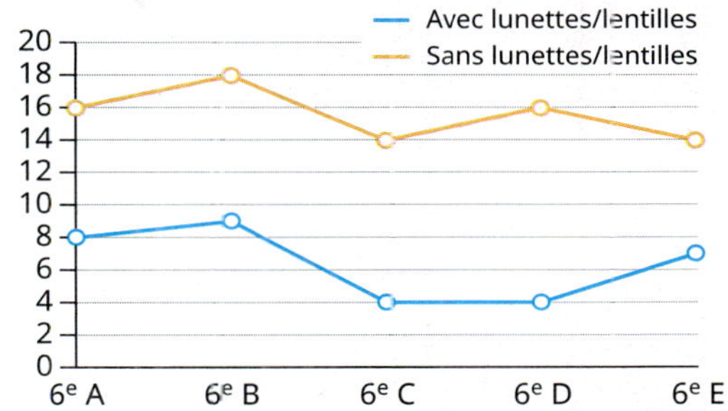

6. Quel est le périmètre d'un terrain de handball ?

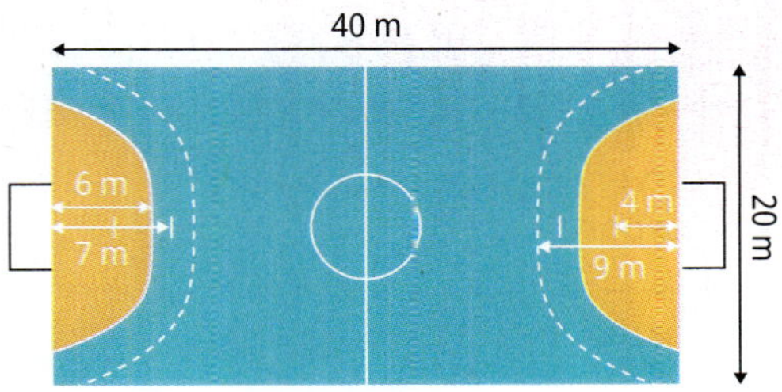

Objectifs : • Réactiver les formulations : un demi, la moitié, 3 sixièmes, divisé par 2, autant que, le double.
• Aborder la notion de fraction en se détachant de la forme.
• Revoir $\frac{1}{3} + \frac{1}{3} + \frac{1}{3} = 1$; $3 \times \frac{1}{3} = 1$.

Je manipule avec mes acquis

20 min

1. **a.** Place trois carrés blancs sur la pièce verte, sans qu'ils se chevauchent.
Quelle fraction de la pièce verte reste-t-il ?
b. Recommence en plaçant différemment les carrés blancs.
Que constates-tu ?

2. Ici, la pièce jaune représente l'unité.
a. Quelle fraction de l'unité une pièce bleue représente-t-elle ?

b. Naomi utilise ces trois pièces pour reconstituer l'unité.

Elle dit : « Ça dépasse, donc ces trois pièces, ça fait plus que 1 ».
A-t-elle raison ? Explique pourquoi.

Je découvre

JE REVOIS

QCM Donner la ou les bonnes réponses parmi les trois propositions.

1. Dans une fraction, le dénominateur :
(a) est sous la barre de fraction.
(b) donne le nombre total de parts égales faites dans l'unité.
(c) donne le nombre de parts prises.

2. Comment s'écrit la fraction trois septièmes ?
(a) $\frac{7}{3}$ (b) 3,7 (c) $\frac{3}{7}$

3. $\frac{1}{2}+\frac{1}{2}+\frac{1}{2}+\frac{1}{2}+\frac{1}{2}$ est égal à :
(a) $\frac{5}{10}$ (b) $\frac{5}{2}$ (c) $5 \times \frac{1}{2}$

4. Combien font une demi-heure plus un quart d'heure ?
(a) Trois quarts d'heure
(b) 75 min
(c) 45 min

5. La somme de deux tiers et deux tiers est égale à :
(a) quatre tiers
(b) $\frac{4}{6}$
(c) $2 \times \frac{2}{3}$

Activité 1 Évolution de partages

Objectif : Passer de la fraction partage au nombre rationnel

1. Observer les schémas en barres* ci-dessous, puis recopier et compléter les égalités correspondantes.

a.

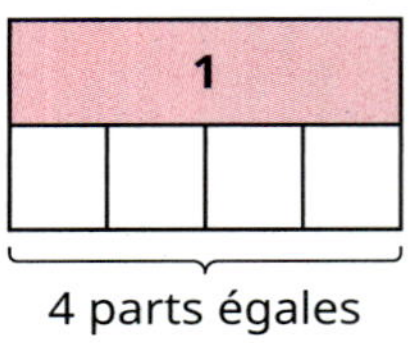

$4 \times ... = 1$
ou $1 : 4 = ...$

*** Un « schéma en barres » est une représentation d'un problème par une double barre, celle du haut représentant le tout et celle du bas, les parties.**

b.

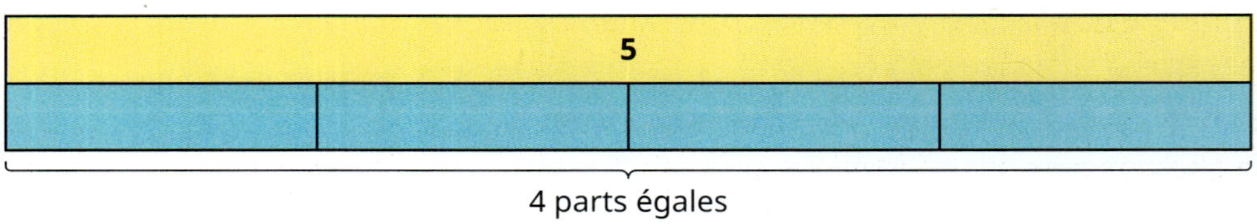

$4 \times ... = 5$
ou $5 : 4 = ...$

2. Lisa, Léo et Noé veulent se partager équitablement deux gâteaux de même taille.
a. En s'inspirant de la question **1**, représenter la situation par un schéma en barres.
b. Peut-on écrire le résultat de la division de 2 par 3 sous forme d'un nombre décimal ?
c. L'un des gâteaux est au chocolat, l'autre à la vanille.
Lisa n'aime pas la vanille. Recopier le schéma en barres ci-contre et y colorier la part de chacun.
Quelle fraction du gâteau au chocolat représente la part de Lisa ?

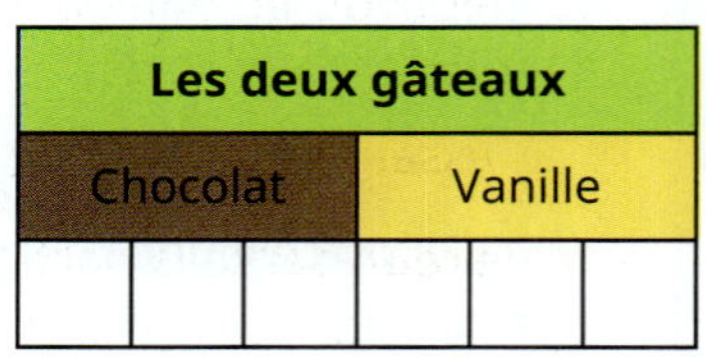

d. Recopier et compléter :
On peut donc écrire « $2 : 3 = \frac{...}{...}$ » ou « $\frac{2}{3}$ est le nombre qui, multiplié par ..., donne ... ».

3. a. Recopier cette demi-droite graduée :

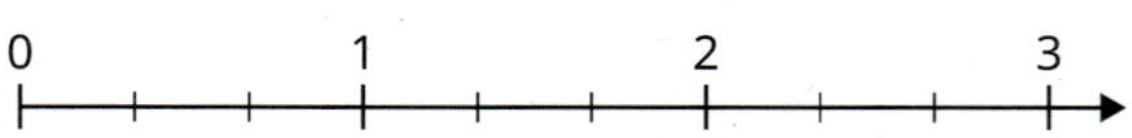

b. Sur la droite graduée, placer $\frac{2}{3}$, puis le reporter trois fois. Quel nombre obtient-on ?
c. Recopier et compléter :
On peut donc de nouveau se rendre compte que « $\frac{...}{...}$ est le nombre qui, multiplié par 3, donne 2 ».

JE REVOIS

QCM Donner la ou les bonnes réponses parmi les trois propositions.

1. Quelle fraction de l'unité est coloriée ?
(a) $\frac{2}{3}$ (b) $\frac{2}{5}$ (c) $\frac{5}{2}$

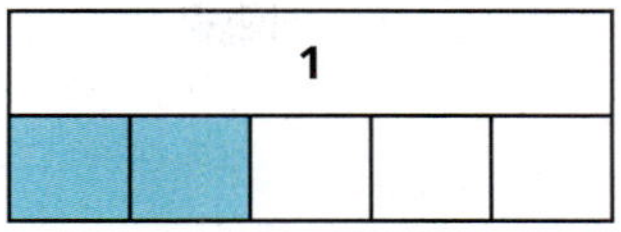

2. À quelle(s) égalité(s) peut-on associer cette représentation ?
(a) 35 : 5 = ...
(b) 35 × ... = 5
(c) 5 × ... = 35

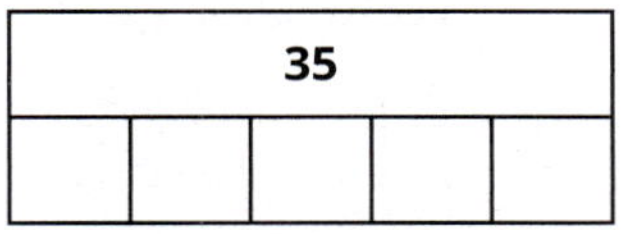

3. Combien font les trois quarts de 60 ?
(a) 45 (b) 75 (c) 15

4. Quelle fraction est égale à 1 ?
(a) $\frac{3}{3}$ (b) $\frac{2}{5}$ (c) $\frac{10}{10}$

5. La fraction $\frac{17}{4}$ est comprise
(a) entre 2 et 3
(b) entre 3 et 4
(c) entre 4 et 5

Activité 2 Additionner des fractions

Objectif : Introduire la mise au même dénominateur pour additionner des fractions

Amel et Louis cherchent à décomposer $\frac{1}{2}$ en une somme de fractions dont le **numérateur est 1**.

Avec des fractions égales

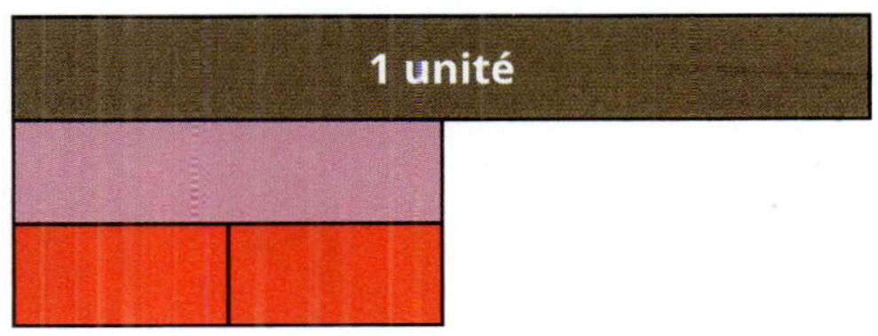

1. a. Pour trouver une solution avec deux fractions égales, Amel a représenté la situation par le schéma en barres ci-contre.
Recopier et compléter l'addition qui résume cette solution : $\frac{...}{...} + \frac{...}{...} = \frac{...}{...}$.

b. Louis prétend qu'elle se trompe et que cette addition donne $\frac{2}{8}$ et non $\frac{1}{2}$.
Expliquer l'erreur commise par Louis.

2. a. Trouver maintenant une solution avec trois fractions égales.
b. Même question avec quatre fractions, puis sept fractions.

Tu peux utiliser des réglettes, puis écrire l'addition correspondant à la solution trouvée.

Avec des fractions différentes

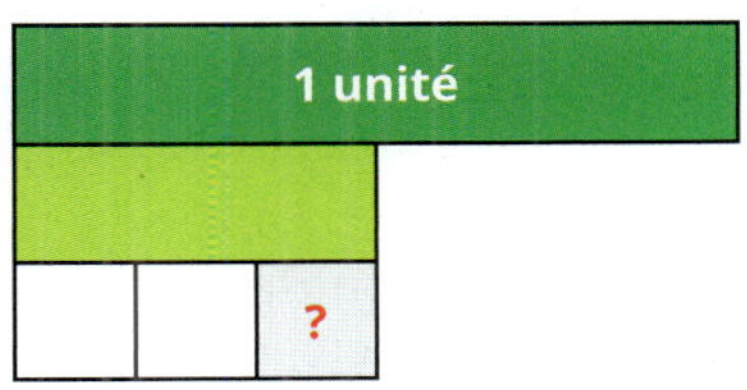

3. Amel remarque que toutes les fractions utilisées pour le moment ont un dénominateur pair.
Elle met Louis au défi de trouver une solution avec une fraction dont le dénominateur est impair.
Louis essaie $\frac{1}{3}$ et s'aide de ce schéma en barres.

a. Que représente la portion manquante **?** par rapport à $\frac{1}{3}$ de l'unité ?

b. Aider Louis à compléter l'addition : $\frac{1}{3} + \frac{...}{...} = \frac{1}{2}$

c. Amel n'est pas complètement convaincue, alors Louis détaille son calcul :

$$\frac{1}{3} + \frac{1}{6} = \frac{2}{6} + \frac{1}{6} \quad (1) \quad = \frac{3}{6} \quad (2) \quad = \frac{1}{2}$$

- Qu'a fait Louis pour obtenir l'égalité (1) ? Pourquoi ?
- Qu'a fait Louis pour obtenir l'égalité (2) ?

4. Trouver une solution avec trois fractions différentes.
Une fois la solution trouvée, détailler le calcul.

J'apprends

A Exprimer un partage avec des fractions

Définition

Lorsque l'on partage **une unité en parts égales**, on appelle **fraction** la quantité représentée par une ou plusieurs de ces parts.

Exemples

- Ici, $\frac{2}{5}$ de l'unité sont coloriés :

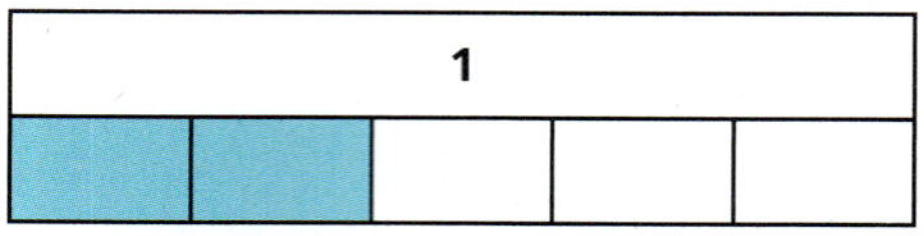

- Une pizza représente une unité. Chaque pizza est partagée en 4 parts égales. Il reste 7 parts. On dit qu'il reste 7 quarts de pizza.

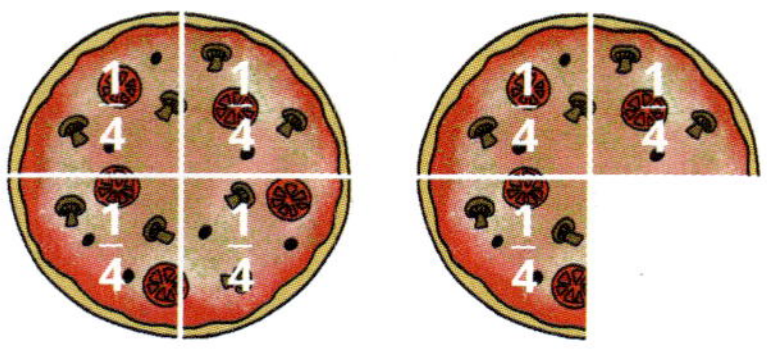

$\frac{7}{4}$

Le **numérateur** est un entier qui indique le nombre de parts utilisées.

Le **dénominateur** est un entier différent de zéro. C'est le nombre total de parts dans une unité. Il sert à nommer la taille des parts.

On pourrait obtenir $\frac{7}{4}$ de pizza en prenant $\frac{1}{4}$ de 7 pizzas distinctes :

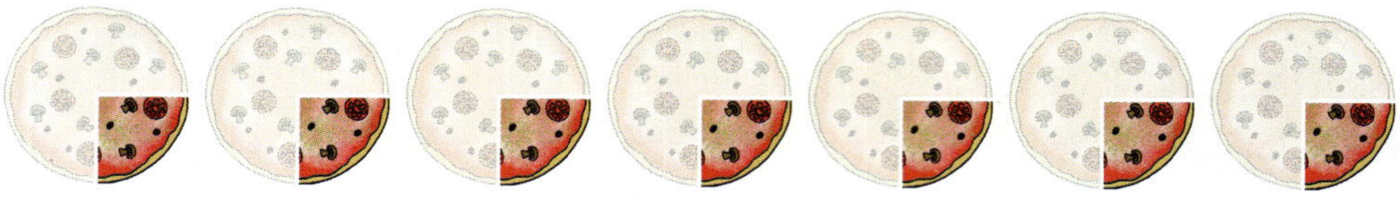

On peut donc écrire que $\frac{7}{4} = \frac{1}{4} + \frac{1}{4} + \frac{1}{4} + \frac{1}{4} + \frac{1}{4} + \frac{1}{4} + \frac{1}{4} = 7 \times \frac{1}{4}$.

Remarque : Parfois, on considère que l'unité est un tout constitué de plusieurs éléments.

La carte ci-contre est choisie comme unité. Elle est constituée de 10 points violets.

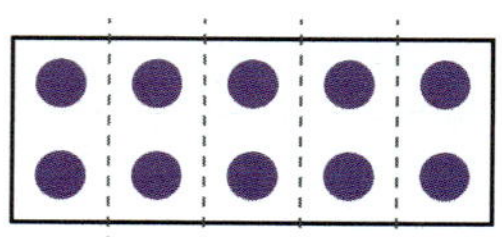

$\frac{3}{5}$ de la carte, c'est donc $3 \times \frac{1}{5}$ de la carte, soit 3×2 points violets, c'est-à-dire 6 points.

Définition

Lorsque deux partages aboutissent à la même quantité, on dit que les **fractions** associées à ces partages sont **égales**.

Exemple

Il reste la même quantité des deux pizzas :

- à gauche, les parts sont des quarts et il en reste 3 ;
- à droite, les parts sont deux fois plus petites (ce sont des huitièmes) mais il y en a deux fois plus.

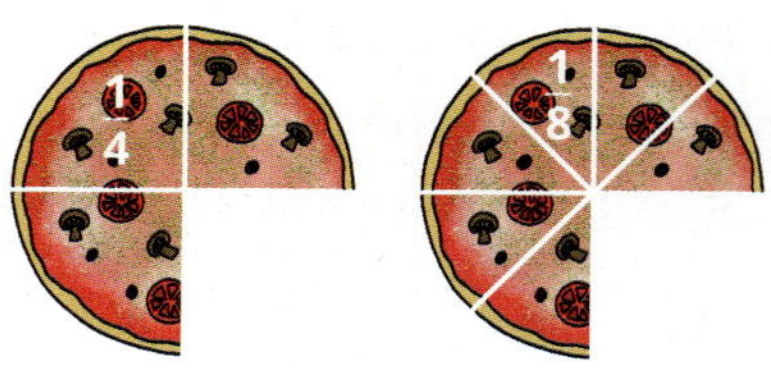

On écrit : $\frac{3}{4} = \frac{3 \times 2}{4 \times 2} = \frac{6}{8}$

Propriété (admise)

Lorsque l'on multiplie (ou que l'on divise) le numérateur et le dénominateur d'une fraction par un même nombre non nul, on obtient une fraction égale.

Je retiens

Quand tu as appris ton cours, cache-le avec une feuille et réponds aux questions.

Comment appelle-t-on le nombre entier qui donne le nom aux parts ? Où se situe-t-il ?

Donne une somme qui peut remplacer la fraction $\frac{5}{2}$.

Combien font les trois cinquièmes de 10 ? Peux-tu expliquer ce résultat ?

Si tu fais des parts de pizza trois fois plus petites, combien de fois plus dois-tu en prendre pour obtenir le même partage ?

Donne deux fractions égales.

B Mesurer grâce aux fractions

Définitions

- Une **demi-droite graduée** est une demi-droite munie d'une **unité de longueur**, que l'on reporte régulièrement à partir de **l'origine**.
- Chaque point de cette demi-droite est alors repéré par un nombre que l'on appelle **abscisse**.

Exemple

On inscrit la fraction $\frac{1}{2}$ au bout de la bande représentant une demi-unité.

Deux fractions peuvent aboutir au même point sur la demi-droite graduée : elles représentent alors le même nombre.

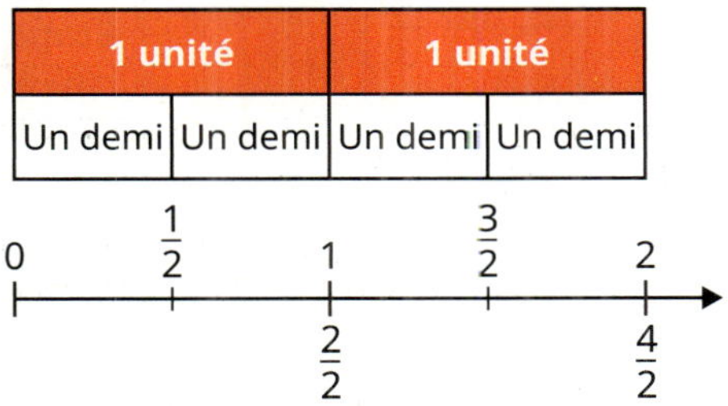

C Exprimer un quotient grâce aux fractions

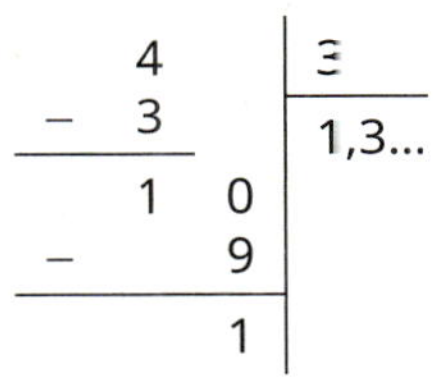

Lorsqu'on pose la division de 4 par 3, elle ne s'arrête pas.

Ce quotient peut cependant se noter $\frac{4}{3}$.

Preuve

Ce schéma en barres représente la division de 4 par 3.

On peut donc écrire que $\frac{4}{3}$ est le nombre qui, multiplié par 3, donne 4.

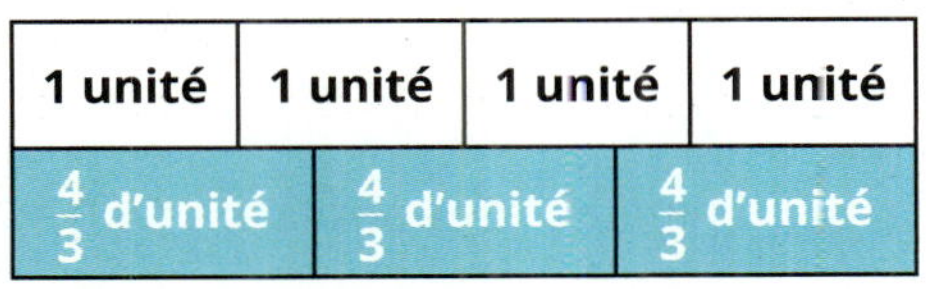

D Additionner et soustraire des fractions

Propriété (admise)

Pour additionner (ou soustraire) des fractions, on les remplace si besoin par des fractions égales de même dénominateur, puis on conserve ce dénominateur et on ajoute (ou on soustrait) les numérateurs.

Exemples

En prononçant l'opération « 3 septièmes plus 2 septièmes font 5 septièmes », on entend bien que le dénominateur est conservé.

- $\frac{3}{7}+\frac{2}{7}=\frac{5}{7}$;
- $\frac{4}{7}+\frac{2}{21}=\frac{4\times3}{7\times3}+\frac{2}{21}=\frac{12}{21}+\frac{2}{21}=\frac{14}{21}=\frac{2}{3}$;
- $\frac{11}{15}-\frac{2}{3}=\frac{11}{15}-\frac{2\times5}{3\times5}=\frac{11}{15}-\frac{10}{15}=\frac{1}{15}$.

Je retiens

Comment s'appelle un nombre qui sert à repérer un point sur une demi-droite graduée ?

Cite une fraction égale à 1. Que remarques-tu pour cette fraction ?

Comment peux-tu écrire le nombre qui, multiplié par 3, donne 4 ?

Si tu ajoutes $\frac{5}{6}$ et $\frac{2}{6}$, quel est le dénominateur du résultat ?

Que faire si les fractions que tu veux ajouter ne sont pas au même dénominateur ?

MON QCM DE RÉVISION
edubelin.fr/25mmat6-11

J'apprends à faire

1 Décomposer une fraction et l'encadrer par deux entiers consécutifs

Décomposer $\frac{19}{6}$ en la somme d'un entier et d'une fraction strictement inférieure à 1.
En déduire son encadrement par deux entiers consécutifs.

Solution

Étape 1
On effectue la division euclidienne de 19 par 6.
On obtient l'égalité :
$19 = 3 \times 6 + 1$.

$$\begin{array}{rr|l} & 1\ 9 & 6 \\ - & 1\ 8 & 3 \\ \hline & 1 & \end{array}$$

Étape 2
On en déduit l'égalité souhaitée : $\frac{19}{6} = 3 + \frac{1}{6}$.

Étape 3
On obtient ensuite un encadrement de $\frac{19}{6}$ par deux entiers consécutifs : $3 < \frac{19}{6} < 4$.

JE M'EXERCE

Décomposer la fraction $\frac{14}{5}$ en la somme d'un entier et d'une fraction strictement inférieure à 1.
En déduire son encadrement par deux entiers consécutifs.

Exercice corrigé **p. 314**

2 Placer une fraction sur une demi-droite graduée

Recopier la demi-droite graduée, puis placer les points suivants :
a. A d'abscisse $\frac{5}{6}$; **b.** B d'abscisse $\frac{19}{6}$; **c.** C d'abscisse $\frac{5}{3}$.

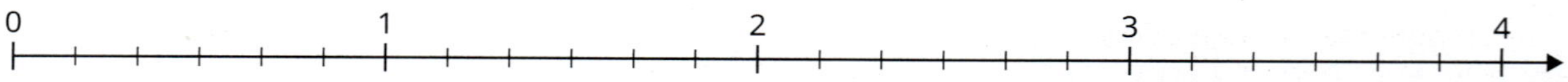

Solution

a. On remarque que le dénominateur des abscisses de A et B correspond aux petites graduations.
Pour placer le point A, d'abscisse $\frac{5}{6}$, il suffit alors de compter cinq petites graduations à partir de 0.

b. On peut placer le point B en remarquant que $\frac{19}{6} = 3 + \frac{1}{6}$:
on place B sur la petite graduation qui suit la graduation 3.

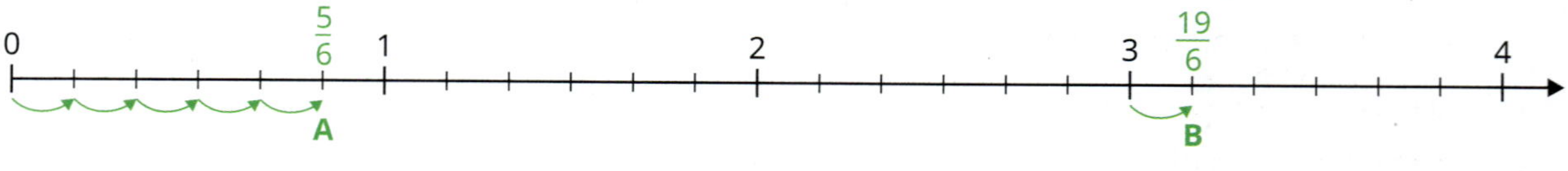

c. Pour C, il va falloir graduer en tiers.
On procédera ensuite avec les nouvelles graduations comme fait plus haut pour placer le point A.

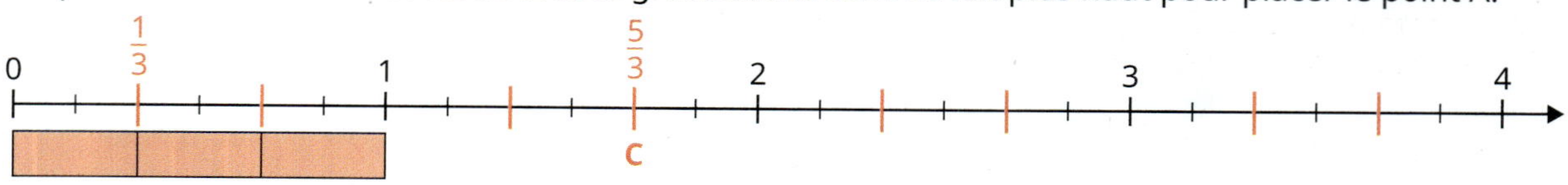

JE M'EXERCE

Sur une feuille à carreaux, tracer une demi-droite graduée dont l'unité mesure 10 côtés de carreaux, puis y placer les points E, F, G et H d'abscisses respectives $\frac{7}{10}$; $\frac{13}{10}$; $\frac{8}{5}$ et $\frac{14}{5}$.

Exercice corrigé **p. 314**

3 Résoudre un problème avec additions et soustractions de fractions

Tiago lit un roman. Le premier jour, il a lu un quart des pages.
Le deuxième jour, il en a lu cinq douzièmes.
Le troisième jour, il en a lu un sixième.

POUR VOIR LE TUTO DE LISA
edubelin.fr/25mmat6-13

1. Quelle fraction du roman lui reste-t-il à lire ?

2. Sachant qu'il lui reste 72 pages à lire, combien de pages contient son livre ?

Solution

1. Il est conseillé de faire un schéma en barres pour se représenter la situation et ainsi mieux voir les calculs à effectuer.
Un code couleur peut aider à y repérer les informations de l'énoncé.

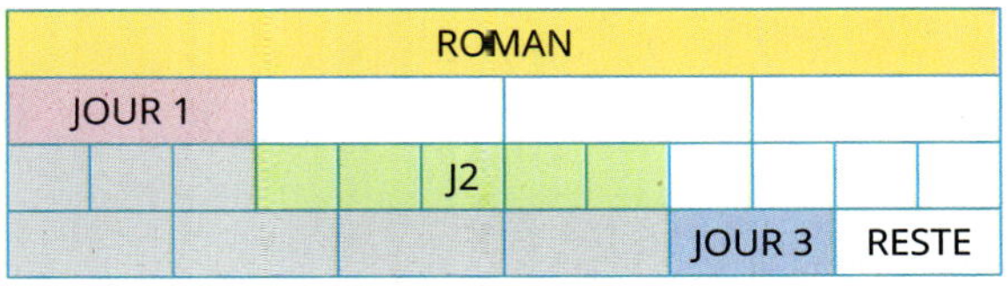

Étape 1 On va commencer par calculer la fraction du roman déjà lue par Tiago.

– On veut donc additionner les fractions $\frac{1}{4}$, $\frac{5}{12}$ et $\frac{1}{6}$.

– On remarque que 12 est un multiple commun à 4, 6 et 12.

– On va alors chercher des fractions égales à $\frac{1}{4}$ et $\frac{1}{6}$ dont le dénominateur est égal à 12 :

- $\frac{1}{4} = \frac{1 \times 3}{4 \times 3} = \frac{3}{12}$ (observer la partie rose du schéma en barres)
- $\frac{1}{6} = \frac{1 \times 2}{6 \times 2} = \frac{2}{12}$ (observer la partie bleue du schéma en barres)

– On peut maintenant additionner :

$$\frac{1}{4} + \frac{5}{12} + \frac{1}{6} = \frac{3}{12} + \frac{5}{12} + \frac{2}{12} = \frac{3+5+2}{12} = \frac{10}{12}.$$

– On peut simplifier $\frac{10}{12}$ en $\frac{5}{6}$ en divisant le numérateur et le dénominateur par 2.

Étape 2 On cherche ensuite la fraction qu'il lui reste à lire.

– La totalité du roman peut être représentée par le nombre 1.

– On veut donc effectuer la soustraction $1 - \frac{5}{6}$.

– 1 peut s'écrire de différentes manières, comme par exemple $\frac{6}{6}$.

– On a donc $1 - \frac{5}{6} = \frac{6}{6} - \frac{5}{6} = \frac{1}{6}$.

Il lui reste donc un sixième du roman à lire.

2. En observant la partie blanche de la dernière ligne du schéma en barres, on constate que les 72 pages représentent un sixième du livre.
Donc le livre contient 6 fois 72 pages. Comme $6 \times 72 = 432$, le livre contient 432 pages.

JE M'EXERCE

Nina fait de la randonnée avec ses parents. Le premier jour, elle effectue la moitié du parcours total. Le deuxième jour, l'étape est beaucoup plus courte puisqu'elle n'avance que d'un cinquième du parcours. Le troisième jour, elle effectue trois dixièmes du parcours.

1. Nina est-elle arrivée ou devra-t-elle marcher un jour de plus pour terminer le parcours ?

2. Sachant qu'elle a parcouru 7 km le deuxième jour, quelle est la longueur totale de la randonnée ?

Exercice corrigé **p. 314**

Je prends confiance

Je prends mon élan

1 Parmi les figures suivantes, lesquelles représentent la fraction $\frac{1}{4}$?

a. **b.** **c.** **d.**

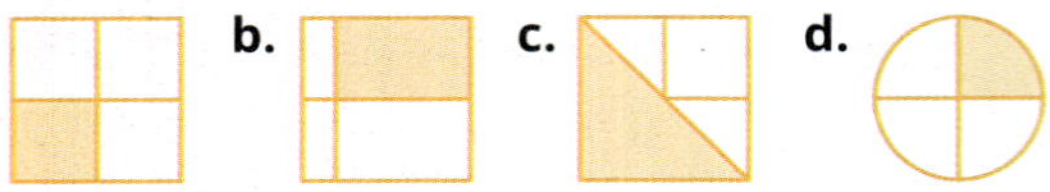

2 Parmi les fractions suivantes, lesquelles sont égales à $\frac{1}{2}$?

$\frac{1}{3}$ $\frac{2}{4}$ $\frac{3}{4}$ $\frac{2}{6}$ $\frac{3}{6}$ $\frac{5}{10}$ $\frac{10}{5}$

3 **Vrai ou faux ?**

$$\frac{2}{5}+\frac{3}{5}=1$$

4 Oscar a colorié les $\frac{3}{8}$ d'une figure en bleu et le reste en rouge.
Quelle fraction de la figure est coloriée en rouge ?

5 Parmi les fractions suivantes, lesquelles sont supérieures à 1 ?

$\frac{10}{3}$ $\frac{2}{4}$ $\frac{5}{4}$ $\frac{7}{6}$ $\frac{3}{6}$ $\frac{5}{10}$ $\frac{10}{5}$

Je me lance

Comprendre la notion de fraction

6 **Automatismes**

1. a. Pour chaque disque unité, exprimer la quantité colorée sous forme d'une fraction.

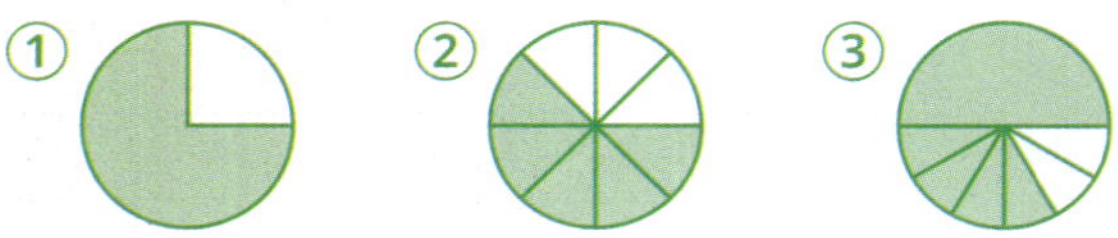

b. Ranger ces trois fractions par ordre croissant.

2. Reprendre la question **1** avec ces carrés unités :

7 **1.** Recopier la demi-droite graduée ci-dessous et y placer la fraction $\frac{2}{5}$.

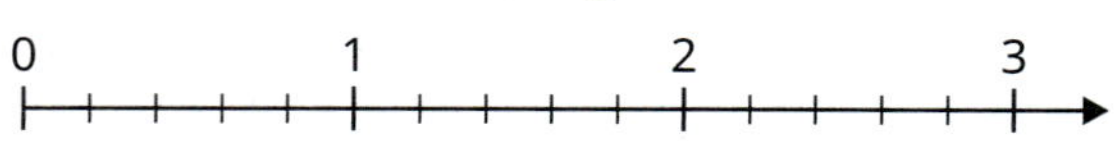

2. Reporter 5 fois $\frac{2}{5}$. Quel nombre obtient-on ?

3. Recopier et compléter la phrase :
« On peut donc dire que $\frac{2}{5}$ est le nombre qui, multiplié par ..., donne ... . »

8 **Manipulation**

Dans chaque cas, combien mesure la réglette par rapport à la réglette choisie comme unité ? Exprimer cette mesure par une fraction et la comparer à 1.

a.

b.

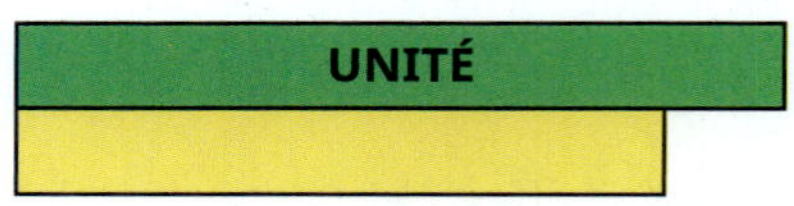

c.

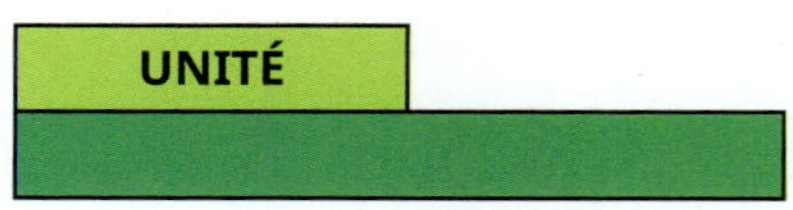

d.

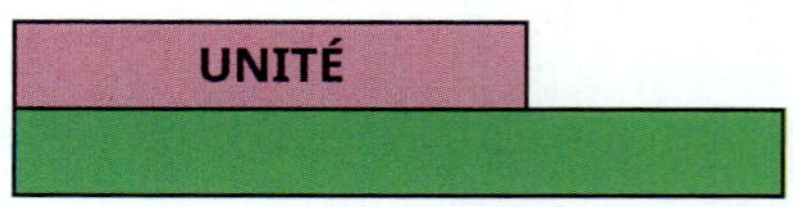

9 **1.** Combien de chocolats contient cette boîte ?

2. Selma offre des chocolats à ses amis. Ils mangent un tiers de la boîte.
Combien de chocolats ont-ils mangés ?

10 Baptiste possède un potager de 100 m^2.
Il cultive des salades sur un cinquième de cette surface.
Calculer la surface occupée par les salades.

Produire des fractions égales

11 En observant attentivement les représentations ci-dessous, recopier et compléter pour écrire quatre fractions égales à $\frac{1}{3}$.

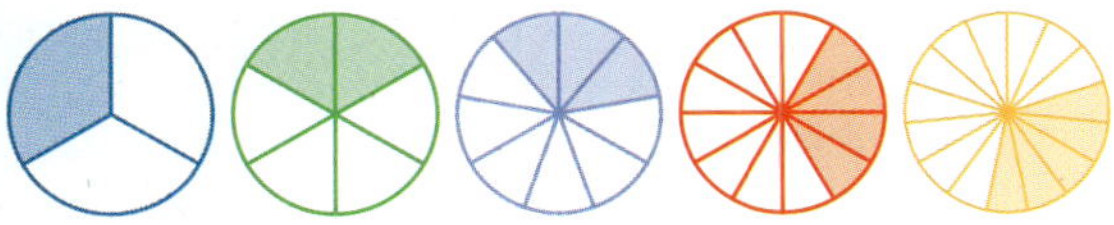

$\frac{1}{3} = \frac{\dots}{6} = \frac{3}{\dots} = \frac{\dots}{\dots} = \frac{\dots}{\dots}$

12 **Automatismes**

1. Recopier cette demi-droite graduée :

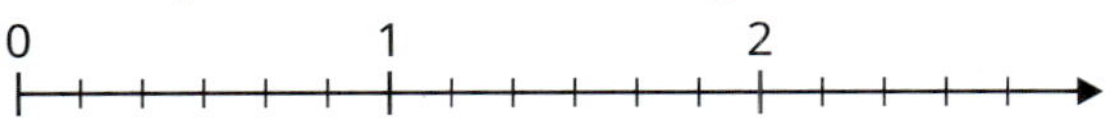

2. a. Y placer $\frac{1}{6}$, puis $\frac{9}{6}$.
   b. Y placer $\frac{1}{2}$, puis $\frac{3}{2}$.
   c. Quelle remarque peut-on faire ?
3. Recopier et compléter le raisonnement :

> Les sixièmes sont des parts ... fois plus petites que les demis. Il en faut donc trois fois ... pour obtenir la même quantité.

4. Recopier et compléter : $\frac{3 \times \dots}{2 \times \dots} = \frac{9}{6}$.

Comparer des fractions

13 **Automatismes**

Recopier, puis comparer en complétant par les symboles <, > ou = :

a. $\frac{4}{5} \dots \frac{3}{5}$ **b.** $\frac{10}{3} \dots \frac{10}{7}$ **c.** $\frac{12}{7} \dots \frac{13}{7}$

d. $\frac{44}{25} \dots \frac{51}{25}$ **e.** $\frac{7}{7} \dots 1$ **f.** $1 \dots \frac{12}{7}$

14 1. Ranger ces fractions dans l'ordre croissant :

$\frac{3}{8}$ $\frac{1}{8}$ $\frac{9}{8}$ $\frac{7}{8}$ $\frac{5}{8}$ $\frac{8}{8}$

2. Ranger ces fractions dans l'ordre décroissant :

$\frac{7}{5}$ $\frac{3}{5}$ $\frac{10}{5}$ $\frac{8}{5}$ $\frac{11}{5}$

15 1. Recopier cette demi-droite graduée et y placer $\frac{4}{3}$.

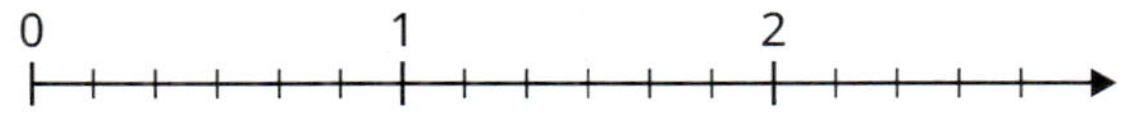

2. À l'aide de la demi-droite, trouver :
   a. une fraction comprise entre $\frac{4}{3}$ et 2 dont le dénominateur est 6 ;
   b. une fraction inférieure à $\frac{4}{3}$ dont le dénominateur est 2.

16 Écrire trois fractions inférieures à $\frac{1}{2}$ dont le numérateur est différent de 1.

Additionner et soustraire des fractions

17 **Manipulation**

On met bout à bout des réglettes colorées.
Combien mesure la réglette ainsi formée ?
Écrire l'addition de fractions correspondante, exprimée en fraction de la réglette blanche choisie comme unité.

a.

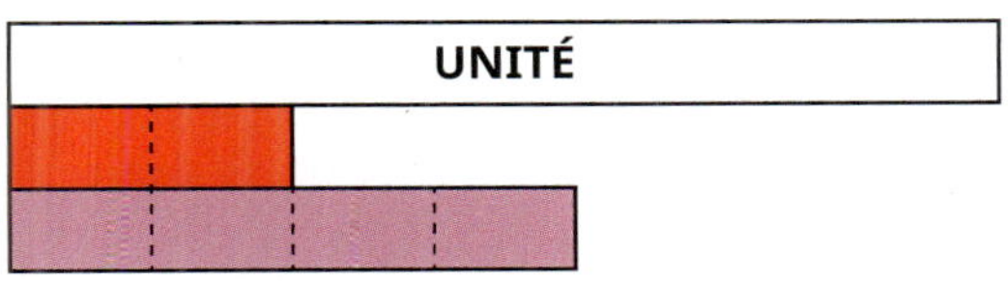

b.

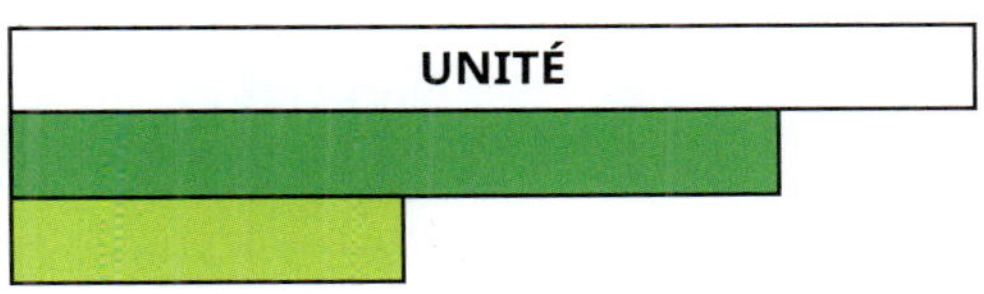

18 Recopier et compléter pour que chaque égalité soit vérifiée.

a. $\frac{4}{5} + \frac{3}{5} = \frac{\dots}{\dots}$ **b.** $\frac{10}{3} + \frac{12}{3} = \frac{\dots}{\dots}$

c. $\frac{4}{15} + \frac{\dots}{\dots} = \frac{11}{15}$ **d.** $\frac{23}{7} - \frac{12}{7} = \frac{\dots}{\dots}$

e. $\frac{52}{25} - \frac{42}{25} = \frac{\dots}{\dots}$ **f.** $\frac{110}{10} - \frac{\dots}{\dots} = \frac{15}{10}$

19 Yasmina a colorié $\frac{3}{10}$ d'une figure en bleu, le double en vert et le reste en rouge.
Quelle fraction de la figure est rouge ?

20 $\frac{5}{11}$ des voitures de Sacha sont rouges.
Un tiers de celles qui restent sont bleues, les autres sont blanches.
Quelle fraction de sa collection représentent les voitures blanches ?

J'avance à mon rythme

Fiches d'exercices
edubelin.fr/25mmat6-16a
Toutes les fiches en PDF

Avec des parcours d'apprentissage

Je manipule des fractions

- Exercice **6, p. 14**
- Exercice **23, p. 17**
- Exercice **35, p. 18**
- Exercice **67, p. 21**
- Exercice **90, p. 24**

Je compare des fractions

- Exercice **13, p. 15**
- Exercice **39, p. 18**
- Exercice **40, p. 19**
- Exercice **62, p. 21**
- Exercice **91, p. 24**

Je calcule avec des fractions

- Exercice **17, p. 15**
- Exercice **44, p. 19**
- Exercice **45, p. 19**
- Exercice **75, p. 22**
- Exercice **96, p. 25**

Je résous des problèmes

- Exercice **9, p. 14**
- Exercice **25, p. 17**
- Exercice **52, p. 19**
- Exercice **69, p. 22**
- Exercice **97, p. 25**

Je justifie mes choix

- Exercice **19, p. 15**
- Exercice **27, p. 17**
- Exercice **51, p. 19**
- Exercice **68, p. 21**
- Exercice **93, p. 24**

OU avec un plan de travail

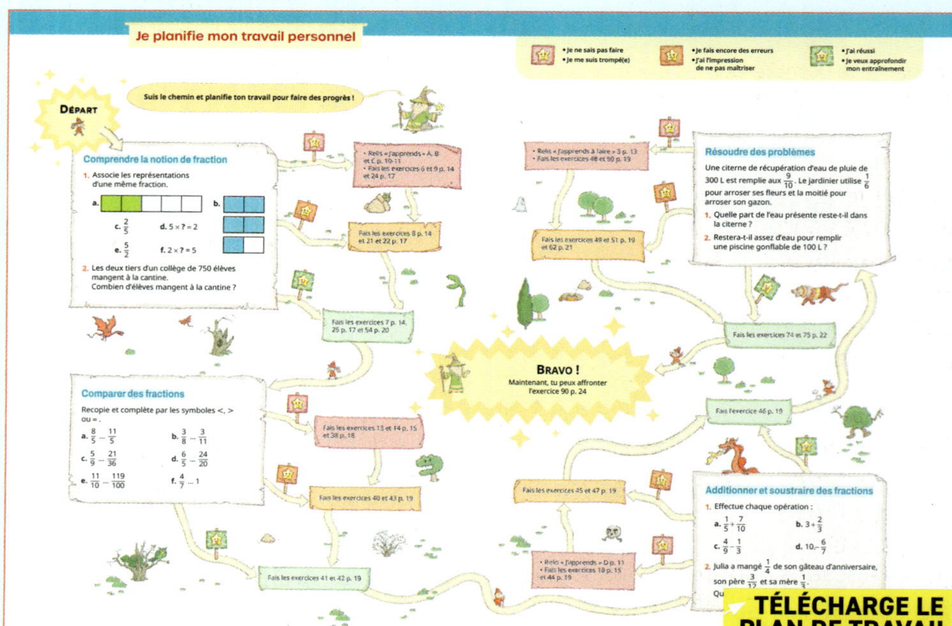

TÉLÉCHARGE LE PLAN DE TRAVAIL
edubelin.fr/25mmat6-16

J'applique mes connaissances

Comprendre la notion de fraction

21 **1.** Recopier cette demi-droite graduée et y placer $\frac{4}{3}$.

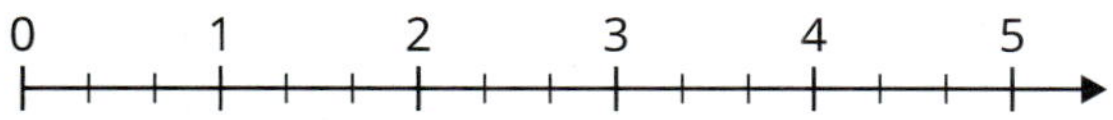

2. Reporter 3 fois $\frac{4}{3}$. Quel nombre obtient-on ?

3. Recopier et compléter la phrase suivante :
« On peut donc dire que $\frac{4}{3}$ est le nombre qui, multiplié par ..., donne ... . »

22 Recopier et compléter les égalités suivantes avec une fraction.

a. $3 \times ... = 10$ **b.** $12 \times ... = 1$ **c.** $7 \times ... = 4$
d. $10 \times ... = 3$ **e.** $... \times 9 = 11$ **f.** $... \times 5 = 27$

23 **Automatismes**

Trouver le nombre cherché et en donner une écriture fractionnaire, puis, si possible, une écriture décimale.

a.

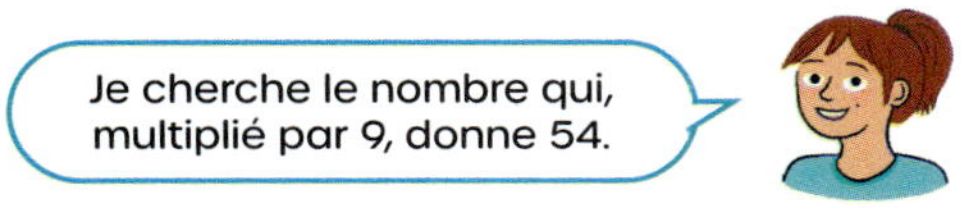

b.

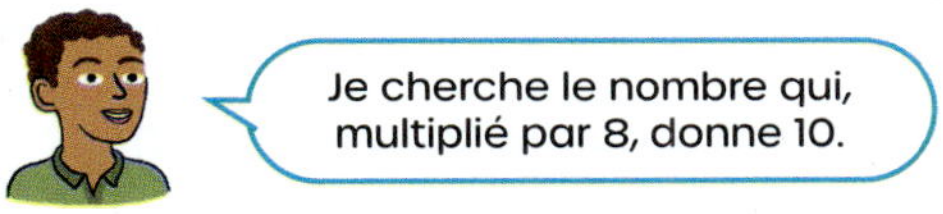

c.

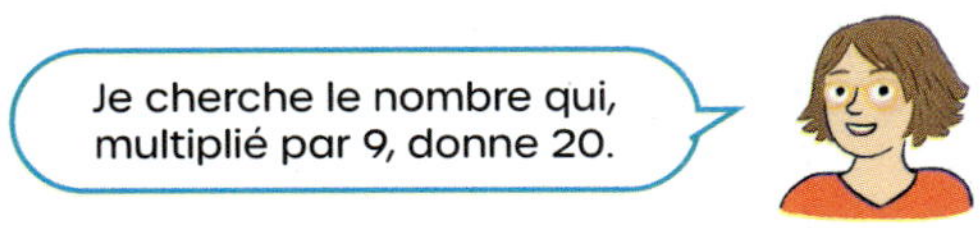

24 Faustine observe les cadrans d'essence dans les voitures de ses parents.

1. Voici le cadran de la voiture de son père.
Si l'aiguille se trouve sur 1/1, que cela signifie-t-il ?

2. Voici le cadran de la voiture de sa mère.

a. Quelle fraction du réservoir est remplie ?

b. Sachant que le réservoir peut contenir 60 L lorsqu'il est plein, combien de litres reste-t-il encore ?

Pour les exercices 25 à 27, tu peux faire un schéma en barres pour t'aider.

25 Au cours de son entraînement, Léon nage 1 500 m en tout.

Il parcourt $\frac{2}{5}$ de cette longueur en brasse, $\frac{1}{3}$ en papillon et le reste en dos.

1. Calculer la distance parcourue en brasse.

2. Calculer la distance parcourue en papillon.

3. En déduire la distance parcourue en dos.

26 Erwan a le tiers de l'âge de son père.
À eux deux, ils ont 48 ans.
Quel est l'âge d'Erwan ? Celui de son père ?

27 Le nombre de stylos de Clément est égal au tiers du nombre de stylos de Louise.
Louise a 18 stylos de plus que Clément.
Combien de stylos possède Louise ?

Produire des fractions égales

28 Paola veut montrer que les fractions $\frac{2}{3}$ et $\frac{4}{6}$ représentent le même nombre.
Recopier et compléter son raisonnement :

Pour démontrer que $\frac{2}{3}$ et $\frac{4}{6}$ représentent le même nombre, je vais montrer que $6 \times \frac{2}{3} = 4$.
Si j'y arrive, comme $\frac{4}{6}$ est le nombre qui multiplié par ... donne ..., je pourrais conclure que $\frac{...}{...} = \frac{...}{...}$.
Je calcule $6 \times \frac{2}{3}$ en décomposant 6 en $2 \times ...$:

$$6 \times \frac{2}{3} = 2 \times ... \times \frac{2}{3}$$

Or $\frac{2}{3}$ est le nombre qui, multiplié par ..., donne .., donc j'ai bien :

$$6 \times \frac{2}{3} = 2 \times ... = ...$$

Je peux conclure que $\frac{2}{3} = \frac{4}{6}$.

J'applique mes connaissances

29 Recopier et compléter le raisonnement.

Pour compléter l'égalité $\frac{2}{3} = \frac{...}{15}$,
on remarque que $3 \times ... = 15$.
Pour obtenir une fraction égale à $\frac{2}{3}$, on va donc ... le numérateur par ... également.
On obtient donc : $\frac{2}{3} = \frac{2 \times ...}{3 \times ...} = \frac{...}{15}$.

30 Recopier et compléter le raisonnement.

Pour compléter l'égalité $\frac{15}{12} = \frac{...}{4}$,
on remarque que $12 : ... = 4$.
Pour obtenir une fraction égale à $\frac{15}{12}$, on va donc ... le numérateur par ... également.
On obtient donc : $\frac{15}{12} = \frac{15 : ...}{12 : ...} = \frac{...}{4}$.

On dit que l'on a « simplifié » cette fraction. Simplifier une fraction, c'est trouver une fraction qui lui est égale avec un numérateur et un dénominateur plus petits que ceux de départ.

31 Recopier et compléter :

a. $\frac{7}{5} = \frac{...}{15}$ **b.** $\frac{11}{9} = \frac{...}{18}$ **c.** $\frac{8}{15} = \frac{...}{60}$

32 Recopier et compléter pour simplifier les fractions.

a. $\frac{25}{45} = \frac{...}{9}$ **b.** $\frac{12}{27} = \frac{...}{9}$ **c.** $\frac{21}{56} = \frac{...}{8}$

33 **1. a.** Les nombres 40 et 55 ont un diviseur en commun. Lequel ?
b. Simplifier la fraction $\frac{55}{40}$.
2. a. Les nombres 75 et 108 ont un diviseur en commun. Lequel ?
b. Simplifier la fraction $\frac{75}{108}$.

34 Parmi les fractions suivantes, lesquelles représentent le même nombre que $\frac{16}{6}$?

$\frac{32}{6}$ $\frac{8}{3}$ $\frac{160}{60}$ $\frac{17}{7}$ $\frac{64}{24}$

35 Dans cette liste, chaque nombre apparaît deux fois mais sous une écriture différente. Reconstituer les paires.

$\frac{32}{6}$ $\frac{8}{3}$ $\frac{12}{6}$ $\frac{14}{12}$ $\frac{9}{6}$ 1,5

$\frac{7}{6}$ $\frac{16}{6}$ $\frac{14}{7}$ $5 + \frac{2}{6}$

Comparer des fractions

36 Recopier, puis compléter par les symboles <, > ou =.

Pour t'aider, compare les fractions à 1.

a. $\frac{2}{3} ... \frac{5}{4}$ **b.** $\frac{7}{6} ... \frac{7}{8}$ **c.** $\frac{7}{7} ... \frac{19}{19}$

d. $\frac{8}{17} ... \frac{11}{5}$ **e.** $\frac{12}{13} ... \frac{6}{5}$ **f.** $\frac{6}{10} ... \frac{15}{15}$

37 **1.** Recopier la demi-droite graduée et y placer ces fractions :

$\frac{2}{3}$ $\frac{3}{2}$ $\frac{10}{6}$ $\frac{4}{3}$ $\frac{4}{6}$

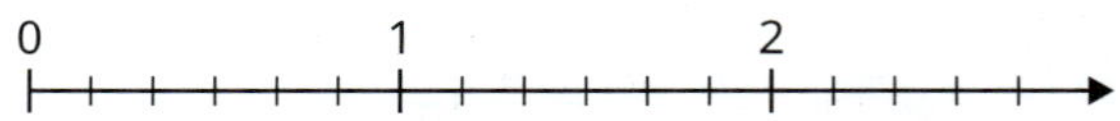

2. À l'aide de la question précédente, recopier puis comparer ces fractions en complétant par les symboles <, > ou =.

a. $\frac{4}{3} ... \frac{3}{2}$ **b.** $\frac{10}{6} ... \frac{3}{2}$ **c.** $\frac{2}{3} ... \frac{4}{6}$

38 Pour chaque question, mettre les fractions au même dénominateur, puis les comparer.

a. $\frac{7}{6}$ et $\frac{4}{3}$ **b.** $\frac{12}{5}$ et $\frac{31}{15}$ **c.** $\frac{7}{12}$ et $\frac{2}{3}$

d. $\frac{7}{5}$ et $\frac{42}{30}$ **e.** $\frac{7}{10}$ et $\frac{69}{100}$ **f.** $\frac{12}{5}$ et $\frac{64}{25}$

39 **1.** Recopier la demi-droite graduée et y placer les fractions :

$\frac{3}{4}$ $\frac{7}{6}$ $\frac{4}{3}$ $\frac{3}{2}$ $\frac{5}{12}$ $\frac{8}{12}$ $\frac{12}{6}$ $\frac{5}{3}$

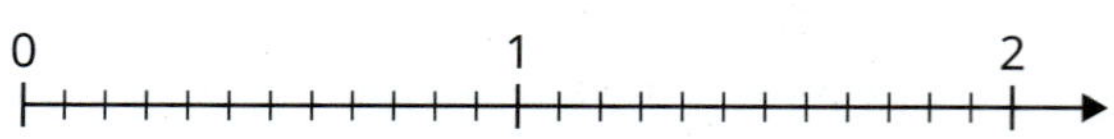

2. À l'aide de la question précédente, ranger ces fractions dans l'ordre croissant.

40 Recopier et encadrer chacune des fractions suivantes par deux entiers consécutifs.

a. $\ldots < \frac{5}{2} < \ldots$ b. $\ldots < \frac{51}{10} < \ldots$

c. $\ldots < \frac{42}{4} < \ldots$ d. $\ldots < \frac{75}{100} < \ldots$

41 Encadrer chacune des fractions suivantes par deux entiers consécutifs, puis les comparer.

a. $\frac{7}{5}$ et $\frac{9}{4}$ b. $\frac{578}{100}$ et $\frac{31}{5}$

42 Encadrer chacune des fractions suivantes par deux entiers consécutifs, puis les ranger dans l'ordre décroissant.

$\frac{16}{3}$ $\frac{5}{4}$ $\frac{93}{10}$ $\frac{24}{5}$ $\frac{19}{6}$ $\frac{2}{3}$ $\frac{22}{10}$ $\frac{77}{6}$

Additionner et soustraire des fractions

43 **Vrai ou faux ?** Justifier.

a. $\frac{3}{11} + \frac{8}{11} = 1$ b. $\frac{2}{9} + \frac{8}{9} < 1$ c. $\frac{34}{21} - \frac{12}{21} > 1$

44 **Automatismes**

Effectuer chaque opération :

a. $\frac{7}{18} + \frac{3}{9}$ b. $\frac{11}{5} + \frac{1}{15}$ c. $\frac{23}{10} + \frac{3}{2}$

d. $\frac{9}{8} - \frac{1}{32}$ e. $\frac{7}{15} - \frac{2}{5}$ f. $\frac{11}{5} - \frac{4}{15}$

45 Effectuer chaque opération :

a. $4 + \frac{2}{3}$ b. $\frac{23}{4} + 7$ c. $9 - \frac{4}{7}$

Pour t'aider, écris le nombre entier sous forme fractionnaire.

46 1. Calculer l'expression suivante : $\frac{1}{3} + \frac{7}{12} + \frac{5}{4}$.

2. En déduire comment calculer $\frac{1}{3} + \frac{5}{4}$.

47 **J'accélère**

Calcul mental
edubelin.fr/25mmat6-19
5 séries en PDF

5 min

Calculer mentalement :

a. 4×8 b. $\frac{1}{2} = \frac{\ldots}{4}$

c. $21\,462 + 3\,000$ d. $72{,}4 \times 100$

e. $3{,}5 + 2{,}6$ f. $3{,}5$ km = … m

48 Calculer les expressions suivantes et simplifier le résultat lorsque c'est possible.

a. $\frac{12}{5} + \frac{3}{5} - \frac{4}{5}$ b. $\frac{7}{4} + \frac{3}{8} - \frac{1}{2}$

c. $\frac{12}{5} - \left(\frac{3}{5} + \frac{4}{5}\right)$ d. $1 - \left(\frac{2}{5} + \frac{7}{20}\right)$

Résoudre des problèmes

49 La pâte à sel est constituée pour moitié de farine et pour un quart de sel. On ajoute de l'eau pour lier l'ensemble.

1. Quelle est la fraction d'eau présente dans la pâte à sel ?
2. Julia a préparé 1 kg de pâte à sel. Quelle masse de sel a-t-elle utilisée ?

50 **Développement durable**

Lors de l'élection des éco-délégués en 6ᵉ D, trois candidats se sont présentés : Flora, Ahmed et Valentin.
Flora a obtenu un quart des voix, Ahmed un tiers et Valentin le reste des voix.
Quel élève a été élu éco-délégué en 6ᵉ D ?

51 Dans un sachet de bonbons, $\frac{2}{5}$ des bonbons sont à la fraise, $\frac{7}{20}$ sont à l'orange et le reste au citron.
Kylian affirme que les bonbons les plus nombreux dans le sachet sont ceux à l'orange.
A-t-il raison ? Justifier.

52 **Automatismes**

Alicia a repiqué des salades sur un quart de son potager et des tomates sur cinq douzièmes.

1. Quelle fraction de son potager lui reste-t-il à cultiver ?
2. Sachant qu'il lui reste 36 m^2 à cultiver, quelle est la superficie de son potager ?

53 Dans la classe de 6ᵉ A, les trois quarts des 12 filles sont demi-pensionnaires et les deux tiers des 15 garçons sont externes.
Quelle fraction de la classe mange à la cantine ?

Les élèves de 6ᵉ A sont soit externes (ils rentrent manger chez eux le midi), soit demi-pensionnaires (ils restent manger à la cantine).

Je développe mes savoir-faire

54 Raisonner et Communiquer

Sofiane prétend que la fraction de rectangle colorée représente un tiers de la surface du rectangle.

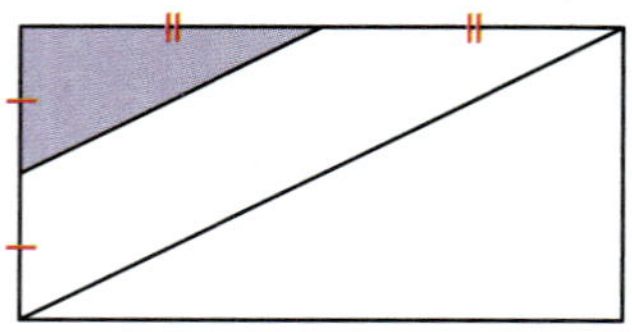

A-t-il raison ? Justifier*.

* **Justifier consiste à donner les raisons de la réponse.**

55 Calculer

Voici un programme de calculs :

- Choisir un nombre.
- Le multiplier par 5.
- Ajouter 4.

1. Vérifier qu'en prenant 6 comme nombre de départ, on obtient 34.
2. Tester ce programme avec $\frac{7}{5}$.
3. Quel nombre faut-il choisir au départ pour obtenir 6 comme résultat ?

56 Calculer

Voici un programme réalisé sur Scratch :

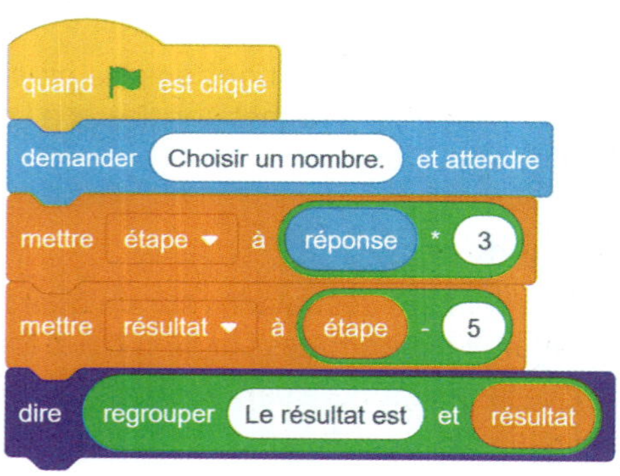

1. Vérifier qu'en prenant 7 comme nombre de départ, on obtient 16.
2. Lorsqu'on choisit 2,33 au départ, qu'affiche le programme à la fin ?
3. Quel nombre faut-il choisir au départ pour obtenir exactement 2 comme résultat ?

57 Calculer et Raisonner

Simplifier au maximum :

a. $\frac{85}{55}$; **b.** $\frac{140}{210}$; **c.** $\frac{318}{426}$; **d.** $\frac{1\,155}{546}$.

Pour faire les exercices 58 à 61, il faut visionner cette vidéo.
edubelin.fr/25mmat6-20

58 Manipulation

1. Tracer un segment [AB] de 7 cm de longueur.
2. Placer un point M sur le segment [AB] tel que AM soit égal au tiers de AB.
3. Décrire la méthode employée et en repérer les défauts.
4. Après avoir regardé la vidéo, reprendre la question **2** en appliquant la méthode vue.

59 Communiquer et Raisonner

Julian prétend qu'il peut obtenir une approximation du résultat de la division de 8 par 5, sans calculer, avec une règle graduée et la méthode du guide-âne.

1. Expliquer comment il s'y prend, donner cette approximation, puis vérifier par le calcul.
2. De même, donner une approximation du quotient $\frac{9}{7}$, puis vérifier par le calcul.

60 Manipulation

1. Peut-on, en pratique, avec la méthode du guide-âne, obtenir une approximation du quotient $\frac{1}{5}$ en partant d'une bande de 1 cm de long ?
Expliquer le souci technique rencontré.
2. Pour résoudre ce souci, partir d'une bande de 1 dm. Donner une approximation du quotient $\frac{1}{5}$, puis vérifier par le calcul.
3. De même, donner une approximation du quotient $\frac{1}{7}$, puis vérifier par le calcul.

61 Communiquer et Raisonner

1. Peut-on en pratique, avec la méthode du guide-âne, obtenir une approximation du quotient $\frac{120}{15}$ en partant d'une bande de 120 cm de long ?
Expliquer le souci technique rencontré.
2. Pour résoudre ce problème, partir d'une bande de 120 mm.
Donner alors une approximation du quotient $\frac{120}{15}$, puis vérifier par le calcul.
3. Au lieu de découper une bande de papier, Kadiatou a directement posé sa règle graduée sur le guide-âne. Elle lit donc 8 mm à la première ligne rencontrée sur le guide-âne, 16 mm à la deuxième, etc.

À l'aide de ces constatations, recopier et compléter les égalités suivantes :

$$\frac{120}{15} = \frac{\dots}{2} = \frac{\dots}{3} = \frac{\dots}{4} = \frac{\dots}{5} = \frac{\dots}{6} = \frac{\dots}{7} = \frac{\dots}{8}$$

62 **Communiquer**

Aux États-Unis, les enseignes de restauration rapide sont nombreuses et la concurrence est rude.
Pour rivaliser avec l'une des plus célèbres et son fameux burger « quart de livre* pur bœuf », une enseigne a lancé le burger « tiers de livre pur bœuf ». Bien que moins cher que le premier cité, ce burger n'a pas rencontré le succès espéré par ses créateurs.
En effet, de nombreux Américains pensaient que ce burger contenait moins de viande.
Expliquer l'erreur qu'ils ont commise.

POUR INFO !
La livre est une unité de masse couramment utilisée aux États-Unis.

63 **Raisonner et Communiquer**

Gabin a réalisé un programme sur Scratch :

1. À quoi sert ce programme ?
2. Si l'utilisateur répond 6, puis 8 aux questions, que dira le lutin ?
3. Un cas n'a pas été prévu par Gabin, lequel ?

64 **Calculer et Communiquer**

On a demandé à Clara de décomposer $\frac{45}{6}$ sous la forme d'une somme d'un nombre entier et d'une fraction inférieure à 1.
Voici la réponse de Clara : $\frac{45}{6} = 7 + \frac{1}{2}$.
Sa réponse est-elle exacte ? Justifier.

65 **Représenter et Calculer**

Un récupérateur d'eau de 400 L est rempli aux $\frac{7}{10}$. Quelle quantité d'eau manque-t-il pour qu'il soit plein ?

66 **Représenter et Calculer**

Isma veut préparer 2 L de cocktail sans alcool. Elle a déjà versé dans trois verres doseurs $\frac{3}{4}$ L d'eau gazeuse, $\frac{3}{8}$ L de grenadine et $\frac{1}{2}$ L de jus d'ananas.

1. Associer les trois verres doseurs ci-dessous aux bons ingrédients.

Verre A — Verre B — Verre C

2. Pour terminer le cocktail, Isma doit ajouter deux fois plus de jus d'orange que de jus de citron. Quelle fraction de litre de jus d'orange doit-elle ajouter ?
3. Même question pour le jus de citron.

67 **Raisonner et Calculer**

Enzo dispose de deux récipients gradués qu'il a remplis comme indiqué ici :

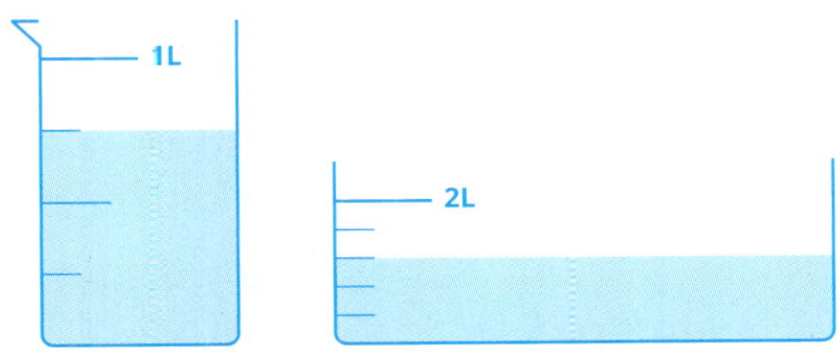

Récipient A — Récipient B

Enzo peut-il verser le contenu du récipient A dans le récipient B sans faire déborder celui-ci ? Justifier.

68 **Raisonner et Calculer**

Marion dispose de ce verre doseur.
Quelles manipulations peut-elle faire pour obtenir :

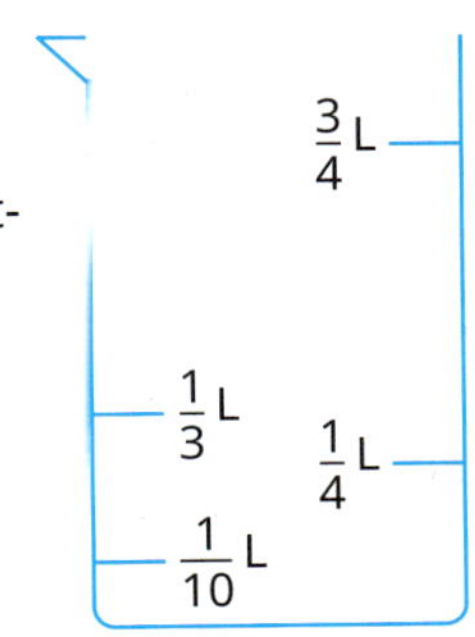

a. $\frac{2}{3}$ L ? **b.** $\frac{1}{2}$ L ?
c. $\frac{1}{5}$ L ? **d.** $\frac{3}{2}$ L ?
e. 1 L ? **f.** $\frac{11}{12}$ L ?

69 **Représenter et Raisonner**

En rentrant chez lui, Romain trouve un message de sa mère :

> J'ai commencé la préparation du quatre-quarts. J'ai mélangé dans le saladier le sucre, les œufs et le beurre. Il te reste à ajouter la farine et à mettre au four (40 min à 180 °C).
>
> À ce soir,
> Maman

Romain pèse le saladier avec la préparation. Il trouve 675 g.
Il pèse ensuite un saladier vide identique à celui qui contient la préparation. Il trouve 135 g.
Quelle masse de farine doit-il ajouter à la préparation pour terminer la recette ?

POUR INFO !
Un quatre-quarts est un gâteau composé à parts égales en masse de sucre, de farine, de beurre et d'œufs.

70 **À l'oral**

Un nombre augmenté de son quart donne 15. Quel est ce nombre ?

71 **Représenter et Calculer**

Un nombre augmenté de son septième donne 19. Quel est ce nombre ?

POUR INFO !
Le papyrus Rhind est un écrit égyptien datant de –1550. Il comporte de nombreux problèmes, dont ceux proposés dans les exercices **70** et **71**.

72 **Chercher**

Amine dépense le tiers de ses économies pour acheter des bonbons, puis les trois quarts du reste pour s'offrir une BD.
Il lui reste maintenant 3,50 €.
Quelle somme d'argent avait-il au départ ?

73 **Représenter et Raisonner**

Eva possède 25 paires de chaussures.
Elle décide de faire du tri. Elle en conserve les $\frac{3}{5}$ et essaiera de revendre la moitié de ce qui reste sur un site de seconde main.
Les autres partiront au recyclage.
Combien de paires de chaussures seront recyclées ?

74 **Calculer et Communiquer**

Le triathlon olympique est une discipline très exigeante composée de trois épreuves : de la natation, du vélo et de la course à pied.

1. Sachant que le vélo représente $\frac{80}{103}$ et la course à pied $\frac{40}{206}$ de la distance totale à parcourir, quelle fraction de la distance totale représente la distance de natation ?
2. Sachant que la distance totale est de 51,5 km, indiquer les distances (en km) pour chaque épreuve.

75 **Raisonner et Calculer**

On a interrogé des élèves d'une classe de 6e sur les tâches ménagères qu'ils effectuent le plus à la maison.
Voici les réponses obtenues :

- $\frac{1}{3}$ des élèves débarrassent la table ;
- $\frac{1}{4}$ des élèves vident le lave-vaisselle ;
- $\frac{1}{12}$ des élèves plient le linge ;
- $\frac{1}{9}$ des élèves arrosent les plantes ;
- $\frac{1}{18}$ des élèves passent l'aspirateur.

Les autres élèves ne font aucune tâche ménagère. Lili affirme que la proportion des élèves qui n'effectuent aucune tâche est de $\frac{1}{6}$. A-t-elle raison ? Justifier.

76 **Je fais une pause**

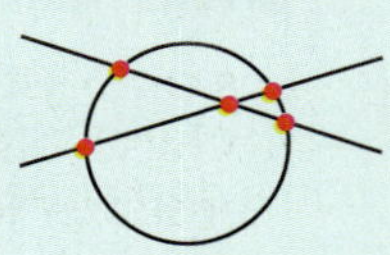

Si Jules trace un cercle et deux droites, il obtient au maximum cinq points d'intersection.
Combien en obtiendra-t-il, au maximum, en traçant deux cercles non confondus et trois droites non confondues ?

Je prépare mon évaluation

45 min

Je contrôle mes connaissances

	a	b	c
77 La fraction $\frac{23}{5}$ se décompose en :	$2+\frac{3}{5}$	$4+\frac{3}{5}$	$20+\frac{3}{5}$
78 Quel est le nombre qui, multiplié par 7, donne 11 ?	1,57	$\frac{7}{11}$	$\frac{11}{7}$
79 Une seule proposition est exacte, laquelle ?	$\frac{2}{8}+\frac{2}{8}=\frac{1}{4}$	$\frac{7}{12}>\frac{12}{7}$	La moitié de $\frac{1}{3}$ vaut $\frac{1}{6}$.

Je connais différentes représentations

80 Méline prétend que $\frac{2}{5}$ du carré sont colorés.
A-t-elle raison ? Justifier.

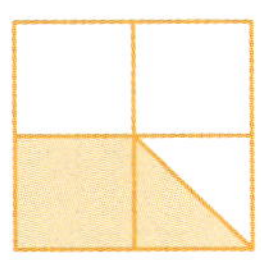

81 Combien mesure la bande verte ?

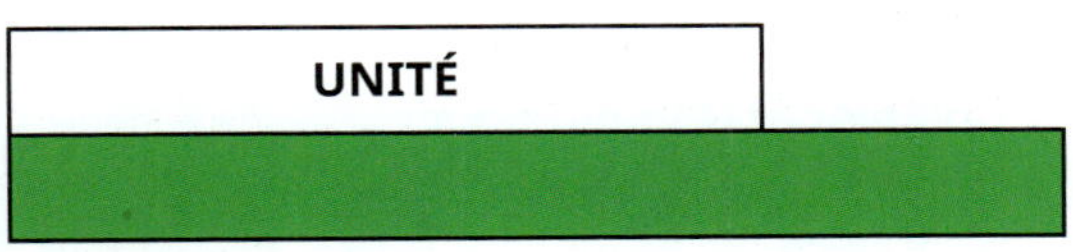

82 Quel est le nombre qui, multiplié par 11, donne 7 ?

83 **1.** Reproduire cet axe gradué sur une feuille blanche, en prenant 6 cm pour 1 unité.
Y placer $\frac{2}{3}$.

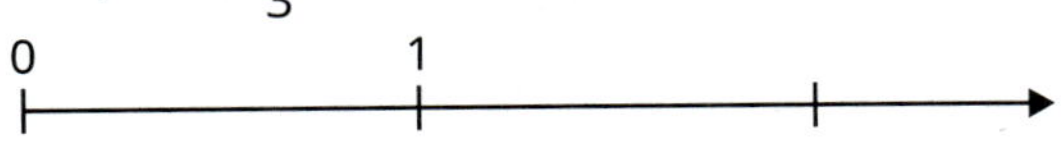

2. Reporter trois fois $\frac{2}{3}$.
Quel nombre obtient-on ?

3. Placer $\frac{4}{6}$. Que remarque-t-on ?
Quelle égalité de fractions peut-on écrire ?

4. Aura-t-on assez de place sur la feuille pour placer $\frac{25}{6}$? Expliquer pourquoi.

84 Dans cette liste, chaque nombre apparaît deux fois mais sous une écriture différente. Reconstituer les paires.

$\frac{23}{6}$ $\frac{18}{6}$ $\frac{14}{12}$ $\frac{7}{6}$ 3 $4-\frac{1}{6}$

J'ordonne, je calcule

85 Dans chaque cas, comparer et expliquer le raisonnement ou la méthode utilisée.

a. $\frac{17}{8}$ et $\frac{7}{8}$ **b.** $\frac{19}{6}$ et $\frac{19}{8}$ **c.** $\frac{13}{8}$ et 1

d. $\frac{7}{8}$ et $\frac{10}{9}$ **e.** $\frac{17}{6}$ et $\frac{16}{5}$ **f.** $\frac{17}{18}$ et $\frac{5}{6}$

86 Ranger ces fractions par ordre croissant, en expliquant le raisonnement utilisé.

$\frac{3}{4}$ $\frac{7}{6}$ $\frac{4}{3}$ $\frac{3}{2}$ $\frac{5}{12}$ $\frac{12}{6}$

87 Calculer et simplifier si possible.

a. $\frac{52}{25}-\frac{42}{25}$ **b.** $\frac{11}{5}+\frac{1}{15}$ **c.** $1+\frac{7}{15}$

Je résous des problèmes

88 Dans un collège, $\frac{3}{5}$ des professeurs sont des femmes. Parmi elles, la moitié enseigne les langues, un tiers les sciences. Les autres, au nombre de 4, sont professeurs d'EPS. Combien y a-t-il de professeurs dans le collège ?

89 Dans une boîte de chocolats, $\frac{2}{5}$ sont au chocolat noir, $\frac{7}{20}$ sont au chocolat blanc et le reste est au chocolat au lait. Tom affirme que les chocolats les plus nombreux dans la boîte sont au chocolat au lait.
A-t-il raison ? Justifier.

Exercices 77 à 89 corrigés **p. 314**

Je mobilise mes compétences

90 Un pattern

Un pattern désigne une suite répétitive ou évolutive de motifs ou de nombres.

Samy a commencé à colorier un carré qu'il a partagé en parts égales. Voici les deux premières étapes de son pattern :

Étape 1

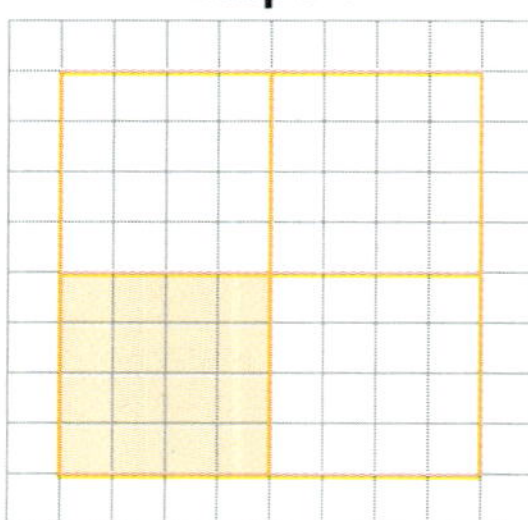

Étape 2

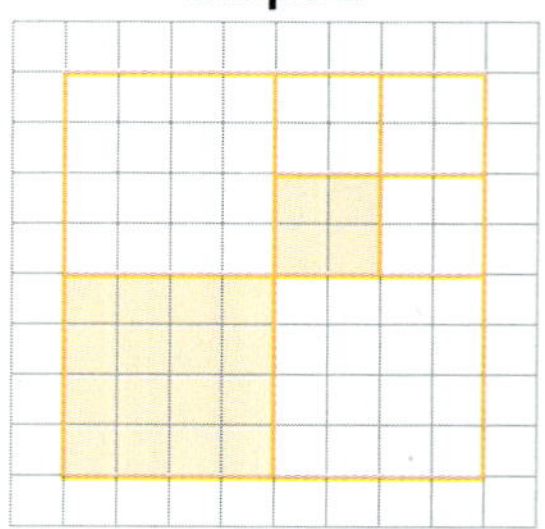

1. Quelle fraction du grand carré est colorée à la première étape ?
2. Quelle fraction du grand carré est colorée à la deuxième étape ?
3. **a.** Recopier l'étape 2 puis la compléter pour obtenir le dessin de Samy à l'étape 3.
   b. Quelle fraction du grand carré est colorée à cette étape ?

91 Raisonner et Communiquer

Lors du dernier entraînement de l'équipe de France féminine de football, le sélectionneur a noté les statistiques suivantes sur les tirs au but :

- Marie-Antoinette Katoto : taux de réussite de 87 % ;
- Eugénie Le Sommer : 17 buts sur 20 tirs ;
- Melvine Malard : 21 buts, 4 loupés ;
- Wendie Renard a transformé $\frac{7}{10}$ de ses tentatives.

Aider le sélectionneur à désigner la tireuse des tirs au but pour le prochain match.

92 Raisonner et Communiquer

Mona met 15 minutes pour aller au collège ou en revenir. Son frère Naël, qui est en trottinette, ne met que 10 minutes. À 14 h 30, Mona sort du collège et Naël de la maison. À quelle heure vont-ils se rencontrer sur leur trajet domicile-collège ?

Exprime la fraction de trajet effectué par Mona (puis par son frère) en une minute.

93 Raisonner et Communiquer

Un quotidien sportif français a établi des statistiques à l'issue des Jeux olympiques de Paris 2024.

Répartition des médailles d'or françaises par genre

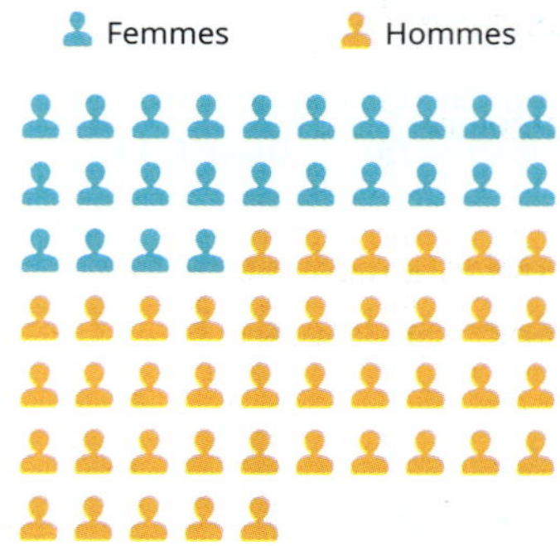

En se basant sur cette représentation, qui donne une répartition des médailles d'or françaises par genre, un journaliste affirme que les hommes ont rapporté à la délégation française les $\frac{3}{5}$ de ces médailles.

Que penser de cette affirmation ?

94 Calculer et Communiquer

Quatre redoutables pirates se partagent un trésor après une bataille féroce. Black Crochet aura $\frac{1}{4}$ de celui-ci, Barbe Corail en aura $\frac{2}{7}$ et Sabre Aiguisé en aura $\frac{3}{14}$.

Le reste sera pour Cache-Œil.

1. Exprimer la part de Cache-Œil sous la forme d'une fraction.
2. Sabre Aiguisé, en voyant sa part, est très énervé. Pourquoi ? Expliquer.

95 Chercher

Une fraction est telle que si on ajoute 1 à son numérateur et 1 à son dénominateur, on trouve $\frac{3}{4}$, et si on soustrait 1 à son numérateur et 1 à son dénominateur, on trouve $\frac{2}{3}$. Quelle est cette fraction ?

Écris des fractions égales à $\frac{3}{4}$ et $\frac{2}{3}$.

96 **Calculer et Raisonner**

Voici un programme de calculs :

- Choisir un nombre.
- Lui ajouter $\frac{1}{2}$.
- Soustraire $\frac{1}{6}$.
- Soustraire $\frac{1}{3}$.

1. On choisit $\frac{1}{2}$ comme nombre de départ. Quel nombre obtient-on ?

2. On choisit 2 comme nombre de départ. Quel nombre obtient-on ?

3. Quelle remarque peut-on faire ?

4. Prouver cette remarque en calculant $\frac{1}{2}-\frac{1}{6}-\frac{1}{3}$.

97 **Représenter et Raisonner**

Julia constate que sa réserve d'œufs occupe les quatre cinquièmes de trois boîtes identiques.

Elle utilise $\frac{1}{4}$ des œufs pour faire un gâteau.

Deux boîtes suffisent-elles pour ranger les œufs restants ?

Adaptations
ecubelin.fr/25mmat6-25
Livret complémentaire p. 4

98 Je prends des initiatives

Raisonner et Communiquer

LE PROBLÈME Constance fait son stage d'observation de 3e chez un vétérinaire.
Ce matin, le vétérinaire reçoit deux animaux auxquels il va devoir prescrire des antibiotiques.
Sur le dossier de chaque animal, il inscrit son poids et la durée du traitement.
Le vétérinaire fournit à Constance :
- un tableau contenant l'inventaire de l'armoire à pharmacie ;
- un tableau précisant le dosage et la fréquence de prise des antibiotiques.

Il lui demande de trouver une solution pour que les propriétaires des deux animaux puissent repartir de son cabinet avec le traitement.

- Quel est le dosage et le nombre de comprimés à délivrer pour chaque animal ?

Document 1 Les dossiers des animaux

Cosinus

Poids : 6,2 kg

Durée du traitement : 10 jours

Patapouf

Poids : 36,7 kg

Durée du traitement : 6 jours

Document 2 L'armoire à pharmacie

Médicament	Nombre de plaquettes de 10 comprimés
Antibiotique dosé à 50 mg	2
Antibiotique dosé à 250 mg	2
Antibiotique dosé à 500 mg	2

Document 3 La posologie des antibiotiques

	Nombre de comprimés, deux fois par jour		
Poids corporel (en kg)	Antibiotique dosé à 50 mg	Antibiotique dosé à 250 mg	Antibiotique dosé à 500 mg
1-1,25			
1,25-2,5			
2,5-3,75			
3,75-5			
5-6,25		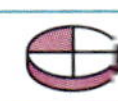	
6,25-12,5			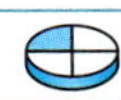
12,5-18,75			
18,75-25		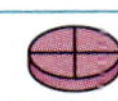	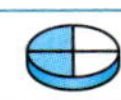
25-31,25		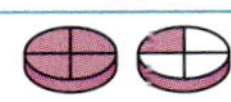	
31,25-37,5		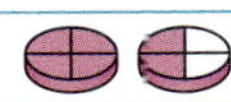	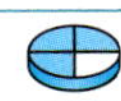
37,5-50			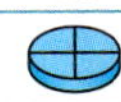
50-62,5			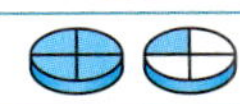
62,5-75			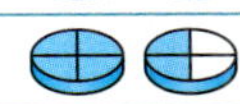

J'utilise un tableur

Lait de vache ou lait de chèvre ?

Niveau mathématique ●○○ Niveau technique ●○○

45 min

- **Apprendre à construire un diagramme circulaire avec un tableur.**
- **Calculer des proportions.**

Les macronutriments sont des substances dont notre corps a besoin en grande quantité pour fonctionner correctement. Ils nous fournissent l'énergie et les matériaux nécessaires pour que nos organes et nos muscles puissent bien travailler. Il y a trois principaux types de macronutriments : les glucides, les protéines et les lipides.
Ils sont essentiels à notre corps mais il faut les consommer avec modération pour rester en bonne santé !

Voici les compositions en macronutriments d'un verre de lait de vache et d'un litre de lait de chèvre :

- Composition d'un verre de lait de vache

Glucides	Protéines	Lipides
1,44 g	0,99 g	0,57 g

- Composition d'un litre de lait de chèvre

Glucides	Protéines	Lipides
48 g	33 g	19 g

1. Nous allons représenter la composition en macronutriments du verre de lait de vache sous la forme d'un diagramme circulaire.
   a. Recopier sur LibreOffice Calc le tableau contenant la composition en macronutriments d'un verre de lait de vache.
   b. Sélectionner tout le tableau.
   c. Cliquer sur « Insérer un diagramme »
   d. Cliquer sur « Secteur » Secteur
   e. Cliquer sur « Terminer ».
2. Représenter de la même façon la composition en macronutriments d'un litre de lait de chèvre.
3. Que remarque-t-on ?
4. a. Calculer la quantité totale de macronutriments présente dans un verre de lait de vache.
   b. Calculer les proportions de glucides, de protéines et de lipides du lait de vache.
5. Calculer les proportions de glucides, de protéines et de lipides du lait de chèvre.
6. Quel lait semble meilleur pour la santé ?

Je **joue** avec les acquis du chapitre

MONDRIANO

La mission

Avec les réglettes, recouvre certaines zones de la grille pour que la partie colorée de chaque ligne et de chaque colonne corresponde à la fraction indiquée.

Les règles

- La fraction indiquée s'applique à toute la grille, pour chaque ligne et pour chaque colonne.
- Une zone est soit entièrement blanche, soit entièrement coloriée.

Exemple

$\frac{1}{2}$

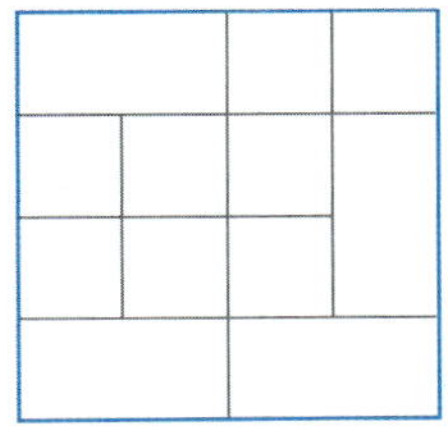

Solution

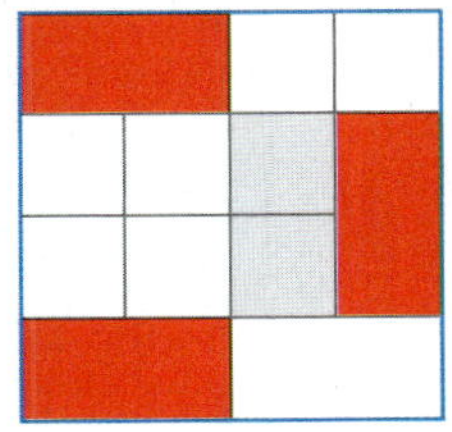

Lorsque la zone correspondant à la réglette 1 (blanche) est recouverte, elle est représentée en gris.

À ton tour !

Pour chaque grille, indique sur ton cahier la fraction représentant la proportion coloriée.

1 $\frac{...}{...}$

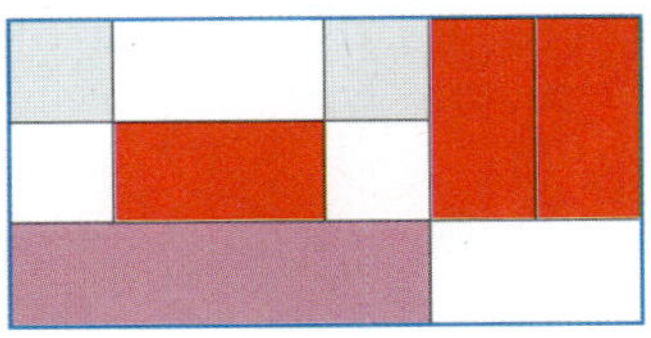

2 $\frac{...}{...}$

Recouvre chaque grille par les réglettes dans la proportion demandée.

3 $\frac{2}{3}$

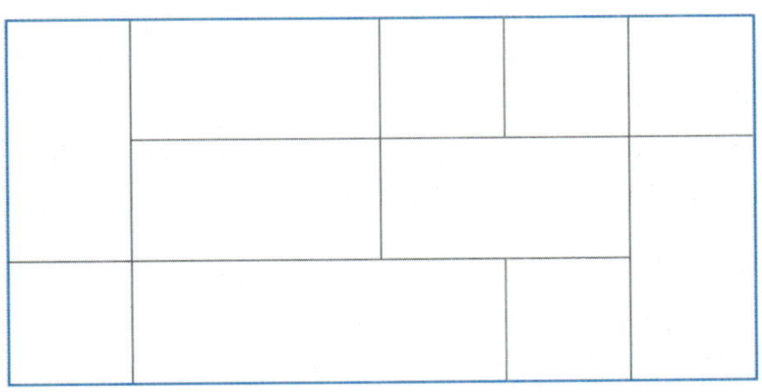

Grilles de jeu
edubelin.fr/25mmat6-27
Toutes les grilles en PDF

4 $\frac{3}{4}$

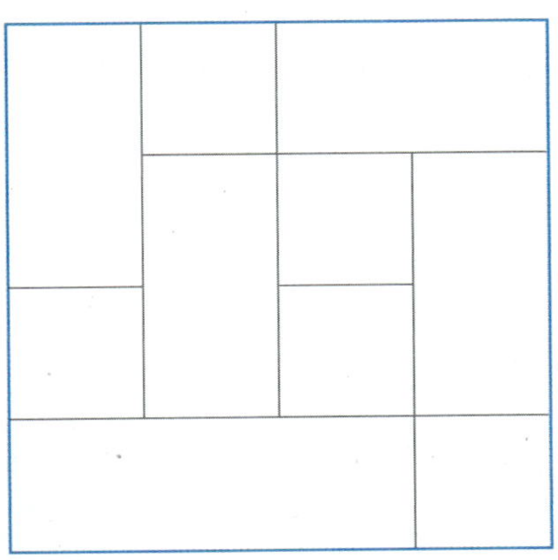

5 $\frac{3}{5}$

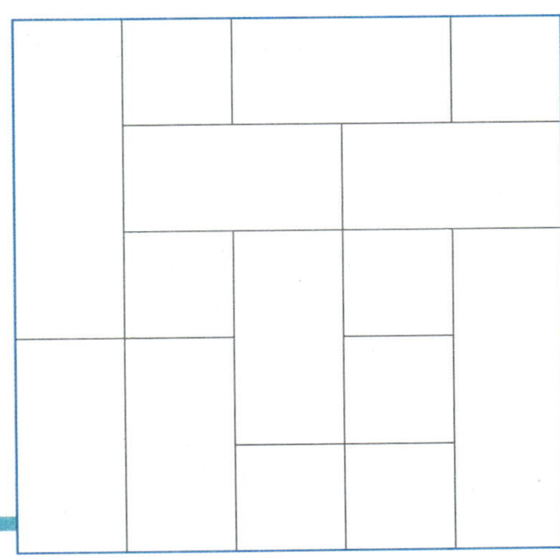

CHAPITRE 2

Fractions décimales et nombres décimaux

À Bruges, la Venise du Nord, il y a des canaux mais aussi la statue d'un mathématicien, Simon Stevin.

ON FAIT des MATHS ?

Les nombres « à virgule » ont-ils toujours existé ?

Stéphane et Adrien t'emmènent à Bruges, en Belgique, sur les traces de Simon Stevin. Ce mathématicien visionnaire a joué un rôle crucial dans l'adoption de l'écriture décimale en Europe. Ils te racontent comment ses travaux ont bouleversé les pratiques commerciales, permis des avancées scientifiques majeures et changé à jamais notre façon de compter.

POUR VOIR LA VIDÉO
edubelin.fr/25mmat6-28

Je développe mes **automatismes**

Automatismes
edubelin.fr/25mmat6-29
5 séries en PDF

5 min

Réponds à ces questions sans utiliser la calculatrice !

1. Quelle est l'abscisse du point A ?

2. $\frac{5}{9} + \frac{?}{18} = 1$

3. 2 citrons pèsent 300 g.
2 citrons et 2 fraises pèsent 360 g.
Quelle est la masse d'une fraise ?

4. Quel est le plus petit multiple commun à 10 et 12 ?

5. Combien d'élèves dans la classe de 6e C ont choisi l'allemand comme LV2 pour l'entrée en 5e ?

Classe / LV2 choisie	6e A	6e B	6e C	6e D	6e E	Total
Allemand	8	7	?	9	7	35
Espagnol	16	15	14	12	12	69

6. Lors d'un entraînement d'athlétisme, Idriss parcourt 3 fois la boucle rouge et Laura 7 fois la boucle violette. Qui a parcouru le plus de kilomètres ?

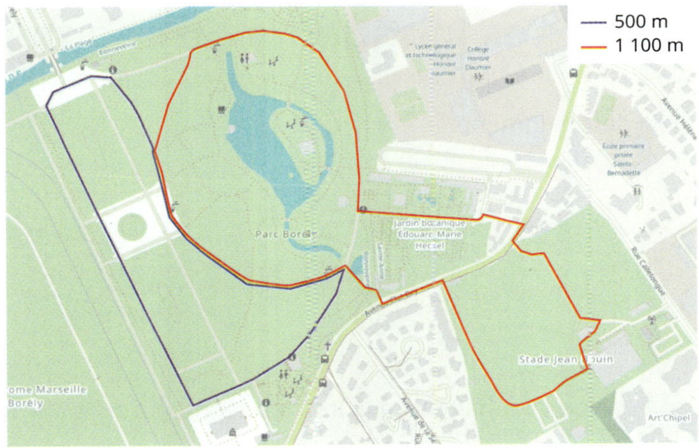

Objectifs : • Réactiver les différentes écritures d'un nombre et les pourcentages.
• Réactiver ou introduire l'abscisse.
• Faire le lien avec mesures et grandeurs (longueurs).
• Réactiver la comparaison.

Je **manipule** avec mes acquis

20 min

Wassim, Théo et Aya font la course.
Au bout de 5 minutes, Wassim a parcouru 50 % du chemin, Théo a parcouru $\frac{3}{4}$ du chemin et Aya a parcouru $\frac{7}{10}$ du chemin.

1. Trace sur ton cahier un segment de 10 cm.
Il représente le chemin de la course.
Indique sur ce segment la position de chaque coureur au bout des 5 minutes.

2. Réfléchis à la façon dont tu pourrais graduer le chemin pour indiquer précisément l'emplacement de chaque coureur (emplacement que l'on appelle abscisse).
Fais-le sur ton cahier.

3. Donne l'écriture décimale de chaque abscisse et ordonne-les dans l'ordre décroissant.

Je découvre

JE REVOIS

QCM Donner la ou les bonnes réponses parmi les quatre propositions.

1. Douze-mille-deux-cent-six est égal à :
- a 12 000 206
- b 12 206
- c 12 000 + 200 + 6
- d 12 + 1 000 + 200 + 6

2. Deux dixièmes s'écrit aussi :
a $\frac{2}{10}$ b $\frac{2}{100}$ c $\frac{2}{1\,000}$ d $\frac{10}{2}$

3. $\frac{1}{5}$ est égal à :
a $\frac{4}{25}$ b $\frac{20}{100}$ c $\frac{4}{9}$ d $\frac{2}{10}$

4. Quel nombre est compris entre 1 et 2 ?
a $\frac{1}{4}$ b $\frac{4}{3}$ c $\frac{12}{5}$ d $\frac{17}{16}$

5. Ce segment mesure :

- a 31 cm
- b 3,1 cm
- c 3 cm + $\frac{1}{10}$ cm
- d 31 mm

Activité 1 Les longueurs de segments

Objectif : Construire les nombres décimaux par la manipulation et la mesure de longueurs

Voici deux segments :

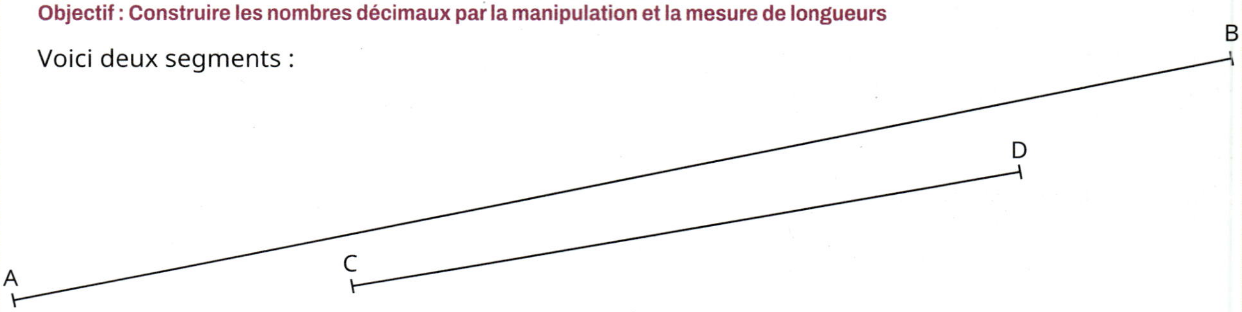

Jade et Noah souhaitent mesurer ces segments sans utiliser leur règle.
Pour cela, ils utilisent des réglettes.
Ils décident que la **réglette orange** représente une **unité de longueur**.

1. a. Que dire des longueurs des segments [AB] et [CD] par rapport à la longueur des réglettes orange ?
b. Recopier et compléter alors par des nombres entiers les encadrements suivants :
- … < AB < …
- … < CD < …

2. La mesure obtenue est peu précise.
Noah décide alors de partager l'unité.
Pour cela, il utilise des **réglettes jaunes**.
a. Quelle fraction de la réglette orange représente la réglette jaune ?
b. En utilisant les réglettes jaunes, proposer un nouvel encadrement plus précis des longueurs des segments [AB] et [CD].
- … < AB < …
- … < CD < …

3. Jade s'inspire de la méthode de Noah et propose d'employer des réglettes encore plus petites : les **réglettes blanches**.
a. Quelle fraction de la réglette orange représente la réglette blanche ?
b. En utilisant les réglettes blanches, déterminer la longueur des segments [AB] et [CD].
- AB = …
- CD = …

4. a. Tracer sur une feuille un segment [EF].
b. Grâce à la méthode de Jade et Noah, proposer un encadrement de la longueur du segment [EF] en le mesurant à l'aide de réglettes adaptées.

Pour aller plus loin
Si on décide d'utiliser la notation 0,1 pour représenter un dixième, comment allons-nous noter les longueurs AB et CD ?

JE REVOIS

QCM Donner la ou les bonnes réponses parmi les trois propositions.

1. Si le **grand carré** représente une unité d'aire, combien d'unités d'aire représente un **petit carré** ?

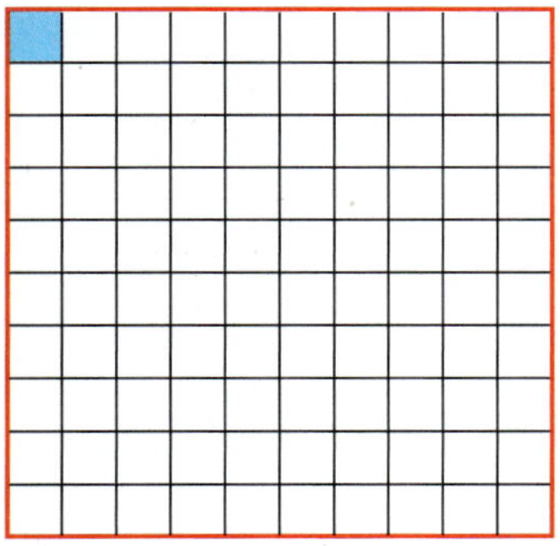

ⓐ 0,1 ⓑ 0,01 ⓒ 0,001

2. 1 minute est égale à :

ⓐ 10 secondes ⓑ 100 secondes ⓒ 60 secondes

3. $\frac{289}{100}$ est plus petit que :

ⓐ $\frac{2\,809}{1\,000}$ ⓑ $\frac{29}{10}$ ⓒ 3

4. Si on ajoute un centième à $\frac{5}{1\,000}$, quel nombre obtient-on ?

ⓐ $\frac{6}{1\,000}$ ⓑ $\frac{15}{1\,000}$ ⓒ $\frac{105}{1\,000}$

5. Quelle fraction représente une année par rapport à un siècle ?

ⓐ $\frac{1}{10}$ ⓑ $\frac{1}{100}$ ⓒ $\frac{1}{1\,000}$

Activité 2 La frise chronologique

Objectif : Repérer et placer des nombres décimaux sur une demi-droite graduée

Voici une frise chronologique :

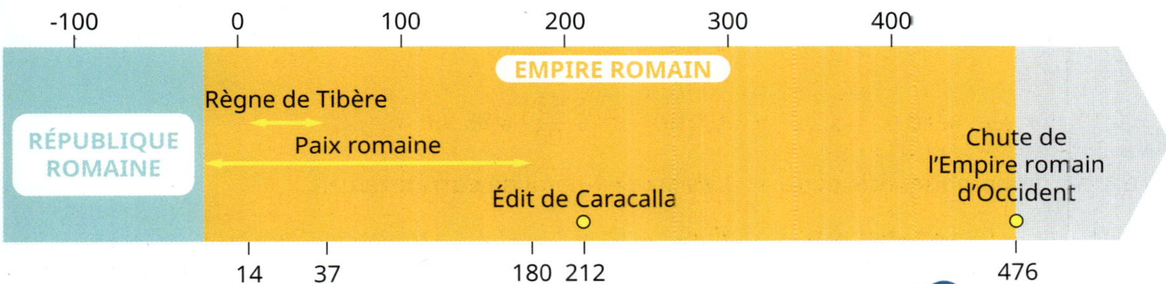

POUR INFO

Aux Ier et IIe siècle après J.-C., l'Empire romain connaît une période de paix et de prospérité : c'est la ***Pax romana***, ou Paix romaine. Cette période a commencé pendant le règne d'Auguste.

1. Donner :

a. la date de début et la date de fin du règne de Tibère ;

b. la date de fin de la « Paix romaine ».

2. **a.** Tracer une demi-droite graduée comme celle ci-dessous. Prendre comme échelle 1 cm pour 10 ans et commencer par l'année 0.

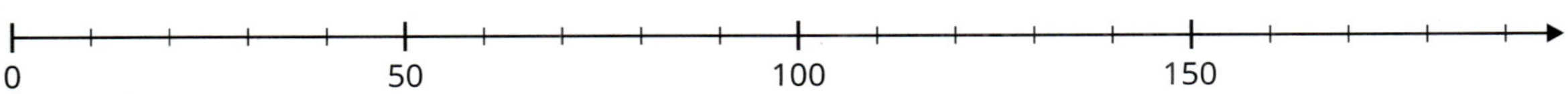

b. Si une graduation de 1 cm représente 10 ans, quelle longueur représente une année sur cette demi-droite graduée ?

3. Placer sur cette demi-droite graduée les points :

- A : Fin du règne de Tibère
- C : Début de la construction du Colisée en 72
- D : Fin de la « Paix romaine »
- F : Fin de la construction du Colisée en 80

4. Chaque point est repéré par un **nombre** appelé son **abscisse**.
Quelle est l'abscisse du point A ?

A Connaître et utiliser les fractions décimales

Définition

Une **fraction décimale** est une fraction dont le numérateur est un nombre entier et dont le dénominateur est 10, 100, 1 000, ...

Exemples

- 1 unité

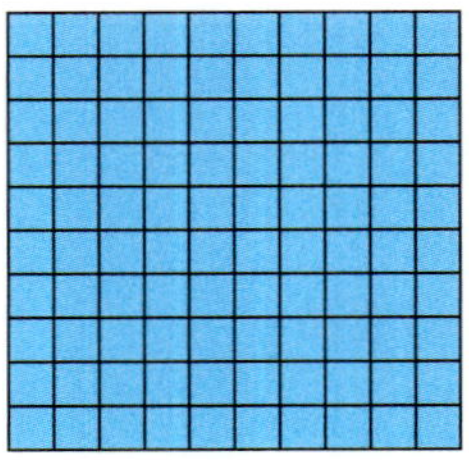

- $\frac{10}{100} = \frac{1}{10}$

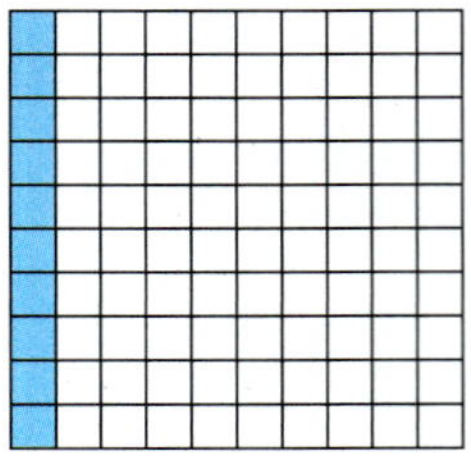

- $\frac{7}{100}$

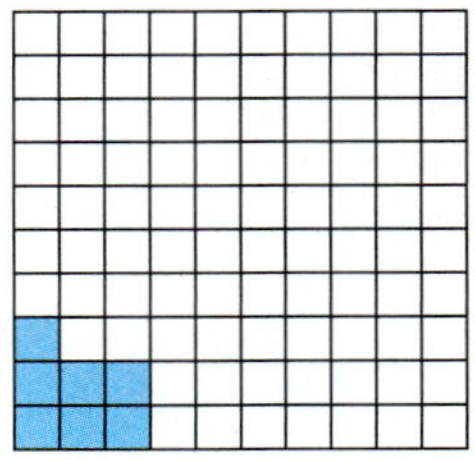

B Manipuler les nombres décimaux

Définition

Un **nombre décimal** est un nombre qui peut s'écrire sous la forme d'une fraction décimale.

Exemples

- $\frac{1}{10} = 0,1$
- $\frac{7}{100} = 0,07$
- $\frac{13}{1\,000} = 0,013$
- $\frac{8\,539}{100} = 85,39$
- $\frac{1}{3}$ n'est pas un nombre décimal car la division de 1 par 3 ne s'arrête jamais.

Remarque : Un nombre entier est un nombre décimal.
Par exemple, 75 peut s'écrire $\frac{750}{10}$.

Propriété (admise)

Un nombre décimal peut s'écrire de **plusieurs façons différentes**.

Exemples

En plus de son écriture décimale, 85,39 peut aussi s'écrire :
– sous forme d'une fraction décimale : $\frac{8\,539}{100}$;
– de façon décomposée avec partie entière et partie décimale :

$$85 + \frac{39}{100} \ ;\ 85 + 0,39 \ ;$$

– sous forme d'une suite d'opérations : $(8 \times 10) + (5 \times 1) + (3 \times 0,1) + (9 \times 0,01)$;
$80 + 5 + 0,3 + 0,09$; $(8 \times 10) + (5 \times 1) + (3 \times \frac{1}{10}) + (9 \times \frac{1}{100})$; $85 + \frac{3}{10} + \frac{9}{100}$;
– sous forme de pourcentage : 8 539 %.

À retenir
- $\frac{1}{10} = 0,1 = 10\ \%$
- $\frac{1}{2} = 0,5 = 50\ \%$
- $\frac{1}{4} = 0,25 = 25\ \%$

Je retiens

Quand tu as appris ton cours, cache-le avec une feuille et réponds aux questions.

La fraction $\frac{82}{1\,000}$ est-elle décimale ?

12 est-il un nombre décimal ?

Peux-tu donner différentes écritures du nombre 17,52 ?

Quel est le chiffre des centièmes du nombre 2,871 ? Quel est son nombre de centièmes ?

C Comparer des nombres décimaux

Définition

Comparer deux nombres, c'est trouver le plus **grand** ou le plus **petit** ou indiquer s'ils sont **égaux**.

Exemple : 7,32 < 10,15 se lit « 7,32 **est inférieur à** 10,15 ».
En effet, $7{,}32 = \frac{732}{100}$ et $10{,}15 = \frac{1\,015}{100}$.

Définitions

- Une **demi-droite** d'origine O est **graduée** lorsque l'on a choisi une **unité de longueur** que l'on a reportée ensuite **régulièrement** à partir de l'origine O.
- Sur une demi-droite graduée, chaque point est repéré par un nombre appelé l'**abscisse** de ce point.

Exemple

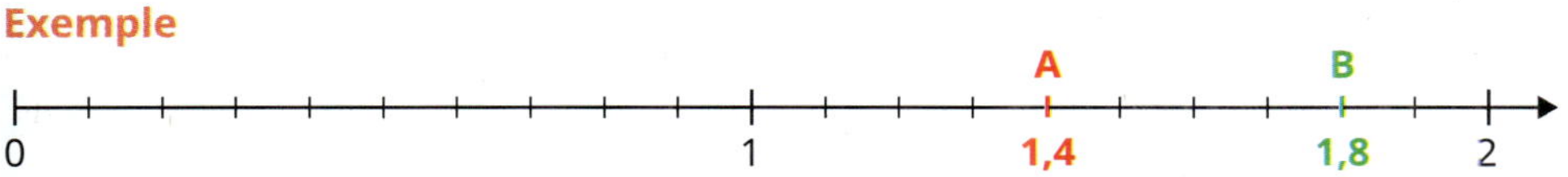

1	0,1	0,1	0,1	0,1				
1	0,1	0,1	0,1	0,1	0,1	0,1	0,1	0,1

• L'abscisse du point **A** est **1,4**. • **1,8** est l'abscisse du point **B**. • On a donc : 1,4 < 1,8.

Définition

Ranger des nombres dans l'**ordre croissant** (ou **décroissant**), c'est ranger ces nombres du plus petit au plus grand (ou du plus grand au plus petit).

Exemples

- Dans l'ordre croissant : 0,005 < 0,011 < 0,6 < 0,699 < 0,83
- Dans l'ordre décroissant : 0,83 > 0,699 > 0,6 > 0,011 > 0,005

Définition

Encadrer un nombre, c'est trouver un nombre plus petit que lui et un nombre plus grand que lui.

Exemples

- **1** < 1,3 < **2** est un encadrement à l'unité de 1,3.
  1,3 est plus proche de 1 que de 2. 1 est alors appelé l'arrondi à l'unité de 1,3.
- **0,17** < 0,175 < **0,18** est un encadrement de 0,175 au centième.
  Par convention, l'arrondi au centième de 0,175 est 0,18.

Définition

Intercaler un nombre entre deux nombres donnés, c'est trouver un nombre qui est **compris** entre ces deux nombres.

Exemple : 9,71 < **9,714** < 9,72

Je retiens

Comment se lit « 4 < 26 » ?

Compare les nombres 5,4 et 5,37.

Comment appelle-t-on le nombre associé à un point sur une demi-droite graduée ?

Peux-tu expliquer comment comparer deux nombres décimaux sur une demi-droite graduée ?

Quand on range les nombres du plus grand au plus petit, comment appelle-t-on cet ordre ?

Encadre à l'unité le nombre 4,2.

Donne l'arrondi au dixième de 10,7.

Intercale un nombre entre 7,54 et 7,55.

MON QCM DE RÉVISION
edubelin.fr/25mmat6-33

J'apprends à faire

1 Utiliser les fractions décimales

1. Parmi les fractions suivantes, lesquelles sont des fractions décimales ? Justifier.

a. $\frac{1}{100}$ **b.** $\frac{100}{47}$ **c.** $\frac{23}{10}$ **d.** $\frac{10}{3}$ **e.** $\frac{268}{1\,000}$ **f.** $\frac{1\,051}{10\,000}$

2. Écrire sous forme d'une fraction décimale avec le plus petit dénominateur possible les nombres suivants :

a. 701 centièmes **b.** 15 % **c.** $\frac{17}{25}$ **d.** 0,25

3. Recopier et compléter les égalités suivantes :

a. $\frac{14}{10} = \frac{...}{100} = \frac{...}{1\,000}$ **b.** $\frac{9\,800}{1\,000} = \frac{...}{100} = \frac{...}{10}$

Solution

1. **a**, **c**, **e** et **f**. $\frac{1}{100}$, $\frac{23}{10}$, $\frac{268}{100}$ et $\frac{1\,051}{10\,000}$ sont des fractions décimales car leur dénominateur est égal à 10 ou 100 ou 1 000 et ainsi de suite.

b et **d**. $\frac{100}{47}$ et $\frac{10}{3}$ ne peuvent pas s'écrire sous forme de fractions décimales car la division de 100 par 47 et la division de 10 par 3 ne s'arrêtent jamais.

2. **a.** 701 centièmes $= \frac{701}{100}$ **b.** 15 % $= \frac{15}{100}$ **c.** $\frac{17}{25} = \frac{17 \times 4}{25 \times 4} = \frac{68}{100}$ **d.** $0{,}25 = \frac{25}{100}$

3. **a.** $\frac{14}{10} = \frac{14 \times 10}{10 \times 10} = \frac{140}{100} = \frac{140 \times 10}{100 \times 10} = \frac{1\,400}{1\,000}$

b. $\frac{9\,800}{1\,000} = \frac{9\,800 : 10}{1\,000 : 10} = \frac{980}{100} = \frac{980 : 10}{100 : 10} = \frac{98}{10}$

Observe bien les dénominateurs.

JE M'EXERCE

1. Parmi les fractions suivantes, lesquelles sont des fractions décimales ? Justifier.

a. $\frac{7}{100}$ **b.** $\frac{1\,000}{3}$ **c.** $\frac{1}{10}$ **d.** $\frac{78}{13}$

2. Écrire sous forme d'une fraction décimale avec le plus petit dénominateur possible les nombres suivants : **a.** 63 427 millièmes **b.** $\frac{1}{5}$ **c.** $870 + \frac{12}{1\,000}$ **d.** 30 %

3. Recopier et compléter ces égalités : **a.** $\frac{7}{10} = \frac{...}{100} = \frac{...}{1\,000}$ **b.** $\frac{800}{1\,000} = \frac{...}{100} = \frac{...}{10}$

Exercice corrigé **p. 314**

2 Manipuler les nombres décimaux

On considère le nombre 504,02.

1. Quelle est sa partie entière ? Et sa partie décimale ?

2. Donner deux décompositions différentes de ce nombre.

3. Quel est le chiffre des centièmes de ce nombre ?

4. On ajoute un dixième à ce nombre. Quel nouveau nombre obtient-on ? Quel est son nombre de dixièmes ?

Solution

Écris le nombre d'unités d'un nombre pour obtenir sa partie entière. Ensuite, écris un nombre strictement inférieur à 1 qui, ajouté à la partie entière, forme le nombre de départ.

1. La partie entière du nombre 504,02 est 504 et sa partie décimale est 0,02, car $504{,}02 = 504 + 0{,}02$ avec $0{,}02 < 1$.

2. $504{,}02 = 5 \times 100 + 4 \times 1 + 2 \times 0{,}01$ ou $504{,}02 = 500 + 4 + \dfrac{2}{100}$.

   Il y a d'autres décompositions possibles, par exemple : $50 \times 10 + 4 \times 1 + 2 \times \dfrac{1}{100}$.

3. $504{,}02 = 5 \times 100 + 4 \times 1 + 2 \times \dfrac{1}{100}$ = 5 centaines 4 unités et 2 centièmes.

   Le chiffre des centièmes du nombre 504,02 est 2.

Écris le nombre sous forme décomposée au maximum.

4. $504{,}02 + 0{,}1 = \dfrac{50\,402}{100} + \dfrac{1}{10} = \dfrac{50\,402}{100} + \dfrac{10}{100} = \dfrac{50\,412}{100} = 504{,}12$

   On obtient donc le nombre 504,12.

   $504{,}12 = 504 + 1 \times \dfrac{1}{10} + 2 \times \dfrac{1}{100} = 5\,041 \times \dfrac{1}{10} + 2 \times \dfrac{1}{100}$ = 5 041 dixièmes et 2 centièmes.

   Son nombre de dixièmes est donc 5 041.

JE M'EXERCE

Reprendre l'exercice précédent avec le nombre 9,105.

Exercice corrigé p. 314

3 Comparer des nombres décimaux

On considère les nombres 2,2 et 2,12.

1. Comparer ces nombres décimaux.
2. Donner un encadrement au dixième de 2,12.
3. Intercaler deux nombres entre 2,2 et 2,12.

Solution

Écris les nombres sous forme de fractions décimales avec des dénominateurs égaux.

1. On a : $2{,}2 = 2 + \dfrac{2}{10} = \dfrac{20}{10} + \dfrac{2}{10} = \dfrac{22}{10} = \dfrac{220}{100}$ et $2{,}12 = 2 + \dfrac{12}{100} = \dfrac{200}{100} + \dfrac{12}{100} = \dfrac{212}{100}$.

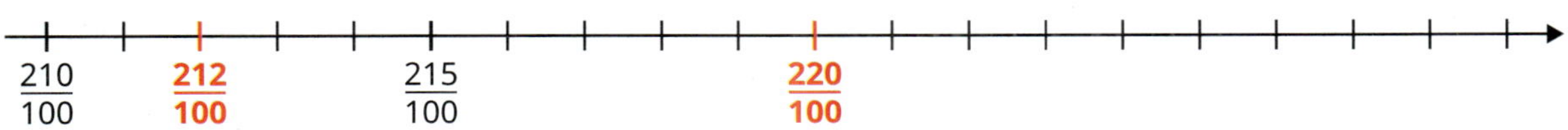

   Comme $\dfrac{212}{100} < \dfrac{220}{100}$, on en déduit que $2{,}12 < 2{,}2$.

2. On a : $\dfrac{210}{100} < \dfrac{212}{100} < \dfrac{220}{100}$. Comme $\dfrac{21}{10} < \dfrac{212}{100} < \dfrac{22}{10}$, on en déduit que $2{,}1 < 2{,}12 < 2{,}2$.

3. On a : $\dfrac{212}{100} < \dfrac{220}{100}$. Comme $\dfrac{212}{100} < \dfrac{214}{100} < \dfrac{219}{100} < \dfrac{220}{100}$, on en déduit que $2{,}12 < 2{,}14 < 2{,}19 < 2{,}2$.

JE M'EXERCE

Reprendre l'exercice précédent avec les nombres 3,4 et 3,35.

Exercice corrigé p. 314

Je prends confiance

Je prends mon élan

1 Recopier et compléter :

$$1 = \frac{\dots}{10} = 100 \times \frac{1}{\dots} = \dots \text{ millièmes}$$

2 Recopier et compléter :

$$0{,}65 = \dots\ \% = \frac{65}{\dots} = \frac{\dots}{20}$$

3 Quelle est la longueur du segment [AB] en centimètres ?

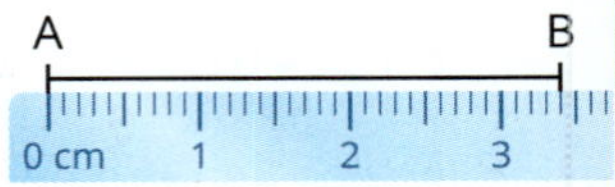

4 Combien de pièces de 1 centime faut-il pour avoir 1,05 € ?

Je me lance

Utiliser les fractions décimales

5 **Automatismes**

Écrire chaque nombre sous la forme d'une fraction décimale avec le plus petit dénominateur possible.

a. Deux dixièmes **b.** 25 %

c. Cinquante-trois millièmes **d.** $\frac{1}{2}$

e. Un centième **f.** $\frac{1}{4}$

6 Dans chaque cas, quelle fraction décimale de la surface de la figure représente la partie coloriée ?

a.

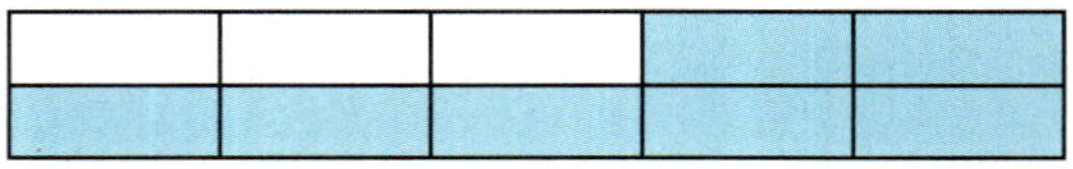

b.

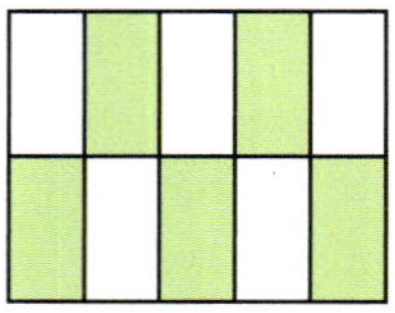

c.

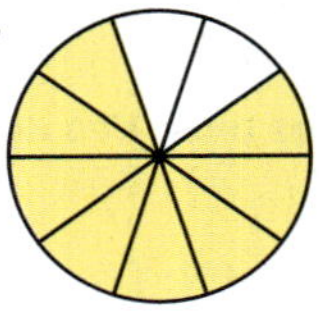

d.

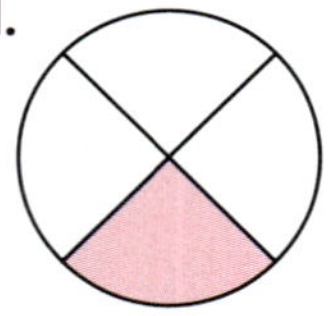

e.

7 Recopier et compléter :

a. $\frac{6}{10} = \frac{\dots}{100} = \frac{\dots}{1\,000}$

b. $\frac{15}{10} = \frac{1\,500}{\dots} = \frac{150\,000}{\dots}$

c. $\frac{10}{100} = \frac{\dots}{10} = \frac{\dots}{1\,000}$

Manipuler les nombres décimaux

8 Écrire chaque nombre sous la forme d'une fraction décimale avec le plus petit dénominateur possible.

a. 0,5 **b.** 1,347 **c.** 0,02

d. 2,98 **e.** 54,02 **f.** 10,001

9 Décomposer chaque nombre en somme de sa partie entière et de sa partie décimale.

Exemple : $1{,}53 = 1 + \frac{53}{100}$

a. 7,36 **b.** 0,92 **c.** 55,037

d. 45,068 **e.** 840,001 **f.** 0,039

10 Donner une écriture décimale de chaque nombre.

Exemple :
17 dixièmes et 2 centièmes

$$= \frac{17}{10} + \frac{2}{100} = \frac{170}{100} + \frac{2}{100} = \frac{172}{100} = 1{,}72.$$

a. 3 unités et 5 dixièmes

b. 2 dizaines 7 dixièmes et 1 centième

c. 249 dixièmes

d. 678 512 millièmes

11 **Automatismes**

Décomposer chaque nombre comme dans l'exemple.

Exemple :
3,62 = 3 unités 6 dixièmes et 2 centièmes

$$= 3 \times 1 + 6 \times \frac{1}{10} + 2 \times \frac{1}{100}$$

a. 1,82 **b.** 57,19 **c.** 463,2

d. 0,895 **e.** 7 163,361 **f.** 50,904

12 Parmi ces écritures, quelles sont celles qui représentent $\frac{307}{100}$?

307 $3 + \frac{7}{100}$ $0{,}37$ $0{,}307$

$3 + 0{,}07$ $3{,}07$ $3{,}7$ $\frac{3\,070}{1\,000}$

$(3 \times 1) + (7 \times 0{,}01)$

Utiliser les nombres décimaux

13 Donner les abscisses des points A et B.

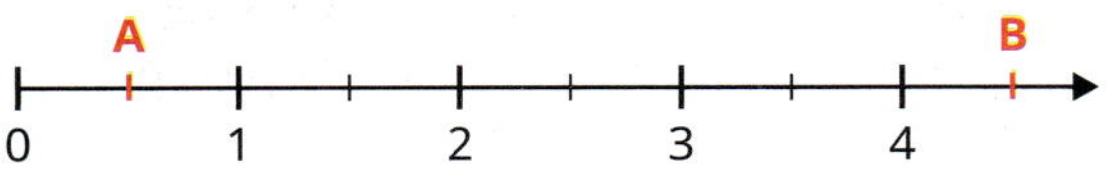

14 Reproduire la demi-droite graduée et y placer les points A, B, C et D d'abscisses respectives 0,02 ; 0,16 ; 0,34 et 0,28.

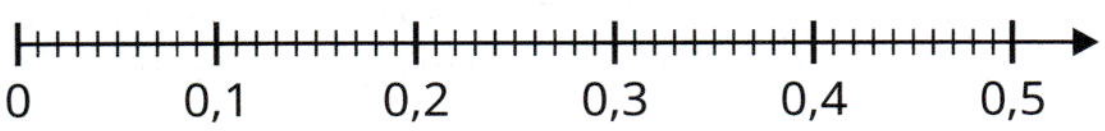

15 Des graines de haricots ont été cultivées afin d'effectuer différentes mesures de la hauteur de la plante. Ces mesures sont représentées dans ce graphique :

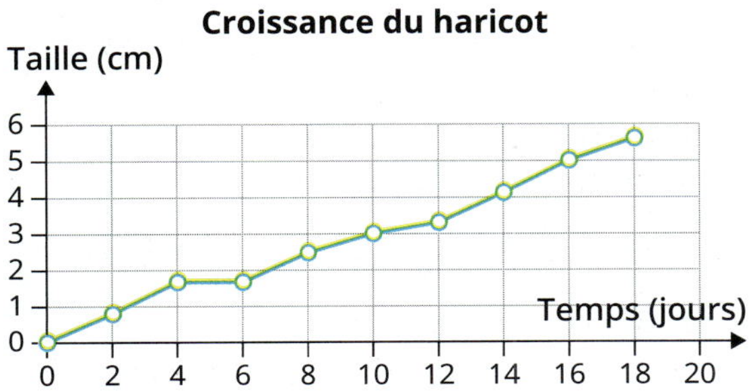

1. Quelle est la hauteur approximative de la plante au bout de 8 jours ?
2. À partir de quel jour la plante a-t-elle une hauteur supérieure à 3,5 cm ?

16 Paloma a une collection de perles. Elle utilise 19 perles pour fabriquer un collier.

1. Sachant que 19 perles représentent un centième de sa collection, combien de perles possède en tout Paloma ?
2. Chaque perle a une masse de deux dixièmes de grammes, soit 2 dg. Combien pèse une perle en grammes ?

Comparer des nombres décimaux

17 **Automatismes**

Recopier et compléter par =, < ou >.

a. 1,7 ... 1,07   **b.** 130,06 ... 103,06
c. 0,29 ... 0,92   **d.** 5,004 ... 4,005
e. 3,524 ... 3,9   **f.** 6,2 ... 6,200

18 Voici l'espérance de vie des femmes en France :

Année	Espérance de vie des femmes (en années)		
	à 1 an	à 20 ans	à 60 ans
2018	84,6	65,91	27,7
2020	84,39	65,53	27,27

Source : Insee

1. Quelle est l'espérance de vie pour une femme de 20 ans en 2018 ?
2. En quelle année l'espérance de vie d'une femme âgée de 1 an est-elle la plus grande ?

19 **Vrai ou faux ?** Corriger les erreurs s'il y en a.

a. 601 millièmes est inférieur à 1.
b. 92 dixièmes est supérieur à 92 centièmes.
c. 1 dixième est supérieur à 1 dizaine.
d. Une unité est dix fois plus grande qu'un dixième.

20 Recopier et compléter par =, < ou >.

a. $\frac{2}{10} \dots \frac{20}{10}$ **b.** $\frac{77}{10} \dots \frac{77}{100}$
c. $\frac{944}{100} \dots \frac{9\,440}{1\,000}$ **d.** $\frac{5}{10} \dots \frac{521}{1\,000}$
e. $\frac{63}{10} \dots \frac{630}{100}$ **f.** $\frac{417}{1\,000} \dots \frac{714}{100}$

21 En cours de mathématiques, Côme dit :
« On ne peut pas intercaler de nombres entre 2,1 et 2,2. »
Sidonie n'est pas d'accord : « Si, on peut intercaler un seul nombre : 2,15. »
Lenny pense qu'ils ont tous les deux tort :
« Il y a 2,11 ; 2,12 ; 2,13 ; 2,14 ; 2,15 ; 2,16 ; 2,17 ; 2,18 ; 2,19 et ainsi de suite... »
Qui a raison ? Expliquer.

22 Quatre maraîchers affichent le prix au kg de leurs pommes :

Maraîcher A : **1,25 €**   Maraîcher C : **1,09 €**

Maraîcher B : **1,70 €**   Maraîcher D : **0,99 €**

Ranger ces prix dans l'ordre décroissant.

J'avance à mon rythme

Fiches d'exercices
edubelin.fr/25mmat6-38a
Toutes les fiches en PDF

Avec des parcours d'apprentissage

Je mobilise différentes écritures

- Exercice **12 p. 37**
- Exercice **28 p. 39**
- Exercice **49 p. 42**
- Exercice **50 p. 42**
- Exercice **79 p. 47**

Je manipule des nombres décimaux

- Exercice **10 p. 36**
- Exercice **29 p. 39**
- Exercice **32 p. 40**
- Exercice **60 p. 43**
- Exercice **78 p. 46**

Je compare des nombres décimaux

- Exercice **17 p. 37**
- Exercice **41 p. 41**
- Exercice **42 p. 41**
- Exercice **62 p. 44**
- Exercice **77 p. 46**

Je me repère avec des nombres

- Exercice **14 p. 37**
- Exercice **33 p. 40**
- Exercice **40 p. 41**
- Exercice **48 p. 42**
- Exercice **52 p. 43**

Je rencontre des nombres au quotidien

- Exercice **35 p. 40**
- Exercice **36 p. 40**
- Exercice **57 p. 43**
- Exercice **61 p. 44**

OU avec un plan de travail

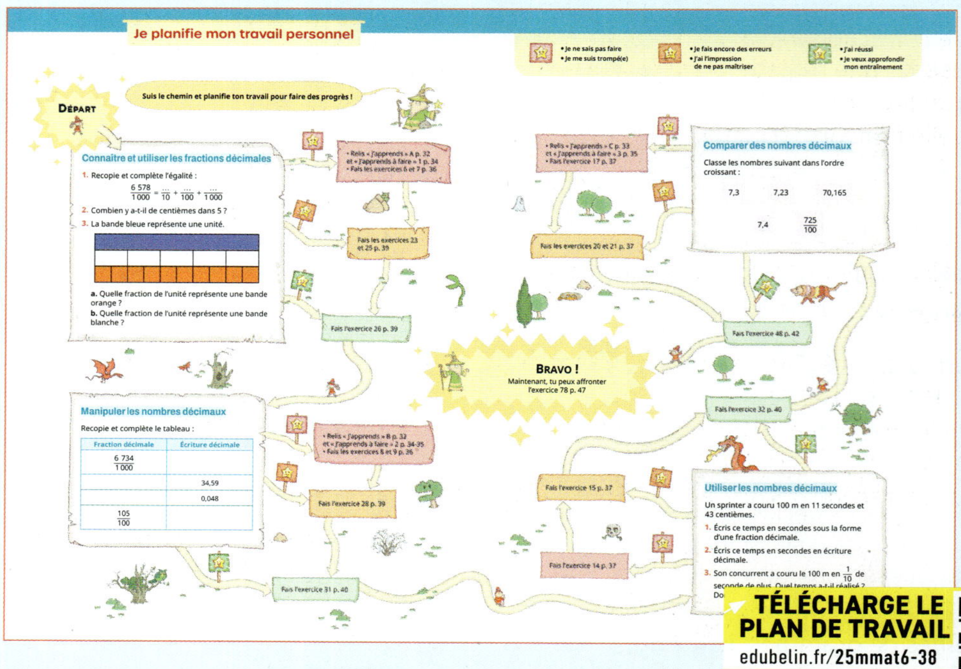

TÉLÉCHARGE LE PLAN DE TRAVAIL
edubelin.fr/25mmat6-38

J'applique mes connaissances

Utiliser les fractions décimales

23 Je suis un nombre en écriture fractionnaire dont le numérateur est le tiers de 75 et dont le dénominateur est le double de 500.

1. Qui suis-je ?

2. Suis-je une fraction décimale ? Justifier.

24 **1.** Combien y a-t-il de dixièmes dans :

a. 1 unité ?

b. 3 dizaines et 3 unités ?

2. Combien y a-t-il de centièmes dans :

a. 2 dixièmes ?

b. 12 dixièmes et 8 centièmes ?

3. Combien y a-t-il de millièmes dans :

a. 3 dixièmes ?

b. 5 unités et 7 centièmes ?

25 Dans le nombre $\frac{32\,987}{1\,000}$, quel est :

a. le chiffre des millièmes ?

b. le nombre de millièmes ?

c. le chiffre des dixièmes ?

d. le nombre de dixièmes ?

26 **Manipulation**

1. La réglette orange représente une unité.

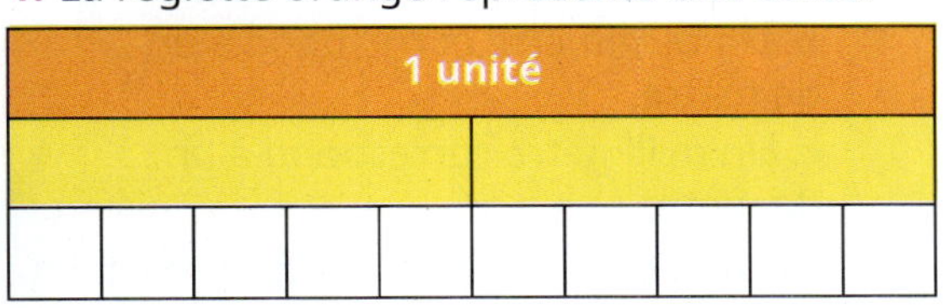

a. Quelle fraction décimale de l'unité représente une réglette blanche ? une réglette jaune ?

b. Quelle fraction décimale est représentée ici ?

c. Quelles réglettes peut-on utiliser pour représenter $\frac{4}{10}$?

2. Désormais, la réglette marron représente un dixième de l'unité.

a. Quelle fraction de l'unité représente une réglette rose ? une rouge ?

b. Quelle fraction décimale est représentée ici ?

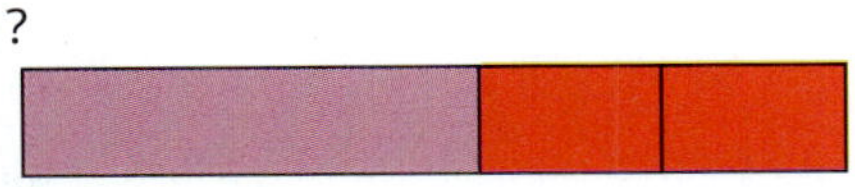

c. Quelles réglettes peut-on utiliser pour représenter $\frac{55}{100}$?

27 Alessio a reçu de l'argent pour Noël. Il décide d'utiliser $\frac{2}{10}$ de la somme perçue pour s'offrir une bande dessinée, $\frac{50}{100}$ pour s'acheter un nouveau t-shirt et $\frac{2}{10}$ pour un jeu de société.
Quelle fraction de la somme reçue lui restera-t-il après ses achats ?
L'exprimer en pourcentage.

Manipuler les nombres décimaux

28 Pour chacun des nombres, proposer les écritures manquantes en observant la première ligne du tableau.

En lettres	Écriture fractionnaire décimale	Écriture décimale
Neuf-cent-un millièmes	$\frac{901}{1\,000}$	0,901
Un millième	...	...
...	$\frac{1\,749}{10}$	...
...	...	0,075

29 Dans chacune des listes, il y a un intrus. Le trouver, puis justifier.

a. 7,120 $712 \times \frac{1}{100}$ $7 + 0{,}12$ $\frac{712}{1\,000}$

b. 85,9 $\frac{8\,590}{100}$ $8 + 5{,}9$ $85 + \frac{9}{10}$

c. 50 % $\frac{1}{2}$ $\frac{5}{10}$ 50 millièmes

d. 0,23   1,209   56,43   12 dixièmes

30 Recopier chaque nombre et placer la virgule pour que 5 soit le chiffre des ...

a. centièmes : 3 2 5 6 4 7

b. dixièmes : 9 7 1 2 5 8

c. millièmes : 2 7 3 5

J'applique mes connaissances

31 Pour chaque nombre, recopier et compléter la phrase suivante :

« Dans ..., 2 est le chiffre des ... . »

a. 9,26 **b.** 314,052 **c.** 54,12 **d.** 602,07

32 Ce tableau donne certaines performances de Léon Marchand en bassin de 50 m :

Compétition	Année	Chrono (en s)
Championnats du monde	2023	242,50
Jeux olympiques de Paris	2024	114,06
Championnats d'Espagne juniors	2022	52,44
Championnats de France	2020	24,67

Source : https://olympics.com

Pour chacune des quatre performances du tableau, préciser :

a. le nombre d'unités ;

b. le chiffre des dixièmes ;

c. le nombre de centièmes ;

d. le chiffre des dizaines.

Utiliser les nombres décimaux

33 **1.** Convertir en minutes comme dans l'exemple.

Exemple : $0{,}1\text{ h} = \dfrac{1}{10}\text{ h} = \dfrac{6}{60}\text{ h} = 6\text{ min}$

a. 0,2 h **b.** 0,5 h **c.** 0,9 h

2. Convertir en secondes comme dans l'exemple.

Exemple : $0{,}1\text{ h} = \dfrac{1}{10}\text{ h} = \dfrac{360}{3\,600}\text{ h} = 360\text{ s}$

a. 0,4 h **b.** 0,5 h **c.** 0,7 h

3. Convertir en heures et minutes :

a. 2,1 h **b.** 5,4 h **c.** 3,8 h

34 **Automatismes**

1. Convertir en heures et minutes :

a. 1,5 h **b.** 0,25 h

c. 0,1 h **d.** 0,75 h

2. Convertir en heures :

a. 1 h 24 min **b.** 1 h 36 min **c.** 66 min

3. Indiquer si 1 minute est un arrondi judicieux* de 100 secondes. Justifier.

* **Judicieux veut dire ici « juste ».**

35 Rose souhaite acheter une peluche à 21,94 € pour l'anniversaire de son petit frère. Que peut-elle donner au caissier pour constituer la somme exacte en utilisant le moins de pièces et de billets possibles ?

36 Voici l'argent dont dispose Charly :

En payant avec certaines des pièces dont il dispose, lister tous les montants d'achats que peut faire Charly sans qu'on lui rende de monnaie.
Par exemple, il peut payer un article à 1,60 euros en utilisant une pièce de 1 €, une pièce de 50 centimes et une pièce de 10 centimes.

37 **1.** Pour chacune des phrases, retrouver le mot manquant à partir de la liste suivante :
dixième • centième • millième

a. Un décimètre correspond à un ... de mètre.

b. Un centimètre correspond à un ... de mètre.

c. Un millimètre correspond à un ... de mètre.

2. Exprimer chacune de ces mesures en m :

a. 13 562 mm **b.** 47 612 dm **c.** 9 803 cm

38 Ilan et Kenza mesurent chacun leur tour la hauteur d'une même tulipe.
Ilan mesure 3,12 dm et Kenza mesure 312 mm.
Leurs résultats sont-ils cohérents ? Justifier.

39 **Automatismes**

1. Donner les abscisses de ces points sous forme décimale :

a.

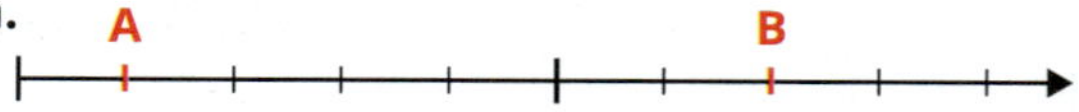

b.

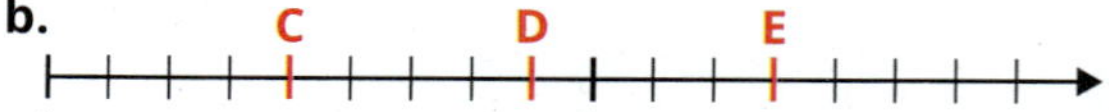

c.

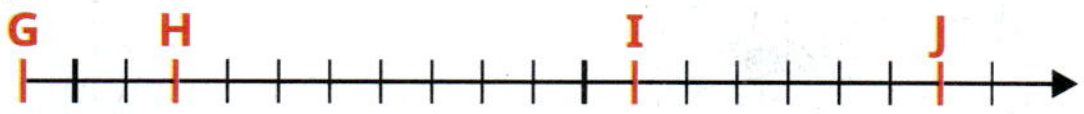

d.

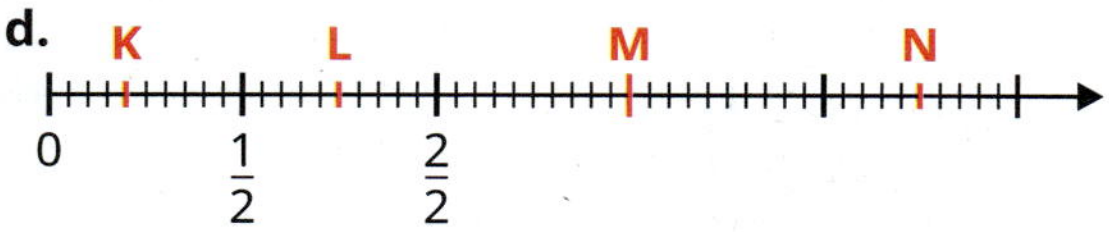

2. Reproduire cette demi-droite graduée et y placer les points A, B, C et D d'abscisses respectives 0,078 ; $\frac{82}{1\,000}$; 7,5 % et $84 \times \frac{1}{1\,000}$:

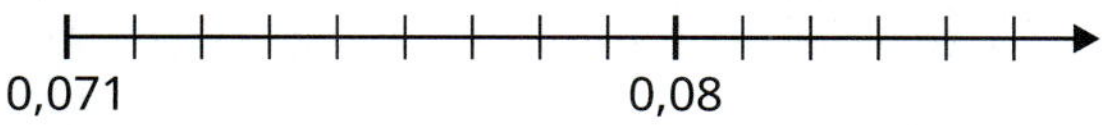

40 1. Dans son laboratoire, Cassandre a rempli des éprouvettes graduées de liquides. Lire la quantité de liquide versée dans chacune des éprouvettes.

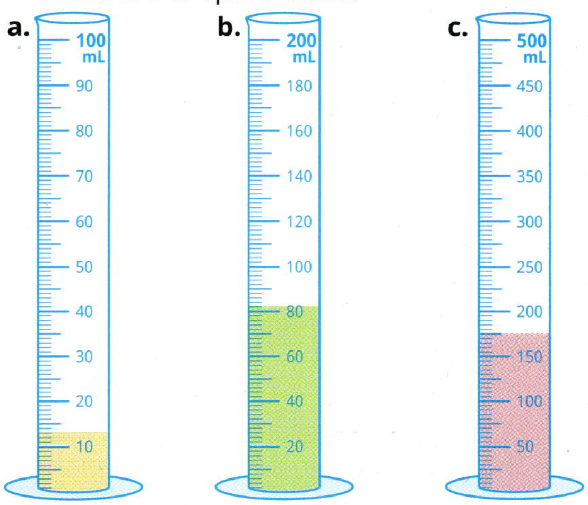

2. Désormais, Cassandre a besoin de mesurer précisément 0,13 L d'eau. Décrire comment elle peut utiliser chacune de ces éprouvettes pour cela.

Comparer des nombres décimaux

41 **Automatismes**

1. Recopier et encadrer chaque nombre par deux nombres entiers consécutifs.

a. ... < 6,7 < ...
b. ... < 23,01 < ...
c. ... < 0,65 < ...
d. ... < 90,011 < ...

2. En déduire l'arrondi au dixième de chacun de ces nombres.

42 Dans chaque cas, recopier et intercaler un nombre entre les deux nombres donnés.

a. 1,2 < ... < 1,3
b. 99,11 < ... < 99,12
c. 45,08 < ... < 45,09
d. 0,723 < ... < 0,724

43 Une entreprise fabrique des clous. Avant de les mettre en vente, elle vérifie la longueur et la masse de chacun d'entre eux.
Un clou doit avoir une longueur comprise entre 4,3 cm et 4,7 cm et une masse comprise entre 1,79 g et 1,99 g pour être commercialisé.
Voici la longueur et la masse de cinq clous :

Clou	Longueur (en cm)	Masse (en g)
Clou n° 1	4,29	1,8
Clou n° 2	4,34	1,95
Clou n° 3	4,73	1,99
Clou n° 4	4,5	1,89
Clou n° 5	4,66	1,75

Quels clous peuvent être commercialisés ? Justifier.

44 1. Ranger ces nombres dans l'ordre croissant :

5,4 4,05 5,04 4,5

0,45 0,5 0,045

2. Ranger ces nombres dans l'ordre décroissant :

20,2 2,02 21,2 2,2

2,21 0,221 20,02

45 1. On souhaite intercaler un nombre entier entre 6,2 et 14,5.
Donner toutes les possibilités.

2. On souhaite intercaler un nombre décimal ayant un seul chiffre non nul après la virgule entre 20,03 et 21,2.
Donner toutes les possibilités.

46 **J'accélère**

Calcul mental
edubelin.fr/25mmat6-41
5 séries en PDF

5 min

Calculer mentalement :

a. la moitié de 5
b. 4,452 + 0,03
c. 25,3 : 10
d. 45 + 98
e. 300 × 50
f. 41 + 36 + 59

Je développe mes savoir-faire

47 **Raisonner et Calculer**

La cour de récréation du collège de Basile est constituée de différentes parties : un terrain de sport, de la pelouse et une partie bétonnée.

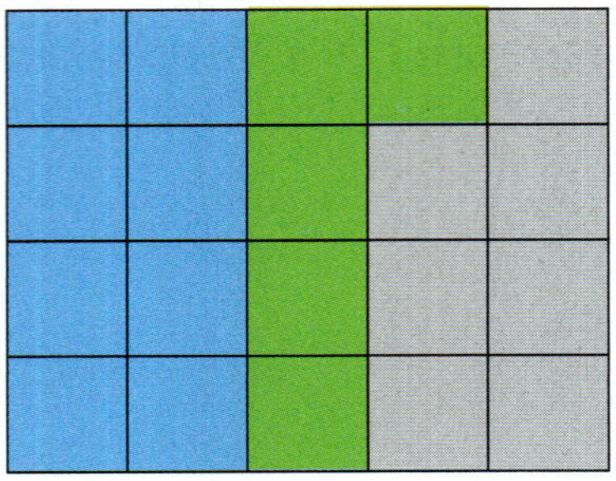

Terrain de sport — Pelouse — Partie bétonnée

1. Combien de dixièmes de la surface de la cour représente le terrain de sport ?
2. Combien de centièmes de la surface de la cour représente la partie bétonnée ?
3. On sait que l'aire de la pelouse est 40 m^2. Quelle est l'aire totale de la cour ?

48 **Communiquer**

Associer chaque élément à sa taille.

Longueur d'un stylo — 1 000 dm

3,12 hm — Hauteur de la tour Eiffel

0,4 dam — Longueur de la Seine

Longueur d'un terrain de football

0,15 m — 777 km — Hauteur d'un camion

49 **Chercher**

Ce tableau donne la liste des plus grandes forêts du monde avec leur superficie.

Forêt	Superficie (en km^2)
Nouvelle-Guinée	5,45 centaines de milliers
Amazonie	5,5 millions
Taïga	0,0102 milliard
Primorye	1 300 centaines
Bornéo	29 dizaines de milliers
Congo	0,178 dizaine de millions

Source : fr.nikinclothing.com

Quelles sont les trois plus grandes forêts du monde ? Justifier.

50 **Raisonner et Calculer**

2 000 ans avant notre ère, les Babyloniens comptaient par soixantaines (système sexagésimal) et utilisaient deux symboles pour écrire les nombres :

- le clou , qui représente 1 ;
- et le chevron , qui représente 10.

Cette écriture est l'écriture cunéiforme.
Selon leur position, les symboles n'ont pas la même valeur. C'est ce que l'on appelle la numération de position.
Le nombre de soixantaines et le nombre d'unités sont séparés par un espace.

Exemple : $135 = 2 \times 60 + 15$ s'écrit :

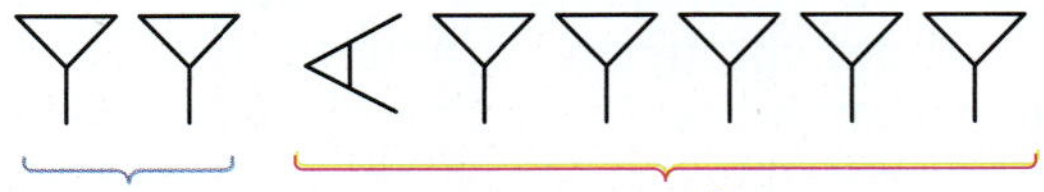

1. Écrire le nombre qui correspond à :

Le nombre de soixantaines	Le nombre d'unités
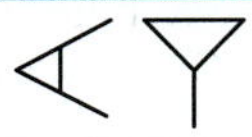	

2. Écrire le nombre 192 en écriture cunéiforme.
3. La tablette babylonienne ci-dessous indique le nombre d'animaux de chaque espèce que possède un fermier.
Donner le nombre d'animaux de chaque espèce.

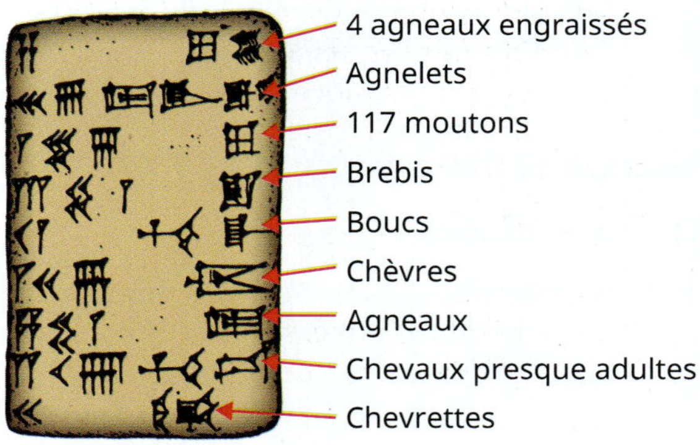

4. De nos jours, le système sexagésimal est encore utilisé, pour mesurer le temps, par exemple.
a. Convertir 3 907 secondes en heures, minutes et secondes.
b. Donner cette durée en écriture cunéiforme.

51 **Travail en groupe**

Jordan, Mehdi et Gloria sont dans le même groupe pour leur devoir de mathématiques.
- Jordan dit : « Deux nombres qui ont la même partie entière sont égaux. »
- Mehdi répond : « Un nombre dont la partie décimale a deux chiffres est toujours supérieur à un nombre dont la partie décimale n'a qu'un seul chiffre. »
- Gloria ajoute : « Un nombre entier n'est pas un nombre décimal. »

En travaillant en groupe, débattre sur ces différentes affirmations.

52 **Raisonner et Communiquer**

Asma est au cinéma avec son frère Aden. Elle lui demande de deviner le film qu'ils vont voir.
Le film dure 140 minutes en arrondissant la durée à la dizaine de minutes.
Aden peut lire sur le panneau d'affichage du cinéma que les films diffusés aujourd'hui durent 130,25 minutes, 137,4 minutes et 147,012 minutes.
Aider Aden à trouver la durée exacte du film qu'ils vont voir.

53 **Chercher et Communiquer**

Charline se lance un défi.
Elle souhaite écrire tous les nombres décimaux compris entre 1 et 2 dont la partie décimale est composée de deux chiffres.
Combien de fois va-t-elle écrire le chiffre 8 ?
Répondre en détaillant les étapes de recherche.

54 **Raisonner**

Je suis un nombre décimal compris entre 7,2 et 7,3. Mon dernier chiffre non nul après la virgule est celui des millièmes.
Mon chiffre des centièmes est la somme des chiffres de mon nombre de dixièmes.
Mon chiffre des millièmes est le même que celui des unités.
Qui suis-je ?

55 **Communiquer**

Voici ce qu'un élève a noté dans son cahier pour répondre à un problème :

$(7 \times 100) + (5 \times 1) + (2 \times 0{,}1)$
$+ (4 \times 0{,}001) = 705{,}204$
$700 < 705{,}204 < 800$

Inventer un problème dont la résolution amène à effectuer ce raisonnement.

56 **Chercher**

Écrire tous les nombres décimaux que l'on peut former en utilisant uniquement les chiffres 2, 5 et 8.
Chaque chiffre doit être utilisé une seule fois dans le nombre créé.

57 **Raisonner et Communiquer**

Le pH (Potentiel Hydrogène) est une échelle allant de 0 à 14 qui permet de mesurer l'acidité d'une solution.
Un laboratoire a regroupé dans ce tableau le pH de différents savons :

Savon	Liquide	Artisanal	Doux	En barre
pH	7,8	10,2	8,4	8,9

1. Le pH d'un savon doit se situer entre 8 et 10 inclus pour être conforme à la réglementation.
   a. En arrondissant à l'unité supérieure le pH de chacun de ces savons, lesquels respectent la réglementation ?
   b. Si on arrondit à l'unité inférieure le pH de chacun de ces savons, lesquels respectent désormais la réglementation ?
2. Un laboratoire peut-il se permettre d'arrondir le pH d'un savon à l'unité la plus proche ? Justifier.

58 **Calculer et Raisonner**

Alexis se rend à pied au collège qui se situe à 500 m de chez lui. Il a déjà parcouru les trois dixièmes du trajet.
Quelle distance, en m, lui reste-t-il à parcourir pour arriver au collège ?

59 **Chercher et Raisonner**

Je suis un nombre composé de quatre chiffres différents de 0. Mon chiffre des centièmes est égal au quadruple de mon chiffre des dizaines, mais aussi au double de mon chiffre des dixièmes. Mon chiffre des unités est égal au quart de mon chiffre des dixièmes.
Qui suis-je ?

60 **Un pattern**

Poursuivre les patterns de nombres suivants :

a. 1,2 ; 1,4 ; 1,6 ; ... ; ... ; ...

b. 1,45 ; $\frac{151}{100}$; 1,57 ; $\frac{163}{100}$; ... ; ... ; ...

c. $\frac{503}{1\,000}$; $\frac{402}{1\,000}$; $\frac{301}{1\,000}$; ... ; ... ; ...

d. $1 + \frac{2}{10}$; $1 + \frac{33}{100}$; $1 + \frac{46}{100}$; ... ; ... ; ...

Je développe mes savoir-faire

61 **Communiquer et Raisonner**

Imène, qui habite à Lille, doit prendre l'avion à Paris-Charles de Gaulle. Elle souhaite arriver à l'aéroport au plus tard à 15 h.
Quel(s) train(s) peut-elle prendre sachant qu'un trajet Lille-Paris en train dure en moyenne 1,1 h ?

Heure de départ	Départ – Destination
11 h 48	Lille Flandres – Paris-Orly
12 h 11	Lille Flandres – Paris-Charles de Gaulle
12 h 45	Lille Flandres – Paris-Orly
13 h 29	Lille Flandres – Paris-Charles de Gaulle
14 h 03	Lille Flandres – Paris-Charles de Gaulle

62 **Chercher**

Simon Stevin (1548-1620) est le premier à avoir proposé une écriture des nombres qui se rapproche de notre écriture décimale actuelle. Voici un extrait de *La Disme*, l'un de ses ouvrages :

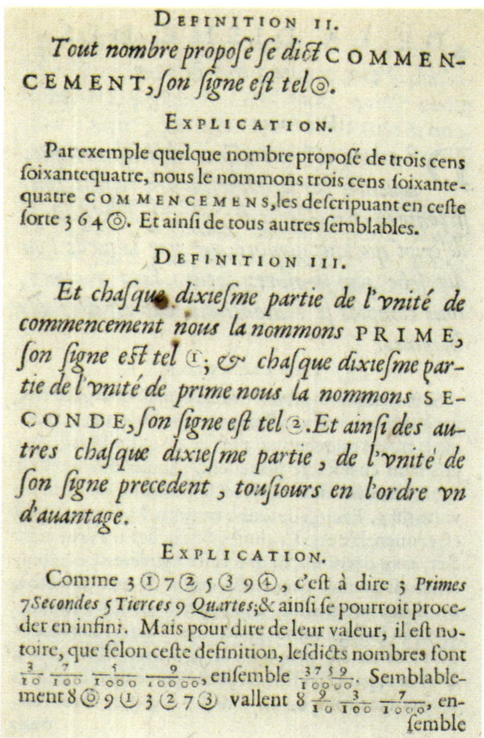

DEFINITION II.

Tout nombre propoſé ſe dict COMMENCEMENT, *ſon ſigne eſt tel* ⓪.

EXPLICATION.

Par exemple quelque nombre propoſé de trois cens ſoixantequatre, nous le nommons trois cens ſoixantequatre COMMENCEMENS, les deſcripuant en ceſte ſorte 3 6 4 ⓪. Et ainſi de tous autres ſemblables.

DEFINITION III.

Et chaſque dixieſme partie de l'vnité de commencement nous la nommons PRIME, *ſon ſigne eſt tel* ①; *& chaſque dixieſme partie de l'vnité de prime nous la nommons* SECONDE, *ſon ſigne eſt tel* ②. *Et ainſi des autres chaſque dixieſme partie, de l'vnité de ſon ſigne precedent, touſiours en l'ordre vn d'auantage.*

EXPLICATION.

Comme 3 ① 7 ② 5 ③ 9 ④, c'eſt à dire 3 *Primes* 7 *Secondes* 5 *Tierces* 9 *Quartes*; & ainſi ſe pourroit proceder en infini. Mais pour dire de leur valeur, il eſt notoire, que ſelon ceſte definition, leſdicts nombres ſont $\frac{3}{10}$ $\frac{7}{100}$ $\frac{5}{1000}$ $\frac{9}{10000}$, enſemble $\frac{3759}{10000}$. Semblablement 8 ⓪ 9 ① 3 ② 7 ③ vallent 8 $\frac{9}{10}$ $\frac{3}{100}$ $\frac{7}{1000}$, enſemble

Par exemple, 8⓪9①3②7③ correspond au nombre décimal 8,937.

1. Donner l'écriture décimale de ces nombres :
a. 3⓪7①1②9③ **b.** 25⓪1①9②5③
c. 140⓪6①0②3③

2. Écrire à la manière de Simon Stevin les nombres suivants :
a. 1,057 **b.** $\frac{5\,215}{1\,000}$ **c.** $9 + 0,5 + 0,04 + 0,001$

63 **Chercher et Calculer**

Rafael joue à un jeu. Le but est de s'approcher au plus près d'un nombre cible sans jamais le dépasser. Pour atteindre ce nombre cible, il tire au hasard quatre chiffres dans un sac opaque contenant dix jetons indiscernables au toucher et numérotés de 0 à 9. Rafael essaie de s'approcher du nombre cible 25,41.

1. Il tire au hasard les chiffres 3, 4, 0 et 6. Quel nombre peut-il créer pour être au plus proche du nombre cible sans le dépasser ?

2. Il décide de rejouer et remet donc dans le sac tous les jetons. Il obtient les chiffres 1, 3, 5 et 7. Le meilleur nouveau nombre formé est-il plus proche de 25,41 que celui obtenu précédemment ?

64 **Raisonner**

Les tailles en mètres d'Ethan, Léna, Gabriel et Flore sont données ci-dessous :

$1 + \frac{4}{10} + \frac{3}{100}$ $1 + \frac{5}{10} + \frac{3}{100}$

$\frac{147}{100}$ Une unité et six dixièmes

Retrouver la taille de chacun d'entre eux en utilisant les informations suivantes :
– Gabriel et Léna sont plus petits qu'Ethan ;
– Flore est plus grande que Gabriel, qui est plus grand que Léna ;
– Ethan est plus grand que Flore.

65 **Je fais une pause**

Des amis ont tracé dans la cour un cercle, un carré et un triangle. Chacun s'est mis à un endroit numéroté sur le dessin.

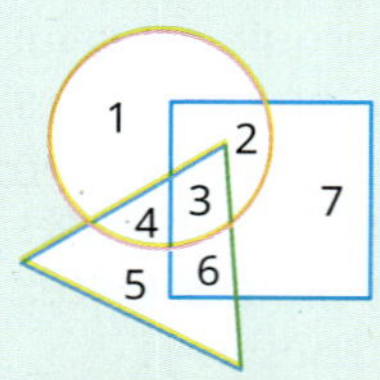

- Sofia : « Je suis dans une seule figure. »
- Valentine : « Je suis dans les trois figures. »
- Quentin : « Je suis dans le triangle, mais pas dans le carré. »
- Raïssa : « Je suis dans le cercle et le triangle. »
- Elsa : « Je ne dirai rien ! »
- Meriem : « Je ne suis ni dans le carré, ni dans le triangle. »
- Robin : « Je suis dans le cercle. »

Sur quel numéro sont placés chacun des amis ?

Je prépare mon évaluation

45 min

Je contrôle mes connaissances

	a	b	c
66 **Dix-sept unités et quarante-trois millièmes correspondent au nombre ...**	17,43	$\frac{17\,043}{1\,000}$	17,043
67 **2,683 peut être intercalé entre ...**	2,68 et 2,69	2,5 et 2,6	2,6 et 2,7
68 **La partie décimale de 6,87 est ...**	6	87	0,87

J'utilise les fractions décimales

69 Le rayon moyen de la Terre est de 6 371,03 kilomètres, celui du Soleil est de 696,342 milliers de kilomètres et celui de la Lune est de 1 737,4 kilomètres.

1. Quel est le chiffre des centièmes du rayon de la Terre en kilomètres ?
2. Quel est le nombre d'unités du rayon du Soleil en kilomètres ?
3. Quel est le nombre de dixièmes du rayon de la Lune en kilomètres ?
4. Convertir en mètres les rayons de la Terre, du Soleil et de la Lune.
5. Écrire 6 371,03 ; 696,342 milliers et 1 737,4 sous la forme d'une fraction décimale avec le plus petit dénominateur possible.

J'utilise les nombres décimaux

70 Quelle est la mesure de ces différents segments ?

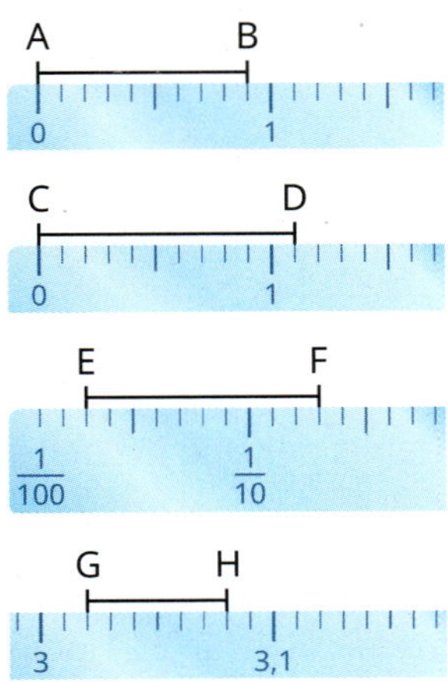

71 Reproduire la demi-droite graduée et placer les points A, B, C et D d'abscisses respectives 1,013 ; $1 + 0{,}029$; $\frac{104}{100}$ et $1 + 51 \times 0{,}001$.

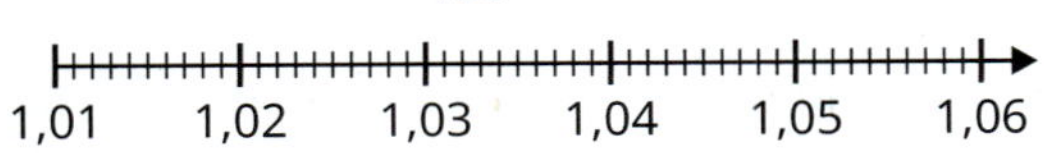

Exercices 66 à 72 corrigés **p. 314**

Je compare des nombres décimaux

72 Ce tableau indique la taille de différentes entités biologiques :

Entité	Taille
Hématie (globule rouge)	7 µm
Virus de la grippe	$\frac{11}{100}$ µm
Grain de sable	0,06 mm
Cellule de la levure boulangère	0,006 mm
Chromosome humain	0,000 075 dm
Coronavirus	$\frac{120}{1\,000}$ µm
Molécule d'eau	0,3 nm

1 µm = 1 micromètre = $\frac{1}{1\,000\,000}$ m = 0,000 001 m
et 1 nm = 1 nanomètre = $\frac{1}{1\,000\,000\,000}$ m = 0,000 000 001 m.

1. Convertir ces tailles en m.
2. Ranger ces tailles dans l'ordre décroissant.

Je mobilise mes compétences

73 **Modéliser**

Voici un programme en langage Scratch :

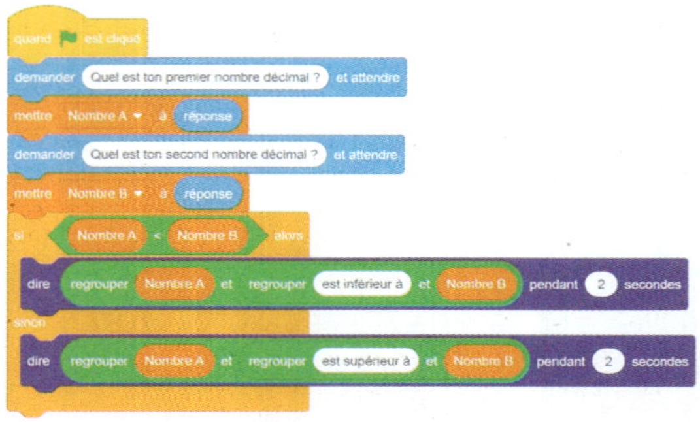

1. Que permet de faire ce programme ?
2. Que dira le lutin si le premier nombre décimal est 8,1 et le second est 6,5 ? Justifier.
3. Que dira le lutin si le premier nombre décimal est 5,64 et le second est 5,2 ? Justifier.
4. Quelle valeur donner aux nombres pour que le lutin dise « 3,04 est inférieur à 4,02 » ?

74 **Raisonner et Communiquer**

Réda pense que plus un nombre décimal a de chiffres, plus ce nombre est grand.
A-t-il raison ? Expliquer.

75 **Chercher**

Voici une liste de nombres :

14,7	1,05	34,72
65,83	2,01	17,17
56,67	5,41	96,502
3,78	0,26	11,99
3,021	0,642	
16,003	47,22	

Parmi ces nombres, retrouver celui qui correspond à toutes les conditions suivantes :
– mon chiffre des unités est impair ;
– ma partie décimale est supérieure à 400 millièmes ;
– mon chiffre des dixièmes est plus grand que mon chiffre des unités ;
– la somme de mes chiffres vaut 18.

76 **Communiquer**

Justin et Amal travaillent ensemble sur un exercice de mathématiques.
Justin dit :
« Les nombres $5 + \frac{17}{10}$ et 6,7 sont égaux. »
Amal lui répond : « Non, ce sont les nombres $\frac{6\,700}{1\,000}$ et 6,7 qui sont égaux. »

1. Prouver qu'ils ont tous les deux raison.
2. Donner trois autres écritures du nombre 6,7.

77 **Chercher et Raisonner**

Ce tableau donne les populations de neuf villes parmi les plus peuplées d'Europe, d'après des estimations de 2024 :

Ville	Population (en millions d'habitants)
Berlin	3,748
Paris	2,133
Varsovie	1,778
Bucarest	1,717
Madrid	3,223
Hambourg	1,841
Barcelone	1,620
Vienne	1,867
Rome	2,872

1. Écrire la population de Varsovie et celle de Rome sous la forme d'un nombre entier d'habitants.
2. Ranger ces villes dans l'ordre décroissant de leur population.
3. Budapest a une population de 177,9 dizaines de milliers d'habitants. Où se situe cette ville dans le classement trouvé en **2** ?

78 **Calculer et Raisonner**

Maé et Dana jouent aux fléchettes avec cette cible.

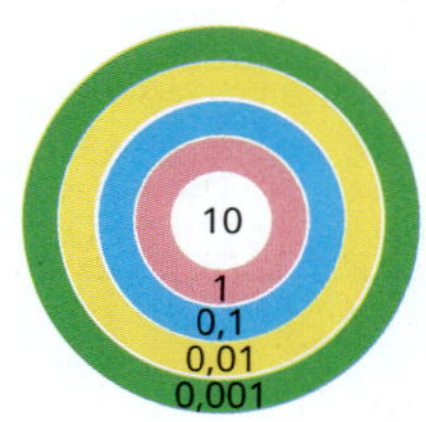

Pour calculer leur score, ils additionnent les nombres atteints par cinq fléchettes sur la cible.

1. Maé a obtenu le score de $\frac{11\,021}{1\,000}$ points. Où se sont plantées ses fléchettes ?
2. Dana aimerait obtenir 2,21 points. Où doit-elle lancer ses fléchettes pour obtenir ce score ?
3. Maé rejoue, mais avec deux fléchettes uniquement. Écrire tous les scores qu'il pourrait obtenir.
4. Dana lance à son tour trois fléchettes. Une fléchette se plante dans la zone verte, une dans la zone bleue et la dernière dans la zone rose. Quel est son score ?

79 **Développement durable**

Le maire d'une ville décide de réguler la circulation en centre-ville pour réduire la pollution. Les véhicules ayant une vignette Crit'Air numérotée de 3 à 5 ne pourront pas y circuler.
Les informations sur les véhicules entrant dans cette zone sont inscrites dans le tableau ci-contre.
Répondre aux questions ci-dessous en utilisant ces informations.

1. Donner chaque nombre de véhicules sous forme de nombres entiers.
2. Quelle vignette Crit'Air est la plus représentée dans cette zone ?
3. Quel pourcentage des véhicules peut circuler en centre-ville ?

Plus le numéro Crit'Air est élevé, plus le véhicule pollue.

Crit'Air	Nombre de véhicules
	0,1 dizaine de milliers
1	110 centaines
2	0,03 centaine de milliers
3	50 000 dixièmes
4	$\frac{300\,000}{100}$
5	$0,2 \times 10\,000$

Adaptations
edubelin.fr/25mmat6-47
Livret complémentaire p. 8

80 Je prends des initiatives

Chercher et Communiquer

LE PROBLÈME Liam veut partir en vacances en avion.
Il aimerait emporter différentes affaires dans une valise cabine.
Dans une pochette d'un litre transparente et fermée, il a placé tous ses liquides : un shampooing, un gel douche, un parfum, un gel désinfectant et une crème hydratante. Après avoir complété sa valise avec tout le nécessaire pour son voyage, il s'est assuré que le bagage respecte bien les 10 kg maximum autorisés.

- À l'aide des documents, aider Liam à vérifier s'il respecte les différentes règles pour pouvoir voyager avec un bagage en cabine.

Document 1 Volume des différents liquides de Liam

- Gel désinfectant : 2,8 cL
- Parfum : 8 cL
- Shampooing : 5 cL
- Crème hydratante : 3,5 cL
- Gel douche : 10 cL

Document 2 Règles pour les liquides en cabine

- Les liquides et aérosols doivent être contenus dans des flacons de 100 mL maximum chacun.
- Ils doivent être placés dans un sac en plastique, transparent et refermable d'une contenance maximale de 1 L (20 × 20 cm environ).
- Un seul sac est autorisé par passager.

Source : https://www.service-public.fr/particuliers/vosdroits

Document 3 Dimensions d'un bagage accepté en cabine

Un bagage cabine peut mesurer jusqu'à 55 × 35 × 25 cm maximum (poches, roues et poignées comprises).

Document 4 Dimensions du bagage de Liam

J'utilise Scratch

Diviser par 10, 100, 1 000…

Niveau mathématique ●●○ Niveau technique ●●●

45 min

Apprendre à manipuler des variables dans Scratch et ainsi préparer le travail sur le calcul littéral.

Il s'agit ici de créer un mini-jeu de calcul sur Scratch.

Dans Scratch, on peut stocker des informations (des nombres ou du texte) dans des [Variables].

1 Recopier le programme ci-contre dans Scratch et vérifier que le chat dit bien « 5 » lorsque l'on clique sur le drapeau.

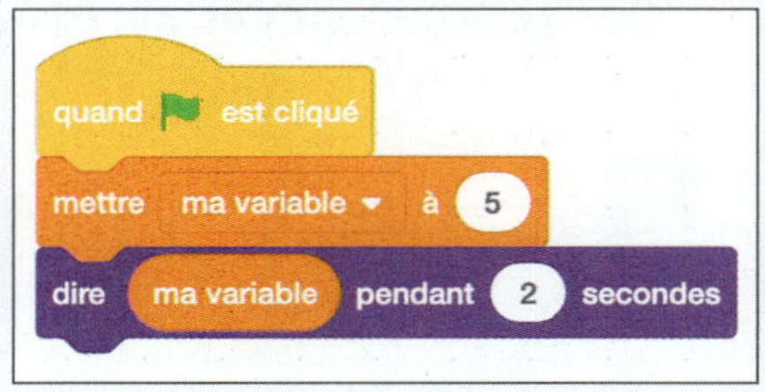

***Attention !** À la dernière ligne,* [dire (ma variable) pendant 2 secondes] *affiche la valeur de* [ma variable] *alors que* [dire (ma variable) pendant 2 secondes] *affiche le texte « ma variable ».*

2 Modifier ce programme pour qu'il dise son propre prénom à la place.

Grâce aux [Opérateurs], on peut faire des calculs.

3 Pour chacun des programmes ci-dessous, essayer de deviner ce qui sera affiché, puis les tester.

a

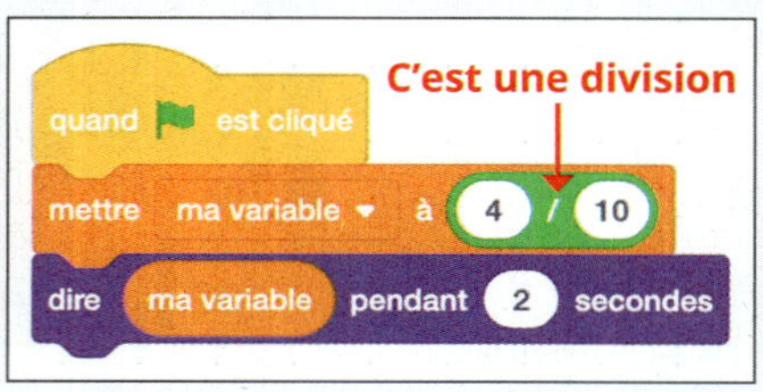

b

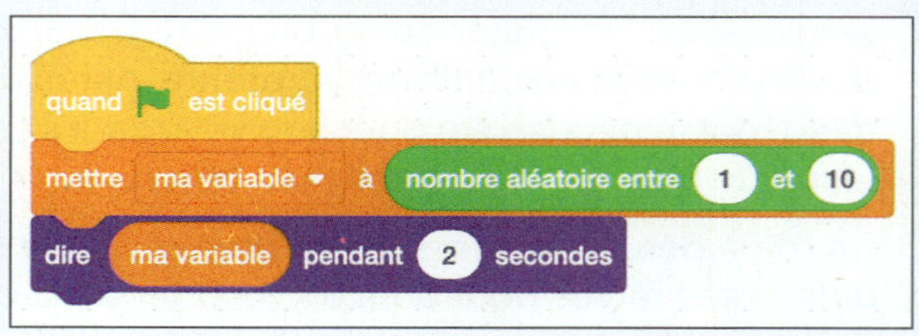

L'avez-vous remarqué ?
Scratch utilise autre chose qu'une virgule pour séparer la partie entière de la partie décimale.

Grâce aux [Capteurs] et au [Contrôle], on peut avoir un programme qui s'adapte automatiquement.

4 Recopier le programme ci-contre et tester son bon fonctionnement.

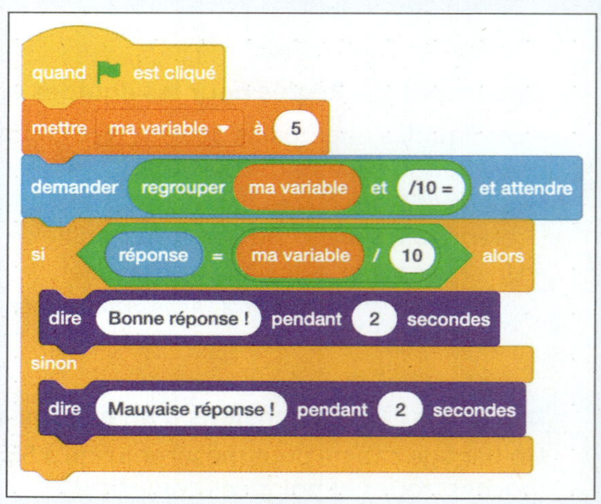

5 Toujours diviser le même nombre est un peu ennuyeux. Modifier le programme pour qu'il demande de diviser un [nombre aléatoire entre 1 et 10].

6 Le modifier pour qu'il demande de diviser un nombre aléatoire entre 1 et 100 par 100.

7 Le modifier pour qu'il demande de diviser un nombre aléatoire entre 1 et 200 par 1 000.

8 

Défie d'autres élèves pour savoir qui trouvera le plus vite le bon résultat en utilisant ce programme pour vérifier les réponses !

DÉCIMAUX CROISÉS

La mission

Remplis la grille avec les nombres écrits sous leur forme décimale.

Les règles

- Un seul chiffre par case vide.
- Les nombres se lisent horizontalement de gauche à droite, ou verticalement de haut en bas.
- Les virgules sont déjà placées.

Certaines écritures décimales peuvent comporter des zéros « inutiles ».

Exemple

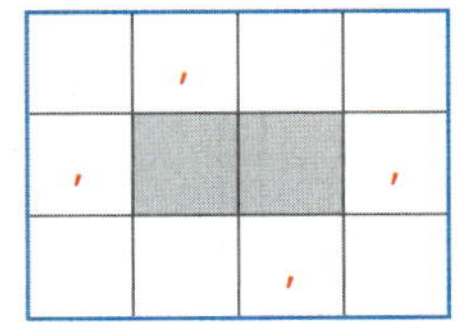

- Cinq dixièmes
- $\frac{555}{10}$
- $5 + \frac{5}{10}$
- Cinq centièmes

Solution

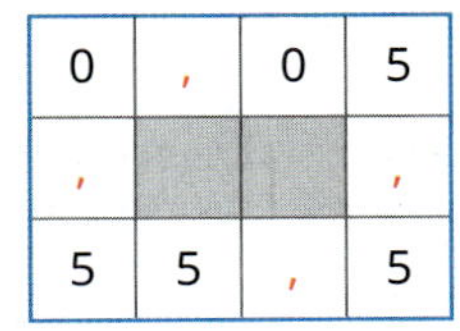

À ton tour !

1

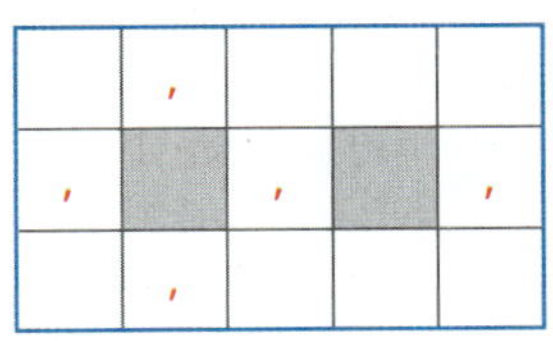

- Quatre millièmes
- $\frac{4\,101}{1\,000}$
- $\frac{41}{10}$
- $\frac{4}{10}$
- Un dixième

2

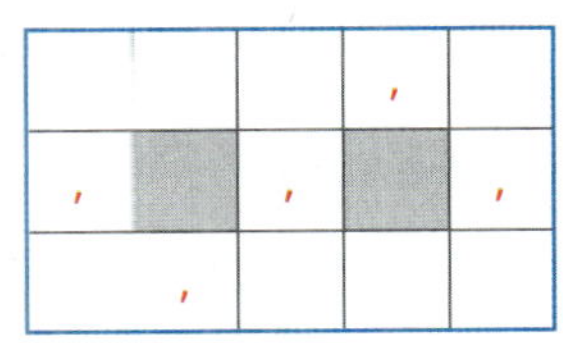

GRILLES DE JEU
edubelin.fr/25mmat6-49
Toutes les grilles en PDF

- $\frac{84}{10}$
- Douze dixièmes
- $\frac{48}{10}$
- $(8 \times 100) + (2 \times 10) + 1 + (4 \times 0{,}1)$
- $4 + \frac{218}{1\,000}$

3

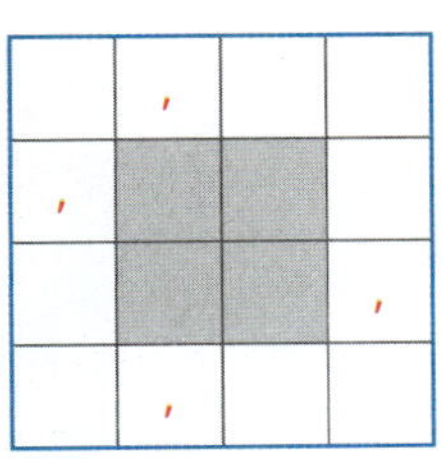

- Quarante et un centièmes
- $\frac{14}{100}$
- $13 + \frac{2}{10}$
- $\frac{432}{100}$

4

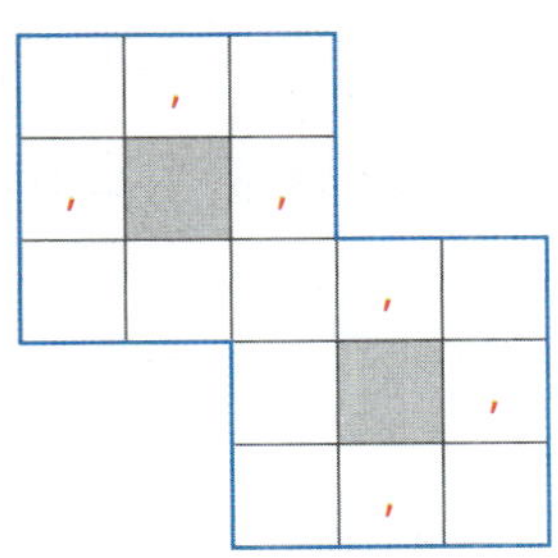

- Six dixièmes
- Six unités trois cent douze millièmes
- $\frac{61}{10}$
- $\frac{2}{10}$
- $\frac{21}{10}$
- $\frac{2\,036}{10}$

5

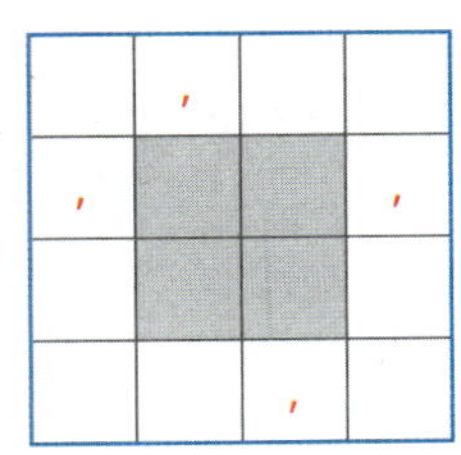

- Huit centièmes
- $\frac{27}{100}$
- $72 + \frac{7}{10}$
- $8 + \frac{2}{10} + \frac{7}{100}$

6

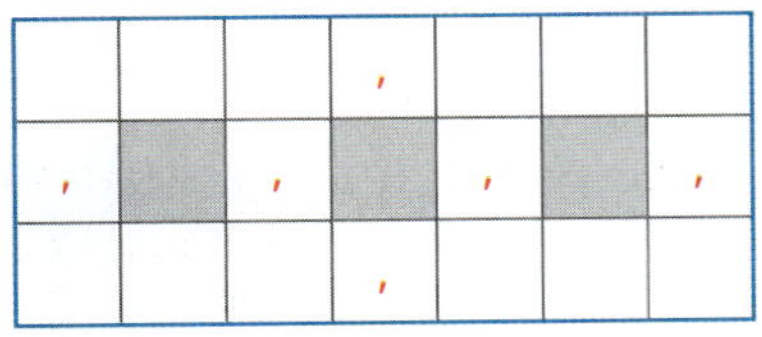

- Deux unités et quatre dixièmes
- $(3 \times 100) + (1 \times 10) + 2 + (7 \times \frac{1}{10}) + (4 \times \frac{1}{1\,000})$
- $\frac{37}{10}$
- $7 + \frac{3}{10}$
- $\frac{410}{100}$
- $(7 \times 100) + 4 + \frac{321}{1\,000}$

CHAPITRE 3

Addition, soustraction, multiplication

Les pommeraies proposent aux particuliers d'acheter les pommes du verger ou d'aller les cueillir sur l'arbre.

On fait des MATHS ?

Comment calculer le prix de 3,8 kg de pommes à 2,10 € le kg ?

Stéphane et Adrien te proposent de comprendre en quoi calculer le prix d'un lot de pommes et évaluer la quantité de peinture nécessaire pour peindre un mur rectangulaire ne sont en réalité qu'un seul et même problème.
Tu pourras ensuite dire, comme le grand mathématicien Henri Poincaré : « La mathématique est l'art de donner le même nom à des choses différentes ! »

POUR VOIR LA VIDÉO
edubelin.fr/25mmat6-50

Je développe mes **automatismes**

Automatismes
edubelin.fr/25mmat6-51
5 séries en PDF

5 min

Réponds à ces questions sans utiliser la calculatrice !

1. $\dfrac{102\,030}{1\,000} = \dfrac{?}{100}$

2. $5 + \dfrac{1}{5} = ?$

3. Un match de handball se déroule en deux mi-temps de 30 minutes chacune, séparées par une pause de 15 minutes. Le match s'est terminé à 21 h 15. À quelle heure a-t-il commencé ?

4. Combien y a-t-il de cases roses dans la figure F10 ?

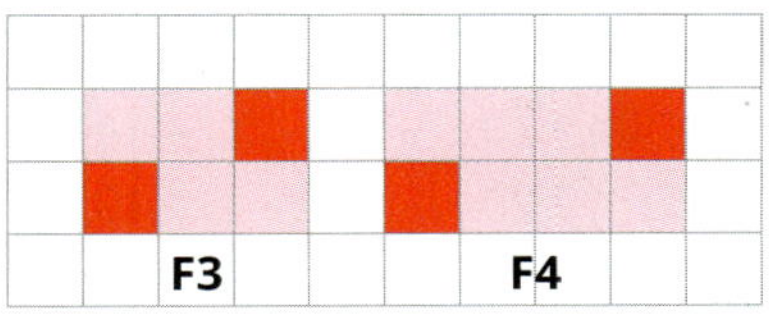

5. Quelle est l'aire de la surface bleue ?

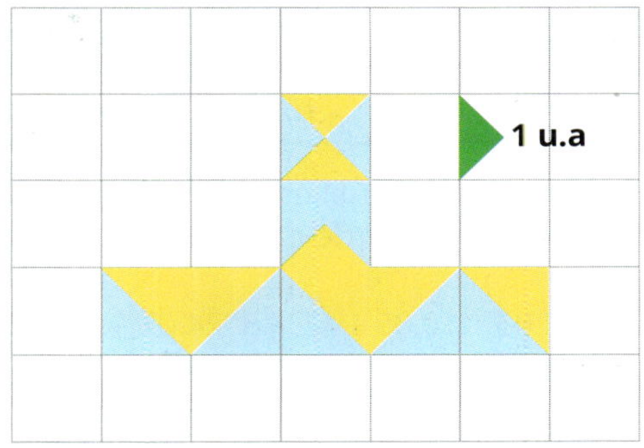

6. ▲ = 6 ; ■ = ▲ + 15 ; ■ + ▲ = ●.
Quelle est la valeur de ● ?

Objectifs : • *Établir le sens du « égal ».*
• *Relier + et × ; convoquer la réversibilité + et –.*
• *Enchaîner les calculs et approcher la résolution d'équations.*
• *Représenter sans recourir à la manipulation.*

Je **manipule** avec mes acquis

20 min

1. En observant cette configuration, choisis les égalités justes :

Dans les égalités, « orange » désigne la longueur d'une réglette orange.

a 2 × orange = jaune
b jaune + jaune = orange
c 4 × rouge + 2 × blanc = orange
d rouge + rouge = jaune – blanc

2. On étudie maintenant cette configuration.
Une réglette vert clair vaut 6.
Combien vaut une réglette rouge ?
Explique comment tu as procédé pour le savoir.

3. Cette balance est en équilibre :

Les deux boîtes de soupe sont identiques.
Combien pèse une boîte de soupe ?

Tu peux t'aider de la représentation suivante :

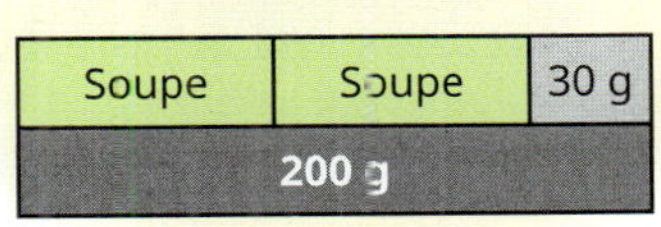

Je découvre

JE REVOIS

1. QCM Augustin a acheté une pastèque à 4 €, un rôti à 16,85 € et des pommes de terre.
Il a payé 24,05 €.
Voici un schéma en barres qui représente cette situation :

24,05		
4	16,85	?

Laquelle (ou lesquelles) des propositions suivantes permet de calculer le prix des pommes de terre ?

ⓐ 24,05 – 16,85 + 4 ⓑ 24,05 – (16,85 + 4)
ⓒ 24,05 – 16,85 – 4 ⓓ 24,05 + 16,85 – 4

2. Léonard se rend au marché et souhaite acheter 3 kg de tomates et 2 kg d'oranges. Quel est le montant de ses dépenses ?

3. QCM Un professeur achète six calculatrices pour sa classe.
Combien va-t-il payer ?
Voici un schéma en barres qui représente cette situation :

?					
19,20					

Laquelle des propositions suivantes permet de calculer le prix total de ces calculatrices ?

ⓐ 6 + 19,20 ⓑ 19,20 – 6
ⓒ 6 × 19,20 ⓓ 19,20 : 6

4. Calculer :

a. 25 × 10 **b.** 3,7 × 10
c. 25,78 × 100 **d.** 0,54 × 1 000
e. 17 : 10 **f.** 37,4 : 10
g. 267,9 : 100 **h.** 125,8 : 1 000

Activité 1 Au centre commercial

Objectifs : – Additionner et soustraire deux nombres décimaux
– Calculer un ordre de grandeur

Ninon souhaite acheter un pantalon à 29,70 € et trois pulls à 23,90 €.
Elle a deux billets de 50 € dans son porte-monnaie.
Elle se demande si cela sera suffisant pour payer ses achats.
Son frère lui dit alors : « Oui, cela suffit, car un pantalon à 30 € environ et trois pulls à 20 € l'un, cela ne dépasse pas 100 € ! »
Sa sœur répond : « Non, Ninon, ce n'est pas certain que tu aies assez d'argent ! »

1. Que peut-on penser des affirmations du frère et de la sœur de Ninon ?

2. Déterminer un nombre entier proche du montant total des achats de Ninon.
Que peut-on répondre à Ninon ?

Tu as calculé un ordre de grandeur de la dépense de Ninon.

3. Ninon décide de payer avec sa carte bleue. Elle a 120 € sur son compte en banque.
Elle se demande ce qu'il restera sur son compte après son paiement.
À l'aide du schéma en barres ci-dessous, répondre à la question de Ninon.
Justifier.

120				
29,7	23,9	23,9	23,9	?

JE REVOIS

1. Recopier, puis entourer d'une même couleur les nombres égaux :

$0{,}32$; $\frac{32}{10}$; $\frac{32}{100}$; $3 + \frac{2}{10}$; $\frac{320}{1\,000}$; $3{,}2$; $\frac{320}{100}$

2. Déterminer l'aire du rectangle suivant :

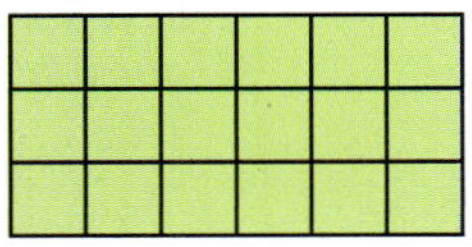

Unité d'aire

3. Une piscine olympique mesure 50 m de long et 25 m de large. Calculer l'aire de sa surface au sol.

Activité 2 Vers la multiplication de décimaux

Objectifs : – Multiplier un nombre décimal par 0,1, par 0,01 et par 0,001
– Multiplier des nombres décimaux

Multiplier n'agrandit pas toujours

1. Alexandre veut calculer $234 \times 0{,}1$. Recopier et compléter :

a. $234 \times 0{,}1 = 234 \times \frac{\dots}{10} = \frac{234}{\dots}$ donc $234 \times 0{,}1 = \dots$. On a aussi $0{,}1 \times 234 = \dots$

b. Multiplier un nombre décimal par 0,1 revient à le diviser par … .

c. Le chiffre des centaines devient le chiffre des …, le chiffre des dizaines devient le chiffre des … et le chiffre des unités devient le chiffre des … .

2. Calculer : **a.** $15{,}7 \times 0{,}01$ **b.** $3\,546{,}7 \times 0{,}001$

Multiplier pour résoudre des problèmes

1. Lors d'un cross organisé dans son collège, Samira a effectué 5 tours d'un parcours de 1,4 km. Pour calculer la distance qu'elle a parcourue, elle écrit :

$$1{,}4 + 1{,}4 + 1{,}4 + 1{,}4 + 1{,}4$$

Proposer un autre calcul et déterminer cette distance.

2. Un professeur propose à ses élèves de calculer l'aire de la surface au sol de la salle de classe.

a. Calculer un ordre de grandeur de l'aire du sol de la salle.

b. Adèle fait le raisonnement suivant :

$8{,}1\ m \times 6{,}9\ m = 81\ dm \times 69\ dm = 81 \times 69\ dm^2$. Ensuite, pour convertir en m^2, je divise par 100 le résultat en dm^2.

Mohamed écrit : $8{,}1\ m \times 6{,}9\ m = (81 \times 0{,}1)\ m \times (69 \times 0{,}1)\ m = (81 \times 69) \times (0{,}1 \times 0{,}1)\ m^2$

Expliquer leurs raisonnements, puis calculer l'aire du sol de la salle en m^2.

c. Vérifier la cohérence de ce résultat avec l'ordre de grandeur calculé au **a.**

d. En déduire une méthode pour calculer le produit $8{,}1 \times 6{,}9$.

On peut paver un carré de côté 1 m à l'aide de petits carrés de côté 1 dm. Ainsi, $1\ m^2 = 100 \times 1\ dm^2$.

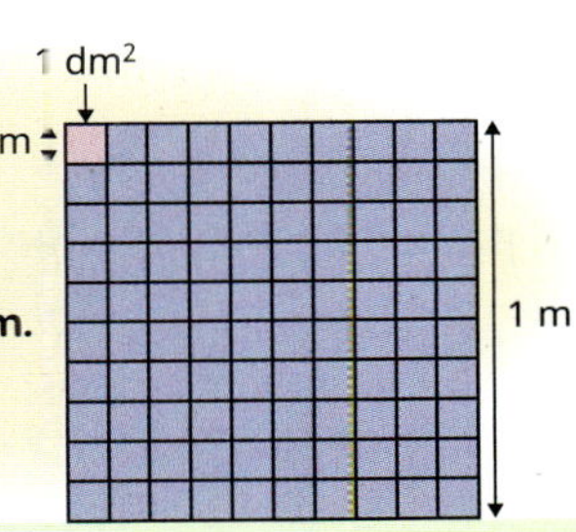

J'apprends

A Vocabulaire

Exemples

- **3 + 2 = 5** → **5** est la **somme** de 3 et de 2.
- **3 − 2 = 1** → **1** est la **différence** de 3 et de 2.

} **3** et **2** s'appellent les **termes**.

- **7 × 4 = 28** → **28** est le **produit** de 7 par 4.
  7 et **4** s'appellent les **facteurs**.

B Ordre de grandeur

Définition

Un **ordre de grandeur** d'une somme est la somme obtenue en remplaçant chacun de ses termes par un nombre proche qui permet un calcul mental rapide.
On procède de la même façon pour obtenir un ordre de grandeur d'une différence ou d'un produit.
Il existe plusieurs ordres de grandeur d'une même opération.

Un ordre de grandeur permet de prévoir ou de contrôler un résultat.

Exemples

- Un ordre de grandeur de la somme 189,9 + 91,95 est 280 ou 300.
  En effet, on peut écrire :

  189,9 ≈ **190** et **91,95** ≈ **90** donc **189,9** + **91,95** ≈ **190** + **90** → **280**

  ou

  189,9 ≈ **200** et **91,95** ≈ **100** donc **189,9** + **91,95** ≈ **200** + **100** → **300**

Le symbole ≈ signifie « est proche de » ou « est environ égal à ».

- Un ordre de grandeur du produit 8,9 × 208 est 1 800.
  En effet : **8,9** ≈ **9** et **208** ≈ **200** donc **8,9** × **208** ≈ **9** × **200** et **9** × **200** = **1 800**.

C Procédures de calcul mental

Propriété (admise)

Le résultat d'une addition (ou d'une multiplication) ne change pas lorsque l'on modifie l'ordre des termes (ou des facteurs) ou lorsque plusieurs termes (ou facteurs) sont regroupés.

Exemples

- **24** + **12** + **16** + **8** = **24** + **16** + **12** + **8** = **40** + **20** = 60
- **2,5** × **26** × **4** × **10** = **2,5** × **4** × **26** × **10** = **10** × **260** = 2 600

Attention ! On ne peut pas changer l'ordre des termes d'une soustraction !

Propriété (admise)

Les **parenthèses** indiquent les calculs à effectuer en premier.

Exemples

- 14 − (**3,2** + **9,5**) = 14 − **12,7** = 1,3
- (**23,5** + **6,5**) × (**19,1** − **15,9**) = **30** × **3,2** = 96

Je retiens

Quand tu as appris ton cours, cache-le avec une feuille et réponds aux questions.

Comment s'appelle le résultat d'une addition ? d'une soustraction ? d'une multiplication ? Qu'est-ce qu'un terme ? un facteur ?

Qu'est-ce qu'un ordre de grandeur d'un résultat ? À quoi sert-il ? Comment l'obtient-on ?

Donne un autre exemple de calcul astucieux avec des additions.

Propriété (admise)

La multiplication est **distributive** par rapport à l'addition et à la soustraction.

Exemple

Elinor a calculé 34×12 en s'aidant du schéma suivant :

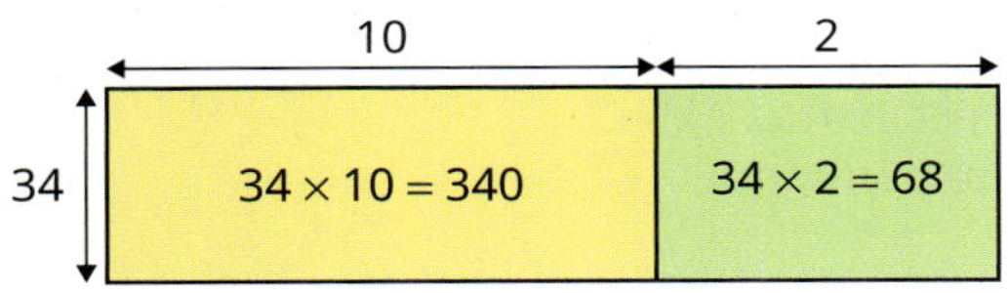

34 × 12, c'est 34 × 10 + 34 × 2.

$$\begin{aligned} 34 \times 12 &= 34 \times (10 + 2) \\ &= 34 \times 10 + 34 \times 2 \\ &= 340 + 68 \\ &= 408 \end{aligned}$$

Applications

- $32 \times 101 = 32 \times (100 + 1) = 32 \times 100 + 32 \times 1 = 3\,200 + 32 = 3\,232$
- $64 \times 99 = 64 \times (100 - 1) = 64 \times 100 - 64 \times 1 = 6\,400 - 64 = 6\,336$

Je retiens

Calcule 76×11 et 54×99.

D Multiplier des nombres décimaux

Multiplier par 0,1 ; 0,01 ; 0,001

Multiplier un nombre décimal par **0,1** ou **0,01** ou **0,001** revient à donner à chacun de ses chiffres une valeur **10 fois**, **100 fois**, **1 000 fois** plus petite.

Exemples

- $12{,}3 \times 0{,}1$

Dizaines	Unités		Dixièmes	Centièmes
1	2	,	3	
	1	,	**2**	**3**

× 0,1

$12{,}3 \times 0{,}1 = 12{,}3 \times \frac{1}{10} = 12{,}3 \times 1 \text{ dixième} = 12{,}3 \text{ dixièmes} = \frac{12{,}3}{10} = 12{,}3 : 10 = \mathbf{1{,}23}.$

Remarque : Multiplier un nombre décimal par 0,1 revient à en prendre le dixième. Le résultat obtenu est 10 fois plus petit que le nombre initial.

- $38 \times 0{,}1 = 3{,}8$
- $193 \times 0{,}01 = 1{,}93$

Application à la multiplication de nombres décimaux

Exemple : Calculer $43{,}8 \times 2{,}6$.

$43{,}8 \times 2{,}6 = 438 \times 0{,}1 \times 26 \times 0{,}1 = (438 \times 26) \times (0{,}1 \times 0{,}1) = (438 \times 26) \times 0{,}01$

Donc $43{,}8 \times 2{,}6 = 11\,388 \times 0{,}01 = 113{,}88$.

Ainsi, on effectue la multiplication 438×26 sans tenir compte des virgules dans un premier temps :

```
      4 3, 8
×        2, 6
-------------
    2 6 2 8
+   8 7 6 .
-------------
  1 1 3, 8 8
```

Remarque : 43,8 est 10 fois plus petit que 438.
26 est 10 fois plus petit que 2,6.
Donc le résultat de $43{,}8 \times 2{,}6$ est 100 fois plus petit que celui de 438×26.

Explique la règle de multiplication d'un nombre décimal par 0,1 ; par 0,01 et par 0,001.

Calcule :
- $67 \times 0{,}1$
- $135 \times 0{,}01$
- $789 \times 0{,}001$

Pose et effectue :
- $76{,}8 \times 3{,}9$
- $5{,}6 \times 2{,}87$

MON QCM DE RÉVISION edubelin.fr/25mmat6-55

J'apprends à faire

1 Calculer un ordre de grandeur

1. Gauthier fait les boutiques.
Il décide d'acheter un polo à 14,95 € ; un bermuda à 23,68 € et des baskets à 59,30 €.
En utilisant un ordre de grandeur, expliquer s'il pourra tout acheter avec 100 €.

2. Le professeur Multiplus donne ce problème :

> Un litre de jus de pomme fermier est vendu 3,85 €.
> Combien coûtent 38 litres de jus de pomme ?

Calculer un ordre de grandeur du prix demandé.

Solution

1. La dépense de Gauthier est donnée par ce calcul : 14,95 € + 23,68 € + 59,30 €.

2. Il faut calculer un ordre de grandeur de $38 \times 3{,}85$ €.

Étape 1 On remplace chaque terme ou facteur par un nombre entier proche et donnant une opération facile à calculer.

1. **14,95** € + **23,68** € + **59,30** € ≈ **15** € + **25** € + **60** €
15 € + **25** € + **60** € = 100 €
Un ordre de grandeur de cette dépense est 100 €.

2. **38** est proche de **40** et **3,85** € est proche de **4** €
donc **38** × **3,85** € ≈ **40** × **4** €.
40 × **4** € = 160 €

Étape 2 On répond à la question.

1. L'ordre de grandeur choisi est supérieur à la dépense réelle donc Gauthier pourra payer tous ses achats avec 100 €.

15 > 14,95 ;
25 > 24,68 et
60 > 59,30

2. 38 litres de jus de pomme coûtent environ 160 €.

JE M'EXERCE

1. Chez le primeur, Youri achète 6,78 kg de pommes de terre, 925 g de tomates et 1,38 kg de courgettes. Donner un ordre de grandeur de la masse totale de ses achats.
2. Un bibliothécaire souhaite acheter 62 livres valant 9 € chacun et 47 DVD valant 11,30 € chacun. En utilisant des ordres de grandeur, indiquer s'il pourra acheter les 62 livres et les 47 DVD avec 1 000 €.

Exercice corrigé p. 314

2 Multiplier un nombre décimal par 0,1 ; 0,01 et 0,001

Calculer :

a. $0{,}3 \times 6$ **b.** $7 \times 0{,}2$ **c.** $4 \times 0{,}03$ **d.** $0{,}009 \times 5$

Solution

a. $0{,}3 \times 6 = (0{,}1 \times 3) \times 6 = 0{,}1 \times (3 \times 6) = 0{,}1 \times 18 = 1{,}8$
b. $7 \times 0{,}2 = 7 \times (2 \times 0{,}1) = (7 \times 2) \times 0{,}1 = 14 \times 0{,}1 = 1{,}4$
c. $4 \times 0{,}03 = 4 \times (3 \times 0{,}01) = (4 \times 3) \times 0{,}01 = 12 \times 0{,}01 = 0{,}12$
d. $0{,}009 \times 5 = (9 \times 0{,}001) \times 5 = (9 \times 5) \times 0{,}001 = 45 \times 0{,}001 = 0{,}045$

JE M'EXERCE

Calculer :

a. $0{,}6 \times 7$ **b.** $8 \times 0{,}9$ **c.** $5 \times 0{,}5$ **d.** $0{,}12 \times 3$

Exercice corrigé p. 314

3 Calculer le produit de deux nombres décimaux

1. Calculer : **a.** $0{,}4 \times 0{,}6$ **b.** $0{,}7 \times 0{,}09$
2. Quel est le prix de 5,2 m de tissu à 9,78 € le mètre ?

Solution

1. **a.** $0{,}4 \times 0{,}6 = (4 \times 0{,}1) \times (6 \times 0{,}1) = (4 \times 6) \times (0{,}1 \times 0{,}1) = 24 \times 0{,}01 = 0{,}24$

0,4 est 10 fois plus petit que 4 et 0,6 est 10 fois plus petit que 6 donc le résultat de $0{,}4 \times 0{,}6$ est 100 fois plus petit que celui de 4×6.

b. $0{,}7 \times 0{,}09 = (7 \times 0{,}1) \times (9 \times 0{,}01) = (7 \times 9) \times (0{,}1 \times 0{,}01) = 63 \times 0{,}001 = 0{,}063$

2. On doit calculer le produit $5{,}2 \times 9{,}78$.
On pose 52×978 et on obtient $52 \times 978 = 50\,856$.
Donc $5{,}2 \times 9{,}78 = 50{,}856$.
Le prix de 5,2 m de tissu est environ égal à 50,86 €.

5,2 est 10 fois plus petit que 52 ; 9,78 est 100 fois plus petit que 978. Donc le résultat de $5{,}2 \times 9{,}78$ est 1 000 fois plus petit que celui de 52×978.

Des résultats à retenir

- $0{,}1 \times 0{,}1 = 0{,}01$
- $0{,}1 \times 0{,}01 = 0{,}001$
- $2 \times 0{,}5 = 1$
- $4 \times 0{,}25 = 1$
- $8 \times 0{,}125 = 1$
- $10 \times 0{,}1 = 1$
- $100 \times 0{,}01 = 1$
- $100 \times 0{,}001 = 0{,}1$

JE M'EXERCE

1. Poser et effectuer les opérations suivantes : **a.** $7{,}02 \times 8{,}67$ **b.** $23{,}5 \times 5{,}7$
2. Un litre d'essence coûte 1,62 €. Quel est le prix de 25,6 litres d'essence ?

Exercice corrigé **p. 314**

4 Résoudre un problème mixte en plusieurs étapes

Mathis a reçu une carte-cadeau d'une valeur de 30 € sur un site marchand.
Il loue 3 films à 3,40 € le film, 4 épisodes de sa série préférée à 1,25 € l'épisode et télécharge 2,5 Mo de données musicales à 2,24 € le Mo. Combien lui restera-t-il sur sa carte ?

Solution

Étape 1 Pour répondre, on peut s'aider du schéma en barres suivant :

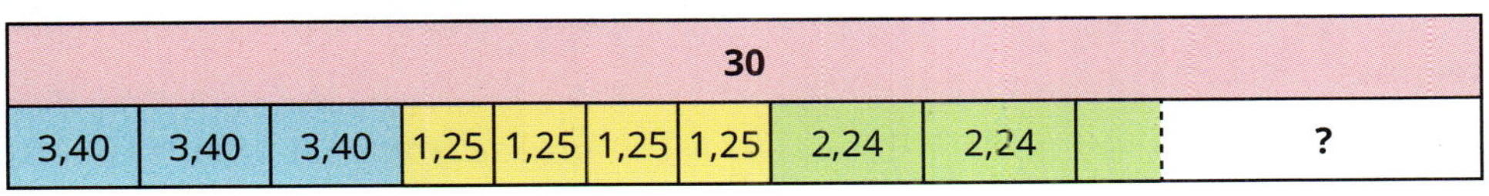

- On calcule le prix de location des 3 films : $3 \times 3{,}40 = 10{,}2$. Les 3 films coûtent 10,20 €.
- On calcule le prix des 4 épisodes de la série : $4 \times 1{,}25 = 5$. Les 4 épisodes coûtent 5 €.
- On calcule le prix des données musicales téléchargées : $2{,}5 \times 2{,}24 = 5{,}6$. Elles coûtent 5,60 €.

Étape 2 On calcule l'argent qu'il reste à Mathis après ses achats :
$A = 30 - (3 \times 3{,}40 + 4 \times 1{,}25 + 2{,}5 \times 2{,}24)$
$A = 30 - (10{,}20 + 5 + 5{,}60)$
$A = 30 - 20{,}80$
$A = 9{,}20$
Il lui reste 9,20 € après ses achats.

On effectue en premier les calculs entre parenthèses, en commençant par les parenthèses les plus intérieures. La multiplication est prioritaire sur l'addition.

JE M'EXERCE

Au marché, Kaïna achète 1,6 kg de bananes qui coûtent 3,25 € le kg et 2,3 kg de fraises qui coûtent 6,30 € le kg. Elle dispose d'un billet de 20 €. A-t-elle assez d'argent ?

Exercice corrigé **p. 314**

Je prends confiance

Je prends mon élan

1 **QCM** Choisir la ou les bonnes réponses parmi les trois propositions.

1. Le résultat d'une multiplication s'appelle :
   a une somme.
   b une différence.
   c un produit.
2. Un ordre de grandeur de 45,7 × 3,6 est :
   a 180 b 200 c 135,42
3. Multiplier un nombre décimal par 0,01 revient à :
   a le diviser par 10.
   b en prendre le centième.
   c le diviser par 100.
4. Le résultat de 0,4 × 8 est égal à :
   a celui de 4 × 0,8 b 3,2 c 0,32
5. Calculer 45,7 × 3,6 revient à :
   a calculer 457 × 36, puis diviser le résultat par 10.
   b calculer 457 × 36, puis diviser le résultat par 100.
   c calculer 457 × 36, puis multiplier le résultat par 0,01.
6. Le prix de 3,4 kg de pommes à 2,56 € le kg est égal à :
   a 3,4 + 2,56
   b 3,4 × 2,56
   c (3 × 2) + (0,4 × 0,56)

Je me lance

Utiliser un vocabulaire adapté

2
1. Écrire et calculer la somme dont les deux termes sont égaux à 25,8.
2. Écrire 100 sous la forme d'une somme de trois termes.
3. Écrire et calculer la différence de 36,4 et de 21,9.

3 Recopier et compléter :
a. 5 × 9 est le ... des ... 5 et 9.
b. 7 × ... = 56. 56 est le ... des ... 7 et ... .

4 **Automatismes**

Écrire mathématiquement les expressions suivantes, puis effectuer le calcul correspondant :
a. la somme de 1,2 et de 0,9 ;
b. le produit de 0,4 et de 6 ;
c. la différence de 76,5 et de 14,9 ;
d. la somme de 2,25 et de 8 dixièmes ;
e. le double de 4,7 ;
f. le quadruple de 2,4 ;

5
1. Traduire par une expression mathématique :
   a. la somme du produit de 9,7 par 3 et du produit de 6 par 5,4 ;
   b. la différence du triple de 1,2 et du double de 0,9.
2. Calculer ces expressions.

Calculer un ordre de grandeur

6 Paul achète un poulet rôti qui pèse 975 g.
Le boucher lui demande 15 €.

1. Après un rapide calcul, Paul dit au boucher qu'il se trompe. Expliquer pourquoi.
2. Calculer le prix que doit payer Paul.
3. Paul est parti faire ses courses avec un billet de 50 €. Après avoir payé le poulet, il dépense 12,98 € chez le boulanger. Lui reste-t-il assez d'argent pour acheter une boîte de chocolats à 18 € ? Répondre en utilisant un ordre de grandeur.

7 Chez le primeur, Élisa achète 6,78 kg de pommes de terre, 925 g de tomates et 1,38 kg de courgettes qu'elle met dans un sac de 200 g. Élisa calcule que son sac rempli pèse plus de 10 kg.
Vérifier si elle a raison, en utilisant un ordre de grandeur.

8 Le père de Louis doit déménager une malle. Elle contient 46,70 kg de livres, 35,90 kg de vieux vêtements et 23,89 kg de papiers. Sa malle est trop lourde et il souhaiterait ne pas dépasser un quintal*. Il se demande quelle masse d'objets en kg il doit retirer de la malle.

1. Recopier et compléter ce schéma en barres :

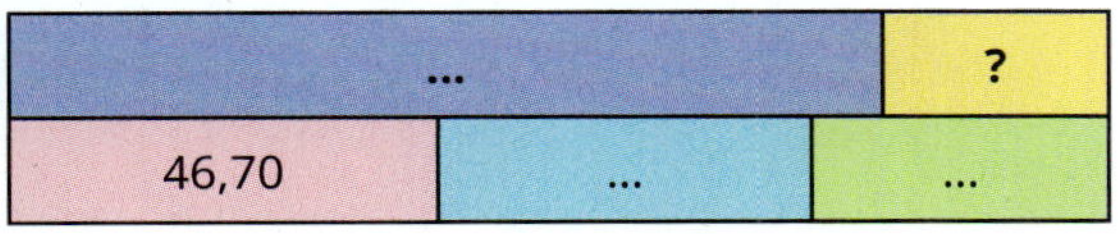

2. Donner un ordre de grandeur de la masse des objets à enlever.

3. En utilisant un seul calcul en ligne, répondre au problème du père de Louis.

* **Un quintal est égal à 100 kg.**

9 Calculer un ordre de grandeur des produits suivants :

a. $87{,}5 \times 13$

b. $5\,953{,}12 \times 2\,145{,}28$

c. $0{,}95 \times 564{,}89$

Calculer mentalement

10 Calculer :

a. $7{,}8 + 5{,}6$ **b.** $12{,}7 + 6{,}34$ **c.** $9{,}73 + 15{,}8$

d. $3{,}4 - 2{,}9$ **e.** $14{,}8 - 5{,}03$ **f.** $18{,}4 - 8{,}65$

11 Calculer :

a. $9 \times 0{,}1$ **b.** $3{,}25 \times 0{,}01$

c. $49{,}6 \times 0{,}01$ **d.** $0{,}13 \times 0{,}1$

e. $5\,632\,847 \times 0{,}001$ **f.** $0{,}0258 \times 0{,}01$

12 **Automatismes**

Recopier et compléter par 10, 100 ou 1 000 :

a. $78 \times ... = 780$ **b.** $2{,}85 \times ... = 28{,}5$

c. $0{,}45 \times ... = 45$ **d.** $0{,}06 \times ... = 60$

e. $550 : ... = 0{,}55$ **f.** $70{,}3 : ... = 7{,}03$

13 Recopier et compléter par 0,1, 0,01 ou 0,001 :

a. $45\,300 \times ... = 453$ **b.** $4{,}5 \times ... = 0{,}45$

c. $8\,950 \times ... = 895$ **d.** $43 \times ... = 0{,}43$

e. $387 \times ... = 38{,}7$ **f.** $800 \times ... = 0{,}8$

14 **1.** Calculer 9×4.

2. Utiliser le résultat précédent pour trouver les produits ci-dessous sans faire de calculs :

a. 90×4 **b.** 9×400 **c.** $0{,}9 \times 4$

d. $0{,}9 \times 0{,}4$ **e.** $9 \times 0{,}004$ **f.** $900 \times 0{,}04$

15 Gaston veut calculer 17×15.

17 fois 15, c'est 17 fois 10 plus 17 fois 5.

1. Recopier et compléter le calcul de Gaston :

$$17 \times 15 = 17 \times (10 + 5) = ...$$

2. Calculer de la même façon :

a. 38×101 **b.** 22×99 **c.** $0{,}6 \times 99$

16 Lors d'un duathlon, Chloé a effectué 4 tours d'une piste de longueur 900 m en courant, puis elle a parcouru 25 km à vélo, et pour finir elle a couru à nouveau 2,3 km.

1. Recopier et compléter ce schéma en barres :

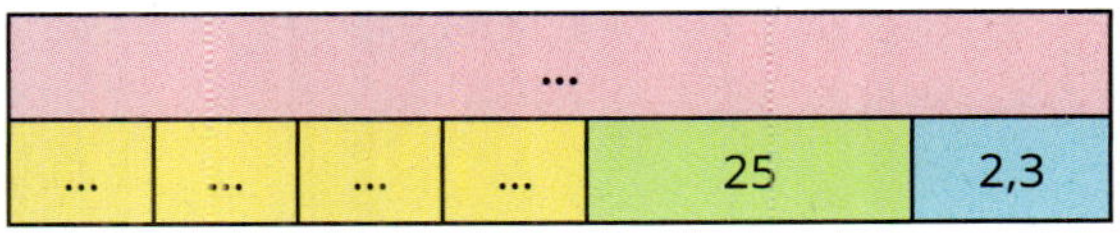

2. Calculer la distance que Chloé a parcourue au total.

Calculer avec des nombres décimaux

17 Poser et effectuer les calculs suivants :

a. $265{,}46 + 896{,}9$ **b.** $8\,965{,}45 + 256{,}8$

c. $321 - 287{,}92$ **d.** $7{,}62 \times 8{,}67$

e. $6{,}05 \times 8{,}4$ **f.** $850{,}9 \times 0{,}046$

18 Recopier et compléter :

a.
```
    2 • 2 1
  + • 5 • •
  ---------
    4 1 0 8
```

b.
```
      • 5 , •
  + 4 • , 7 •
  -----------
    5 8 , 0 8
```

c.
```
    • 3 0
  − 2 5 •
  -------
    3 • 6
```

d.
```
    1 1 , • 5
  −   • , 1 •
  -----------
      5 , 2 7
```

e.
```
      4 5 6 •
  ×         6
  -----------
    • • • 7 2
```

f.
```
      • 7 • •
  ×         8
  -----------
    • 3 • 7 2
```

g.
```
        2 • , 3
  ×       5 , •
  -------------
          • • 9
  +   • 3 • 5 •
  -------------
      • • • 3 •
```

h.
```
      3 , 2 3
  ×       • •
  -----------
      • • • 2
  +   3 2 3 •
  -----------
      • • • •
```

J'avance à mon rythme

Fiches d'exercices
edubelin.fr/25mmat6-60a
Toutes les fiches en PDF

Avec des parcours d'apprentissage

Je calcule mentalement

- Exercice **10 p. 59**
- Exercice **20 p. 61**
- Exercice **27 p. 61**
- Exercice **55 p. 65**
- Exercice **82 p. 68**

J'estime des résultats

- Exercice **7 p. 58**
- Exercice **43 p. 63**
- Exercice **51 p. 64**
- Exercice **52 p. 64**
- Exercice **63 p. 66**

J'effectue des calculs variés

- Exercice **18 p. 59**
- Exercice **31 p. 62**
- Exercice **54 p. 65**
- Exercice **58 p. 65**
- Exercice **85 p. 68**

Je résous des problèmes

- Exercice **16 p. 59**
- Exercice **37 p. 62**
- Exercice **49 p. 64**
- Exercice **65 p. 66**
- Exercice **80 p. 68**

Je m'initie à la gestion d'un budget

- Exercice **6 p. 58**
- Exercice **33 p. 62**
- Exercice **64 p. 66**
- Exercice **66 p. 66**
- Exercice **88 p. 69**

OU avec un plan de travail

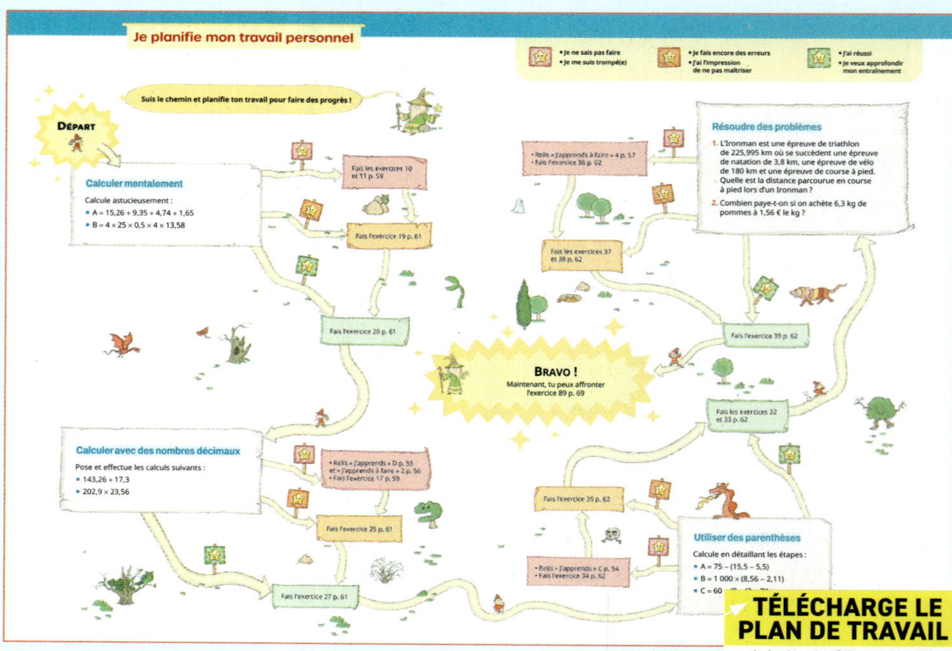

TÉLÉCHARGE LE PLAN DE TRAVAIL
edubelin.fr/25mmat6-60

J'applique mes connaissances

Calculer mentalement

19 Calculer astucieusement ces sommes :
- $A = 53 + 28 + 61 + 47 + 12$
- $B = 35{,}2 + 108 + 64{,}8$
- $C = 2{,}25 + 990 + 7{,}75$
- $D = 1\ 201 + 208 + 99 + 2$

20 Calculer ces produits en regroupant astucieusement leurs facteurs :
- $A = 10{,}2 \times 0{,}25 \times 10 \times 4$
- $B = 0{,}4 \times 38 \times 125 \times 25 \times 8$
- $C = 104 \times 1{,}25 \times 10 \times 8$
- $D = 4 \times 9{,}5 \times 50 \times 2{,}5 \times 20$

21 Recopier et compléter par le nombre qui convient :

a. $... \times 10 = 54{,}1$ **b.** $... \times 100 = 6\ 753$
c. $... \times 1\ 000 = 3\ 456$ **d.** $... \times 10 = 0{,}63$
e. $... \times 100 = 3{,}5$ **f.** $... \times 1\ 000 = 5$

22 Recopier et compléter par le nombre qui convient :

a. $... \times 0{,}1 = 28{,}9$ **b.** $... \times 0{,}01 = 0{,}548$
c. $... \times 0{,}001 = 25{,}06$ **d.** $... \times 0{,}1 = 0{,}46$
e. $... \times 0{,}01 = 0{,}074$ **f.** $... \times 0{,}001 = 0{,}02$

23 **Automatismes**

Calculer :

a. $13 - 0{,}1$ **b.** $13 - 0{,}01$
c. $13 - 0{,}001$ **d.** $126{,}7 - 0{,}01$
e. $8{,}1 - 0{,}002$ **f.** $548{,}7 - 0{,}003$

24 Calculer :

a. $22{,}4 \times 5$ **b.** $34{,}6 \times 5$
c. $16{,}2 \times 50$ **d.** $12{,}4 \times 50$
e. $1{,}8 \times 0{,}5$ **f.** $74 \times 0{,}5$

Multiplier par 5 revient à multiplier par 10, puis à diviser par 2.

Calculer avec des nombres décimaux

25 Poser et effectuer chacun des calculs suivants :

a. $8\ 965{,}45 + 798 + 56{,}758$
b. $1\ 078{,}9 + 5\ 678{,}89$
c. $2\ 024 - 356{,}9$
d. $4\ 321 - 1\ 287{,}32$
e. $784{,}2 - 72{,}39$

26 **Automatismes**

Calculer en ligne, sans poser l'opération :

a. $231{,}48 + 9{,}83$
b. $39{,}438 + 71{,}25$
c. $32{,}9 + 756{,}26$
d. $253{,}56 - 54{,}4$
e. $238{,}5 - 185{,}65$
f. $30{,}1 - 3{,}99$

27 **1. a.** Recopier et compléter cette phrase :
« Pour ajouter 9, on peut ajouter 10, puis soustraire ... . »
b. Utiliser cette méthode pour calculer les sommes suivantes :
- $87 + 9$
- $317 + 49$
- $845 + 99$
- $1\ 235 + 999$

2. a. Recopier et compléter cette phrase :
« Pour ajouter 0,9, on peut ajouter ..., puis soustraire un dixième. »
b. Utiliser cette méthode pour calculer les sommes suivantes :
- $24{,}8 + 0{,}9$
- $34{,}9 + 0{,}99$
- $69{,}68 + 0{,}99$

3. a. Recopier et compléter cette phrase :
« Pour soustraire 9, on peut soustraire ..., puis ajouter 1. »
b. Utiliser cette méthode pour calculer les différences suivantes :
- $674 - 9$
- $1\ 856 - 99$
- $25{,}3 - 0{,}9$
- $176 - 9{,}9$

28 **1.** Calculer 12×25.
2. Utiliser le résultat précédent pour trouver les produits ci-dessous sans faire de calculs :

a. 120×250 **b.** $1\ 200 \times 2\ 500$
c. $1{,}2 \times 25$ **d.** $12 \times 2{,}5$
e. $1{,}2 \times 2{,}5$ **f.** $0{,}12 \times 2{,}5$
g. $0{,}12 \times 0{,}25$ **h.** $1{,}2 \times 0{,}025$

29 **1.** Vérifier que le produit 268×19 est égal à 5 092.
2. Utiliser le résultat précédent pour trouver les produits ci-dessous sans faire de calculs :

a. 268×190 **b.** $2\ 680 \times 1\ 900$
c. $268 \times 1{,}9$ **d.** $2{,}68 \times 1{,}9$
e. $26{,}8 \times 0{,}19$ **f.** $2\ 680 \times 1{,}9$
g. $2{,}68 \times 190$ **h.** $26{,}8 \times 190$

30 Poser et effectuer les calculs suivants :

a. $309{,}5 \times 47$ **b.** $4\ 008{,}7 \times 3{,}8$
c. $9{,}05 \times 760$ **d.** $96{,}4 \times 0{,}78$
e. $6\ 190 \times 2{,}98$ **f.** $205{,}4 \times 0{,}097$

J'applique mes connaissances

31 **Automatismes**

Sans poser l'opération ni utiliser la calculatrice, recopier les produits suivants, puis entourer en bleu ceux qui sont inférieurs à 1, en rouge ceux qui sont supérieurs à 1 et en vert ceux qui sont égaux à 1 :

a. $3{,}8 \times 0{,}2$ **b.** $3{,}95 \times 0{,}99$
c. $12{,}58 \times 1$ **d.** $0{,}25 \times 4$
e. $0{,}02 \times 50$ **f.** $0{,}125 \times 8$
g. $10 \times 0{,}05$ **h.** $5\,987\,500 \times 0{,}9$

Utiliser des parenthèses

32 Louise souhaite préparer 2,75 litres d'un cocktail de jus de fruits.
Elle a déjà mis 1,45 litres de jus d'orange, 0,8 litre de jus de pamplemousse et 0,15 litre de sirop de grenadine.
Il lui reste à ajouter le jus de citron vert.
Calculer de deux façons différentes la quantité de citron vert que Louise doit ajouter.

J'ai utilisé une seule expression avec des parenthèses.

Et moi une seule expression aussi, mais sans parenthèse !

33 Pour un goûter, Léna achète deux paquets de gâteaux à 3,40 € l'unité, trois bouteilles de jus de fruit à 2,25 € l'unité et deux paquets de bonbons à 2,95 € l'unité.
Elle paye avec un billet de 20 €.

1. Écrire une expression avec des parenthèses permettant de calculer le montant rendu par le caissier.
2. Effectuer le calcul et conclure.

34 Effectuer ces calculs en détaillant les étapes :

- $A = 35 - (17{,}5 + 6{,}4)$
- $B = 89{,}5 - (6{,}2 - 1{,}4)$
- $C = 10 - 0{,}5 \times (5{,}2 - 3{,}8)$
- $D = 3{,}6 - [2{,}4 - (0{,}2 + 0{,}1)]$
- $E = (12{,}6 + 3{,}9) \times 2 \times (23{,}5 - 3{,}5)$
- $F = (40{,}5 + 7{,}5) \times (10 - 6)$

35 Calculer les expressions suivantes :

a. $(6{,}5 + 4{,}5) - (17{,}4 - 16{,}3) \times 3$
b. $193 - [(6{,}4 - 3{,}9) \times 20 + 43]$

Les crochets jouent le même rôle que des parenthèses.

Résoudre un problème

36 **Automatismes**

Adrian souhaite préparer des citronnades pour la fête de fin d'année de l'école.
Il a préparé 12 dL de sirop de citron qu'il mélange à quatre bonbonnes de 4,5 L d'eau.
Il remplit un saladier de 15,6 L et choisit un deuxième récipient. Quelle doit être la contenance de ce récipient ?
Recopier et compléter ce schéma en barres, puis résoudre le problème :

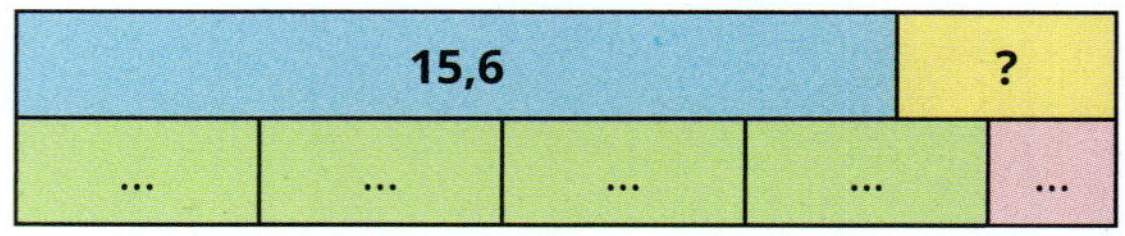

37 **1.**

Quelle est la taille de Jared ? Justifier.

2.

Quelle est la taille de Lucas ? Justifier.

38 Voici la capacité de stockage du disque dur de Jade :

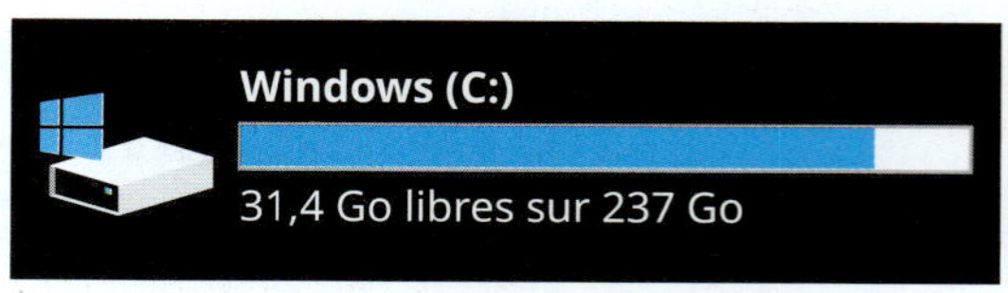

Elle souhaite y stocker les films *Le Voyage de Chihiro* (22,8 Go) et *Le Garçon et le Héron* (23,6 Go).
Combien d'espace de stockage doit-elle libérer pour y parvenir ?

39 La différence entre deux nombres est égale à 14,5. On augmente le plus grand de 3,2 et on diminue le plus petit de 2,7.
Que devient leur différence ?

40 Résoudre les problèmes suivants en justifiant :

a. Quel est le prix de 5,6 kg de cerises à 7,95 € le kg ?

b. Un gallon US, unité de mesure américaine, vaut 3,785 litres. Quelle est la capacité en litres d'un bidon contenant 2,5 gallons US ?

41 Quel est le prix de 35,7 litres de SP95 à cette station-service ?

42 Pour une séance de cinéma, 125 entrées « Plein tarif » à 10,80 € la place ont été enregistrées ainsi que 56 entrées « Tarif réduit » à moitié prix.

1. Calculer la recette pour cette séance.

2. Pour calculer la recette de la deuxième séance, le caissier a utilisé l'expression suivante : $195 \times 10{,}80 + 76 \times 5{,}40$.

a. Combien d'entrées « Plein tarif » et « Tarif réduit » ont été enregistrées pour cette deuxième séance ?

b. Calculer la recette de la deuxième séance.

43 Ethan achète une salade à 1,05 € et 4,1 kg de pommes de terre à 1,90 € le kg.

1. Calculer un ordre de grandeur du prix à payer pour ces achats.

2. Calculer la dépense exacte d'Ethan.

3. Ethan paie avec un billet de 10 €.

a. Combien lui rendra-t-on ?

b. Que permet de calculer l'expression $(10 - 1{,}05) - 4{,}1 \times 1{,}90$?
Effectuer le calcul.

La multiplication est prioritaire sur l'addition et la soustraction.

44 **J'accélère**

Calcul mental
edubelin.fr/25mmat6-63
5 séries en PDF

5 min

Calculer mentalement :

a. $\frac{1}{100} = \frac{\dots}{1\,000}$ **b.** $4{,}45 + 0{,}8$

c. 12×32 **d.** $2 \times 13{,}6$

e. $140 : 4$ **f.** $92 - 29$

45 Un carré est un carré magique si la somme des nombres sur chaque ligne, chaque colonne et chaque diagonale donne le même résultat.

1. Les deux carrés suivants sont-ils des carrés magiques ?

a.

2	9	4
7	5	3
6	1	8

b.

8	18	16
24	14	6
12	10	20

2. Recopier et compléter ces carrés magiques :

a.

		1,4
	1,7	1,9
2		

b.

	20	
21,9	8,6	12,4

46 En 2022, le Musée du Louvre-Lens a fêté ses dix ans par une fréquentation record, avec plus de 571 000 entrées, ce qui en fait le musée le plus visité de la région des Hauts-de-France.
En 2021, en raison de la pandémie, le nombre d'entrées a été d'environ 224 000.

Que peut-on penser des affirmations de ces deux enfants ?

47 Je suis un nombre décimal. Mon chiffre des dixièmes est le même que celui du nombre $\frac{6\,459}{1\,000}$. Quand on me multiplie par 0,1, je suis compris entre 60 et 70. Quand on me multiplie par 100, je deviens entier. Mon chiffre des dizaines est la moitié de celui des centaines. Quand on m'ajoute 57 centièmes, je deviens un multiple de 10. Qui suis-je ?

Je développe mes savoir-faire

48 **Modéliser et Raisonner**

1. Résoudre le problème suivant :

   Camille a 16,5 € dans son porte-monnaie.
   C'est 4 fois moins que son cousin Benjamin.
   Combien d'argent Benjamin possède-t-il ?

Tu peux utiliser un schéma en barres pour répondre si besoin.

2. Louna pèse 8 fois et demi plus lourd que son chat. Combien pèse-t-elle ?

49 **Modéliser et Calculer**

Aïssa a mis différents objets sur une balance et a obtenu l'équilibre en ajoutant des poids comme indiqué sur les schémas ci-dessous. Déterminer la masse de chacun des objets a, b, c, d et e.

a.

b.

c.

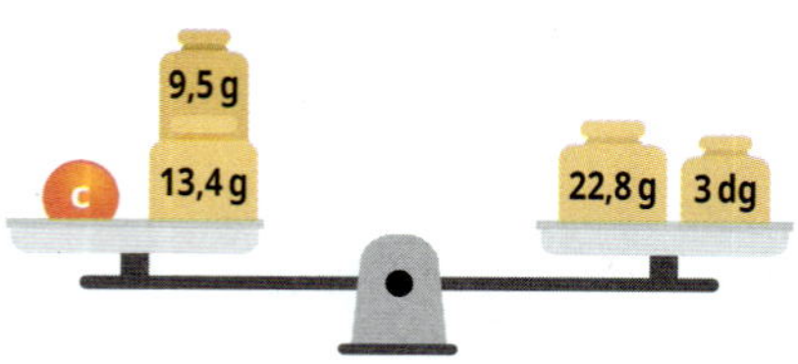

d.

e.

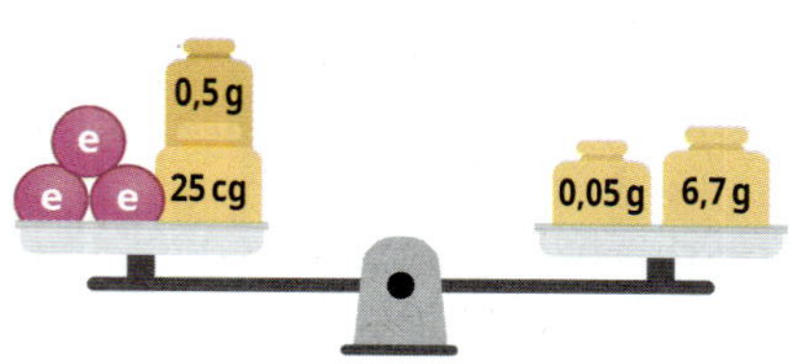

50 **Calculer**

Recopier et compléter chaque case vide par la somme des nombres situés dans les deux cases au-dessous.

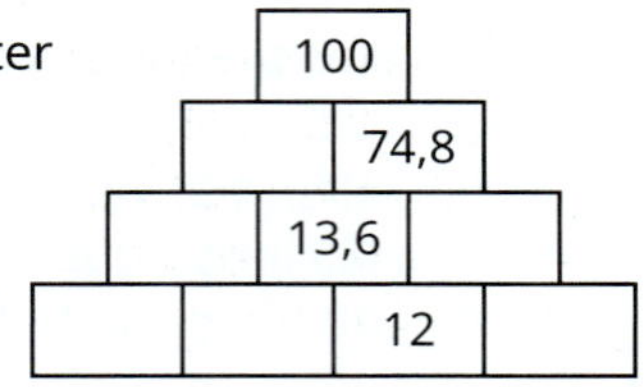

51 **Communiquer**

Pour chaque question, trois résultats sont proposés dont deux sont faux.
Sans poser d'opérations, sans utiliser la calculatrice, mais **en utilisant uniquement un ordre de grandeur**, trouver le bon résultat. Expliquer la méthode.

1. 28,7 + 43,2 + 126,58 + 58,4 = ...
   a 216,88 b 256,88 c 366,88
2. 9,75 × 0,91 = ...
   a 0,8725 b 9,8725 c 8,8725
3. Inès achète trois articles à 25,80 € ; 16,55 € et 8,70 €. Sa dépense est proche de ...
   a 47 € b 51 € c 58 €
4. Une classe de collège compte en moyenne 26 élèves. Le nombre d'élèves dans un collège de 19 classes est proche de ...
   a 300 b 400 c 500

52 **Développement durable**

Ce tableau indique les consommations moyennes d'eau en litres par jour et par personne en France.
Calculer un ordre de grandeur de la consommation journalière moyenne en eau d'une personne.

Bain/Douche	58,7 L
Toilettes	24,3 L
Cuisson/Boisson	17,3 L
Machine à laver	16,8 L
Soins corporels	11,7 L
Vaisselle	10,6 L
Voiture/jardin	9 L
Ménage	6,65 L

53 **Chercher et Raisonner**

Manon a acheté un vélo électrique pour rester en bonne santé tout en réduisant son empreinte carbone.
Sachant qu'elle parcourt environ 50 km par jour, calculer l'économie qu'elle aura réalisée dans deux ans en utilisant son vélo plutôt que sa voiture.
On considère qu'une année compte 365 jours.

1 500 €

1,71 € le litre

6,4 L d'essence pour 100 km

54 **Calculer**

1. Calculer chaque expression :
   - $H = 0,5 \times (36,4 + 8)$
   - $C = 1,4 \times 100 \times 0,5 \times 0,5$
   - $A = 0,2 \times 30 \times 0,4$
   - $M = (5 - 2,4) \times (2,9 + 1,1)$
   - $S = (11,6 - 7,1) \times 10$
   - $E = 100 \times 0,2 \times 0,7$
2. Ranger les résultats dans l'ordre décroissant. Quel mot obtient-on ?

55 **Chercher et Raisonner**

1. On passe d'une case à la case suivante en multipliant par 0,5. Recopier et compléter :

84					

2. On passe d'une case à la case suivante en multipliant par 0,2. Recopier et compléter :

400				

56 **Chercher et Raisonner**

1. Trouver deux nombres entiers consécutifs dont la somme est 871.
2. Trouver deux nombres entiers dont la somme est 114 et la différence est 28.
3. La somme d'un nombre et du produit de 7 par 15 est égale à 200. Quel est ce nombre ?
4. Le produit d'un nombre par 25 est égal au double de 50. Quel est ce nombre ?

57 **Chercher**

1. Trouver les deux nombres de la liste dont la somme est 34 :

   16,43 • 16,7 • 17,2 • 17,7 • 17,57 •
   16,5 • 16,08 • 19,3 • 16,4 • 17,6

2. Trouver les deux nombres de la liste dont la différence est 2,8 :

   8,29 • 9,25 • 12,27 • 11,7 • 9,37 •
   9,5 • 9,24 • 12,17 • 11,47 • 10,4

58 **Calculer**

Lucie fait une randonnée dont la longueur totale est de 65 km. Elle fait trois étapes de 17,5 km chacune.
Elle cherche la distance qui lui reste à parcourir.

1. Recopier et compléter l'expression suivante, qui permet de calculer cette distance :

   $A = ... - ... \times ...$

2. Effectuer le calcul.

59 **Raisonner et Communiquer**

Vrai ou faux ? Justifier.

a. Quand on multiplie un nombre par un autre, le résultat est toujours un nombre plus grand que le nombre de départ.

b. Un ordre de grandeur de $402,38 \times 1,965$ est 800.

c. $6\ 023 \times 95 = 572\ 185$ donc $60,23 \times 9,5 = 572,185$.

d. La masse d'un objet est de 0,95 kg.
On achète 20 de ces objets.
La masse totale des objets sera inférieure à 20 kg.

e. Pour une famille de 6 personnes, on achète 5 litres de lait à 1,35 € l'unité.
Le prix à payer est de 8,10 €.

60 **Raisonner et Calculer**

En calculant l'expression $A = 6 + 4 \times 2$, Marina a trouvé 14. Jules dit qu'elle s'est trompée car il a trouvé 20.

1. Utiliser la calculatrice pour trouver quel élève a raison et le bon résultat du calcul. Par quelle opération doit-on commencer ?

On dit que la multiplication est prioritaire sur l'addition et la soustraction.

2. Effectuer les calculs suivants :
   - $A = 14 + 6 \times 0,5$
   - $B = 11,4 - 3,2 \times 3$
   - $C = 0,6 + 0,4 \times 0,8$
   - $D = 0,5 \times 0,5 - 0,2 \times 0,2$

61 **Calculer**

Voici un programme de calcul :

- Choisir un nombre.
- Ajouter 3,5 à ce nombre.
- Multiplier par 2 le dernier résultat.
- Enlever 7 au dernier résultat.

1. Vérifier que, si l'on choisit le nombre 14, on trouve 28.
2. Appliquer ce programme au nombre 2,5 en écrivant une seule expression. Qu'obtient-on ?
3. Choisir un autre nombre et lui appliquer ce programme de calcul en écrivant une seule expression. Que constate-t-on ?

Je développe mes savoir-faire

62 **Modéliser et Calculer**

Lors d'une journée d'été, un glacier a vendu 100 glaces italiennes à 2,80 € l'unité et 1 000 cornets à 3,10 € l'unité. Quel est le montant de sa recette* ? Justifier.

* **La recette est la somme encaissée.**

63 **Raisonner**

Voici la composition d'un médicament :

Acide niflumique : 3 g
Acide sorbique : 0,065 g
Méthylparabène : 0,035 g
Excipient : 100 g

Le pharmacien peut-il se permettre d'arrondir au gramme le plus proche les masses de tous les composants de ce médicament ?

64 **Chercher**

Adam se rend au marché pour acheter 1,5 kg de fraises et 2 kg de poires.
Il hésite entre deux vendeurs pour acheter ses fruits.
Que peut-on lui conseiller ?

	Vendeur A	Vendeur B
Fraises	9,35 € le kg	1,05 € les 100 g
Poires	2,25 € le kg	1,75 € le kg

65 **Raisonner et Calculer**

Voici les prix de six articles du supermarché :

Vinaigre (1 L)

0,45 €

Lessive (3 kg)

11,19 €

Sel (500 g)

0,95 €

Tomates en conserve (400 g)

1,80 €

Lait (1 L)

1,20 €

Café en grains (1 kg)

14,90 €

1. Que peut-on acheter avec 1 € ? 2 € ? 5 € ? Indiquer les quantités pour chaque article.
2. Que peut-on acheter avec 10 € ? 15 € ? 30 € ? Indiquer les quantités pour chaque article.

66 **Modéliser**

Axel et Anna ont parcouru 24,6 km à eux deux lors d'un Parcours du Cœur. Anna a couru 3,4 km de plus qu'Axel. Combien de kilomètres chaque enfant a-t-il parcourus ?

Tu peux utiliser un schéma :

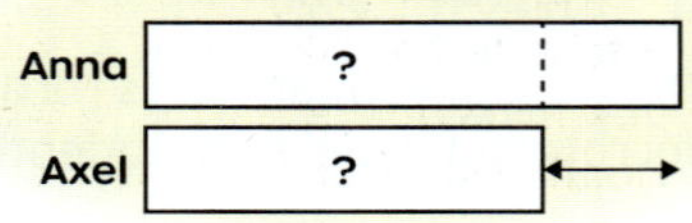

POUR INFO !

Les Parcours du Cœur sont une opération de prévention-santé qui vise à promouvoir une bonne hygiène de vie afin de faire reculer les maladies cardiovasculaires.

67 **Calculer**

Un abonnement à un magazine coûte 160 € pour 50 numéros par an.
Le numéro vendu sans abonnement vaut 3,65 €.
Quelle économie fait-on en s'abonnant ?

68 **Un pattern**

Écrire les éléments suivants de chaque série en présentant une règle qui a permis de les calculer :

a. 2 • 6 • 6,5 • 19,5 • 20 • 60 • 60,5 • ... • ...
b. 17,6 • 16,7 • 33,4 • 32,5 • 65 • 64,1 • ... • ...

69 **Je fais une pause**

Toutes les faces de cet immeuble sont horizontales ou verticales. Combien de faces possède, au minimum, cet immeuble, en comptant la face en contact avec le sol ?

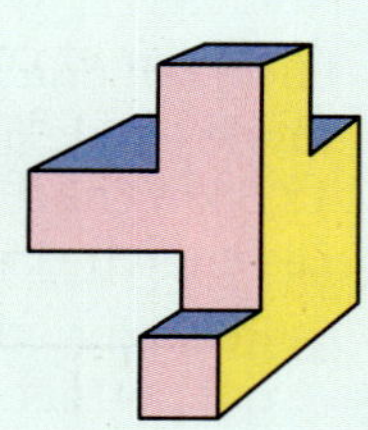

Je prépare mon évaluation

45 min

Je contrôle mes connaissances

	a	b	c
70 **Dans l'écriture 3,7 × 4,6, comment appelle-t-on les nombres 3,7 et 4,6 ?**	Des produits	Des facteurs	Des termes
71 **Le pont de Normandie a une longueur totale de 2,141 km, soit 319 m de moins que le viaduc de Millau. Quelle est la longueur de celui-ci ?**	1,822 km	321,141 m	2 460 m
72 **Dans quel cas le calcul de 5,6 × 7,9 est-il correctement effectué ?**	5 , 6 × 7 , 9 5 0 4 + 3 9 2 • 4 4 2, 4	5 , 6 × 7 , 9 5 0 4 + 3 9 2 8 9, 6	5 , 6 × 7 , 9 5 0 4 + 3 9 2 • 4 4, 2 4

Je calcule avec des nombres décimaux

73 Recopier et compléter :

a.

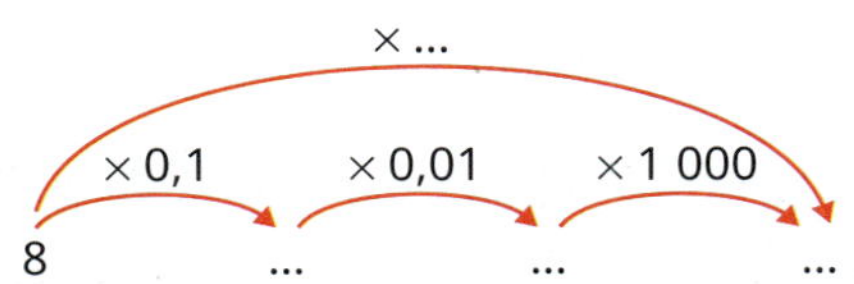

b.

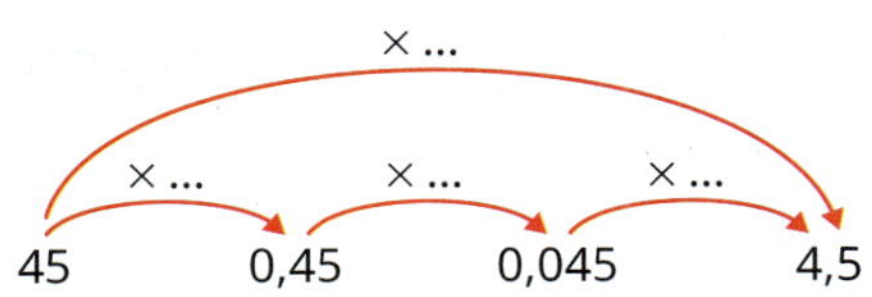

74 Calculer mentalement :

a. 25 × 0,7 **b.** 5,6 × 0,2

c. 27 × 0,5 **d.** 0,7 × 0,3

75 Poser et effectuer ces calculs, puis vérifier les résultats en utilisant un ordre de grandeur :

a. 456 + 56,78 + 27,12 **b.** 254,3 − 167,8

c. 308 × 0,751 **d.** 65,7 × 4,03

76 Recopier et compléter chaque case vide de la pyramide par le produit des deux nombres situés dans les deux cases au-dessous :

a.

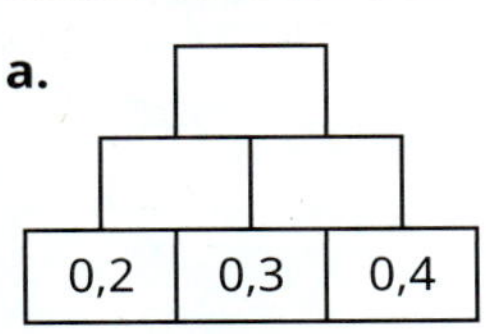

b.

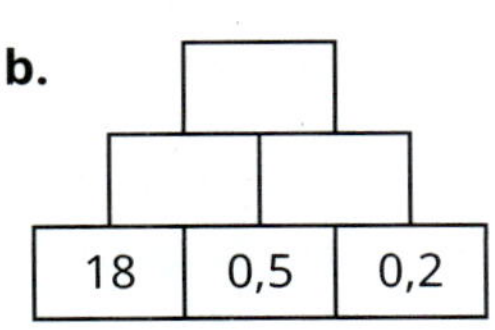

Je résous un problème

77 En 2024, l'altitude du mont Blanc a été mesurée à 4 805,59 m, soit 2,22 m de moins que lors de la précédente mesure en 2021.
Calculer l'altitude du mont Blanc en 2021.

78 Raphaël achète 230 g de poisson à 16,95 € le kg et 4,9 kg d'oranges à 2,45 € le kg. Combien va-t-il payer ?

79 **1.** Poser, puis effectuer 18 × 524.

2. À l'aide du calcul précédent et sans poser d'opération, résoudre les problèmes suivants.

a. Paul vend 18 bracelets au prix de 52,40 € l'unité. Quelle est sa recette ?

b. Dans le réservoir de son scooter, Ava a mis 5,24 litres d'essence à 1,80 € le litre. Combien a-t-elle payé ?

c. À vélo, en un mois, Thomas a fait 18 fois le trajet entre sa maison et le collège, qui sont distants de 5,24 km. Quelle distance a-t-il parcourue ?

d. Une voiture hybride consomme 1,8 L de carburant tous les 100 km. Combien consomme-t-elle de carburant pour un trajet de 52,4 km ?

Exercices 70 à 79 corrigés p. 315

Je mobilise mes compétences

80 **Raisonner**

Line doit transporter les objets suivants sur le porte-bagages de son vélo :

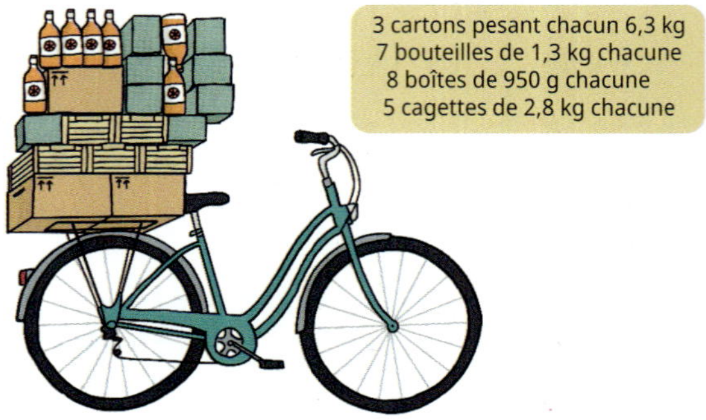

Le fabricant du vélo précise que la masse transportée sur le porte-bagages ne doit pas dépasser 50 kg pour des raisons de sécurité.

1. Estimer avec des ordres de grandeur la masse totale des objets.
2. Quelle masse Line doit-elle retirer de son porte-bagages ou peut-elle encore ajouter ? Écrire le calcul en une seule expression avec des parenthèses.

81 **Raisonner et Communiquer**

Dans un paquet de billes rouges, vertes et bleues, il y a 167 billes. Il y a 8 fois plus de billes rouges que de billes vertes et il y a 17 billes vertes de moins que de billes bleues. Combien y a-t-il de billes de chaque couleur ?

82 **Modéliser**

Thaïs, Manelle et Suzanne comparent leur collection de cartes Kopémon.
Thaïs a 4 cartes de plus que Manelle.
Suzanne a 5 cartes de moins que Thaïs.
En tout, elles ont 42 cartes.
Combien chacune possède-t-elle de cartes ?

83 **Raisonner et Calculer**

Recopier et compléter les suites de nombres suivantes :

a. 100 • 20 • 4 • 0,8 • ... • ...

b. 7 • 10,2 • 13,4 • 16,6 • ... • ...

Quel est le 10e nombre de la suite b ? le 100e ?

c. 0,6 • 1,5 • 11,5 • 12,4 • 22,4 • 23,3 • ... • ...

84 **Chercher et Raisonner**

Voici deux carafes, l'une de 0,5 L et l'autre de 0,7 L.

Il est possible de les remplir, de les vider, de les transvaser autant de fois que l'on veut.
Expliquer comment obtenir dans l'une des carafes :

a. 0,2 L d'eau. **b.** 0,1 L d'eau.

85 **Raisonner et Représenter**

Voici un programme de calcul :

- Choisir un nombre.
- Ajouter 8 à ce nombre.
- Multiplier le résultat trouvé par 4.
- Retirer 3 au nombre obtenu.

1. Vérifier que, si l'on choisit le nombre 2, on obtient 37.
Écrire une expression avec des parenthèses qui permet d'obtenir le résultat final.
2. Recopier et compléter le schéma suivant qui représente les étapes du programme :

3. Alix cherche quel nombre il faut choisir au départ pour obtenir 99. Elle décide d'effectuer le programme « à l'envers ».
Recopier et compléter le schéma suivant, puis répondre à la question d'Alix.

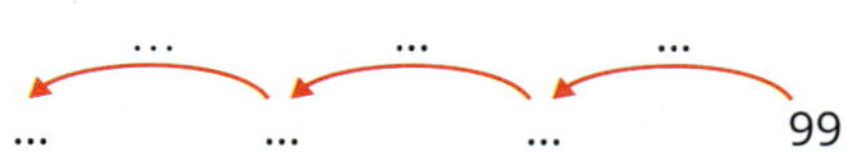

4. Alix décide de réaliser un programme sur le logiciel Scratch pour obtenir le résultat du programme de calcul à partir d'un nombre choisi au départ.
Recopier et compléter les lignes 3 et 4 du programme :

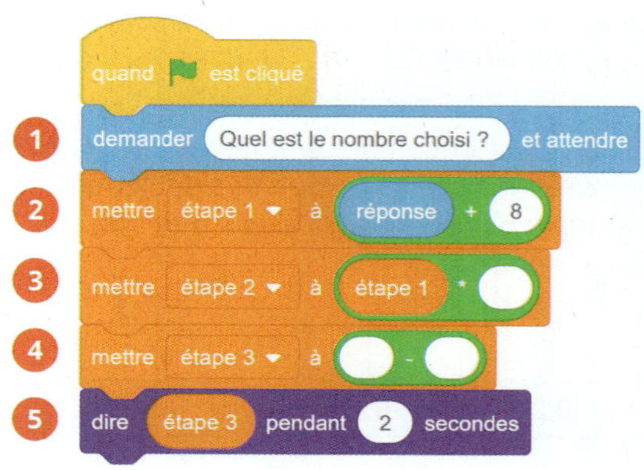

86 **Chercher**

Le long du mur de sa cuisine, qui mesure 4 m, Mehdi a placé un réfrigérateur de largeur 0,8 m et une cuisinière qui mesure 0,15 m de plus que le réfrigérateur. L'évier mesure 1,35 m. Mehdi veut installer un meuble de rangement le plus grand possible. Il a le choix entre trois largeurs : 0,5 m ; 0,8 m ; 1,20 m. Lequel va-t-il choisir ?

87 **Raisonner et Communiquer**

La taille moyenne d'un garçon de 15 ans varie entre 1,62 m et 1,78 m, alors que celle des filles au même âge varie de 1,55 m à 1,69 m.

1. Est-il possible qu'une fille de 15 ans mesure 15 cm de plus qu'une autre fille du même âge ?
2. Quel pourrait être l'écart maximum de taille entre un garçon et une fille ?
3. Une fille de 15 ans peut être plus grande qu'un garçon de 15 ans. Quel pourrait être alors leur écart maximum de taille ?

88 **Raisonner et Calculer**

Recopier et compléter la dernière colonne de ce ticket de caisse :

Article	P.U. en €	Qté	Prix en €
Crémerie	5,60	× 1	......
Épicerie	2,30	× 3	......
Avocats	0,89	× 2	......
Beurre	1,85	× 1	......
Crémerie	6,90	× 1	......
Pain	2,30	× 1	......
Épicerie	2,75	× 2	......
Entretien	8,90	× 2	......
Confiture	1,78	× 1	......
Filet de poulet	2,30	× 3	......
		Montant dû	......
		Espèces remises	60
		Monnaie due	......

Adaptations
edubelin.fr/25mmat6-69
Livret complémentaire p. 11

89 Je prends des initiatives

Raisonner et Calculer

LE PROBLÈME Utiliser la « multiplication par jalousies » pour calculer 568 × 89, puis en déduire le résultat de 5,68 × 8,9.

Document 1 **La multiplication par jalousies**

La multiplication par jalousies est une méthode ancienne datant du Moyen Âge. Elle est encore pratiquée aujourd'hui en Turquie. Cette technique tire son nom des **jalousies**, volets à travers lesquels la lumière passe en diagonale et qui permettent de voir à l'extérieur sans être vu.

Document 2 **Calcul de 254 × 37**

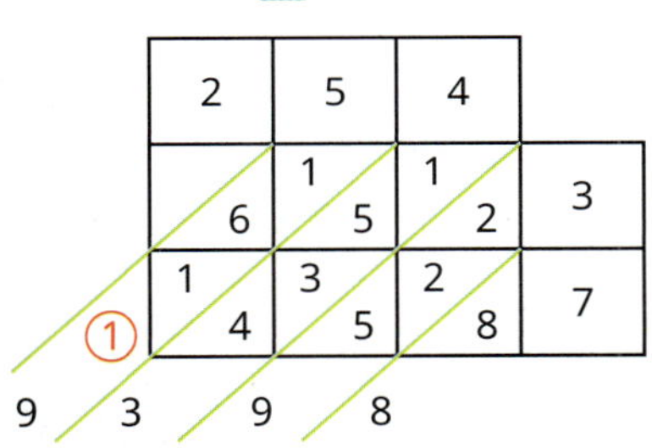

1. Construire le tableau et placer les facteurs 254 et 37.
2. Compléter les cases en écrivant le produit des chiffres des deux facteurs sur la ligne et la colonne correspondantes.
3. Additionner en diagonale en reportant les éventuelles retenues sur la diagonale suivante.
4. Lire le résultat de la multiplication sous le tableau.

Document 3
Méthode *« per gelosia »* de Luca Pacioli (Italie, 1494)

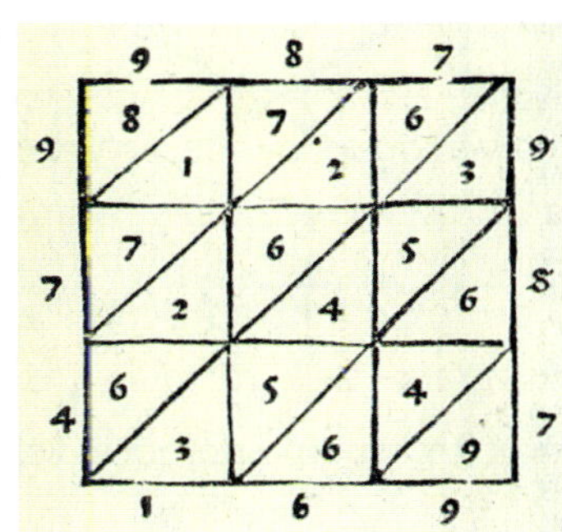

Le bal du collège

Niveau mathématique ●●● Niveau technique ●●● 45 min

Apprendre à utiliser les fonctionnalités d'auto-complétion du tableur et les exploiter.

Ayman, membre du Conseil de la Vie Collégienne, aimerait organiser un bal de fin d'année au collège. S'il parvient à proposer un projet cohérent, le principal veut bien y réfléchir.

1 Le nombre total d'élèves

Ayman commence par consulter le site du collège pour connaître le nombre total d'élèves. Il trouve qu'il y a 118 élèves en 6e, 112 en 5e, 108 en 4e et 124 en 3e.

- Quel est le nombre total d'élèves du collège ?

2 Les moyens de transport

Une amie d'Ayman lui fait remarquer qu'il doit prévoir comment les élèves qui habitent loin rentreront chez eux après le bal.
Au service de gestion, il apprend qu'il y a 38 élèves qui prennent le bus en 3e, 24 en 4e, 25 en 5e, 29 en 6e.
Ayman décide de noter ces informations dans un tableau pour mieux s'organiser :

	A	B	C	D
1	Niveau	En bus	A pied	Total
2	6^{e}			
3	5^{e}			
4	4^{e}			
5	3^{e}			
6	Total			

- Compléter ce tableau dans un tableur.

3 Mise à jour des effectifs

Ayman découvre que le site internet du collège n'était pas à jour !
Au secrétariat, il apprend qu'il y a en réalité 121 élèves en 3e, 109 en 4e, 111 en 5e et 116 en 6e, mais le nombre d'élèves qui prennent le bus est le bon.
Au CDI, son professeur de mathématiques lui montre que, pour calculer le nombre d'élèves qui peuvent rentrer à pied chez eux, il peut saisir la formule `=D2-B2` dans la cellule **C2**, puis saisir la poignée de recopie et la tirer pour remplir automatiquement les autres cellules avec le même type de calcul.
Le professeur lui apprend aussi qu'il peut calculer le nombre d'élèves qui prennent le bus à l'aide de la formule `=SOMME(B2;B5)`.

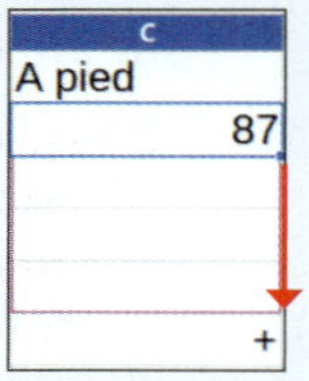

- Mettre à jour le nombre d'élèves dans le tableau et refaire les calculs en utilisant des formules.

4 Un premier devis

Avec l'aide du service de gestion, Ayman parvient à déterminer que le bal coûterait au collège 18,24 € par élève qui peut rentrer à pied chez lui et 27,16 € par élève qui devra être ramené chez lui en bus.
Pour que le projet soit accepté, son coût doit être inférieur à 15 000 €.

a À l'aide des ordres de grandeur, estimer si ce projet de bal a des chances d'être accepté par le principal.

b À l'aide du tableur, calculer le coût exact de ce projet.

5 Changements en cours d'année

En cours d'année, trois nouveaux élèves qui prennent le bus se sont inscrits en 4e et deux élèves de 5e qui prenaient le bus ne le prennent plus.

- Mettre à jour le tableau pour intégrer ces changements. Quel est le nouveau coût du projet ?

Je joue avec les acquis du chapitre

ADDI-MULTI

La mission

Remplis les grilles avec les nombres entiers de 1 à 9.

Les indices

- La **somme** de tous les nombres d'une **colonne** est indiquée **en haut** de cette colonne.
- Le **produit** de tous les nombres d'une **colonne** est indiqué **en bas** de cette colonne.
- La **somme** de tous les nombres d'une **ligne** est indiquée **à gauche** de cette ligne.
- Le **produit** de tous les nombres d'une **ligne** est indiqué **à droite** de cette ligne.

Exemple

Remplis cette grille avec les nombres entiers de 1 à 4.

	3	7	
4			3
6			8
	2	12	

Solution

	1 + 2 = 3	3 + 4 = 7	
1 + 3 = 4	1	3	1 × 3 = 3
2 + 4 = 6	2	4	2 × 4 = 8
	1 × 2 = 2	3 × 4 = 12	

À ton tour !

Pour répondre, tu peux reproduire les grilles sur ton cahier.

Calcule les sommes et produits pour chacune des lignes et des colonnes de ces grilles.

1

	+	+	+	
+	1	5	3	×
+	2	6	7	×
+	9	4	8	×
	×	×	×	

2

	+	+	+	
+	1	2	9	×
+	5	6	7	×
+	3	4	8	×
	×	×	×	

3

	+	+	+	
+	8	5	9	×
+	2	4	7	×
+	3	6	1	×
	×	×	×	

Place les nombres de 1 à 9 dans les cases de façon à respecter les résultats annoncés.

GRILLES DE JEU
edubelin.fr/25mmat6-71
Toutes les grilles en PDF

4

	10	17	18	
6				6
19				216
20			7	280
	20	144	126	

5

	16	12	17	
14				84
12				30
19				144
	120	48	63	

6

	11	17	17	
14				90
24				504
7				8
	21	108	160	

7

	14	14	17	
18				126
17				144
10				20
	42	64	135	

8

	8	17	20	
8				12
20				270
17				112
	10	144	252	

CHAPITRE
4 Division

Pour composer leurs bouquets, les fleuristes répartissent équitablement les fleurs dont ils disposent. Quel est leur secret ?

ON FAIT des MATHS ?

Comment partager équitablement des fleurs en bouquets ?

Chez un fleuriste, Stéphane et Adrien t'expliquent en pratique comment poser une division euclidienne et surtout comment la comprendre ! Les notions et les étapes de calcul sont illustrées par des visuels et des manipulations concrètes, ce qui te permettra d'aborder plus facilement cette opération essentielle au quotidien.

POUR VOIR LA VIDÉO
edubelin.fr/25mmat6-72

Je développe mes **automatismes**

Automatismes
edubelin.fr/25mmat6-73
5 séries en PDF

5 min

Réponds à ces questions sans utiliser la calculatrice !

1. Quelle est l'écriture décimale de $42 + \frac{12}{10}$?

2. Encadrer par deux entiers consécutifs :

$$\ldots < \frac{61}{7} < \ldots$$

3. Pour ses 18 ans, les parents de Suzon ont invité toute la famille.
Voici le plan de table :

Pour recouvrir une petite table, il faut 200 cm de tissu.
Combien de mètres de tissu sont nécessaire à la confection des nappes ?

4. Côté = 1 + **?**
Combien vaut « **?** » ici ?

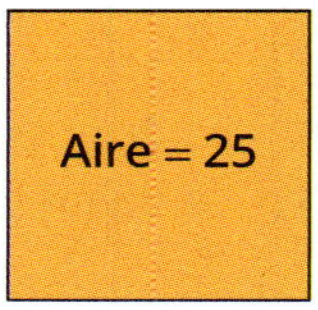

5. Je suis un nombre entier divisible par 3 et par 4 compris entre 30 et 40.
Qui suis-je ?

6. D'après ce diagramme, quel support est le moins utilisé par les adolescents pour écouter de la musique ?

Supports d'écoute de musique

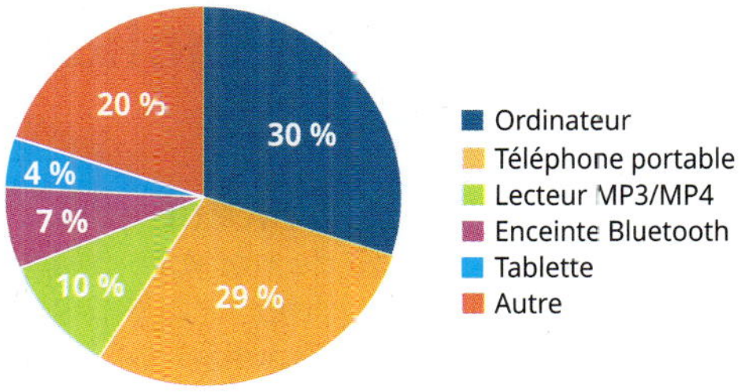

Objectif : Réactiver le vocabulaire lié à l'égalité, la division posée, la partition et la quotition.

Je **manipule** avec mes acquis

20 min

1. Recopie et complète les égalités et la division posée correspondante :

a. $6 \times 2 + 4 = \ldots$ **b.** $29 = 7 \times \ldots + 1$ **c.** $8 \times 6 + \ldots = 48$

a. Dividende → … | 2 ← Diviseur ; … ← Quotient ; Reste → …

b. … | … ; … ; …

c. … | … ; … ; …

2. Dylan a préparé 33 gâteaux à l'occasion de son anniversaire. Il les apporte à 7 ami(e)s.
Il veut être équitable et leur en donner le plus possible.
Il décide qu'il donnera ce qui reste au prof de maths.
Comment va-t-il faire ? Explique ta démarche.

Si tu en as besoin, utilise des objets pour représenter les gâteaux, ou dessine les 7 enfants pour leur « distribuer » les gâteaux.

3. Aujourd'hui, c'est toi le prof !
Tu veux vérifier que tes camarades ont compris à quoi sert la division.
Invente un problème qui peut être résolu grâce à l'égalité $132 = 14 \times 9 + 6$.

Je découvre

JE REVOIS

QCM

Donner la ou les bonnes réponses parmi les trois propositions.

1. Dans la division euclidienne de 46 par 5, comment appelle-t-on 46 ?

a Le diviseur
b Le quotient
c Le dividende

2. Cette division posée peut s'écrire en ligne :

6 7	1 2
− 6 0	5
0 7	

a $67 : 12 = 5 + 7$
b $67 = 5 \times 12 + 7$
c $67 - 12 = 7 \times 5$

3. Maxime a acheté 8 boîtes contenant chacune 15 chocolats. Combien de chocolats pourra-t-il distribuer au total ?

a $8 + 15$ b $15 : 8$ c 8×15

4. Dans la division euclidienne de 53 par 7, quel est le reste ?

a 4 b 6 c 11

5. Dans la division euclidienne de 118 par 10, quel est le quotient ?

a 110 b 11 c 8

Activité 1

Division euclidienne

Objectif : Réactiver la division euclidienne

Entre 1789 et 1799, la France traverse une période de révolution qui change de nombreux aspects de la vie des Français, dont le calendrier.
Le 5 octobre 1793, un nouveau calendrier entre en vigueur : l'année y est toujours divisée en 12 mois, mais de 30 jours chacun.
La semaine de 7 jours est remplacée par une « décade » de 10 jours. Chaque jour de la décade porte un nom : primidi, duodi, tridi, quartidi, quintidi, sextidi, septidi, octidi, nonidi, décadi.
Ce nom reflète son rang dans la décade, sans référence à la mythologie comme c'est le cas dans notre calendrier actuel (par exemple, lundi vient de Luna, la déesse de la Lune).
Ce calendrier républicain a été aboli en 1805.

(13)

ANNÉE II.

VENDEMIAIRE. 1er. Mois. Du 22 Septembre au 21 Octobre, (vieux style.)			BRUMAIRE. Second mois. Du 22 Octob. au 20 Nov., (vieux style.)		
Primdi.	1.	Raisin.	Primdi.	1.	Pomme.
Duodi.	2.	Safran.	Duodi.	2.	Céleri.
Tridi.	3.	Châtaignes.	Tridi.	3.	Poire.
Quartidi.	4.	Colchique.	Quartidi.	4.	Betterave.
Quintidi.	5.	CHEVAL.	Quintidi.	5.	OIE.
Sextidi.	6.	Balsamine.	Sextidi.	6.	Héliotrope
Septidi.	7.	Carottes.	Septidi.	7.	Figue.
Octidi.	8.	Amaranthe.	Octidi.	8.	Scorsonère
Nonidi.	9.	Panais.	Nonidi.	9.	Alisier.
Décadi.	10.	CUVE.	Décadi.	10.	CHARRUE.
Primdi.	11.	Pom. de te.	Primdi.	11.	Salsifis.
Duodi.	12.	Immortelle.	Duodi.	12.	Cornuette.
Tridi.	13.	Potiron.	Tridi.	13.	Poireterre.
Quartidi.	14.	Réséda.	Quartidi.	14.	Endive.
Quintidi.	15.	ANE.	Quintidi.	15.	DINDON.
Sextidi.	16.	bele-de-nuit	Sextidi.	16.	Chiroui.
Septidi.	17.	Citrouille.	Septidi.	17.	Cresson.
Octodi.	18.	Sarrasin.	Octidi.	18.	Dentelaire
Nonidi.	19.	Tournesol	Nonidi.	19.	Grenade.
Décadi.	20.	PRESSOIR.	Décadi.	20.	HERSE.
Primdi.	21.	Chanvre.	Primdi.	21.	Bacchante.
Duodi.	22.	Pêche.	Duodi.	22.	Olive.
Tridi.	23.	Navet.	Tridi.	23.	Garence.
Quartidi.	24.	Grenesien.	Quartidi.	24.	Orange.
Quintidi.	25.	BŒUF.	Quintidi.	25.	JARS.
Sextidi.	26.	Aubergine.	Sextidi.	26.	Pistache.
Septidi.	27.	Piment.	Septidi.	27.	Macjone.
Octidi.	28.	Tomate.	Octidi.	28.	Coing.
Nonidi.	29.	Orge.	Nonidi.	29.	Cormier.
Décadi.	30.	TONNEAU.	Décadi.	30.	ROULEAU.

1. Afin de valoriser le travail de la terre et les productions agricoles, chaque jour est associé à un objet, à un animal ou à une plante de la vie quotidienne.

a. Dans l'extrait ci-contre, à quoi est associé le septidi 17 vendémiaire de l'an II ?

b. Quel jour est toujours associé à un outil ?

2. Jeanne entreprend un périple à travers la France pour visiter plusieurs lieux historiques de la Révolution. Elle part le 13 brumaire de l'an II, un tridi. Son voyage dure 178 jours.

a. Eloi affirme que le voyage de Jeanne va durer entre 17 et 18 décades. A-t-il raison ?

b. Quel jour de la décade arrivera-t-elle ?

c. Ce document indique le nom des mois du calendrier révolutionnaire :

Quel mois arrivera-t-elle ?

d. En déduire la date exacte du calendrier révolutionnaire à laquelle Jeanne terminera son voyage.

JE REVOIS

QCM Donner la ou les bonnes réponses parmi les trois propositions.

1. 7,5 : 2 est égal à :
ⓐ 3,75 ⓑ 4,75 ⓒ 15

2. À quelle(s) égalité(s) peut-on associer ce schéma en barres ?

45				
?	?	?	?	?

ⓐ $45 : 5 = 9$ ⓑ $45 \times 9 = 5$ ⓒ $5 \times 9 = 45$

3. 5, 10, 15, 20, 25, 30, 35, 40, 45 et 50 sont des multiples de :
ⓐ 2 ⓒ 5 ⓒ 10

4. Compléter la phrase : « 24 est ... 6. »
ⓐ un multiple de
ⓑ un diviseur de
ⓒ divisible par

5. La fraction $\frac{17}{4}$:
ⓐ est un nombre entier.
ⓑ est un nombre décimal.
ⓒ n'est pas un nombre décimal.

Activité 2 Critères de divisibilité

Objectif : Comprendre la notion de divisibilité et son lien avec les multiples et les diviseurs

1. Ousmane affirme que les nombres 14, 26, 32, 50 et 108 sont divisibles par 2 sans effectuer de calculs. Comment s'y prend-il pour le savoir ?

2. Ben apporte une précision : il affirme que 50 est divisible par 2, 5 et 10. A-t-il raison ?

3. a. Vérifier avec la calculatrice que les nombres 204, 534 et 7 185 sont divisibles par 3.
b. Calculer la somme des chiffres de chacun de ces nombres.
c. En observant les résultats précédents, proposer une méthode qui permet de savoir si un nombre est divisible par 3.
d. Tester cette méthode pour déterminer lequel de ces nombres est divisible par 3 : 1 789, 1 962 ou 2 026. Vérifier en posant chacune des divisions.
e. Trouver la valeur de « • » pour que le nombre 2 14• soit à la fois multiple de 5 et de 3.

Activité 3 Poser une division décimale

Objectif : Distinguer division euclidienne et division décimale

1. À l'occasion d'une collecte de fonds, Hana a réuni 644 €.
Elle souhaite partager cette somme équitablement* entre 4 associations caritatives.

644 €			
?	?	?	?

* « Partager équitablement » revient à répartir de manière égale entre les associations.

a. Combien chaque association recevra-t-elle ?
b. Recopier et compléter l'égalité suivante : 644 € = 4 × ... €

2. Après réflexion, Hana décide d'ajouter une association caritative.
a. Combien donnera-t-elle à chacune des associations ?
b. De quelle opération ce nombre est-il le résultat ?
c. Recopier et compléter l'égalité suivante : 644 = 5 × (... : ...)

3. Est-il possible de partager équitablement en 6 la somme de 644 € ?

A) Effectuer une division euclidienne

Exemple : Effectuer la division euclidienne de 581 par 45.

Effectuer la division euclidienne de 581 par 45 revient à se demander le nombre maximal de fois que l'on a 45 dans 581.

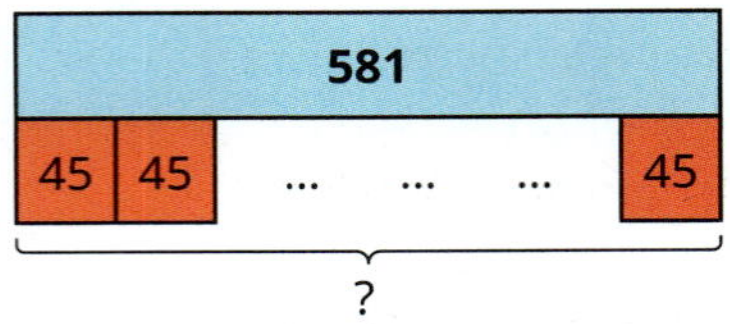

C'est-à-dire à répéter la soustraction de 45 à 581 autant de fois que l'on peut.

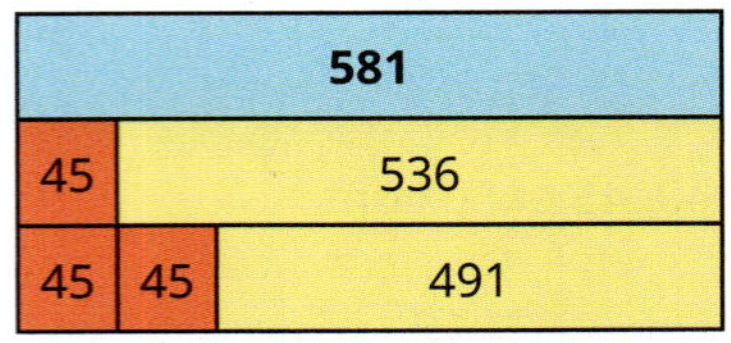

On peut soustraire 12 fois 45 à 581 et il reste 41.
Ainsi, $581 = 12 \times 45 + 41$.
41 est le **reste** et 12, le nombre de soustractions effectuées, est le **quotient** de la division euclidienne de 581 par 45.

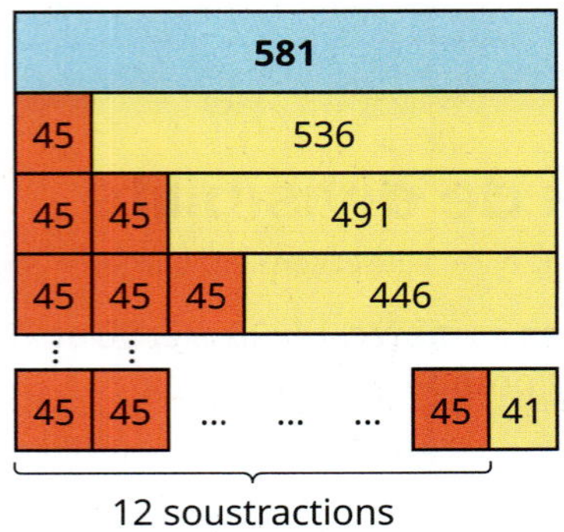

Pour accélérer le processus, on peut poser la division :

5 8 1	4 5

On lit les chiffres du **dividende** (581) de gauche à droite et on s'arrête dès que le nombre formé dépasse le **diviseur** (45).
Ici, $58 > 45$.

5 8 1	4 5
− 4 5 ↓	1 2
1 3 1	
− 9 0	
4 1	

Combien de fois au maximum peut-on mettre 45 dans 58 dizaines ?
Une dizaine de fois et il reste 13 dizaines.

Combien de fois au maximum 131 unités contient-il 45 ?
Deux unités de fois et il reste 41 unités.

ou

5 8 1	4 5
− 1 3 1	1 2
4 1	

La division euclidienne s'arrête ici puisque $41 < 45$.
Le **reste** est 41.

Définition

Effectuer la **division euclidienne** d'un nombre entier, appelé le **dividende**, par un nombre entier différent de 0, appelé le **diviseur**, revient à trouver deux nombres entiers, appelés le **quotient** et le **reste**, vérifiant :

dividende = diviseur × quotient + reste, avec **reste < diviseur**

Remarque : On ne peut pas diviser par 0, car quel que soit le nombre que l'on multiplie par 0, le résultat sera toujours 0.

Je retiens

Quand tu as appris ton cours, cache-le avec une feuille et réponds aux questions.

Comment appelle-t-on le nombre que l'on divise ?

Quel nom donne-t-on au nombre par lequel on effectue la division ? Ce nombre peut-il être nul ?

Quelle opération fait-on à chaque étape de la division ?

Quelle est la particularité du reste ?

Effectue la division euclidienne de 667 par 51.

L'égalité $407 = 26 \times 15 + 17$ représente-t-elle la division euclidienne de 407 par 15 ?

B Divisibilité

Définition

La division euclidienne de 36 par 9 a pour reste 0. En effet, $36 = 4 \times 9 + 0$.
On dit alors que :
- 36 est un **multiple** de 9 ;
- 36 est **divisible par** 9 ;
- 9 est un **diviseur** de 36.

Remarque : Les premiers multiples de 9 sont : 0, 9, 18, 27, 36, 45, 54, 63, etc.

Propriétés (admises)

Un nombre entier est divisible :
- par 2 lorsque son chiffre des unités est 0, 2, 4, 6 ou 8 ;
- par 3 lorsque la somme de ses chiffres est divisible par 3 ;
- par 5 lorsque son chiffre des unités est 0 ou 5 ;
- par 10 lorsque son chiffre des unités est 0.

Exemples
- 240 est divisible par 2, 5 et 10, car son chiffre des unités est 0.
- 65 est divisible par 5 mais pas par 2 ni par 10, car son chiffre des unités est 5.
- 4 857 est divisible par 3 car $4 + 8 + 5 + 7 = 24$ et $24 = 8 \times 3$.

Remarque : On peut aussi poursuivre : $2 + 4 = 6$ et $6 = 2 \times 3$.

C Effectuer une division décimale

Définition

Effectuer la **division d'un nombre décimal**, le **dividende**, par un nombre entier différent de 0, le **diviseur**, revient à trouver le nombre, appelé **quotient**, vérifiant :

dividende = diviseur × quotient

Remarque : Le quotient n'est pas toujours un nombre décimal, mais il est toujours possible d'en donner un encadrement ou une valeur approchée.

Exemple 1 : Effectuer la division décimale de 46,5 par 6.

```
   4  6 , 5  0 | 6
 - 4  2   ↓    |------
 ------        | 7,75
      4   5  ↓
    - 4   2
    --------
          3  0
        - 3  0
        ------
             0
```

Combien de fois au maximum peut-on mettre 6 dans 46 unités ?
7 unités de fois et il reste 4 unités, soit 40 dixièmes.

Combien de fois au maximum peut-on mettre 6 dans 45 dixièmes ?
7 dixièmes de fois et il reste 3 dixièmes, soit 30 centièmes.

Combien de fois au maximum peut-on mettre 6 dans 30 centièmes ?
5 centièmes de fois et il reste 0.
Le reste est nul et la division s'arrête.

On peut écrire : $46{,}5 = 7{,}75 \times 6$ ou $46{,}5 : 6 = 7{,}75$.

Exemple 2 : Lorsque l'on pose la division de 46 par 3, elle ne s'arrête pas. Ce quotient n'est pas un nombre décimal, mais on peut en proposer une valeur approchée, par exemple au centième. Ainsi, $46 = \frac{46}{3} \times 3 \approx 15{,}33 \times 3$.

Je retiens

Cite un diviseur de 24. 24 est-il un multiple de 6 ?

Quel est le critère de divisibilité par 3 ?

240 est-il divisible par 5 ?

65 est-il divisible par 2 ?

Quelle égalité vérifie le quotient dans une division décimale ?

Quel est le quotient de la division décimale de 18 par 4 ?

$\frac{1}{3}$ et $\frac{10}{4}$ sont-ils des nombres décimaux ?

MON QCM DE RÉVISION
edubelin.fr/25mmat6-77

J'apprends à faire

1 Résoudre un problème à l'aide d'une division euclidienne

On veut partager équitablement 384 bonbons entre 25 enfants.
Combien chaque enfant aura-t-il de bonbons ? Combien restera-t-il de bonbons ?

Solution

Il faut partager les 384 bonbons en 25 parts égales.
On cherche la valeur d'une part.
Pour cela, on peut représenter le problème par un schéma en barres.

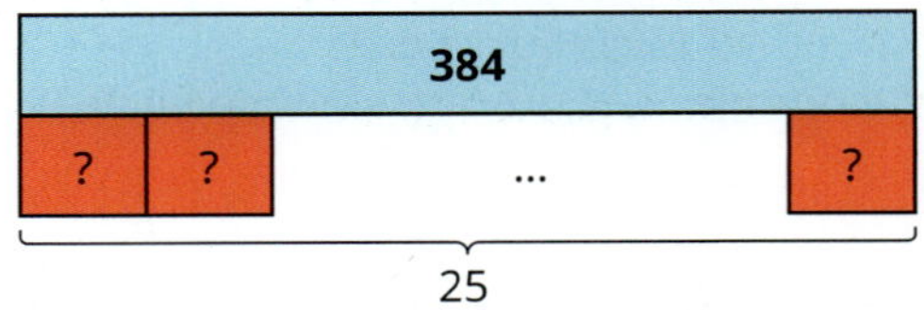

Il faut donc effectuer la division euclidienne de 384 par 25.

	3	8	4	2	5
−	2	5	↓	1	5
	1	3	4		
−	1	2	5		
			9		

On peut donc écrire que 384 bonbons $= 25 \times 15$ bonbons $+ 9$ bonbons.
Chaque enfant aura 15 bonbons. Il restera 9 bonbons.

JE M'EXERCE

Un pâtissier a fait 710 macarons. Il souhaite remplir 30 boîtes du même nombre de macarons chacune.
Combien de macarons peut-il mettre au maximum dans chacune des boîtes ?
Combien lui restera-t-il de macarons ?

Exercice corrigé **p. 315**

2 Utiliser des critères de divisibilité

On donne la liste de nombres suivants :

432 | 127 | 3 435 | 10 010 | 823 | 444 | 205

Parmi ces nombres, quels sont ceux qui sont :
a. divisibles par 2 ? **b.** divisibles par 3 ? **c.** divisibles par 5 ? **d.** divisibles par 10 ?

Solution

a. 432, 10 010 et 444 sont divisibles par 2 car ils ont pour chiffres des unités 2, 0 et 4.
b. 432, 3 435 et 444 sont divisibles par 3 car la somme de leurs chiffres est divisible par 3 :
- $4 + 3 + 2 = 9$ et $9 = 3 \times 3$
- $3 + 4 + 3 + 5 = 15$ et $15 = 5 \times 3$
- $4 + 4 + 4 = 12$ et $12 = 4 \times 3$

c. 3 435, 10 010 et 205 sont divisibles par 5 car ils ont pour chiffres des unités 0 et 5.
d. 10 010 est divisible par 10 car il a pour chiffre des unités 0.

JE M'EXERCE

Recopier la liste suivante : 261 | 520 | 2 455 | 8 628 | 1 254 520

Entourer en rouge les nombres divisibles par 2, en vert les nombres divisibles par 3,
en bleu les nombres divisibles par 5 et en noir les nombres divisibles par 10.

Exercice corrigé **p. 315**

3 Résoudre un problème à l'aide d'une division décimale

Louis et Arthur, deux frères, ainsi que leur sœur aînée Manon, participent à une course de relais avec des distances adaptées à leur âge.
Ensemble, ils parcourront un total de 4 231 mètres. La distance parcourue par Manon est quatre fois plus grande que celle parcourue par Louis, qui, lui, a parcouru 700 mètres de moins qu'Arthur.
Quelle est la distance parcourue par Manon ?

POUR VOIR LE TUTO DE LISA
edubelin.fr/25mmat6-79

Solution

On peut représenter le problème par un schéma en barres.
Louis a parcouru la plus petite distance des trois.
Cette distance est donc représentée par la plus petite des trois barres.
La distance parcourue par Manon est quatre fois plus grande que celle parcourue par Louis.
Louis a parcouru 700 mètres de moins qu'Arthur.
Donc Arthur a parcouru 700 m de plus que Louis.

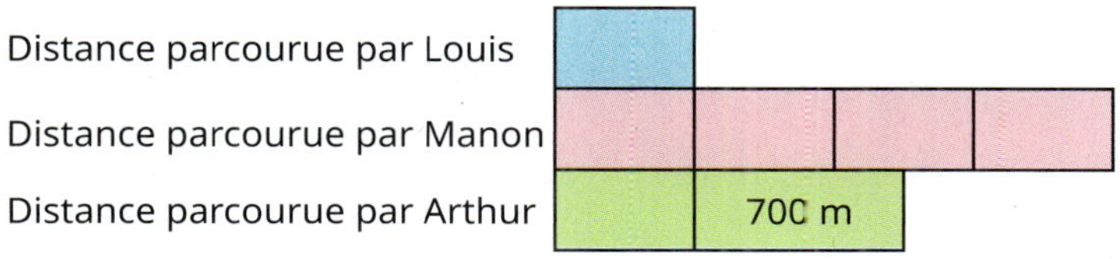

À eux trois, ils parcourent 4 231 m. On obtient le schéma en barres suivant :

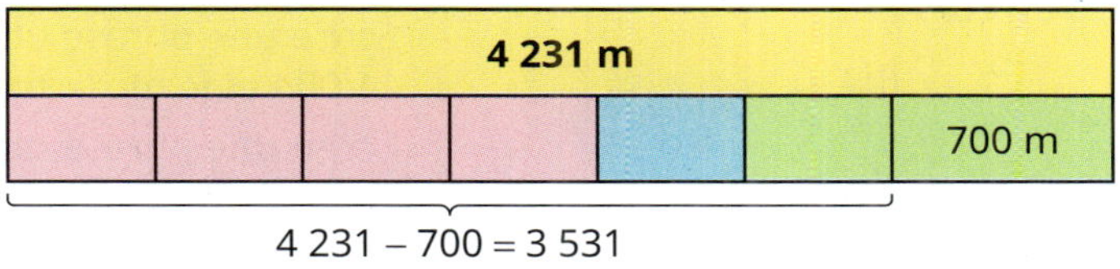

Pour connaître la distance que Louis a parcourue, il faut effectuer la division de 3 531 par 6.

3 5 3 1 , 0	6
− 3 0	588,5
5 3	
− 4 8	
5 1	
− 4 8	
3 0	
− 3 0	
0	

3 531 : 6 = 588,5
Donc Louis a parcouru 588,5 m.
Comme la distance parcourue par Manon est quatre fois plus grande que celle parcourue par Louis, on peut écrire :
4 × 588,5 m = 2 354 m
Manon a donc parcouru 2 354 m.

JE M'EXERCE

Alma a deux fois plus de stylos que Bilel. Bilel a 40 stylos de plus que Yuri.
À eux trois, ils ont 300 stylos en tout.
Combien de stylos Alma possède-t-elle ?

Exercice corrigé p. 315

Je prends confiance

Je prends mon élan

1 Effectuer la division euclidienne de 92 par 5.

2 On sait que $135 = 11 \times 12 + 3$.
Déterminer le quotient et le reste de la division euclidienne de 135 par 12.

3 **1.** Donner cinq multiples de 7.
2. Donner quatre diviseurs de 30.

4 **Vrai ou faux ?**
a. 18 est un diviseur de 6.
b. 18 est un multiple de 3.
c. 18 est un multiple de 2.
d. 18 est divisible par 9.
e. 18 est divisible par 6.

5 Effectuer la division décimale de 92 par 5.

Je me lance

Effectuer une division euclidienne

6 Poser et effectuer les divisions euclidiennes suivantes :
a. 345 par 8 **b.** 572 par 9 **c.** 1 234 par 15

7 Ces calculs comportent des erreurs.
Trouver et corriger ces erreurs.

a.
$$\begin{array}{r|l} 4\,8\,2 & 7 \\ \hline -\,4\,2 & 6\,8 \\ 6\,2 & \\ -\,4\,9 & \\ \hline 1\,3 & \end{array}$$

b.
$$\begin{array}{r|l} 6\,4\,0 & 4 \\ \hline -\,4 & 1\,6 \\ 2\,4 & \\ -\,2\,4 & \\ \hline 0\,0 & \end{array}$$

8 **Automatismes**
Voici ce qu'affiche une calculatrice :

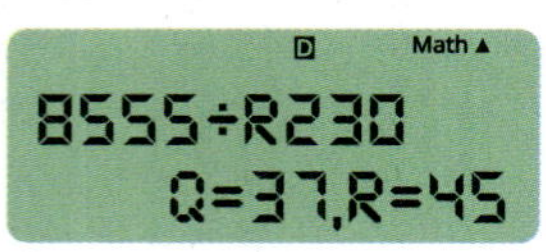

1. Que sont Q et R affichés par la calculatrice ?
2. Quelle égalité peut-on écrire avec les nombres affichés par la calculatrice ?
3. Pourquoi la calculatrice emploie-t-elle ÷***R*** ?
4. **a.** Le reste de la division euclidienne de 8 555 par 37 peut-il être 45 ?
b. En déduire le quotient et le reste de la division euclidienne de 8 555 par 37.

9 On sait que $427 = 17 \times 24 + 19$.
Sans poser l'opération, déterminer le quotient et le reste de la division euclidienne de :
a. 427 par 24 **b.** 427 par 17

Utiliser des critères de divisibilité

10 Voici ce qu'affiche une calculatrice :

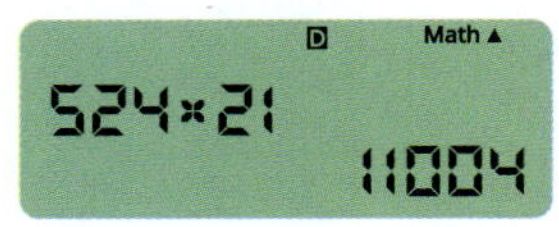

1. Écrire une phrase utilisant le nombre 11 004 et le mot « multiple ».
2. Écrire une phrase utilisant le nombre 11 004 et le mot « diviseur ».
3. Écrire une phrase utilisant le nombre 11 004 et le mot « divisible ».

11 **1.** Écrire tous les multiples de 18 compris entre 80 et 151.
2. En comptant de 12 en 12 à partir de 84, obtient-on des multiples de 12 ? Justifier.

12 Voici le critère de divisibilité par 9 :

Un nombre est divisible par 9 lorsque la somme de ses chiffres est divisible par 9.

1. Parmi les nombres suivants, lesquels sont divisibles par 9 ?

2 025 3 781 6 524 111 27 377

2. Un nombre divisible par 9 est-il divisible par 3 ?

13 **Automatismes**

Recopier et remplacer chaque « • » par un chiffre qui convient. Justifier.

a. Le nombre 45• est divisible par 5.
b. Le nombre 9•4 est divisible par 2.
c. Le nombre 36• est divisible par 3.
d. Le nombre 78• est divisible par 10.
e. Le nombre 4 7•• est divisible par 2 et par 3.
f. Le nombre 8 •2• est divisible par 3 et par 5.

14 **1.** Trouver cinq multiples à la fois de 3 et de 5. Sont-ils tous des multiples de 15 ?
2. Trouver cinq multiples à la fois de 3 et de 6. Sont-ils tous des multiples de 18 ?

Effectuer une division décimale

15 Ces calculs comportent des erreurs. Trouver et corriger ces erreurs.

a.
```
 1 0 8 , 4 5 | 9
-  9         |--------
   ---       | 1 2 , 5
   1 8       |
 - 1 8       |
 ---------   |
     0   4 5 |
     -   4 5 |
     ------- |
           0 |
```

b.
```
   5 3 , 5 6 | 1 3
 - 5 2       |--------
 -----       | 4 1 , 2
     1   5   |
   - 1   3   |
   --------- |
         2 6 |
       - 2 6 |
       ----- |
           0 |
```

16 Poser et effectuer ces divisions décimales :
a. 72,48 par 6 **b.** 93,75 par 25 **c.** 4,32 par 8

17 **1.** Poser la division décimale de 735 par 14.
2. Comment vérifier le résultat à l'aide de la calculatrice, sans utiliser la touche (÷) ?

18 Sophie a effectué ces divisions décimales, mais a oublié de placer les virgules au quotient. Recopier et corriger ses résultats.
a. 84,6 : 3 = 282 **b.** 91,2 : 80 = 114
c. 7,425 : 5 = 1 485 **d.** 787,53 : 100 = 78 753

19 Calculer mentalement les quotients suivants :
a. 12,3 : 10 **b.** 458,86 : 100 **c.** 585 : 1 000

20 Recopier et compléter ces égalités :
a. 37,4 : ... = 0,374 **b.** 56,89 : ... = 5,689
c. ... : 1 000 = 0,081 5 **d.** ... : 100 = 73,76

Résoudre des problèmes

21 Lucie a 1 245 photos et souhaite les ranger dans un album. Elle peut placer jusqu'à 20 photos par page et elle veut utiliser le moins de pages possible. Combien de pages lui faut-il pour ranger toutes ses photos ?

22 12 macarons pèsent au total 180 g et sont vendus 9,60 €.
1. Quel est le prix d'un macaron ?
2. Combien pèse un macaron ?

23 Halim doit résoudre le problème suivant :

Deux librairies proposent des carnets identiques.
La librairie A vend 5 carnets pour 18,75 €.
La librairie B vend 8 carnets pour 28,40 €.
Quelle librairie propose les carnets au meilleur prix ?

Pour s'aider, Halim représente la situation par deux schémas en barres :

Librairie A		**Total :**		
?	?	?	?	?

Librairie B						**Total :**	
?	?	?	?	?	?	?	?

1. Recopier et compléter les schémas.
2. Résoudre le problème d'Halim.

24 Dans une heure, il y a 60 minutes et dans une minute, il y a 60 secondes.
1. Convertir 1 044 s en minutes et secondes.
2. Convertir 11 111 secondes en heures, minutes et secondes.

25 Un cycliste parcourt 216 km en 9 heures, en roulant à vitesse constante.
1. Quelle distance parcourt-il en 1 heure ?
2. Combien de temps met-il pour parcourir 54 km ?

J'avance à mon rythme

Fiches d'exercices
edubelin.fr/25mmat6-82a
Toutes les fiches en PDF

Avec des parcours d'apprentissage

J'effectue une division euclidienne

- Exercice **9 p. 80**
- Exercice **28 p. 83**
- Exercice **30 p. 83**
- Exercice **64 p. 87**
- Exercice **92 p. 91**

Je reconnais multiples et diviseurs

- Exercice **13 p. 81**
- Exercice **38 p. 84**
- Exercice **39 p. 84**
- Exercice **69 p. 88**
- Exercice **86 p. 90**

J'effectue une division décimale

- Exercice **15 p. 81**
- Exercice **41 p. 84**
- Exercice **43 p. 84**
- Exercice **65 p. 87**
- Exercice **88 p. 90**

Je résous des problèmes

- Exercice **23 p. 81**
- Exercice **52 p. 85**
- Exercice **54 p. 85**
- Exercice **63 p. 86**
- Exercice **89 p. 90**

Je m'initie à l'algèbre

- Exercice **44 p. 84**
- Exercice **56 p. 86**
- Exercice **62 p. 87**
- Exercice **68 p. 88**
- Exercice **91 p. 91**

OU avec un plan de travail

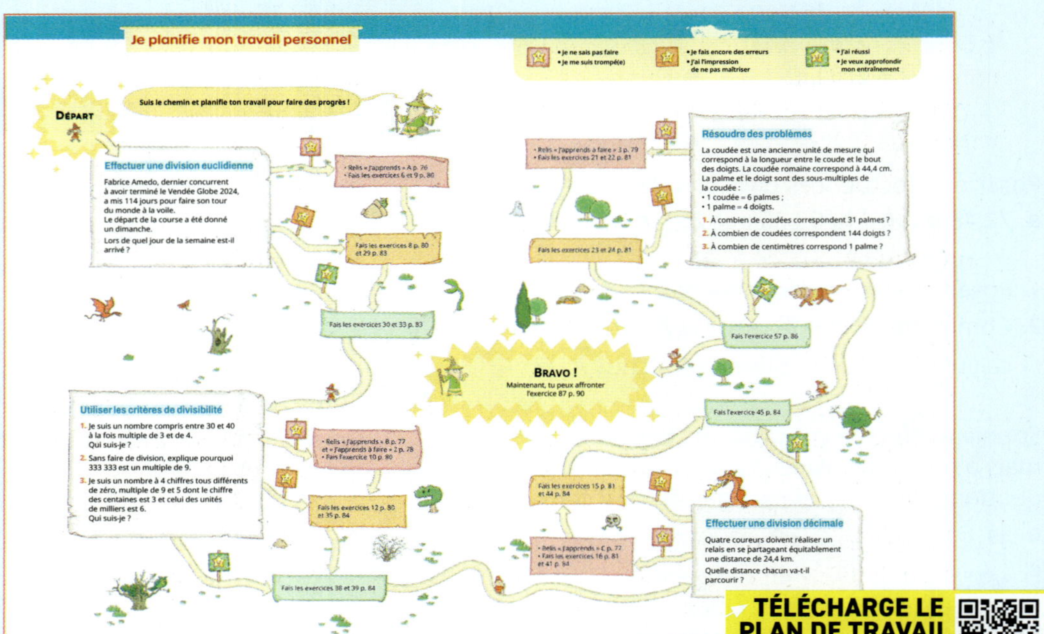

TÉLÉCHARGE LE PLAN DE TRAVAIL
edubelin.fr/25mmat6-82

Effectuer une division euclidienne

26 On a effectué la division euclidienne de 292 par 13.

1. De combien peut-on augmenter le dividende sans changer le quotient ?
2. De combien peut-on diminuer le dividende sans changer le quotient ?

27 1. Calculer 12×23.

2. Sans effectuer de division, donner le quotient et le reste de la division euclidienne de :

a. 276 par 12 **b.** 280 par 12
c. 269 par 12 **d.** 296 par 12
e. 276 par 23 **f.** 296 par 23

28 1. Poser et effectuer la division euclidienne de 624 par 15.

2. Résoudre, sans effectuer de calcul supplémentaire, chacun des problèmes suivants.

a. Avec 624 ballons, un marchand prépare des lots de 15 ballons et donne les ballons restants à ses enfants.
Combien de ballons ses enfants recevront-ils ?

b. Pour un spectacle réunissant 624 enfants, on dispose de rangées de 15 sièges.
Combien de rangées faut-il pour tous les enfants ?

c. Pour une vente de charité, des bénévoles ont préparé 624 biscuits. Ils souhaitent les répartir dans 41 boîtes contenant le même nombre de biscuits.
Combien de biscuits contiendra chaque boîte ?

29 Joséphine, productrice de mangues en Guadeloupe, a récolté 18 360 mangues cette saison. Elle souhaite les ranger dans des paniers traditionnels en osier, fabriqués par des artisans locaux. Chaque panier peut contenir 4 rangées de 8 mangues.

1. Elle possède déjà 95 paniers.
Combien doit-elle en acheter de plus pour ranger toutes ses mangues ?
2. Combien lui manque-t-il de mangues pour remplir le dernier panier ?

30 Lors d'un voyage scolaire en Angleterre, Guillaume découvre qu'il n'effectue pas sa division de la même manière que son correspondant William.

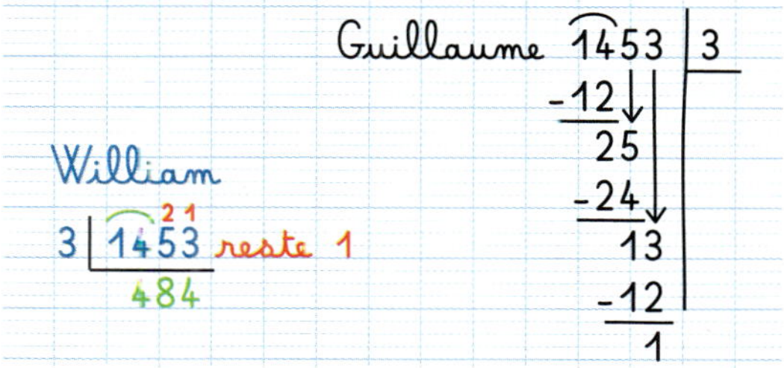

Effectuer à la manière anglo-saxonne la division euclidienne de 12 734 par 5.

31 Milo s'amuse à remplir une feuille en répétant l'écriture du mot « Multiples ».
Les mots sont écrits les uns à la suite des autres.
Quelle sera la 1 000e lettre écrite par Milo ? la 2 500e ?

32 Hayet veut ranger des boîtes sur une étagère de 72 cm de largeur.
Elle dispose de deux types de boîtes :
– des petites boîtes qui mesurent 4 cm de largeur ;
– des grandes boîtes qui mesurent 6 cm de largeur.

1. Combien peut-elle placer de petites boîtes uniquement ?
2. Combien peut-elle placer de grandes boîtes uniquement ?
3. Peut-elle combiner les deux types de boîtes pour remplir exactement 72 cm ?
Si oui, proposer une solution.

33 **Un pattern**

Un pattern désigne une suite répétitive ou évolutive de motifs ou de nombres.

Un artiste veut créer une mosaïque avec des carreaux bleus et des carreaux rouges en suivant un pattern. Le motif est le suivant : 3 carreaux bleus suivis de 2 carreaux rouges.

1. Si l'artiste utilise 190 carreaux, combien de motifs complets peut-il créer ?
2. Quelle la couleur du 37e carreau ? du 84e carreau ?

J'applique mes connaissances

Utiliser des critères de divisibilité

34 1 2 3 4 5 6 7 8 9

Comment multiplier les étiquettes ci-dessus pour obtenir les nombres suivants ?

90 84 560

35 On dit qu'un nombre entier est « parfait » s'il est égal à la somme de ses diviseurs excepté lui-même.

1. Montrer que 6 est un nombre parfait.
2. Est-ce que 15 est un nombre parfait ? Et 28 ?

36 1. Donner la liste des multiples de 15 inférieurs à 130.
2. Donner la liste des multiples de 12 inférieurs à 130.
3. Paula et Dina font du vélo sur un parcours qui forme une boucle. Paula fait un tour en 15 minutes et Dina en 12 minutes. Elles partent ensemble à 13 h.
   a. À l'aide des questions précédentes, trouver l'heure à laquelle elles vont terminer un tour en même temps pour la première fois.
   b. Combien de tours aura fait Paula ?
   c. Combien de tours aura fait Dina ?

37 Nolwenn souhaite fabriquer le plus de colliers possibles avec des perles. Il faut 7 perles pour chaque collier. Elle dispose de 215 perles. Sans écrire aucun calcul, indiquer le nombre de perles qu'il restera à Nolwenn.

38 Adem a préparé des pots de fleurs pour un marché. Il en a fabriqué moins de 120. S'il les dispose en lots de deux, il ne lui en reste aucun. En lots de trois, il ne lui en reste aucun. En lots de cinq, il ne lui en reste aucun. Mais, en lots de sept, il lui en reste quatre. Combien Adem a-t-il préparé de pots de fleurs ? Justifier.

39 **Automatismes**

On souhaite construire un rectangle dont la longueur et la largeur sont des diviseurs de 24.

1. Lister les diviseurs de 24.
2. Quels sont tous les rectangles possibles ? Indiquer leurs dimensions.
3. **a.** Calculer le périmètre et l'aire de chaque rectangle possible.
   b. Quel rectangle a l'aire maximale ?
   c. Quel rectangle a le périmètre maximal ?

40 Combien d'entiers strictement compris entre 101 et 1 001 sont divisibles par 7 ?

Effectuer une division décimale

41 **Automatismes**

Poser et effectuer ces divisions décimales :

a. 72,3 : 19 **b.** 45,7 : 16 **c.** 89,6 : 15

42 Le pirate Barbe Grise a découvert un trésor contenant 211 026 € en pièces d'or. Il souhaite répartir équitablement cette somme entre ses compagnons d'équipage. Est-il possible de répartir cette somme de manière équitable entre :

a. 4 pirates ? **b.** 8 pirates ?
c. 12 pirates ? **d.** 16 pirates ?

43 Fatima doit répartir 523,8 litres d'eau dans des jerricans identiques. Elle utilise des jerricans de 24 litres. En effectuant la division, Fatima obtient comme arrondi au dixième 21,8 jerricans alors qu'Ezra trouve 218,3 jerricans. Qui a raison ? Justifier.

44 Calculer la longueur des côtés de chacun de ces polygones, sachant que leur périmètre mesure 21 cm.

a. 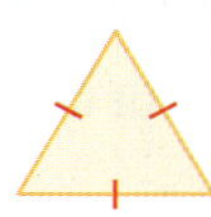 **b.** 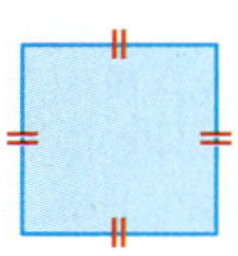 **c.** 

45 On multiplie trois fois de suite un nombre par 2, puis le résultat obtenu deux fois de suite par 5. Le résultat final est 37 265. Quel était le nombre de départ ?

46 Recopier, puis compléter pour que les égalités suivantes soient vraies.

a. ... × 8 = 746 **b.** 15 × ... = 612,9

Résoudre des problèmes

47 **Automatismes**

Recopier et compléter la facture suivante :

	Prix unitaire	Quantité	Total
Marteau		3	37,50 €
Tournevis	3,50 €	8	
Pince	8 €		40 €
Mètre ruban		5	
		Total	**150,30 €**

48 **Automatismes**

Élia installe six lampes suspendues au plafond à l'aide d'une barre horizontale de 120 cm de longueur.

Elle veut que :
– la première et la dernière lampes soient placées à 15 cm de l'extrémité ;
– les autres lampes soient régulièrement espacées entre elles.

Quelle distance sépare deux lampes voisines ?

49 Le gagnant de l'Ultra-Trail du Mont-Blanc 2024 a réalisé un temps de 71 663 secondes. Sachant que le départ de la course a eu lieu le vendredi 30 août 2024 à 18 h, déterminer l'heure de son arrivée.

50 **J'accélère** — Calcul mental — edubelin.fr/25mmat6-85 — 5 séries en PDF — 5 min

Calculer mentalement :

a. 5 325 – 200 **b.** 50 × 12,4

c. 26 : 4 **d.** $\frac{1}{...} = \frac{10}{1\,000}$

e. 3,5 + 7,8 **f.** $3{,}52 = \frac{...}{1...}$

51 Sonia doit imprimer des affiches pour un événement. Elle dispose de deux imprimantes :
– le modèle A200 imprime 30 pages par minute (ppm) en noir et blanc et 20 ppm en couleur ;
– le modèle B450 imprime 25 ppm en noir et blanc et 21 ppm en couleur.

Sonia doit imprimer 6 000 pages en noir et blanc et 7 200 pages en couleur.
Combien de temps (en heures et minutes) mettra-t-elle pour tout imprimer en utilisant les deux imprimantes en même temps ?

52 Trois amis ont entrepris une randonnée sur le même parcours et sont arrivés en même temps au refuge.

Léo a marché pendant 3 jours, 4 heures et 30 minutes.
Mira a marché pendant 76 heures et 15 minutes.
Ylan a marché pendant 4 590 minutes.
Qui est parti en premier ? Justifier.

53 Une éolienne possède trois pales réparties de manière régulière autour de son axe.

1. Quel est l'angle entre deux pales consécutives ?
2. Si l'éolienne avait huit pales, quel serait l'angle entre deux pales ?
3. Représenter une éolienne avec cinq pales, puis calculer l'angle entre deux pales.

Souviens-toi qu'un tour complet correspond à 360°.

54 Sur une horloge, les aiguilles forment différents angles.

1. Quelle est la mesure de l'angle formé par les aiguilles quand il est :

a. 1 h ? **b.** 4 h ? **c.** 6 h 30 ?

Ne mesure pas l'angle sur la photo !

2. À quelles heures les aiguilles forment-elles un angle droit ?

Je développe mes savoir-faire

55 **Chercher et Communiquer**

Salima souhaite récolter 297 € pour financer de nouveaux équipements pour son équipe de football composée de 11 joueuses. Pour cela, elle organise une vente de gâteaux et de verres de lait d'amande devant le stade. Ses coéquipières et elle préparent chacune deux gâteaux et une bouteille de lait d'amande. Chaque gâteau est vendu 12 €.
À la fin de la journée, tout est vendu.

1. Combien de parts de gâteau Salima a-t-elle vendues si chaque gâteau était coupé en 6 parts ?
2. Combien de verres de lait d'amande a-t-elle vendus si une bouteille contient 1,5 L et qu'un verre fait 250 mL ?
3. Quel était le prix d'une part de gâteau et d'un verre de lait d'amande pour atteindre exactement les 297 € ?

56 **Calculer et Modéliser**

Félix doit résoudre ce problème :

> Olympe a deux fois plus de billes qu'Isaac. Combien de billes Olympe devrait-elle donner à Isaac pour qu'ils aient chacun 120 billes ?

Ne sachant pas quelles opérations effectuer, Félix illustre la situation par un schéma en barres :

Recopier et compléter le schéma, puis résoudre le problème de Félix.

57 **Raisonner et Calculer**

Pour organiser une cérémonie de mariage, Aliyah doit placer 324 chaises en respectant les contraintes suivantes :
– les chaises doivent être disposées en rangées égales ;
– le nombre de chaises par rangée doit être compris entre 15 et 25 ;
– un maximum de chaises doit être utilisé pour remplir complètement les rangées.
Aider Aliyah à organiser cette cérémonie.

58 **Calculer et Communiquer**

Voici une comptine américaine pour mémoriser les critères de divisibilité :

1 If it's a whole number, you're done,
It's divisible by **one**.

2 If it's even, it's true
It's divisible by **two**.

3 Add the digits to see
If it's divisible by **three**.

4 Divide the last two digits by four,
And you'll get **four** for sure.

5 If it ends with five or zero,
It makes **five** a hero.

6 If you got two ant three
You get **six** for free!

9 Add the digits, that's fine
To check on the **nine**.

10 A zero at the end
And we'll feel good about **ten**.

Using the document as a guide, answer the following questions.

1. Is 6892 divisible by 4?
2. Find a 4-digit number divisible by 6.
3. State the criterion for divisibility by 9.

Surprise, c'est en anglais !

59 **Chercher et Communiquer**

Nahim a acheté à la librairie 3 cahiers et 5 stylos. Il a payé 12,80 € au total.
Un cahier coûte 1,50 € de plus qu'un stylo.
Calculer le prix d'un stylo.

60 **Chercher et Calculer**

Dans leur salle de bain, Zack et Nadia réalisent cette frise murale :

La frise comporte deux types de carreau : des carrés bleus et des rectangles verts.
Calculer les dimensions de chaque type de carreau.

61 **Calculer et Chercher**

Voici une méthode pour retrouver le jour de ta naissance !

1. Calculer la différence de l'année de naissance et 1901 : elle est notée A.
2. Calculer le quotient de la division euclidienne de A par 4 : il est noté Q.
3. Compter le nombre de jours qu'il y a entre le 1er janvier et la fin du mois qui précède le mois de naissance.
   Ce nombre est noté N.

Par exemple, si tu es né le 23 avril 1953, qui n'est pas une année bissextile, N = 31 (31 jours en janvier) + 28 (28 jours en février) + 31 (31 jours en mars) = 90.

4. On note J le jour de naissance. Calculer la somme A + Q + N + J + 1 : elle est notée S.
5. Calculer le reste de la division euclidienne de S par 7 : il est noté R.
6. Lire le jour de naissance dans le tableau :

Si R = …	0	1	2	3	4	5	6
Tu es né un	Dimanche	Lundi	Mardi	Mercredi	Jeudi	Vendredi	Samedi

62 **Chercher et Calculer**

Un chronomètre est gradué en secondes de 0 à 60.

1. Combien de tours a fait l'aiguille en 277 secondes ? Sur quelle graduation se trouve alors l'aiguille ?
2. Mêmes questions pour 725 secondes.

63 **Raisonner et Chercher**

Dans les diagrammes suivants, la somme des nombres contenus dans les cercles reliés ne doit jamais être divisible par 5.
Recopier chaque diagramme et compléter les cercles vides par les nombres indiqués.

a. Placer 26, 27 et 28.

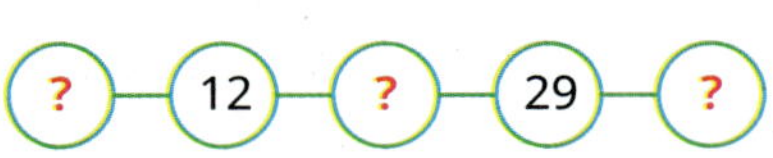

b. Placer 32, 33 et 34.

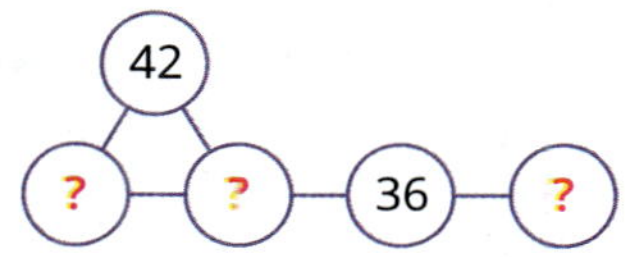

64 **Calculer et Chercher**

Dans les pyramides suivantes, pour descendre à l'étage inférieur, il faut passer par un bloc contenant un multiple de 4.
Reproduire les pyramides et colorier le chemin permettant de rejoindre la base de chaque pyramide.

a.

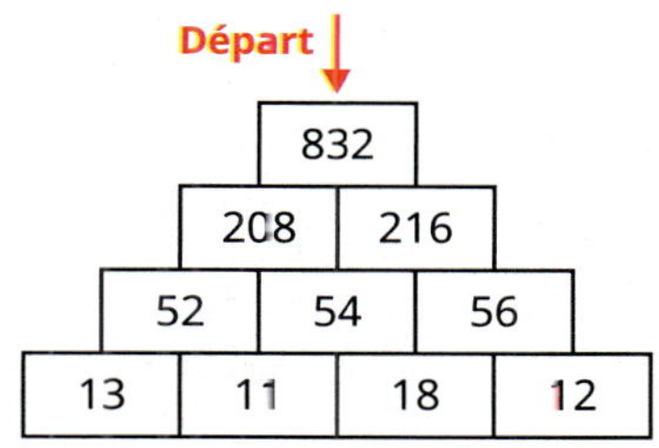

b.

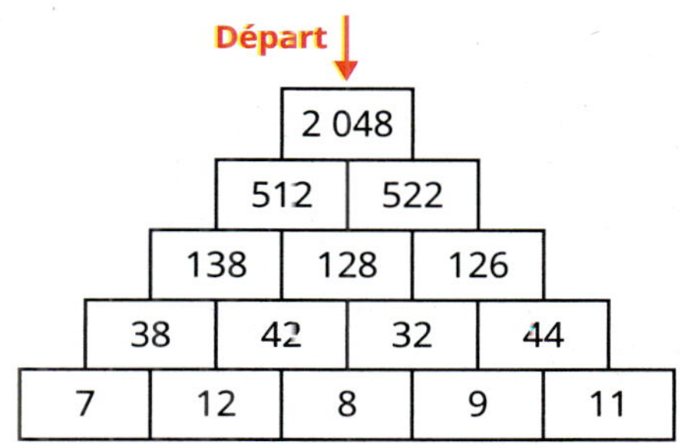

65 **Calculer et Chercher**

Dans la figure ci-dessous, les points M, U, L, T, I, P, L, E et S sont alignés. Les segments [MU], [UL], [LT], [TI], [IP], [PL], [LE] et [ES] sont les diamètres de huit cercles de même rayon.

1. Quel est le rayon du cercle vert si LT = 5,3 dm ?
2. Quel est le diamètre du cercle bleu si MS = 12 cm ?
3. Quel est le rayon du cercle rose si UE = 6,3 m ?
4. Quel est le diamètre du cercle orange si LS = 7,2 cm ?

Je développe mes savoir-faire

66 **Calculer et Raisonner**

Ce diagramme est composé de quatre zones : l'une contient les multiples de 4, une autre les multiples de 6, une autre les multiples de 10 et la dernière les multiples de 15.

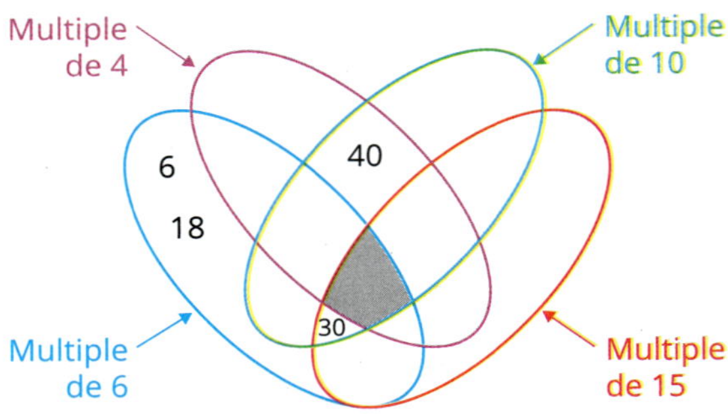

Le nombre 40 se trouve à la fois dans la zone « Multiple de 4 » et dans la zone « Multiple de 10 ».
Quel est le plus petit nombre qui peut être placé dans la zone grisée ?

67 **Calculer**

1. Recopier et compléter cette division euclidienne :

8 • 4 •	• 7
1 •	5 • •
• • 8	
• •	

2. Recopier et compléter cette division décimale :

9 , • 1	•
• 7	2 , • • • •
• •	
• •	
• •	
0	

68 **Calculer et Chercher**

Les parents Carré partent en vacances à la mer avec leurs deux enfants. Ils prévoient de visiter un aquarium.
Le billet d'entrée à l'aquarium coûte 20 € par adulte et 12 € par enfant.
Ils estiment les frais de transport à 180 € et les repas à 250 € pour tout le séjour.
Le budget total des vacances ne doit pas dépasser 900 €.
Quel est le prix maximal qu'ils peuvent consacrer par nuit pour la location d'un appartement pendant 6 nuits ?

69 **Calculer et Raisonner**

1. Voici le critère de divisibilité par 11 :

Un nombre entier est divisible par 11 si la différence entre la somme de ses chiffres de rang pair et la somme de ses chiffres de rang impair est nulle ou un multiple de 11.

Parmi les nombres suivants, lesquels sont divisibles par 11 ?

175 356 396 3 983 5 038

5 849 6 412 11 123 18 623 27 777

2. Chika Ofili, un jeune Nigérian de 12 ans, a découvert en 2019 le critère de divisibilité suivant :

Pour savoir si un nombre entier est divisible par 7, on additionne son nombre de dizaines à 5 fois le chiffre des unités ; on recommence le même processus jusqu'à ce que le nombre trouvé soit inférieur à 63. Si le résultat final est un multiple de 7, le nombre est divisible par 7.

Parmi les nombres suivants, lesquels sont divisibles par 7 ?

175 3 983 5 849 11 123 27 777

3. Recopier et remplacer chaque « • » par un chiffre qui convient. Justifier.

a. Le nombre 2•• 7•1 est divisible par 7.

b. Le nombre 9• 2•• •5• est divisible par 11.

70 **Je fais une pause**

Lola a 22 allumettes. Son père lui donne un quadrillage dont les côtés des carrés font une allumette.
Combien peut-elle entourer de carrés, au maximum, sachant que chaque carré doit être entouré par quatre allumettes ?

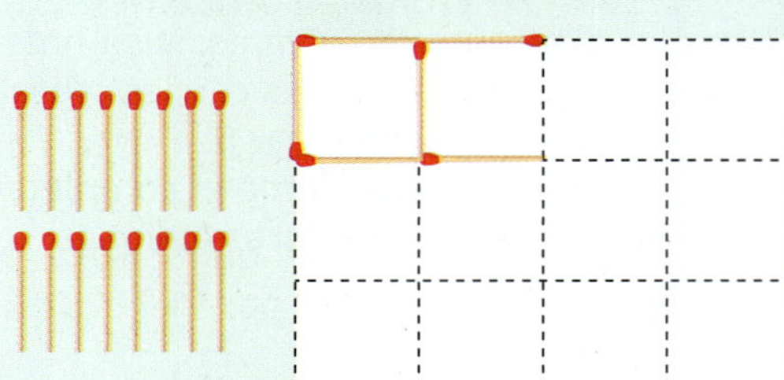

Je prépare mon évaluation

45 min

Je contrôle mes connaissances

	a	b	c
71 Dans la division euclidienne de 423 par 8, le quotient est :	7	$\frac{423}{8}$	52
72 6•5 est un multiple de 3 lorsque « • » est égal à :	5	7	6
73 199 : 3 est environ égal à :	66,3	663,3	6,63
74 7 000 secondes est égal à :	2 h 40 min 56 s	1 h 46 min 40 s	1 h 56 min 40 s

J'utilise la division euclidienne

75 **1.** Effectuer la division euclidienne de 345 par 7.
2. Effectuer la division euclidienne de 813 par 9.

76 **Vrai ou faux ?** On a $393 = 14 \times 27 + 15$:
a. 14 est le quotient de 393 par 27.
b. 393 est un multiple de 14.
c. 15 est le reste de la division euclidienne de 393 par 14.

77 Convertir en heures et minutes :
a. 8,3 h **b.** 295 min

78 Charles fabrique des colliers en alternant des perles de couleur rose, verte, violette et jaune, toujours dans cet ordre.
De quelle couleur est la 238e perle de son collier ? Justifier.

J'utilise la division décimale

79 **1.** Effectuer les divisions décimales suivantes :
a. 34,2 : 4 **b.** 17 : 5 **c.** 2,04 : 6
2. Effectuer la division décimale de 15,2 par 7. Arrondir le résultat au centième.

80 Calculer mentalement :
a. 17,3 : 10 **b.** 81,5 : 100 **c.** 7,2 : 1 000

81 Quel est le 200e chiffre du quotient de la division décimale de 317 par 11 ?

Je reconnais multiples et diviseurs

82 Indiquer si les nombres suivants sont divisibles par 2, 3, 5 ou 10 :
a. 250 **b.** 348 **c.** 4 065
d. 891 301 **e.** 2 025 **f.** 1 524

Je résous des problèmes

83 Je suis un nombre de quatre chiffres, multiple de 5 et de 9.
Le nombre formé par mes deux derniers chiffres est multiple de 11.
Mon nombre de centaines est multiple de 10.
Qui suis-je ?

84 Une guirlande électrique de longueur 2,5 m est composée d'ampoules régulièrement espacées de 12 cm.
Sachant que le fil ne comporte pas d'ampoules sur 35 cm à chaque extrémité, calculer le nombre d'ampoules qui composent cette guirlande.

85 La moto sur l'affiche coûte 2 254 €.
Si Valentine l'achète, quel sera le montant de chaque mensualité ?

Exercices 71 à 85 corrigés p. 315

Je mobilise mes compétences

86 Chercher et Calculer

Une année bissextile est une année comptant 366 jours au lieu de 365, c'est-à-dire une année comprenant un 29 février.

> Une année est bissextile :
> – si elle est divisible par 4 et non divisible par 100
> ou
> – si elle est divisible par 400.

1. Parmi les années 2024, 2011 et 2000, laquelle ou lesquelles sont bissextiles ?

2. Quelle sera la prochaine année bissextile ?

87 Calculer et Modéliser

Dans une salle de spectacle, Antoine a la place numérotée 26. Il se trouve à droite de l'allée centrale, assis à la troisième place de la deuxième rangée. Luna, quant à elle, est assise à la place numérotée 136.

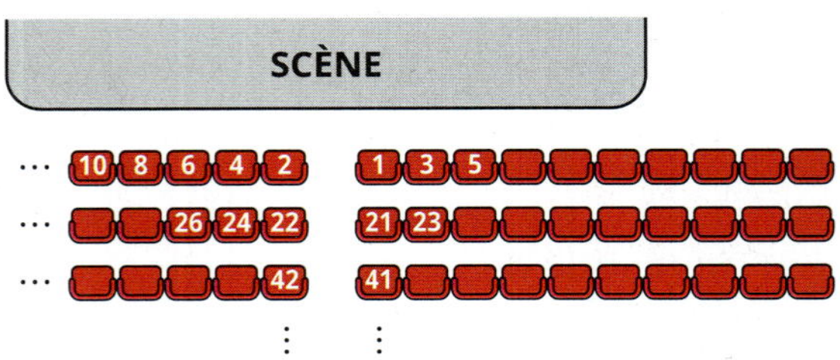

1. Trouver la rangée et le siège sur lequel Luna est assise.

2. Luna aperçoit les places 88 et 58 inoccupées. Quelle place va-t-elle choisir pour se rapprocher d'Antoine ?

88 Raisonner et Communiquer

Voici le début de la division de 1 par 7. En la regardant attentivement et sans effectuer aucun calcul supplémentaire, réponds aux questions suivantes.

1	7
1 0	0,142 857
3 0	
2 0	
6 0	
4 0	
5 0	
1	

1. Par quels chiffres se poursuivrait le quotient de la division de 1 par 7 ?

2. Par quels chiffres commence le résultat de la division de 2 par 7 ? de 3 par 7 ? de 4 par 7 ? de 5 par 7 ? de 6 par 7 ? Donner les sept premières décimales.

89 Représenter et Calculer

Hatem a commencé à réaliser une facture avec un tableur :

	A	B	C	D
1	Produit	Prix unitaire (en €)	Quantité	Total
2	Savon	... €	10	62,50 €
3	Soupe	... €	12 bouteilles	55,20 €
4	Œufs	3,50 € la boîte de 6	36	
5	Lait	0,95 € le litre	6 litres	
6	Courgettes	...€ le kilo	3 kg	
7			Sous-total	1 151,90 €
8			Frais	9,11 €
9			Total à payer	

1. Quelle formule Hatem va-t-il écrire dans les cellules suivantes ?

a. B2 **b.** B3 **c.** D4 **d.** D6 **e.** D9

2. Calculer le prix d'un kilo de courgettes.

90 Communiquer et Calculer

Eliott veut écrire un message secret à son amie Ani. Pour que personne d'autre ne puisse comprendre leur échange, il remplace chaque lettre du message par un nombre. Pour décrypter le message, Ani doit calculer le reste de la division euclidienne du nombre par 26, puis utiliser le tableau suivant :

Reste	0	1	2	...	23	24	25
Lettre	A	B	C	...	X	Y	Z

1. Voici le message qu'Eliott a envoyé :

De Eliott

> 110 – 212 – 169 – 86 – 182 – 141/63 – 134 – 200/168 – 130 – 227 – 85 – 148 !

Déchiffrer ce message.

2. Imaginer la réponse qu'Ani pourrait donner à Eliott. Coder cette réponse et la donner à un camarade de classe pour qu'il la décode.

POUR INFO !

Le chiffrement de César, utilisé par les Romains, remplaçait les lettres par des nombres et utilisait les restes de la division euclidienne pour coder les messages. Ce système historique a posé les bases de la cryptographie moderne.

91 **Représenter et Communiquer**

Voici deux informations :

❶ Neuf marteaux et deux tournevis pèsent 6,78 kg.

❷ Trois marteaux et un tournevis pèsent 2,31 kg.

1. Réaliser un schéma en barres représentant l'information ❶.
2. En utilisant ce schéma et l'information ❷, calculer la masse de six marteaux et un tournevis. Présenter la démarche suivie.
3. En déduire, grâce à l'information ❷, la masse de trois marteaux.
4. Conclure sur la masse d'un marteau, puis celle d'un tournevis.

92 **Raisonner et Calculer**

Un Relevé d'Identité Bancaire (RIB) est constitué de 21 chiffres ou lettres et d'une clé de 2 chiffres.

Pour calculer la clé d'un RIB, il faut :
– noter le nombre de 21 chiffres obtenu en mettant bout à bout les chiffres du code banque, du code guichet et du numéro de compte ;
– multiplier ce nombre par 100 ;
– effectuer la division euclidienne de ce nombre par 97.

La clé est la différence entre 97 et le reste de la division euclidienne.
Calculer la clé du RIB ci-dessous :

RELEVÉ D'IDENTITÉ BANCAIRE

Titulaire du compte ▶ Paul Higone
Domiciliation bancaire ▶ MathsBank
Agence du Rond-Point, 10001 Troyes

Code banque	Code guichet	N° de compte	Clé RIB
12345	00300	09876543210	Clé RIB

IBAN	BIC/SWIFT
FR123450030009876543210xx	MABKFRPP123

Adaptations edubelin.fr/25mmat6-91
Livret complémentaire p. 15

93 Je prends des initiatives

Représenter et Calculer

LE PROBLÈME Lilya a eu l'idée de proposer une construction géométrique originale pour transformer un triangle.

- Construire un triangle sur une feuille A4, placer un point O à l'extérieur de ce triangle, puis suivre la proposition de Lilya.
En quoi est alors transformé ce triangle ?

Pour aller plus loin

Que se passe-t-il si la figure de départ est un carré ? un cercle ?

Document 1 **Protocole de construction de Lilya**

- Tracer un triangle.
- Placer un point O à l'extérieur du triangle.
- Placer un point M sur un côté du triangle.
- Tracer la demi-droite [OM).
- Mesurer la longueur du segment [OM] en cm.
- Effectuer la division décimale de 25 par OM.
- Placer sur la demi-droite [OM) le point M′ tel que OM′ = 25 : OM.
- Recommencer avec d'autres points.

Document 2 **Début du travail de Lilya**

Lilya a déjà placé deux points.

Attention, cette figure n'est pas en taille réelle !

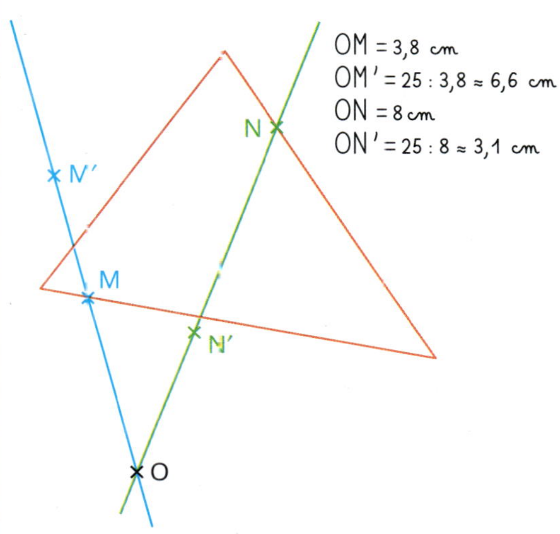

J'utilise Scratch

Des polygones de tous les côtés

Niveau mathématique ●●○ Niveau technique ●●○ 45 min

Mobiliser les connaissances sur le sens de la division, les multiples et les diviseurs.

Dans cette activité, nous allons construire des polygones réguliers à l'aide de Scratch.

Un polygone régulier est une figure géométrique dont tous les côtés ont la même longueur et dont tous les angles sont égaux !

1 Dans Scratch, assembler et compléter les blocs suivants pour tracer un carré lorsque l'on clique sur le drapeau :

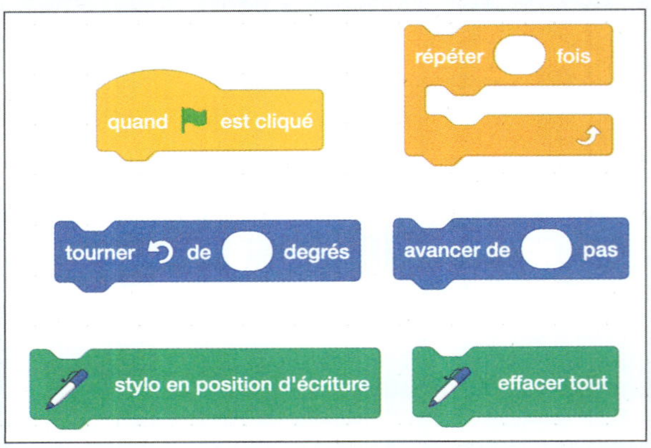

Dans Scratch, le stylo n'est pas disponible par défaut. Il faut cliquer sur « Ajouter une extension » pour l'ajouter.

2 **a** Parmi les cinq blocs de la question précédente, il faut en modifier deux pour tracer un triangle équilatéral au lieu d'un carré. Quels sont ces blocs ?

b Pour tracer un triangle équilatéral, on doit faire un tour complet (360°) en trois étapes.
De combien de degrés devra-t-on tourner à chaque étape ?

c Modifier le programme de la question 1 pour tracer un triangle équilatéral.

3 Appliquer le même raisonnement pour tracer :

a un pentagone régulier (5 côtés de même longueur et 5 angles de même mesure) ;

b un hexagone régulier (6 côtés de même longueur et 6 angles de même mesure) ;

c un octogone régulier (8 côtés de même longueur et 8 angles de même mesure).

4 Lister le nombre de côtés de tous les polygones qu'il est possible de tracer en tournant d'un nombre de degrés entier.

5 Si on construit un polygone en plusieurs tours au lieu d'un seul, on peut obtenir ce que l'on appelle un polygone étoilé.

Exemple : Si, au lieu de construire un pentagone en un tour (360° : 5), on le construit en deux tours ((360° × 2) : 5), on obtient un pentagone étoilé.

a Construire un pentagone étoilé.

b Essayer de construire un octogone étoilé en deux tours.
Expliquer le résultat obtenu.

c Construire un octogone étoilé selon sa propre méthode.

d Construire un décagone étoilé (10 côtés).

Je joue avec les acquis du chapitre

FAKTOR

La mission

Complète les cases jaunes et les cases bleues avec les nombres demandés.

Tu n'as pas à compléter les cases blanches vides.

Les règles

- Un nombre dans une case blanche est le produit des nombres contenus dans la case bleue et la case jaune correspondantes.
- Chaque nombre n'est utilisé qu'une fois dans la ligne bleue et une fois dans la colonne jaune.

Exemple

	12			
			8	2
		6		
			4	

Solution

	3	2	4	1
4	12			
2			8	2
3		6		
1			4	

$12 = 4 \times 3$
$8 = 2 \times 4$
$2 = 2 \times 1$
$6 = 3 \times 2$
$4 = 1 \times 4$

À ton tour !

Recopie et complète les jaunes et les bleues par les nombres entiers de 1 à 4.

1

	12	9		
				2
		6		

Recopie et complète les jaunes et les bleues par les nombres entiers de 1 à 5.

2

			4		
				4	
		12			4
				10	

3

		12			
					3
				25	
		6			
			2		

Recopie et complète les jaunes et les bleues par les nombres entiers de 1 à 6.

4

			5			
						36
				12		
		12				
					4	
		4				

Recopie et complète les jaunes et les bleues par les nombres entiers de 1 à 8.

5

					3			
						32		
				35				
		12						
							14	
			8					
				20				
								15

Tu peux utiliser du papier calque pour répondre !

Grilles de jeu
edubelin.fr/25mmat6-93
Toutes les grilles en PDF

CHAPITRE 5

Situations de proportionnalité

Les ensembles de musiciens peuvent compter de quelques instruments à plus d'une centaine ! Jouent-ils pour autant plus fort ?

ON FAIT des MATHS ?

Huit musiciens jouent-ils deux fois plus fort que quatre musiciens ?

Quand on dispose d'une recette de gâteau pour 4 personnes et qu'on attend 8 personnes, on double les quantités de chaque ingrédient. Mais quand on passe de 4 à 8 musiciens dans un groupe, est-ce que l'intensité du son double aussi ? Dans cette vidéo, Stéphane et Adrien te présentent quelques situations de proportionnalité et de non-proportionnalité.

POUR VOIR LA VIDÉO
edubelin.fr/25mmat6-94

Je développe mes **automatismes**

Automatismes
edubalin.fr/25mmat6-95
5 séries en PDF

5 min

Réponds à ces questions sans utiliser la calculatrice !

1. Quelle est l'écriture décimale de $7 \times 100 + 3 \times 10 + 5 \times 0{,}01 + 2 \times 0{,}001$?

2. $\frac{1}{2} + \frac{1}{4} + \frac{1}{8} = ?$

3.

Quelle est la masse d'un cahier ?

4. 188 min = ? h ? min

5. Le petit carré orange a un périmètre de 30 cm.

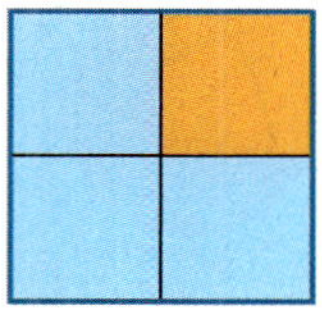

Quel est le périmètre du grand carré bleu ?

6. Dans un sac de billes, il y a 12 billes rouges. Il y a 2 fois plus de billes vertes que de billes rouges et 2 fois moins de billes noires que de billes rouges. Combien y a-t-il de billes au total dans le sac ?

Objectifs : • *Reconnaître une situation de proportionnalité.*
• *Réactiver linéarité multiplicative et additive.*
• *Manipuler grandeurs et mesures.*
• *Verbaliser la proportionnalité.*

Je **manipule** avec mes acquis

20 min

1. Samir veut vendre de la limonade faite maison. Il affiche les prix suivants sur son stand :

Zoé réfléchit et lui dit :
« Ça ne va pas tes prix, c'est n'importe quoi ! »
Es-tu d'accord avec Zoé ?

2. Samir n'est pas très content. Il ne comprend pas pourquoi son affichage ne convient pas. Zoé lui parle de proportionnalité. Imagine ce qu'elle lui dit et écris-le sur une feuille ou sur ton cahier.

3. Samir a compris son erreur. Aide-le, sur ton cahier ou ta feuille, à refaire son affiche pour que la situation soit proportionnelle.

Pour répondre, tu peux utiliser le matériel et représenter un verre par  **et la bouteille par** 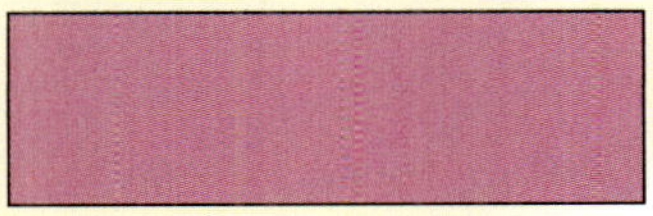.

Je découvre

JE REVOIS

QCM Donner la ou les bonnes réponses parmi les trois propositions.

1. Quand on met ces deux ballons identiques côte à côte, on obtient une longueur de 50 cm.

Le diamètre d'un seul ballon est de :
- a 12,5 cm
- b 49,8 cm
- c 25 cm

2. Malik a fait 2 tours de lac à vélo, il a parcouru 16 km. Justine a fait 6 tours. Quelle distance a-t-elle parcourue ?
- a 24 km
- b 32 km
- c 48 km

3. Elen et Elisa ont 3 ans d'écart. Dans 10 ans, elles auront :
- a 3 ans d'écart
- b 30 ans d'écart
- c 13 ans d'écart

4. À l'âge de 1 an, Axelle mesurait 80 cm. À l'âge de 2 ans, elle mesurait :
- a 1,60 m
- b environ 1,20 m
- c On ne peut pas savoir

5. Dans 10 L d'eau de mer, on a récolté 400 g de sel. Avec 2 L d'eau de mer, on obtiendra :
- a 80 g
- b 40 g
- c 800 g

Activité 1 Proportionnels ou non ?

Objectif : Reconnaître des situations relevant de la proportionnalité

Voici quelques situations :

A Quel est le prix de 5 kg d'abricots ?

B À la boulangerie « Le flan », 1 baguette coûte 1,10 €. Le boulanger fait l'offre ci-contre. **Quel est le prix de 5 baguettes ?**

3 BAGUETTES ACHETÉES
1 OFFERTE !

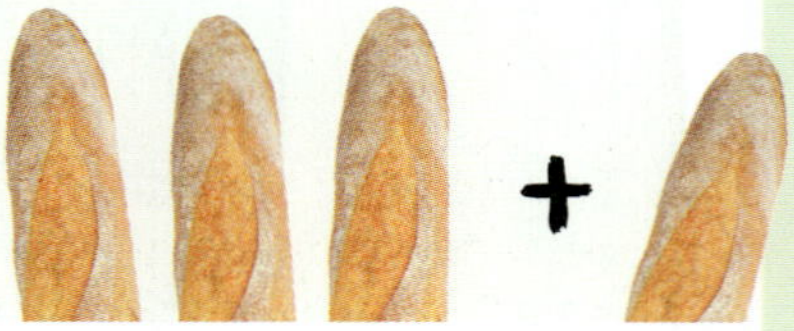

C On sait que AB = 3 cm. **Quel est le périmètre du carré ABCD ?**

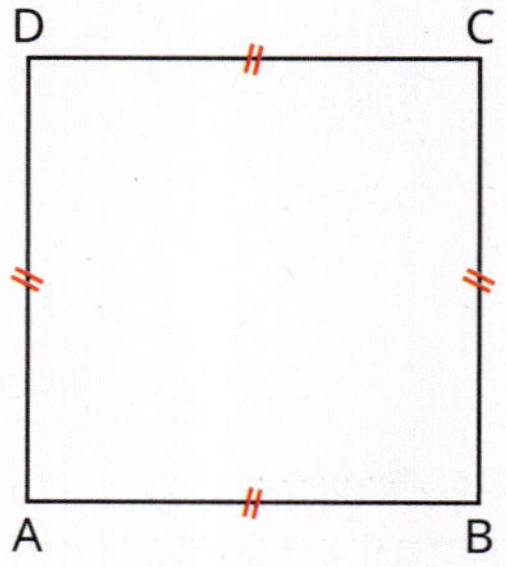

D Cannelle la Corgi pesait 2,4 kg à l'âge de 2 mois. **Quelle sera sa masse quand elle aura 4 ans ?**

1. Quelles sont les situations de proportionnalité ? Comment les reconnaître ?

2. Répondre aux questions posées dans chaque situation lorsque c'est possible.

JE REVOIS

Ces 5 crayons identiques coûtent 15 €.

Calculer :
a. le prix de 10 crayons ;
b. le prix de 2 crayons ;
c. le prix de 8 crayons ;
d. le prix de 3 crayons.

Activité 2 L'ébéniste

Objectif : Utiliser le passage à l'unité et différentes méthodes de calcul de proportionnalité

Une ébéniste vend des réglettes de bois d'essences* différentes.
En les mettant bout à bout, elle constate que les trois réglettes en érable, représentées en rouge, sont aussi longues qu'une réglette en frêne, représentée en vert.
Le prix de vente des réglettes est proportionnel à leur longueur.

* **L'essence d'un bois est sa nature.**

1. Sachant que la réglette en frêne coûte 15 €, quel est le prix d'une réglette en érable ?
Recopier et compléter :
« 1 réglette en érable coûte ... . »
Ce nombre est appelé le **prix en euros par réglette en érable**.

2. En observant les deux représentations ci-dessous, calculer le prix de la réglette en châtaignier, représentée en marron, de deux façons différentes.

a.

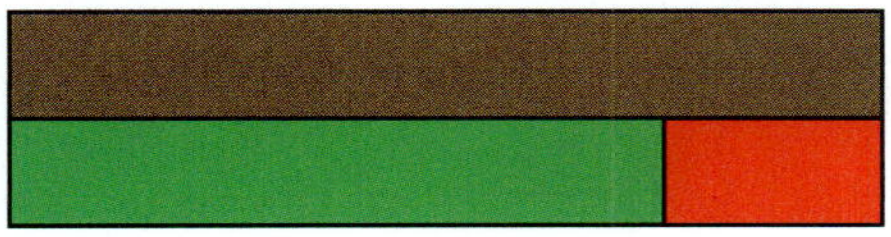

b.

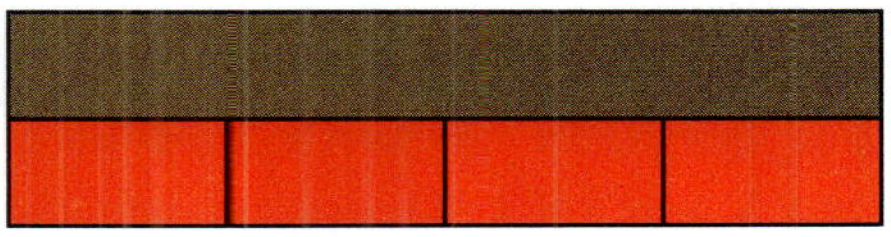

3. Le prix d'une réglette en cèdre est le même que celui de deux réglettes en érable et d'une réglette en frêne. Représenter cette situation à l'aide de réglettes de couleur et calculer le prix d'une réglette en cèdre.

4. La réglette en acajou coûte 22,50 €.
a. Quelle est sa longueur en réglettes d'érable ?
b. Exprimer cette longueur à l'aide des réglettes en frêne.

Il est possible d'acheter des demi-réglettes.

5. Calculer le prix de la réglette en noyer, représentée en rose :

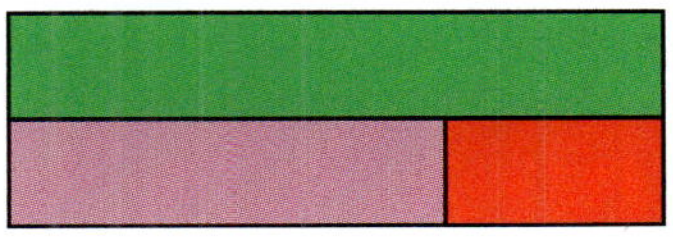

6. Quelle est la réglette la plus chère : une réglette de même longueur qu'une réglette en noyer et une réglette en frêne, ou une réglette de même longueur qu'une réglette en cèdre et une réglette en érable ? Justifier.

7. La réglette en teck est aussi longue qu'une réglette en cèdre et une demi-réglette en frêne mises bout à bout. Elle est vendue 35 €.
Un client exprime son mécontentement auprès de l'ébéniste. A-t-il raison ? Justifier.

J'apprends

A Reconnaître la proportionnalité

Définition

Une grandeur est **proportionnelle** à une autre grandeur lorsque l'une s'obtient en **multipliant** l'autre **toujours par un même nombre différent de zéro**.

Exemples

- À la boulangerie, le prix d'une baguette est 1,10 € et pour 3 baguettes achetées, la 4e est offerte.
  Le prix de 4 baguettes est le même que le prix de 3 baguettes, donc le prix n'est pas proportionnel au nombre de baguettes achetées.
- Dans cette même boulangerie, chaque croissant coûte 1,05 €.
  Pour calculer le prix que l'on devra payer, on multiplie le nombre de croissants achetés par 1,05.
  Donc le prix à payer est proportionnel au nombre de croissants achetés et 1,05 est le **prix en euros par croissant**.

B Calculer avec la proportionnalité

Passer par l'unité

2 kg de café coûtent 44 €. Quel est le prix de 5 kg de café ?

On commence à calculer le prix de 1 kg de café.
1 kg de café coûte 2 fois moins que 2 kg, soit $44 € : 2 = 22 €$.
Donc pour 5 kg, on paye $5 \times 22 € = 110 €$.

Remarque : le nombre 22 est le **prix en euros par kilogramme de café**.

Multiplier ou diviser les deux grandeurs par un nombre différent de zéro

Dans une recette de gâteau pour 6 personnes, il faut 540 g de farine.
Quelle masse de farine est nécessaire pour 12 personnes ? pour 2 personnes ?

Comme $12 = 2 \times 6$, pour 12 personnes, on a besoin de 2×540 g = 1 080 g de farine.
On sait que $2 = 6 : 3$ donc pour 2 personnes, il faut 540 g : 3 = 180 g de farine.

Ajouter ou soustraire les grandeurs entre elles

10 bouteilles d'eau identiques → 6,70 €
4 de ces bouteilles → 2,68 €
Quel est le prix de 14 bouteilles ? de 6 bouteilles ?

- Comme 14 bouteilles = 10 bouteilles + 4 bouteilles,
  14 bouteilles coûtent : 6,70 € + 2,68 € = 9,38 €.
- De même, comme 6 bouteilles = 10 bouteilles − 4 bouteilles,
  6 bouteilles coûtent : 6,70 € − 2,68 € = 4,02 €.

Suivant les valeurs présentes dans un énoncé, choisis la méthode la plus efficace pour répondre, c'est-à-dire celle qui demande le moins de calculs.

Je retiens

Quand tu as appris ton cours, cache-le avec une feuille et réponds aux questions.

Que signifie « deux grandeurs sont proportionnelles » ?

Un pizzaïolo offre une pizza pour 10 pizzas achetées. Est-ce une situation de proportionnalité ?

Un autre vend toutes ses pizzas à 11 € chacune. Est-ce une situation de proportionnalité ?

10 objets identiques ont une masse totale de 13 kg. Quelle est la masse en kg d'un objet ?

6 kg de riz coûtent 12 €. Quel est le prix de 12 kg de riz ? de 3 kg de riz ?

Dans un jeu, 5 jetons valent 8 points et 4 jetons 6,4 points. Combien de points valent 9 jetons ?

MON QCM DE RÉVISION
edubelin.fr/25mmat6-98

J'apprends à faire

1 Reconnaître la proportionnalité

Des bonbons à la fraise sont vendus en deux formats :
- 200 g pour 3,50 € (paquet A) ;
- 1 kg pour 10,90 € (paquet B).

Le prix des bonbons est-il proportionnel à la masse de bonbons ?

Solution

Étape 1

Les masses doivent être exprimées dans la même unité.
Ici, on a le choix entre les grammes et les kilogrammes.
On utilisera les grammes pour que les masses soient des nombres entiers : 1 kg = 1 000 g.

Étape 2

On cherche le prix de 1 g de bonbons dans chaque paquet :
- 3,50 € : 200 = 0,0175 €
- 10,90 € : 1 000 = 0,0109 €

Comme les résultats ne sont pas les mêmes, le prix n'est pas proportionnel à la masse de bonbons.

Remarques

- On peut aussi voir que 5 × 200 g = 1 000 g = 1 kg, donc le prix de 5 paquets de 200 g est de 5 × 3,50 € = 17,50 €, ce qui est différent de 10,90 €.
- On peut aussi calculer le prix d'une même masse de bonbons, dans les deux formats. En choisissant 100 g, car cette masse permet des calculs plus faciles à effectuer, on a :
  - 3,50 € : 2 = 1,75 €
  - 10,90 € : 10 = 1,09 €

  On trouve encore des prix différents.

JE M'EXERCE

Dans chacun des cas suivants, déterminer si les deux grandeurs sont proportionnelles.

a. En 6e A, la taille moyenne des 24 élèves est de 1,43 m.
En 6e B, la taille moyenne des 26 élèves est de 1,44 m.
En 6e C, la taille moyenne des 30 élèves est de 1,46 m.

b. Dans une station-service, voici ce que trois clients ont payé :
- le premier a payé 51,60 € pour 40 L d'essence ;
- le deuxième a payé 64,50 € pour 50 L d'essence ;
- le troisième a pris 35 L d'essence et a payé 45,15 €.

c. Dans un restaurant, voici l'addition de trois tables :
- à la table n° 1 de 4 personnes, elle est de 150 € ;
- à la table n° 2, elle est de 187,50 € pour 5 personnes ;
- à la table n° 3, il y a 3 personnes, l'addition est de 120 €.

Exercice corrigé **p. 315**

2 Utiliser un schéma en barres

Après avoir vendu des vêtements sur internet, Mickaël doit envoyer 3 colis de 500 g chacun. Il paye en tout 22,50 €.
La semaine suivante, il envoie à nouveau 2 colis pesant également 500 g chacun pour 15 €.
Tous les colis de 500 g ont le même tarif d'envoi.

1. Représenter ces situations par un schéma en barres.
2. Quel est le tarif d'envoi de 5 colis de 500 g chacun ?
   Représenter la situation par un schéma en barres et répondre à la question.
3. Combien de colis de 500 g peut-on envoyer avec 30 € ?
   Représenter la situation par un schéma en barres et répondre à la question.

Solution

1. On représente le tarif d'envoi d'un colis de 500 g par un carré « unité » □.

   22,50 € est le tarif pour l'envoi de 3 colis. On représente donc par un rectangle aussi long que trois carrés « unité ».

   On pense à reporter le tarif sur le schéma en barres. On a donc :

Premier envoi de Michael

Deuxième envoi de Michael

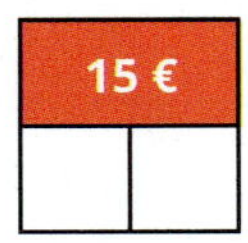

2. On obtient cette représentation pour l'envoi de 5 colis :

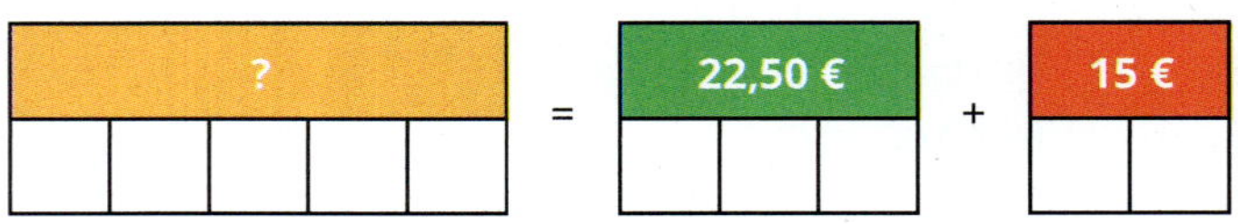

On remarque que 5 = 3 + 2, donc le prix de 5 colis est de 22,50 € + 15 € = 37,50 €.

3. On obtient cette représentation :

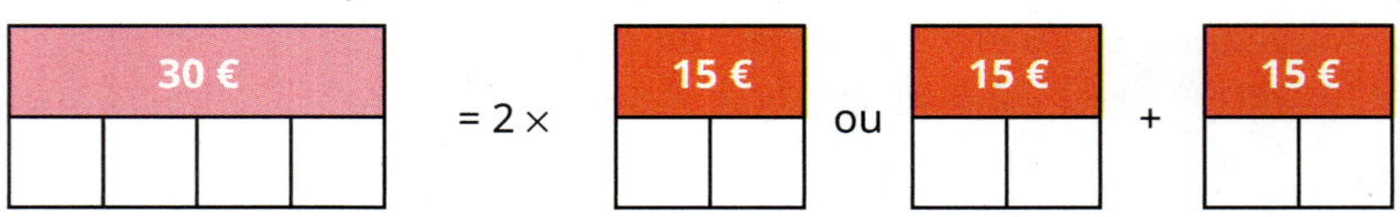

On peut remarquer que 30 € = 2 × 15 € donc avec 30 €, on peut envoyer 2 × 2 colis = 4 colis.

JE M'EXERCE

Camélia a mis 6 minutes pour télécharger un fichier vidéo de 4 Go.
On suppose ici que le temps de téléchargement est proportionnel à la taille du fichier téléchargé.

1. Représenter cette situation à l'aide d'un schéma en barres.
2. Quel temps faut-il pour télécharger un fichier de 8 Go ?
   Représenter la situation par un schéma en barres et répondre à la question.
3. En 3 minutes, quelle est la taille du fichier téléchargé ?
   Représenter la situation par un schéma en barres et répondre à la question.

Exercice corrigé p. 315

3 Traiter des situations de proportionnalité

POUR VOIR LE TUTO DE LISA
edubelin.fr/25mmat6-101

Avec un pot de 2,5 L de peinture, Anya peut recouvrir 30 m² de mur.
Nous supposerons ici que la quantité de peinture utilisée est proportionnelle à la surface peinte.

1. Quelle surface pourra-t-elle couvrir avec un pot de 10 L de peinture ?
2. Avec 12,5 L de peinture, quelle surface de mur peut-elle peindre ?
3. Pour peindre 15 m² de mur, de quelle quantité de peinture aura-t-elle besoin ?

Solution

1.

Méthode n° 1 : La surface recouverte par 1 L de peinture est $30\text{ m}^2 : 2,5 = 12\text{ m}^2$.
Donc avec 10 L, on peut recouvrir une surface 10 fois plus grande : $10 \times 12\text{ m}^2 = 120\text{ m}^2$.

Cette méthode du passage à l'unité est intéressante car elle permet, si on le souhaite, d'utiliser la surface peinte avec 1 L de peinture dans les autres questions.

Méthode n° 2 : On peut remarquer que $10\text{ L} = 4 \times 2,5\text{ L}$, donc avec 10 L de peinture, on peut recouvrir : $4 \times 30\text{ m}^2 = 120\text{ m}^2$.

Cette méthode multiplicative a pour avantage de faire moins de calculs.

2.

Méthode n° 1 : On peut réutiliser la surface recouverte par 1 L de peinture. Dans ce cas, il nous reste à calculer $12,5 \times 12\text{ m}^2 = 150\text{ m}^2$.

Cette méthode permet de réutiliser notre calcul précédent. Mais le calcul n'est pas simple à effectuer, surtout sans calculatrice !

Méthode n° 2 : On peut remarquer que $12,5\text{ L} = 10\text{ L} + 2,5\text{ L}$. Donc avec 12,5 L, on pourra peindre une surface équivalente à celle peinte avec 10 L et celle peinte avec 2,5 L, soit $120\text{ m}^2 + 30\text{ m}^2 = 150\text{ m}^2$.

Cette méthode additive permet de faire un calcul plus simple que celui de la méthode 1.

3.

Méthode n° 1 : On peut réutiliser la surface recouverte par 1 L de peinture. Dans ce cas, il nous reste à calculer $15 : 12 = 1,25\text{ L}$.

Cette méthode permet de réutiliser notre calcul précédent. Mais comme à la question 2, le calcul n'est pas simple à effectuer…

Méthode n° 2 : On peut remarquer que 15 m^2 est la moitié de 30 m^2, ce qui signifie qu'il faut 2 fois moins de peinture pour peindre 15 m^2 que pour peindre 30 m^2, soit $2,5\text{ L} : 2 = 1,25\text{ L}$.

Cette méthode permet de faire un calcul plus simple.

JE M'EXERCE

Le prix des amandes est proportionnel à la masse achetée. Le prix de 1,5 kg d'amandes est de 12 €.
Calculer :

a. le prix de 3 kg d'amandes ;
b. la masse d'amandes que l'on peut acheter avec 36 €.

Exercice corrigé p. 315

Je prends confiance

Je prends mon élan

1 **Automatismes**

QCM Parmi ces situations, laquelle est une situation de proportionnalité ?

(a) Les sacs de 3 élèves pèsent en tout 20 kg et les sacs de 9 élèves pèsent en tout 58 kg.

(b) 1 kg d'abricots coûte 2,50 € et 2 kg d'abricots coûtent 5 €.

(c) Trois seaux contiennent 9 L d'eau et 5 seaux contiennent 17 L d'eau.

2 **QCM** Donner la bonne réponse.

1. 6 cuillères identiques pèsent 240 g. Quelle est la masse d'une cuillère ?
   (a) 40 g (b) 180 g (c) 1 440 g
2. Une imprimante peut imprimer 120 pages en 10 minutes. Quel est le nombre de pages imprimées en 5 minutes ?
   (a) 180 (b) 60 (c) 240
3. 4 tours d'un circuit mesurent 28 km. Quelle est la longueur de 6 tours ?
   (a) 7 km (b) 42 km (c) 34 km

3
1. Une voiture parcourt 80 km en 1 h. Quelle distance en km parcourra-t-elle en 3 h ?
2. Quand on met ces 2 ballons identiques côte à côte, ils mesurent 44 cm.

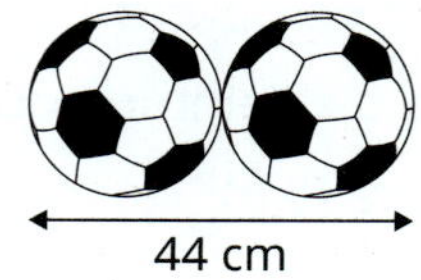

Quelle est la mesure de 5 de ces ballons ?

3. 4 bonbons identiques coûtent 3 €.

3 €

Combien coûtent 10 bonbons ?

Je me lance

Reconnaître la proportionnalité

4 Dans les situations suivantes, les grandeurs proposées sont-elles proportionnelles ? Justifier.

Situation 1 Le nombre de minutes et le nombre de secondes d'une durée.

Situation 2 Le périmètre d'un carré et la longueur d'un de ses côtés.

5 Dans ce tableau, on donne les tarifs d'un parking selon le temps de stationnement.

30 minutes	1,60 €
45 minutes	1,80 €
1 heure	2 €
2 heures	5,20 €

Le prix payé est-il proportionnel à la durée ?

6 Un grossiste vend du gravier.
Voici des exemples de tarifs :

- 1 500 kg coûtent 27 €
- 1 000 kg coûtent 18 €
- 400 kg coûtent 7,20 €

Le prix à payer est-il proportionnel à la masse achetée ? Justifier.

7 3 ramettes de papier empilées mesurent 13,5 cm de hauteur.
5 ramettes empilées mesurent 22,5 cm de hauteur.
Déterminer par le calcul si le nombre de ramettes est proportionnel à la hauteur de la pile en centimètres.

Traiter des situations de proportionnalité

8 Sami a acheté 3 cahiers identiques pour 6,90 €.

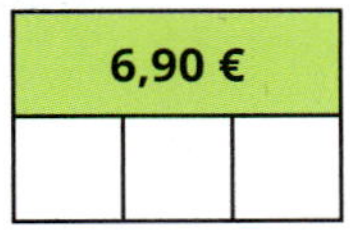

Dans la même boutique, Arnaud a acheté 6 de ces cahiers.

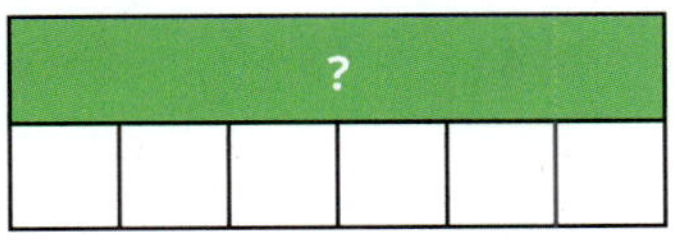

Combien Arnaud a-t-il payé ?

9 Ania a acheté 2 stylos identiques pour 2,32 €.

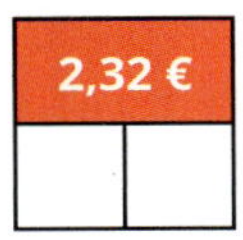

Dans le même magasin, Safia a acheté 5 de ces stylos pour 5,80 €.

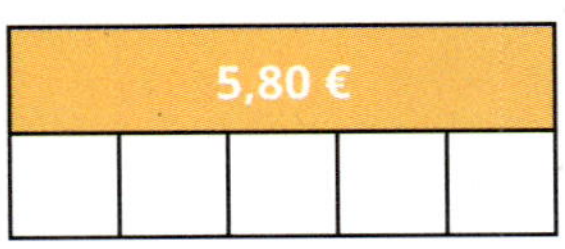

Quel prix payera Roman pour 7 de ces stylos ?

10 **1.** La gestionnaire d'un collège a acheté 6 ordinateurs portables identiques pour 2 400 €.
Représenter cette situation à l'aide d'un schéma en barres.

2. La gestionnaire doit compléter sa commande en achetant deux autres ordinateurs.
Calculer ce qu'elle devra payer pour les deux nouveaux ordinateurs. Justifier.

11 **1.** Pour réaliser 7 plaques de chocolat noir, un chocolatier a besoin de 602 g de cacao. Représenter la situation à l'aide d'un schéma en barres.

2. En appliquant la même recette, il a besoin de 344 g de cacao pour réaliser 4 plaques. Représenter la situation à l'aide d'un schéma en barres.

3. Pour réaliser 3 plaques de ce chocolat, de quelle masse de cacao a-t-il besoin ?

12 Un cycliste roule à vitesse constante.
En 15 min, il a parcouru 6 km.

1. Quelle distance a-t-il parcourue en 1 min ?

2. Quelle distance a-t-il parcourue en 27 min ?

13 **Automatismes**

12 boosters d'un jeu de cartes à collectionner coûtent 78 €.

1. Calculer le prix de 4 boosters.

2. En déduire le prix de 20 boosters.

14 Au marché d'une galaxie lointaine, très lointaine, 2 plaques de duracier s'échangent contre 5 fioles de bacta.

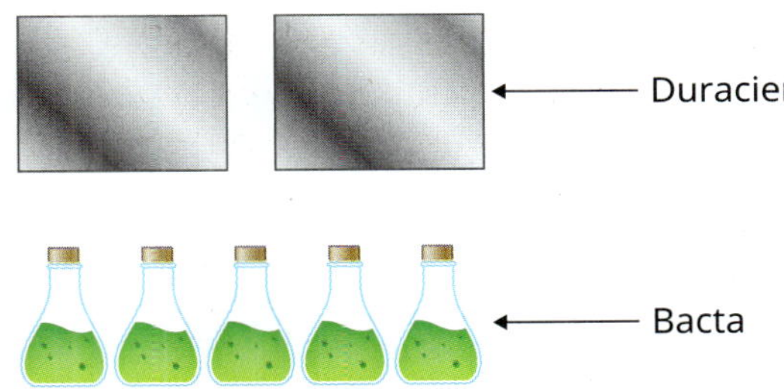

1. Quel est le nombre de fioles de bacta obtenues pour 4 plaques de duracier ?

2. En déduire le nombre de fioles de bacta à échanger pour obtenir 8 plaques de duracier.

15 Jérémy se rend dans un magasin spécialisé qui vend du câble Ethernet au mètre.

Voici son ticket de caisse :

Cablomètre
14 rue du centre
01234 Grandville

Article	**Qté**	**Prix**
Câble Ethernet	20 m	18 €

1. Calculer le prix de 1 m de câble, puis celui de 8 m de câble.

2. Recopier et compléter le tableau suivant en calculant les valeurs manquantes.

Longueur de câble en m	20	1	8		12
Prix en €	18			9	

3. Par quel nombre doit-on multiplier les valeurs de la première ligne pour déterminer le prix à payer ?

J'avance à mon rythme

Fiches d'exercices
edubelin.fr/25mmat6-104a
Toutes les fiches en PDF

Avec des parcours d'apprentissage

Je reconnais la proportionnalité

- Exercice **5 p. 102**
- Exercice **16 p. 105**
- Exercice **26 p. 106**
- Exercice **46 p. 108**
- Exercice **47 p. 108**
- Exercice **53 p. 109**
- Exercice **79 p. 113**

Je calcule avec la proportionnalité

- Exercice **14 p. 103**
- Exercice **17 p. 105**
- Exercice **34 p. 107**
- Exercice **45 p. 108**
- Exercice **54 p. 109**
- Exercice **78 p. 112**

Je représente la proportionnalité

- Exercice **8 p. 103**
- Exercice **13 p. 103**
- Exercice **21 p. 105**
- Exercice **50 p. 109**
- Exercice **57 p. 110**
- Exercice **76 p. 112**

Je développe des compétences orales

- Exercice **4 p. 102**
- Exercice **19 p. 105**
- Exercice **36 p. 107**
- Exercice **43 p. 108**
- Exercice **59 p. 110**
- Exercice **77 p. 112**

ou avec un plan de travail

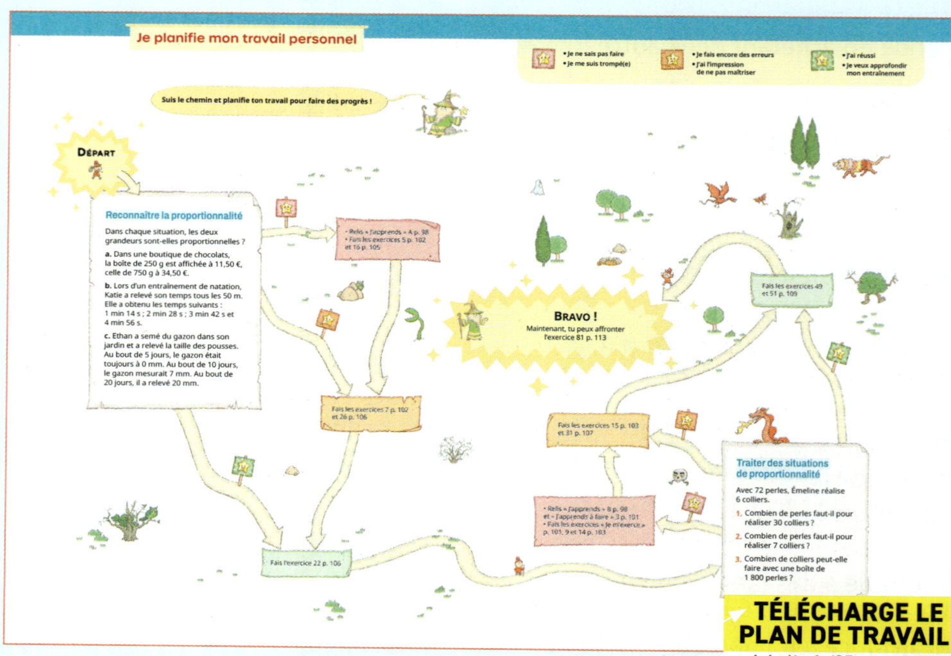

TÉLÉCHARGE LE PLAN DE TRAVAIL
edubelin.fr/25mmat6-104

J'applique mes connaissances

Reconnaître la proportionnalité

16 **Automatismes**

Dans chaque situation, expliquer s'il y a proportionnalité ou non.

a. Un magazine propose un abonnement mensuel à 5,50 € et un abonnement annuel à 49 €.

b. Chez un maraîcher, 1 kg de pommes coûte 2,50 € et un sachet de 3 kg de ces mêmes pommes coûte 7,50 €.

c. Un carré de côté 2 cm a une aire de 4 cm^2. Un carré de côté 4 cm a une aire de 16 cm^2.

d. À 7 ans, Assia mesurait 1,25 m. À 14 ans, elle mesure 1,68 m.

e. Hier, Sacha a mis 30 min pour courir 5 km. Aujourd'hui, il a parcouru 8 km en 45 min.

17 **Automatismes**

Voici un tableau présentant la posologie* d'un comprimé d'amoxicilline ⊕ pour chat et chien :

Masse de l'animal (en kg)	Posologie (par jour)
2,5	
3,75	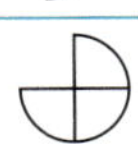
6,25	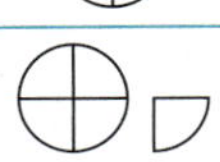
12,5	
18,75	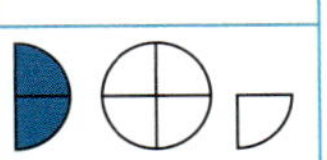
30	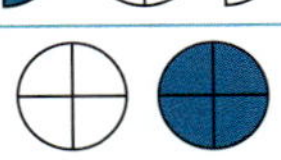
50	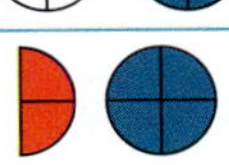

* **La posologie représente la quantité et le rythme de prise d'un médicament.**

Les comprimés blancs contiennent 50 mg d'amoxicilline, les bleus 250 mg et les rouges 500 mg.

1. Y a-t-il proportionnalité entre la posologie et la masse de l'animal ?
2. Combien de comprimés Marius devra-t-il donner par jour à son chat de 7 kg ?
3. Proposer une autre façon de doser la posologie pour un chien de 50 kg.
4. Proposer une posologie pour un chien de 72,5 kg en justifiant.

18 Voici les prix de lots de cahiers 21 × 29,7 cm dans une papeterie :

Le prix est-il proportionnel au nombre de cahiers ? Si oui, quel est le prix à payer par cahier ?

19 **À l'oral**

Pour encourager ses salariés à venir travailler à vélo, une entreprise a mis en place une prime selon le nombre de jours où le vélo est utilisé :

Nombre de jours	30	60	100
Prime en €	100	200	300

La prime est-elle proportionnelle au nombre de jours où le vélo est utilisé ?

20 Voici trois ampoules LED de puissance consommée et de durée de vie moyenne différentes :

La durée de vie de ces ampoules est-elle proportionnelle à leur puissance ? Justifier.

21 Pour mesurer les températures, on utilise le degré Celsius en France, noté °C, et le degré Fahrenheit aux États-Unis, noté °F. On a représenté dans ce graphique des températures en °C et leur équivalent en °F.

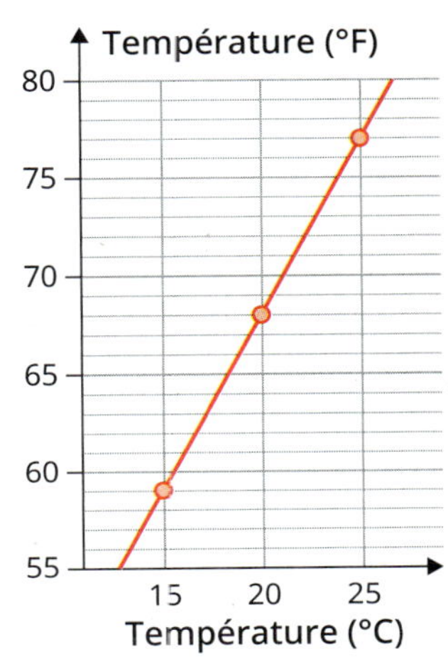

La température en degrés Celsius est-elle proportionnelle à la température en degrés Fahrenheit ? Justifier.

22 Un pentagone régulier est un polygone qui possède 5 côtés de même longueur.

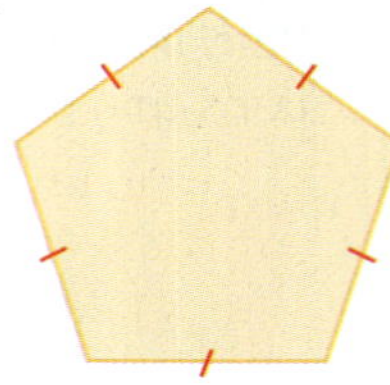

1. Calculer le périmètre d'un pentagone régulier dont le côté mesure :
a. 4,5 cm **b.** 8 cm

2. Le périmètre d'un pentagone régulier est-il proportionnel à la longueur d'un de ses côtés ? Justifier.

3. a. Par quel nombre multiplie-t-on la longueur d'un côté pour calculer le périmètre d'un hexagone régulier ?
b. Même question pour un décagone régulier, qui a 10 côtés de même longueur.
c. Si un polygone régulier a autant de côtés que l'on veut, par quel nombre multiplier la longueur d'un côté pour calculer le périmètre de ce polygone ?

23 En plongée, on utilise une combinaison qui peut avoir différentes épaisseurs.

Température de l'eau	Épaisseur de combinaison adéquate
7 °C	7 mm
10 °C	5 mm
16 °C	4 mm
22 °C	2 mm

L'épaisseur de la combinaison et la température de l'eau sont-elles proportionnelles ? Justifier.

24 Pour avoir accès à une salle de sport, Pauline doit prendre un abonnement à 50 € et payer 2 € par séance.

1. Recopier et compléter le tableau suivant :

Nombre de séances	3	4	5	6
Prix à payer en €				

2. À l'aide des valeurs du tableau, déterminer s'il y a proportionnalité entre le nombre de séances et le prix à payer. Justifier.

25 Maël a relevé les distances qu'il a parcourues avec sa voiture électrique et le pourcentage de batterie qu'il a utilisé pour rouler :

Distance en km	50	65	82
% de batterie utilisé	6,25	8,125	10,25

À l'aide des données du tableau, déterminer si la distance parcourue est proportionnelle au pourcentage de batterie utilisé. Justifier.

26 **Automatismes**

Dans son jeu vidéo, Nassim a le choix entre trois personnages, tous au niveau 0 :

★ = Points au départ **+1** = Bonus à chaque niveau

1. Recopier et compléter ce tableau :

Personnage	Niv. 1	Niv. 2	Niv. 5	Niv. 10	Niv. 15
Sorcière					
Chevalier					
Elfe					

2. Quel personnage a un score proportionnel à son niveau ?

Traiter des situations de proportionnalité

27 Dans chacune des situations de proportionnalité suivantes, calculer la valeur demandée et présenter la démarche employée pour la trouver.

a. Dans une recette de cuisine pour 4 personnes, il faut 100 g de farine.

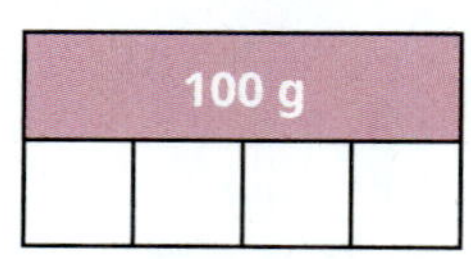

Quelle masse de farine faut-il pour 8 personnes ?

b. 6 brioches coûtent 15 €.

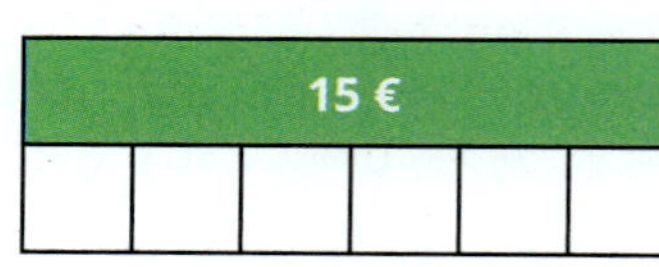

Quel est le prix de 9 brioches ?

c. 500 g de fraises coûtent 4 €.

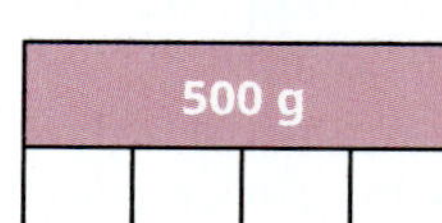

Quel est le prix de 2,5 kg de fraises ?

Tu peux faire des schémas en barres pour t'aider à résoudre les exercices suivants.

28 Pour fabriquer 3 marteaux identiques, une machine-outil à commande numérique a besoin de 20 minutes.
Calculer le temps que la machine mettra pour fabriquer 9 de ces marteaux.

29 Une nouvelle compagnie de trains propose des tarifs proportionnels au nombre de km parcourus. Le prix d'un trajet en TGV de 110 km est de 22 €.
Calculer le tarif d'un trajet de 165 km.

30 500 feuilles de papier pèsent 2,50 kg.
1. Quelle est la masse de 250 feuilles ?
2. Combien y a-t-il de feuilles dans un paquet pesant 3,15 kg ?
3. Quelle est la masse d'un paquet de 1 243 feuilles ?

31 Dans une braderie, Yaëlle vend tous ses jeux vidéo au même prix.
Rayan lui achète 8 jeux pour 47,20 €.
1. Mila lui a acheté 2 jeux vidéo. Quel prix a-t-elle payé ?
2. Combien de jeux Léa pourra-t-elle acheter avec 23,60 € ?

32 **Automatismes**

Dans chacune des situations de proportionnalité suivantes, calculer la valeur demandée en présentant la démarche employée.

a. 2 tours de circuit mesurent 7 km. Quelle est la longueur de 5 tours ?

b. 12 kg de bananes coûtent 15 €. Quel est le prix de 4 kg de bananes ?

c. 5 tables identiques alignées mesurent 9 m. Quelle est la longueur de 8 de ces tables alignées ?

33 **J'accélère**

Calcul mental
edubelin.fr/25mmat6-107
5 séries en PDF

5 min

Calculer mentalement :

a. 3×20 **b.** 734,5 : 100
c. 40×200 **d.** 7,6 : 2
e. $2,4 \times 5$ **f.** 2 h = ... min

34 8 stylos identiques coûtent 2,40 €.
1. Quel est le prix de 4 de ces stylos ?
2. Combien de stylos peut-on acheter avec 3,60 € ?
3. Quel est le prix de 24 stylos ?
4. Calculer le nombre de stylos que l'on peut acheter avec 5,10 €.

35 Calculer les informations manquantes sur les tickets ❶ et ❷.

STATION ESSENCE		
SP 98	L	15
Total	EUR	28,50

❶

STATION ESSENCE		
SP 98	L	20
Total	EUR	

❷

STATION ESSENCE		
SP 98	L	
Total	EUR	95,00

36 Malo a acheté 2 paquets de bonbons pour 3,20 €. Hamza a payé 4,80 € pour 3 paquets de ces mêmes bonbons.
1. Quelle somme payera Nathan pour 5 paquets de ces bonbons ?
2. Combien payera Zora pour 7 paquets ?
3. Combien payera Salomé pour 9 paquets ?

37 **Développement durable**

La fabrication d'un T-shirt émet 6 kg de CO_2. Samuel se dit qu'il ferait mieux d'acheter des T-shirts sur les sites de seconde main pour limiter son empreinte carbone.
1. En achetant 3 T-shirts d'occasion, quelle quantité d'émission de CO_2 évitera-t-il ?
2. Combien de T-shirts d'occasion devra-t-il acheter pour éviter d'émettre 90 kg de CO_2 ?

38 Un automobiliste a parcouru 180 km en 1 h 30.
En supposant que sa vitesse reste la même, quelle distance parcourra-t-il en 2 h 30 ?

39 Noëlle a besoin de 960 g de graines chaque jour pour nourrir ses 5 poules. Elle décide de prendre 6 poules de plus.

1. Y a-t-il des grandeurs proportionnelles dans cette situation ? Si oui, lesquelles ?
2. Quelle masse de graines devra-t-elle donner chaque jour ? Justifier.
3. Noëlle achète les graines par sacs de 25 kg. Combien de jours peut-elle nourrir ses poules avec un sac de 25 kg ?

Je développe mes savoir-faire

40 **Calculer**

Dans l'air, le son parcourt 340 m en 1 s.

1. Nada a vu un éclair, elle entend le tonnerre 9 s après. À quelle distance se situe l'orage ?
2. Paulin se situe à 6 km d'un orage. Combien de temps après avoir vu l'éclair entendra-t-il le tonnerre ?

41 **Raisonner**

Dans une recette de cookies pour 4 personnes, il faut 180 g de chocolat.

1. Quelle masse de chocolat faut-il pour 9 personnes ?
2. Il reste 2 tablettes de 120 g de chocolat chez Nino. Pour combien de personnes au maximum pourra-t-il faire des cookies ? Quelle masse de chocolat utilisera-t-il ? Justifier.

42 **Parcours Santé**

Voici ce que lit Sofiane sur sa canette de cola :

INFORMATIONS NUTRITIONNELLES

Pour 100 mL : VALEUR ÉNERGÉTIQUE : 180 kJ/42 kcal, PROTÉINES : 0 g, SUCRES : 11 g, LIPIDES : 0 g, SODIUM : 0,004 g.

1. Quelle est la masse de sucre contenue dans cette canette de 33 cL ?
2. Un morceau de sucre pèse environ 6 g. Combien de morceaux de sucre le sucre contenu dans la canette de cola représente-t-il ?
3. Sachant que les apports journaliers en sucre pour un adolescent de 14 ans correspondent à environ 7 morceaux de sucre, quel conseil donner à Sofiane qui consomme chaque jour une canette de cola ?

43 **À l'oral**

Maïa a mis de l'eau à chauffer et a relevé sa température à différents moments :

Temps en min	15	48	60	70	80
Température en °C	25	80	100	100	100

1. Sans faire de calculs, déterminer si la température de l'eau est proportionnelle au temps écoulé. Justifier la réponse.
2. Pourquoi la température de l'eau n'augmente-t-elle plus au bout d'un moment ?

Fais des recherches en binôme à ce sujet et préparez ensemble un exposé pour la classe.

44 **Chercher**

Un tube de cuivre de diamètre 14 mm et de 2 m de long pèse 72 g.

1. On découpe un morceau de 30 cm de long. Quelle est sa masse approximative ? Arrondir au gramme près.
2. Quelle est la longueur approximative d'un tube de 180 g ? Arrondir au dixième près.

45 **Raisonner**

D'après l'écran de son vélo d'appartement, Louison a parcouru 3 km en 6 min.

1. Louison s'est entraînée pendant 3 h 30. Quelle distance a-t-elle parcourue ?
2. Quel temps lui faut-il pour parcourir 28,5 km ?
3. Quelle distance a parcourue Louison en 1 h ?

Cette distance permet de donner sa vitesse en km/h, soit le nombre de km parcourus en 1 h.

46 **Chercher**

Voici les prix d'abricots dans un rayon de supermarché :

Masse d'abricots en kg	8	10	13	14
Prix à payer en €	11,5	23	29,9	32,2

Corriger l'erreur du responsable de rayon afin que les prix affichés soient proportionnels à la masse d'abricots achetée.

47 **Modéliser**

Pour chaque situation, indiquer si les grandeurs données sont proportionnelles. Justifier.

a. La largeur en cm d'un rectangle de longueur 10 cm et son périmètre en cm.

b. La largeur en cm d'un rectangle de longueur 10 cm et son aire en cm^2.

48 **Calculer**

Mouad passe commande de pantalons sur Internet. Chaque pantalon coûte 25 € et il y a 10 € de frais de port par commande, quel que soit le nombre d'articles achetés.

1. Combien payera-t-il pour 2 pantalons ?
2. Il commande finalement 4 pantalons. Combien payera-t-il ?
3. Le prix payé est-il proportionnel au nombre de pantalons achetés ?

49 Un pattern

Un pattern désigne une suite répétitive ou évolutive de motifs ou de nombres.

On construit des croix à l'aide de carrés de cette façon :

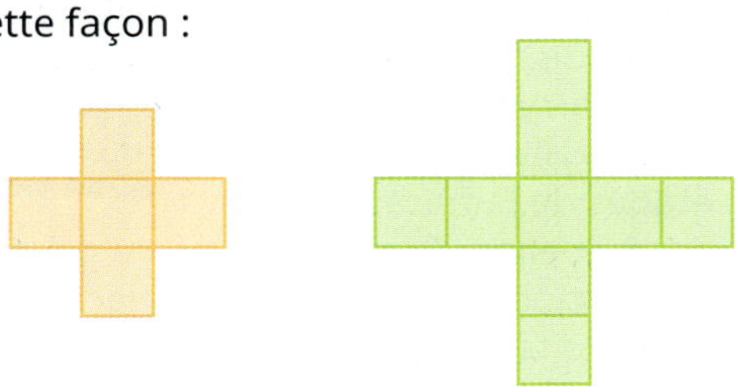

1. Tracer les croix qui ont 3 carrés et 4 carrés par branche.
2. Recopier et compléter le tableau suivant :

Nombre de carrés par branche	1	2	3	4
Nombre total de carrés				

3. Y a-t-il proportionnalité entre le nombre de carrés sur une branche et le nombre total de carrés ? Justifier.
4. Combien de carrés y a-t-il en tout dans une croix ayant 10 carrés par branche ? 15 carrés par branche ? n carrés par branche ?

50 Représenter

Tao a construit un triangle équilatéral de 3 cm de longueur de côté. Sa voisine Célia a préféré construire un triangle équilatéral en ajoutant 2 cm à la longueur de côté choisie par Tao.

1. Construire le triangle de Célia, puis calculer son périmètre.
2. Recopier, puis compléter ce tableau :

Longueur ajoutée par Célia en cm	3	4,5	5,2	6
Périmètre du triangle obtenu en cm				

3. Y a-t-il proportionnalité entre la longueur ajoutée par Célia et le périmètre du triangle obtenu ? Justifier.

51 Chercher

6 63 14 10 45 27

1. Utiliser ces six nombres pour créer une situation de proportionnalité.
2. Trouver deux autres nombres qui conviendraient pour cette situation. Justifier.

52 Compétences numériques

Pour calculer le prix à payer lorsqu'il achète des pommes vendues à 2,90 € le kg, Alex a créé le tableau suivant dans un tableur :

	A	B	C	D	E
1	Masse de pommes en kg	2	3,2	4,5	8,3
2	Prix à payer en €				

1. Quelle formule Alex doit-il écrire dans la cellule **B2** pour pouvoir l'étirer vers la droite ?
2. Quelle valeur donnera le tableur si la masse de pommes est de 4,5 kg ?
3. Le tableur indique 6,96 €. Quelle était la masse de pommes ?

53 Représenter et Chercher

Chaque fois que l'on plie une feuille en 2, son épaisseur est multipliée par 2.
Y a-t-il proportionnalité entre le nombre de pliages et l'épaisseur de la feuille ?

Plie une feuille en 2, puis en 4 pour te mettre sur la bonne voie.

POUR INFO !

Le record de pliage de feuille de papier est de 13 pliages. Il est détenu par des étudiants du Massachusetts (États-Unis).

54 Chercher

Pour refaire le sol d'une pièce rectangulaire de dimensions 4 m sur 3,2 m, Dimitri a eu besoin de 12,8 m² de parquet.
Il doit maintenant refaire une pièce dont les dimensions au sol sont deux fois plus grandes. De quelle surface de parquet aura-t-il besoin ?

55 Raisonner

Voici les caractéristiques de deux boîtes de briques à assembler :

Nombre de pièces	484	790
Prix en €	29,99	49,99

1. Déterminer par le calcul si le nombre de pièces est proportionnel au prix payé.
2. Y a-t-il une boîte plus intéressante que l'autre ? Si oui, pourquoi ?

Je développe mes savoir-faire

56 **Communiquer**

Chloé a acheté pour 170 € de matériel informatique dans un magasin.
Le commerçant lui a fait une remise de 34 €.
Dans le même magasin, Loan a acheté pour 350 € de matériel.
Il a obtenu une remise de 70 €.
Le montant de la remise est-il proportionnel au prix payé ?

57 **Calculer**

On veut agrandir cette photo pour que sa longueur mesure 20 cm.

Quelle doit être la nouvelle longueur pour que la photo ne soit pas déformée ?

58 **Raisonner**

Lilou se rend à Paris en voiture électrique.
Avec sa batterie de 52 kWh pleine, elle parcourt 400 km. Elle est à 110 km de Paris et il reste 16 kWh de charge de batterie.
Devra-t-elle recharger sa voiture avant d'arriver ?

59 **Communiquer**

Le mile est une unité de mesure anglaise.

1 mile = 1,609 444 km

Durant ses vacances, Léonie se rend en Angleterre avec sa voiture.
Sur la route, elle voit ce panneau de signalisation.
Son compteur de vitesse indique qu'elle roule à une vitesse de 110 km par heure, mais Léonie ne ralentit pas.
A-t-elle raison ? Justifier.

60 **Raisonner**

Un nénuphar double sa surface chaque jour. Pour remplir un bassin, il met 30 jours.
Combien de temps faut-il à quatre nénuphars pour remplir ce même bassin ? Justifier.

61 **Modéliser**

Le nombre de côtés d'un polygone est-il proportionnel à son nombre de diagonales ? Justifier.

62 **Chercher**

Une pâtisserie vend des boîtes de macarons sous cette forme.
Cette boîte contient deux étages de 5 macarons sur 3 et elle coûte 24 €. Le prix à payer est proportionnel au nombre de macarons.
Pour les fêtes de fin d'année, la pâtisserie propose une boîte de ces macarons dont toutes les dimensions sont multipliées par 3.
Arthur dit : « Vu que toutes les dimensions sont 3 fois plus grandes, alors cette boîte coûte 3 fois plus cher ! ».
A-t-il raison ? Justifier.

63 **Calculer**

Pour se rendre au Canada, Enola veut échanger 75 € en dollars canadiens ($ CA).
Elle trouve les deux offres suivantes :

Offre A	
Taux de change	1 € = 1,47 $ CA
Commission	Déjà appliquée dans l'échange
Offre B	
Taux de change	1 € = 1,50 $ CA
Commission	10 € par tranche de 100 € échangés

Quelle offre Enola doit-elle choisir pour obtenir le maximum de dollars canadiens ? Justifier.

64 **Je fais une pause**

Liv coupe son gâteau. Elle donne 4 coups de couteau, indiqués par des pointillés sur le dessin.

En combien de morceaux aura-t-elle découpé son gâteau ?

Je prépare mon évaluation

45 min

Je contrôle mes connaissances

	a	b	c
65 **2,5 m de tissu coûtent 8 €. Le prix de 7,5 m de tissu est de :**	24 €	12 €	16 €
66 **3 tours de circuit mesurent 19,5 km. 1 tour de circuit mesure :**	16,5 km	6,5 km	0,65 km
67 **4 rouleaux de réglisse pèsent 30 g. Pour calculer la masse de 10 rouleaux, on peut effectuer :**	30 × 0,4	30 × 10	30 + 30 + 30 : 2
68 **Le cycle d'essorage d'une machine à laver fait tourner le tambour de 9 800 tours en 7 min. Combien le tambour fait-il de tours en 1 min ?**	≈ 0,000 7 tours	1 400 tours	68 600 tours

Proportionnalité ou non ?

69 On a pesé des lots de pierres décoratives et on a compté le nombre de ces pierres dans chaque lot.

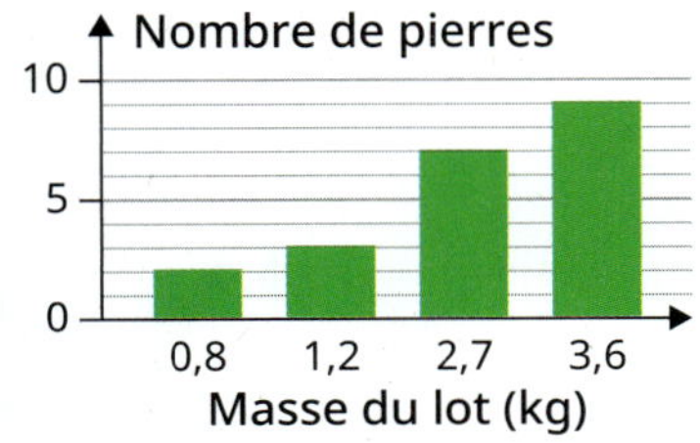

1. Combien y a-t-il de pierres dans le lot de 1,2 kg ?
2. Quelle est la masse du lot de 7 pierres ?
3. La masse des pierres est-elle proportionnelle au nombre de pierres ? Justifier.

Je traite des situations de proportionnalité

70 Un lot de six dés à jouer identiques pèse 33 g.
1. Quelle est la masse d'un dé ?
2. Quelle est la masse d'un lot de 20 de ces dés ?

71 Dans une brocante, Antonin vend 5 images à collectionner pour 12 €.
Le prix est proportionnel au nombre d'images achetées.
1. Calculer le prix de 9 images.
2. Combien d'images peut-on acheter avec 7,20 € ?

72 Un rouleau de 25 pièces de 1 € mesure 6,5 cm de hauteur.

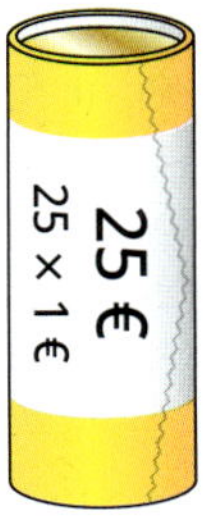

1. Quelle est l'épaisseur d'une pièce de 1 € ?
2. Une pile de pièces de 1 € mesure 8,84 cm. À quelle somme d'argent correspond cette pile ?
3. Combien de pièces de 1 € faut-il empiler pour égaler la hauteur du plus haut building du monde, le Burj-Khalifa, qui mesure 828 m ? Arrondir à l'unité.

Exercices 65 à 72 corrigés p. 315

Je mobilise mes compétences

73 **Chercher**

Koumba voit cette affiche chez son boulanger.
Une baguette est vendue 1,10 €.

1. Le prix payé est-il proportionnel au nombre de baguettes ?
2. Calculer le prix de :
   a. 9 baguettes ;
   b. 15 baguettes.

74 **Parcours santé**

Voici les informations nutritionnelles que l'on peut trouver sur un paquet de gâteaux :

Informations nutritionnelles pour 100 g	
Énergie	2 072 kJ / 495 kcal
Matières grasses	24 g
dont acides gras saturés	12 g
Glucides	63 g
dont sucres	28 g
Fibres alimentaires	3,5 g
Protéines	6,0 g
Sel	1,2 g

1. Pour son goûter, Marie mange 4 gâteaux pesant chacun 12,5 g. Quelle quantité de matières grasses a-t-elle mangée ?
2. Étant très sportive, il est conseillé à Marie de consommer 2 900 kcal dans la journée. Sachant que le goûter doit apporter environ $\frac{1}{10}$ de cet apport énergétique, combien de gâteaux au maximum peut-elle manger au goûter ?

75 **Raisonner**

Pour fleurir son jardin, Camille a acheté quatre plants de lavande et un érable du Japon pour 30,75 €.

1. Esteban a acheté huit plants de lavande et deux érables du Japon. Combien a-t-il payé ?
2. Timéo a acheté quatre plants de lavande et un géranium pour 27,80 €. Anna a acheté un plant de géranium et un érable du Japon pour 18,95 €.
   Déterminer le prix d'un plant de lavande, d'un géranium et d'un érable du Japon. Justifier.

76 **Raisonner**

Cyril, Pierre, Hélène et Gaston sont les finalistes d'un concours de pâtissiers.
– Quand Cyril fait 3 macarons, Pierre en fait 2.
– Quand Pierre fait 5 macarons, Hélène en fait 6.
– Quand Hélène fait 7 macarons, Gaston en fait 8.

Le deuxième du concours a réalisé 144 macarons.

Qui est le vainqueur du concours et combien a-t-il fabriqué de macarons ?

77 **Communiquer**

Emma veut changer de voiture. Elle hésite entre deux modèles :

Voiture 1	**Voiture 2**
Hybride essence	Électrique
4,2 L/100 km	Autonomie : 400 km Coût de la recharge de batterie : 12,80 €
27 400 €	33 000 €

Le prix d'un litre d'essence est de 1,775 €.
Emma pense revendre sa voiture après avoir parcouru 35 000 km.

Quelle voiture est la plus économique pour elle ?

78 **Chercher**

Dans une boutique de perles, le vendeur propose des colliers personnalisés dont le tour de cou est offert. Le prix des perles est proportionnel à leur nombre.

Trois colliers sont en vitrine :

Combien Julie va-t-elle payer pour ce collier ?

79 **Modéliser**

Voici quatre boîtes de chocolats :

Paul ne retrouve que deux étiquettes de prix :

18 € 22,50 €

Il se rappelle que tous les chocolats sont au même prix.
Retrouver le prix de chaque boîte.

80 **Calculer**

Pour réaliser 25 kg de pâtes fraîches, on a besoin de 11,25 kg de farine de blé.
Pour fabriquer 24 kg de farine, il faut 32 kg de blé.

Quelle masse de blé est nécessaire à la réalisation de 32 kg de pâtes fraîches ?

Adaptations
edubelin.fr/25mmat6-113
Livret complémentaire p. 18

81 Je prends des initiatives

LE PROBLÈME Pour fêter la fin de l'année scolaire, un collège organise un grand goûter.
Les élèves de la 6e B proposent de faire des fondants au chocolat pour tous les élèves.

- À l'aide des documents, trouver le coût des ingrédients nécessaires à cette fabrication.

Document 1 **Effectifs du collège**

Niveau	6^{e}	5^{e}	4^{e}	3^{e}
Nombre d'élèves	121	103	102	122

Document 2 **La recette**

Fondant au chocolat
Pour 8 personnes

Ingrédients :
- 40 g de farine
- 100 g de sucre
- 100 g de beurre doux
- 200 g de chocolat pâtissier
- 5 œufs

Document 3 **Au supermarché**

1 kg de farine **2,45 €**

1 kg de sucre **1,49 €**

250 g de beurre doux **2,35 €**

200 g de chocolat patissier **1,59 €**

Boîte de 12 œufs **2,95 €**

J'utilise un tableur

Un miel très précieux

Niveau mathématique ●●● Niveau technique ●●○

45 min

- Mobiliser les connaissances sur la proportionnalité.
- Apprendre à automatiser les calculs sur un tableur.

Saraswathi est la reine des crêpes. Tous les enfants qui ont la chance de goûter à une de ses crêpes lui disent que c'est la meilleure crêpe qu'ils aient jamais mangée.
Son secret ? Elle n'utilise pas de sucre mais du miel de jujubier du Yémen.

1 Jonathan a envie de partager des crêpes avec son meilleur ami pour son anniversaire et demande à Saraswathi sa recette et la liste des ingrédients dont il aurait besoin.
Voici cette liste :

Pour 6 personnes :
300 g de farine — 30 cl de lait
3 œufs — 30 cl d'eau
60 g de miel de jujubier

POUR INFO !
Le jujubier est un arbre de la famille des dattiers. Il donne des fruits, les jujubes, et un miel réputé.

Calculer les quantités nécessaires de chaque ingrédient pour faire des crêpes pour deux personnes.

2 Lorsque Jonathan apprend que le miel de jujubier est l'un des miels les plus chers au monde, il a peur de ne pas avoir assez d'argent pour en acheter.
Saraswathi achète son miel de jujubier à 150 € le pot de 1 kg.
Elle propose à Jonathan de lui revendre juste la quantité dont il a besoin pour sa recette à son prix d'achat.
Combien cela va-t-il coûter à Jonathan ?

3 L'anniversaire de l'ami de Jonathan est un succès !
La nouvelle se répand dans tout le village et bientôt même des enfants des villages voisins viennent demander à Saraswathi sa recette pour 3, 7, 15 ou même 29 personnes et si elle veut bien leur revendre la quantité de miel de jujubier dont ils ont besoin.
Pour pouvoir répondre rapidement aux demandes de tous ces enfants, Saraswathi utilise un tableur.

	A	B	C
1	6	personnes	
2			
3	Ingrédient	Quantité	Unité
4	Farine		
5	Œufs		
6	Lait		
7	Eau		
8	Miel de jujubier		

a Calculer les quantités nécessaires pour réaliser cette recette pour une personne.

b Recopier le tableau ci-contre dans un tableur.

c Dans la cellule **B4** (la quantité de farine), saisir la formule `=50*A1`.
À quelle quantité cela correspond-il ? Expliquer pourquoi.

d Compléter la colonne des quantités et la colonne des unités avec des formules similaires.

e Saisir le nombre 2 dans la cellule **A1** (qui correspond au nombre de personnes) et vérifier que les quantités obtenues correspondent bien à celles calculées à la question 1.

f En ne modifiant que le nombre de personnes, calculer la quantité d'ingrédients nécessaires pour réaliser cette recette pour 3, 7, 15 et 29 personnes.

4 **Un défi pour aller plus loin !**
Sachant que la farine coûte 1,33 € le kilo, les œufs 0,34 € pièce et le lait 1,21 € le litre, ajouter une colonne « prix » au tableau qui s'adapte automatiquement en même temps que les quantités.

Je joue avec les acquis du chapitre

DÉFI EN 4L

La mission

Recouvre les zones données dans les proportions de couleurs demandées, uniquement avec des polyminos en L.

Exemple

vert $\frac{1}{4}$; orange $\frac{1}{2}$; bleu $\frac{1}{4}$

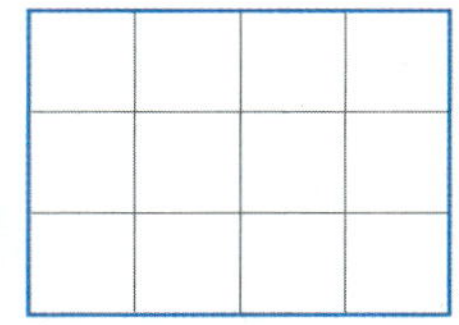

Une solution

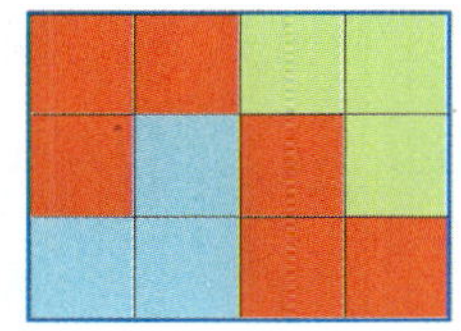

La règle

Deux formes d'une même couleur ne peuvent être en contact que par un sommet.

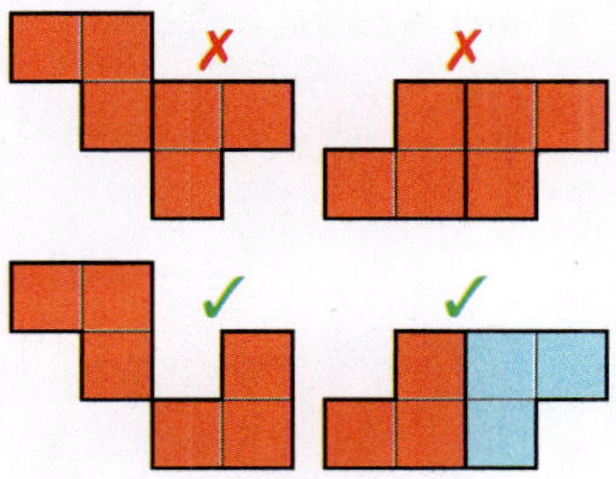

À ton tour !

■ Indique la proportion dans laquelle chaque couleur est présente.

1

2

Grilles de jeu
edubelin.fr/25mmat6-115
Toutes les grilles en PDF

■ Recouvre chaque zone dans les proportions demandées.

3

orange $\frac{1}{2}$; vert $\frac{1}{6}$; bleu $\frac{1}{3}$

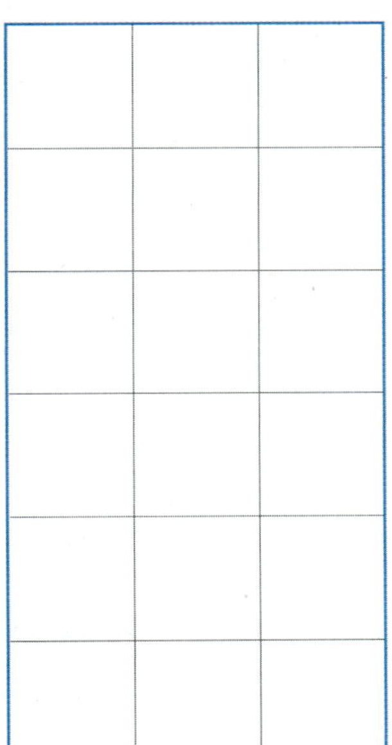

4

orange $\frac{1}{3}$; bleu $\frac{1}{3}$; vert $\frac{1}{4}$; jaune $\frac{1}{12}$

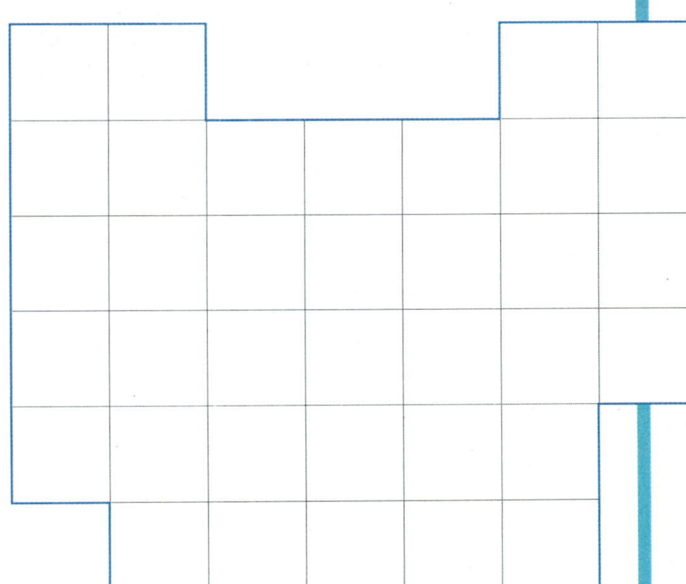

CHAPITRE 6

Proportionnalité en situation

En période de soldes, certains articles sont à –20 %, –30 %, –40 %, –50 % parfois ! Mais comment savoir si on fait vraiment une bonne affaire ?

ON FAIT des MATHS ?

Comment interpréter un pourcentage de réduction ?

Dans cette vidéo, Stéphane et Adrien font des courses et t'expliquent comment calculer des pourcentages de réduction en période de soldes !

POUR VOIR LA VIDÉO
edubelin.fr/25mmat6-116

Je développe mes automatismes

Automatismes
edubelin.fr/25mmat6-117
5 séries en PDF

5 min

Réponds à ces questions sans utiliser la calculatrice !

1. Ranger dans l'ordre croissant :

0,12   0,102   0,201

2. Quelle fraction de la surface a été coloriée ?

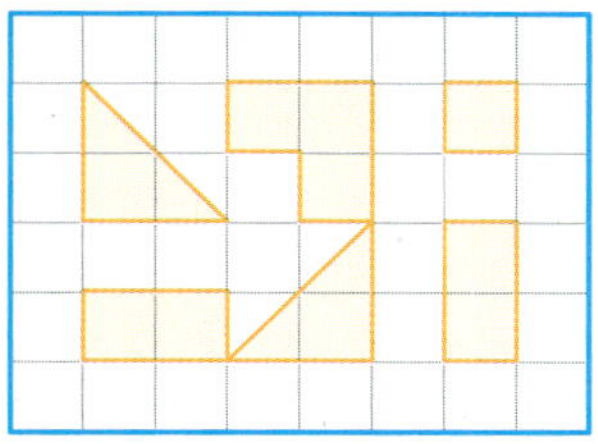

3. Voici un pattern de figures :

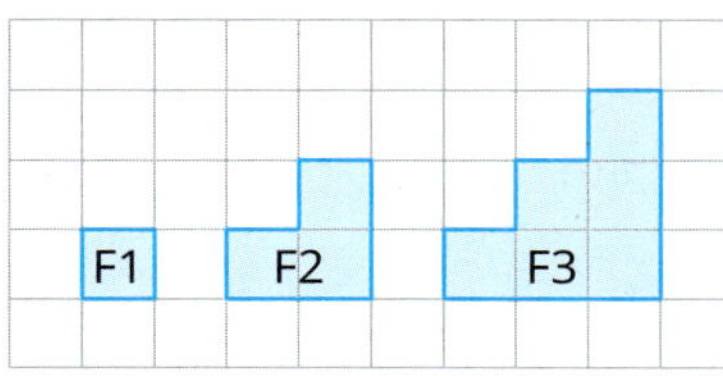

Combien y aura-t-il de carreaux dans la figure F6 ?

4. ***Ingrédients pour 12 cookies à l'avoine et à la banane***

- 2 bananes bien mûres
- 100 g de flocons d'avoine
- 50 g de sucre
- 50 g de chocolat noir
- 1 cuillère à soupe d'huile

Quelle masse de flocons d'avoine faut-il pour 18 cookies ?

5.

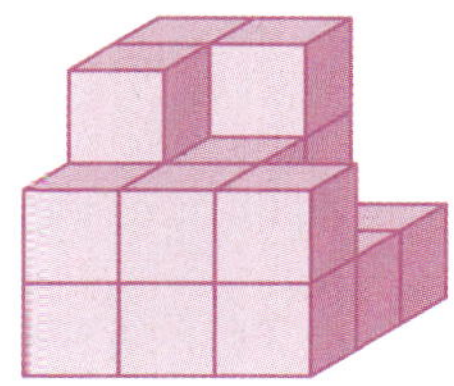

Combien de petits cubes manque-t-il pour former un cube d'arête 3 ?

6. Combien d'axe(s) de symétrie possède cette figure ?

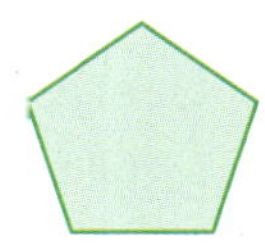

Objectifs : • Se familiariser avec 50 % ; 10 % et comprendre que 10 × 10 % = 100 % et que 100 %, c'est l'unité.
• Réactiver linéarité multiplicative et additive.
• Manipuler grandeurs et mesures.
• Verbaliser la proportionnalité.

Je manipule avec mes acquis

20 min

1. La totalité de la réglette orange est l'unité.
Cela représente 100 %.
On l'a graduée régulièrement de 10 en 10.

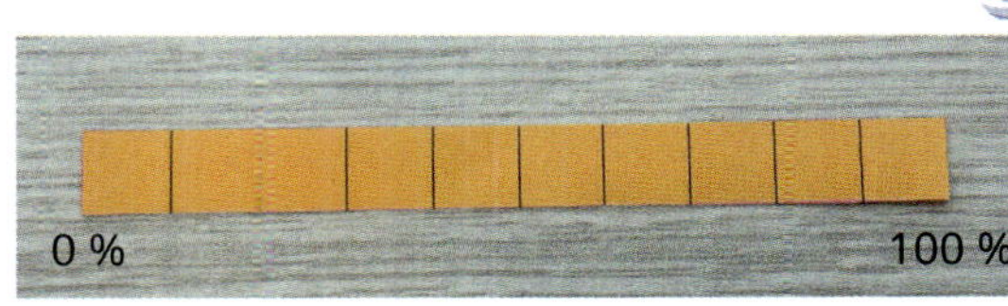

a. Observe où se trouve la moitié de la réglette orange.
Écris quel pourcentage cela représente.
b. Quel pourcentage de la réglette orange la réglette vert foncé représente-t-elle ?
c. Quel pourcentage ajoute-t-on pour passer d'une graduation à l'autre sur la réglette orange ?

2. a. Écris ce que représente la réglette jaune par rapport à la réglette orange sous forme de fraction, puis en écriture décimale.
b. Écris ce que représente la réglette bleue par rapport à la réglette orange, sous toutes les formes auxquelles tu penses.

3. J'ai une carafe de 70 cL. Je veux réaliser un cocktail de jus de fruits qui contient 30 % de jus d'abricots. Combien de jus d'abricots, en cL, vais-je devoir utiliser ?
En t'aidant de la réglette graduée et éventuellement d'autres réglettes, visualise ce que représente le jus d'abricots pour répondre à la question posée.

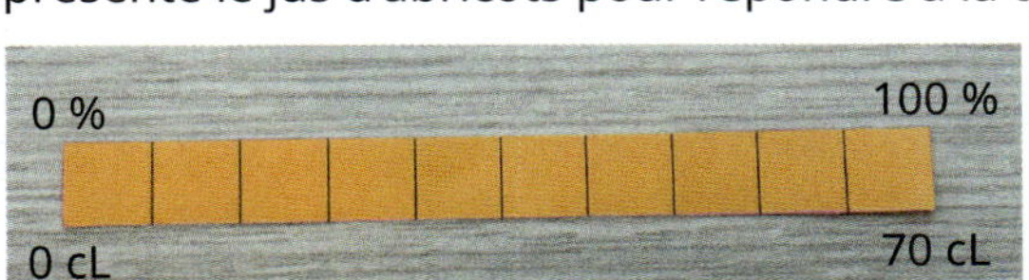

Imagine que la réglette orange représente la carafe.

Je découvre

JE REVOIS

QCM Donner la bonne réponse parmi les trois propositions.

1. Les $\frac{4}{5}$ de 10 sont égaux à :

(a) 8 (b) $\frac{40}{50}$ (c) $\frac{4}{50}$

2. $\frac{25}{100}$ est égal à :

(a) 25,100 (b) 0,25 (c) 4

3. Lewis participe à un semi-marathon de 21 km. Le dernier ravitaillement a lieu aux $\frac{5}{7}$ du parcours.
Pour calculer la distance entre le départ et ce ravitaillement, on peut effectuer :

(a) $\frac{21}{5} \times 7$ (b) $\frac{5}{21} \times 7$ (c) $(21 : 7) \times 5$

4. Dans une classe de 28 élèves, il y a 15 filles. La proportion de filles dans cette classe est égale à :

(a) $\frac{28}{15}$ (b) $\frac{15}{28}$ (c) 0,15

5. Dans la recette d'un gâteau, le beurre représente $\frac{1}{4}$ des ingrédients.
Pour réaliser un gâteau de 1 kg avec cette recette, la masse de beurre nécessaire est de :

(a) 40 g (b) 25 g (c) 250 g

QCM Donner la ou les bonnes réponses parmi les trois propositions.

1. Pour calculer les $\frac{7}{10}$ de 350, on peut effectuer :

(a) $(350 : 7) \times 10$ (b) $(350 : 10) \times 7$
(c) $(350 \times 10) : 7$

2. Quel est le nombre manquant dans l'égalité : $\frac{7}{20} = \frac{\dots}{100}$?

(a) 35 (b) 7 (c) 28

3. Quel est le nombre manquant dans l'égalité : $\frac{66}{300} = \frac{\dots}{100}$?

(a) 66 (b) 198 (c) 22

4. 3 kg de clémentines coûtent 13,50 €.
Quel est le prix d'1 kg de clémentines ?

(a) 4,50 € (b) 10,50 € (c) 40,50 €

Activité 1 Pour cent

Objectif : Comprendre la signification d'un pourcentage

Lison lit sur la boîte de son fromage qu'il contient 11 % de matières grasses.

1. Dans 100 g de ce fromage, quelle est la masse de matières grasses ?

2. a. Calculer la masse de matières grasses contenues dans 50 g de ce fromage.
b. Calculer la masse de matières grasses contenues dans 200 g de ce fromage.
c. Déduire des questions précédentes la masse de matières grasses contenues dans une boîte de 250 g.

3. Dans le réfrigérateur de Lison, il y a cet autre fromage, visible ci-contre.
a. Quel fromage a la plus grande proportion de matières grasses ? Le premier ou celui-ci ?
b. Ce fromage a une masse de 100 g. Quelle est la masse de matières grasses qu'il contient ?
c. Quel fromage a la plus grande masse de matières grasses ?

Activité 2 Les sixièmes

Objectif : Appliquer un pourcentage et exprimer une proportion en pourcentage

Dans un collège de 460 élèves, 30 % des élèves sont en classe de 6e.

À l'aide d'un schéma en barres

On schématise cette situation à l'aide d'un **schéma en barres** avec 460 pour le tout et un partage en 10 parts égales.

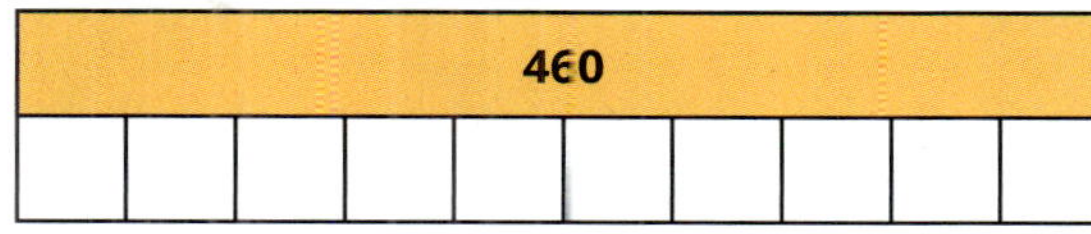

1. Recopier et compléter : $\frac{30}{100} = \frac{\dots}{10}$.

2. Quand on répartit les collégiens en 10 groupes de même effectif, combien d'élèves y a-t-il dans chaque groupe ?

3. Recopier le schéma en barres et y colorier 30 % sur la deuxième barre.

4. Calculer $\frac{3}{10}$ de 460, puis conclure.

À l'aide d'une échelle de pourcentage

5. On peut aussi utiliser une **échelle de pourcentage** pour représenter cette situation.

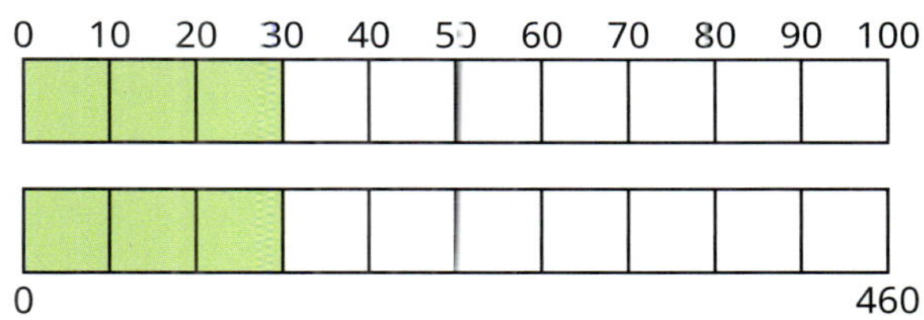

a. Recopier et compléter :
« Prendre 30 % de 460 revient à partager … en 100 parts égales, puis à en prendre … . »

b. Calculer 460 : 100.

c. Multiplier le résultat précédent par 30. Que représente ce résultat ?

6. a. Donner l'écriture décimale de $\frac{30}{100}$, puis calculer $\frac{30}{100} \times 460$.

b. Recopier et compléter : « Calculer … % de … revient à effectuer … × … . »

7. Dans un autre collège de 420 élèves, il y a 126 élèves de 6e.

a. Quelle est la proportion d'élèves de 6e dans ce collège ?

b. Entre ces deux collèges, lequel a la plus grande proportion d'élèves de 6e ?

Activité 3 Une réduction

Objectif : Utiliser une échelle graphique

Cette carte est une réduction de la réalité.
Pour savoir comment les longueurs ont été réduites, on dispose de l'échelle, qui est située en bas à droite.

1. a. Mesurer le segment de l'échelle.

b. Recopier et compléter :
« Sur cette carte, … cm sur le plan représentent … km dans la réalité. Donc 1 cm sur le plan représente … km en réalité. »

2. a. Mesurer la distance à vol d'oiseau entre Bruxelles et Paris sur la carte.

b. Calculer la distance réelle entre ces deux villes.

3. Calculer la distance réelle entre Paris et Milan.

J'apprends

A) Pourcentage d'une quantité

Définition

Un **pourcentage** est une fraction décimale de dénominateur 100.

Exemples

- $19\ \% = \dfrac{19}{100} = 0{,}19$
- Dans une classe de 20 élèves, il y a 12 filles.
  Quel est le pourcentage de filles dans cette classe ?

Pour répondre, on exprime la proportion des filles, soit $\dfrac{12}{20}$.

Puis on met cette fraction sur 100, soit $\dfrac{12}{20} = \dfrac{60}{100} = 60\ \%$.

Il y a 60 % de filles dans cette classe.

À retenir Pourcentages courants et leurs différentes écritures

- $50\ \% = \dfrac{50}{100} = \dfrac{1}{2} = 0{,}5$
- $25\ \% = \dfrac{25}{100} = \dfrac{1}{4} = 0{,}25$
- $75\ \% = \dfrac{75}{100} = \dfrac{3}{4} = 0{,}75$
- $10\ \% = \dfrac{10}{100} = \dfrac{1}{10} = 0{,}1$
- $20\ \% = \dfrac{20}{100} = \dfrac{1}{5} = 0{,}2$
- $1\ \% = \dfrac{1}{100} = 0{,}01$

Définition

Une **proportion** est une relation entre deux grandeurs.
On peut l'écrire sous forme de fraction ou de nombre décimal.

On utilise souvent les pourcentages pour exprimer une proportion et les comparer facilement.

Exemple : Dire que, dans un groupe de personnes, il y a 15 % de gauchers signifie que parmi 100 personnes, il y a 15 gauchers.
Par conséquent, dans un groupe de 200 personnes ($200 = 2 \times 100$), il y a 30 gauchers ($30 = 2 \times 15$).
De même, dans un groupe de 20 personnes, soit 5 fois plus petit que le groupe de 100, il y a 5 fois moins de gauchers, soit 3 gauchers ($15 : 5 = 3$).

Propriété (admise)

Prendre ***a* %** d'une quantité revient à multiplier cette quantité par $\dfrac{a}{100}$.

Remarque : Prendre *a* % d'une quantité est une situation de proportionnalité.

Exemple : Dans une playlist de 30 titres, 40 % sont des chansons de K-pop.
Combien y a-t-il de chansons de K-pop dans cette playlist ?
Pour répondre, on calcule le nombre de chansons de K-pop, on prend 40 % de 30.
$\dfrac{40}{100} \times 30 = 12$ ou encore $0{,}4 \times 30 = 12$.
Il y a 12 chansons de K-pop dans cette playlist.

Je retiens

Quand tu as appris ton cours, cache-le avec une feuille et réponds aux questions.

- Qu'est-ce qu'un pourcentage ?
- Écris 50 % sous forme d'un nombre décimal.
- Écris la fraction $\dfrac{1}{4}$ en pourcentage.
- Écris 0,2 en pourcentage.
- Écris 75 % sous forme d'une fraction simplifiée au maximum.
- Dans un livre de 16 000 lignes, 3 000 sont des dialogues. Exprime la proportion de lignes de dialogue dans ce livre.
- Il y a 20 % de matières grasses dans une sauce. Quelle est la masse de matières grasses dans un pot de 100 g de sauce ?
- Calcule 30 % de 400.

B Échelle graphique

Définition

L'**échelle** d'un plan (ou d'une carte, ou d'un agrandissement au microscope, etc.) est l'indication de la correspondance entre les longueurs réelles et celles du plan.

Remarque : On représente souvent cette échelle à l'aide d'un segment sur lequel on a écrit la longueur réelle qu'il représente.

Exemples

- Sur cette carte, le segment représente une longueur réelle de 750 m.
  Pour connaître l'échelle, on mesure le segment : il mesure 1 cm
  Cela signifie que 1 cm sur le plan représente 750 m en réalité.

- Sur ce plan, le segment représente une longueur réelle de 3 m.
  Le segment mesure 4 cm.
  Cela signifie que 4 cm sur le plan représentent 3 m en réalité.

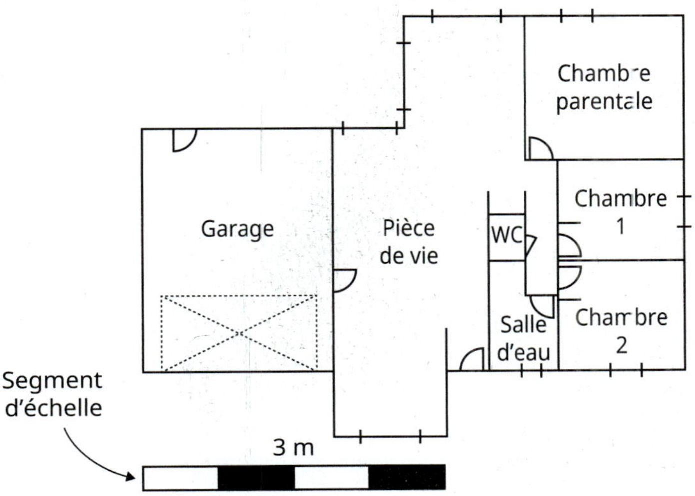

- Dans le cas d'une photographie réalisée à l'aide d'un microscope par exemple, l'image est agrandie.
  Sur cette photographie de tardigrade, le segment représente une longueur réelle de 0,1 mm.
  Comme ce segment mesure 2 cm, cela signifie que 2 cm sur la photographie représentent 0,1 mm dans la réalité.

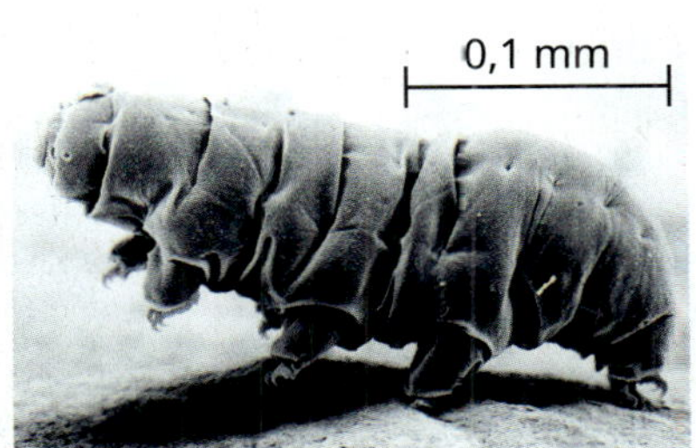

Je retiens

200 m

D'après cette échelle graphique, quelle longueur réelle représente 1 cm ?

3 km

D'après cette échelle graphique, quelle longueur réelle représente 1 cm ?

Sur une carte, 1 cm représente 2 000 km. Deux villes sur cette carte sont séparées par 3 cm. Quelle est la distance réelle entre ces deux villes ?

MON QCM DE RÉVISION
edubelin.fr/25mmat6-121

1 Comprendre le sens d'un pourcentage

Sur un pot de crème fraîche, Marco lit qu'il y a 30 % de lipides. Il se demande quelle masse de lipides il y aurait dans un pot de 500 g et dans un pot de 25 g.
Aider Marco à retrouver les masses de lipides dans ces deux pots.

Solution

30 % de lipides signifie que, dans 100 g de crème, il y a 30 g de lipides.
500 g est égal à 5 × 100 g. Donc, dans 500 g, il y a 5 × 30 g de lipides, soit 150 g.
25 g est égal à $\frac{100 \text{ g}}{4}$. Donc, dans 25 g, il y a $\frac{30 \text{ g}}{4}$ de lipides, soit 7,5 g.

JE M'EXERCE

Une joueuse de basket a un taux de réussite au tir de 56 %.
Combien de tirs a-t-elle réussis sur un total de 300 tirs ? sur un total de 50 tirs ?

Exercice corrigé p. 315

2 Exprimer une proportion en pourcentage

Ce mois-ci, Ali a vendu 25 téléphones. Parmi ces téléphones, 12 sont de la marque *Pera*.
Quelle est la proportion, exprimée en pourcentage, de téléphones de la marque *Pera* dans l'ensemble des téléphones vendus par Ali ?

Solution

On commence par exprimer la proportion sous forme de fraction, soit $\frac{12}{25}$.
Un pourcentage est une fraction dont le dénominateur est 100, donc on exprime $\frac{12}{25}$ en fraction de dénominateur 100 :

$$\frac{12}{25} \underset{\times 4}{\overset{\times 4}{=}} \frac{48}{100} = 48\ \%$$

Les téléphones de la marque *Pera* représentent 48 % des téléphones vendus par Ali.

JE M'EXERCE

Dans son paquet de 20 cartes Kopémon, Nora possède quatre Kopémon de type feu.
Quelle est la proportion de Kopémon de type feu, exprimée en pourcentage, dans le paquet de Nora ?

Exercice corrigé p. 315

3 Appliquer un pourcentage

Lors d'un match de hockey sur glace, le gardien de but d'une équipe a subi 40 tirs. Il a réussi à arrêter 95 % de ces tirs.

Combien de tirs a-t-il arrêtés ?

●●●

Solution

Méthode 1 On peut représenter les tirs par un **schéma en barres** avec 40 pour le tout et un partage en 10 parts égales :

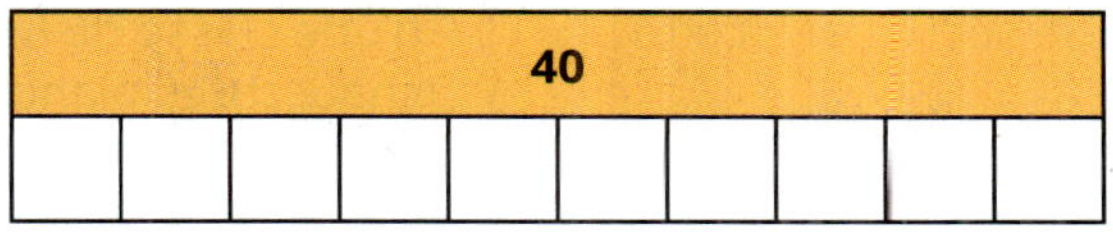

On sait que 95 % = 90 % + 5 % = $\frac{90}{100} + \frac{5}{100} = \frac{9}{10} + \frac{0,5}{10}$.

Or $\frac{1}{10}$ de 40 est égal à 40 : 10 = 4.

Par conséquent, le gardien a arrêté $(9 \times 4) + (0,5 \times 4) = 36 + 2 = 38$ tirs.

Méthode 2 Il est possible de représenter cette situation à l'aide d'une **échelle de pourcentage**.
Le premier rectangle représente la proportion en pourcentage, que l'on gradue de 10 % en 10 %.
Le deuxième rectangle représente les tirs, que l'on partage en 10 parts égales.
On représente le pourcentage donné dans l'énoncé de façon identique dans les deux rectangles.

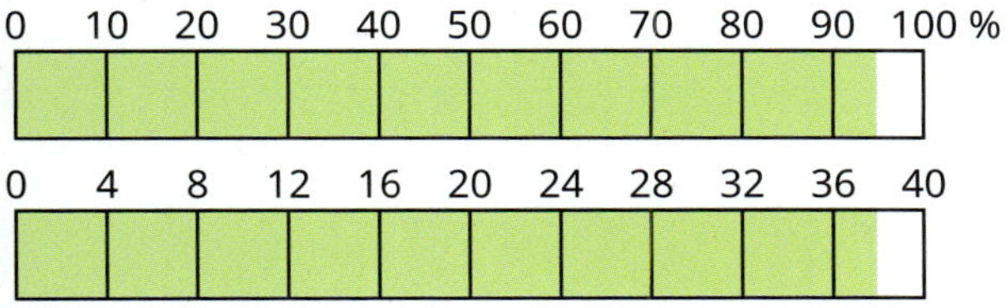

On peut remarquer que le nombre d'arrêts est exactement entre 36 et 40, soit 38.

Donc 95 % de 40 est égal à 38. Le gardien a arrêté 38 tirs.

Méthode 3 On sait que 95 % = $\frac{95}{100} = 0,95$.

On calcule le nombre de tirs arrêtés : $\frac{95}{100} \times 40 = 0,95 \times 40 = 38$. Le gardien a arrêté 38 tirs.

JE M'EXERCE

Une tablette de 120 g de chocolat noir contient 85 % de cacao.
Quelle est la masse de cacao dans cette tablette ?

Exercice corrigé **p. 315**

4 Utiliser une échelle graphique

1. À l'aide de l'échelle de cette carte, recopier et compléter : « ... cm sur le plan correspond à ... dans la réalité. »
2. En déduire la distance réelle à vol d'oiseau entre la piscine et le palais de justice.

Solution

1. On mesure à la règle le segment de l'échelle graphique. On peut lire que 1 cm sur le plan correspond à 100 m dans la réalité.
2. Sur le plan, on mesure 2,7 cm entre la piscine et le palais de justice. Donc la distance réelle entre les deux est de $2,7 \times 100$ m = 270 m.

JE M'EXERCE

D'après le plan de Saint-Malo, quelle est la distance réelle entre :
a. l'hôtel de ville et la porte des Bés ? **b.** la porte St-Vincent et la porte de Dinan ?

Exercice corrigé **p. 315**

Je prends confiance

Je prends mon élan

1 **QCM** Une pomme de 200 g contient 9 % de sucre. Quelle est la masse de sucre dans cette pomme ?

ⓐ 9 g ⓑ 18 g ⓒ 4,5 g

2 **QCM** Dans un collège de 400 élèves, 100 élèves sont en 6ᵉ.
Quel est le pourcentage d'élèves de 6ᵉ ?

ⓐ 25 % ⓑ 100 % ⓒ 4 %

3 **QCM** Dans un minibus de 20 places, 14 sont des places assises. Quelle est la proportion de places assises dans ce minibus, exprimée en pourcentage ?

ⓐ 14,20 % ⓑ 14 % ⓒ 70 %

4 **QCM** Lors d'un cours d'EPS, sur les 28 élèves d'une classe de 6ᵉ, 25 % portent des chaussures blanches. Combien d'élèves portent des chaussures blanches ?

ⓐ 7 ⓑ 28 ⓒ 3

5 **QCM** Voici l'échelle graphique que l'on trouve sur un plan :

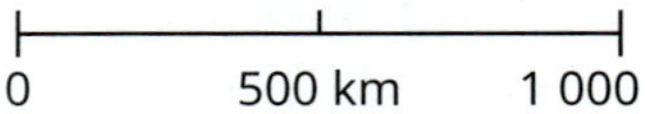

1 cm sur ce plan représente en réalité :

ⓐ 1 000 km ⓑ 500 km ⓒ 250 km

Je me lance

Comprendre le sens d'un pourcentage

6 En 2024, 50 % des élèves ayant obtenu le diplôme national du brevet étaient des filles. Quel serait le nombre de filles si :

a. 100 élèves avaient obtenu le brevet ?

b. 200 élèves avaient obtenu le brevet ?

c. 1 000 élèves avaient obtenu le brevet ?

7 Dans la collection de livres de Mathis, 60 % des livres sont des mangas. Quel est le nombre de mangas si Mathis a :

a. 100 livres dans sa collection ?

b. 50 livres dans sa collection ?

c. 10 livres dans sa collection ?

d. 20 livres dans sa collection ?

10 **Automatismes**

Dans une boîte de 20 chocolats, 3 sont des County. Quelle est la proportion, exprimée en pourcentage, de County dans cette boîte ?

Imagine une boîte de 100 chocolats. Combien y aurait-il de County ?

11 Cette année, dans un club de 1 000 adhérents, 560 sont des filles.

1. Recopier et compléter : $\frac{560}{1\,000} = \frac{...}{100}$.

2. Quel est le pourcentage de filles dans ce club ?

3. En déduire le pourcentage de garçons.

Exprimer une proportion en pourcentage

8 Exprimer chacune de ces proportions sous forme de pourcentage :

a. $\frac{7}{10}$ **b.** 0,54 **c.** $\frac{7}{25}$ **d.** 0,3

9 Dans un refuge, 50 lapins sont disponibles à l'adoption. Parmi ces lapins, 17 sont des lapins béliers.
Quelle est la proportion, exprimée en pourcentage, de lapins béliers dans ce refuge ?

12 Une boutique de jeux de société possède 300 jeux en rayons. Parmi ces jeux, 246 sont des jeux familiaux et 63 sont des jeux de figurines.

1. Binta pense que 63 % des jeux de société sont des jeux de figurines. A-t-elle raison ? Justifier.

2. Calculer le pourcentage de jeux familiaux dans cette boutique.

Appliquer un pourcentage

13 **Automatismes**

Calculer :

a. 10 % de 135 € **b.** 25 % de 160 g
c. 50 % de 64 m **d.** 20 % de 60 L
e. 75 % de 20 cL **f.** 10 % de 12,50 €

14 Dans une bouteille de 200 cL de jus de fruit pomme-fraise, il y a 35 % de fraises.

1. Recopier et compléter cette échelle de pourcentage en y plaçant les graduations manquantes et en représentant 35 % dans le second rectangle :

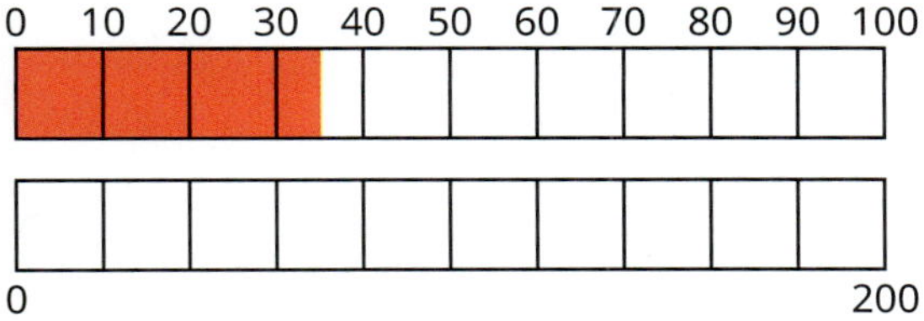

2. Quel est le volume de jus de fraises dans cette bouteille ? Justifier.

15 Un groupe de 50 élèves d'un collège se rend au musée. Parmi eux, 48 % des élèves ont 11 ans.

1. Recopier et compléter cette échelle de pourcentage en y plaçant les graduations manquantes et en représentant 48 % dans le second rectangle.
On prendra 1 cm pour 10 %.

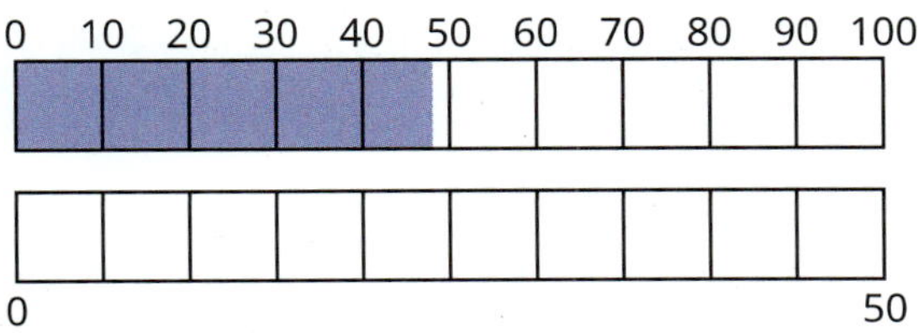

2. À l'aide de l'échelle de pourcentage, donner un encadrement du nombre d'élèves de 11 ans.

3. Calculer le nombre d'élèves de 11 ans dans ce groupe.

16 Sur un échantillon de 2 500 personnes regardant des vidéos sur un site Internet, 30 % regardent des tutoriels.

1. Représenter cette situation à l'aide d'une échelle de pourcentage.

2. Calculer le nombre de personnes qui regardent des tutoriels.

Utiliser une échelle graphique

17 Voici deux échelles que l'on a trouvées sur des plans :

1 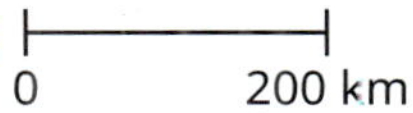

2 

1. Pour l'échelle 1, recopier et compléter : « 2 cm sur le plan correspond à … dans la réalité, donc 1 cm sur le plan correspond à … dans la réalité. »

2. Pour l'échelle 2, recopier et compléter : « 5 cm sur le plan correspond à … dans la réalité, donc 1 cm sur le plan correspond à … dans la réalité. »

18 Voici un plan du jardin zoologique d'Amnéville :

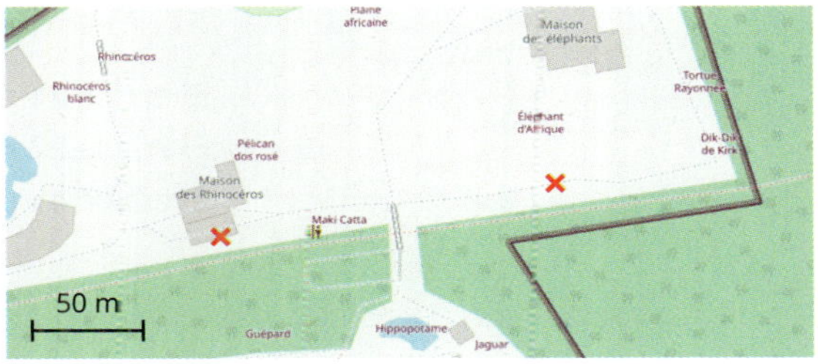

1. À quelle distance dans la réalité correspond 1 cm sur le plan ?

2. Mesurer la distance entre les deux points marqués en rouge.

3. Calculer la distance réelle entre ces deux points.

19 **Automatismes**

Voici la photo d'un puceron sur une feuille :

1. À quelle longueur dans la réalité correspond 1 cm sur le plan ?

2. Mesurer le puceron sur la photo.

3. Calculer la longueur réelle du puceron.

J'avance à mon rythme

Fiches d'exercices
edubelin.fr/25mmat6-126a
Toutes les fiches en PDF

Avec des parcours d'apprentissage

J'exprime un pourcentage

- Exercice **10 p. 124**
- Exercice **24 p. 127**
- Exercice **43 p. 130**
- Exercice **48 p. 131**
- Exercice **73 p. 134**

J'applique un pourcentage

- Exercice **15 p. 125**
- Exercice **30 p. 128**
- Exercice **32 p. 128**
- Exercice **44 p. 130**
- Exercice **75 p. 134**

Je résous des problèmes de pourcentage

- Exercice **28 p. 128**
- Exercice **41 p. 130**
- Exercice **52 p. 131**
- Exercice **70 p. 134**
- Exercice **72 p. 134**

J'utilise une échelle graphique

- Exercice **18 p. 125**
- Exercice **40 p. 129**
- Exercice **60 p. 132**
- Exercice **74 p. 134**
- Exercice **77 p. 134**

Je m'initie à la gestion d'un budget

- Exercice **21 p. 127**
- Exercice **27 p. 128**
- Exercice **45 p. 130**
- Exercice **53 p. 131**
- Exercice **71 p. 134**

OU avec un plan de travail

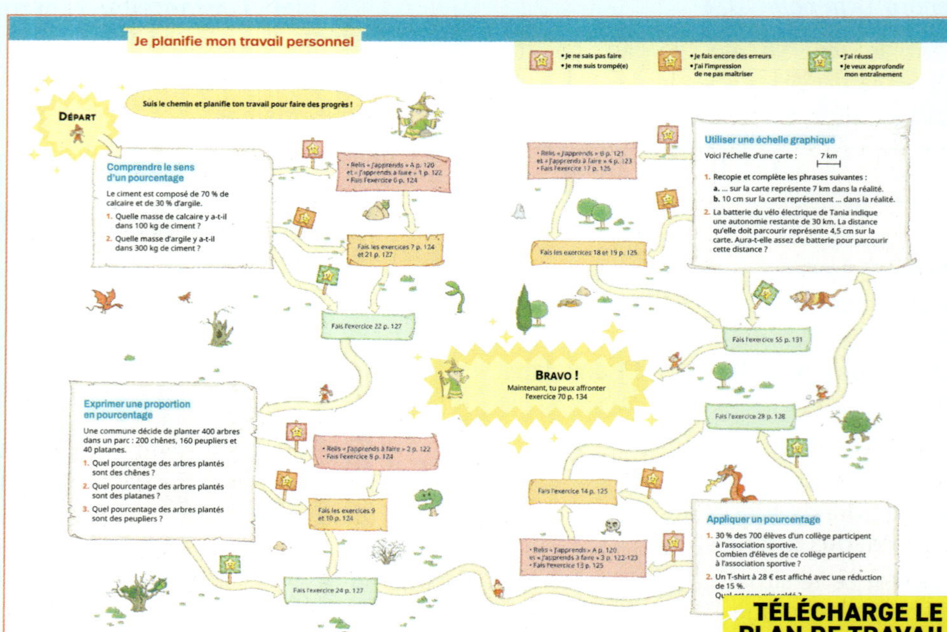

TÉLÉCHARGE LE PLAN DE TRAVAIL
edubelin.fr/25mmat6-126

J'applique mes connaissances

Comprendre le sens d'un pourcentage

20 Dans un magasin de jouets, 8 % des jouets vendus sont des jeux de construction.

1. Parmi 100 jouets vendus, combien sont des jeux de construction ?
2. Au mois de mai, ce magasin a vendu 300 jouets.
Combien de jeux de construction ont été vendus en mai ?
3. Au mois de juillet, 50 jouets ont été vendus. Combien de jeux de construction ont été vendus en juillet ?

21 **Automatismes**

Adèle économise son argent pour aller dans un parc d'attractions. Elle décide de mettre de côté 40 % de l'argent qu'elle reçoit.

1. Quelle somme Adèle mettra-t-elle de côté si elle reçoit 20 € ?
2. **a.** Pour son anniversaire, elle a reçu 40 €. Quelle somme mettra-t-elle de côté ?
b. Pour avoir aidé sa grand-mère, elle a reçu 25 €. Combien économisera-t-elle ?

22 Dans ce film de science-fiction, 90 % des plans* contiennent des effets spéciaux.

1. Combien de plans contenant des effets spéciaux y a-t-il si le film contient 100 plans ?
2. **a.** Combien y a-t-il de plans avec des effets spéciaux parmi 900 plans de ce film ?
b. Ce film contient au total 1 800 plans. Combien y a-t-il de plans avec des effets spéciaux ?

*** Un plan est un morceau de film enregistré sans interruption.**

Exprimer une proportion en pourcentage

23 Dans un jeu vidéo, des amis se sont regroupés en guilde.
Le tableau présente le nombre de missions complétées par les joueurs de cette guilde.

Marwan	5
Lia	4
Bastien	5
Swan	1
Noélie	3
Margaux	2
Victor	4
Inaya	1

1. Calculer le pourcentage de missions réussies par Marwan.
2. Calculer le pourcentage de missions réussies par Lia.
Citer un autre membre ayant le même pourcentage de missions réussies.
3. Quel est le pourcentage de missions réussies par Swan ?

24 Voici la nationalité des joueurs d'une équipe de hockey sur glace de la ligue nord-américaine :

Attaquants

Défenseurs

Gardiens

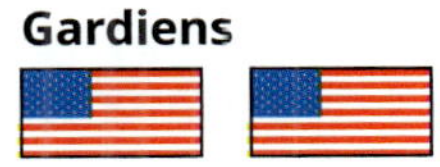

1. Combien y a-t-il de joueurs ?
2. Quelle est la proportion en pourcentage de joueurs canadiens ?
3. Quelle est la proportion en pourcentage de joueurs américains ?
4. En déduire la proportion en pourcentage de joueurs suédois.

25 Les barres chocolatées Twiin s'achètent par paquet de deux.
Un paquet a une masse de 50 g.
On peut lire que ces barres contiennent :

Protéines	2,45 g
Lipides	12,5 g
Glucides	32,3 g

1. Calculer le pourcentage de protéines, de lipides et de glucides contenus dans un paquet.
2. Quels sont ces pourcentages dans une seule barre, sachant que les deux barres ont la même masse ? Justifier.
3. Peut-on affirmer qu'il y a d'autres composants dans ces barres ? Justifier.

J'applique mes connaissances

26 La voiture électrique de Samia a une autonomie de 500 km. Son tableau de bord lui indique qu'il lui reste 180 km d'autonomie.

1. Recopier et compléter : $\frac{180}{500} = \frac{...}{100}$.

2. En déduire le pourcentage de charge de batterie restant.

27 Pour récompenser un client fidèle, un commerçant fait une remise de 55 € sur une facture d'un montant de 250 €.

1. Recopier et compléter : $\frac{55}{250} = \frac{...}{50}$.

2. Quel pourcentage du prix total la remise représente-t-elle ?

3. Un autre client fidèle a obtenu une remise de 100 € sur une facture de 500 €. A-t-il obtenu une meilleure remise que le premier client ? Justifier.

Appliquer un pourcentage

28 Dans une boîte de 40 macarons, 40 % sont à la vanille, 35 % sont au chocolat, 15 % sont à la fraise et les autres sont à la pistache.

1. Morgan pense qu'il y a plus de macarons au chocolat que de macarons à la pistache. A-t-il raison ? Justifier.

2. Il a commencé à réaliser cette échelle de pourcentage :

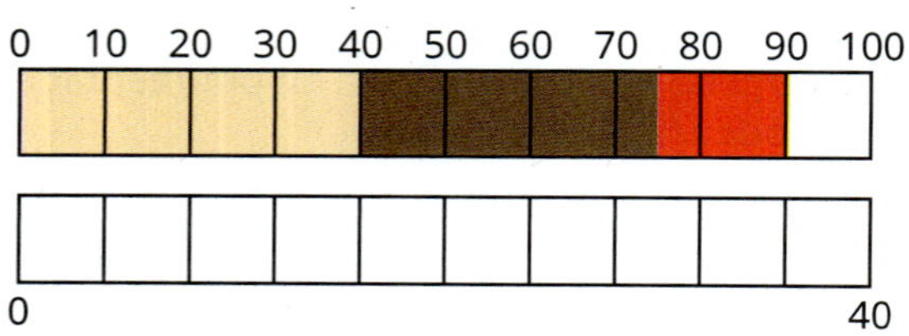

Recopier et compléter ce schéma.

3. Calculer le nombre de macarons à la vanille, au chocolat et à la fraise.

4. En déduire le nombre de macarons à la pistache.

29 **Automatismes**

Pour réaliser le cocktail « Virgin Colada », on utilise du lait de coco, du jus d'ananas et du jus de citron vert.

1. Dans un cocktail de 20 cL, il faut 5 cL de jus de citron vert. Quel est le pourcentage de citron vert dans ce cocktail ?

2. Le pourcentage de jus d'ananas est de 55 %. Quel est le volume de jus d'ananas dans un verre de 30 cL ?

3. La proportion des ingrédients est toujours la même quel que soit le volume du cocktail. Quel est le pourcentage de lait de coco dans ce cocktail ?

30 Dans un parking de 160 places, 40 % des places sont réservées aux véhicules électriques.

Dans un autre parking de 120 places, 50 % des places sont pour les véhicules électriques. Dans quel parking y a-t-il le plus de places pour les véhicules électriques ?

31 Yani fait le bilan de ses parties de jeux vidéo. Selon ses calculs, il a gagné 62,5 % des parties qu'il a jouées.

1. Sachant qu'il a joué 16 parties, calculer le nombre de parties qu'il a gagnées.

2. En respectant ce pourcentage de victoires, est-il possible pour lui de jouer exactement 50 parties ? Justifier.

32 Le chiffre d'affaires des ventes de jeux vidéo en France en 2023 était de 6 millions d'euros. 51,7 % des ventes sont représentées par des jeux vidéo pour consoles.
Calculer le chiffre d'affaires réalisé par les ventes de jeux vidéo pour consoles.

33 Pendant les soldes, une boutique fait une remise de 20 % sur tous les articles.

1. Une veste est vendue 89 € avant les soldes.

a. Calculer le montant de la remise.

b. En déduire le nouveau prix de la veste.

2. En appliquant la même méthode, calculer le nouveau prix d'un pantalon qui était vendu 119 € avant les soldes.

34 En 2024, en France, les cinémas ont enregistré un total de 181,3 millions d'entrées.

1. 44,4 % de ces entrées étaient pour des films français.
Combien d'entrées cela représente-t-il ?

2. Le film *Vaiana 2* totalise environ 3,4 % des entrées.
Quel est le nombre d'entrées de *Vaiana 2* ?

35 Lors d'une semaine de vacances, les 96 chambres d'un hôtel de Cannes sont toutes occupées.
48 chambres sont occupées par des étrangers.

Parmi les étrangers, 37,5 % sont allemands.

1. Quel est le pourcentage d'étrangers dans cet hôtel ? Justifier.
2. Calculer le nombre d'Allemands dans l'hôtel.

Utiliser une échelle graphique

36
1. Construire un rectangle de 7 cm sur 4 cm.
2. Ce rectangle représente un immeuble sur une carte dont voici l'échelle :

   10 m ├──────┤

   Calculer les dimensions réelles de cet immeuble.

37 **Automatismes**

1. Mesurer la distance entre Lyon et Saint-Étienne sur cette carte :

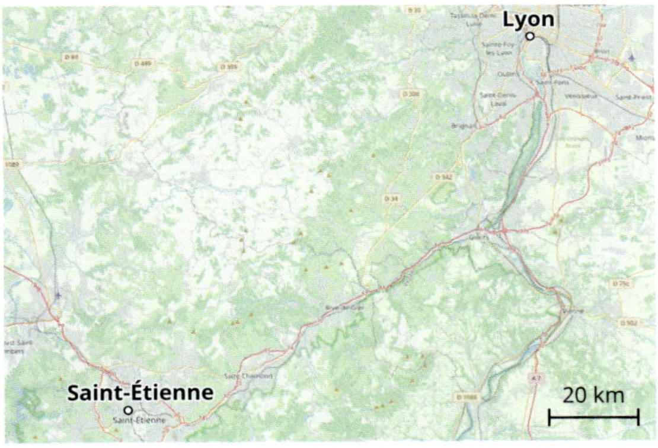

2. À l'aide de l'échelle, calculer la distance réelle entre ces deux villes.

38 **J'accélère**

Calcul mental
edubelin.fr/25mmat6-129
5 séries en PDF
5 min

Calculer mentalement :

a. la moitié de 13 **b.** 47 530 + 6 000
c. 25,36 × 100 **d.** 24 × 21
e. 42 : 4 **f.** $\frac{453}{100} = \ldots,\ldots$

39 Voici un plan des jardins du Luxembourg, à Paris :

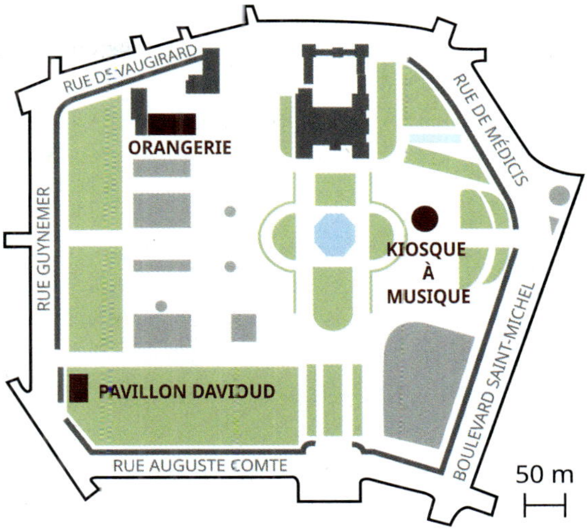

1. Calculer la distance réelle à vol d'oiseau entre l'orangerie et le kiosque à musique.
2. Un oiseau vole en ligne droite.
   Il part du pavillon Davioud, se pose sur l'orangerie, puis arrive à la sortie de la rue Auguste Comte.
   Calculer la longueur totale de son vol.

40 Voici des cellules d'épiderme d'oignon observées au microscope optique :

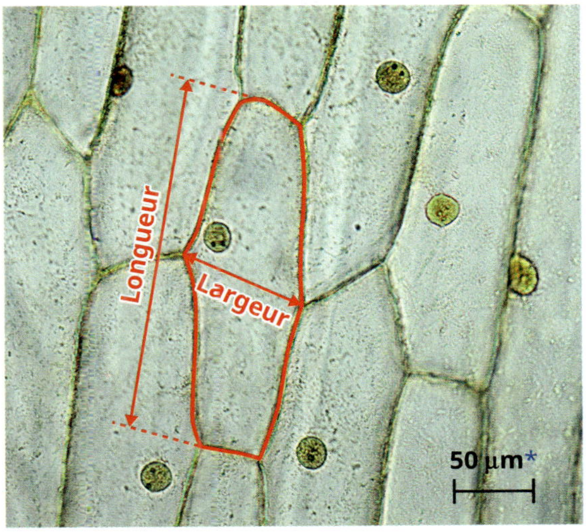

Calculer la longueur et la largeur, exprimées en mm, de la cellule entourée en rouge.

*** 1 µm se prononce « 1 micromètre ».**
La lettre « µ » est la lettre grecque appelée « mu ».
On a : 1 µm = 0,001 mm = 0,000 001 m.
Donc 1 µm vaut 1 millième de millimètre, soit 1 millionième de mètre.

41 Calculer

En 2023, les femmes représentaient 24 % des emplois liés aux jeux vidéo.
Les affirmations suivantes sont-elles vraies ou fausses ? Justifier.

a. Il y a moins de femmes que d'hommes dans les métiers liés aux jeux vidéo.

b. Dans une entreprise de jeux vidéo, il y a 24 femmes.

c. Dans un groupe de 25 personnes représentant la proportion des emplois dans le secteur du jeu vidéo, il y a 6 femmes.

d. On peut prendre un groupe de 70 personnes pour représenter les emplois liés à l'industrie du jeu vidéo.

POUR INFO !

La France est souvent classée parmi les 10 premiers pays producteurs de jeux vidéo au monde. En 2024, l'industrie du jeu vidéo en France emploie un peu plus de 5 000 professionnels. Les femmes représentent environ 24 % des effectifs au sein des studios de développement de jeux vidéo.

42 Raisonner

Maëlle a calculé 46 % de 150 € et a trouvé 84 €. Amalia lui dit qu'elle aurait dû trouver moins de 75 €, donc qu'elle s'est trompée.

1. Expliquer le raisonnement d'Amalia.

2. Corriger la réponse de Maëlle.

43 Communiquer

Pendant son entraînement, l'équipe de cécifoot a travaillé les tirs au but.
Mireille a réussi 35 tirs sur 40, Jessica en a réussi 12 sur 15 et Founé en a réussi 17 sur 20.

1. Recopier et compléter :

a. $\frac{35}{40} = \frac{...}{20}$ **b.** $\frac{12}{15} = \frac{...}{5}$

2. Classer ces joueuses de celle qui a le meilleur pourcentage de réussite à celle qui a le moins bon.

44 Calculer

Ce paquet de cookies a une masse de 120 g :

1. Calculer la masse de pépites de chocolat dans le paquet.

2. Calculer la masse de pépites de chocolat dans un seul cookie.

45 Compétences numériques

Avant de mettre en vente ses articles dans sa boutique, Idris doit calculer leurs prix de vente TTC (« toutes taxes comprises »).
Pour cela, il doit ajouter la TVA (« taxes sur la valeur ajoutée »), au taux de 20 %, au prix HT (« hors taxes »).

1. Un article vaut 250 € HT.

a. Calculer le montant de la TVA sur cet article.

b. En déduire le prix TTC de cet article.

c. Par quel nombre multiplier le prix HT pour obtenir le prix TTC ? Justifier.

2. a. Dans un tableur, recopier ce tableau :

	A	B	C	D	E	F
1	Articles	sweat-shirts	pantalons	chaussures	bonnets	T-shirts
2	Prix HT en €	35	42	50	15	20
3	Prix TTC en €					

b. Quelle formule Idris doit-il écrire dans la cellule **B3** ? Écrire cette formule, puis l'étirer jusqu'en **F3**.

c. Combien payera un client qui achète un pantalon et un sweat-shirt ?

46 Calculer

Dans un sondage portant sur 1 500 personnes, 1 281 ont répondu « Oui » à la question « Doit-on changer de mode de vie pour lutter contre le réchauffement climatique ? »

1. Recopier et compléter : $\frac{1\,281}{1\,500} = \frac{...}{100}$.

2. En déduire le pourcentage, arrondi à l'unité, de personnes ayant répondu « Oui » à ce sondage.

47 **Calculer**

Un vendeur de voitures électriques a vendu 150 voitures en 2024.
Il espère vendre 20 % de voitures en plus en 2025.

1. Calculer 20 % de 150 voitures.
2. En déduire le nombre de voitures que le vendeur espère vendre en 2025.

48 **Calculer**

Lors de la « *Sausage Walk* » à Paris en 2023, les maîtres de 500 teckels se sont réunis pour faire une grande balade. Parmi les teckels, 55 % étaient des femelles. Parmi les femelles, 40 % portaient un manteau.

1. Calculer le nombre de femelles portant un manteau dans cette « *Sausage Walk* ».
2. Quel est le pourcentage de femelles portant un manteau parmi tous les teckels ? Justifier.

49 **Calculer**

Dans un immeuble, les loyers ont tous augmenté de 4 %.

1. Jason a un loyer de 600 €.
   a. Calculer le montant de l'augmentation.
   b. En déduire le nouveau montant de son loyer.
2. Reprendre les questions précédentes pour calculer le nouveau loyer de Soraya, qui payait 450 € de loyer.

50 **Calculer**

Mathéo veut changer d'aspirateur. Il a un budget de 500 €. Il repère cet article.
Liana lui dit : « Tu ne vas économiser que 22 €, tu ne pourras pas te payer cet aspirateur ! »

1. Liana a-t-elle raison ? Justifier.
2. Calculer le montant de la réduction.
3. En déduire si Mathéo peut acheter cet aspirateur.

51 **Raisonner et Communiquer**

Trouver une façon de colorier exactement 25 % de la surface d'un triangle équilatéral.
Expliquer le raisonnement.

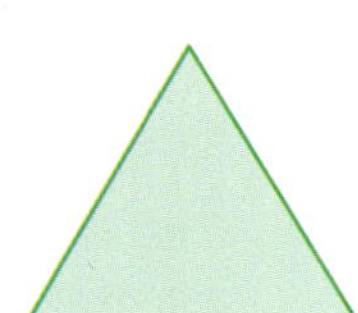

52 **Calculer**

L'air est composé de plusieurs gaz, à raison de 78 % d'azote, 21 % de dioxygène et d'autres gaz.

1. Calculer le pourcentage que représentent les autres gaz.
2. Une salle de classe a un volume de 168 m^3. Calculer le volume en m^3 de dioxygène contenu dans cette salle.

53 Ewen souhaite acheter trois pantalons.
Il compare deux magasins.
Tous les pantalons sont vendus au même prix, mais chaque magasin propose une promotion.

Magasin A	**Magasin B**
2 ACHETÉS LE 3e GRATUIT	–25 % pour 3 pantalons ACHETÉS

Quelle est l'offre la plus avantageuse ? Justifier.

54 **Calculer**

Enrique veut acheter un modèle réduit de Formule 1, dont voici l'échelle :

8 cm

Le modèle réduit a une longueur de 67,5 cm.
Quelle est la longueur réelle en m de la voiture ?

55 **Calculer**

Voici le plan du parc de Brabois, près de Nancy :

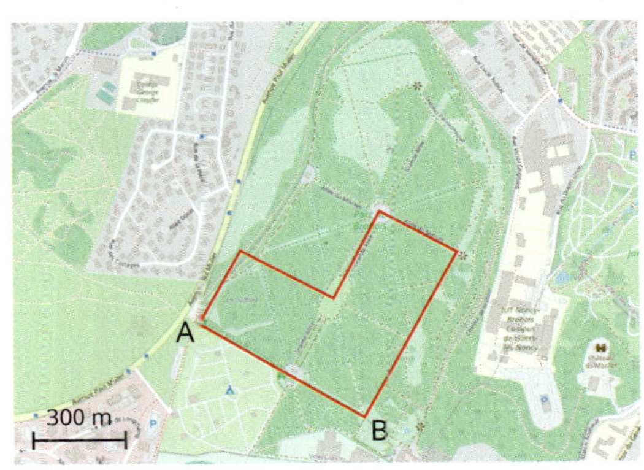

1. Calculer la distance entre les points A et B.
2. Ranim a tracé en rouge son parcours à la course à pied. Elle a effectué ce trajet deux fois. Calculer la distance totale qu'elle a parcourue.

56 Représenter et Calculer

Sur sa carte, Marcus a mesuré une distance de 4 cm entre son domicile et son collège. Il sait qu'en réalité, il y a 2 km entre les deux.

1. À quelle distance dans la réalité correspondent 4 cm sur la carte ? En déduire la distance réelle correspondant à 1 cm sur la carte.
2. Représenter l'échelle de cette carte par un segment de 1 cm sur lequel on indiquera la longueur réelle qu'il représente.
3. Représenter l'échelle de cette carte par un segment de 5 cm sur lequel on indiquera la longueur réelle qu'il représente.

57 Représenter

La place Stanislas à Nancy a la forme d'un rectangle de 124 m sur 106 m. On souhaite tracer un rectangle représentant cette place, où 1 cm sur le plan représente 2 000 cm en réalité.

1. Recopier et compléter : « Comme … cm dans la réalité sont représentés par … cm sur le plan, les longueurs réelles sont divisées par … . »
2. Convertir 124 m et 106 m en cm.
3. Calculer la longueur et la largeur du rectangle sur le plan.
4. Construire le rectangle qui représente la place Stanislas.

58 Calculer

Gabrielle veut réaliser une maquette de la frégate l'*Hermione*. Elle souhaite que la hauteur de sa maquette soit de 1,4 m. Elle a trouvé ces informations à propos de l'*Hermione* :

- Longueur : 66 m
- Largeur : 11,25 m
- Hauteur : 56 m

1. Recopier et compléter : « Comme 1,4 m sur la maquette représente … en réalité, 1 m sur la maquette représente … en réalité. »
2. Représenter l'échelle de la maquette par un segment de 1 cm.
3. En déduire la longueur et la largeur en cm de sa maquette.

59 Raisonner

Voici les échelles de deux cartes sur lesquelles figurent les villes de Neuvic et Sérandon, en Corrèze :

Carte A |———— 570 m ————|

Carte B |———————— 925 m ————————|

Sur quelle carte la distance entre ces deux villes sera représentée par le plus long segment ? Justifier.

60 Représenter et Calculer

Édouard a représenté son appartement par ce plan :

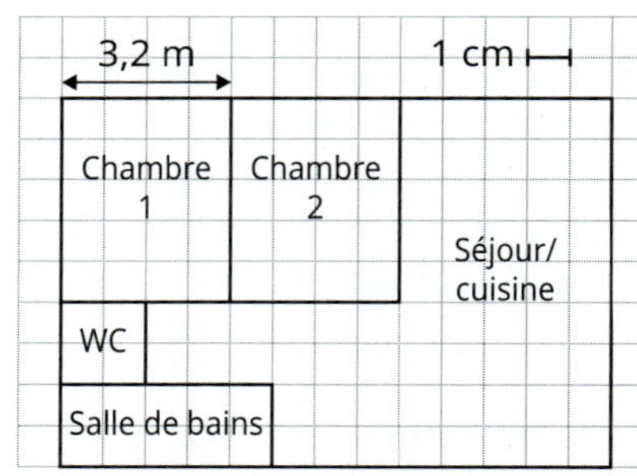

1. Combien de centimètres représentent 3,2 mètres ?
2. En déduire l'échelle du plan que l'on représentera par un segment de 1 cm et sur lequel on indiquera la longueur qu'il représente.
3. Calculer l'aire de la pièce séjour/cuisine dans la réalité.

61 Je fais une pause

Mathias veut placer les nombres de 1 à 9 (1 et 9 sont déjà placés) dans les cercles de cette figure. La différence entre deux nombres voisins (le plus grand moins le plus petit) doit toujours être égale à 2 ou à 3.

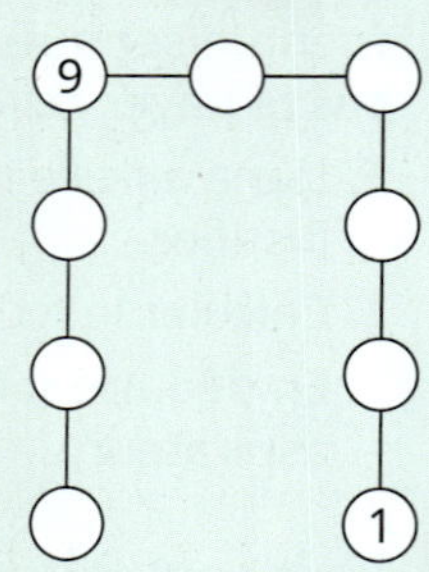

Aider Mathias à compléter la figure.

Je prépare mon évaluation

45 min

Je contrôle mes connaissances

	a	b	c
62 **Sur un pot de yaourt, on lit : « Contient 30 % de sucre ». Quelle est la masse de sucre dans 200 g de yaourt ?**	30 g	15 g	60 g
63 **Dans un car de 50 élèves, 28 sont des filles. Quel est le pourcentage de filles dans le car ?**	17 %	55 %	14 %
64 **Dans un centre d'équitation, 30 % des 40 poneys sont des shetlands. Combien de shetlands y a-t-il ?**	30	28	12
65 **Voici l'échelle d'une carte :** ├── 500 m ──┤ **Sur cette carte, que représente 1 cm ?**	500 m	1 000 m	250 m

Je comprends le sens des pourcentages

66 Un jour de tempête de neige, 14 % des élèves n'ont pas pu venir au collège.
Quel serait le nombre d'élèves absents s'il y avait :

a. 100 élèves dans ce collège ?
b. 300 élèves dans ce collège ?
c. 50 élèves dans ce collège ?
d. 650 élèves dans ce collège ?

J'exprime en pourcentage

67 Dans un tramway, les 250 places sont toutes occupées. Il y a 120 personnes de moins de 35 ans et 50 personnes de plus de 65 ans.

1. Recopier et compléter :
a. $\frac{120}{250} = \frac{...}{25}$ **b.** $\frac{50}{250} = \frac{...}{5}$

2. Calculer le pourcentage de personnes de moins de 35 ans, puis celui des plus de 65 ans.

3. En déduire le pourcentage des personnes âgées de 35 à 65 ans.

J'applique un pourcentage

68 Dans un jeu vidéo, le personnage de Lise possède 80 points de vie. Il subit deux attaques qui lui causent des dégâts. La première attaque lui enlève 25 % de ses points de vie et la deuxième lui enlève 20 % des points de vie qu'il lui reste.

1. Combien de points de vie le personnage de Lise a-t-il perdus après la première attaque ? Justifier.
2. En déduire le nombre de points de vie restants.
3. Combien de points de vie le personnage de Lise a-t-il perdus après la deuxième attaque ? Justifier.
4. Combien de points de vie reste-t-il au personnage de Lise ? Justifier.

J'utilise une échelle graphique

69 **1.** Sur cette carte de la Nouvelle-Calédonie, à quelle distance dans la réalité correspond 1 cm sur le plan ?

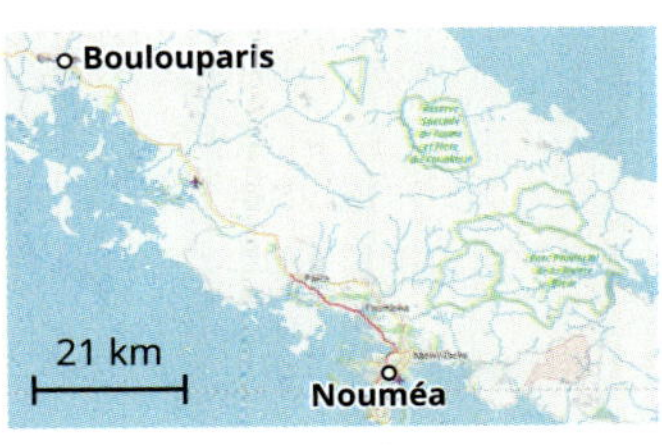

2. Mesurer la distance entre Nouméa et Boulouparis.
3. Calculer la longueur réelle entre Nouméa et Boulouparis.

Exercices 62 à 69 corrigés pp. 315-316

Je mobilise mes compétences

70 **Un pattern**

On construit un carré de 10 cm de côté.
On enlève ensuite 20 % de la longueur du côté et on construit un nouveau carré avec cette longueur comme côté, et ainsi de suite.

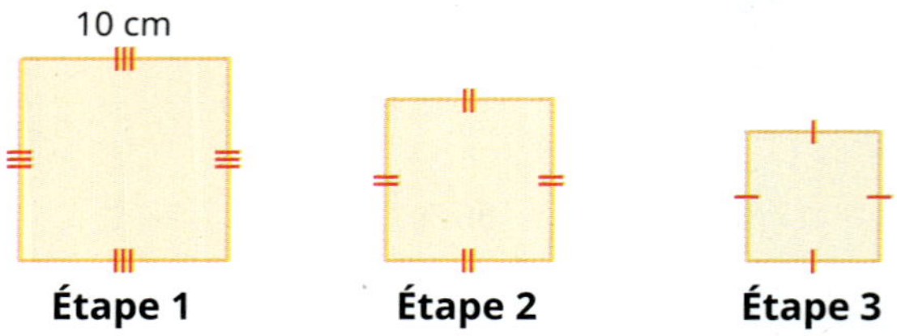

1. Construire les carrés des trois premières étapes.
2. Calculer la longueur du côté du carré de l'étape 4.
3. À partir de quelle étape la longueur du côté sera-t-elle strictement inférieure à 4 cm ? Justifier.
4. Mario affirme qu'à un moment, la longueur du côté du carré sera égale à 0 cm. A-t-il raison ? Justifier.

71 **Calculer**

Pendant une période d'inflation*, les prix ont augmenté de 5 % au mois d'avril, puis ils ont encore augmenté de 5 % au mois de mai.

*** L'inflation est la perte du pouvoir d'achat de la monnaie qui se traduit par une augmentation générale et durable des prix.**

1. En mars, un article coûtait 450 €. Quel est son prix après le mois de mai ? Justifier.
2. Léo pense que le prix des articles a augmenté de 10 % en tout. A-t-il raison ? Justifier.

72 **Calculer**

Lors du second tour d'une élection, 70 % des 750 électeurs d'une commune ont voté.
Le candidat vainqueur a obtenu 56 % des suffrages exprimés.
Combien de voix a-t-il obtenues dans ce village ? Justifier.

73 **Calculer**

Une entreprise est composée de deux parties.
• Dans la partie fabrication, les femmes représentent 30 % des 440 employés.
• Dans la partie logistique, les femmes représentent 45 % des 260 employés.
Quel est le pourcentage, arrondi à l'unité près, de femmes dans cette entreprise ?

74 **Calculer et Représenter**

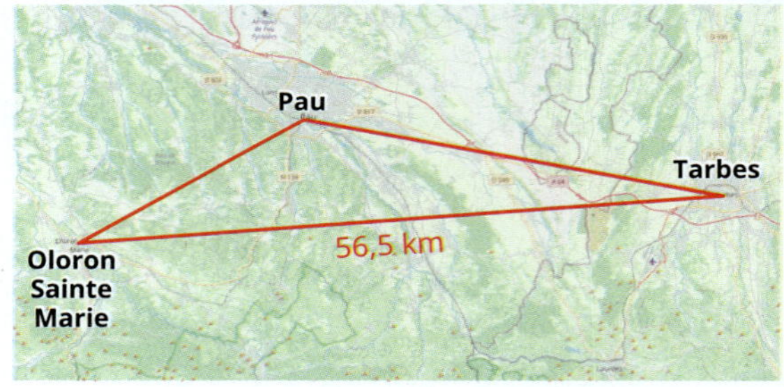

1. **a.** Mesurer la distance entre Pau et Tarbes sur cette carte.
   b. En réalité, la distance à vol d'oiseau entre Pau et Tarbes est de 37 km environ. Recopier et compléter :
   « ... cm sur le plan correspondent à 37 km dans la réalité, donc 1 cm sur le plan correspond à ... dans la réalité. »
2. En déduire la distance réelle entre Pau et Oloron-Sainte-Marie. Arrondir au km près.
3. Reproduire le triangle Pau – Tarbes – Oloron-Sainte-Marie en prenant comme échelle « 1 cm représente 5 km ».

75 **Raisonner et Calculer**

Une île de 33 000 habitants est atteinte par une maladie contre laquelle existe un vaccin. 80 % des habitants de l'île sont vaccinés contre cette maladie.
Au bout de quelques semaines, 25 % des habitants sont infectés.
Au journal télévisé, on annonce : « 30 % des infectés sont vaccinés. »
Peut-on en conclure que le vaccin est peu efficace ? Justifier.

76 **Calculer**

Un employé a vu son salaire augmenter de 4,5 % en 2023. Il gagne maintenant 2 560,25 €.
Quel était son salaire avant augmentation ?

77 **Calculer**

Pour son anniversaire, Salma a reçu une maquette de la tour Eiffel qui mesure 330 m en réalité. Sur la boîte, il est indiqué que 2 cm représentent 20 m.

1. Salma pourra-t-elle ranger sa maquette sur une étagère de 34 cm de hauteur ? Justifier.
2. Salma possède aussi une maquette du château de Versailles avec la même échelle. La longueur de la maquette est de 41,5 cm. Quelle est la longueur réelle du château de Versailles ? Justifier.

78 Représenter et calculer

Le jardin de Narcisse a la forme d'un rectangle de 30,8 m sur 20 m.

1. Représenter ce rectangle en prenant 1 cm pour 400 cm.
2. Narcisse souhaite installer un système d'arrosage automatique aux quatre coins de son terrain qui arrose un quart de cercle de rayon 16 m.
   Représenter la partie arrosée sur le schéma.

79 Calculer

Voici la photographie de bactéries *Escherichia coli*, présentes dans l'intestin et utiles à notre équilibre, visualisées par un microscope électronique à balayage.

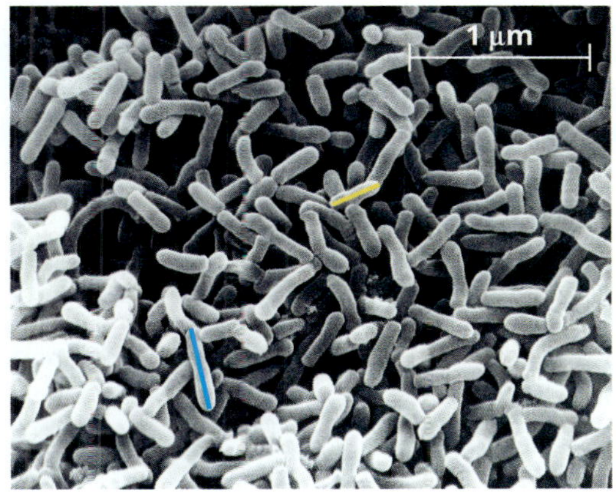

Calculer la longueur réelle en µm des bactéries que l'on a repassées en bleu et en jaune.

Adaptations
edubelin.fr/25mmat6-135
Livret complémentaire p. 21

80 Je prends des initiatives

Calculer et Chercher

LE PROBLÈME En utilisant les réglettes et les polyminos en L, reconstituer les assemblages ci-dessous en respectant les proportions indiquées pour chaque couleur.

Grille 1

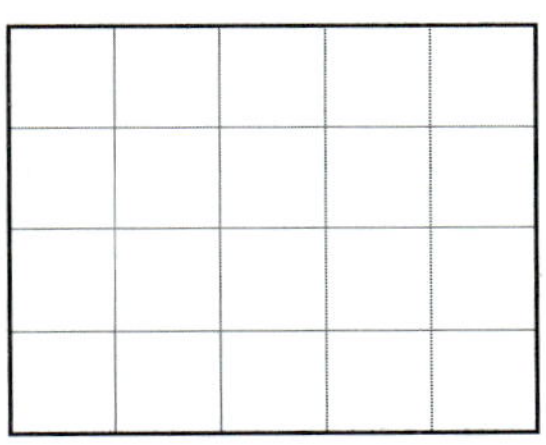

a. 25 % ; 30 % ; 20 % ; 15 % ; 10 %

b. 40 % ; 15 % ; 15 % ; 25 % ; 5 %

c. 45 % ; 20 % ; 35 %

Grille 2

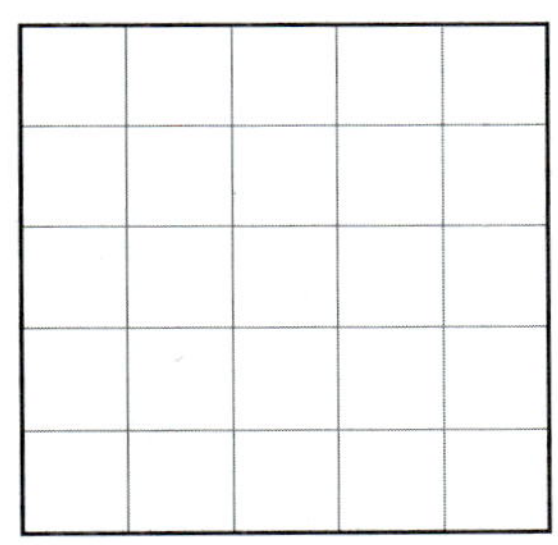

a. 20 % ; 32 % ; 36 % ; 12 %

b. 32 % ; 48 % ; 20 %

c. 24 % ; 48 % ; 16 % ; 12 %

Grille 3

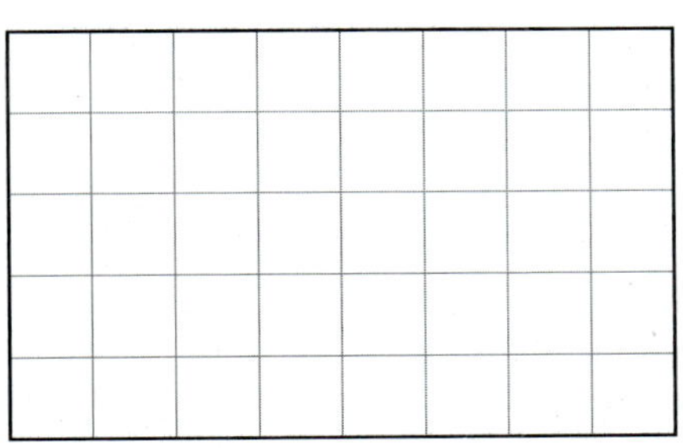

a. 30 % ; 30 % ; 20 % ; 20 %

b. 25 % ; 20 % ; 30 % ; 20 % ; 5 %

J'utilise un tableur

Des clients bien embêtants !

Niveau mathématique ●●● Niveau technique ●●

45 min

Apprendre à utiliser les possibilités de calcul et d'auto-complétion du tableur.

Grégoire effectue un stage dans une mercerie où l'on vend, entre autres, du tissu.
Bien que le prix « 8,99 € / mètre » soit clairement affiché, des clients viennent régulièrement lui demander le prix de telle ou telle longueur.

1 Pour les aider, il a l'idée d'afficher un tableau avec le prix de 1 m, 2 m, 3 m, 4 m et 5 m de tissu.
Construire et compléter ce tableau :

Longueur (m)	1	2	3	…
Prix (€)				…

2 Des clients viennent maintenant le voir pour lui demander combien cela leur coûterait d'acheter 1,5 m ou 4,5 m de tissu.

a Sur un tableur, reproduire le début de tableau suivant :

b Pourquoi a-t-on saisi 0,5 dans la cellule **B1** ?

c Sélectionner les cellules **B1** et **C1**.

d Cliquer sur la poignée en bas à droite de la cellule **C1** et la tirer vers la droite.
Que remarque-t-on ?

	A	B	C	D	E
1	Longueur (m)	0,5	1		
2	Prix (€)				2
3					

e Dans la cellule **B2**, saisir `=B1*8,99`, puis appuyer sur « Entrée ».
La cellule affiche 4,495, pourquoi ?

f Cliquer sur la cellule **B2**.

g Cliquer sur la poignée en bas à droite de la cellule **B2** et la tirer vers la droite. Que se passe-t-il ?

h Faire afficher par le tableur tous les prix jusqu'à 5 m de tissu.

3 Au moment des soldes, certains tissus dans le magasin de Grégoire sont à –20 %.
Faire afficher par le tableur les nouveaux prix après réduction « tous les 50 cm » jusqu'à 5 m.

4 Pour l'anniversaire du magasin, tous les tisssus sont à –30 %, y compris les tissus soldés !
Les 30 % de réduction s'appliquent aux prix déjà remisés dans ce cas.

a Un client dit alors que, pour calculer le prix du tissu soldé auquel s'applique la remise du jour de 30 %, c'est simple, il suffit de diviser par 2 le prix de départ.
Pourquoi pense-t-il cela ? A-t-il raison ?

b Calculer le prix de 1 m de tissu soldé le jour de l'anniversaire du magasin.

ÉQUIVALIENS

La mission

Relie l'écriture décimale, l'écriture en fraction irréductible et l'écriture en pourcentage qui représentent le même nombre.

Exemple

	35 %		$\frac{4}{5}$
$\frac{7}{20}$	0,8	0,35	
80 %			

Solution

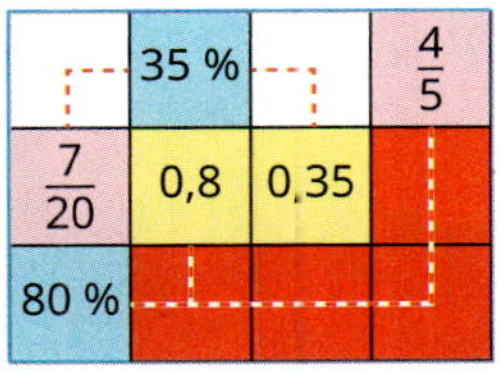

Les règles

- Les chemins qui relient les cases de couleur sont soit horizontaux, soit verticaux, et peuvent comporter une ramification.
- Les chemins ne se croisent pas.
- Toutes les cases de la grille sont parcourues par un chemin.

Utilise des réglettes et des polyminos de la même couleur pour tracer les chemins.

À ton tour !

Les chemins sont tracés. Retrouve les nombres manquants (indiqués par des lettres) dans l'écriture qui convient.

1

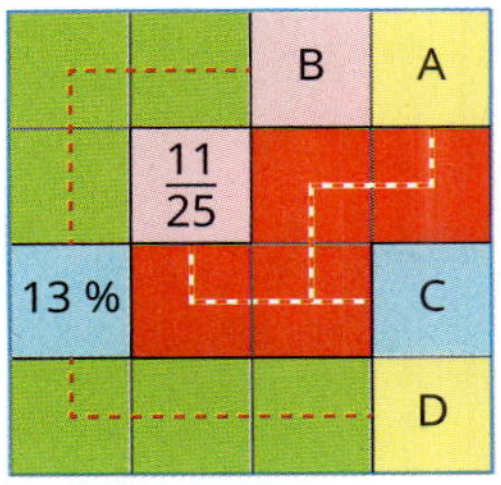

		B	A
	$\frac{11}{25}$		
13 %			C
			D

2

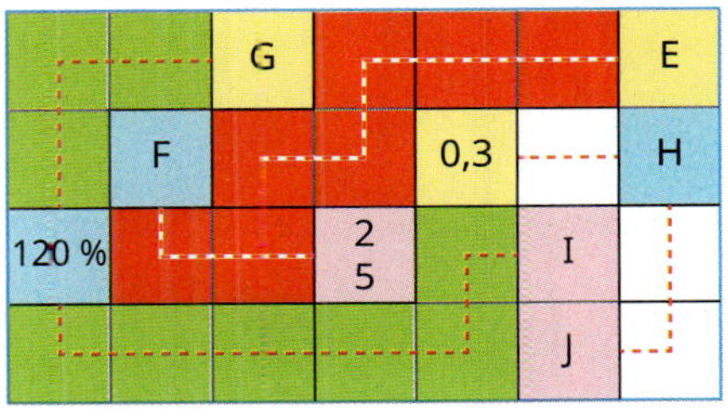

		G				E
	F			0,3		H
120 %			$\frac{2}{5}$		I	
					J	

Retrouve les chemins reliant les trois cases comportant des écritures du même nombre.

Grilles de jeu
edubelin.fr/25mmat6-137
Toutes les grilles en PDF

3

		60 %		28 %		$\frac{7}{25}$
	0,28					$\frac{3}{5}$
		0,6				

4

	350 %	$\frac{23}{50}$			0,46	$\frac{16}{25}$	
				46 %		0,64	$\frac{7}{2}$
3,5	64 %						

5

			95 %
	$\frac{7}{4}$		
	$\frac{19}{20}$		
	0,95	1,75	
175 %			

CHAPITRE 7

Organisation et gestion de données

Un panda-chien est apparu en Nouvelle-Zélande. Info ou intox ?

On fait des MATHS ?

Comment utiliser les mathématiques pour démasquer les fake news ?

Dans un monde où nous sommes inondés d'informations et où les *fake news* sont devenues monnaie courante, il est parfois difficile de démêler le vrai du faux. Les mathématiques sont une aide précieuse pour se forger sa propre opinion et devenir un citoyen éclairé. Arriveras-tu à trouver les erreurs qui se sont glissées dans les documents présentés dans cette vidéo ?

POUR VOIR LA VIDÉO
edubelin.fr/25mmat6-138

Je développe mes automatismes

Automatismes
edubelin.fr/25mmat6-139
5 séries en PDF

5 min

Réponds à ces questions sans utiliser la calculatrice !

1. $80{,}06 = 80 + \frac{?}{?}$

2. Encadrer par deux entiers consécutifs :

$$? < \frac{897}{978} < ?$$

3. Combien vaut « **?** » ?

100			
26	26	**?**	26

4. Un match de rugby se déroule en deux mi-temps de 40 minutes chacune, séparées par une pause de 15 minutes. Le match commence à 20 h.
À quelle heure se terminera-t-il ?

5. Un carré et un triangle équilatéral ont le même périmètre. Le périmètre du triangle équilatéral est 12,6 cm.
Quelle est la longueur du côté du carré ?

6. Quelles régions ne produisent pas d'électricité hydraulique ?

Production régionale d'électricité renouvelable en TWh par filière en 2022

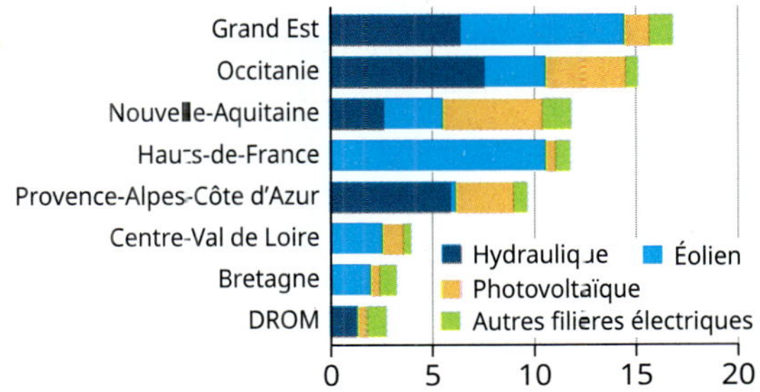

Objectifs : • Lire et comprendre un tableau à double entrée.
• Manipuler différents modes de représentation d'informations : tableau/diagramme.

Je manipule avec mes acquis

20 min

1. On veut classer les polyminos selon leur couleur et leur aire. Recopie et complète ce tableau en indiquant dans chaque case le nombre de polyminos correspondants :

Aire / Couleur	3	4	5	6	9	Total
Bleu						
Rouge						
Vert						
Jaune						
Total						

2. En utilisant les données récoltées dans le tableau, construis un diagramme en barres représentant le nombre de pièces en fonction de leur aire.

Ton diagramme aura cette allure :

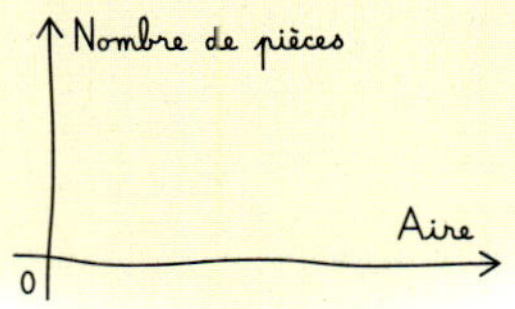

3. Parmi les diagrammes circulaires suivants, lequel représente la répartition des polyminos en fonction de leur aire ? Explique comment tu l'as choisi.

a.

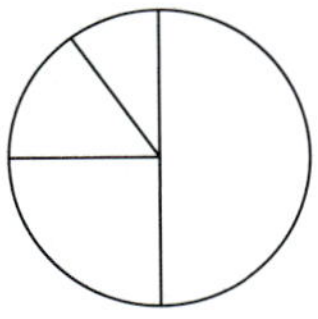

b.

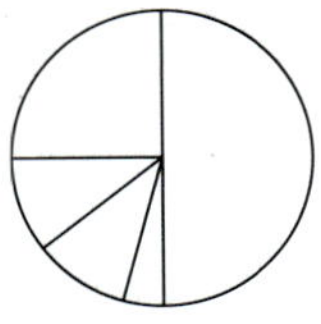

c.

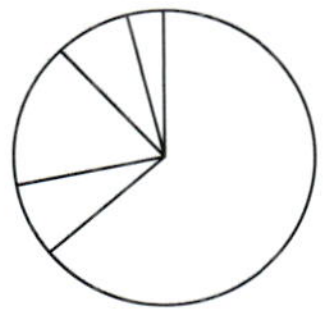

d.

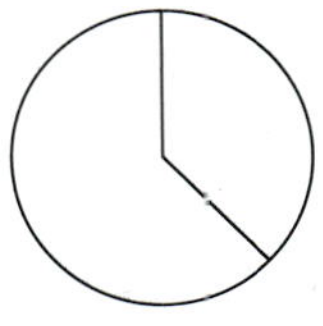

Je découvre

JE REVOIS

QCM Donner la ou les bonnes réponses parmi les trois propositions.

On a demandé à un groupe d'élèves leur matière préférée.

Matière \ Sexe	Garçons	Filles
Français	10	12
Mathématiques	13	11
Histoire-Géographie	8	14
SVT/Physique-Chimie	11	13
Anglais	12	12

1. Combien de filles ont une préférence pour la SVT/Physique-Chimie ?
   a 13 b 11 c 9

2. Quelle est la matière préférée des garçons interrogés ?
   a Mathématiques
   b Français
   c Anglais

3. Quelle est la matière la moins appréciée des garçons interrogés ?
   a Histoire-Géographie
   b Mathématiques
   c Français

4. Combien d'élèves interrogés ont une préférence pour les mathématiques ?
   a 13 b 11 c 24

5. Combien d'élèves a-t-on interrogés ?
   a 62 b 54 c 116

Activité 1 Les sites culturels à Paris

Objectif : Construire un tableau pour présenter des données

Après un voyage scolaire à Paris, le professeur d'Histoire a demandé à ses élèves de 6e quel site visité les a le plus impressionnés.

Voici les résultats obtenus :

Musée du Louvre / Arc de Triomphe / Tour Eiffel / Tour Eiffel / Tour Eiffel / Château de Versailles / Notre-Dame de Paris / Arc de Triomphe / Tour Eiffel / Tour Eiffel / Château de Versailles / Musée du Louvre / Sacré-Cœur / Arc de Triomphe / Tour Eiffel / Tour Eiffel / Sacré-Cœur / Notre-Dame de Paris / Arc de Triomphe / Tour Eiffel / Notre-Dame de Paris / Arc de Triomphe / Tour Eiffel / Musée du Louvre / Tour Eiffel

1. Combien d'élèves a-t-il interrogés ?
2. Recopier et compléter ce tableau pour ranger et lire plus facilement les résultats du sondage réalisé :

Site culturel	Musée du Louvre	Arc de Triomphe	Tour Eiffel	Château de Versailles	Notre-Dame de Paris	Sacré-Cœur	TOTAL
Nombre d'élèves							

3. Quel est le site culturel qui rencontre le plus de succès auprès de ces élèves ?
4. Utiliser les données du tableau pour présenter ces résultats à l'aide d'un diagramme en barres. Sur l'axe horizontal, prendre 1 carreau pour 1 site et, sur l'axe vertical, prendre 1 carreau pour 1 élève.
5. Ajouter au tableau une ligne « Proportion du nombre d'élèves exprimée en pourcentage » et la compléter.

JE REVOIS **QCM** Donner la ou les bonnes réponses parmi les trois propositions.

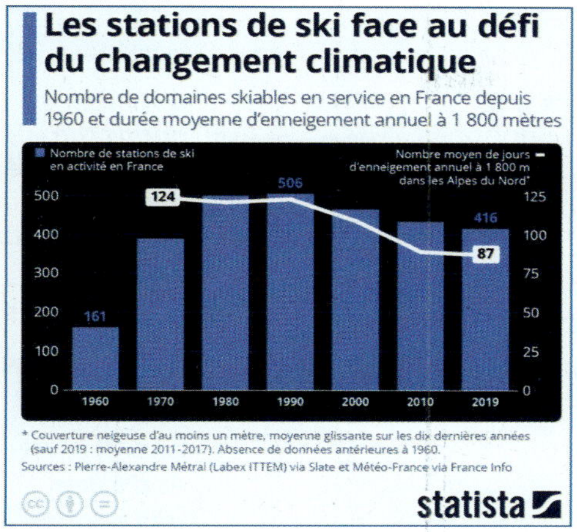

1. Combien de stations de ski étaient en activité en 1990 ?
   (a) 161 (b) 506 (c) 416

2. Le nombre moyen de jours d'enneigement annuel à 1 800 m dans les Alpes du Nord était supérieur à 100 en 2000.
   (a) Vrai (b) Faux

3. Il y a eu une perte de 37 jours d'enneigement annuel à 1 800 m dans les Alpes du Nord entre 1970 et 2019.
   (a) Vrai (b) Faux

4. 90 stations de ski ont fermé entre 1990 et 2019.
   (a) Vrai (b) Faux

5. Le nombre de stations de ski en activité entre 1960 et 1990 a...
   (a) plus que triplé.
   (b) baissé de 37.
   (c) augmenté de 255.

Activité 2 Les sports pratiqués à l'extérieur du collège

Objectif : Lire et exploiter les données d'un tableau et de représentations graphiques

Pour un devoir maison, un professeur de mathématiques a demandé à ses élèves de mener l'enquête de leur choix et de présenter les résultats sous la forme d'affiches où figurent différentes représentations.

Le groupe d'Olivia a sollicité certains professeurs et quelques camarades pour connaître le sport qu'ils pratiquent en dehors du collège. Voici leur affiche :

Les différents sports pratiqués en dehors du collège

Sport pratiqué :	Football	Basket	Rugby	Tennis	Danse (Hip Hop)	Tennis de table	Handball	Athlétisme	TOTAL
Hommes/Garçons	25	4	14	3	12	6	5	6	75
Femmes/Filles	20	3	11	2	16	1	11	6	70
TOTAL	45	7	25	5	28	7	16	12	145

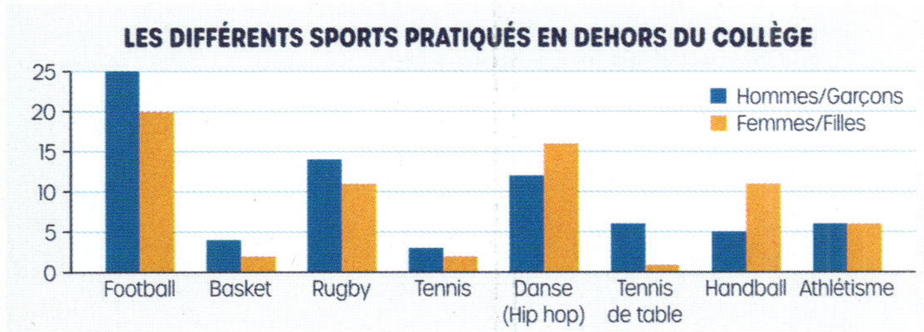

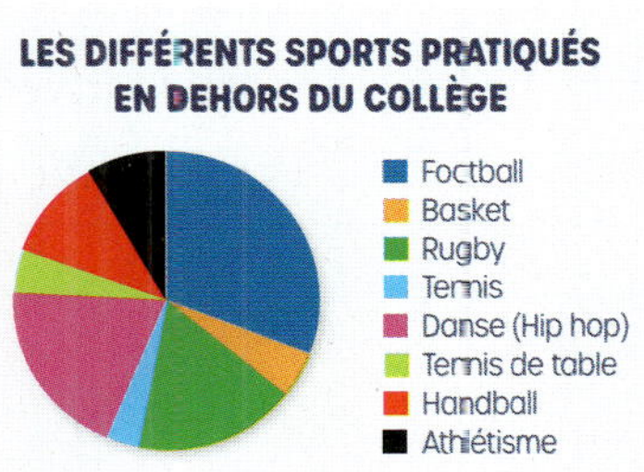

1. Que représentent les nombres 45, 70 et 145 encadrés dans le tableau ?
2. En utilisant les représentations graphiques, répondre aux questions suivantes et préciser laquelle été utilisée pour obtenir l'information.
   a. Quel(s) sport(s) est (sont) pratiqué(s) par une majorité de femmes et de filles ?
   b. Quel sport rencontre le plus de succès auprès des personnes interrogées ?
   c. Olivia dit que le rugby est pratiqué par 25 % des personnes interrogées.
   Que penser de cette affirmation ? Justifier.

J'apprends

A Tableaux

Une fois le sujet d'une enquête choisi et les questions préparées, les « enquêteurs » interrogent et notent les différentes réponses. On parlera de « données ».
Pour les exploiter, il est important de les trier et de les classer.
Le **tableau** permet de regrouper les données, puis d'y lire et d'en tirer facilement des informations. Les données peuvent avoir :
- un caractère quantitatif, la donnée est alors un nombre ;
- un caractère qualitatif, la donnée est alors une caractéristique.

Ces différences ont une influence sur la façon de présenter les résultats de l'enquête.

Tableau simple

Dans ce type de tableau à deux lignes ou à deux colonnes, on s'intéresse à une seule donnée.

Exemple 1

On a demandé aux élèves de la classe leur couleur préférée.
Ce caractère qualitatif, des couleurs, est présenté dans ce tableau :

Couleur préférée	Bleu	Rouge	Noir	Rose	Vert	Blanc
Nombre d'élèves	8	7	1	3	4	2

Cette colonne signifie que, dans la classe, il y a 7 élèves dont la couleur préférée est le rouge.

Exemple 2

On a demandé aux élèves de la classe leur pointure.
Ce caractère quantitatif, des pointures, est présenté dans ce tableau :

Pointure	Nombre de réponses
29	2
30	1
31	2
32	1
33	4
34	5
35	7
36	4
37	1

Cette ligne signifie que, dans la classe, il y a 4 élèves dont la pointure est 33.

Tableau à double entrée

Dans ce type de tableau, on s'intéresse à deux données que l'on pourra croiser.

Exemple : On a observé deux caractères des élèves de la classe : la couleur de leurs yeux et leur sexe. Leurs réponses sont présentées dans ce tableau :

	Yeux bleus	Yeux marrons	Yeux verts
Garçon	3	7	4
Fille	5	6	3

Cette case signifie que, dans la classe, il y a 5 filles qui ont les yeux bleus.

Je retiens

Quand tu as appris ton cours, cache-le avec une feuille et réponds aux questions.

Avec quel « outil » trier et classer des données ?

Sous quelle forme représenter le rangement d'un ensemble de données ?

Comment appelle-t-on un tableau dans lequel les informations se croisent ?

B Représentations graphiques

Les représentations graphiques exploitent les données de tableaux.
Elles permettent de comparer, visuellement et rapidement, des données ou de constater des évolutions. Le type de représentations graphiques choisi dépend de l'étude menée et des données obtenues.

Diagramme en barres et diagramme en bâtons

Ces diagrammes permettent de comparer des données.
Les longueurs des barres ou les longueurs des bâtons sont proportionnelles aux quantités représentées. Ainsi, plus une quantité est importante, plus elle est représentée par une barre longue ou par un bâton long.

Exemples : En utilisant les données de l'**exemple 1**, *Couleur préférée des élèves de la classe*, on peut obtenir ces diagrammes en barres :

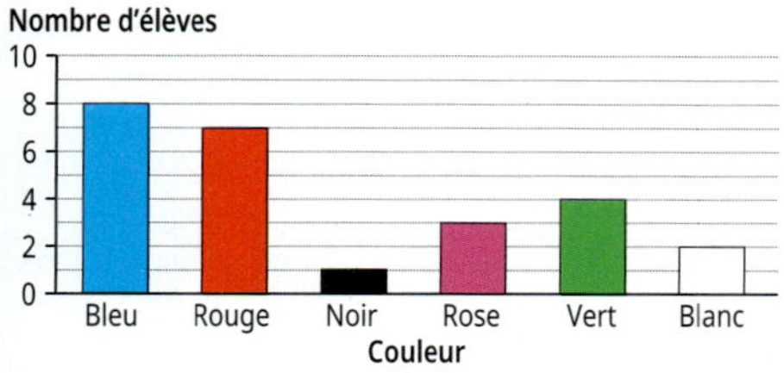

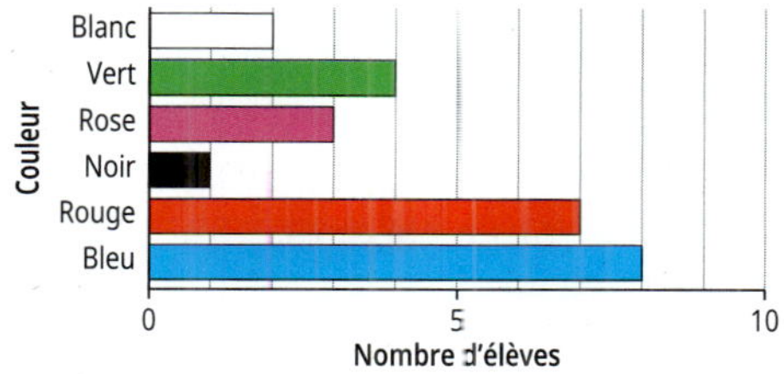

En utilisant les données de l'**exemple 2**, *Pointure des élèves de la classe*, on peut obtenir ce diagramme en bâtons :

Ce bâton signifie que, dans la classe, il y a 4 élèves dont la pointure est 33.

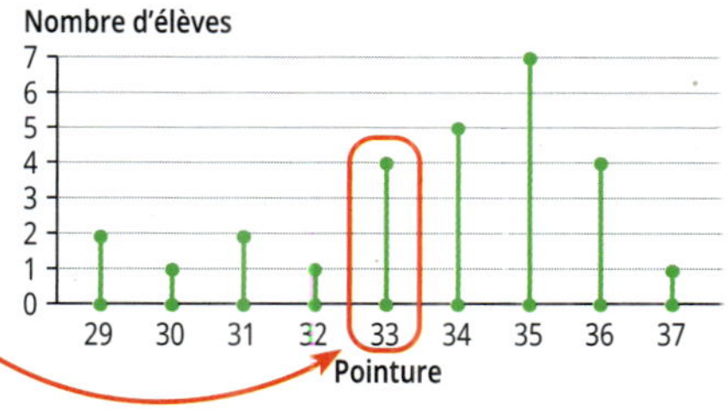

Diagramme circulaire

Ce type de diagramme permet de comparer des données, mais surtout de visualiser rapidement des proportions.
Les mesures des angles des secteurs sont proportionnelles aux quantités représentées.

Exemple : En utilisant les données de l'**exemple 1**, *Couleur préférée des élèves de la classe*, on peut obtenir cette représentation :

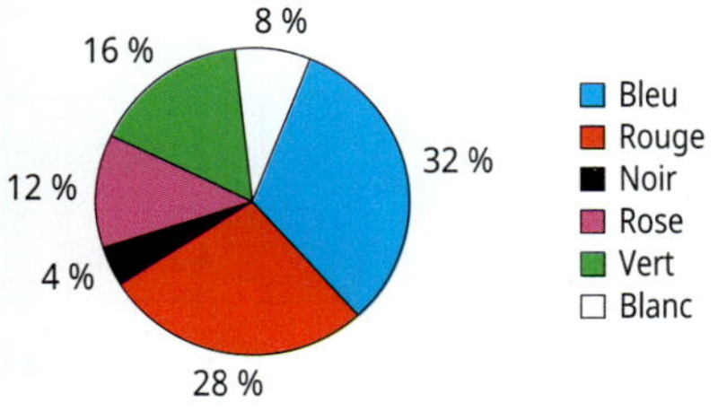

Graphique cartésien

Ce type de graphique permet de représenter l'évolution d'une grandeur en fonction d'une autre.
On l'emploie souvent en sciences.

Exemple

Ce graphique représente « L'évolution de la température à Lille, le 10 juin 2024 ».

À 20 h le 10 juin 2024, la température à Lille était de 15 °C.

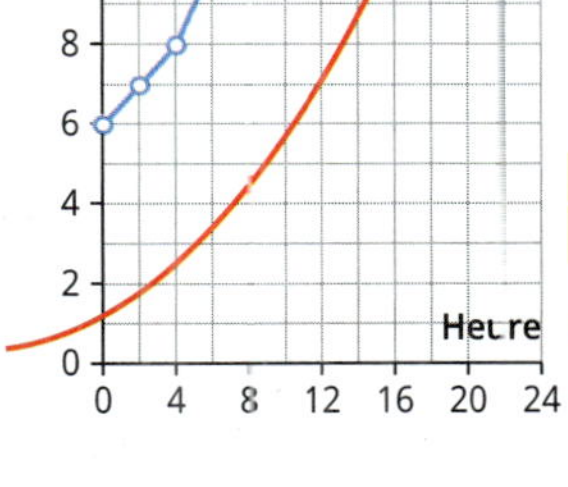

Je retiens

Quel type de graphique utiliser pour comparer des données ?

Quel type de représentation utiliser pour visualiser des proportions ?

Quel type de représentation utiliser pour étudier l'évolution d'une grandeur en fonction d'une autre ?

MON QCM DE RÉVISION
edubelin.fr/25mmat6-143

1 Exploiter un tableau

Safa habite la commune de Marpent. Elle pratique le rugby au collège de Maubeuge qui propose cette option. Ce collège est loin de chez elle : en quittant sa maison, elle doit marcher 5 minutes, puis prendre le bus ; arrivée à la station Pôle Gare, elle doit encore marcher 10 minutes jusqu'au collège.

1. Comment s'appelle l'arrêt de la ligne de bus à Marpent ?
2. Le mardi, Safa commence les cours à 7 h 55. À quelle heure doit-elle être à l'arrêt situé dans la commune de Marpent pour être à l'heure au collège ?
3. Combien de temps aura duré au total son trajet depuis chez elle ?

55 PÉRIODE SCOLAIRE DU LUNDI AU VENDREDI

→ Vers Jeumont (Camp Turc)

MAUBEUGE	Lycée Pierre Forest Quai B	-	-	-	-	-	
	Pôle Gare Quai 8 (arrivée)	05:50	06:29	06:45	07:41	08:37	09
	Pôle Gare Quai 8 (départ)	05:50	06:29	06:47	07:43	08:39	09
ROUSIES	Sainte Aldegonde	05:53	06:32	06:50	07:46	08:42	09
	Gare SNCF	05:57	06:36	06:54	07:50	08:46	09
	Les Bouleaux	06:03	06:42	07:00	07:56	08:52	09
BOUSSOIS	Maroc	06:07	06:46	07:04	08:00	08:56	09
	Cité des Fleurs	06:11	06:50	07:08	08:04	09:00	09
	Marpigneaux	06:14	06:53	07:11	08:07	09:03	09
RECQUIGNIES	Place de Nice	06:18	06:57	07:15	08:11	09:07	09
	Place de Rocq	06:26	07:05	07:23	08:19	09:15	10
MARPENT	République	06:30	07:09	07:27	08:23	09:19	1
JEUMONT	Blum	06:31	07:10	07:28	08:24	09:20	1
	Stade Mathez	-	07:16	07:34	08:30	-	
	LP Louis Armand	-	07:20	07:38	08:34	-	
	Collège Sainte Bernadette	-	07:22	07:40	08:36	-	
	Pont Noir	06:36	07:24	07:42	08:38	09:25	1
	Camp Turc	-	07:29	07:47	08:43	-	

→ Vers Maubeuge (Pôle Gare)

							expr
JEUMONT	Camp Turc	05:39	06:26	06:49	07:33	-	-
	Pont Noir	05:44	06:31	06:54	07:38	08:34	09
	Stade Mathez	05:47	06:34	06:57	07:41	-	09
	LP Louis Armand	05:51	06:38	07:01	07:45	-	09
	Collège Sainte Bernadette	05:54	06:41	07:04	07:48	-	09
	Blum	05:58	06:45	07:09	07:53	08:38	09
MARPENT	République	05:59	06:46	07:10	07:54	08:39	09
RECQUIGNIES	Place de Rocq	06:03	06:50	07:14	07:58	08:43	09
	Place de Nice	06:12	06:59	07:23	08:07	08:52	09
BOUSSOIS	Marpigneaux	06:16	07:03	07:27	08:11	08:56	
	Cité des Fleurs	06:19	07:06	07:30	08:14	08:59	
	Maroc	06:22	07:09	07:33	08:17	09:02	
ROUSIES	Les Bouleaux	06:27	07:14	07:38	08:22	09:07	
	Gare SNCF	06:33	07:20	07:44	08:28	09:13	10
	Sainte Aldegonde	06:36	07:24	07:48	08:32	09:16	10
MAUBEUGE	Pôle Gare Quai 8 (arrivée)	06:39	07:27	07:51	08:35	09:19	10
	Pôle Gare Quai 8 (départ)	06:39	07:29	07:53	08:37	09:21	10
	Lycée Pierre Forest Quai B	-	07:33	-	-	-	

Solution

Ce document présente de nombreuses informations. Les données, ici des horaires, sont rangées dans un tableau à double entrée.

1. Il n'y a qu'un arrêt à Marpent : République.
2. Safa doit être à l'arrêt République de Marpent à 6 h 46.
   Elle arrivera au Pôle Gare à 7 h 27 et arrivera donc au collège à 7 h 37.
3. Safa doit partir de chez elle au plus tard à 6 h 41 (car elle a 5 minutes de marche) pour arriver à 7 h 37 au collège. Son trajet aura duré 7 h 37 min − 6 h 41 min, soit 1 h − 4 min ou 60 min − 4 min, c'est-à-dire 56 minutes.

JE M'EXERCE

1. Comment s'appelle le réalisateur du film ayant rencontré le plus de succès ?
2. Quel est le titre du film qui occupe la 7e place du classement ?
3. Combien y a-t-il de films français dans ce classement ?
4. **Vrai ou Faux ?** Le film *Vice-versa 2* a fait 1 478 669 entrées de plus que le film *Vaiana 2*.

Classement box-office français	Titre	Pays	Réalisateur	Nombre d'entrées au 31/12/2024
1	*Un p'tit truc en plus*		Artus	10 809 390
2	*Le Comte de Monte-Cristo*		Matthieu Delaporte et Alexandre de La Patellière	9 347 220
3	*Vice-versa 2*		Kelsey Mann	8 427 652
4	*Vaiana 2*		David G. Derrick Jr.	6 948 983
5	*L'Amour ouf*		Gilles Lellouche	4 832 185
6	*Moi, moche et méchant 4*		Chris Renaud et Patrick Delage	4 510 260
7	*Dune, deuxième partie*		Denis Villeneuve	4 203 460

→ Exercice corrigé p. 316

2 Exploiter un graphique

1. En quelle année la PS2 a-t-elle commencé à être commercialisée ?
2. Quelle est l'année où les ventes totales de consoles ont été les meilleures ? Donner une valeur approximative des ventes.
3. **Vrai ou faux ?** La PS4 a été vendue à plus de 75 millions d'exemplaires. Justifier à l'aide d'un calcul rapide.

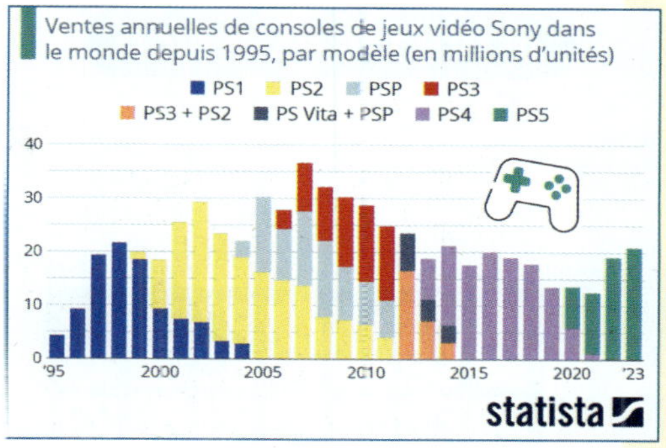

Solution

1. À partir de 1999, année où le jaune apparaît sur le graphique.
2. En 2007, année où la barre du graphique est la plus haute, avec plus de 35 millions de ventes.
3. Vrai : en vente entre 2013 et 2021, on peut lire qu'il y a quatre années (2015 à 2018 inclus) à plus de 15 millions de ventes, auxquelles on ajoute plus de 5 millions de ventes en 2013 et 2020 et plus de 10 millions de ventes en 2014 et 2019. Donc plus de 90 millions de ventes ($4 \times 15 + 2 \times 5 + 2 \times 10$).

JE M'EXERCE

1. Combien de Boeing 737 Max 9 possède la compagnie Turkish Airlines ?
2. Quelle nation utilise le plus ces avions ?
3. **Vrai ou faux ?** La compagnie United Airlines possède environ quatre fois plus de ces avions que la compagnie Aeromexico.

Exercice corrigé p. 316

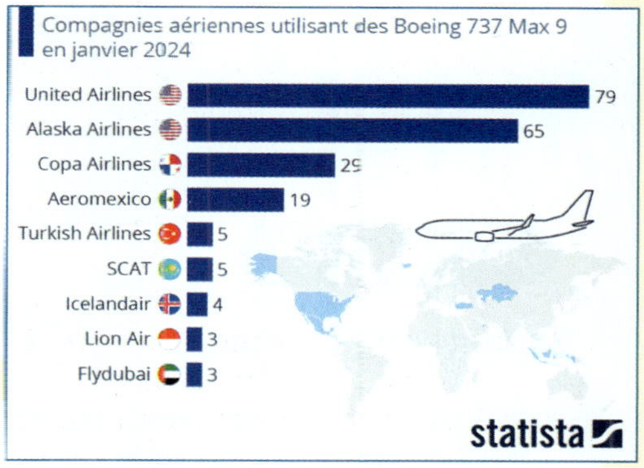

3 Construire une représentation graphique

Dans le cadre d'un club nature, l'évolution d'un plant de tomate a été observée et mesurée. Les résultats sont présentés dans ce tableau :

Durée (en semaines)	0	1	2	3	4	5	6	7	8	9
Hauteur du plant (en cm)	0	0	2	3	4	6	8	10	12	15

Représenter cette évolution à l'aide d'un graphique cartésien.

L'axe des abscisses est le nom de l'axe horizontal dans un graphique. L'axe qui est vertical se nomme l'axe des ordonnées.

Solution

Étape 1 Sur une feuille, on trace deux axes perpendiculaires.

Étape 2 On place la durée en semaines sur l'axe des abscisses : 1 cm pour 1 semaine.

Étape 3 On place la hauteur du plant en centimètres sur l'axe des ordonnées : 1 cm pour 2 cm de hauteur du plant.

Étape 4 On place les points correspondant aux données dans le repère en prenant la durée pour abscisse et la hauteur du plant pour ordonnée.

Étape 5 On donne un titre au graphique.

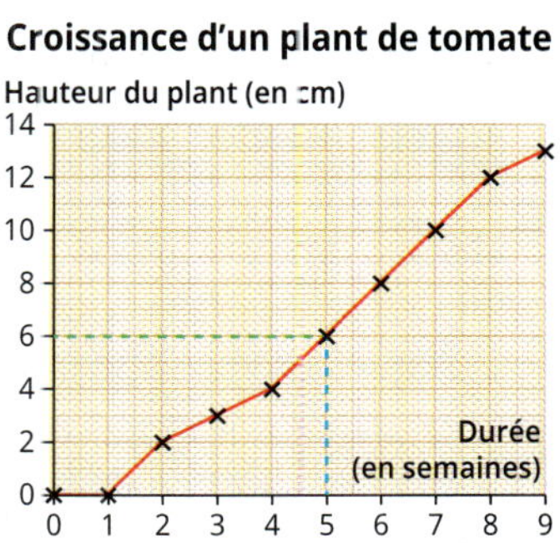

JE M'EXERCE

Le réchauffement climatique touche toutes les régions du globe, y compris la Méditerranée. Voici un relevé sur une journée des températures de l'eau à Antibes.
Représenter cette évolution à l'aide d'un graphique cartésien.

Heure de la journée	8 h	10 h	12 h	14 h	16 h	18 h	20 h
Température (en °C)	20	20,6	21	21,7	21,3	20,9	20,2

Exercice corrigé p. 316

Je prends confiance

Je prends mon élan

1 Observer le rangement des cartes et retrouver le nom des cartes cachées.

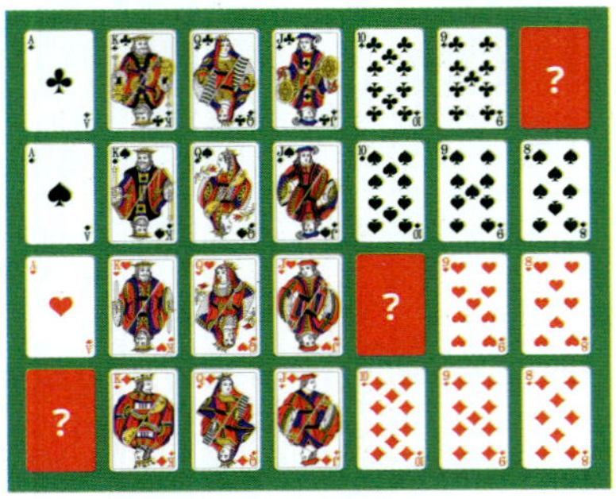

2 Karim s'est amusé à lancer cette roue colorée plusieurs fois de suite.
Il a indiqué les résultats obtenus dans ce diagramme en barres :

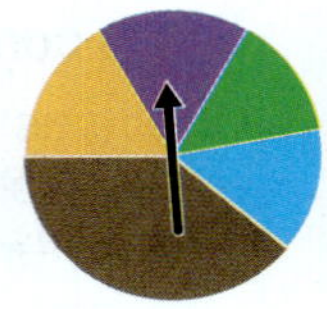

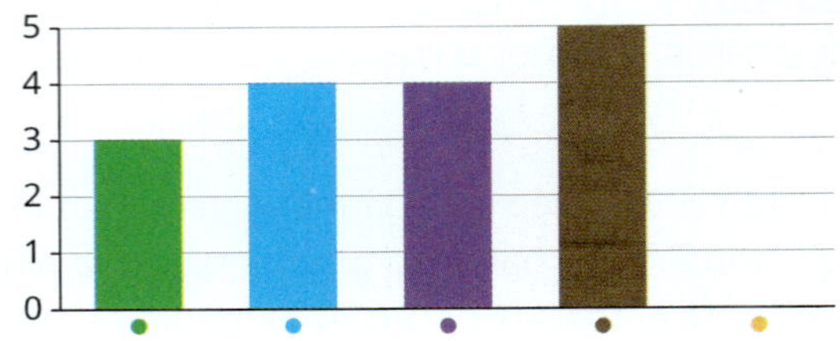

1. Quel secteur coloré est apparu le plus souvent ?
2. Quel secteur coloré n'est jamais apparu ?
3. Combien de fois Karim a-t-il lancé la roue ?
4. Ranger les données du diagramme dans un tableau simple.

Je me lance

Exploiter un tableau

3 Voici les horaires des trains au départ de la gare de Charleville-Mézières :

DÉPARTS			
À l'heure	17:30	TGV	Champagne-Ardenne
À l'heure	17:34	TER	Sedan
À l'heure	17:35	TER	Givet
À l'heure	17:58	TER	Hirson
À l'heure	18:04	TGV	Sedan
À l'heure	18:05	TER	Givet TER
À l'heure	18:08	TER	Champagne-Ardenne
À l'heure	18:34	TER	Sedan
À l'heure	18:35	TER	Givet
À l'heure	19:08	TER	Reims
À l'heure	19:34	TER	Sedan
À l'heure	19:05	TER	Givet
À l'heure	20:24	TGV	Sedan

Lounes a rendez-vous avec un ami à la gare de Reims à 20 h.

1. À quelle heure son train quittera-t-il la gare ?
2. Quel type de train, TGV ou TER, sera utilisé pour assurer ce voyage ?
3. Sachant que le trajet dure 52 min, sera-t-il à l'heure à son rendez-vous ? Justifier.

4 La principale du collège Victor Hugo a dressé un bilan des récompenses données à ses élèves après les conseils de classe du 1er trimestre.

Récompense obtenue	Nombre d'élèves
Éloges	22
Félicitations	64
Tableau d'honneur	57
Encouragements	65

1. Quelle est la récompense la plus donnée ?
2. Combien d'élèves ont obtenu une récompense ?
3. La principale annonce aux parents d'élèves que plus du quart des élèves récompensés ont été félicités.
   Que peut-on en penser ? Justifier.

5 **Automatismes**

Lily a demandé à ses amis : « Quel est votre jeu de société préféré ? »
Elle a rangé les réponses dans ce tableau :

Jeu de société préféré	Monopoly	Loup-garou	Uno	Skyjo	Cluedo	Échecs
Nombre de réponses	6	7	4	5	1	2

1. Quel jeu rencontre le plus de succès ?

2. Combien de personnes préfèrent le Uno ?
3. Combien de personnes Lily a-t-elle interrogées ?

6 Le professeur principal des 6e B a interrogé ses élèves sur leurs futurs métiers.

Métier envisagé dans le domaine…	Médical / scientifique	Vente	Services	Sport	Mécanique	Bâtiment	Pas d'idée
Filles	4	2	1	0	1	0	2
Garçons	3	1	0	2	2	1	1

1. Combien de garçons souhaitent travailler dans le domaine du sport ?
2. Combien de filles souhaitent travailler dans le domaine de la mécanique ?
3. Quel est le domaine le plus envisagé ?
4. Combien d'élèves y a-t-il en 6e B ?

7 On a interrogé des élèves de deux classes pour connaître leurs conditions de travail en dehors de la classe :
• 27 élèves ont une connexion internet ;
• 30 élèves vivent dans une maison, dont 13 qui n'ont pas de connexion internet ;
• ceux qui ne vivent pas dans une maison sont dans un appartement.
Reproduire et compléter ce tableau :

	Avec connexion internet	Pas de connexion internet	TOTAL
Appartement			28
Maison			
TOTAL			

Exploiter un graphique

8 **Automatismes**
Un professeur a demandé aux élèves de sa classe de 6e ce qui est le plus stressant depuis qu'ils sont au collège. Les résultats sont présentés à l'aide de ce diagramme en barres :

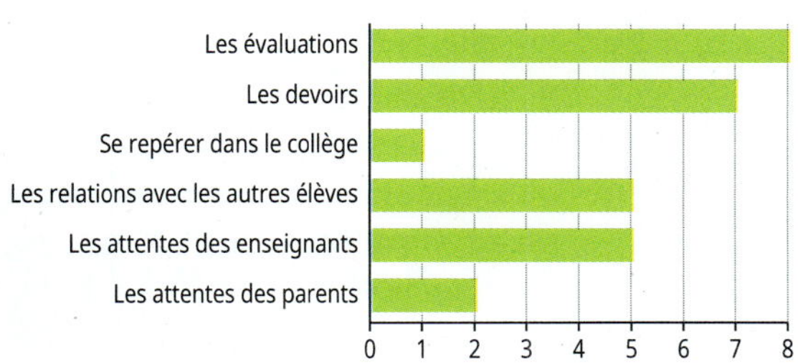

1. Quelle est la première cause de stress pour ces élèves ?
2. Citer une cause possible qui n'apparaît pas dans les réponses données par les élèves.
3. Combien y a-t-il d'élèves dans cette classe ?

9 Le club de football d'Auxerre a recruté un nouveau joueur. Voici la présentation de son profil donnée par son agent :

Statistiques du joueur

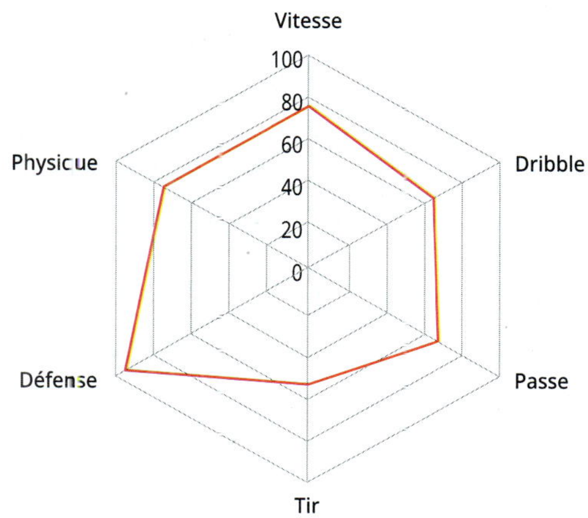

1. Quelle est la principale qualité de cet athlète ?
2. Quelle compétence doit-il travailler ?
3. Quel encadrement de valeurs peut-on donner pour ses capacités de dribble ?

Construire une représentation graphique

10 Cinq élèves de 6e C se sont présentés à l'élection des délégués de classe.
Les deux candidats ayant reçus le plus de voix ont été élus.
Voici les bulletins dépliés à la sortie de l'urne :

Yaya	Camille	Thomas	Louane	Louane
Louane	Thomas	Yaya	Élyne	Élyne
Camille	Yaya	Louane	Élyne	Thomas
Camille	Thomas	Camille	Élyne	Louane
Élyne	Yaya	Louane	Yaya	Yaya

1. Organiser et présenter ces données sous la forme d'un tableau simple.
2. Qui sont les deux élèves élus ?
3. Représenter la répartition des voix sous la forme d'un diagramme en barres.

J'avance à mon rythme

Fiches d'exercices
edubelin.fr/25mmat6-148a
Toutes les fiches en PDF

Avec des parcours d'apprentissage

Je prends des informations dans un tableau

- Exercice **5 p. 146**
- Exercice **6 p. 147**
- Exercice **14 p. 149**
- Exercice **15 p. 150**
- Exercice **16 p. 150**

Je prends des informations dans un graphique

- Exercice **8 p. 147**
- Exercice **17 p. 150**
- Exercice **28 p. 152**
- Exercice **33 p. 154**
- Exercice **44 p. 156**

Je représente des données multiples

- Exercice **10 p. 147**
- Exercice **25 p. 151**
- Exercice **26 p. 152**
- Exercice **30 p. 153**
- Exercice **42 p. 156**

Je mène des enquêtes statistiques

- Exercice **7 p. 147**
- Exercice **19 p. 150**
- Exercice **23 p. 151**
- Exercice **33 p. 154**
- Exercice **34 p. 154**

Je développe mon esprit critique

- Exercice **3 p. 147**
- Exercice **20 p. 151**
- Exercice **27 p. 152**
- Exercice **31 p. 153**
- Exercice **43 p. 157**

ou avec un plan de travail

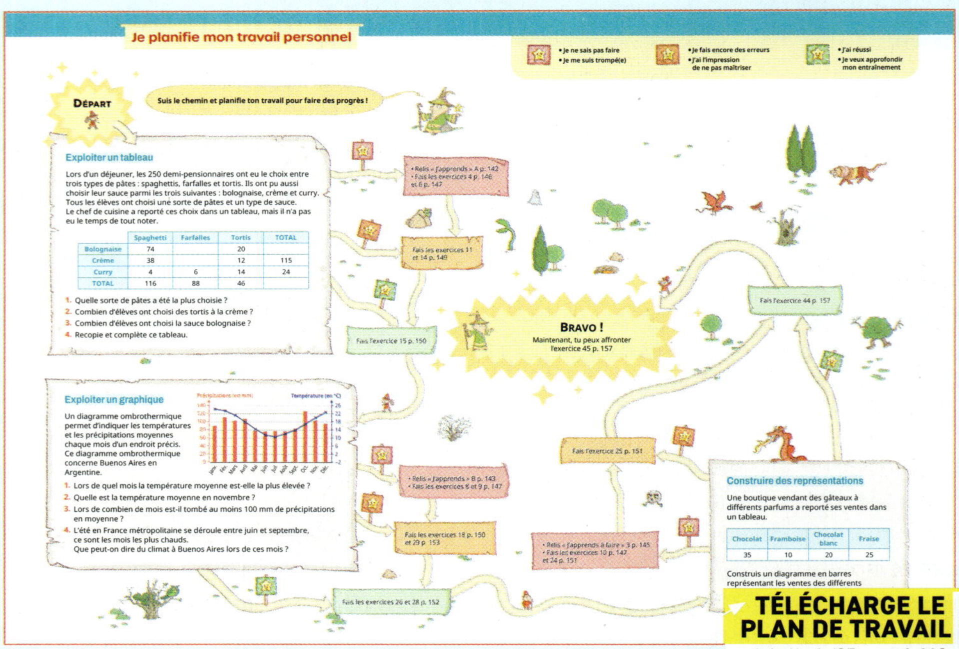

TÉLÉCHARGE LE PLAN DE TRAVAIL
edubelin.fr/25mmat6-148

J'applique mes connaissances

Exploiter un tableau

11 Moussa, élève de 6ᵉ, étudie son emploi du temps.

1. À quelle heure Moussa commence-t-il les cours le mardi matin ?
2. À quelle heure Moussa termine-t-il les cours le jeudi ?
3. Dans quelle salle se déroulent les cours de mathématiques de Moussa ?
4. Combien de temps dure la pause déjeuner ?
5. Quelle est la durée des récréations dans le collège de Moussa ?

Emploi du temps 6ᵉ Marie Curie

	Lundi	Mardi	Mercredi	Jeudi	Vendredi
8 h 00 – 8 h 55	Sciences et Techno 108		Mathématiques 114	Mathématiques 114	
9 h 00 – 9 h 55		Anglais 8	Anglais 8	Anglais 8	Mathématiques 114
10 h 05 – 11 h 00	Français 15	Histoire-Géo 106	Français 15	*Permanence*	EPS
11 h 05 – 12 h 00	Arts plastiques S. AP	Mathématiques 114	Histoire-Géo 105	Français 15	
12 h 05 – 13 h 00	Self	Self		Self	Self
13 h 00 – 13 h 55	Association sportive				
14 h 00 – 14 h 55	Anglais 8	EPS		Sciences et Techno 108	Histoire-Géo 106
15 h 00 – 15 h 55	Mathématiques 114				Éduc. musicale S. musique
16 h 05 – 16 h 55		Français 15			Vie de classe 8

12 Caroline a demandé à 26 de ses amies du Karaoké Club leur style musical préféré.

Style musical préféré	Rock	Électronique	Pop moderne	Hip-hop/Rap	Chanson française contemporaine	Autres propositions	TOTAL
Nombre de réponses	2	6	5	6		3	

Combien de ses amies ont répondu « Chanson française contemporaine » ?

13 Un opticien vend différents modèles de lunettes de soleil.
Il reporte dans un tableur des informations sur cinq modèles vendus en 2023 :

	A	B	C	D	E	F	G
1	Lunettes de soleil	Modèle 1	Modèle 2	Modèle 3	Modèle 4	Modèle 5	Total
2	Nombre de paires de lunettes vendues	1 200	950	875	250	300	
3	Prix à l'unité en euro	75	100	110	140	160	☒

1. Quel modèle de lunettes est le plus cher ? Quel modèle est le moins cher ?
2. Quelle formule doit-on saisir dans la cellule **G2** pour calculer le nombre total de paires de lunettes de soleil vendues en 2023 ?
3. Calculer ce nombre.
4. Calculer le montant total, en euros, des ventes de paires de lunettes de soleil en 2023.

D'après DNB 2023

14 **Automatismes**

Pour répertorier les 999 emprunts effectués l'an dernier au CDI par les élèves de 6ᵉ, la professeure documentaliste du collège a choisi d'utiliser un tableur. Mais, suite à une mauvaise manipulation, certaines cellules sont vides.

	A	B	C	D	E	F	G	H
1	Classes	6ᵉ Thalès	6ᵉ Pythagore	6ᵉ Lovelace	6ᵉ Euclide	6ᵉ Archimède	6ᵉ Hypatie	TOTAL
2	Nombre de mangas	25	82		82	73	93	
3	Nombre de romans	27	48	29	57	55	72	288
4	Nombre de magazines	19	38	27	43	44		308

Le tableur permet de traiter des données, d'effectuer des calculs et de produire des représentations graphiques.

1. Dans quelle cellule trouve-t-on le nombre 29 ?
2. Quelle information est présente dans la cellule **C4** ?
3. Quelle formule a-t-on saisie dans la cellule **H3** ?
4. Combien de magazines ont été empruntés par les 6ᵉ Hypatie ? Justifier.
5. Combien de mangas ont été empruntés au total ? Justifier.
6. Combien de mangas ont été empruntés par les 6ᵉ Lovelace ? Justifier.

J'applique mes connaissances

15 Une boutique de prêt-à-porter fait son inventaire à la fin du mois.

	S1	S2	S3	S4	TOTAL
Vêtements	12		14		51
Chaussures		14	12		52
TOTAL	25	27			

Reproduire et compléter ce tableau à double-entrée afin de connaître le détail des ventes par semaine.
Indiquer, pour chaque case du tableau, les calculs effectués.

16 On a demandé à quelques élèves de 6e s'ils avaient passé leurs dernières vacances à la mer, à la montagne, en ville ou à la campagne et de préciser le moyen utilisé pour se rendre sur leur lieu de vacances : train, voiture ou avion. Voici leurs réponses :

mer/avion	montagne/voiture	ville/voiture
ville/train	mer/train	campagne/train
mer/voiture	campagne/voiture	mer/avion
campagne/voiture	ville/avion	mer/train
montagne/train	mer/avion	mer/voiture
mer/avion	montagne/voiture	ville/train

Présenter ces résultats dans un tableau à double entrée.

Exploiter un graphique

17 Répondre aux questions suivantes à l'aide de ce diagramme en bâtons :

Résultats d'une enquête auprès des usagers de la bibliothèque du village de Viplaix

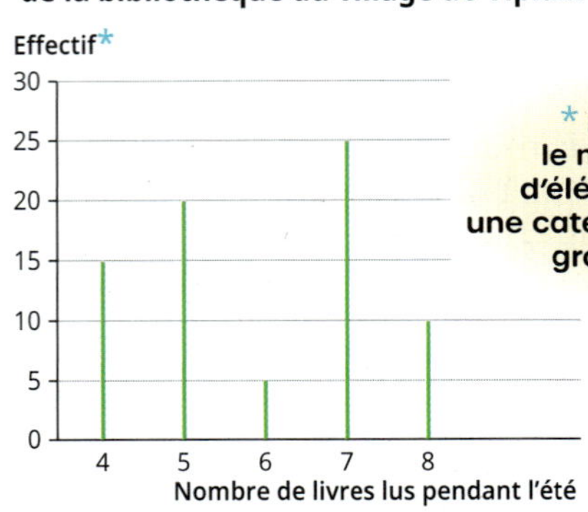

*** L'effectif est le nombre total d'éléments dans une catégorie ou un groupe donné.**

1. Combien de personnes ont lu 5 livres cet été ?
2. À quoi correspond le bâton le plus court ?
3. Combien de personnes ont participé à cette enquête ?

18 Voici une étude sur l'évolution du marché du vinyle en France :

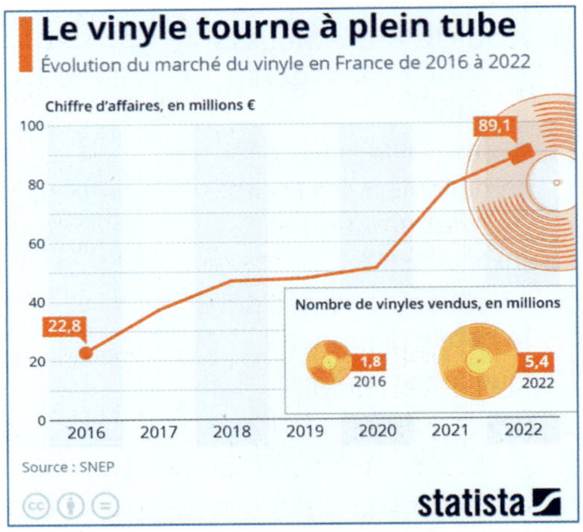

1. Sur quelle période porte cette étude ?
2. Quel est, approximativement, le chiffre d'affaires du vinyle en 2021 ?
3. Brahim affirme que le nombre de vinyles vendus entre 2016 et 2022 a triplé et que, durant cette même période, le chiffre d'affaires a augmenté de 66,3 millions d'euros. Que peut-on en penser ? Justifier.

19 Voici les résultats d'une étude sur les loisirs des retraités :

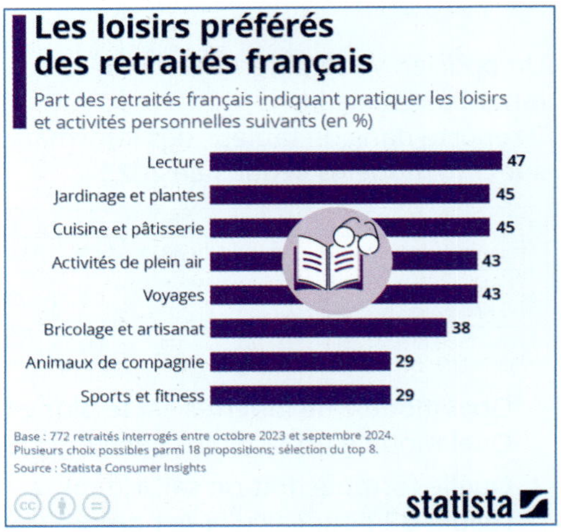

1. Combien d'activités/loisirs apparaissent dans cette présentation ?
2. Quelle est l'activité favorite des personnes retraitées en France ?
3. **Vrai ou faux ?** Environ 1 retraité sur 3 indique avoir un animal de compagnie.

20 **Automatismes**

L'entraîneur de l'équipe d'UNSS a réalisé cette fiche à l'issue d'un match de football entre l'équipe bleue et l'équipe rouge :

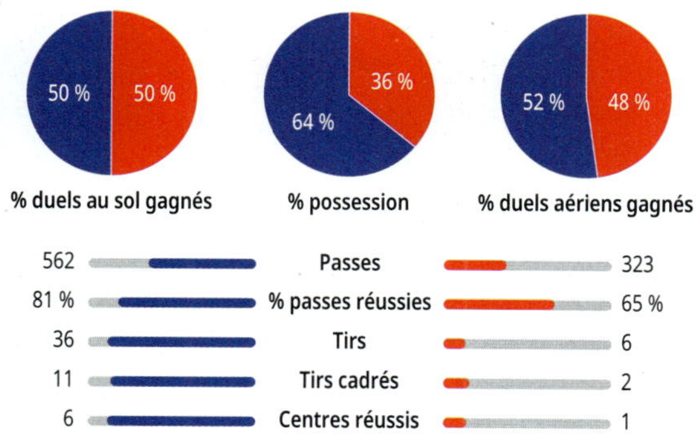

1. Quelle équipe a eu la plus importante possession du ballon ?
2. **Vrai ou Faux ?** L'équipe bleue a réalisé 239 passes de plus que l'équipe rouge.
3. **Vrai ou Faux ?** L'équipe bleue a tiré six fois plus que l'équipe rouge.
4. L'entraîneur affirme que l'équipe rouge a cadré un tiers de ses tirs.
   Que peut-on en penser ? Justifier.

21 On a représenté les conséquences du changement climatique listées par un groupe d'élèves du collège dans le diagramme en barres suivant :

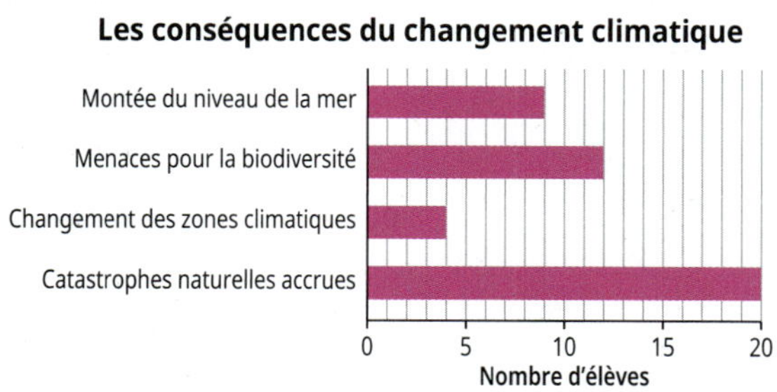

1. Combien d'élèves jugent que les catastrophes naturelles sont accrues ?
2. Combien a-t-on interrogé d'élèves ?
3. Présenter ces données dans un tableau.

22 **J'accélère**

Calcul mental
edubelin.fr/25mmat6-151
5 séries en PDF

5 min

Calculer mentalement :

a. le double de 12 **b.** $5{,}2 + 7 + 3{,}8$

c. 6×300 **d.** $2{,}56$ m = ... cm

e. $45{,}9 : 10$ **f.** $2{,}4 \times 5$

Construire une représentation graphique

23 Dans un collège, 125 élèves ont été présentés au brevet des collèges. Ces élèves sont répartis dans cinq classes. Voici les résultats obtenus :

Classe	3e A	3e B	3e C	3e D	3e E
Nombre d'élèves	25	20	25	30	
Nombre d'élèves admis	20	18	22	27	
Pourcentage d'élèves admis					84 %

1. Recopier et compléter le tableau.
2. Représenter les pourcentages d'élèves admis de chaque classe par un diagramme en barres.

24 Dans une station météo, on a relevé la température extérieure toutes les deux heures, de 00 h à 22 h.

Heure	0	2	4	6	8	10	12	14	16	18	20	22
Temp. (en °C)	4	2	1	0	3	5	8	9	10	8	6	4

1. Utiliser les données du tableau pour représenter l'évolution de la température en fonction du temps.
2. Indiquer la légende sur les axes et donner un titre à la représentation.

25 La famille de Nadira souhaite passer des vacances au Caire, capitale de l'Égypte. Le climat étant différent de celui en France, ses parents se renseignent et trouvent ce tableau :

	J	F	M	A	M	J	J	A	S	O	N	D
Temp. minimale (en °C)	10	11	13	15	19	22	23	24	23	20	15	11
Temp. maximale (en °C)	19	21	24	28	32	34	35	35	34	31	25	20
Hauteur des précipitations (en mm)	4	7	12	2	2	0	0	2	0	5	10	11

Sur un même graphique, représenter par des points bleus les températures minimales, par des points rouges les températures maximales et par des bâtons les précipitations en fonction des mois.

Fais deux axes des ordonnées : à gauche, un axe gradué en fonction des températures (1 cm correspondra à 2 °C) ; à droite, un axe gradué en fonction des précipitations (1 cm correspondra à 2 mm).

26 Représenter et Communiquer

Pour son cours de SVT, M. Bean a demandé à ses élèves de cultiver des haricots et de mesurer régulièrement la tige de la plante. Voici les données obtenues :

Temps (en jours)	0	2	4	6	8	10	12	14	16	18
Taille (en cm)	0	0,8	1,8	1,8	2,5	3	3,2	4,1	5	5,6

Il a ensuite demandé à ses élèves de représenter graphiquement cette évolution.

1. Voici le travail d'un élève. Que peut-on en penser ?

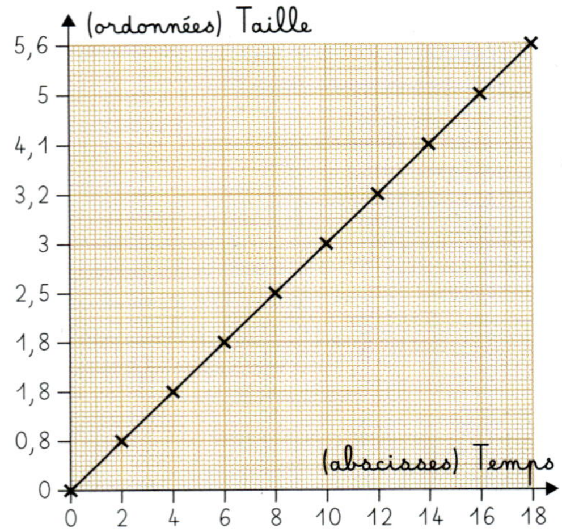

2. En utilisant du papier millimétré, proposer une représentation graphique correcte de cette évolution.

27 Chercher et Calculer

Ce diagramme circulaire donne la répartition des 60 participants à une matinée « Découverte » dans un club de sports de raquette :

Les sports de raquette proposés

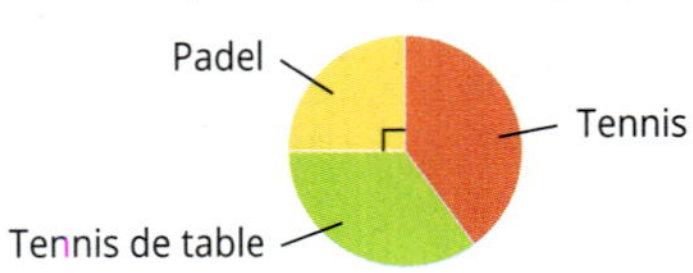

1. Combien de participants ont découvert le padel ?
2. 35 % des participants ont choisi le tennis de table. Calculer combien de participants cela représente.
3. Quel pourcentage des participants a découvert le tennis ?
4. À combien de personnes cela correspond-il ?

28 Chercher et Raisonner

Une athlète a réalisé un triathlon d'une longueur totale de 12,9 km. Les trois épreuves se déroulent dans l'ordre suivant :

Épreuve 1	Épreuve 2	Épreuve 3
Natation Distance : 400 m	Cyclisme	Course à pied Distance : 2,5 km

Entre deux épreuves, l'athlète doit effectuer un changement d'équipement sur place.
Ce graphique représente la distance parcourue (exprimée en km) par l'athlète, en fonction de son temps de parcours (exprimé en min) pendant son triathlon :

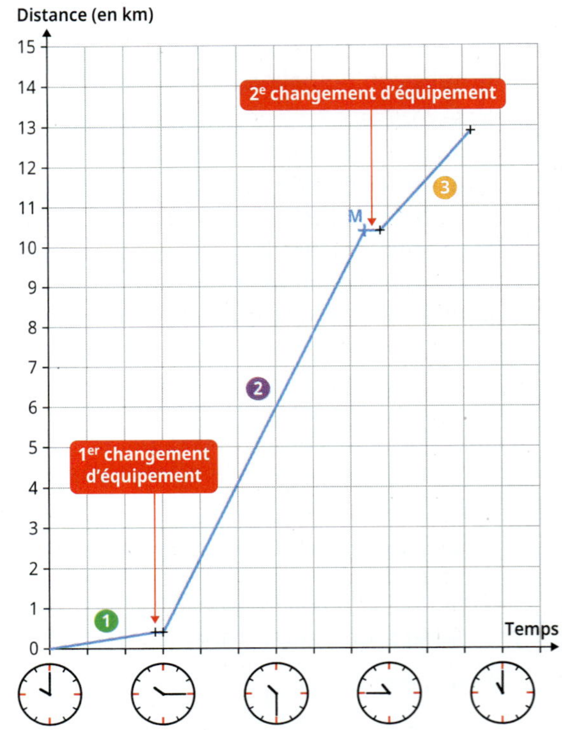

Le point M a pour abscisse 42 et pour ordonnée 10,4. À l'aide des informations et notamment par lecture graphique avec la précision qu'il permet, répondre aux questions suivantes en justifiant la démarche.

1. Au bout de combien de temps l'athlète s'est-elle arrêtée pour effectuer son premier changement d'équipement ?
2. Quelle est la longueur, exprimée en km, du parcours de l'épreuve de cyclisme ?
3. En combien de temps l'athlète a-t-elle effectué l'épreuve de course à pied ?
4. Parmi les trois épreuves, lors de laquelle l'athlète semble-t-elle avoir été la moins rapide ?

D'après DNB 2021

29 Chercher et Raisonner

Une famille part en randonnée.
Voici le graphique représentant la distance parcourue en kilomètres en fonction de la durée de marche en heures :

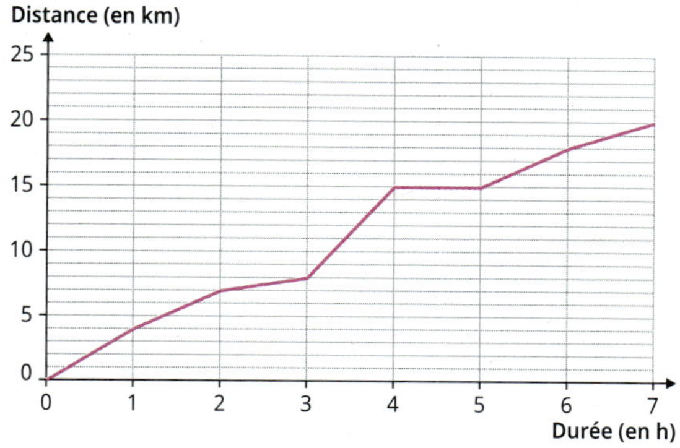

1. Quelle est la durée totale de cette randonnée ?
2. Quelle distance cette famille a-t-elle parcourue au total ?
3. Quelle est la distance parcourue au bout de six heures de marche ?
4. Au bout de combien de temps cette famille a-t-elle parcouru les huit premiers kilomètres ?
5. Que s'est-il passé entre la quatrième et la cinquième heure de randonnée ?

30 Calculer et Communiquer

Ce document liste les véhicules (marques, modèles et quantités) les plus vendus en France en 2023.
Les motorisations n'ont pas été précisées mais l'électrique et l'hybride sont en plein essor.

	Modèles	Nombre de véhicules
1	Renault Clio V	97 471
2	Peugeot 208 II	86 263
3	Dacia Sandero 3	69 106
4	Citroën C3 III	59 603
5	Peugeot 2008 II	49 344
6	Renault Captur III	47 569
7	Peugeot 308 III	45 564
8	Tesla Model Y	37 127
9	Dacia Duster 2	32 625
10	Fiat 500	31 973

1. Combien de Peugeot 208 II ont été vendues en 2023 ?
2. **Vrai ou faux ?** La Renault Clio V s'est vendue environ deux fois plus que la Renault Captur III.
3. « 20 % des ventes de la Dacia Duster 2 se font avec une motorisation hybride. » Combien de véhicules cela représente-t-il ?
4. Reporter ces données dans un tableau, puis représenter la répartition des marques dans ce classement à l'aide d'un diagramme en barres verticales.

31 Développement durable

Les *warming stripes* visent à sensibiliser au réchauffement climatique en proposant une représentation visuelle artistique du phénomène.

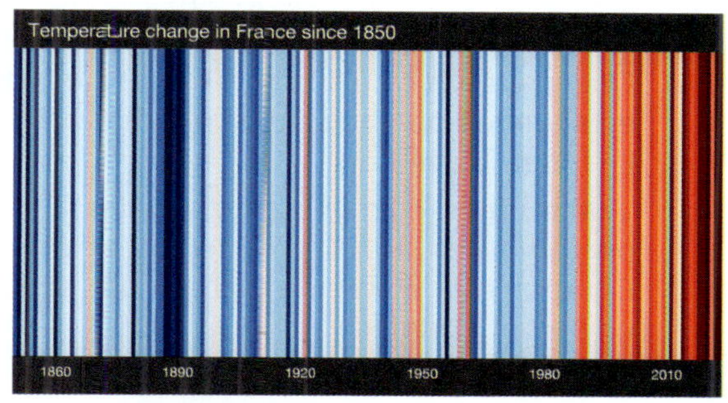

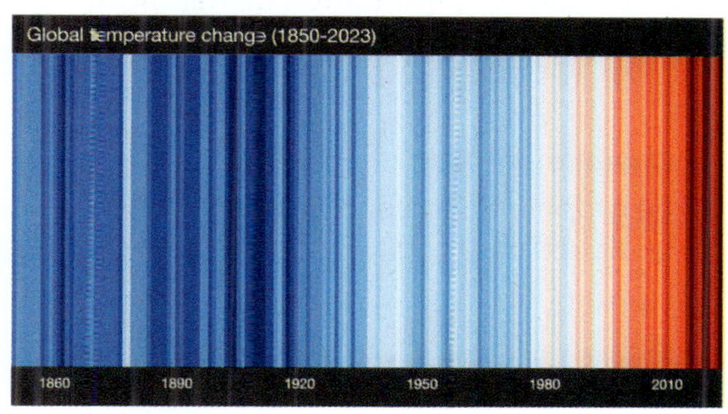

1. Comment comprendre ces deux représentations ?
2. Pourquoi sont-elles différentes ?
3. Quels défauts présentent ces graphiques ? Quelles corrections pourrait-on apporter ?

POUR INFO !

Le réchauffement climatique correspond à une élévation progressive de la température de la Terre, influencée par les gaz à effet de serre issus des activités humaines. Ce phénomène entraîne des modifications dans notre environnement, telles que la fonte des glaciers et des variations climatiques plus importantes.

Je développe mes savoir-faire

32 **Chercher et Calculer**

Voici une représentation graphique de l'accès à l'emploi des personnes handicapées :

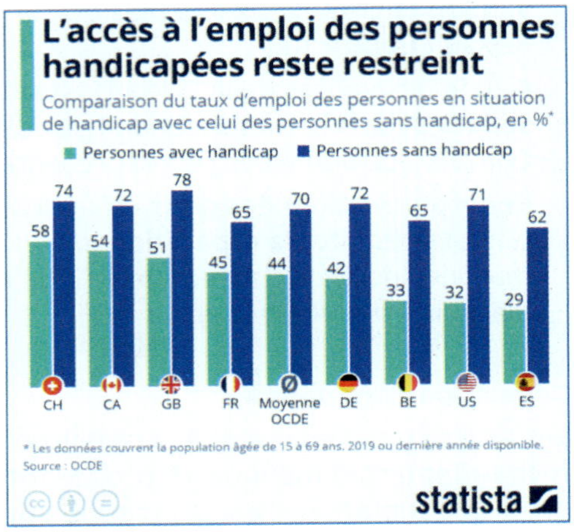

1. Quel pays a le taux d'emploi de personnes sans handicap le plus élevé ?
2. Quel pays a le taux d'emploi de personnes en situation de handicap le plus élevé ? Le moins élevé ?
3. **Vrai ou faux ?** Le taux d'emploi des personnes en situation de handicap en Espagne est deux fois plus bas que celui en Suisse. Justifier.
4. Ayoub pense que l'accès à l'emploi des personnes en situation de handicap est plus simple en France qu'en Grande-Bretagne. A-t-il raison ? Justifier.

33 **Chercher et Raisonner**

Ce graphique présente les périodes de vie de quelques mathématiciens de la Grèce antique :

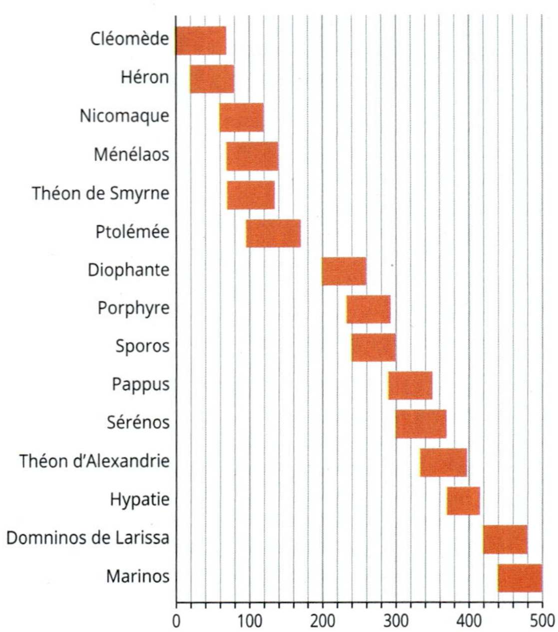

1. Quel mathématicien est né le premier d'après cette chronologie ?
2. Combien d'années Domninos de Larissa a-t-il vécues ?
3. Ptolémée a-t-il vécu plus de 60 ans ?
4. Estelle affirme que Sporos et Hypatie auraient pu travailler ensemble. A-t-elle raison ? Justifier.

34 **Travail en groupe**

1. En groupe, mener une enquête relative à la répartition d'un caractère de la population :

Une étude qualitative : espèce de l'animal de compagnie possédé/sport pratiqué/dernière sortie culturelle/plat préféré...

ou

Une étude quantitative : temps de trajet pour venir au collège/temps passé sur les écrans par jour/temps consacré aux devoirs sur la semaine/nombre de pas quotidiens/nombres de pages lues par semaine...

2. Présenter et organiser les réponses obtenues dans un tableau.
3. Produire la représentation graphique la plus adaptée à l'étude menée.
4. Créer une affiche et présenter oralement cette étude à l'ensemble de la classe.

Il est possible d'utiliser un tableur pour la création de graphiques ou de présenter à l'aide d'un diaporama.

35 **Je fais une pause**

Axel a réalisé ce grand cube plein à l'aide de petits cubes tous identiques.

Yasmine veut réaliser le même cube.

Voici le début de sa construction :

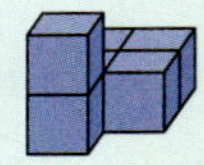

Combien de petits cubes manque-t-il à Yasmine pour réaliser le même cube qu'Axel ?

Je prépare mon évaluation

45 min

Je contrôle mes connaissances

	a	b	c
36 **Que comporte une enquête statistique ?**	La collecte des données	La présentation des données	L'analyse des données
37 **Quels sont les outils qui peuvent aider à une enquête statistique ?**	Des tableaux	Une équerre	Des graphiques
38 **Quel type de graphique utiliser pour rendre compte d'une évolution ?**	Le diagramme circulaire	Le diagramme en barres	Le graphique cartésien

J'exploite un tableau

39 Ce tableau indique les méthodes de révision préférées des élèves en fonction de leur classe.

Méthode de révision	6^{e}	5^{e}	4^{e}	3^{e}
Par cœur	5	6	4	3
En groupe	3	5	7	6
Avec des fiches	6	4	6	5
Sur Internet	2	3	4	4

1. Recopier et compléter le tableau par une ligne et par une colonne « Total ».
2. Quelle est la méthode préférée des élèves de 6e ?
3. Quel niveau scolaire préfère les révisions en groupe ?
4. Quelle est la méthode la moins aimée des élèves interrogés ?

J'exploite un graphique

40 L'activité humaine et le réchauffement climatique ont des effets sur les espèces animales et la faune sauvage.

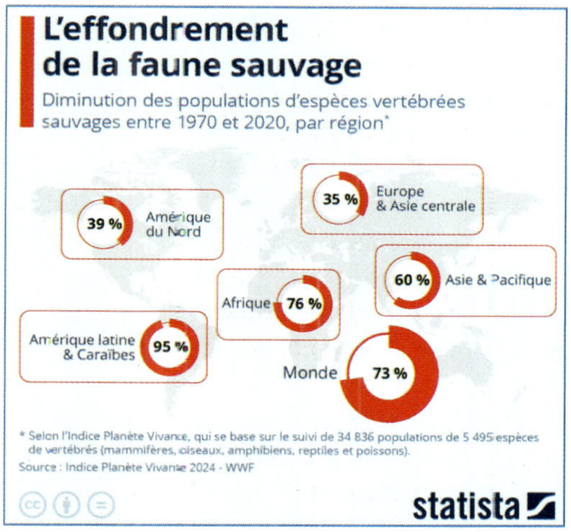

1. À quel pourcentage s'élève la diminution de la faune sauvage en Asie et au Pacifique ?
2. Quelle région du monde est la plus touchée par la diminution de la faune sauvage ?
3. **Vrai ou faux ?**
Cette diminution est deux fois moins importante en Europe et en Asie centrale que dans le monde.

Je construis une représentation graphique

41 Représenter les données ci-dessous à l'aide d'un graphique cartésien :

Âge (en années)	0	1	2	3	4	5	6	7	8	9	10	11	12
Masse (en kg)	3,5	10	12	14	16	18	20	22	24	26	28	30	32

Exercices 36 à 41 corrigés p. 316

Je mobilise mes compétences

42 Chercher et Raisonner

Pour représenter l'évolution d'une population, on peut utiliser une pyramide des âges.

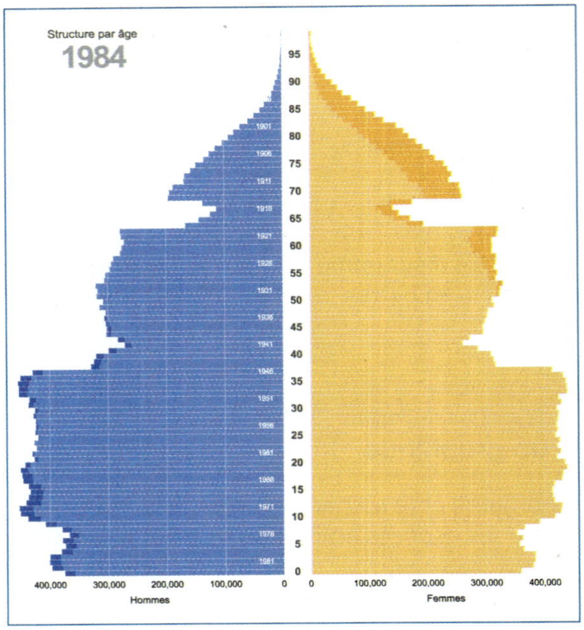

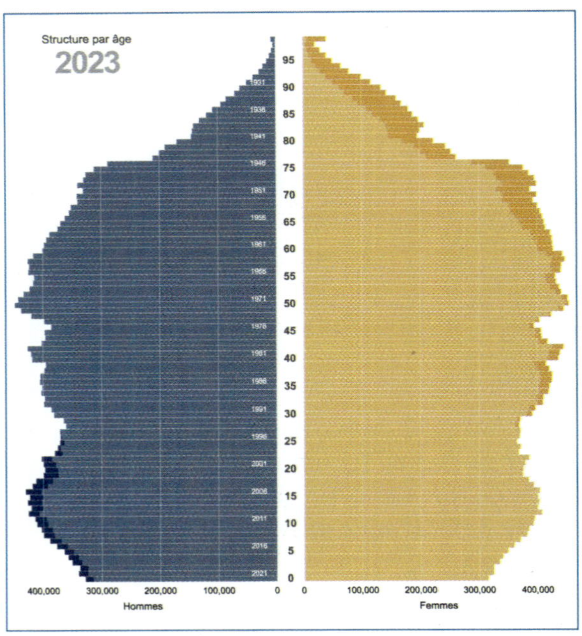

1. Quelles sont les deux années étudiées ici ?
2. Quelles sont les informations que l'on trouve sur ce type de représentation graphique ? En citer au moins quatre.
3. De 2020 à 2023, la natalité est-elle plus importante chez les garçons ou chez les filles ?
4. À partir de quel âge la population masculine est-elle inférieure à 200 000 individus ?
5. La population masculine âgée de 80 ans a-t-elle doublé entre 1984 et 2023 ?
6. Des creux sont observés sur la première pyramide. Quelle pourrait en être la cause ?
7. À partir de ces pyramides des âges, comparer en quelques mots la structure des populations en 1984 et en 2023.

43 Représenter et Communiquer

Pendant les JO de Paris en 2024, la France a obtenu un total de 64 médailles.
Le ministère des Sports souhaite savoir si la préparation de l'événement a conduit à une augmentation significative du nombre de médailles par rapport aux dernières olympiades.

1. Ranger les données du texte suivant dans un tableau simple.

> En 1992, le nombre de médailles obtenues était de 29. Lors des olympiades suivantes, en 1996, la délégation française remporte 8 médailles supplémentaires. En 2000, le total grimpe à 38. 4 ans plus tard, le nombre de médailles diminue de 5. En 2008, le total atteint le quart de 172. En 2012, on enregistre une baisse de 8 médailles. Lors des JO de Rio, en 2016, le nombre de médailles est le double de 21. En 2020, il retrouve le niveau de 2004.

2. Représenter l'évolution du nombre de médailles à l'aide d'un diagramme en barres verticales.
3. Conclure sur la demande du ministère.

44 Développement durable

La production d'électricité éolienne n'a cessé d'augmenter depuis les années 2000.

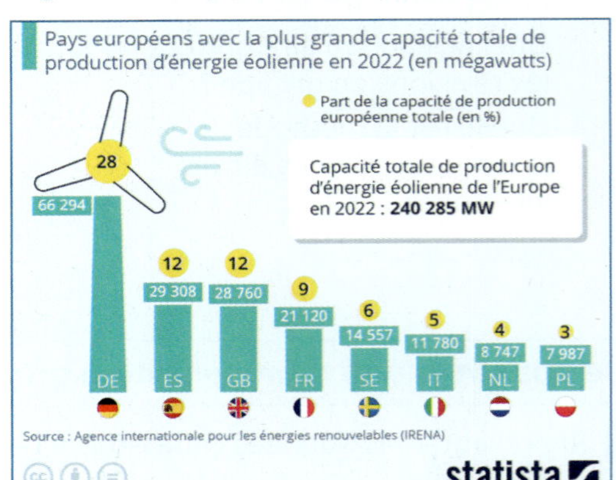

1. Quel pays européen a la plus grande capacité de production d'énergie éolienne ?
2. Quelle place occupe la France dans ce classement ?

Évolution des capacités de production des éoliennes installées en France

Année	Capacités éoliennes (en GW)
2012	7,61
2013	8,16
2014	9,20
2015	10,30
2016	11,57
2017	13,50
2018	14,90
2019	16,43
2020	17,51
2021	18,74
2022	21,12

Source : AIE

3. Vrai ou faux ? Entre 2012 et 2022, les capacités éoliennes installées en France ont plus que triplé.

4. Mme Giovannetti, climatologue, affirme qu'il faut doubler les capacités de production tous les 10 ans pour que la France puisse prendre le leadership à l'échelle européenne.
En prenant appui sur les données de l'année 2022, quelles seraient alors les capacités de production en 2032 ? En 2042 ?

45 Pour remercier son professeur de mathématiques, Nélia lui offre un ballotin de 750 grammes de chocolats.

Les chocolats préférés de ce professeur sont les blancs. Sachant qu'un seul des chocolats du ballotin pèse environ 15 g, combien de chocolats blancs pourra-t-il manger ?

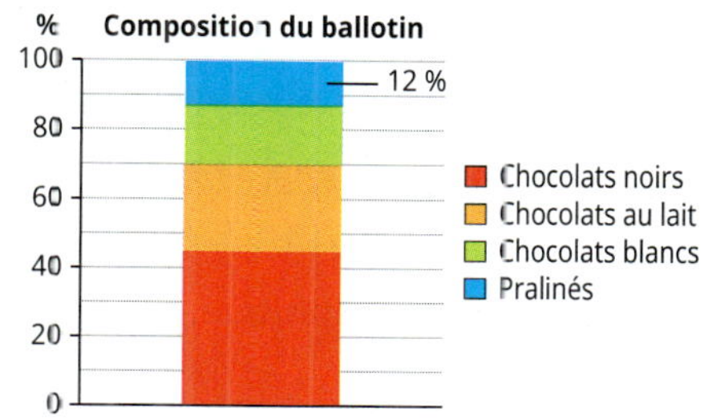

Adaptations
edubelin.fr/25mmat6-157
Livret complémentaire p. 24

46 Je prends des initiatives

Raisonner et Calculer

LE PROBLÈME Le tournoi de basket annuel du collège Antoine de Saint-Exupéry va bientôt avoir lieu. Monsieur Michel, professeur principal d'une classe de 3e, décide d'offrir à chacun de ses 30 élèves un maillot souvenir de cet événement.
Souhaitant impliquer ses élèves dans cette action, il leur distribue les trois documents suivants.

• Avec son budget de 350 €, quelles combinaisons de maillots sont possibles ?

Document 1 Le prix des maillots

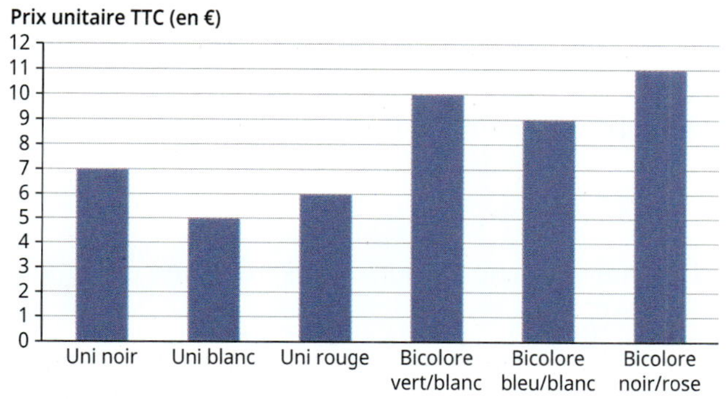

Document 2 Répartition des maillots par taille

Autre indication : Il faut deux fois plus de maillots en taille L qu'en taille S.

Document 3 La commande

Précisions sur votre future commande

10 juin 2025 09:25

kevin.richard@sport.fr
À : michel.michel@ac-toulouse.fr

Cher Monsieur,

Notre enseigne vous offrira :
- une remise de 10 % dès 5 maillots achetés dans la même taille (sur le lot de maillots concernés) ;
- une remise de 20 % dès 10 maillots achetés dans la même taille (sur le lot de maillots concernés).

Le tarif des flocages est le suivant :
- numéro seul : 3 €/maillot ;
- numéro et nom : 7 €/maillot.

Bien cordialement

Kévin Richard
Conseiller commercial

J'utilise un tableur

Une entreprise florissante

Niveau mathématique ●○○ Niveau technique ●●○

45 min

Apprendre à construire des représentations graphiques et porter un regard critique.

Une entreprise souhaite communiquer à ses investisseurs l'évolution de ses bénéfices.
Elle envisage de diffuser la représentation graphique suivante :

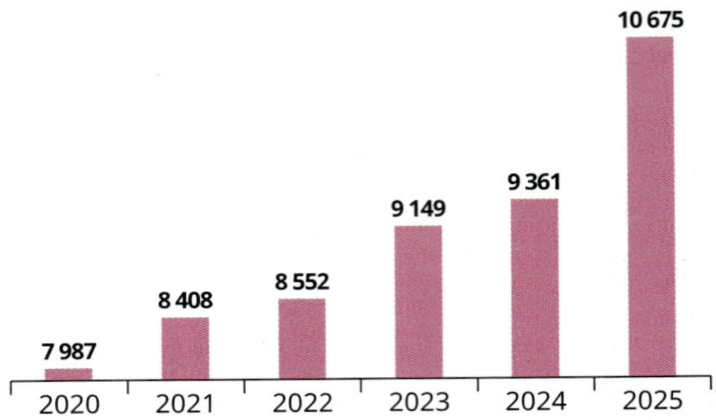

1 En observant le graphique, quelle impression peut-on avoir sur l'évolution des bénéfices ?

2 En regardant les données, quelle remarque peut-on se faire ?

3 Cet effet visuel est obtenu en tronquant le graphique pour éviter qu'il ne commence à zéro. Nous allons construire nous-même ce graphique afin de voir à quoi il ressemblerait s'il commençait à zéro.

a Dans LibreOffice Calc, reproduire le tableau suivant et le compléter à partir des données du graphique :

	A	B	C	D	E
1	Année	2020	2021	2022	…
2	Bénéfices				

b Sélectionner tout le tableau.

c Cliquer sur « Insérer un diagramme » .

d Cliquer sur « Suivant ».

e Cliquer sur « Série de données en ligne », car les bénéfices sont listés sur la même ligne.

f Cliquer sur « Première ligne comme étiquette » car les années ne seront pas représentées graphiquement, mais serviront d'étiquettes en bas de la représentation graphique.

g Cliquer sur « Terminer ».

h Quelle remarque peut-on faire lorsque l'on compare la représentation graphique obtenue à celle que l'entreprise souhaite communiquer à ses investisseurs ?
Quelle conclusion peut-on en tirer sur les représentations graphiques auxquelles nous sommes régulièrement exposés ?

4 Un défi pour aller plus loin !

Le diagramme en barres n'est peut-être pas le meilleur choix pour représenter une évolution.

Après avoir cliqué sur « Insérer un diagramme » et avant de cliquer sur « Suivant », parcourir les différents types de diagramme et en trouver un autre qui serait plus approprié.

GRAFIX

La mission

Samedi, 14 h. L'équipement de l'équipe de water-polo a disparu. L'inspecteur Grafix enquête. Ses soupçons se portent sur un groupe d'amis qui avaient rendez-vous à la piscine ce matin. À l'aide des indices, retrace les événements et identifie qui ment pour aider l'inspecteur Grafix à résoudre l'enquête.

Les indices

- Les témoignages des six suspects :

Cédric : J'ai parcouru les deux premiers kilomètres à pied avant d'être pris en co-voiturage par Ève.

Anna : Je suis partie de chez moi en bus, mais un bouchon m'a fait arriver plus tard que prévu. Je suis rentrée en bus.

David : J'aime marcher et j'ai choisi d'effectuer l'aller et le retour à pied ; je suis l'un de ceux à avoir passé le moins de temps à la piscine.

Bob : Je suis parti de chez moi en vélo. Je suis allé à la piscine après une demi-heure passée chez mon amie Zora, qui habite à mi-chemin.

Greg : Je me suis rendu compte à mi-chemin que j'avais oublié mon sac. Après l'avoir récupéré, j'ai pris le bus pour rattraper le temps perdu.

Ève : J'ai profité d'avoir une voiture pour arriver tôt à la piscine. Mais j'ai dû aller chercher un colis pour ma maman. J'ai raccompagné Cédric, qui habite près de chez moi.

- Les graphiques indiquant la distance des suspects par rapport à leur domicile en fonction de l'heure, d'après leurs témoignages :

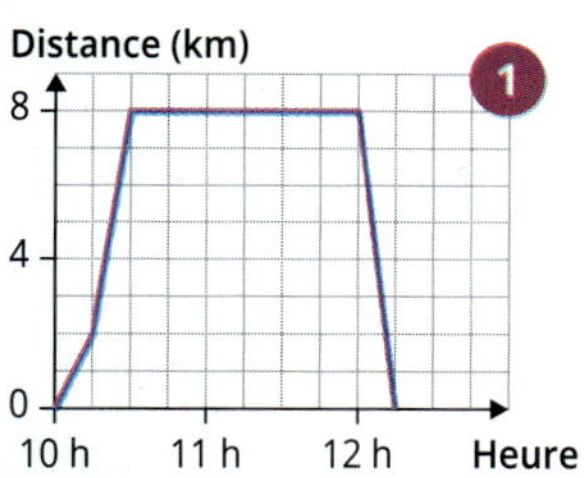

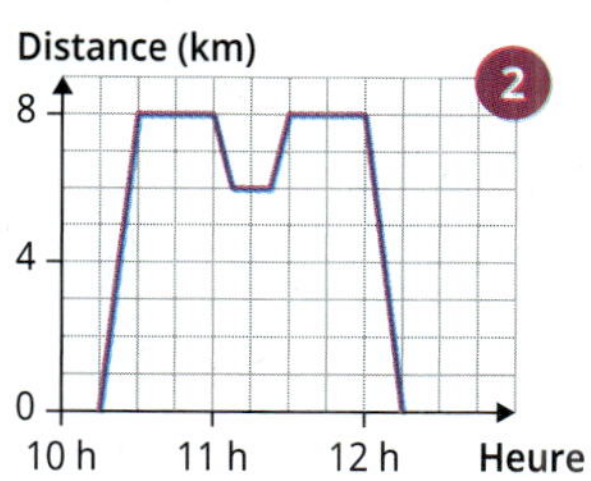

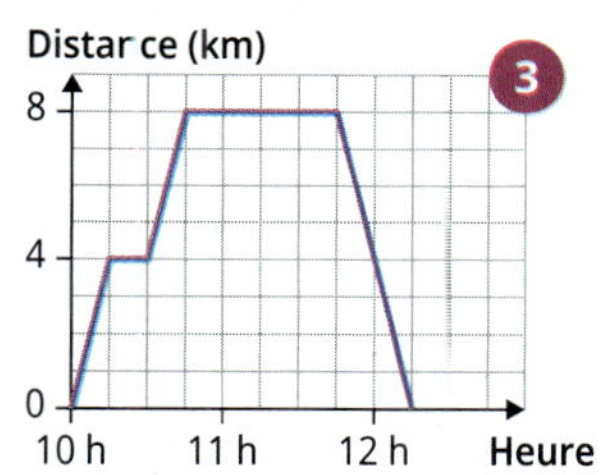

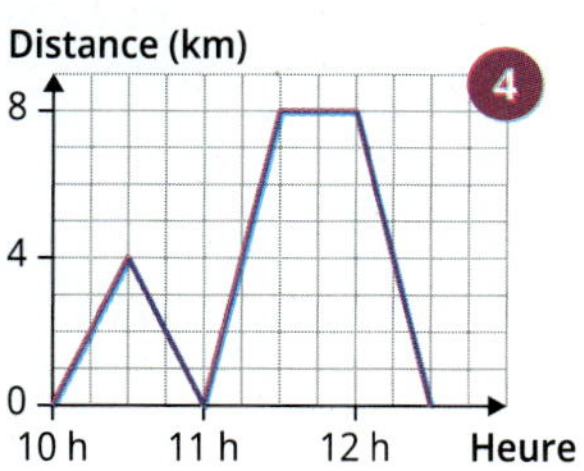

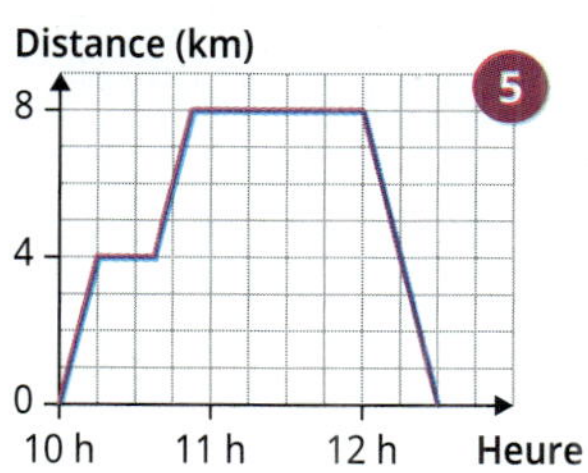

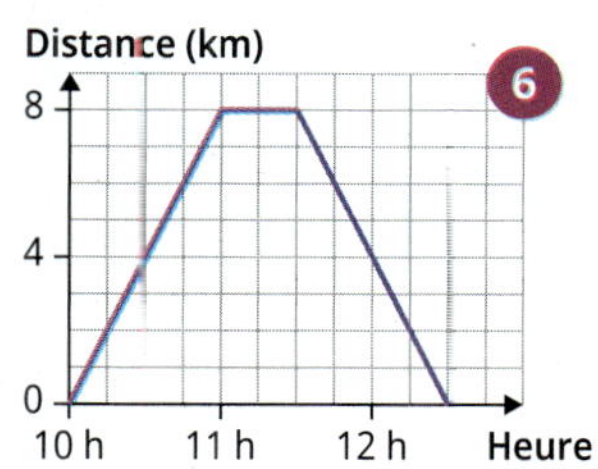

- Le tableau du temps de présence à la piscine de chaque suspect, relevé par les portiques d'entrée :

Suspect	Anna	Bob	Cédric	David	Ève	Greg
Temps de présence (en min)	70	80	90	30	60	30

CHAPITRE

8 Probabilités

Depuis très longtemps, l'être humain cherche à maîtriser le hasard.

ON FAIT des MATHS ?

Peut-on prévoir le hasard ?

Le calcul des probabilités est la branche des mathématiques qui étudie les phénomènes liés au hasard. Dans cette vidéo, à travers plusieurs expériences aléatoires classiques ou surprenantes, Stéphane et Adrien te donnent quelques repères pour aborder ce chapitre sereinement.

POUR VOIR LA VIDÉO
edubelin.fr/25mmat6-160

Je développe mes **automatismes**

Automatismes
edubelin.fr/25mmat6-161
5 séries en PDF

5 min

Réponds à ces questions sans utiliser la calculatrice !

1. Ranger dans l'ordre décroissant :

1,205 1 1,025 1,502

2. $\frac{23}{11} - \frac{?}{11} = 2$

3. Voici un pattern de figures :

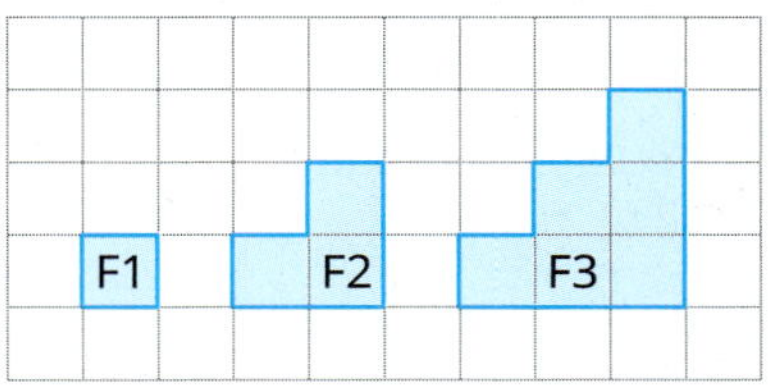

Représenter F5.

4. Je suis un nombre entier de quatre chiffres.
Je suis divisible par 5 mais pas par 10.
Mon chiffre des dizaines est 4, c'est le même que celui des unités de mille mais c'est la moitié de celui des centaines.
Qui suis-je ?

5. ■ = 15
■ = ▲ + 3
■ + ▲ = ●
Quelle est la valeur de ● ?

6. Représenter la vue de dessus de cet assemblage de cinq cubes.

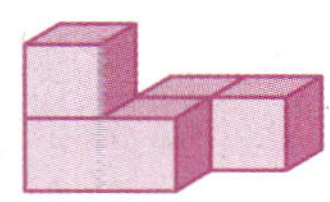

Objectifs : • Réactiver événement certain, événement impossible, peu probable.
• Comparer des probabilités dans le cadre de tirages successifs avec ou sans remise.
• Utiliser les arbres de probabilité.

Je **manipule** avec mes acquis

20 min

1. Dans une boîte, on a placé ces pièces :

a. Si on prend une pièce au hasard, est-on certain d'obtenir une pièce rouge ?
b. On remet la première pièce dans la boîte.
Si on en prend de nouveau une au hasard, est-il impossible d'obtenir une pièce rouge ?
c. Parmi les mots *probable*, *une chance sur deux*, *possible*, *peu probable*, lequel ou lesquels correspondent à « Obtenir une pièce rouge » ?

2. En plaçant uniquement des pièces

de cette forme 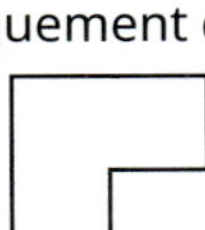 dans une boîte

ou un sac, fais en sorte d'avoir 1 chance sur 6 de tirer une pièce bleue.

3. On a placé dans une boîte ces trois pièces :

a. On pioche une pièce au hasard, on la met de côté et on en pioche une autre. Recopie et complète l'arbre qui décrit les tirages :

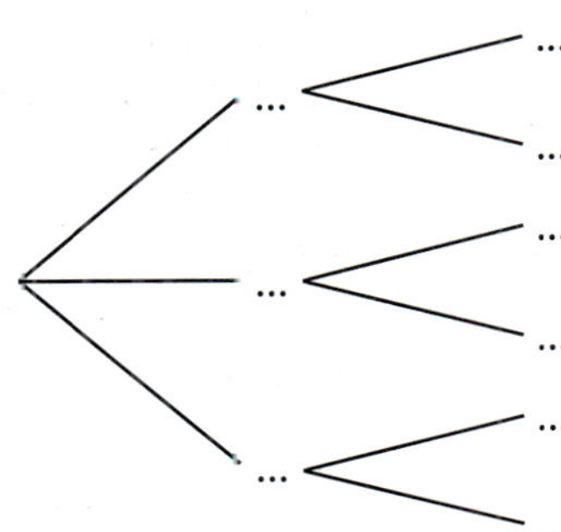

b. Obtiendrais-tu le même arbre si on remettait la première pièce dans la boîte avant de tirer la deuxième ? Justifie ta réponse.

Je découvre

JE REVOIS

Vrai ou faux ?

Dire qu'un dé est « équilibré »* signifie qu'il n'est pas truqué : chacune de ses faces a la même probabilité d'être obtenue.

1. Quand je lance un dé équilibré* à six faces numérotées de 1 à 6, j'ai moins de chances d'obtenir le 6 que le 1.

2. Je lance une pièce non truquée dix fois de suite.
J'ai obtenu les tirages suivants : *Pile Pile Pile Pile Face Face Pile Face Pile Pile*.
Au prochain lancer, j'ai plus de chances d'obtenir Pile que d'obtenir Face.

Pile Face

3. Dans une urne, il y a dix boules colorées. J'ai tiré une boule bleue.
Je l'ai remise dans l'urne et j'ai tiré à nouveau une boule bleue.
Je suis certain que toutes les boules sont bleues dans l'urne.

4. Pierre et Rokya jouent au Monopoly. Pierre a fait deux *double 6* à la suite.
Rokya affirme que Pierre a triché. A-t-elle raison ?

5. Dans le championnat de France de football, le premier au classement reçoit le deuxième.
On est sûr que le premier va gagner.

Activité 1 Hasard ou non ?

Objectif : Reconnaître des expériences aléatoires

1. Classer ces expériences en deux catégories : celles dont on peut connaître le résultat à l'avance et celles dont on ne connaît pas le résultat à l'avance.
   - A : « Répondre au hasard à un QCM »
   - B : « Ouvrir un livre et prendre le premier mot de la page de droite »
   - C : « Choisir sa matière préférée de la classe de 6e »
   - D : « Tirer une boule dans une urne contenant des boules vertes, bleues, jaunes et rouges »
   - E : « Jouer au loto »
   - F : « Disputer un match de basketball »
   - G : « Tirer une carte au hasard dans un jeu qui ne comporte que des as de pique »

2. Dans ce chapitre, on va s'intéresser aux expériences dont on ne connaît pas le résultat à l'avance. On les appelle des **expériences aléatoires**.
Par exemple, lancer un dé équilibré est une expérience aléatoire.
Donner deux autres exemples d'expérience aléatoire, différentes de celles de la question 1.

3. Dans une expérience aléatoire, les résultats possibles s'appellent des **issues**.
Dans le cas d'un lancer de dé équilibré, les issues sont : 1, 2, 3, 4, 5 et 6.
Donner toutes les issues quand on joue à Pile ou Face.

4. Dans une expérience aléatoire, un **événement** est réalisé par aucune, une ou plusieurs issues.
On lance un dé non truqué à six faces numérotées de 1 à 6.
Donner deux exemples d'événements comportant plusieurs issues dans cette expérience aléatoire.

JE REVOIS

Pour chacune des situations, estimer sa probabilité en choisissant parmi les mots suivants :
Impossible, *Peu probable*, *Une chance sur deux*, *Probable*, *Certain*.

a. Obtenir un 6 en lançant un dé à six faces numérotées de 1 à 6.
b. Gagner à l'EuroMillions.
c. Rennes gagne contre Brest lors d'un match de football.
d. La semaine prochaine aura 7 jours.
e. En France, il fait jour à minuit.
f. Choisir un nombre entre 1 et 1 000 qui soit plus grand que 3.

Activité 2 Vers la notion de probabilité

Objectif : Calculer une probabilité

Louka pioche au hasard une boule dans cette urne contenant :
- cinq boules jaunes numérotées de 1 à 5 ;
- deux boules vertes numérotées de 1 à 2 ;
- quatre boules rouges numérotées de 1 à 4 ;
- cinq boules violettes numérotées de 1 à 5.

1. Combien y a-t-il d'issues possibles ?

2. On veut connaître la probabilité de l'événement « Obtenir la couleur rouge ».
a. Combien d'issues composent cet événement ?
b. Recopier et compléter :
« Il y a ... chances sur ... d'obtenir une boule rouge ».
c. En déduire la probabilité d'obtenir une boule rouge.
Exprimer cette probabilité sous forme d'une fraction comprise entre 0 et 1.

3. Déterminer la probabilité d'obtenir la boule violette n° 1.

4. Déterminer la probabilité d'obtenir une boule portant un numéro impair.

Activité 3 Construire un arbre

Objectif : Recenser toutes les issues d'une expérience aléatoire en deux étapes

On joue à Pile ou Face avec une pièce non truquée.
On lance la pièce une première fois, on note le résultat, puis on lance à nouveau la pièce.
On veut recenser toutes les issues possibles de cette expérience à l'aide de cet arbre :

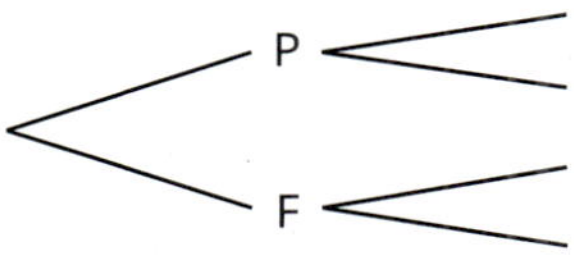

1. Recopier et compléter l'arbre.

2. Combien d'issues comporte cette expérience aléatoire ?

3. Lister toutes les issues possibles.

4. Quelle est la probabilité d'obtenir deux faces différentes ?

J'apprends

Pour prendre des décisions, pour faire des choix, pour mesurer les risques, on va chercher à estimer les chances qu'un phénomène se produise.
En conséquence, on va calculer des probabilités.

A Vocabulaire des probabilités

Définitions

- Dire qu'une expérience est une **expérience aléatoire** signifie qu'elle a plusieurs résultats possibles et qu'on ne peut pas savoir à l'avance quel résultat sera obtenu.
- Les résultats possibles s'appellent des **issues**.

Exemples

- Lancer un dé à six faces numérotées de 1 à 6 est une expérience aléatoire. Les issues sont 1, 2, 3, 4, 5 et 6.
- Choisir au hasard un chocolat dans ce bocal n'est pas une expérience aléatoire. En effet, on sait à l'avance ce que l'on va obtenir étant donné qu'il n'y a qu'un seul type de chocolat.

Définition

Un **événement** est constitué par des issues d'une expérience aléatoire.
On décrit un événement par une phrase.

Exemple

Avec un dé à six faces numérotées de 1 à 6, « Obtenir un nombre pair » est un événement.
Il est réalisé par les issues 2, 4 et 6.

B Première approche des probabilités

Les expériences aléatoires ont des issues ayant plus ou moins de « chance » de se réaliser.
On peut utiliser une **échelle de probabilités** pour les placer selon cette « chance » de se réaliser.

Exemple

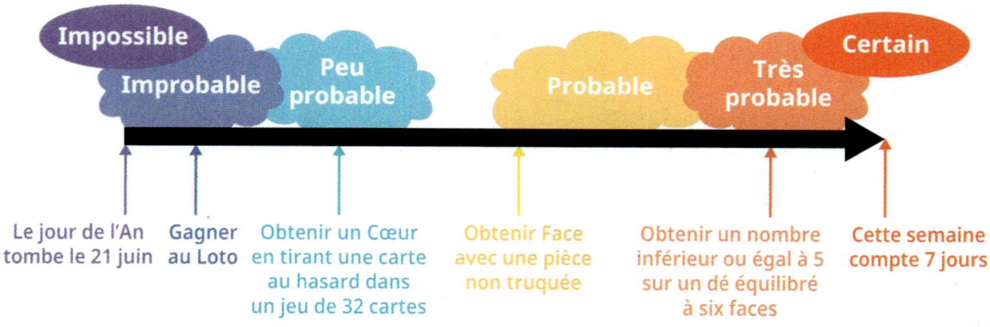

Je retiens

Quand tu as appris ton cours, cache-le avec une feuille et réponds aux questions.

Que signifie « expérience aléatoire » ?

On choisit une balle dans une boîte de quatre balles de tennis identiques. Est-ce une expérience aléatoire ?

On choisit au hasard le capitaine parmi les membres d'une équipe de rugby. Est-ce une expérience aléatoire ?

On lance un dé à six faces numérotées de 1 à 6.
Proposer :
- un événement certain ;
- un événement impossible ;
- un événement réalisé par cinq issues.

C Probabilité d'un événement

Prenons un dé non truqué à six faces numérotées de 1 à 6.
Comme il y a six faces, alors chaque face a 1 « chance » sur 6 d'être obtenue.
On dira que chaque issue a une probabilité de 1 sur 6, soit de $\frac{1}{6}$.

Définition

La **probabilité** d'un événement est un nombre compris entre 0 et 1 qui mesure la « chance » qu'a cet événement de se réaliser.
On peut l'exprimer sous forme d'une fraction, d'un nombre décimal ou d'un pourcentage.

Plus la probabilité est proche de 1, plus l'événement est probable, c'est-à-dire plus il a de « chance » de se réaliser.
On peut reprendre notre échelle de probabilités et placer quelques valeurs de probabilité :

Exemple

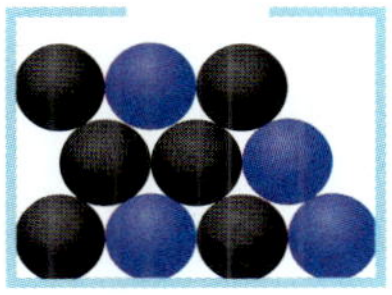

On tire au hasard une boule dans une urne comportant 4 boules bleues et 6 boules noires.
L'événement « Obtenir une boule noire » est composé de 6 issues parmi les 10 possibles. Donc sa probabilité est de $\frac{6}{10}$. On peut aussi écrire 0,6 ou 60 %.
Cet événement est plus probable que l'événement « Obtenir une boule bleue » qui a une probabilité de $\frac{4}{10}$.

D Succession de deux épreuves aléatoires

Il est possible de répéter deux fois une expérience aléatoire. Pour représenter toutes les issues possibles, on utilise un **arbre** ou un **tableau à double entrée**.

Exemples

- On lance deux fois une pièce de monnaie :

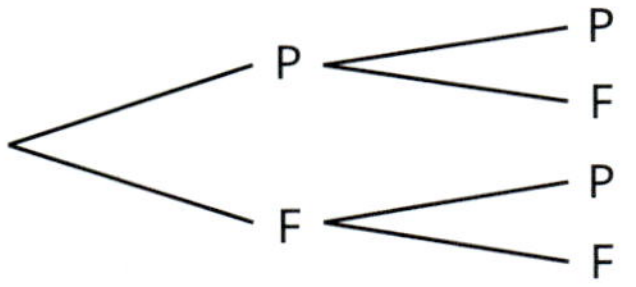

On compte quatre issues : PP, PF, FP et FF.

- Deux personnes jouent à chifoumi.
Les possibilités de duel sont :

1er joueur \ 2e joueur	Pierre	Feuille	Ciseau
Pierre	P ; P	P ; F	P ; C
Feuille	F ; P	F ; F	F ; C
Ciseau	C ; P	C ; F	C ; C

On compte neuf issues possibles.

On privilégie l'arbre quand les expériences ont un petit nombre d'issues.
Quand elles comportent trois issues ou plus, le tableau est préférable.

Je retiens

Est-il possible que la probabilité d'un événement soit égale à 2 ?

Quelle est la probabilité d'un événement :
– impossible ?
– très probable ?

Quand on joue à Pile ou Face avec une pièce non truquée, quelle est la probabilité d'obtenir Pile ?

On lance un dé à six faces numérotées de 1 à 6. Quelle est la probabilité d'obtenir un nombre inférieur ou égal à 4 ?

Au Pile ou Face, quand on lance deux fois une pièce équilibrée, combien y a-t-il d'issues ?

MON QCM DE RÉVISION
edubelin.fr/25mmat6-165

J'apprends à faire

1 Déterminer les issues d'une expérience aléatoire

On fait tourner cette roue de loterie équilibrée.

1. Quelles sont les issues de cette expérience aléatoire lorsque l'on s'intéresse au numéro obtenu ?

2. Quelles sont les issues de cette expérience aléatoire lorsque l'on s'intéresse à la couleur obtenue ?

Solution

1. Il y a huit secteurs sur cette roue donc les issues sont au nombre de 8. Ces issues sont 1, 1, 1, 1, 1, 2, 2 et 3.

2. Il y a huit secteurs sur cette roue donc les issues sont au nombre de huit. Ces issues sont : Bleu, Vert, Vert, Jaune, Jaune, Rouge, Rouge et Rouge.

Pour simplifier, tu peux écrire seulement les initiales des couleurs : B, V, V, J, J, R, R et R.

JE M'EXERCE

On choisit au hasard une boule dans cette urne.

1. Combien y a-t-il d'issues possibles ?

2. Si l'on regarde le numéro obtenu, quelles sont les issues possibles ?

3. Si l'on regarde la couleur obtenue, quelles sont les issues possibles ?

Exercice corrigé **p. 316**

2 Estimer la probabilité d'un événement

On fait tourner cette roue de loterie équilibrée.

Placer les événements « Obtenir 1 » et « Obtenir du bleu » sur l'échelle de probabilités suivante :

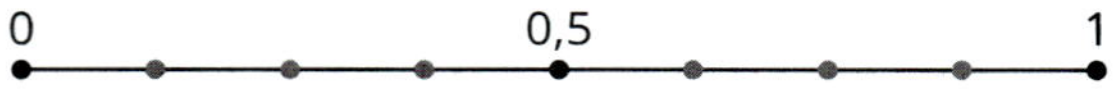

Solution

Il y a un peu plus de la moitié des secteurs qui contiennent le chiffre 1, donc la probabilité d'obtenir 1 est supérieure à 0,5 et inférieure à 0,75 car il y a moins de six secteurs avec ce chiffre.
Il y a un seul secteur bleu et il y a huit secteurs en tout donc la probabilité d'obtenir du bleu est inférieure à 0,25.

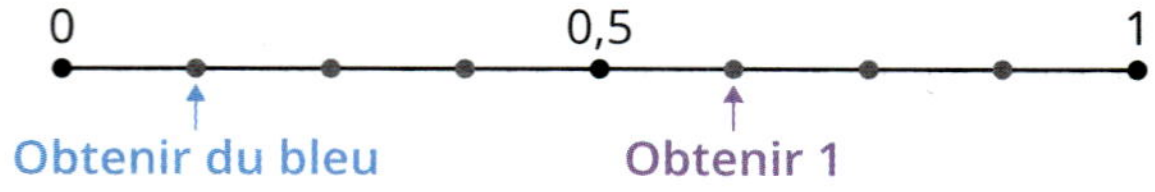

JE M'EXERCE

On tire une carte au hasard dans un jeu de 32 cartes.

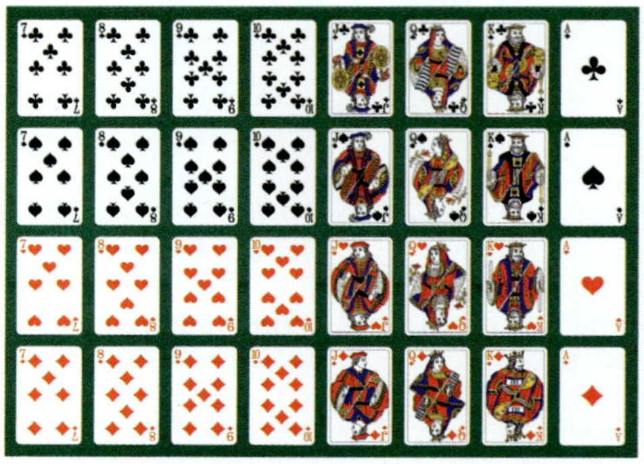

1. Tracer une échelle de probabilités.

2. Sur l'échelle de probabilités tracée, placer les probabilités des événements suivants :
- « Tirer un As » ;
- « Tirer une figure » ;
- « Tirer un cœur ».

Exercice corrigé **p. 316**

3 Calculer la probabilité d'un événement

Tim lance un dé octaédrique (un dé à 8 faces) équilibré numéroté de 1 à 8.
Il note le nombre obtenu à chaque lancer.

Déterminer la probabilité pour Tim d'obtenir un multiple de 3.
L'écrire sous forme de fraction et sous forme de pourcentage.

Solution

Il y a huit issues possibles à cette expérience : les nombres de 1 à 8.
Sur ce dé, 3 et 6 sont les deux issues des multiples de 3.
Donc la probabilité d'obtenir un multiple de 3 est de $\frac{2}{8} = \frac{1}{4} = \frac{25}{100} = 25\ \%$.

POUR VOIR LE TUTO DE LISA
edubelin.fr/25mmat6-167

JE M'EXERCE

Cette urne contient sept boules indiscernables* au toucher portant les lettres du prénom ANNETTE.
Lanna tire au hasard une boule dans cette urne.

*** Quand on dit que des objets sont « indiscernables au toucher », cela signifie que l'on ne peut pas les distinguer rien qu'en les touchant.**

1. Quelle est la probabilité d'obtenir la lettre T ? L'exprimer sous forme de fraction.
2. Quelle est la probabilité d'obtenir le A ? L'exprimer sous forme de fraction.

Exercice corrigé p. 316

4 Calculer des probabilités lors d'une répétition de tirages

Pour jouer au *Monopoly*, on lance deux dés à six faces.

A-t-on plus de chance de faire 6 ou 7 ? Justifier.

Solution

Pour répondre, on construit un tableau à double entrée indiquant la somme obtenue.

Dé 2 \ Dé 1	1	2	3	4	5	6
1	2	3	4	5	6	7
2	3	4	5	6	7	8
3	4	5	6	7	8	9
4	5	6	7	8	9	10
5	6	7	8	9	10	11
6	7	8	9	10	11	12

On remarque qu'il y a 36 issues possibles. La probabilité d'obtenir 6 est $\frac{5}{36}$ et celle d'obtenir 7 est $\frac{6}{36}$. On a plus de chance de faire 7.

JE M'EXERCE

En jouant au *Monopoly*, quelle est la probabilité :

a. d'obtenir un double ? **b.** d'obtenir au moins un 2 ?

Exercice corrigé p. 316

Je prends confiance

Je prends mon élan

1 **QCM** Parmi ces expériences, laquelle est une expérience aléatoire ?

ⓐ Lancer un dé à six faces toutes numérotées 6.

ⓑ Tirer une boule dans une urne parmi cinq boules bleues.

ⓒ Répondre au hasard à un QCM.

Pour les exercices 2 à 5, on fait tourner cette roue de loterie équilibrée.

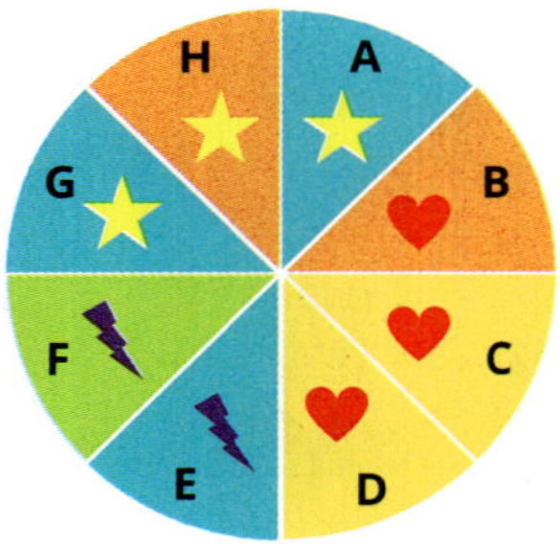

2 **QCM** On note la lettre du secteur obtenu. Les issues sont :

ⓐ A, B, C, D, E, F, G, H

ⓑ Étoile, cœur, éclair

ⓒ Orange, jaune, vert, bleu

3 **QCM** Quel est l'événement le plus probable ?

ⓐ Obtenir le bleu

ⓑ Obtenir l'orange

ⓒ Obtenir le vert

4 **QCM** Quel est l'événement le moins probable ?

ⓐ Obtenir une consonne

ⓑ Obtenir un éclair

ⓒ Obtenir une étoile

5 **QCM** Quelle est la probabilité d'obtenir un cœur ?

ⓐ $\frac{1}{3}$ ⓑ $\frac{3}{5}$ ⓒ $\frac{3}{8}$

Je me lance

Connaître le vocabulaire des probabilités

6 **Automatismes**

QCM Parmi les expériences suivantes, lesquelles sont aléatoires ? Justifier.

ⓐ Prévoir le score exact d'un match de basket avant qu'il ait lieu.

ⓑ Choisir une cartouche d'encre au hasard dans cette boîte.

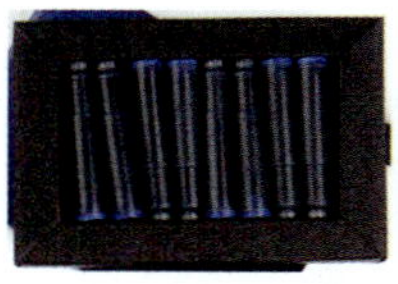

ⓒ À l'entrée d'une salle de bains, il y a deux interrupteurs identiques : un pour la lumière du miroir et un pour l'éclairage au plafond. Un invité appuie au hasard sur l'un des deux.

7 Pour chaque expérience aléatoire, donner les issues possibles.

a. Choisir une carte parmi les suivantes :

b. Tirer un nom parmi Riri, Fifi et Loulou écrits sur des papiers placés dans un chapeau.

c. Choisir au hasard un T-shirt dans cette pile et s'intéresser à la couleur obtenue.

8 On lance un dé équilibré à 12 faces numérotées de 1 à 12. Donner les issues réalisant les événements suivants :

- A : « Obtenir un multiple de 3 »
- B : « Obtenir un nombre inférieur ou égal à 5 »
- C : « Obtenir un multiple de 3 et de 4 »

Estimer une probabilité

9 On considère un jeu de 32 cartes constitué de quatre couleurs (trèfle, cœur, carreau et pique) de huit cartes chacune : 7 ; 8 ; 9 ; 10 ; valet ; dame ; roi et as.
On tire une carte au hasard.

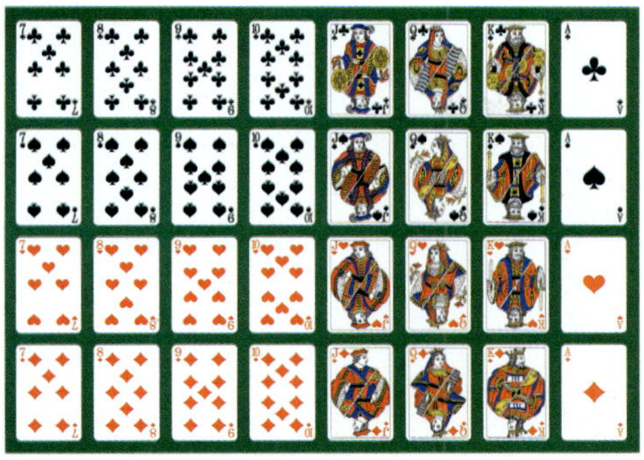

Dans chaque cas, quel est l'événement le plus probable entre les deux événements proposés ?

a. « La carte tirée est un carreau » ou « La carte tirée est une figure ».

b. « La carte tirée est un cœur » ou « La carte tirée n'est pas un cœur ».

c. « La carte tirée est un 10 de pique » ou « La carte tirée est un as noir ».

10 Elsa lance un dé équilibré à six faces numérotées de 1 à 6, et elle note le numéro obtenu.
Déterminer si les événements suivants sont impossibles, peu probables, probables, très probables ou certains.

- A : « Le résultat est divisible par 3. »
- B : « Le résultat est supérieur ou égal à 0. »
- C : « Le résultat est supérieur ou égal à 2. »
- D : « Le résultat est 8. »

11 Reproduire cette échelle de probabilité et y placer les événements suivants :

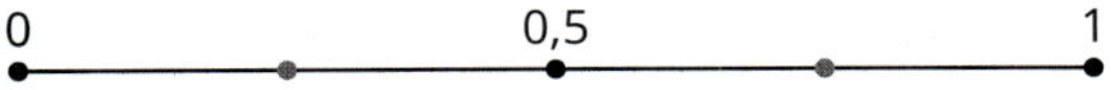

- A : « Une semaine contient 8 jours. »
- B : « Un mois contient 30 jours. »
- C : « Une année contient 365 jours. »
- D : « Une année contient 12 mois. »

Déterminer une probabilité

12 Maëlie a deux sachets de bonbons.
Elle se demande lequel privilégier si elle veut avoir plus de chances de prendre un bonbon au citron en choisissant un bonbon au hasard.
Dans le premier sachet, il y a 6 bonbons à la fraise et 4 au citron.
Dans le second sachet, il y a 11 bonbons à la fraise et 9 au citron.
Pour aider Maëlie à choisir, exprimer en pourcentage les probabilités d'obtenir un bonbon au citron dans chaque sachet.

13 Pour jouer au jeu *Qui est-ce ?*, Lilou doit choisir un personnage parmi les 12 disponibles :

1. Quelle est la probabilité qu'elle choisisse une fille ?
2. Quelle est la probabilité que son personnage porte des lunettes ?
3. Quelle est la probabilité que son personnage porte un couvre-chef ?
4. Quelle est la probabilité que son personnage porte un chapeau et des lunettes ?

14 On tire au hasard 1 boule dans une urne contenant 10 boules et on note la couleur obtenue.

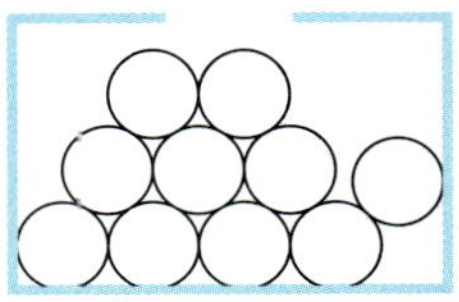

On sait que la probabilité d'obtenir le jaune est de $\frac{1}{10}$ et celle d'obtenir le vert est de $\frac{1}{5}$.
Reproduire l'urne sur une feuille et colorier les boules pour que les probabilités indiquées soient respectées lors du tirage. Justifier.

Répéter des expériences aléatoires

15 Pour s'habiller, Amin a le choix entre un pantalon bleu et un pantalon noir, et entre une chemise rouge et une chemise jaune.
Il a construit l'arbre suivant :

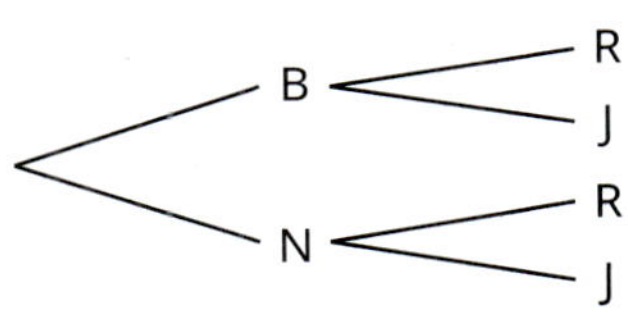

1. Combien de tenues différentes sont possibles ?
2. Quelle est la probabilité qu'Amin soit habillé en rouge et noir ?

J'avance à mon rythme

Fiches d'exercices
edubelin.fr/25mmat6-170a
Toutes les fiches en PDF

Avec des parcours d'apprentissage

Je m'exprime sur les probabilités

- Exercice **7 p. 168**
- Exercice **19 p. 171**
- Exercice **21 p. 171**
- Exercice **41 p. 174**
- Exercice **65 p. 178**

J'estime des probabilités

- Exercice **9 p. 168**
- Exercice **10 p. 169**
- Exercice **26 p. 172**
- Exercice **44 p. 174**
- Exercice **69 p. 179**

Je calcule des probabilités

- Exercice **14 p. 169**
- Exercice **30 p. 172**
- Exercice **31 p. 172**
- Exercice **45 p. 174**
- Exercice **68 p. 178**

Je répète des expériences

- Exercice **15 p. 169**
- Exercice **35 p. 173**
- Exercice **39 p. 173**
- Exercice **55 p. 176**
- Exercice **66 p. 178**

J'apprends à collaborer

- Exercice **6 p. 168**
- Exercice **34 p. 173**
- Exercice **52 p. 175**
- Exercice **54 p. 176**
- Exercice **70 p. 179**

OU avec un plan de travail

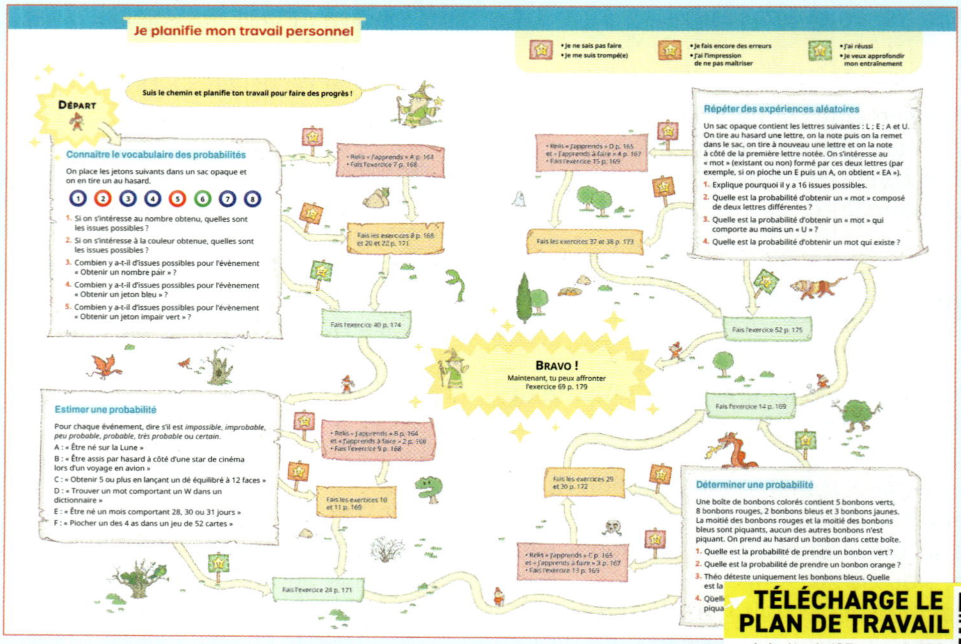

TÉLÉCHARGE LE PLAN DE TRAVAIL
edubelin.fr/25mmat6-170

J'applique mes connaissances

Connaître le vocabulaire des probabilités

16 **À l'oral**

Lot 1

Lot 2

Dans quel cas « On tire au hasard un jeton dans ce lot et on note la couleur obtenue » est une expérience aléatoire ? Justifier.

17 Parmi les expériences suivantes, lesquelles sont des expériences aléatoires ? Justifier.

a. Choisir une recette au hasard dans un livre de cuisine.

b. Regarder le premier film suggéré dans un service de vidéo à la demande.

c. Choisir un livre à lire au CDI du collège.

d. Écouter sa chanson préférée sur une plateforme de musique en ligne.

18 **Automatismes**

On fait tourner cette roue de loterie.

1. Quelles sont les issues si on s'intéresse au numéro obtenu ?
2. Quelles sont les issues si on s'intéresse à la couleur obtenue ?

19 1. Ivan écrit chaque lettre de son prénom sur un jeton. Il tire un jeton au hasard.
Est-ce une expérience aléatoire ? Justifier.

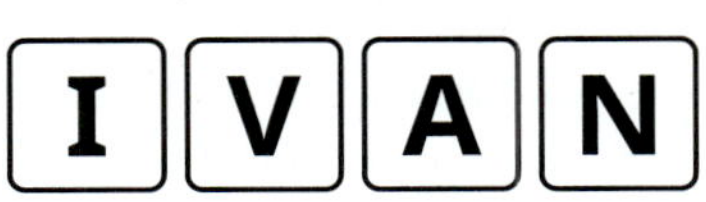

2. Barbara écrit chaque voyelle de son prénom sur un jeton. Elle tire un jeton au hasard.
Est-ce une expérience aléatoire ? Justifier.

20 Sam doit cocher une étoile au hasard parmi celles ci-contre.

1. Combien y a-t-il d'issues dans cette expérience aléatoire ?
2. On considère l'événement : « Sam a choisi un chiffre ». Combien d'issues réalisent cet événement ?

21 Pour s'habiller le matin, Mina choisit au hasard une paire de chaussettes parmi celles qu'elle possède.

Combien d'issues réalisent les événements suivants ?
- A : « Obtenir une paire ayant du jaune »
- B : « Obtenir une paire ayant un talon jaune »
- C : « Obtenir une paire ayant du bleu et du noir »
- D : « Obtenir une paire ayant du bleu ou du noir »

22 On tire au hasard une carte parmi celles-ci :

Proposer un événement réalisé par :

a. une seule issue ;

b. exactement trois issues.

Estimer une probabilité

23 Pour chaque événement, dire s'il est *impossible*, *peu probable*, *probable* ou *certain*.
- A : « La fête nationale en France tombe un 14 juillet. »
- B : « Dans une classe de collège, il y a plus de 20 élèves. »
- C : « Le 1er jour de l'année est en mars. »
- D : « Trouver une pépite d'or dans la Seine. »

24 **Automatismes**

On lance un dé cubique parfaitement équilibré dont les faces sont numérotées de 1 à 6.
Voici quelques événements :
- A : « Le résultat est supérieur ou égal à 3. »
- B : « Le résultat est inférieur ou égal à 7. »
- C : « Le résultat est 3. »
- D : « Le résultat est divisible par 9. »
- E : « Le résultat est 1 ou 6. »

Reproduire l'échelle de probabilités ci-dessous et y placer les événements A à E.

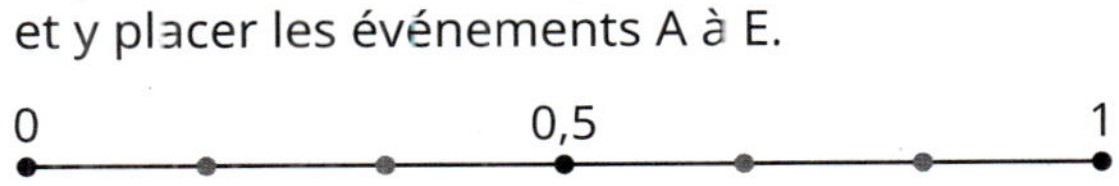

25 **À l'oral**

Mélina et Hugo tirent une carte dans un jeu de 32 cartes.
Avant de faire cela, Mélina a parié qu'ils allaient obtenir un Roi et Hugo a parié qu'ils allaient obtenir un 10.
Mélina dit : « J'ai plus de chances que toi de gagner car le Roi est plus fort que le 10 ! »
A-t-elle raison ? Justifier.

26 On tire une boule au hasard dans cette urne :

1. Classer les événements suivants du moins probable au plus probable :
   A : « Obtenir un 4 rouge »
   B : « Obtenir un 3 bleu »
   C : « Obtenir un 1 »
   D : « Obtenir une boule bleue »
   E : « Obtenir une boule rouge »
2. Soan organise un jeu dans lequel un joueur gagne un lot s'il obtient une couleur choisie à l'avance. Quelle couleur a-t-il intérêt à choisir ? Justifier.

Déterminer une probabilité

27 **À l'oral**

Une urne contient trois boules jaunes, trois boules vertes et quatre boules blanches.
Quelle couleur a la plus grande probabilité d'être tirée ? Justifier.

28 **À l'oral**

Emy et Lola jouent à pierre-feuille-ciseaux.
Chacune choisit secrètement son élément dans son dos. On sait que Emy a choisi la pierre. Quelle est la probabilité que Lola gagne ? Justifier.

29 Dans un jeu de bingo, on tire une boule au hasard parmi 100 boules numérotées de 1 à 100.
On a placé quelques événements sur cette échelle de probabilité.

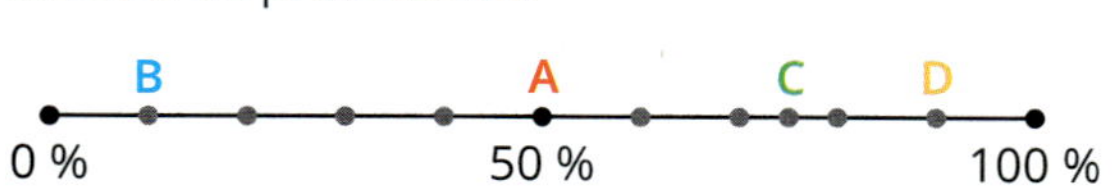

Décrire des événements correspondants à A, B, C et D.

30 On choisit une recette au hasard parmi celles-ci afin de préparer le dessert d'un repas.

Dans cet exercice, exprime les probabilités en pourcentage.

1. Combien y a-t-il d'issues ?
2. Quelle est la probabilité de choisir la tarte aux fraises ?
3. Quelle est la probabilité de faire un dessert contenant du chocolat ?
4. Quelle est la probabilité de préparer des macarons ?

31 **Automatismes**

Les élèves d'une classe sont répartis de cette façon :

	Lunettes	Sans lunettes
Filles	7	9
Garçons	6	8

On choisit au hasard un élève de cette classe pour passer au tableau.
1. Combien y a-t-il d'issues possibles ?
2. Combien y a-t-il de filles ?
   En déduire la probabilité que l'élève qui passe au tableau soit une fille.
3. Quelle est la probabilité pour que l'élève qui passe au tableau n'ait pas de lunettes ?
4. Quelle est la probabilité pour que l'élève qui passe au tableau soit un garçon qui porte des lunettes ?

32 Voici ce qu'un élève a écrit sur sa copie avec le commentaire de son professeur :

La probabilité de cet événement est donc de $\frac{7}{6}$.

C'est impossible !

Expliquer pourquoi c'est impossible.

33 Dans une urne, on a placé 20 boules bleues, rouges et vertes, indiscernables au toucher. On sait que la probabilité d'obtenir le vert est de $\frac{2}{5}$ et que celle d'obtenir le rouge est de $\frac{1}{4}$.

1. Combien y a-t-il de boules vertes et de boules rouges ? Justifier.
2. Déterminer la probabilité d'obtenir une boule bleue.
3. Elio organise un jeu dans lequel un joueur gagne un lot s'il obtient une couleur qu'il a choisie à l'avance.
   Quelle couleur a-t-il intérêt à choisir ? Justifier.

34 Quel est l'événement le plus probable entre « Obtenir un multiple de 11 parmi les nombres à deux chiffres » et « Obtenir un mot de six lettres parmi les mots de cette phrase » ? Justifier.

Répéter des expériences aléatoires

35 **Automatismes**

Lou veut connaître le nombre de « mots » de deux lettres qu'elle peut créer en tirant au hasard deux lettres de son prénom.
Pour cela, elle réalise l'arbre suivant :

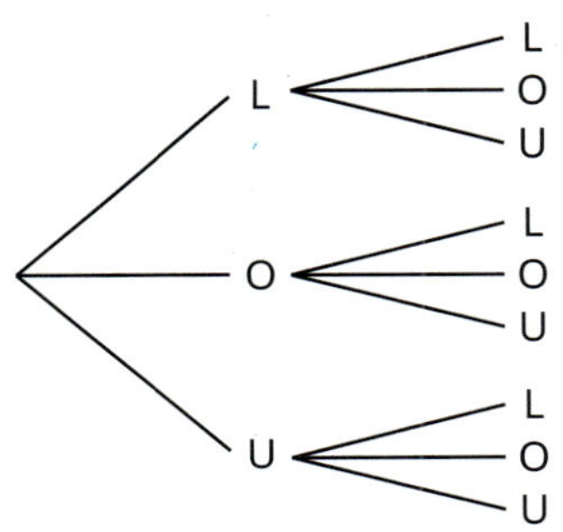

1. Combien de « mots » peut-elle écrire ?
2. Quelle est la probabilité que le mot ait deux lettres identiques ?
3. Quelle est la probabilité que le mot ne contienne pas de consonnes ?

36 **J'accélère**

Calcul mental
edubelin.fr/25mmat6-173
5 séries en PDF
5 min

Calculer mentalement :

a. $0{,}25 = \frac{1}{\dots}$ **b.** $2\,339 + 600$

c. $4{,}5 + 7{,}6$ **d.** $2 \times 54{,}6$

e. $3 + \frac{5}{10} + \frac{7}{100} = \dots,\dots$ **f.** $25 \times 6 \times 4$

37 On choisit une carte au hasard parmi ces trois cartes, on note son numéro, on remet la carte et on tire à nouveau une carte.

1. Représenter par un arbre toutes les issues possibles de cette expérience.
2. Combien y a-t-il d'issues possibles ?
3. Quelle est la probabilité d'obtenir le 6 et le 5 ?

38 Pour programmer le premier match de tennis de table du club, l'entraîneur choisit au hasard deux joueurs parmi Félix, Alexis, Charlotte et Indra. Le premier joueur sera celui qui servira en premier. L'entraîneur regroupe les résultats possibles dans un tableau :

1er \ 2e	Félix	Alexis	Charlotte	Indra
Félix		F-A	F-C	F-I
Alexis	A-F		A-C	A-I
Charlotte	C-F	C-A		C-I
Indra	I-F	I-A	I-C	

1. Expliquer pourquoi l'entraîneur a colorié certaines cases.
2. Combien de matchs sont possibles ?
3. Quelle est la probabilité que deux garçons s'affrontent ?
4. Quelle est la probabilité qu'Indra joue ce premier match ?

39 Un digicode commande l'ouverture de la porte du garage à vélos du collège. Le code d'ouverture est composé d'une lettre (A, B ou C) suivie d'un chiffre (1, 2 ou 3).

1. À l'aide d'un arbre, déterminer les différents codes possibles.
2. Titouan compose au hasard le code A1. Quelle probabilité a-t-il de faire le bon code ?
3. Titouan se souvient que la lettre C n'est pas dans le code. À l'aide d'un nouvel arbre, déterminer le nombre de codes possibles.
4. Dans ce cas, s'il rentre le code A1, quelle est la probabilité que ce soit le bon code ?

D'après DNB 2015

Je développe mes savoir-faire

40 Raisonner

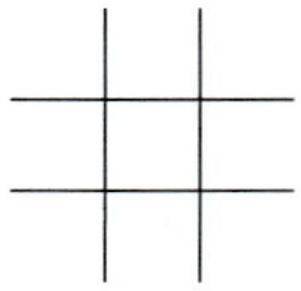

Charlie et Samia jouent au morpion, dont la grille de jeu est reproduite ici.

1. Charlie joue en premier et décide de placer sa croix au hasard.
Combien d'issues y a-t-il dans cette expérience aléatoire ?
2. Charlie place sa croix en bas à droite.
Samia décide de jouer au hasard.
Combien d'issues y a-t-il dans cette expérience aléatoire ?
3. Finalement, Samia décide de jouer sur une case voisine de la croix de Charlie.
Combien y a-t-il d'issues dans ce cas ?

41 Modéliser

Émilie a deux dés équilibrés à quatre faces numérotées de 1 à 4, un bleu et un vert.

POUR INFO !

Le résultat d'un lancer de dé à quatre faces est le chiffre vertical. C'est le même sur les trois faces visibles du dé.

Émilie lance les deux dés pour former un nombre à deux chiffres. Le dé bleu donne le chiffre des unités et le vert celui des dizaines.

1. Écrire toutes les issues possibles de cette expérience aléatoire.
2. Quelles sont les issues qui réalisent l'événement « Obtenir un multiple de 3 » ?

42 Raisonner

1.

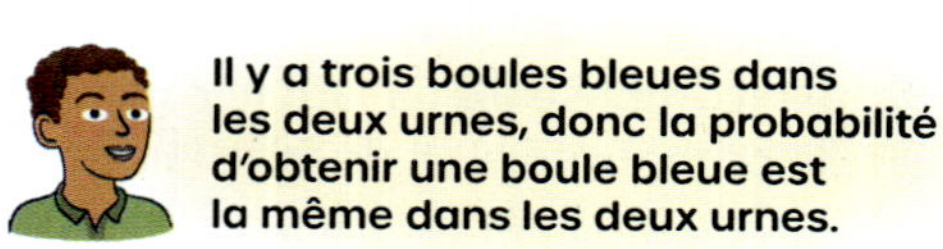

A-t-il raison ? Justifier.

2. Quelle urne faut-il privilégier pour avoir le plus de chances d'obtenir une boule jaune ? Justifier.

43 À l'oral

Sur une roulette française, il y a des cases numérotées de 0 à 36 dont la couleur alterne entre rouge et noir, sauf le 0 qui est vert.
Sur une roulette américaine, il y a une case 00 supplémentaire, qui est de couleur verte.
Sur quelle roulette le rouge a-t-il le plus de chance de sortir ?

44 Représenter

Dans une urne se trouvent cinq boules vertes, trois bleues et deux noires, indiscernables au toucher. On choisit une boule au hasard.
Reproduire cette échelle de probabilité et y placer les événements suivants :

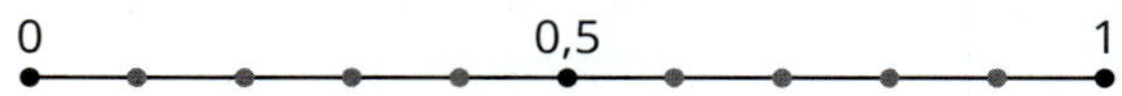

- A : « Obtenir le vert »
- B : « Obtenir le bleu »
- C : « Ne pas obtenir le bleu »

45 Calculer

Pour gagner, il faut tomber sur le chiffre 1.
On peut choisir de jouer avec le dé, la roue équilibrée ou en piochant dans l'urne.

Classer chaque dispositif de celui qui offre la plus grande probabilité de gagner à celui qui offre la plus petite.

46 Représenter

Un sac contient 15 billes indiscernables au toucher numérotées de 1 à 15.
On extrait une bille au hasard.

1. Déterminer la probabilité des événements suivants :
   - A : « La bille tirée porte le numéro 5 »
   - B : « La bille tirée porte un multiple de 3 »
   - C : « La bille tirée porte un nombre pair »
   - D : « La bille tirée porte un numéro supérieur ou égal à 10 »
   - E : « La bille tirée porte le numéro 16 »
2. Reproduire cette échelle de probabilité et y placer les événements A, B, C, D et E en étant le plus précis possible.

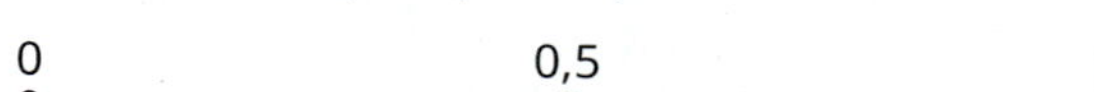

47 **À l'oral**

Julie a réalisé ce programme :

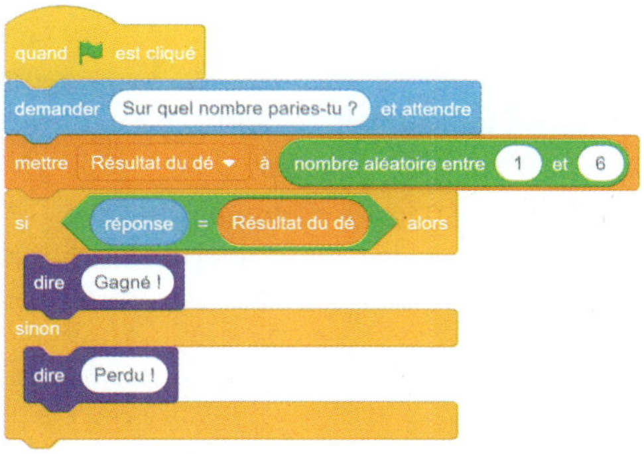

Quelle est la probabilité de gagner au jeu de Julie ? Justifier.

48 **Calculer**

Issam choisit au hasard une peluche parmi celles de sa petite sœur :

1. Quelle est la probabilité que la peluche choisie soit grise ?
2. Quelle est la probabilité que la peluche choisie ait du bleu ?
3. Quelle est la probabilité que la peluche choisie n'ait pas de rose ?

49 **Communiquer**

On écrit chaque lettre du prénom OLIVIER sur des boules indiscernables au toucher.

On tire une boule au hasard et on note la lettre obtenue.

1. Quelles sont les issues possibles ?
2. Quelle est la probabilité d'obtenir la lettre E ?
3. Quelle est la probabilité d'obtenir la lettre I ?
4. Quelle est la probabilité de ne pas obtenir la lettre R ?
5. Marin affirme : « Il y a autant de voyelles différentes que de consonnes différentes, donc on a la même probabilité d'obtenir une voyelle que d'obtenir une consonne. » A-t-il raison ? Justifier.

50 **Raisonner**

Dans un sac opaque, il y a des jetons verts et des jetons jaunes. Quand on en choisit un au hasard, la probabilité de tirer un jeton vert est de 0,45.
Quelle couleur est la plus présente dans le sac ? Justifier.

51 **Calculer**

On joue avec un dé truqué à six faces.
Voici la probabilité de chaque issue :

Nombre	1	2	3	4	5	6
Probabilité	0,04	0,04	0,04	0,09	0,09	0,7

1. Quelle nombre a le plus de chances de sortir ?
2. Quelle est la probabilité d'obtenir un nombre pair ?
3. Quelle est la probabilité d'obtenir un multiple de 3 ?

52 **Un pattern**

Un pattern désigne une suite répétitive ou évolutive de motifs ou de nombres.

On dispose de différentes urnes dans lesquelles on a mis des jetons rouges et des jetons bleus.
Dans la première urne, on a :

Dans la deuxième urne, on ajoute deux jetons rouges et deux jetons bleus pour obtenir ceci :

Pour les urnes suivantes, on ajoute deux jetons rouges et deux jetons bleus à chaque fois.

1. Représenter les compositions des troisième et quatrième urnes.
2. Déterminer les probabilités d'obtenir un jeton rouge dans chacune des quatre premières urnes.
3. Quelle est la probabilité d'obtenir un jeton rouge dans la dixième urne ?
4. Adam pense que la probabilité d'obtenir un jeton rouge sera supérieure à $\frac{1}{2}$ à partir d'une certaine urne.
   Annaëlle, au contraire, dit que la probabilité d'obtenir un jeton rouge sera toujours inférieure à $\frac{1}{2}$.
   Qui a raison ? Justifier.

Je développe mes savoir-faire

53 **Modéliser et Raisonner**

On lance une pièce non truquée, on note le résultat obtenu, on relance cette pièce et on note à nouveau le résultat.

1. Réaliser un arbre représentant cette expérience.
2. Combien y a-t-il d'issues possibles ?
3. Quelle est la probabilité d'obtenir deux fois Face ?
4. Ismaël dit : « On a plus de chances d'avoir deux résultats identiques que deux résultats différents. »
   A-t-il raison ? Justifier.

54 **Travail en groupe**

Au XVIIe siècle, à Florence en Italie, on jouait beaucoup avec des dés.

Le Reniement de saint Pierre (détail), tableau de Nicolas Tournier, 1625

Il existait un jeu dans lequel il fallait lancer trois dés à six faces numérotées de 1 à 6 et faire la somme des valeurs obtenues.
Le grand-duc de Toscane, qui a énormément pratiqué ce jeu, a remarqué que le 10 sortait plus souvent que le 9, bien que, selon lui, six sommes différentes permettaient d'obtenir 9 et 10.

1. Écrire les six sommes qui permettent d'obtenir 9.
2. Écrire les six sommes qui permettent d'obtenir 10.
3. Par groupe, réaliser chacun 30 lancers de trois dés et regrouper les résultats.

Pouvez-vous constater la même chose que le grand-duc de Toscane ?

Justifier.

4. Regrouper tous les résultats de la classe. Confirment-ils les observations du grand-duc ? Justifier.
5. Galilée donna la réponse à ce paradoxe. Il expliqua au grand-duc que la somme $3 + 3 + 3$ était moins probable que $5 + 3 + 2$, par exemple.
   Expliquer pourquoi c'est le cas.

55 **Représenter et Communiquer**

Pour jouer au *Monopoly*, il faut lancer deux dés à six faces numérotées de 1 à 6, puis additionner leur résultat.

1. Lorenzo dit : « Il y a 12 valeurs possibles. » Sarah lui répond : « Non, il y en a moins. » Qui a raison ? Justifier.
2. Réaliser 50 lancers de deux dés et représenter les résultats par un diagramme en barres de ce type sur une feuille ou un cahier.

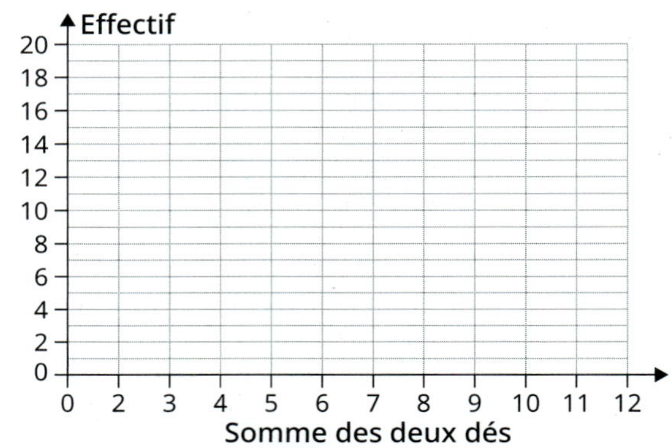

3. Construire un tableau à double entrée donnant toutes les issues possibles.
4. Réaliser le diagramme en barres des effectifs des sommes obtenues.
5. Comparer les deux graphiques. Que remarque-t-on ?

56 **Je fais une pause**

Lucas réalise une mosaïque sur une feuille, étape par étape :

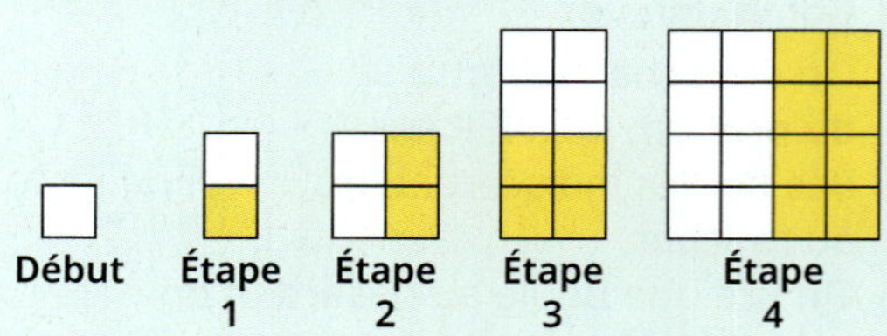

À chaque étape, Lucas double le nombre de carrés. Les nouveaux carrés sont ajoutés une fois en dessous des carrés précédents, une fois à droite des carrés précédents, et ainsi de suite.
Romane lui dit que la feuille qu'il utilise peut contenir au maximum 40 carrés en largeur et 70 carrés en longueur.
Combien de carrés lui faudra-t-il pour avoir la plus grande mosaïque possible ?

Je prépare mon évaluation

45 min

Je contrôle mes connaissances

	a	b	c
57 Parmi ces expériences, laquelle est aléatoire ?	Jouer à Pile ou Face avec une pièce équilibrée.	Lancer un dé à six faces dont toutes les faces portent le n° 4.	Tirer une boule dans une urne contenant uniquement des boules rouges.
58 Sur un dé équilibré à six faces numérotées de 1 à 6, quelle est la probabilité d'obtenir 4 ?	4	$\frac{4}{6}$	$\frac{1}{6}$
59 Dans une urne de 20 boules, il y a 6 boules bleues, 9 vertes et des boules rouges. Quelle est la probabilité de piocher une boule rouge ?	$\frac{3}{4}$	$\frac{1}{4}$	On ne peut pas savoir.

Je connais le vocabulaire

60 On lance un dé équilibré à dix faces numérotées de 1 à 10 et on ajoute 10 à la valeur obtenue.
Déterminer les issues réalisant les événements suivants :
- A : « Obtenir un nombre impair »
- B : « Obtenir un multiple de 5 »
- C : « Obtenir un multiple de 2 et de 3 »
- D : « Obtenir un multiple de 4 ou de 5 »

J'estime une probabilité

61 Dans le jeu de la ronde des défis, il y a 38 cases numérotées de 0 à 37.
Les cases sont alternativement rouges et noires, sauf la case « 0 » qui est verte.
Reproduire cette échelle de probabilités et y placer les événements suivants :

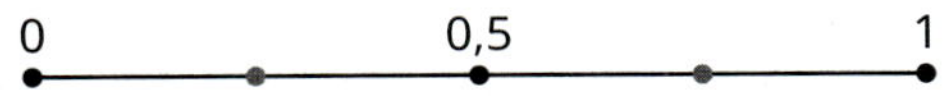

- A : « Obtenir un nombre pair »
- B : « Obtenir une case verte »
- C : « Obtenir le n° 37 »
- D : « Obtenir le n° 14 »
- E : « Obtenir un nombre inférieur ou égal à 30 »
- F : « Obtenir le n° 7,5 »

Je détermine une probabilité

62 Dans une urne, on a placé des boules indiscernables au toucher. Chaque boule a une couleur et une lettre.
Voici leur répartition :

	Bleu	Jaune	Vert
A	4	1	5
B	2	3	2

1. a. Combien de boules portent la lettre A ?
b. Combien y a-t-il de boules vertes ?

2. On tire une boule au hasard.
a. Quelle est la probabilité d'obtenir une boule jaune avec la lettre B ?
b. Quelle est la probabilité d'obtenir une boule bleue ?
c. Quelle est la probabilité d'obtenir la lettre B ?

Je répète des expériences aléatoires

63 Pour son entraînement quotidien, Marine prévoit deux séances. Pour chaque séance, elle a le choix entre la course à pied (C) et le renforcement musculaire (R). Elle peut répéter le même exercice lors des deux séances.

1. Construire un arbre donnant toutes les compositions d'entraînements.

2. Marine choisit le type d'exercice au hasard.
a. Quelle est la probabilité que les deux séances soient différentes ? Justifier.
b. Quelle est la probabilité que Marine fasse de la course à pied lors de son entraînement ?

Exercices 57 à 63 corrigés **p. 316**

Je mobilise mes compétences

64 **Calculer**

Un sac contient 120 boules indiscernables au toucher. Il y a 30 boules rouges. Les autres sont soit vertes, soit jaunes.

1. Quelle est la probabilité d'obtenir une boule rouge ?
2. La probabilité d'obtenir une boule verte est de 0,3.
   a. Combien y a-t-il de boules vertes dans le sac ?
   b. Quelle est la probabilité de tirer une boule jaune ?

65 **Représenter et Raisonner**

On place des jetons indiscernables au toucher dans des boîtes. Chaque boîte contient des jetons verts et des jetons jaunes.
Pour chaque boîte, déterminer le nombre de jetons orange à ajouter pour obtenir la probabilité voulue.

Boîte n° 1 : **5 verts et 2 jaunes** • La probabilité d'obtenir un jeton orange est de $\frac{3}{10}$.	**Boîte n° 2 :** **4 verts et 8 jaunes** • La probabilité d'obtenir un jeton orange est de $\frac{1}{5}$.
Boîte n° 3 : **7 verts et 5 jaunes** • La probabilité d'obtenir un jeton orange est de 75 %.	**Boîte n° 4 :** **7 verts et 15 jaunes** • La probabilité d'obtenir un jeton orange est de 0,6.

66 **Travail en groupe**

Quand on lance un bouchon de bouteille, il peut retomber soit le creux en haut, soit le dos en haut.

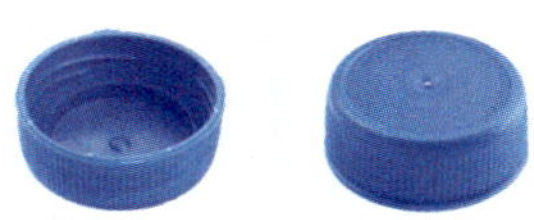

Creux en haut **Dos en haut**

1. Réaliser 100 lancers d'un bouchon de bouteille puis recopier et compléter ce tableau :

	Creux	Dos	Nombre de tirages
Nombre d'apparitions			
Fréquence d'apparition en %			

2. D'après les résultats, quelle serait la probabilité que le creux soit en haut ?
3. Comparer les résultats obtenus à ceux des autres élèves de la classe. Une tendance se dégage-t-elle au niveau de la probabilité d'obtenir le creux en haut ? Justifier.
4. Regrouper les résultats de tous les élèves de la classe, puis calculer la fréquence d'apparition du creux en haut. En déduire la probabilité d'obtenir le creux en haut.

67 **Calculer**

Une roue de loterie possède des secteurs de même taille de couleur jaune, verte, rouge, ou bleue.

1. On sait que la probabilité d'obtenir le jaune est de 15 %. Est-il possible que la roue comporte 50 secteurs ? Justifier.
2. La couleur bleue a une probabilité de $\frac{1}{3}$.
   Est-elle plus ou moins probable que la couleur jaune ? Justifier.
3. La roue comporte 60 secteurs.
   La probabilité d'obtenir le vert est de 0,4. Quel est le nombre de secteurs verts ? Justifier.
4. Quel est le nombre de secteurs rouges ? Justifier.

68 **Raisonner et Calculer**

Une famille a trois enfants. On a dressé l'arbre représentant toutes les possibilités de la composition garçon/fille de la fratrie.
Pour simplifier le problème, on supposera que la probabilité d'avoir une fille est la même que celle d'avoir un garçon.

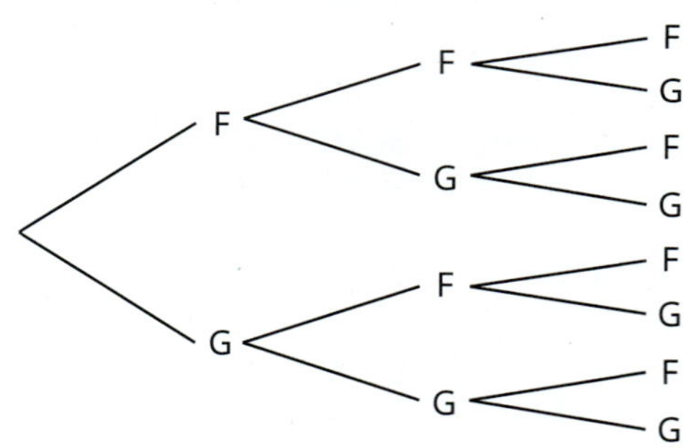

À l'aide de cet arbre, répondre aux questions suivantes en justifiant.

1. Quelle est la probabilité pour cette famille de n'avoir que des garçons ? Quelle est celle d'avoir trois enfants de même sexe ?
2. Quelle est la probabilité d'avoir une fille en dernier ?
3. Quelle est la probabilité d'avoir exactement deux garçons ?
4. On sait que le troisième enfant est une fille. Quelle est la probabilité que les deux autres soient du même sexe ?

69 Représenter et Communiquer

Dans un jeu vidéo, Sophia doit parcourir un labyrinthe dont voici le plan :

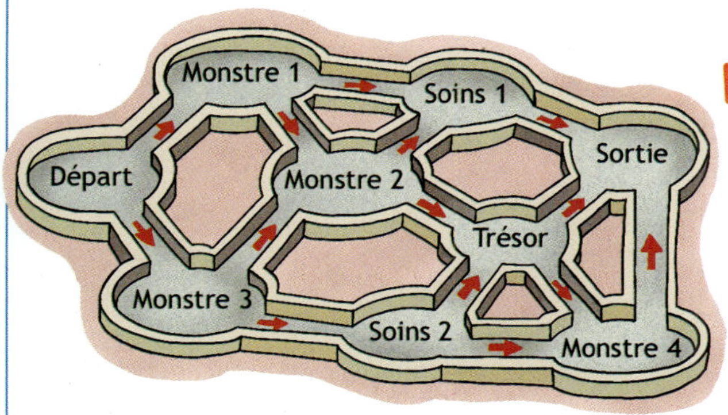

Les couloirs ne peuvent se traverser que dans le sens indiqué.
Sophia décide de traverser le labyrinthe en choisissant sa direction à chaque embranchement au hasard.

1. Combien de chemins différents peut-elle emprunter ?
2. Quelle est la probabilité qu'elle passe par la salle au trésor ?
3. Le joueur perd s'il rencontre trois monstres. Quelles sont ses chances de gagner ?

70 Manipulation Travail en groupe

Sélectionner un certain nombre de triminos de différentes couleurs et les placer dans un sac opaque (une trousse, par exemple).
L'objectif est de déterminer le contenu du sac sans jamais regarder à l'intérieur.
Après échange de sacs avec des camarades, tirer au hasard un trimino, noter sa couleur et remettre le trimino dans le sac.
Répéter l'opération 10 fois, puis 20 fois, 30 fois, 40 fois et 50 fois.

1. Quelles observations des résultats et de l'évolution peut-on faire ?
2. Indiquer la composition probable du sac.
3. À partir de combien de tirages est-il possible de déterminer la composition du sac ?

Adaptations
edubelin.fr/25mmat6-179
Livret complémentaire p. 27

71 Je prends des initiatives

Chercher et Raisonner

LE PROBLÈME L'artiste François Morellet utilisait le hasard pour créer des œuvres s'éloignant des caprices et des décisions subjectives de l'artiste.
Pour son tableau *Répartition aléatoire de 40 000 carrés, 50 % bleu, 50 % rouge suivant les chiffres pairs et impairs de l'annuaire téléphonique*, il a, comme le titre l'indique, utilisé un annuaire téléphonique*. Il peignait un carré bleu pour un chiffre pair et un carré rouge pour un chiffre impair.

François Morellet dans son atelier à Cholet devant son œuvre « Répartition aléatoire de 40 000 carrés, 50 % rouge, 50 % bleu suivant les chiffres pairs et impairs de l'annuaire téléphonique du Maine-et-Loire », réalisée en 1963.

*** L'annuaire téléphonique était un livre qui contenait les adresses et les numéros de téléphone de tous ceux qui souhaitaient y apparaître par ordre alphabétique.**

1. Dans ce tableau, quelle est la probabilité que le premier carré soit bleu ?
2. Déterminer toutes les combinaisons de couleurs possibles pour deux carrés consécutifs à l'aide d'un arbre.
3. Quelle est la probabilité d'obtenir deux carrés rouges consécutifs ?
4. On se propose de réaliser une œuvre à la manière de François Morellet.
   a. Choisir aléatoirement 16 chiffres avec la méthode de son choix (dé, roue de loterie, tirage dans un sac, Scratch, etc.).
   b. Reproduire ce tableau, puis écrire le premier chiffre dans la première case, le deuxième chiffre dans la deuxième case, etc.
   c. Colorier chaque carré selon les chiffres pairs et impairs à l'aide de deux couleurs.

J'utilise Scratch

Défi de dés

Niveau mathématique 

Niveau technique 

- Exprimer une probabilité dans une situation simple.
- Comparer des probabilités.
- Appréhender le lien entre probabilité et fréquence.

Des sprites jouent avec des dés. Qui a le plus de chances de gagner ?

En Solo

1 Reproduire le programme suivant sur Scratch et le tester.

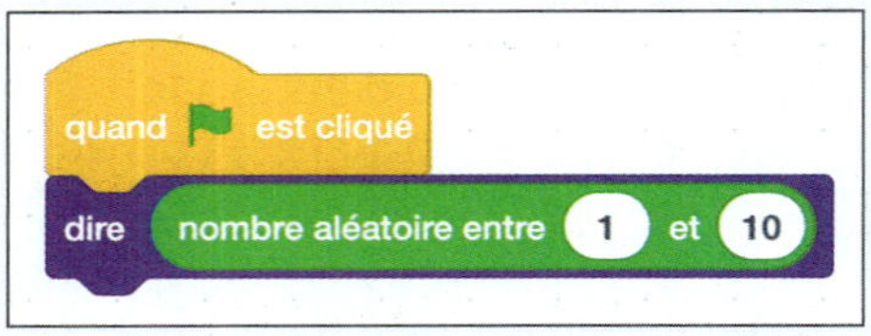

2 Le modifier pour qu'il simule un lancer de dé à six faces.

3 Quelle est la probabilité d'obtenir le nombre 5 avec ce dé ?

Un sprite est une image qui représente un personnage ou un objet pouvant se déplacer.

4 **a** Prédire combien de fois le nombre 5 devrait apparaître si on lançait le dé six fois.

b Effectuer six lancers de dés et compter le nombre de fois où le nombre 5 apparaît.

c Comparer ses résultats avec les résultats obtenus par d'autres élèves et expliquer les éventuelles différences.

En Duo

5 Ajouter un deuxième sprite sur Scratch et lui ajouter le même programme simulant un lancer de dé à six faces.

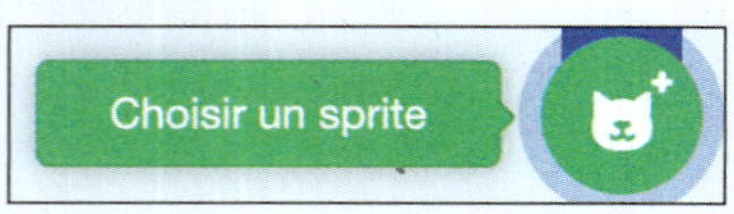

6 Le but du jeu est d'obtenir le nombre 5 : un sprite gagne s'il est le seul des deux à obtenir 5. Les sprites font match nul si les deux obtiennent 5 ou si aucun des deux n'obtient 5.
Un des sprites a-t-il plus de chances de gagner ? Justifier.

7 Cliquer sur le drapeau 10 fois et noter le nombre de victoires de chaque sprite.

8 Comparer ses résultats avec les résultats obtenus par d'autres élèves et expliquer les éventuelles différences.

9 Modifier le programme d'un des sprites pour qu'il dise un nombre aléatoire entre 3 et 6.

10 **a** Déterminer la probabilité qu'a ce sprite d'obtenir le nombre 5.

b Lequel des deux sprites a le plus de chances de gagner ? Pourquoi ?

11 Cliquer sur le drapeau 10 fois et noter le nombre de victoires de chaque sprite.

12 **a** Dire comment modifier

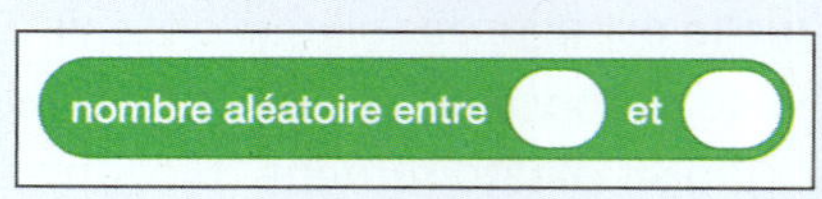

pour maximiser ses chances de gagner et expliquer pourquoi.

b Tester son programme et observer son sprite favori remporter la partie !

Je joue avec les acquis du chapitre

PYRAMI-DÉS

La mission

Gagne la partie en choisissant les meilleurs tirages de dés !

Le matériel

- 4 dés
- 5 jetons par joueur
- Le plateau ci-dessous

Tirages	Choix
	1 + 4 = 5 et 5 + 6 = 11
	3 + 2 = 5
	1 + 1 = 2
	Le joueur perd son tour. Il laisse ses jetons dans la pyramide.

Exemple et sa solution

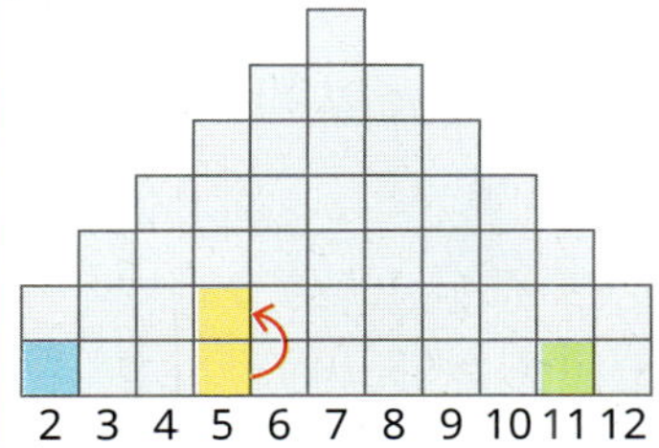

Les règles

- Le premier joueur lance les quatre dés, puis calcule la somme des points de deux dés et place un jeton dans la colonne correspondante de la pyramide.
- Le joueur perd son tour quand il ne peut plus avancer de jeton. C'est alors au joueur suivant de lancer les dés.
- Un joueur peut entamer trois colonnes au maximum.
- Quand un joueur a atteint la dernière case d'une colonne, il la remporte et laisse son jeton en haut de colonne. Les joueurs ne peuvent plus jouer dans cette colonne.
- La partie est gagnée par le premier joueur qui a remporté trois colonnes !

Plateau de jeu

POUR INFO !

Quand on lance deux dés et qu'on additionne leurs valeurs, on obtient des scores compris entre 2 et 12. Mais certains scores sont plus rares que d'autres.

Ce tableau regroupe les sommes possibles : 4 est obtenu 3 fois sur 36 possibilités, la probabilité d'obtenir 4 est donc $\frac{3}{36} = \frac{1}{12}$.

	1	2	3	4	5	6
1	2	3	4	5	6	7
2	3	4	5	6	7	8
3	4	5	6	7	8	9
4	5	6	7	8	9	10
5	6	7	8	9	10	11
6	7	8	9	10	11	12

On peut présenter les résultats possibles d'une façon différente :

					6 + 1					
				5 + 1	5 + 2	6 + 2				
			4 + 1	4 + 2	4 + 3	5 + 3	6 + 3			
		3 +	3 + 2	3 + 3	3 + 4	4 + 4	5 + 4	6 + 4		
	2 + 1	2 + 2	2 + 3	2 + 4	2 + 5	3 + 5	4 + 5	5 + 5	6 + 5	
1 + 1	1 + 2	1 – 3	1 + 4	1 + 5	1 + 6	2 + 6	3 + 6	4 + 6	5 + 6	6 + 6
2	**3**	**4**	**5**	**6**	**7**	**8**	**9**	**10**	**11**	**12**

Oh ! C'est la même forme que le plateau de jeu !

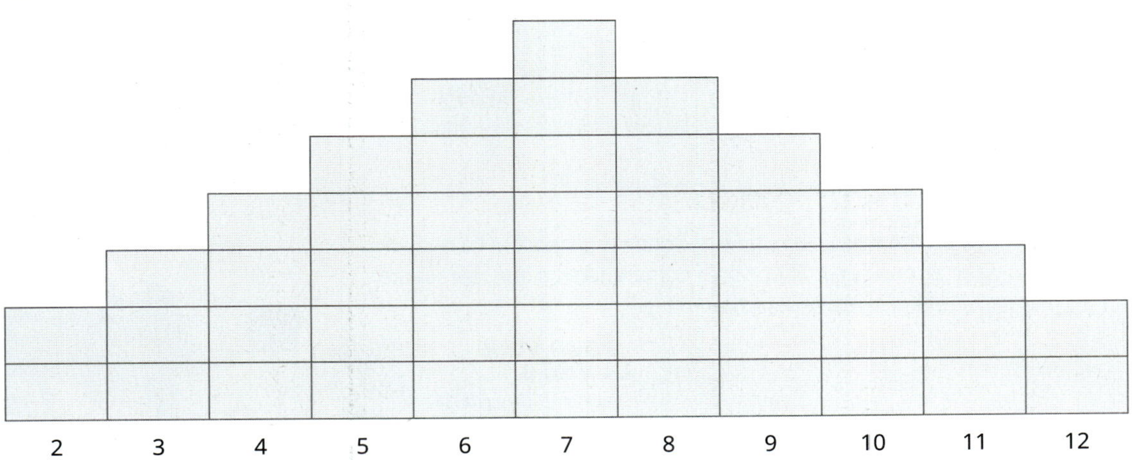

CHAPITRE 9

Longueurs, périmètres et aires

Reconnais-tu ce symbole ?

ON FAIT des MATHS ?

Que représente le nombre π ?

Dans cette vidéo, Stéphane et Adrien te proposent de réaliser avec eux une expérience pour comprendre ce que représente réellement le mystérieux nombre π.

POUR VOIR LA VIDÉO
edubelin.fr/25mmat6-182

Je développe mes **automatismes**

Automatismes
edubelin.fr/25mmat6-183
5 séries en PDF

5 min

Réponds à ces questions sans utiliser la calculatrice !

1. Combien valent :
6 centaines et 124 unités ?

2. Quel est le plus grand de ces nombres :
$\frac{4}{3}$; $\frac{5}{6}$ ou 1 ?

3.

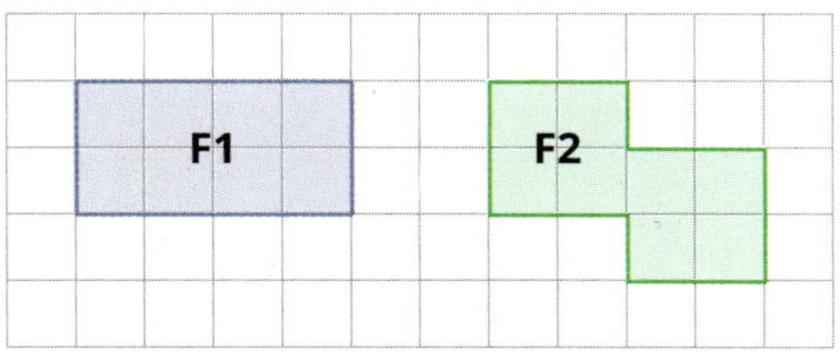

Les figures 1 et 2 ont-elles le même périmètre ou la même aire ?

4. Parmi ces trois solides, lequel a 6 sommets et 10 arêtes ?

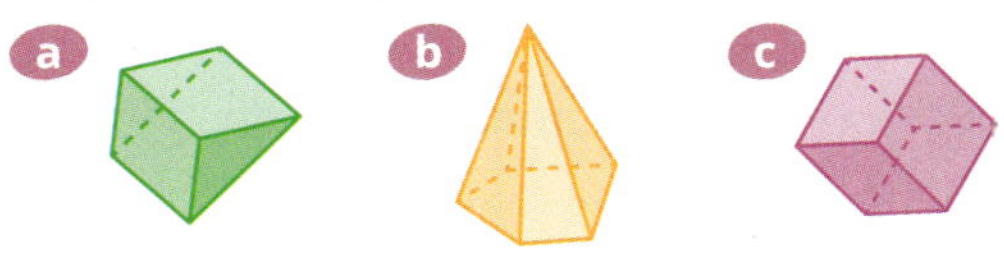

5. Moustache, chat d'intérieur, pèse 7 kg. Quelle est la masse de croquettes à prévoir pour une semaine ?

Poids du chat (en kg)	Ration quotidienne de croquettes conseillée (en grammes par jour)	
	Chat d'intérieur	Chat d'extérieur
3	54	63
4	60	75
5	72	89
6	86	100
7	90	111
8	102	120

6. 100 ; 99 ; 97 ; 94 ; **?** ; **?**
Quels sont les deux nombres suivants dans ce pattern ?

Objectifs : • Travailler la forme/aire, périmètre.
• Comprendre que l'aire est constante en assemblant deux même pièces mais pas le périmètre.

Je **manipule** avec mes acquis

20 min

1. David et Kassandra ne sont pas d'accord.
David dit : « La pièce A est aussi grande que la pièce B. »
Kassandra affirme que la pièce A est plus grande que la pièce B.
Pourquoi disent-ils cela ? Explique leur raisonnement.

2. Voici cinq polyminos :

a. Trie-les dans l'ordre croissant selon leur aire.

b. Trie-les dans l'ordre croissant selon leur périmètre.

c. Obtiens-tu le même classement ?

3. On choisit les unités suivantes :

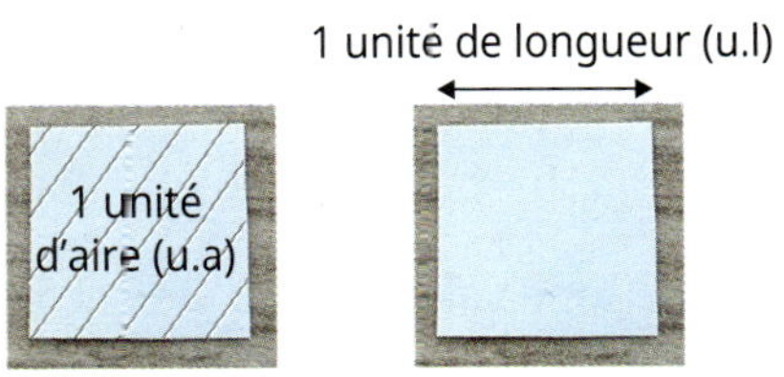

Assemble des polyminos pour représenter une figure d'aire 8 u.a et de périmètre 18 u.l.
Y a-t-il plusieurs solutions ?

Si tu es perdu(e), tu peux n'utiliser que des polyminos rouges.

Je découvre

JE REVOIS

1. Le segment [AB] est-il un rayon ou un diamètre du cercle de centre A ?

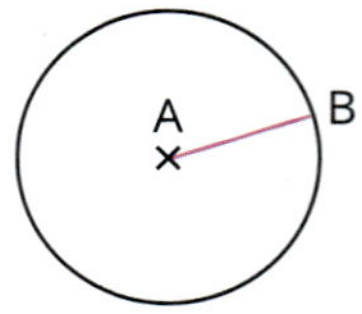

2. **Vrai ou faux ?** Le diamètre d'un cercle vaut le double de son rayon.

3. **a.** 7,57 est-il plus proche de 7,5 ou de 7,6 ?
   b. 87,753 est-il plus proche de 87,75 ou de 87,76 ?

4. Arrondir 6,77 dm au cm.

5. Convertir :
   a. 78 mm en cm **b.** 325 cm en m
   c. 65 dm en cm **d.** 3,5 km en m

Activité 1 Des expériences circulaires

Objectif : Faire le lien entre le diamètre et le périmètre d'un cercle

Une première approche

Philippine pose quatre cerceaux identiques au sol.
Après avoir fait une marque sur un cinquième cerceau de même taille, elle le pose au sol. Ensuite, elle fait une marque au sol et fait faire au cerceau un tour complet en ligne droite depuis cette marque. Elle marque la fin du tour.

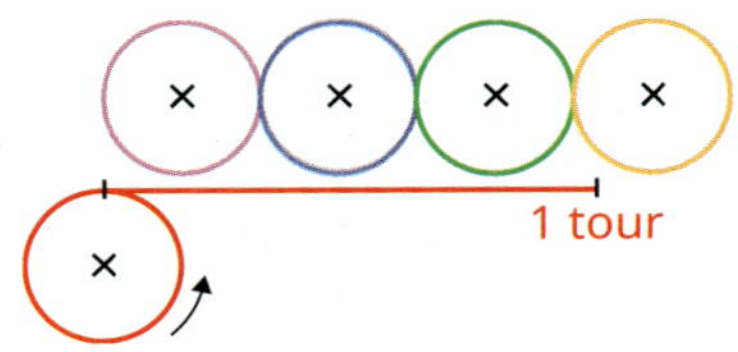

1. Recopier et compléter :
   « Le périmètre du cerceau est un peu plus de ... fois son diamètre, mais moins de ... fois son diamètre. »

2. **a.** Quelle est l'unité de mesure choisie par Philippine ?
   b. Philippine remarque que le périmètre du cerceau vaut moins que trois diamètres et un rayon de cerceau. Recopier et compléter pour améliorer l'encadrement du périmètre du cerceau :
   ... fois le diamètre < périmètre du cerceau < ... fois le diamètre

Gagner en précision

3. Philippine s'aperçoit que l'étiquette de son cerceau indique « Diamètre : 1 m ».
   Elle mesure alors l'écart entre les deux marques dans son expérience précédente. Elle trouve 3,14 m. Recopier et compléter pour donner un encadrement au dixième du périmètre du cerceau :
   ... fois le diamètre < périmètre du cerceau < ... fois le diamètre

Tenter d'autres manipulations

Philippine mesure maintenant le rond central d'un terrain de basket-ball à l'aide d'une roue de mesure. Voici l'affichage de cet instrument de mesure :

• Pour le diamètre

Mètre (m)				dm
			3	6

• Pour le périmètre

Mètre (m)				dm
		1	1	3

4. Calculer une valeur approchée arrondie au centième du quotient « périmètre divisé par diamètre ».

5. **a.** Choisir cinq objets circulaires ou cylindriques du quotidien (tube de colle, rouleau adhésif...).
   b. Mesurer leurs périmètres en utilisant un mètre ruban ou une ficelle que l'on mesurera.
   c. Mesurer leurs diamètres en utilisant le système artisanal ci-contre constitué de deux équerres et d'une règle graduée.
   d. Pour chaque objet, calculer une valeur approchée au centième du quotient « périmètre divisé par diamètre ».
   Décrire alors le lien entre le diamètre et le périmètre d'un cercle.

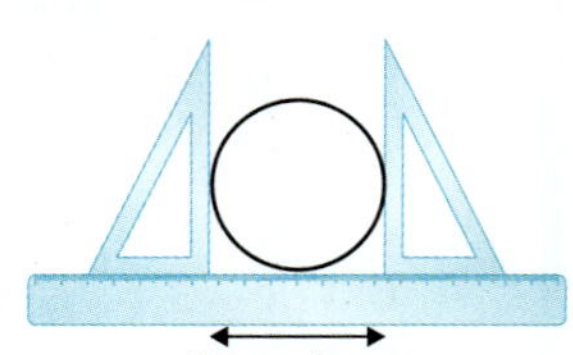

JE REVOIS

1. Quelle est l'aire de ces figures en cm^2 ?

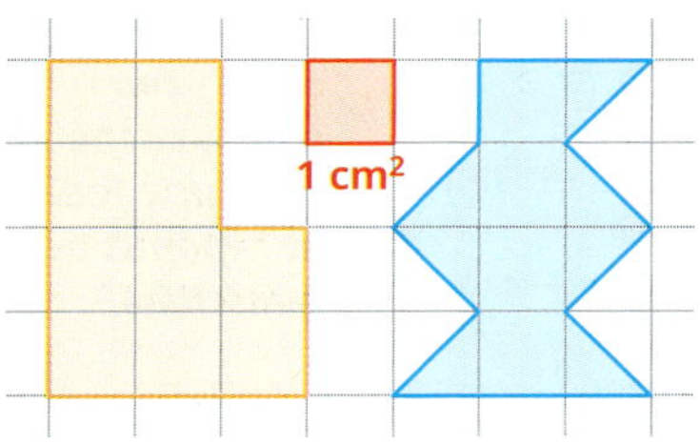

2. QCM $1\ m^2$, c'est :

(a) l'aire d'un carré de 1 m de côté.
(b) $100\ cm^2$.
(c) $10\ dm \times 10\ dm$.

3. Recopier et compléter ces écritures fractionnaires et décimales :

a. $0{,}05 = \frac{\dots}{100}$ **b.** $\frac{13}{100} = \dots{,}\dots$ **c.** $1{,}18 = \frac{\dots}{100}$

d. $\frac{1\,234}{100} = \dots{,}\dots$ **e.** $7{,}5 = \frac{\dots}{100}$ **f.** $\frac{214}{100} = \dots{,}\dots$

Activité 2 Une mosaïque d'unités d'aire

Objectif : Calculer l'aire d'une figure composée et l'exprimer dans différentes unités

Jamal aimerait décorer un mur de sa chambre avec une frise en mosaïque. Il veut déterminer la quantité de mosaïque dont il aura besoin pour passer une commande sur Internet. Passionné de châteaux forts, il a choisi le motif ci-contre. Il devra le reporter 15 fois.
Chaque carré du quadrillage correspondra à un petit carrelage de 1 cm de côté dans la réalité.

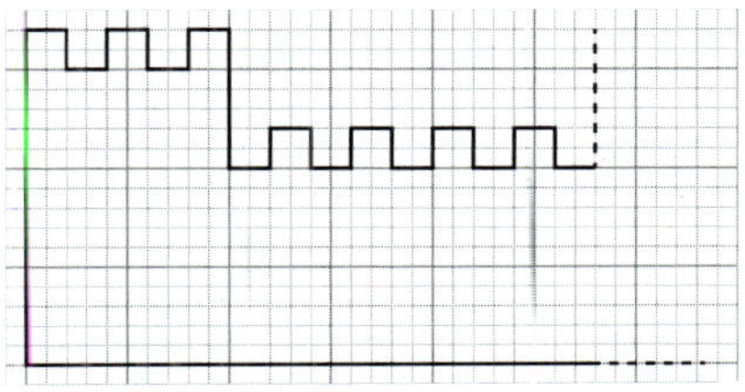

1. Quelle est l'aire d'un petit carrelage ?

Déterminer l'aire de la frise

Pour déterminer rapidement l'aire de la surface occupée par la frise, Jamal partage son motif en rectangles et en carrés.

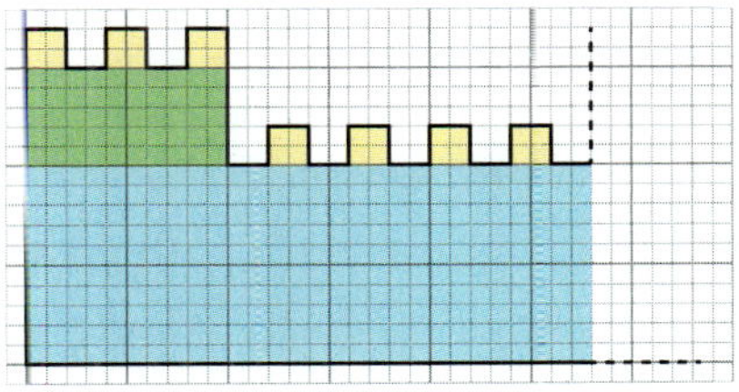

2. Quelle multiplication permet de déterminer rapidement l'aire du rectangle bleu ? l'aire du rectangle vert ?

3. Calculer l'aire de la surface recouverte par les sept carrés jaunes.

4. Calculer l'aire totale pour un motif, puis pour les 15 motifs prévus.

Passer commande en excès

Pour simplifier la pose, un site internet propose à la vente des plaques carrées de $1\ dm^2$ constituées de petits carrelages de 1 cm de côté. Les petits carrelages peuvent être détachés de la plaque de $1\ dm^2$ si besoin.

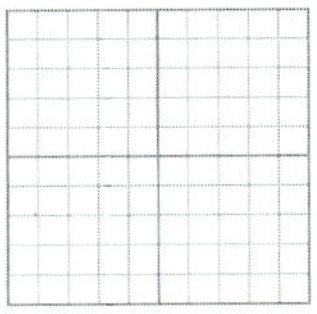

5. Combien de petits carrelages de $1\ cm^2$ contient la plaque de $1\ dm^2$?
Recopier et compléter cette égalité : $1\ dm^2 = \dots\ cm^2$.

6. a. Combien de plaques de $1\ dm^2$ Jamal doit-il acheter pour réaliser sa frise ?
b. Combien de petits carrelages lui restera-t-il ?

Passer commande à la virgule près

7. Sur un autre site Internet, Jamal peut commander exactement la quantité désirée en dm^2.
Recopier et compléter son bon de commande :

Article	Quantité souhaitée					
Plaque de $1\ dm^2$	…	…	…	,	…	…

J'apprends

A Calculer des périmètres

Définition

On appelle **périmètre** d'une figure la longueur de son contour.

Cas des polygones

Pour calculer le périmètre d'un polygone, on ajoute les longueurs de ses côtés, exprimées dans la même unité.

Exemple : Calculons le périmètre P du pentagone ABCDE.
On exprime toutes les longueurs dans la même unité, ici le centimètre :
24 mm = 2,4 cm et 0,3 dm = 3 cm.
$P = AB + BC + CD + DE + EA$
$P = 6 + 2,4 + 6 + 3 + 3,8$
$P = 21,2$ cm
Le périmètre du pentagone ABCDE est de 21,2 cm.

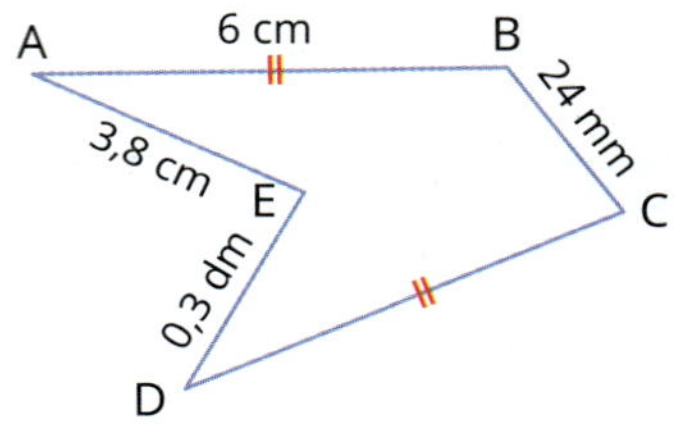

Cas du cercle

Propriété (admise)

Le périmètre d'un cercle et son diamètre sont proportionnels.
Pour tous les cercles, quand on divise leur périmètre par leur diamètre, on obtient toujours un même nombre que l'on appelle π*.
Autrement dit, le périmètre d'un cercle est égal à son diamètre multiplié par π.

*** π est le P de l'alphabet grec. C'est la première lettre de « peripheria », qui veut dire « circonférence » en grec.**

- On a besoin d'une lettre pour écrire le nombre π car π n'est pas un nombre décimal et il ne peut pas non plus s'écrire sous la forme d'une fraction.
- On peut calculer avec π en utilisant ses valeurs approchées décimales.

À retenir L'arrondi de π au centième est 3,14.

Exemple : Calculons le périmètre de ce cercle.
On sait que le périmètre du cercle est égal au diamètre multiplié par le nombre π.
Ici, le périmètre est donc de $3 \times \pi$.
En prenant 3,14 comme valeur approchée de π, on obtient 9,42 cm. En arrondissant au mm, on obtient donc un périmètre d'environ 9,4 cm.

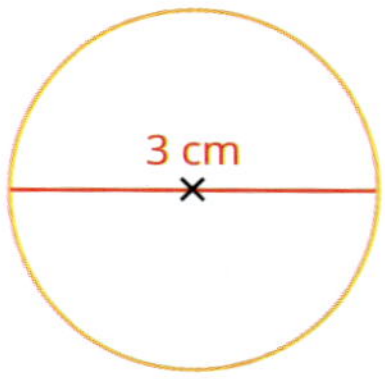

On traduit la relation entre périmètre et diamètre d'un cercle par la formule :

À retenir $P = \pi \times D$, où P est le périmètre du cercle et D son diamètre.

Comme le diamètre vaut le double du rayon, on obtient aussi la formule :

À retenir $P = 2 \times \pi \times R$, où P est le périmètre du cercle et R son rayon.

Cette traduction en langage mathématique permet de raccourcir la rédaction des réponses aux exercices, mais elle montre aussi l'universalité des mathématiques.

Je retiens

Quand tu as appris ton cours, cache-le avec une feuille et réponds aux questions.

Comment calcule-t-on le périmètre d'un polygone ?

Comment se lit le symbole π ?

Si on divise le périmètre d'un cercle de diamètre 5 cm par 5, obtient-on le même résultat que si on divise le périmètre d'un cercle de diamètre 10 cm par 10 ?

Donne l'arrondi au centième de π.

Quel calcul peut-on faire pour trouver la valeur arrondie au mm du périmètre d'un cercle de diamètre 5 cm ?

Donne la formule qui permet de calculer le périmètre d'un cercle à partir de son rayon.

B Différencier aire et périmètre

Définition

On appelle **aire** d'une figure la mesure de sa surface.

Propriété (admise)

L'aire d'une figure composée est égale à la somme des aires des figures qui la composent.

Exemple : On juxtapose deux carrés de 1 cm de côté pour former un rectangle. Chaque carré a une aire de 1 cm^2.
L'aire du rectangle est de 1 cm^2 + 1 cm^2, soit 2 cm^2.

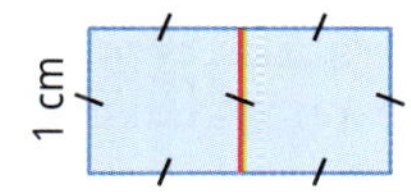

Pourquoi ? Le segment rouge est présent dans les deux carrés, mais, comme il n'a pas d'épaisseur, son aire est nulle, donc il n'intervient pas dans l'aire totale.

Attention ! **Le périmètre d'une figure composée n'est pas égal à la somme des périmètres des figures qui la composent.**
Dans l'exemple, chacun des carrés a un périmètre de 4 cm. Pourtant, le périmètre du rectangle n'est pas de 8 cm, mais de 6 cm.

Pourquoi ? Le segment rouge ne fait plus partie du contour de la nouvelle figure.

C Connaître les liens entre les unités d'aire

Définitions

- 1 mm^2 est l'aire d'un carré de 1 mm de côté.
- 1 cm^2 est l'aire d'un carré de 1 cm de côté.
- 1 dm^2 est l'aire d'un carré de 1 dm de côté.
- 1 m^2 est l'aire d'un carré de 1 m de côté.

Relation entre les différentes unités d'aire

- $1\ m^2 = 1\ m \times 1\ m = 10\ dm \times 10\ dm = 10 \times 10\ dm^2 = 100\ dm^2$.
- $1\ dm^2 = 1\ dm \times 1\ dm = 10\ cm \times 10\ cm = 10 \times 10\ cm^2 = 100\ cm^2$.

Par conséquent :

- 1 cm^2 est égal à un centième de 1 dm^2. On écrit $1\ cm^2 = \frac{1}{100}\ dm^2 = 0{,}01\ dm^2$;
- 1 dm^2 est égal à un centième de 1 m^2. On écrit $1\ dm^2 = \frac{1}{100}\ m^2 = 0{,}01\ m^2$.

D Calculer l'aire d'un carré, d'un rectangle

Propriétés (admises)

L'aire d'un rectangle est égale au produit de sa longueur par sa largeur.
Cas particulier : L'aire d'un carré est égale au produit de son côté par son côté.

Notation : on s'autorise à écrire en abrégé.

- Aire du carré = côté × côté, ou plus formellement : $A = c \times c$.
- Aire du rectangle = Longueur × largeur ou plus formellement : $A = L \times l$.

Exemples

– L'aire d'un carré de côté 5 mm est de 25 mm^2 (5 lignes de 5 carrés de 1 mm^2).
– L'aire d'un rectangle de 3 cm sur 2 cm est de 6 cm^2 (2 lignes de 3 carrés de 1 cm^2).

Je retiens

Vrai ou faux ?
- Pour trouver le périmètre d'une figure composée, je peux ajouter les périmètres des figures qui la composent.
- Pour trouver l'aire d'une figure composée, je peux ajouter les aires des figures qui la composent.

Qu'est-ce qu'un mètre carré ?

Combien de dm^2 y a-t-il dans un m^2 ?

Quelle fraction de dm^2 représente un cm^2 ?

Quel calcul permet d'obtenir l'aire d'un carré de 7 cm de côté ?

Quel calcul permet d'obtenir l'aire d'un rectangle de 10 cm de long sur 7 cm de large ?

MON QCM DE RÉVISION
edubelin.fr/25mmat6-187

J'apprends à faire

1 Calculer le périmètre d'un cercle

Calculer le périmètre d'un cercle de 4,5 cm de rayon.
La réponse sera arrondie au mm près.

Solution

Étape 1 On choisit la formule.
On sait que le périmètre d'un cercle est égal au produit du nombre π par le diamètre de ce cercle.
Ici, on sait que le rayon est 4,5 cm.
Le diamètre est le double du rayon, donc le périmètre est égal au produit du nombre π par le double du rayon.
Cela se traduit par la formule : $\boldsymbol{P = 2 \times \pi \times R}$, avec $R = 4{,}5$ cm.
On obtient ainsi $\boldsymbol{P = 2 \times \pi \times 4{,}5 = 9 \times \pi}$, qui est l'expression exacte du périmètre.

Étape 2 On effectue le calcul à la calculatrice.
Pour obtenir une valeur approchée du périmètre, on peut utiliser la touche π de la calculatrice :

(2) (×) (π) (×) (4) (.) (5) (=)

On obtient alors (28.27433388).

Étape 3 On donne la réponse avec la précision souhaitée.
On veut arrondir au mm. Comme la réponse est exprimée en cm, on doit arrondir au dixième.
On sait que $28{,}2 < 28{,}27... < 28{,}3$.
Or 28,27 est plus proche de 28,3 que de 28,2.
On en conclut que $P \approx 28{,}3$ cm.

JE M'EXERCE

Calculer le périmètre d'un cercle de 10 m de diamètre.
La réponse sera arrondie au cm près.

Exercice corrigé p. 316

2 Calculer le périmètre d'une figure composée

Calculer le périmètre de la figure ci-contre, sachant que ABCD est un rectangle.
On donnera la réponse arrondie au mm près.

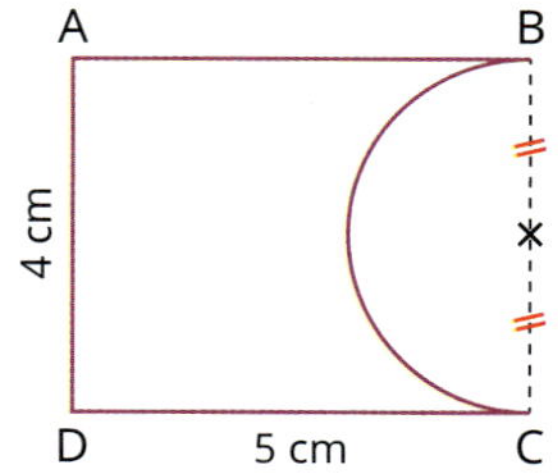

Solution

Étape 1 On repère les différentes parties du contour et leur nature.
En suivant le contour de la figure, on remarque que la figure est composée :
- du segment [AB] ;
- du demi-cercle de diamètre [BC] ;
- du segment [CD] ;
- du segment [DA].

Étape 2 On trouve les longueurs de ces différentes portions.
D'après la figure, on a AD = 4 cm et DC = 5 cm.
ABCD est un rectangle, donc ses côtés opposés sont de même longueur.
Donc AB = 5 cm et BC = 4 cm.
On peut alors déterminer la longueur du demi-cercle de diamètre [BC].
Le périmètre du cercle complet serait $\pi \times D = 4 \times \pi$, donc la longueur du demi-cercle est de $(4 \times \pi) : 2 = 2 \times \pi$.

Étape 3 On calcule le périmètre P avec la précision souhaitée.
$P = 5 + 2 \times \pi + 5 + 4 = 14 + 2 \times \pi \approx 14 + 6{,}3 \approx 20{,}3$ cm.

JE M'EXERCE

Dans cette figure, AC = 5 m.
Calculer le périmètre de la figure.
La réponse sera arrondie au cm près.

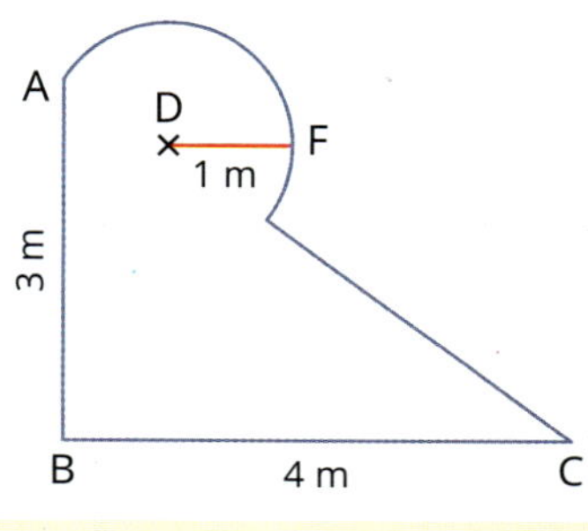

Exercice corrigé p. 316

3 Effectuer des conversions d'aires

Convertir 240 cm^2 en dm^2.

Solution

On sait que 1 dm^2 est l'aire d'un carré de 1 dm de côté.
De même, 1 cm^2 est l'aire d'un carré de 1 cm de côté.
$1\ dm^2 = 1\ dm \times 1\ dm = 10\ cm \times 10\ cm = 100\ cm^2$.
Donc 1 cm^2 est le centième de 1 dm^2.
240 cm^2 sont donc égaux à 240 centièmes de dm^2.
Or $\dfrac{240}{100} = 2{,}4$, donc $240\ cm^2 = 2{,}4\ dm^2$.

JE M'EXERCE

1. Convertir 72 dm^2 en m^2.
2. Convertir 43 700 cm^2 en m^2 en deux étapes :
   – convertir 43 700 cm^2 en dm^2 ;
   – puis convertir en m^2.

Exercice corrigé p. 316

4 Calculer l'aire d'un rectangle

Calculer, en cm^2, l'aire d'un rectangle de 6,3 cm sur 25 mm.

Si la réponse est attendue en cm^2, tu dois convertir les longueurs en cm.

Solution

Il faut d'abord s'assurer que les dimensions du rectangle sont dans la même unité : on convertit donc 25 mm en 2,5 cm.
On peut calculer l'aire d'un rectangle en multipliant sa longueur par sa largeur :
Aire du rectangle = Longueur × largeur
$= 6{,}3\ cm \times 2{,}5\ cm$
$= 15{,}75\ cm^2$

JE M'EXERCE

Calculer, en m^2, l'aire d'un rectangle de 53 cm sur 1,5 m.

Exercice corrigé p. 316

5 Calculer l'aire d'une figure composée

Calculer, en cm^2, l'aire de cette figure :

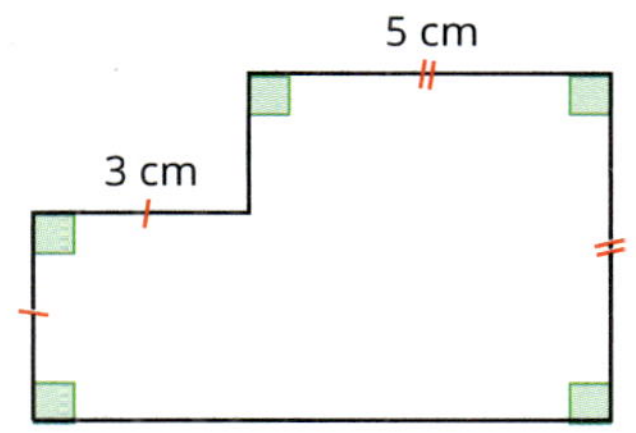

Solution

• En utilisant un découpage :

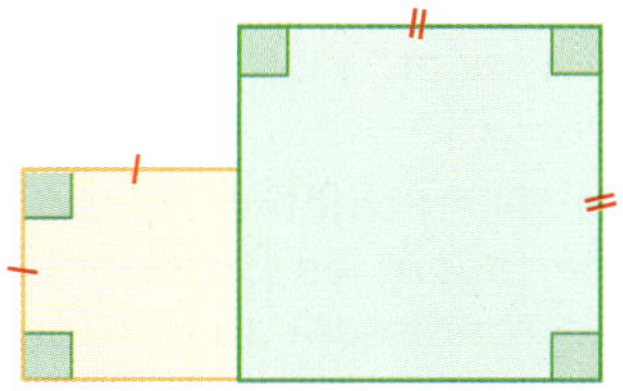

Aire du carré jaune = côté × côté
$A = 3 \times 3 = 9\ cm^2$
Aire du carré vert = côté × côté
$A = 5 \times 5 = 25\ cm^2$
Aire totale = 9 + 25 = 34 cm^2

• En utilisant un autre découpage :

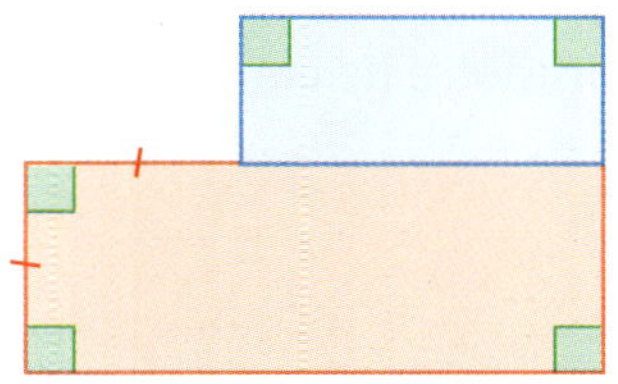

Aire du rectangle bleu = Longueur × largeur
$A = 5 \times 2 = 10\ cm^2$
Aire du rectangle rouge = Longueur × largeur
$A = 8 \times 3 = 24\ cm^2$
Aire totale = 10 + 24 = 34 cm^2

JE M'EXERCE

Calculer, en cm^2, l'aire de cette figure :

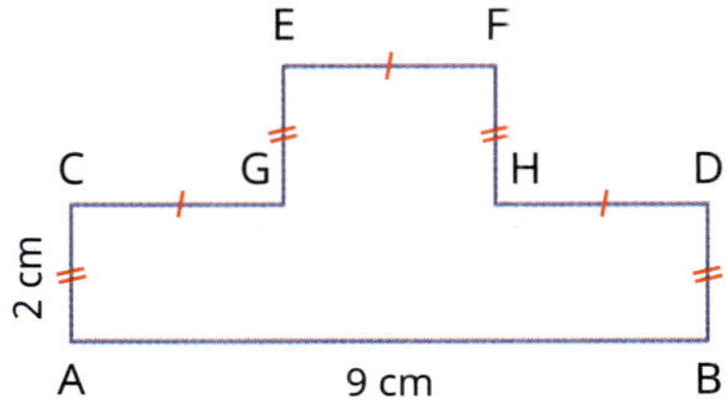

Exercice corrigé p. 316

Je prends confiance

Je prends mon élan

1 Combien vaut le périmètre d'un triangle équilatéral de 6 cm de côté ?

2 **Vrai ou faux ?**
Le périmètre de cette figure est égal à 6 × 2 cm.
Justifier.

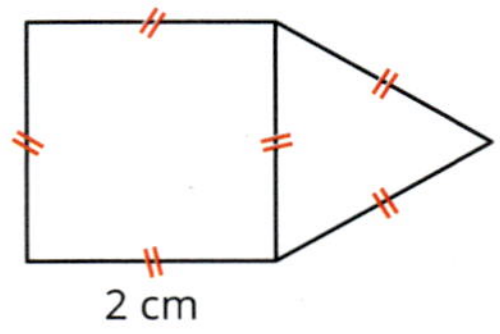

3 **1.** Quelle figure a le plus grand périmètre ?
2. Quelle figure a la plus grande aire ?

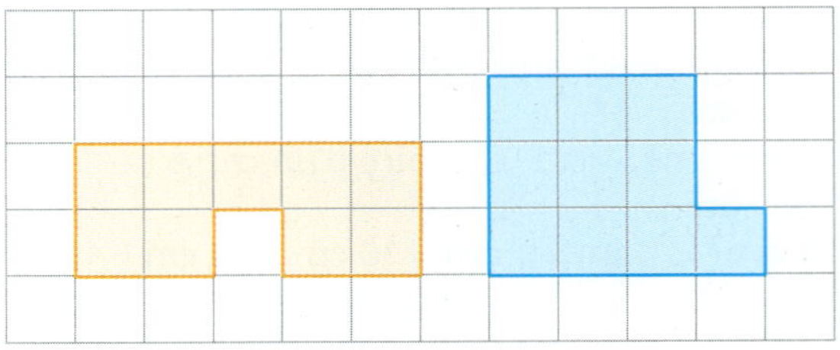

Je me lance

Calculer le périmètre d'une figure

4 **Automatismes**

Calculer, en arrondissant au mm, une valeur approchée du périmètre de ces cercles :

a.

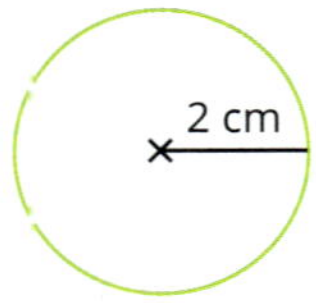

b.

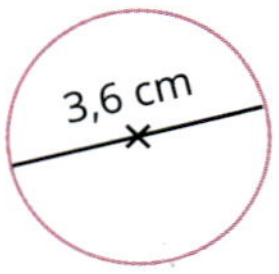

5 Calculer, en arrondissant au cm, une valeur approchée du diamètre d'un cercle de 18 m de périmètre.

6 Calculer le périmètre de cette figure :

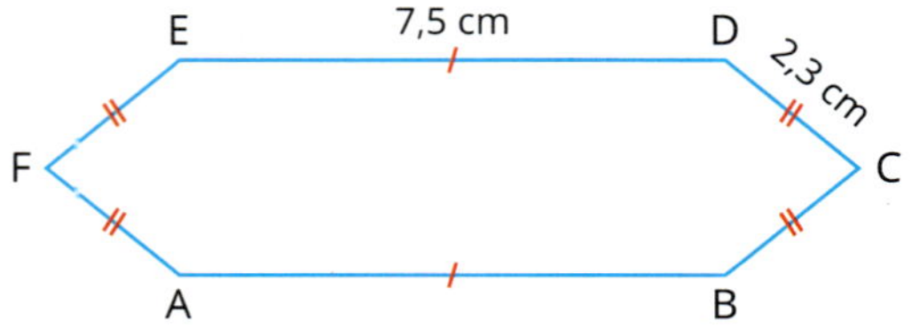

7 Calculer le périmètre de ce triangle :

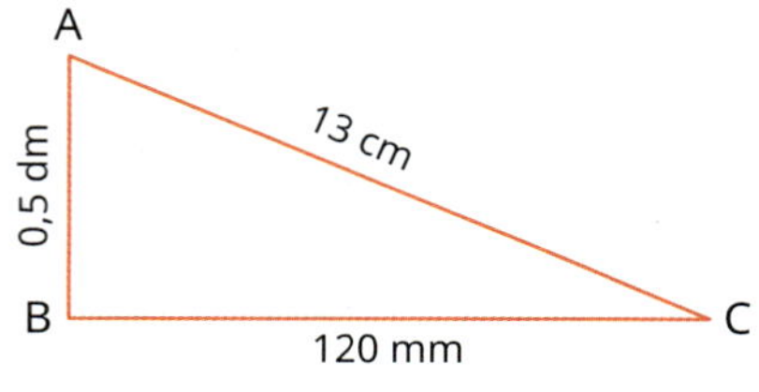

8 **1.** Observer cette figure :

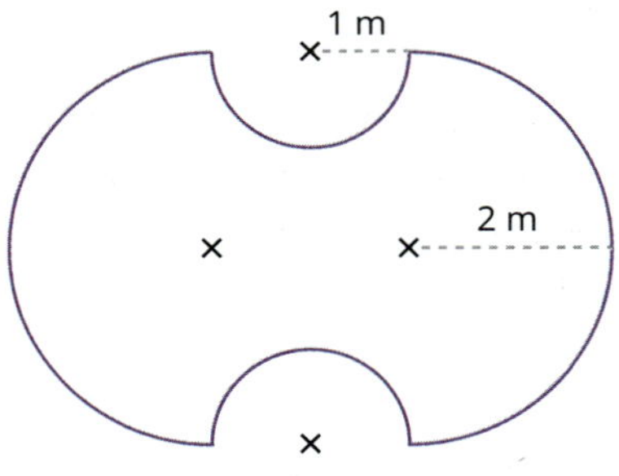

a. De combien de parties se compose-t-elle ?
b. Quelle est la nature de ces parties ?

2. Calculer, en arrondissant au cm près, une valeur approchée du périmètre de cette figure.

9 Lors d'un travail en binôme, Mansour et Victoire se partagent les tâches : Mansour va calculer, en arrondissant au mm, une valeur approchée du périmètre de la figure A et Victoire fera la même chose pour la figure B.

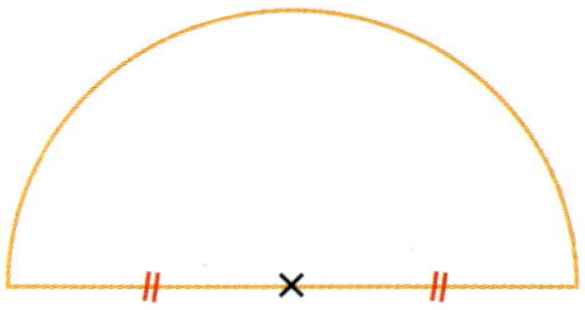

Figure A

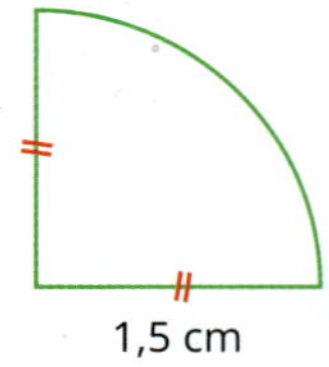

Figure B

1. Victoire prétend qu'elle n'a qu'à diviser la réponse de Mansour par 2. A-t-elle raison ? Justifier.
2. Calculer les périmètres demandés.

Effectuer des conversions d'aires

10 **1.** Recopier et compléter :

1 m^2 est l'aire d'un ... de 1 m de côté.
1 ... est l'aire d'un carré de 1 dm de côté.
1 m^2 = 1 ... × 1 ... = 10 ... × 10 ... = 100 dm^2.
Donc 1 dm^2 est le ... de 1 m^2.

2. Recopier et compléter en convertissant dans l'unité indiquée :
a. 3 m^2 = ... dm^2 **b.** 4,52 m^2 = ... dm^2
c. 400 dm^2 = ... m^2 **d.** 240 dm^2 = ... m^2

11 Ce quadrillage est composé de carrés de 1 cm de côté :

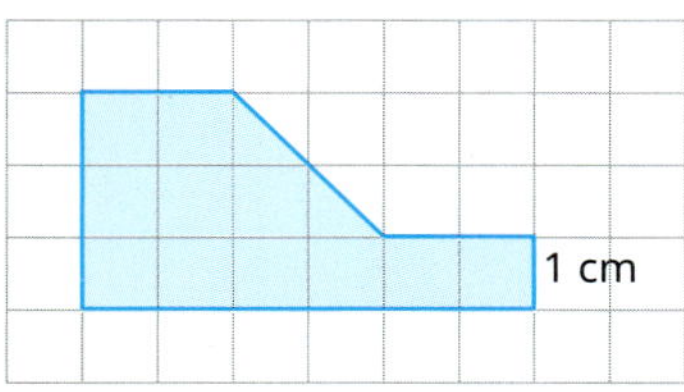

1. Déterminer l'aire de cette figure en cm^2.
2. On dessine 10 figures comme celle-ci. Quelle sera, en dm^2, l'aire occupée par ces 10 figures ?

12 **Automatismes**

Recopier et compléter en convertissant dans l'unité indiquée :
a. 5 dm^2 = ... cm^2 **b.** 5,4 dm^2 = ... cm^2
c. 300 cm^2 = ... dm^2 **d.** 370 cm^2 = ... dm^2
e. 0,65 m^2 = ... dm^2 = ... cm^2
f. 375 000 cm^2 = ... dm^2 = ... m^2

Calculer l'aire d'une figure

Dans les exercices 13 et 14, le quadrillage est composé de carrés de 1 cm de côté.

13 **1.** Déterminer par comptage l'aire de ces figures en cm^2 :

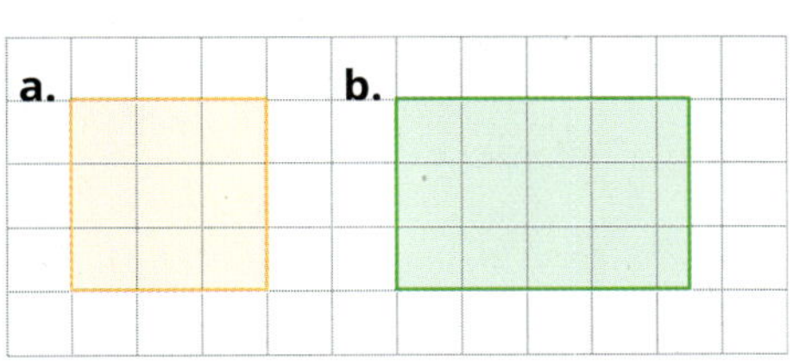

2. Quelles multiplications peut-on effectuer pour retrouver ces résultats ?

14 **Automatismes**

1. Déterminer par comptage l'aire de cette figure en cm^2 :

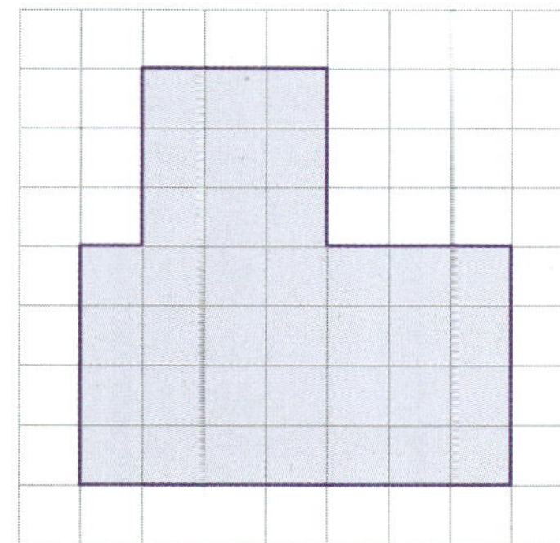

2. Comment retrouver rapidement ce résultat ?

15 Un carré a une aire de 64 m^2.
1. Quelle est la longueur de ses côtés ?
2. En déduire* le périmètre de ce carré.

* **« En déduire » signifie utiliser le résultat des questions précédentes pour répondre.**

16 **1.** Un rectangle mesure 12 m de long sur 5 m de large. Quelle est son aire ?
2. Donner les dimensions d'un autre rectangle de même aire.

17 Le plafond de la salle de classe est constitué de 120 dalles carrées de 50 cm de côté.
1. Calculer l'aire d'une dalle en cm^2.
2. **a.** Calculer l'aire du plafond en cm^2.
b. Convertir l'aire trouvée en m^2.

18 Voici les dimensions de trois figures :
– figure A : un rectangle de 10 cm de long et de 2 cm de large ;
– figure B : un carré de 0,5 dm de côté ;
– figure C : un rectangle de 14 cm de long et de 1 cm de large.
1. Classer les figures A, B et C de la plus petite à la plus grande selon leur périmètre.
2. Classer les figures A, B et C de la plus petite à la plus grande selon leur aire.
3. Obtient-on le même classement ?

J'avance à mon rythme

Fiches d'exercices
edubelin.fr/25mmat6-192a
Toutes les fiches en PDF

Avec des parcours d'apprentissage

Je calcule un périmètre

- Exercice **7 p. 190**
- Exercice **8 p. 190**
- Exercice **24 p. 193**
- Exercice **44 p. 196**
- Exercice **48 p. 196**
- Exercice **75 p. 200**

Je calcule une aire

- Exercice **13 p. 191**
- Exercice **16 p. 191**
- Exercice **31 p. 194**
- Exercice **45 p. 196**
- Exercice **60 p. 198**

Je convertis des mesures

- Exercice **10 p. 191**
- Exercice **36 p. 195**
- Exercice **37 p. 195**
- Exercice **46 p. 196**
- Exercice **75 p. 200**

Je résous des problèmes de grandeurs

- Exercice **20 p. 193**
- Exercice **34 p. 195**
- Exercice **51 p. 197**
- Exercice **55 p. 197**
- Exercice **76 p. 201**

Je m'interroge sur mon quotidien

- Exercice **22 p. 193**
- Exercice **30 p. 194**
- Exercice **38 p. 195**
- Exercice **49 p. 196**
- Exercice **61 p. 198**
- Exercice **73 p. 200**

OU avec un plan de travail

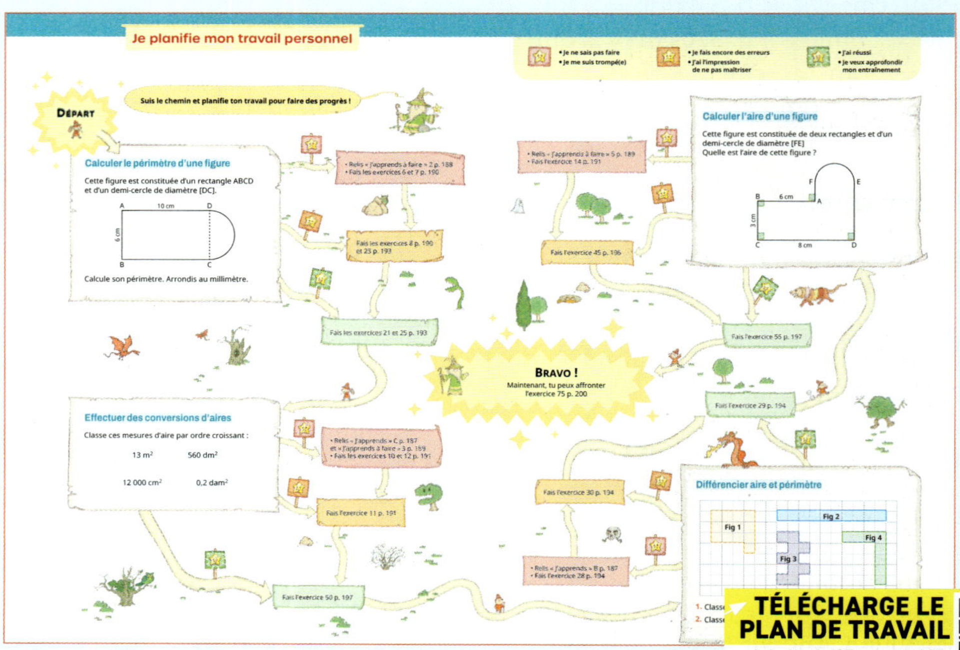

TÉLÉCHARGE LE PLAN DE TRAVAIL
edubelin.fr/25mmat6-192

J'applique mes connaissances

Calculer le périmètre d'une figure

19 On a obtenu l'hexagone de cette figure en reportant six fois le rayon du cercle :

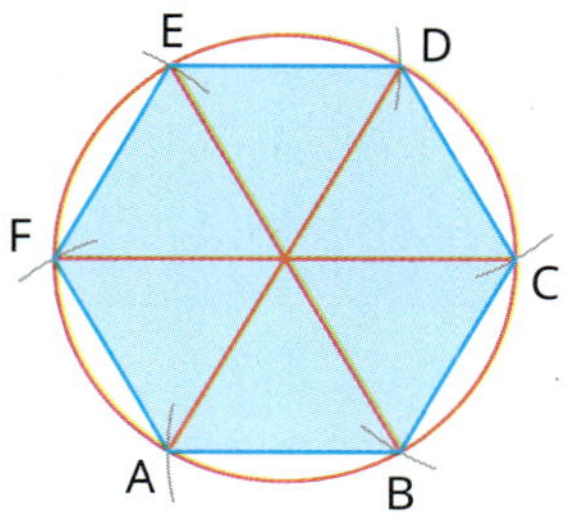

1. Quelle figure a le plus grand périmètre : le cercle ou l'hexagone ?

2. Le diamètre du cercle vaut 7 dm.

a. Calculer le périmètre de l'hexagone.

b. Donner une valeur approchée du périmètre du cercle arrondie au cm.

c. Les réponses aux questions **a** et **b** confirment-elles celle donnée au **1** ?

20 Maxence est en visite à Paris. Il fait un tour complet de la place de l'Étoile pour observer l'arc de Triomphe.

1. Sachant que le diamètre de cette place est de 120,5 m, quelle distance parcourt-il ? On donnera la réponse arrondie à la dizaine.

2. L'avenue des Champs-Élysées mesure 1,91 km. Combien de fois Maxence doit-il faire le tour de la place de l'Étoile pour marcher autant que sa sœur Lison, qui remonte les Champs-Élysées ?

21 **1.** Célie a découpé son initiale dans du carton. Elle veut poser un ruban tout autour pour la décorer. Quelle longueur de ruban doit-elle prévoir ? Arrondir au mm.

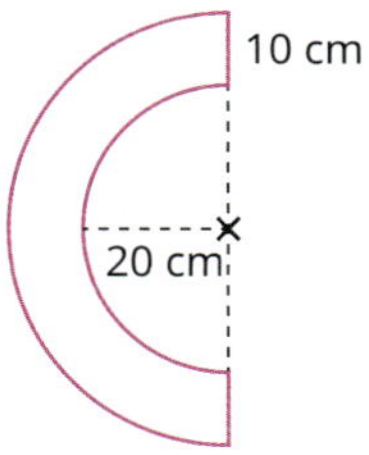

2. Son ami Salim découpe deux C identiques à celui de Célie et les juxtapose pour former un S. Il découpe également un ruban deux fois plus long que celui de Célie pour décorer le contour de son initiale. Salim aura-t-il la bonne longueur de ruban ? Justifier.

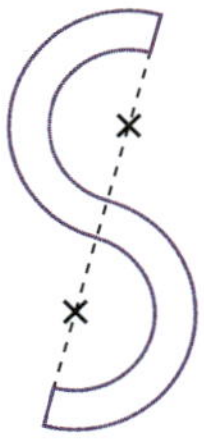

22 La plupart des roues de vélo ont un diamètre de 26 pouces.
Calculer de quelle distance avance le vélo lorsque la roue fait 100 tours. Arrondir au mètre.

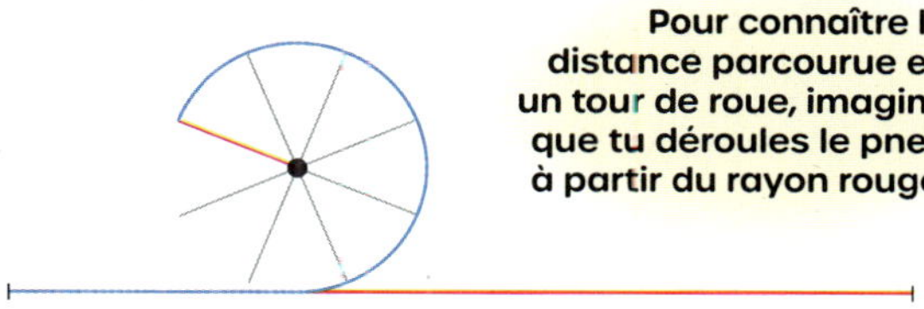

Pour connaître la distance parcourue en un tour de roue, imagine que tu déroules le pneu à partir du rayon rouge.

POUR INFO !

Le pouce est une unité de longueur valant 25,4 mm, en usage dans certains pays anglo-saxons ; cette unité est utilisée pour exprimer la taille des écrans ou des roues.

23 **Automatismes**

Le périmètre de cette figure est de 3,2 dm. Calculer la longueur du segment [AC].

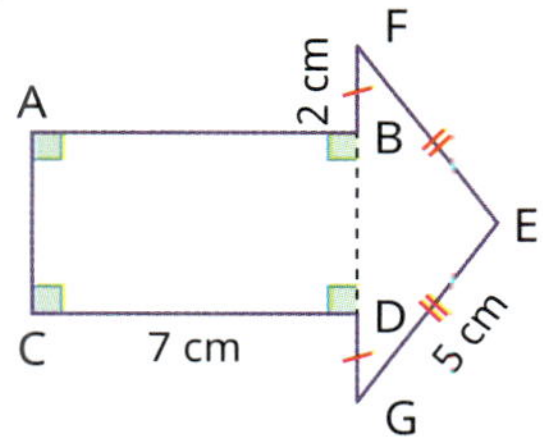

24 Calculer une valeur approchée au cm du périmètre de ces figures :

a.

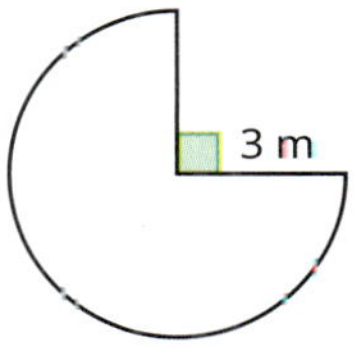

b.

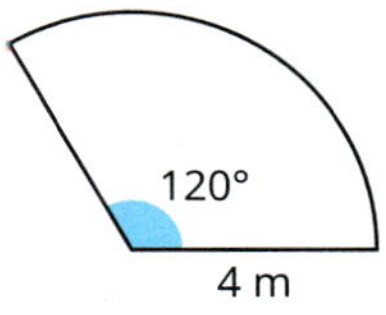

25 La figure rouge a été construite à partir d'un hexagone dont tous les côtés mesurent 9 dm.

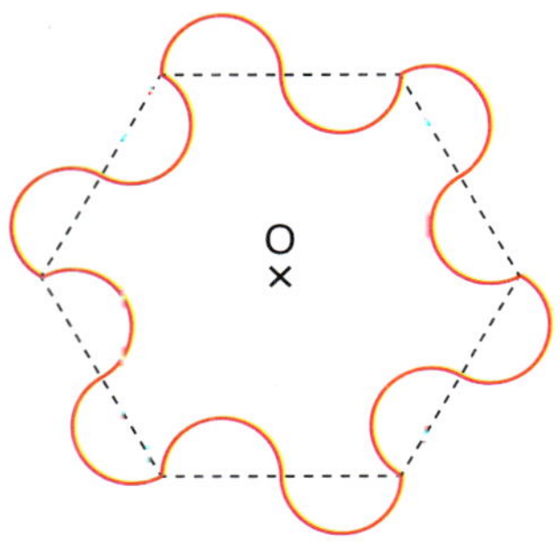

Calculer une valeur approchée au cm du périmètre de la figure rouge.

26 **Automatismes**

Sur cette figure, AC = CD = 6,6 cm.

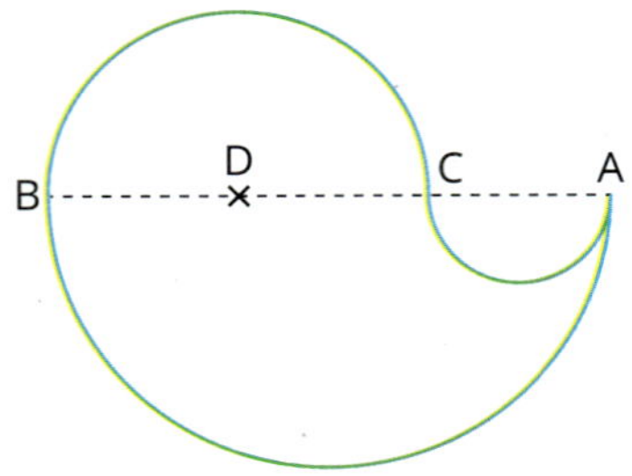

1. Reproduire cette figure en grandeur réelle.

2. Calculer une valeur approchée au mm du périmètre de la figure.

27 ABCD est un carré de 4 cm de côté. Les points qui semblent alignés le sont.

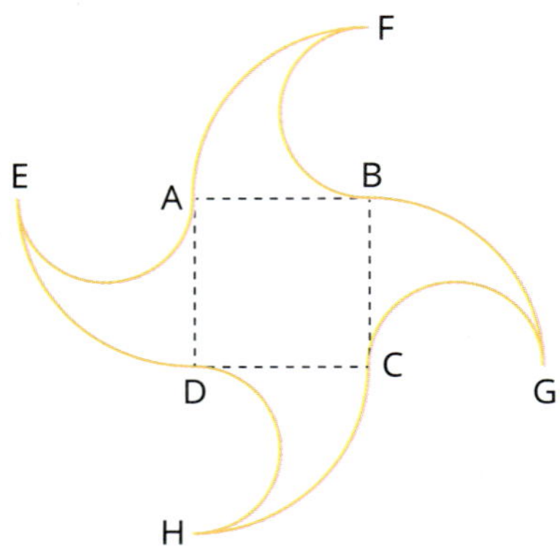

1. Reproduire cette figure en grandeur réelle.

2. Calculer une valeur approchée au mm de son périmètre.

Différencier aire et périmètre

28 Voici un puzzle composé de cinq pièces :

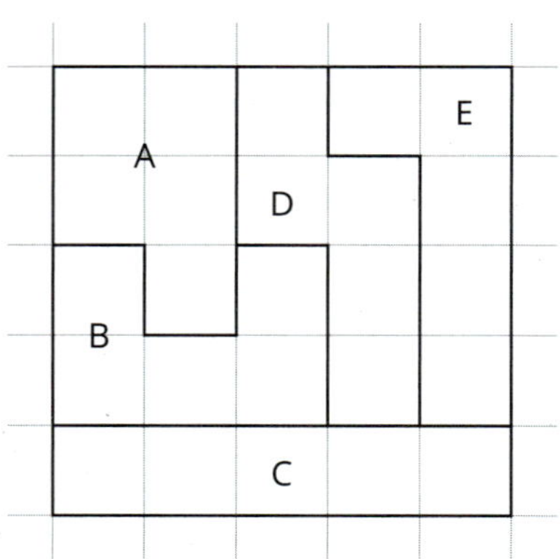

1. Comparer l'aire de ces cinq pièces.

2. Une seule pièce n'a pas le même périmètre que les autres : laquelle ?

29 Voici deux rectangles ABCD et AEFD, ainsi qu'une surface délimitée par les segments [AB] et [DC] et par deux demi-cercles :

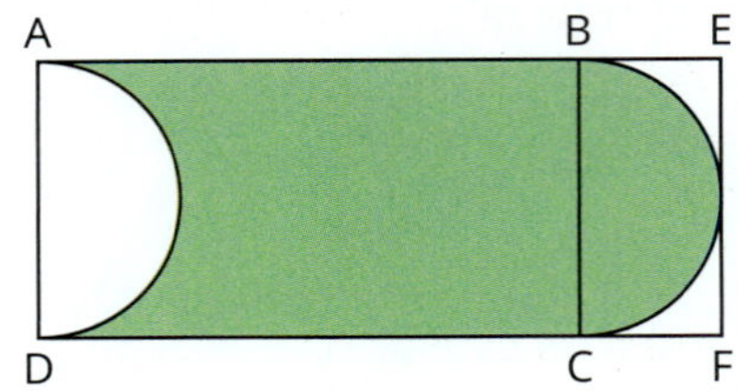

1. Sans calcul, classer ces figures de la plus grande à la plus petite selon leur aire.

2. Sans calcul, classer les figures de la plus grande à la plus petite selon leur périmètre.

3. La figure qui a le plus grand périmètre a-t-elle également la plus grande aire ?

30 Dans chacune des situations, dire si la grandeur mise en jeu est l'aire ou le périmètre.

a. Nila aimerait poser du carrelage sur le plan de travail de sa cuisine.

b. Raphaël aimerait poser une clôture tout autour de son terrain.

c. Manel aimerait décorer le haut des murs de son salon avec une moulure.

d. Simon aimerait repeindre les murs de sa chambre.

e. Dalia aimerait semer du gazon sur son terrain.

Calculer l'aire d'une figure

31 Ce quadrillage est composé de carrés de 1 cm de côté :

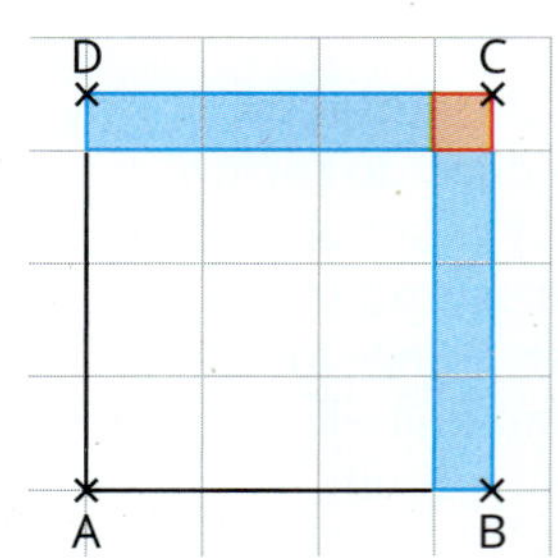

1. a. Quelle fraction de cm^2 représente l'aire du carré rouge de 0,5 cm de côté ?

b. En additionnant les aires des différentes parties, déterminer l'aire du carré ABCD.

2. Quelle multiplication peut-on effectuer pour retrouver ce résultat ?

3. Convertir cette aire en dm^2.

32 **Automatismes**

1. Calculer l'aire en dm² d'un carré de 7,6 dm de côté.
2. Calculer l'aire en m² d'un carré de 95 dm de côté.
3. Calculer l'aire en cm² d'un carré de 1,5 dm de côté.

33 Un carré a un côté de 5 cm de long.

1. Calculer son aire en cm².
2. On double la longueur du côté de ce carré. Quelle est l'aire du nouveau carré obtenu ?

Dans les exercices 34 et 35, l'unité de longueur (u.l) est la longueur d'un côté de carré.
L'unité d'aire (u.a) est l'aire d'un carré.

34 **Manipulation**

En utilisant toutes les pièces rouges composées de carrés de la planche matériel sauf les réglettes, créer un carré d'aire 9 u.a et un rectangle de périmètre 16 u.l.

35 **Manipulation**

En utilisant chaque fois ces 16 pièces en L de trois carrés de la planche matériel :

a. Créer quatre rectangles différents d'aire 48 u.a.

b. Est-il possible de créer un carré ? Justifier.

36

1. Calculer l'aire en cm² d'un rectangle de 7,5 cm de long et de 0,4 dm de large.
2. Calculer l'aire en m² d'un rectangle de 15 m de long sur $\frac{7}{3}$ m de large.
3. Calculer l'aire en m² d'un rectangle dont les dimensions sont 160 cm et 3 dm.

37

1. Un rectangle a une aire de 36 cm² et une longueur de 9 cm. Quelle est sa largeur ?
2. Un rectangle a une aire de 220 m² et une longueur de 500 dm. Quelle est sa largeur ?
3. Un rectangle a une aire de 30 dm² et une longueur de 7 dm.
   Donner la valeur exacte de sa largeur en utilisant une fraction, puis en donner une valeur approchée au cm.

38 Un terrain de beach-volley occupe une surface rectangulaire dont la longueur vaut le double de la largeur.

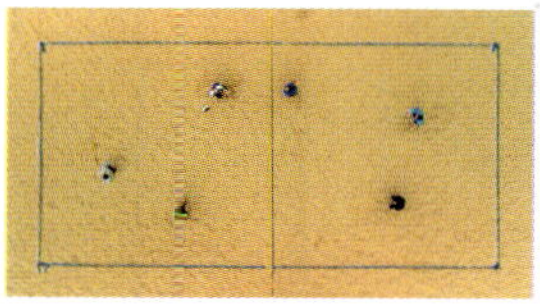

1. Sachant que le périmètre d'un tel terrain vaut 48 m, quel es sont ses dimensions ?
2. Calculer l'aire de ce terrain.

39

1. Calculer le périmètre de cette figure :

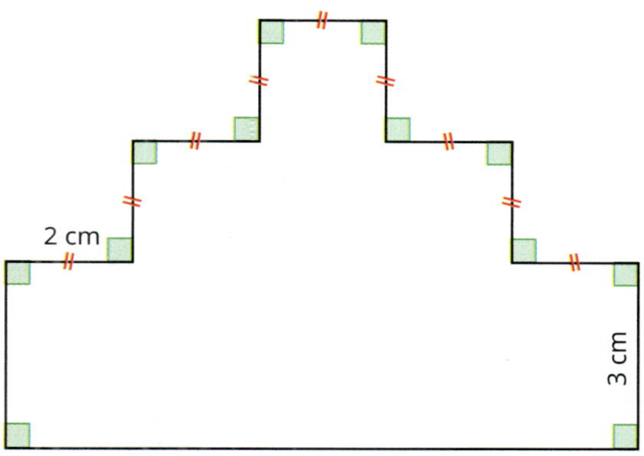

2. Calculer son aire en la décomposant en rectangles.

40 Pour les deux situations suivantes, faire un schéma, puis calculer les dimensions du rectangle.

a. Un rectangle a un périmètre de 1 m.
Sa longueur fait 10 cm de plus que sa largeur.

b. Un rectangle a un périmètre de 72 cm.
Sa longueur vaut le triple de sa largeur.

41 **J'accélère**

Calcul mental
edubelin.fr/25mmat6-195
5 séries en PDF

5 min

Calculer mentalement :

a. 7,43 × 10	**b.** 5,36 – 0,2
c. 70 × 40	**d.** 25 × 31
e. 50 × 14,2	**f.** 3,75 kg = ... g

Je développe mes savoir-faire

42 **Raisonner et Calculer**

ABCD est un carré de côté 7,2 cm.
DEC est un triangle équilatéral.
Calculer le périmètre du pentagone ABCED.

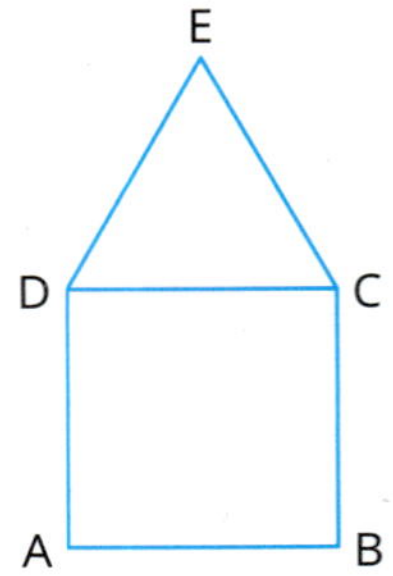

43 **Raisonner et Calculer**

Dans ce schéma, les cercles sont tous identiques :

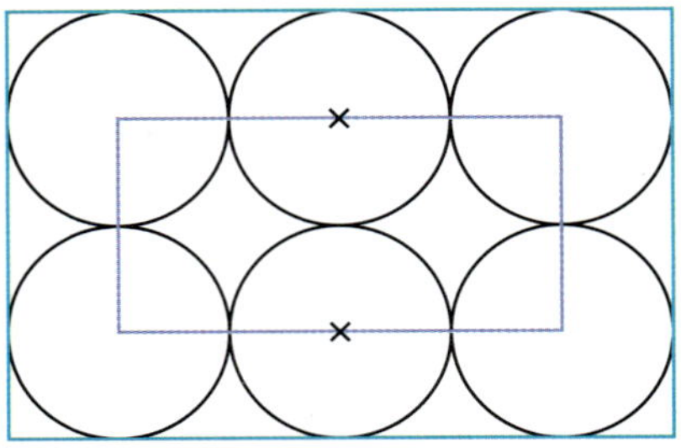

Si le petit rectangle a un périmètre de 48 m, quel est le périmètre du grand rectangle bleu ?

44 **Raisonner et calculer**

Dans le schéma ci-dessous, les carrés sont tous identiques et chacun a un périmètre de 20 cm. Les trois petits rectangles sont tous identiques et chacun a un périmètre de 14 cm.

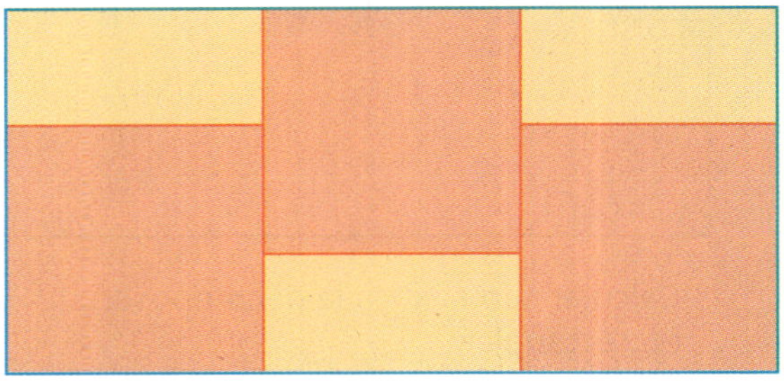

Quel est le périmètre du grand rectangle bleu ?

45 **Raisonner et Calculer**

Un rectangle a été divisé en sept carrés. L'aire d'un petit carré orange est égale à 100 cm^2.

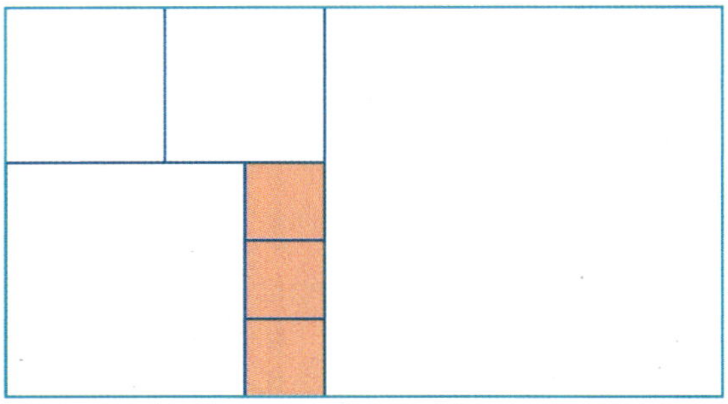

Calculer l'aire du rectangle bleu.
On donnera une réponse en cm^2, puis en m^2.

46 **Raisonner et Calculer**

Un rectangle a une aire de 3,6 dm^2 et une longueur de 20 cm.

1. Calculer la largeur de ce rectangle.
2. Calculer son périmètre.

47 **Chercher et Calculer**

Yoni s'intéresse aux rectangles de périmètre 18 cm.

1. Tracer un tel rectangle.
2. Donner les dimensions de quatre autres rectangles qui conviendraient.
3. Yoni propose comme solution un carré de 4,5 cm de côté.
   Est-ce une bonne réponse ? Justifier.
4. Trouver la largeur d'un rectangle de 5,7 cm de longueur et de périmètre 18 cm.
5. Que remarque-t-on lorsque l'on fait la somme de la longueur et de la largeur de ces rectangles ? À quoi cela correspond-il pour ces rectangles ?
6. Calculer l'aire des six rectangles obtenus aux questions **1**, **2** et **4** et les comparer à l'aire du carré de la question **3**.

48 **Chercher**

On a inscrit à l'intérieur de chaque rectangle son périmètre exprimé en dm.

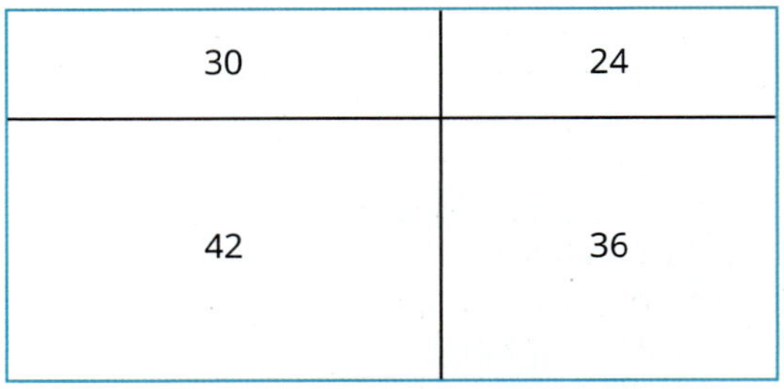

Calculer le périmètre du grand rectangle bleu.

49 **Raisonner**

QCM Pour chaque surface, choisir la mesure qui lui correspond le mieux.

1. Le sol d'une salle de classe :
   a 40 m^2 **b** 4 m^2 **c** 4 cm^2
2. Une page de grand cahier :
   a 700 cm^2 **b** 7 m^2 **c** 700 mm^2
3. La surface au sol occupée par un stade :
   a 75 m^2 **b** 750 m^2 **c** 7 500 m^2
4. L'écran d'un smartphone :
   a 1 dm^2 **b** 1 m^2 **c** 1 cm^2
5. Une carte SIM :
   a 4 mm^2 **b** 37,5 cm^2 **c** 375 mm^2

50 **Raisonner et Calculer**

La terrasse rectangulaire de Killian a un périmètre de 45 m et une longueur de 125 dm. Il a acheté 150 m^2 de dalles en bois pour la recouvrir. Est-ce suffisant ? Justifier.

51 **Communiquer**

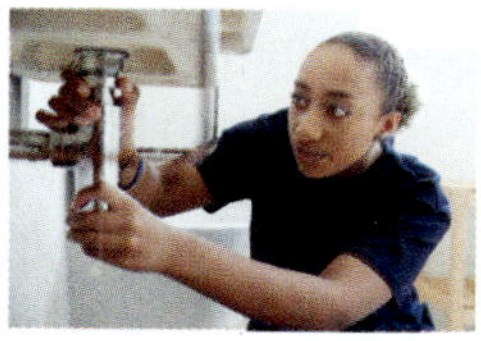

Alice veut changer le tuyau d'évacuation d'eau de son lavabo. Elle doit pour cela en déterminer le diamètre, mais impossible de le mesurer directement car, les tuyaux étant branchés, l'ouverture n'est pas accessible.
Elle lit sur un site internet l'astuce de plomberie suivante :

> Tout ce que vous devez faire est d'enrouler une ficelle ou un ruban à mesurer flexible autour de l'extérieur du tuyau.
> Ensuite, divisez cette mesure par 3,1415.

Expliquer cette astuce.

52 **Représenter et Calculer**

Martin aimerait décorer une boîte en y collant du papier coloré. Sa boîte a la forme d'un pavé droit de 36 cm de large, 60 cm de long et 32 cm de haut.
Son rouleau de papier mesure 1,2 m de long pour 70 cm de large.
Martin a-t-il assez de papier pour recouvrir toutes les faces de sa boîte ?

53 **Chercher et raisonner**

Le club de judo de Clarisse achète un lot de 40 tatamis de 1 m sur 2 m.
Clarisse se demande comment disposer tous les tapis pour obtenir un rectangle.

1. Donner toutes les solutions possibles.
2. Ces différents rectangles auront-ils la même aire ou le même périmètre ?
3. Quel sera celui qui aura le périmètre le plus grand ?

54 **Calculer et Raisonner**

Jawed et Élise doivent refaire l'étanchéité des hublots sur leur péniche.
La surface vitrée du hublot de la chambre de Jawed a un diamètre de 30 cm.
La surface vitrée du hublot de la chambre d'Élise a un diamètre de 60 cm.
Les deux hublots ont une partie métallique de 10 cm de large qui entoure la surface vitrée.
Il faut poser un joint entre la surface vitrée et la surface métallique et un joint autour de la surface métallique.

1. Pour le hublot de Jawed, calculer la longueur de joint nécessaire au mm près :
   a. pour la surface vitrée ;
   b. pour la partie métallique.
2. Calculer la différence entre ces deux périmètres.
3. Élise prétend qu'elle n'a qu'à doubler le résultat obtenu à la question **1 a** pour obtenir la longueur de joint nécessaire pour entourer la surface vitrée de son hublot. A-t-elle raison ? Justifier.
4. Elle prétend également qu'elle n'a qu'à ajouter à sa réponse la même différence qu'à la question **2** pour obtenir la longueur du joint pour la surface métallique. A-t-elle raison ? Justifier.

55 **Représenter et Calculer**

Owen a acheté 10 blocs de rangements identiques en forme de pavés droits dont les dimensions intérieures sont de 37 cm de hauteur et de largeur et de 33 cm de profondeur.
Il aimerait peindre le fond de ses blocs en appliquant deux couches de peinture.
Son pot de peinture peut recouvrir 2 m^2.
Owen aura-t-il assez de peinture ? Justifier.

56 **Communiquer**

En France, la semaine des mathématiques se déroule la semaine du 14 mars.
Aux États-Unis, le 14 mars s'appelle le *Pi Day*.
À partir de l'écriture de la date en anglais, expliquer ce choix.

Je développe mes savoir-faire

57 **Chercher**

Dans la figure ci-dessous, ABCD et AGFE sont des carrés. De plus, le point G est le milieu de [AB] et le point I se trouve aux deux tiers de [AB].

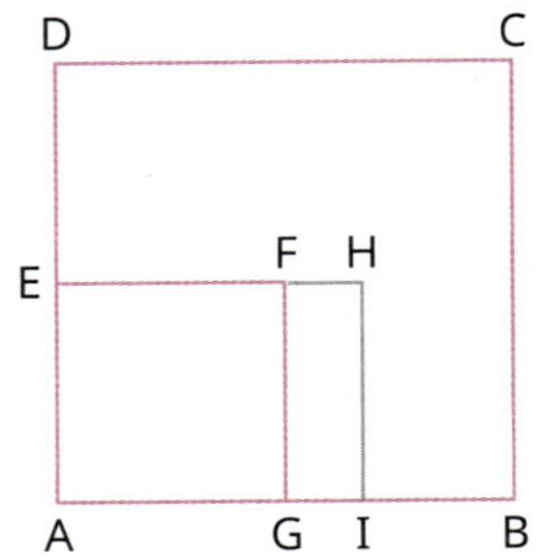

On sait que FGIH a un périmètre de 104 cm. Calculer le périmètre du carré ABCD.

Quelle fraction de AB représente GI ?

58 **Raisonner et Communiquer**

Lila s'entraîne à la course à pied en suivant l'allée qui fait le tour de ce parc :

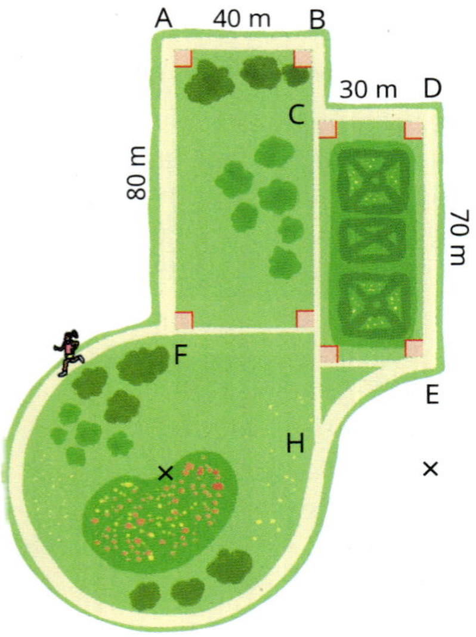

Combien de fois doit-elle faire le tour du parc pour courir 10 km ?

59 **Modéliser et Calculer**

Lydie monte dans la nacelle d'une grande roue pour cinq tours. La grande roue mesure 50 m de diamètre.

1. Calculer la distance effectuée par Lydie à bord de la nacelle. Arrondir au mètre.
2. Sachant que la grande roue effectue 150 tours par jour, calculer en km la distance parcourue par une nacelle durant le mois de décembre.

60 **Représenter et Calculer**

Nolan aimerait coudre une couverture carrée de 2 m de côté en patchwork. Elle sera composée de carrés de tissu de 10 cm de côté.

1. Quelle sera l'aire de cette couverture en m^2 ?
2. Déterminer le nombre de carrés nécessaires à l'assemblage de ce patchwork.
3. Pour assembler les carrés, il est nécessaire de laisser une bordure de 1 cm tout autour du carré pour la couture.
   Calculer l'aire, en m^2, de la surface totale de tissu nécessaire à la réalisation de cette couverture.

61 **Modéliser et Calculer**

Constance sait que la manière la plus simple d'obtenir l'âge d'un arbre est de le couper et de compter ses anneaux intérieurs, mais elle ne veut pas abattre son pommier pour connaître son âge.
Sur Internet, elle apprend qu'il faut multiplier le diamètre de l'arbre (en cm) par un facteur de croissance propre à chaque arbre pour obtenir une estimation de l'âge de l'arbre.

Espèce	Peuplier, saule, érable	Arbres fruitiers, bouleau, pin	Hêtre, frêne	Chêne, noyer
Facteur de croissance	1,5	2	2,5	3

Constance mesure le périmètre du tronc de son pommier juste au-dessus du sol : elle trouve 38 cm.
Calculer l'âge approximatif de son pommier.

62 **Je fais une pause**

Dans le grenier de ses grands-parents, Ilyes a trouvé une vieille machine à écrire. Parmi les dix touches des chiffres, seules les touches 2 et 3 fonctionnent encore. Avec ces deux touches, Ilyes s'amuse à écrire tous les nombres possibles à un chiffre, à deux chiffres et à trois chiffres. Combien y en a-t-il ?

Je prépare mon évaluation

45 min

Je contrôle mes connaissances

	a	b	c
63 **Le périmètre d'un cercle est égal à :**	$\pi \times$ diamètre	$3{,}14 \times$ rayon	$2 \times \pi \times$ rayon
64 **1 dm² est égal à :**	10 cm²	100 cm²	0,01 m²
65 **Quelle est l'aire d'un rectangle de 20 cm sur 3 dm ?**	60 dm²	6 dm²	600 cm²

Je calcule le périmètre d'une figure

66 Calculer, en arrondissant au mm, une valeur approchée du périmètre d'un cercle de 8,5 dm de rayon.

67 Dans cette figure, ABCD est un carré et ADF est un triangle équilatéral :

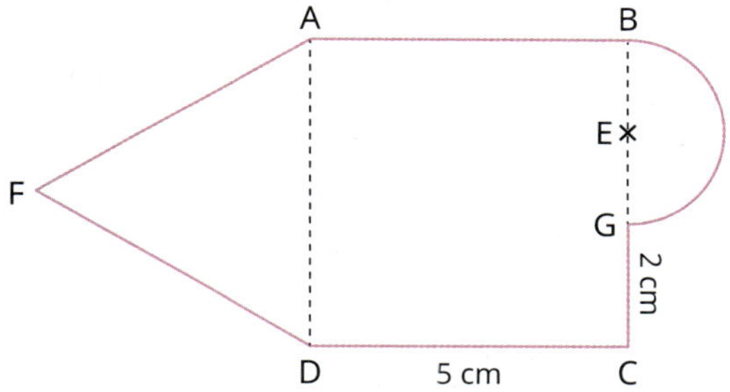

Calculer le périmètre de la figure.
Arrondir au mm.

Je convertis des unités d'aire

68 **1.** Recopier et compléter :

1 dm² est l'aire d'un ... de 1 ... de côté.

1 ... est l'aire d'un carré de 1 cm de côté.

1 dm² = 1 ... × 1 ... = 10 ... × 10 ... = 100 cm².

Donc 1 cm² est le ... de 1 dm².

2. Recopier et compléter en convertissant dans l'unité indiquée :

a. 5 dm² = ... cm² **b.** 3,57 dm² = ... cm²
c. 700 cm² = ... dm² **d.** 440 cm² = ... dm²

Je calcule l'aire d'une figure

69 **1.** Calculer l'aire en cm² d'un carré de 4,5 dm de côté.

2. Combien mesure le côté d'un carré de 81 cm² d'aire ?

70 **1.** Calculer l'aire en cm² d'un rectangle de 6,5 cm de long et de 0,3 dm de large.

2. Calculer l'aire en m² d'un rectangle dont les dimensions sont 460 cm et 23 dm.

71 Au rugby, la surface de jeu est un rectangle qui mesure entre 96 m et 100 m de long et entre 68 m et 70 m de large.
Aux extrémités de cette surface, il faut ajouter les zones dans lesquelles le ballon doit être aplati pour les essais.
Ces zones doivent mesurer entre 10 m et 22 m de long.

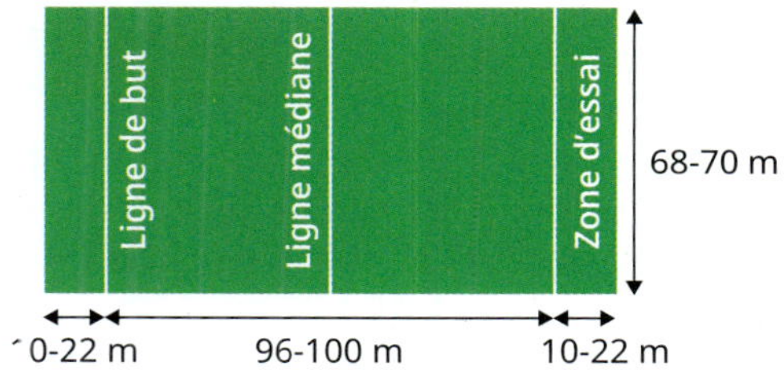

1. Calculer l'aire de la surface minimale nécessaire à l'implantation d'un terrain de rugby.

2. Pour réaliser le terrain, une entreprise propose du gazon en rouleaux au prix de 950 € pour 200 m².
Calculer combien cela coûte de recouvrir la surface trouvée au **1** avec ce gazon.

Exercices 63 à 71 corrigés p. 316

Je mobilise mes compétences

72 Un pattern

Un pattern désigne une suite répétitive ou évolutive de motifs ou de nombres.

Astrid réalise le pattern suivant :

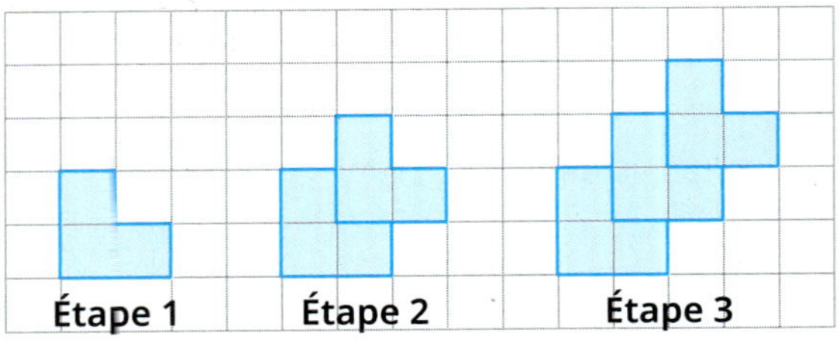

Elle s'intéresse au périmètre des figures obtenues.

1. En prenant la longueur d'un côté de carreau comme unité de mesure, donner le périmètre des figures obtenues aux trois premières étapes.
2. **a.** Dessiner sur une feuille quadrillée la figure qu'obtiendra Astrid à l'étape 4.
   b. En prenant la longueur d'un côté de carreau comme unité de mesure, donner le périmètre de la figure obtenue.
3. Sans faire de dessin, calculer le périmètre de la figure obtenue à l'étape 15.

73 Raisonner et Communiquer

Anika se demande pourquoi les athlètes sont décalés lors du départ du 400 m. Elle sait qu'une piste d'athlétisme est composée de deux parties rectilignes et de deux demi-cercles, et que des couloirs en font le tour. Elle fait des recherches plus précises sur leurs dimensions : la largeur de chaque couloir est de 1,21 m.

Pour le couloir 1, le plus à l'intérieur, les parties rectilignes mesurent 80 m et le diamètre des demi-cercles est de 76,44 m.

1. Vérifier que la longueur du couloir 1 est bien de 400 m.
2. **a.** Calculer le diamètre des demi-cercles au couloir 2.
   b. En déduire la longueur du couloir 2.
   c. Le coureur du couloir 2 doit-il être placé avant ou après le coureur du couloir 1 lors du départ ? Quelle distance les sépare ?

74 Chercher

1. En prenant le carreau comme unité d'aire et le côté de carreau comme unité de longueur, dessiner sur une feuille quadrillée tous les assemblages d'aire 6 unités et de périmètre 14 unités que l'on peut constituer avec des carreaux entiers uniquement accolés par un côté complet.
2. Parmi ces assemblages, retrouver les 11 patrons du cube.

75 Raisonner et Communiquer

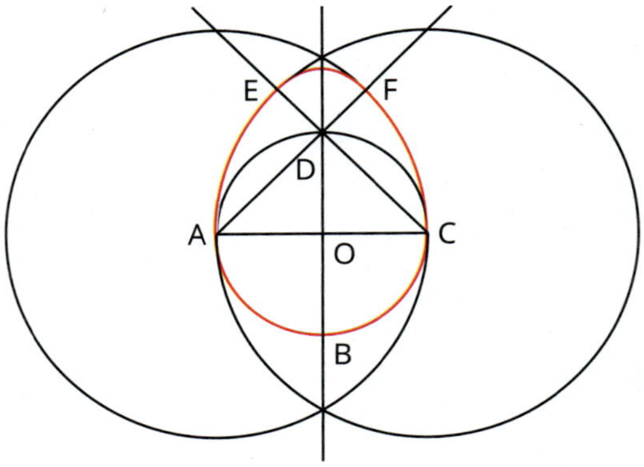

1. Observer cette figure, puis remettre les étapes du programme de construction dans le bon ordre :

A	Tracer l'arc de cercle de centre D et d'extrémités E et F.
B	Tracer un diamètre [AC] de ce cercle.
C	Tracer la demi-droite [AD].
D	Tracer le cercle de centre C et passant par A. Il coupe la demi-droite [CD] en un point E. Tracer l'arc de cercle de centre C et d'extrémités A et E.
E	Tracer le diamètre [BD] perpendiculaire à [AC].
F	Tracer le cercle de centre A et passant par C. Il coupe la demi-droite [AD] en un point F. Tracer l'arc de cercle de centre A et d'extrémités C et F.
G	Tracer un cercle de centre O et de rayon 4 cm.
H	Tracer la demi-droite [CD].

2. Exécuter ce programme de construction sur une feuille blanche.
   Repasser l'œuf obtenu en rouge.
3. Calculer une valeur approchée au mm du périmètre de l'œuf.
   On considérera que l'arc de cercle de centre D et d'extrémités E et F est un quart de cercle de rayon 2,3 cm.

76 **Communiquer et Raisonner**

Nordine veut repeindre les murs de sa chambre. Cette pièce a la forme d'un pavé droit de 3,2 m de long sur 4 m de large. Le plafond est à une hauteur de 2,5 m. Nordine peindra aussi la porte, mais négligera la surface de la fenêtre.
Sur un site de bricolage, Nordine voit qu'il est conseillé de multiplier le périmètre de la pièce par sa hauteur pour trouver la surface à peindre.

1. Expliquer ce conseil.

2. Calculer l'aire de la surface à peindre.

3. Sachant que Nordine passera deux couches de peinture et que 1 L permet de couvrir 10 m^2, combien de litres de peinture Nordine doit-il prévoir ?

Adaptations
edubelin.fr/25mmat6-201
Livret complémentaire p. 30

77 Je prends des initiatives

LE PROBLÈME Trois élèves de 6e, Nina, Yanis et Chiara, ont émis des conjectures* concernant les liens possibles entre aire, périmètre et nombre de côtés de polygones.
Ils utilisent dix polyminos pour tenter de valider ou rejeter leurs conjectures.
Pour cela, ils commencent par construire un tableau reprenant le nombre de côtés, le périmètre et l'aire de chaque figure. Ensuite, ils pensent à construire deux graphiques :
- l'un mettant en relation le nombre de côtés et le périmètre ;
- l'autre mettant en relation le périmètre et l'aire.

• Aider ces trois élèves en recopiant et en complétant le tableau, puis en classant les dix polyminos dans les deux graphiques après les avoir recopiés pour valider ou rejeter leurs conjectures.

* Une conjecture est une supposition qui semble vraie sur quelques observations, mais qui n'est pas encore démontrée ou qui peut se révéler fausse.

Document 1 **Dix polyminos**

Document 2 **Conjectures d'élèves**

Document 3 **Classement des polyminos en tableau**

L'unité de longueur (u.l) est le côté du carré.
L'unité d'aire (u.a) est l'aire du carré.

Polymino	Nombre de côtés	Périmètre (en u.l)	Aire (en u.a)
✚			
...			

Document 4 **Deux graphiques**

• Relation entre nombre de côtés et périmètre

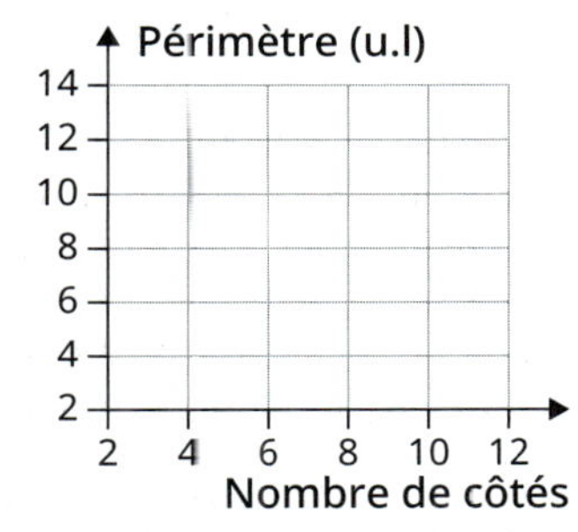

• Relation entre périmètre et aire

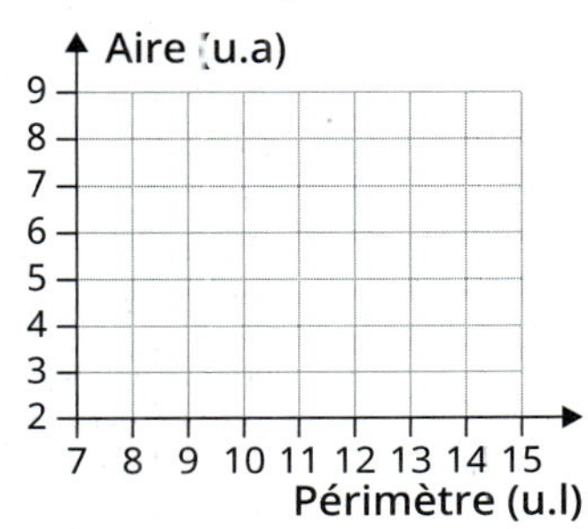

J'utilise un logiciel de géométrie dynamique

La constante d'Archimède

Niveau mathématique ●●○ Niveau technique ●○○

45 min

- Mobiliser les connaissances sur les calculs de périmètres et d'aires.
- Développer un esprit de recherche.

Il y a 2 300 ans, Archimède a réussi à trouver que π était un nombre compris entre 3,1410 et 3,1427.
Nous allons reproduire cet exploit et même faire encore mieux que lui !

Avec des instruments

1 **a** Donner la valeur exacte du périmètre d'un cercle de rayon 0,5 dm.

b Expliquer pourquoi c'est une bonne idée de chercher à calculer le périmètre d'un cercle de rayon 0,5 dm lorsque l'on cherche à trouver une valeur de π.

2 L'idée brillante d'Archimède était de considérer que le périmètre d'un cercle était compris entre le périmètre d'un polygone **inscrit** dans ce cercle (**à l'intérieur du cercle**) et un polygone **circonscrit** à ce cercle (**à l'extérieur du cercle**).

a Construire sur une feuille blanche la figure suivante :

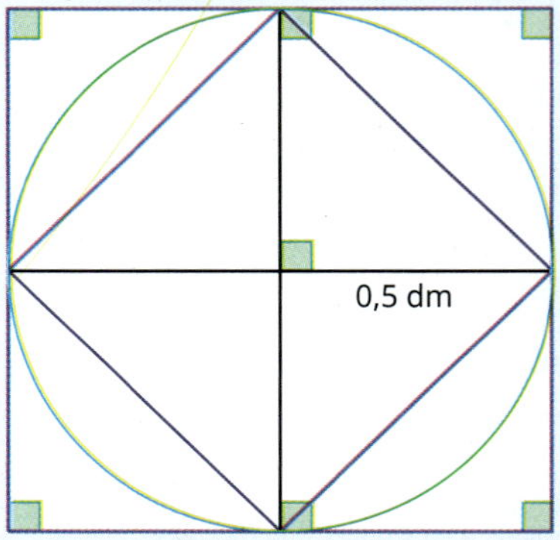

b Mesurer le périmètre du carré inscrit et celui du carré circonscrit.

c En déduire un premier encadrement de π.

Attention à bien convertir les mesures en dm !

Avec un logiciel

3 **a** Ouvrir le fichier fourni dans GeoGebra.

Fichier GeoGebra
edubelin.fr/25mmat6-202

b Le curseur, à **n = 3** par défaut, permet de modifier le nombre de côtés des polygones inscrits et circonscrits au cercle.
Placer le curseur à **n = 4** et vérifier les longueurs mesurées à la question **2**.

4 Réaliser un encadrement de π lorsque n = 5, puis lorsque n = 10.

5 Archimède est allé jusqu'à un polygone à 96 côtés.
Réaliser le même encadrement de π que lui.

6 Encadrer π avec la plus grande précision permise par le logiciel.

Je joue avec les acquis du chapitre

PÉRIMÉTRO

La mission

Partage chaque forme en plusieurs polygones de périmètre donné.

La règle

Les polygones obtenus lors du partage doivent tous être différents.

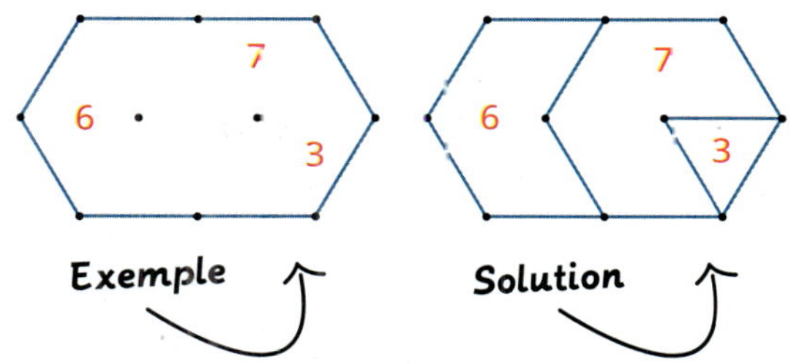

L'unité de longueur utilisée est •——1——•.
Les nombres indiquant le périmètre doivent être à l'intérieur du polygone concerné.

À ton tour !

Les formes sont déjà partagées.
Indique le périmètre de chaque polygone.

1

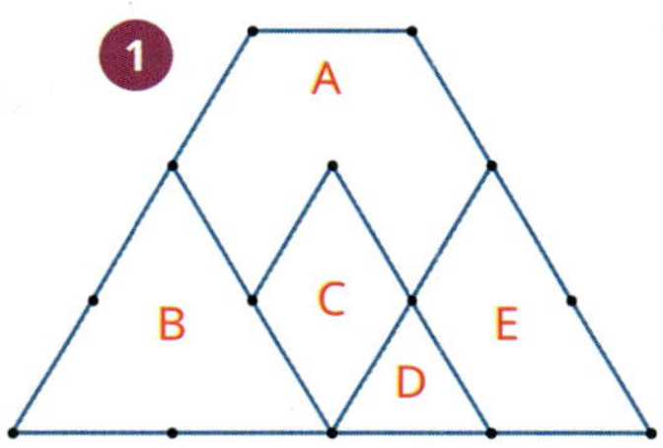

2

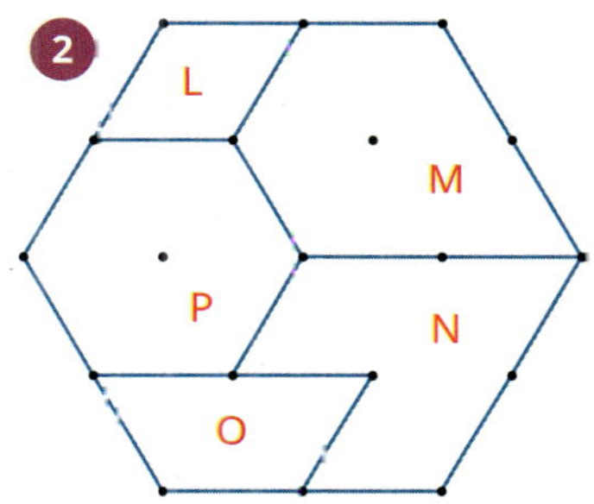

Utilise les polyamants appropriés parmi les sept fournis pour recouvrir chacune de ces formes.

3

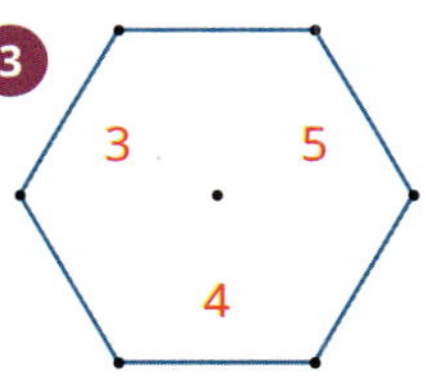

6

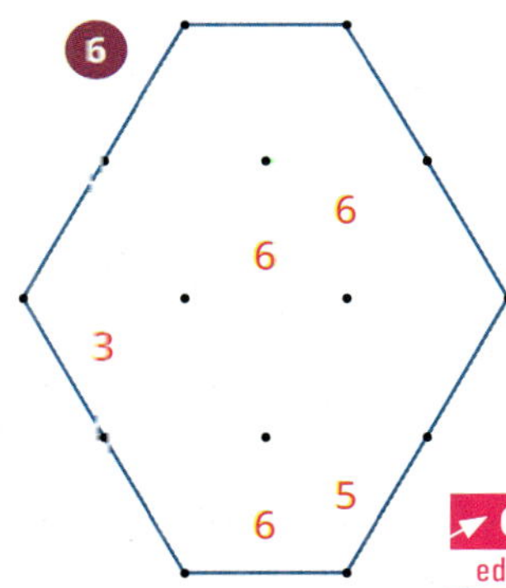

4

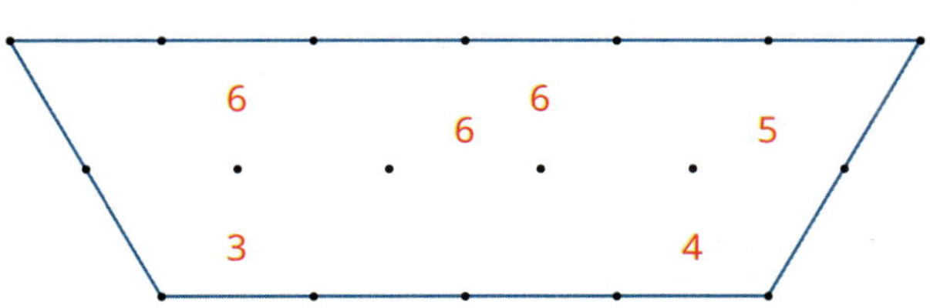

Grilles de jeu
edubelin.fr/25mmat6-203
Toutes les grilles en PDF

5

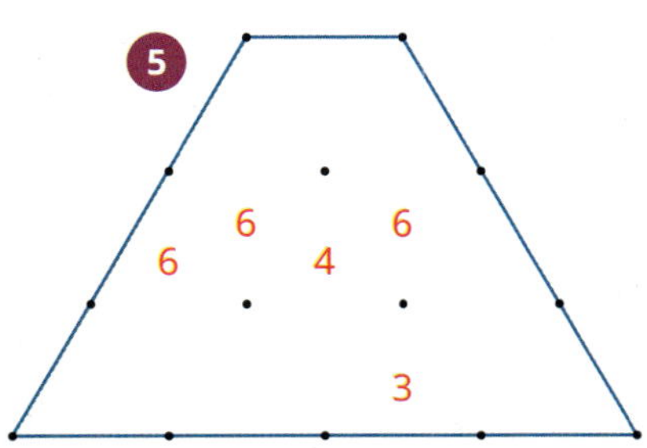

7

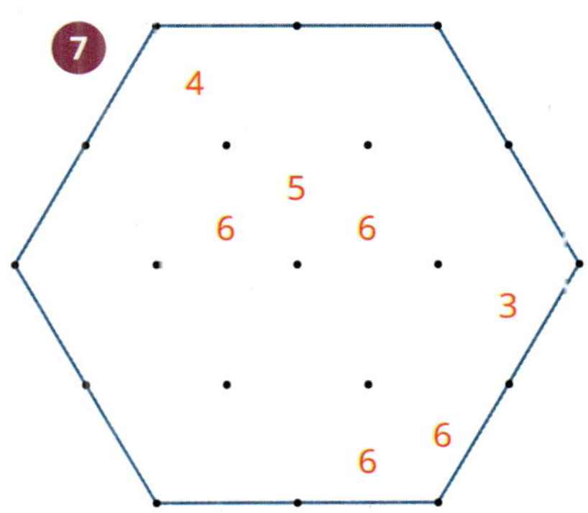

CHAPITRE 10

Distance, cercle et disque

Pour retrouver le trésor, il faut d'abord le repérer sur la carte et identifier dans quelle « région » de la carte il se situe.

On fait des MATHS ?

Comment « régionner » une carte avec des cercles, des disques et des droites ?

Une énigme à résoudre, des lieux à identifier, un trésor à trouver... Dans cette vidéo, Stéphane et Adrien t'emmènent dans leurs aventures à travers la France ! Tu seras une aide précieuse dans cette quête qui parle de cercles, de disques, de droites et de distances.

POUR VOIR LA VIDÉO
edubelin.fr/25mmat6-204

Je développe mes automatismes

Automatismes
edubel.fr/25mmat6-205
5 séries en PDF

5 min

Réponds à ces questions sans utiliser la calculatrice !

1. Ranger dans l'ordre croissant :

$$\frac{14}{10} \qquad \frac{144}{100} \qquad \frac{1\,044}{1\,000}$$

2. Compléter par les symboles opératoires qui conviennent : 12 **?** 4 **?** 5 = 43.

3. La France a obtenu un total de 64 médailles lors des Jeux olympiques de 2024.

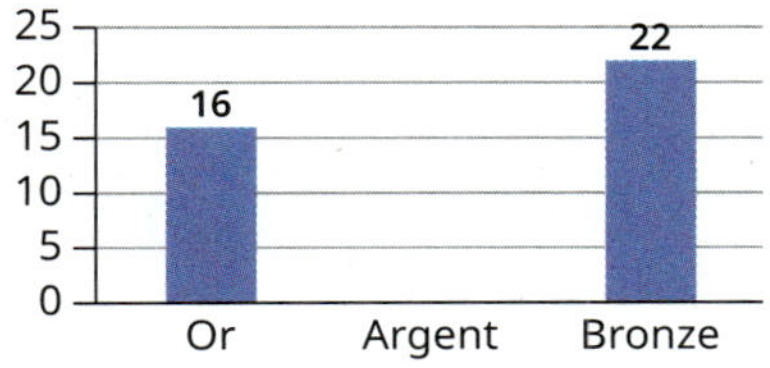

Quel est le nombre de médailles d'argent obtenues par la France ?

4. Quelle est l'aire de cette figure ?

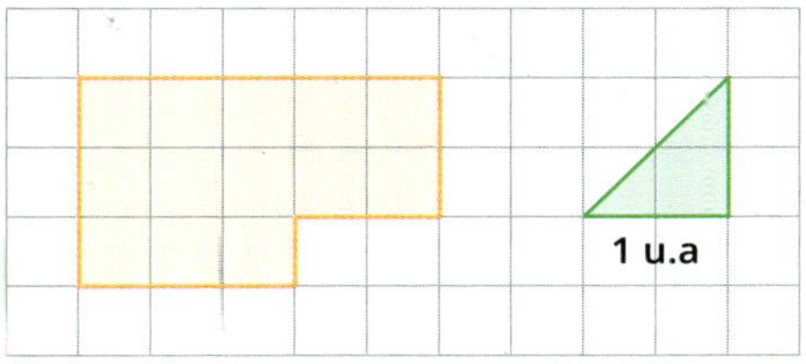

5. Aylan emballe une boîte cubique de 6 cm d'arête d'un ruban noir. Il doit compter 20 cm de ruban en plus pour le nœud. De quelle longueur de ruban aura-t-il besoin ?

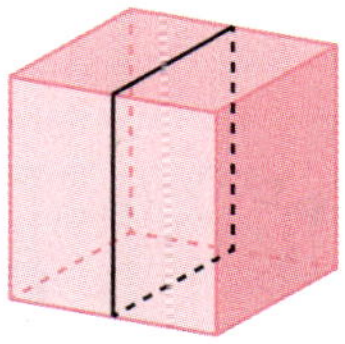

6. Lilou marche à la vitesse de 6 km par heure. Quelle distance parcourt-elle en 20 minutes ?

Objectifs : • *Réactiver parallèle, sécante, perpendiculaire et le vocabulaire du cercle.*
• *Modéliser en se détachant du réel.*
• *Opposer parallèle à sécant et envisager perpendiculaire comme un sous-cas de sécant.*
• *Passer d'une représentation à une autre : programme de construction/figure à main levée.*

Je manipule avec mes acquis

20 min

1. a. Décris cette image en langage mathématique.

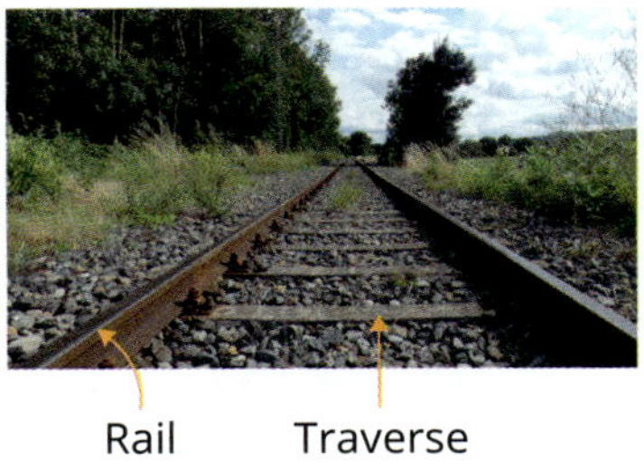

Utilise au moins une fois les mots *rail, traverse, parallèle, sécant, perpendiculaire*.

b. Recopie sur ton cahier les lettres qui désignent des droites parallèles, puis celles qui désignent des droites sécantes.

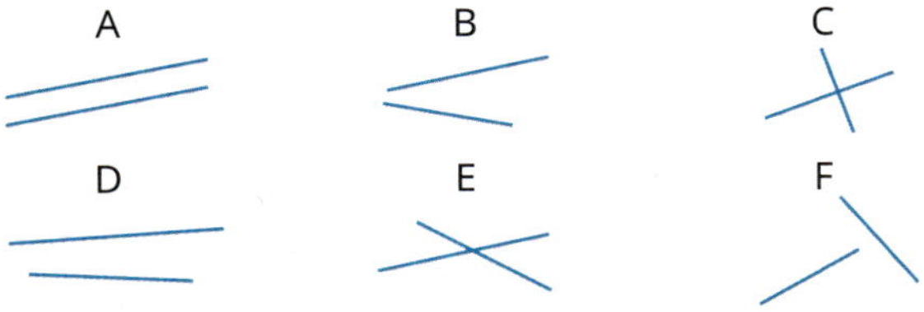

Parmi les droites sécantes, entoure la lettre de celles qui te semblent perpendiculaires.

2. a. Trace un cercle de centre A et de rayon 3,5 cm.
b. Hachure le disque en bleu.
c. Trace un diamètre [BC].
d. Trace une corde [DE].
e. Colorie en vert l'arc de cercle $\overset{\frown}{BE}$.

3. Rédige un programme de construction permettant de réaliser cette figure :

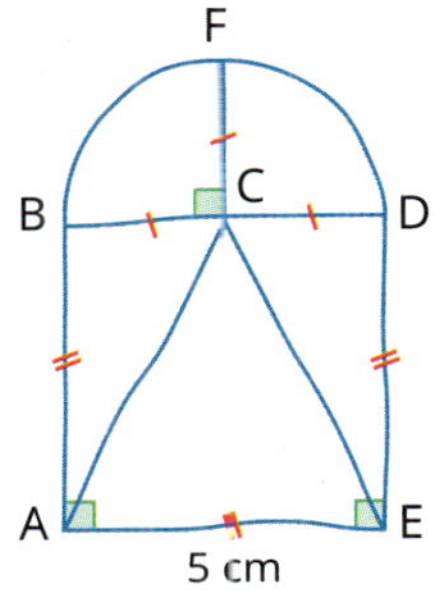

Cette figure est composée d'un carré, d'un triangle et d'un demi-cercle. Pour la réaliser efficacement, commence ton programme par « Trace un carré... ».

Je découvre

JE REVOIS

QCM Donner la ou les bonne(s) réponse(s) parmi les trois propositions.

1. Un triangle est équilatéral lorsqu'il a :
- **a** un angle droit.
- **b** trois côtés de même longueur.
- **c** deux côtés de même longueur.

2. Le segment [BC] mesure :
a 7,5 cm **b** 3,2 cm **c** 2,5 cm

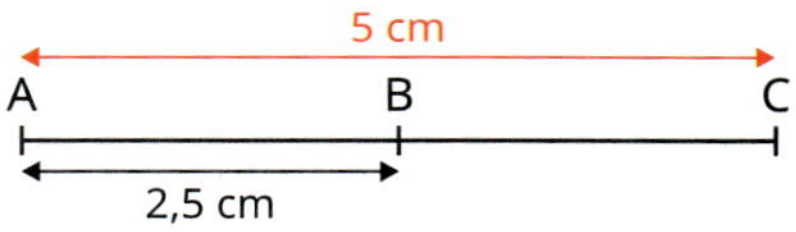

3. Le quadrilatère DEFG est :
- **a** un rectangle.
- **b** un losange.
- **c** un carré.

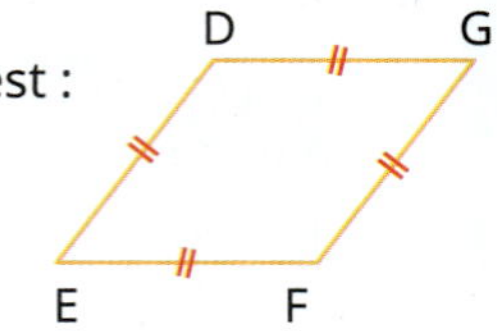

4. Le chemin le plus long est :
a le bleu. **b** le rouge. **c** le vert.

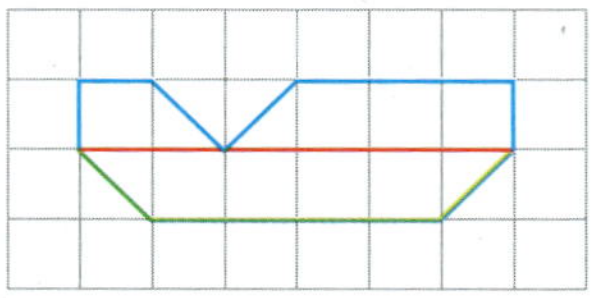

Activité 1 Des losanges ayant un côté commun

Objectif : Accéder à la définition du cercle et l'utiliser pour justifier une construction

Adrien a trouvé ce programme de construction d'un losange ABVR en cinq étapes :

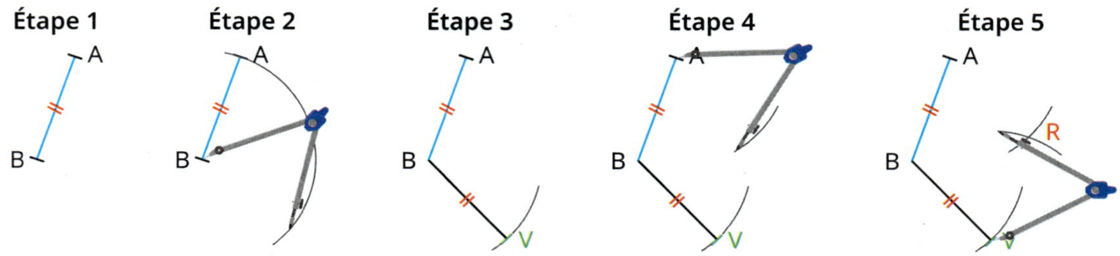

Il cherche à comprendre pourquoi il peut procéder de cette façon.

1. Donner la définition d'un losange.

2. Sur une feuille de papier non quadrillée, tracer un segment [AB] de 5 cm, puis suivre le programme de construction.

3. À quelle étape de la construction a-t-on la possibilité de faire un choix ? Le losange obtenu est-il unique ?

4. Adrien a construit trois losanges ayant comme côté commun [AB].

a. Sur la figure de la question **2**, construire au moins sept autres losanges dont l'un des côtés est le segment [AB].
Marquer les sommets obtenus à l'**étape 3** en vert et ceux obtenus à l'**étape 5** en rouge.

b. Sur quelle figure se trouvent les points verts ? Justifier.

c. Sur quelle figure se trouvent les points rouges ? Justifier.

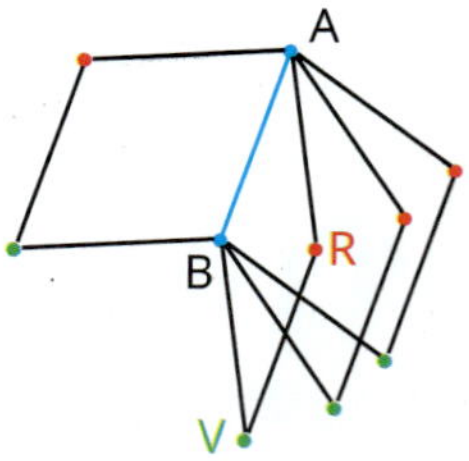

5. Recopier et compléter la définition d'un cercle de centre B et de rayon 5 cm :
« Un cercle de ... B et de ... 5 cm est l'ensemble des ... situés à ... du point ... . »

6. Recopier et compléter le raisonnement d'Adrien pour justifier les **étapes 4** et **5** de la construction d'un losange :

Un losange a ses quatre ... de la même ... .
Donc AR = 5 cm, donc le point R se trouve sur le ... de centre ... et de rayon 5 cm.
De même, VR = 5 cm, donc le point ... se trouve sur le cercle de ... V et de rayon ... .
Donc R se trouve à l'... de ces deux ... .

JE REVOIS

QCM Pour chaque question, donner la (ou les) figure(s) qui correspond(ent).

1. Sur quelle(s) figure(s) la droite (d) coupe-t-elle le segment [AB] en son milieu ?

2. Sur quelle(s) figure(s) la droite (d) est-elle perpendiculaire au segment [AB] ?

3. Sur quelle(s) figure(s) (d) coupe-t-elle [AB] perpendiculairement en son milieu ?

Figure a

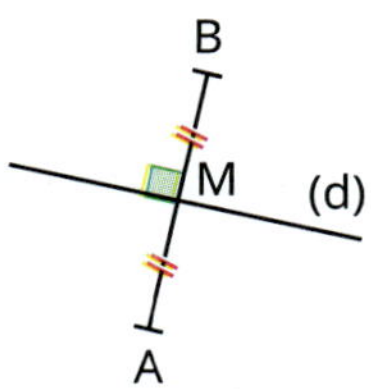

Figure b

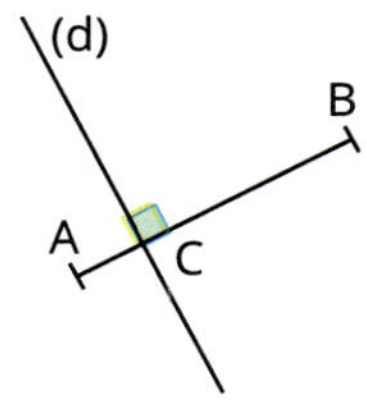

Figure c

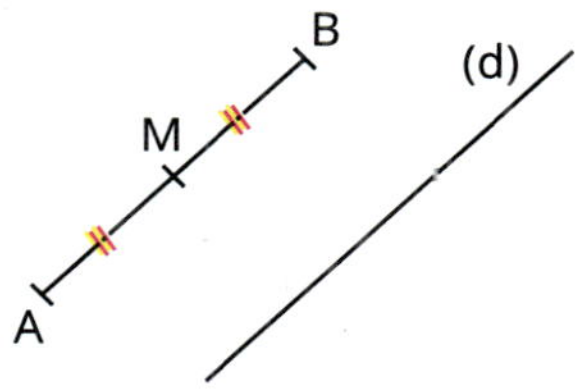

Figure d

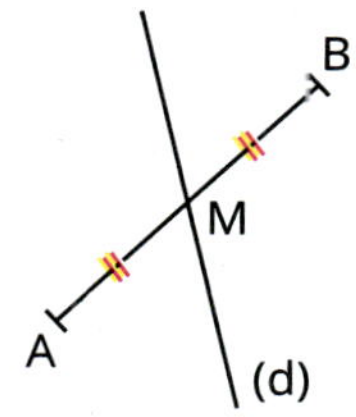

Activité 2 Des losanges ayant une diagonale commune

Objectif : En partant de la définition de la médiatrice, accéder à sa propriété caractéristique

1. a. Tracer un segment [EF] de 7 cm de longueur.

b.

> **Définition :** La **médiatrice** du segment [EF] est la droite perpendiculaire à ce segment passant par son milieu.

Grâce à cette définition, utiliser la règle graduée et l'équerre pour construire la médiatrice du segment [EF].

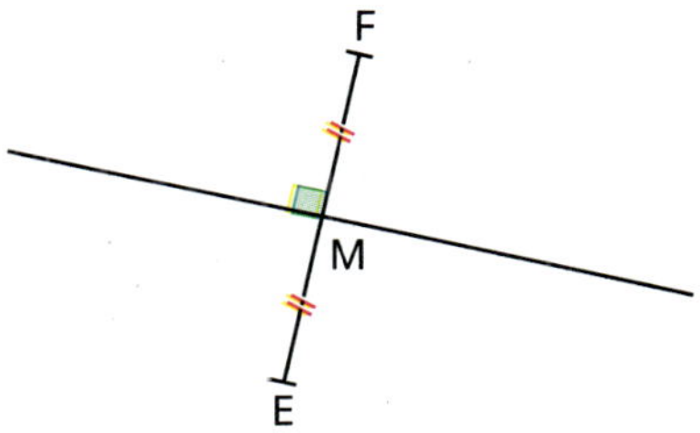

Elena s'intéresse à une famille de losanges ayant une diagonale commune.

2. a. Sur une feuille de papier non quadrillée, tracer un segment [AB] de 6 cm.

b. Construire le losange ASBT de 10 cm de côté.

c. Recopier et compléter le raisonnement d'Elena afin de justifier la construction de ce losange :

> *Un losange a ses quatre … de la même … .*
> *Donc AS = AT = 10 cm, donc S et T sont sur le … de centre … et de rayon 10 cm.*
> *De même, BS = BT = 10 cm, donc … et … sont sur le cercle de … B et de rayon … .*
> *Donc S et T se trouvent à l'… de ces deux … .*

3. a. Peut-on construire avec cette même diagonale un losange de 2,5 cm de côté ? Justifier.

b. Sur la même figure qu'à la question **2 b**, construire au moins cinq autres losanges dont l'une des diagonales est le segment [AB].
Marquer à chaque fois en bleu les deux autres sommets du losange obtenu.

c. Sur quelle figure géométrique se trouvent les sommets bleus ?

d. Elena retrouve un brouillon qu'elle avait plié le long de la droite grise.
Pourra-t-elle compléter sa figure en un losange de diagonale [AB] ?
Justifier.

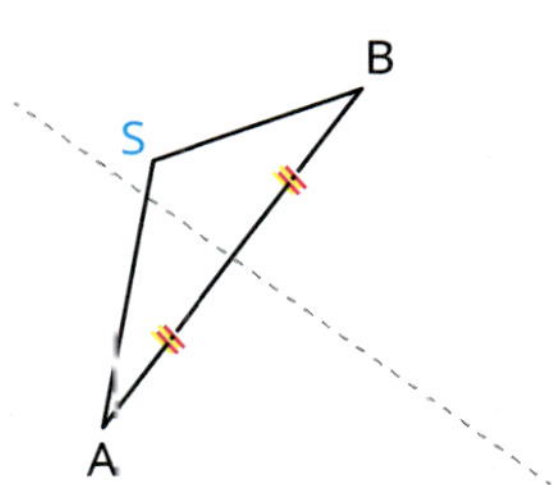

4. Recopier et compléter la propriété caractéristique de la médiatrice :
« La médiatrice d'un segment est l'ensemble de tous les … situés … distance des … de ce segment. »

J'apprends

A Distance entre deux points

Pour relier un point A à un point B, différents chemins sont possibles. Le plus court est celui en ligne droite, c'est-à-dire le segment [AB].
La longueur de ce segment correspond à la distance séparant les points A et B.

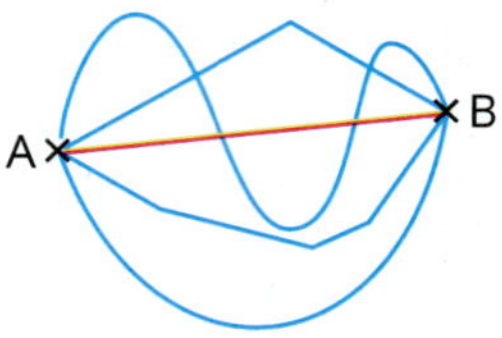

Définition

La **distance entre deux points** A et B est la longueur du segment [AB].
On la note AB ou BA.

Exemple

Dans la figure ci-dessus, la longueur du segment [AB] est de 3 cm, donc la distance entre les points A et B est de 3 cm. On note : AB = 3 cm.

B Milieu d'un segment

Définition

Le **milieu** d'un segment est l'unique point de ce segment qui se situe à égale distance de ses extrémités.

Exemple

Les codages sur les segments [AC] et [CB] indiquent qu'ils sont de la même longueur. Donc AC = CB.
De plus, C est bien un point du segment [AB].
Donc C est le milieu de [AB].

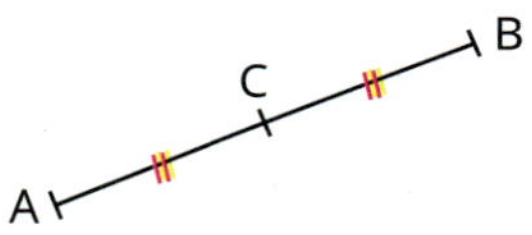

C Cercle et disque

Définitions

- Un **cercle** est l'ensemble des points situés à une même distance d'un point donné appelé **centre**. Cette distance est le **rayon** du cercle.
- Un **disque** est l'ensemble des points situés à une distance inférieure ou égale à un point donné appelé **centre**. Cette distance est le **rayon** du disque.

Exemples

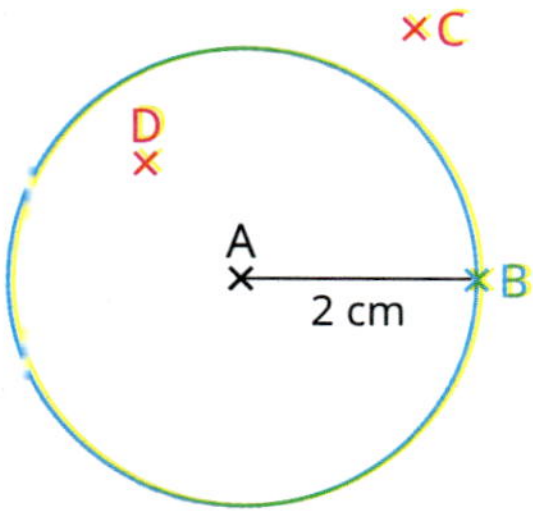

1. Le **cercle** de centre A et de rayon 2 cm est l'ensemble des points situés à 2 cm du point A.
   - B est sur le cercle, donc AB = 2 cm.
   - C n'est pas sur le cercle, donc AC ≠ 2 cm.
   - D n'est pas sur le cercle, donc AD ≠ 2 cm.

Attention ! Le centre du cercle n'appartient pas au cercle.

Je retiens

Quand tu as appris ton cours, cache-le avec une feuille et réponds aux questions.

Quel est le plus court chemin reliant deux points ?

Si CB = 3 cm, quelle est la distance entre les points B et C ?

Quelles sont les deux conditions pour qu'un point soit le milieu d'un segment ?

Donne la définition d'un cercle de centre B et de rayon 3 cm.

Si un point K est sur un cercle de centre W et de rayon 6 cm, que peut-on dire de la longueur WK ?

2. Le **disque** de centre O et de rayon 2 cm est l'ensemble des points situés à une distance inférieure ou égale à 2 cm du point O.
• D appartient au disque sans appartenir au cercle, donc OD < 2 cm.
• B appartient au cercle, donc OB = 2 cm et B appartient aussi au disque.
• C n'appartient pas au disque, donc OC > 2 cm.

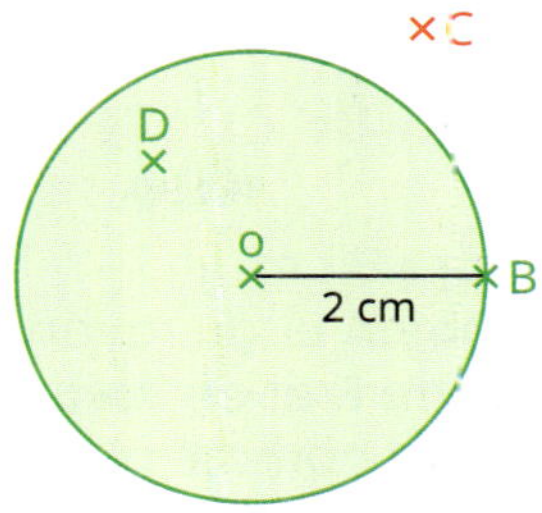

Définitions

- Un **rayon** est un segment qui relie un point du cercle à son centre.
- Une **corde** est un segment qui relie deux points du cercle.
- Quand une corde passe par le centre du cercle, on dit que c'est un **diamètre**.
- Le mot **diamètre** désigne également la longueur commune à tous les diamètres.
- Un **arc de cercle** est une portion de cercle.

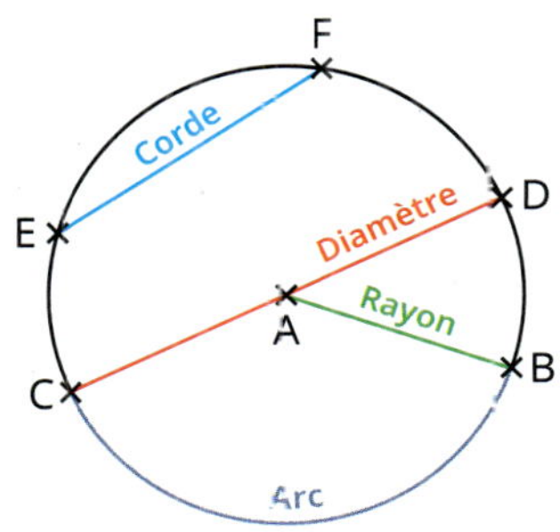

Notation : Le petit arc de cercle délimité par les points B et C se note $\overset{\frown}{BC}$.

Remarque : Le diamètre mesure le double du rayon.

D Médiatrice d'un segment

Définition

La **médiatrice** d'un segment est la droite perpendiculaire à ce segment et passant par son milieu.

Exemple

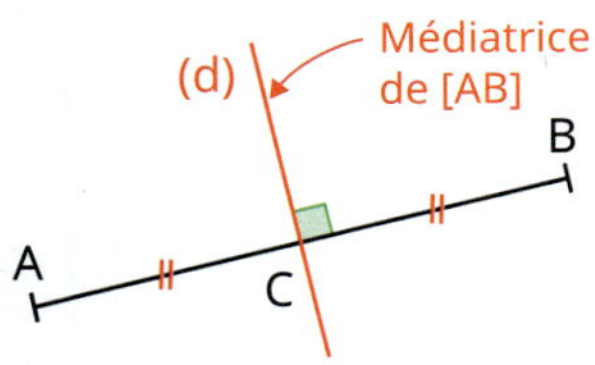

La droite (d) passe par le milieu C du segment [AB].
De plus, elle est perpendiculaire au segment [AB].
Donc (d) est la médiatrice du segment [AB].

Propriétés (admises)

- La médiatrice d'un segment est un axe de symétrie de ce segment.
- La médiatrice d'un segment est l'ensemble des points équidistants* des extrémités de ce segment.

* **Équidistants signifie « à la même distance que ».**

Exemple

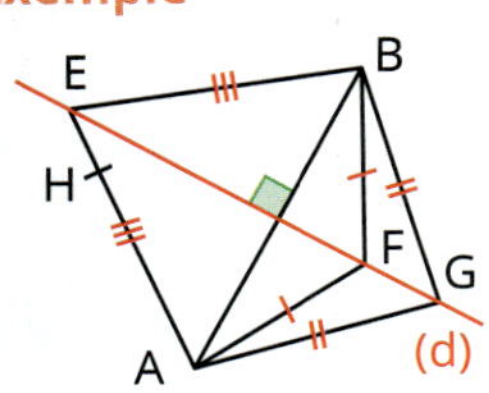

La droite (d) est la médiatrice du segment [AB], donc : AE = EB ; AF = FB ; AG = GB.
H n'appartient pas à la médiatrice de [AB], donc AH ≠ BH.

Je retiens

Comment appelle-t-on un segment qui relie un point d'un cercle à son centre ?

Si un cercle a un rayon de 2,5 cm, combien vaut son diamètre ?

Donne la définition de la médiatrice d'un segment.

Vrai ou Faux ? Si un point n'est pas sur la médiatrice d'un segment, alors il est forcément plus proche d'une extrémité du segment que de l'autre.

Vrai ou Faux ? Le seul point à égale distance des extrémités d'un segment est le milieu de ce segment.

MON QCM DE RÉVISION
edubelin.fr/25mmat6-209

1 Délimiter des zones du plan

Le segment [AB] mesure 8 cm.
$\mathscr{C}_1$ est le cercle de centre A et de rayon 3 cm.
$\mathscr{C}_2$ est le cercle de centre B et de rayon 5,5 cm.
On a également placé et nommé plusieurs points du plan.

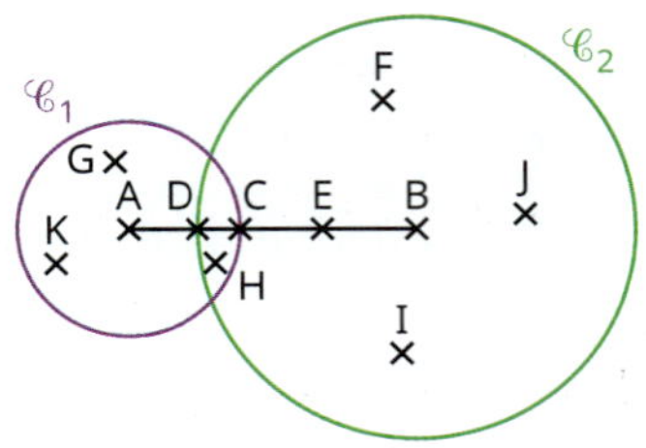

1. Quels sont les points situés à une distance inférieure à 3 cm de A ?
2. Quels sont les points situés à plus de 5,5 cm de B ?
3. Quels sont les points qui appartiennent au disque de centre B et de rayon 5,5 cm ?
4. Quels sont les points situés à la fois à une distance inférieure ou égale à 3 cm de A et à une distance inférieure ou égale à 5,5 cm de B ?

Solution

1. Les points situés à une distance inférieure à 3 cm de A sont les points à l'intérieur du cercle $\mathscr{C}_1$: **A**, **D**, **G**, **H** et **K**.

Attention, le point C est sur le cercle, sa distance à A est donc égale à 3 cm et non inférieure.

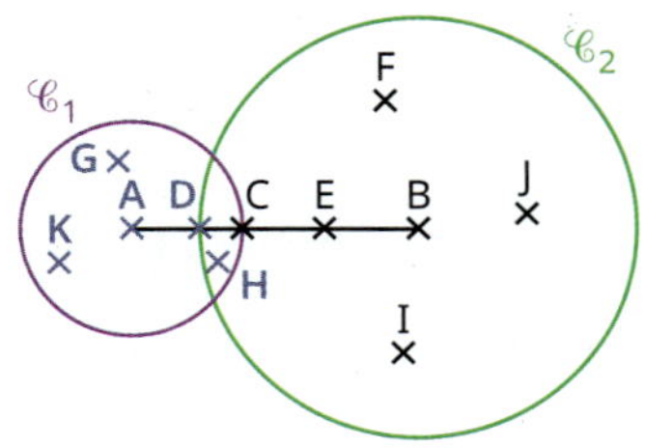

2. Les points situés à plus de 5,5 cm de B sont les points extérieurs au cercle $\mathscr{C}_2$: **A**, **G** et **K**.

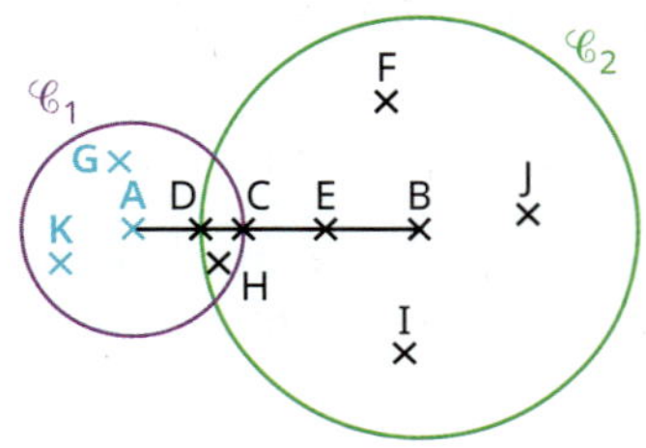

3. Les points appartenant au disque de centre B et de rayon 5,5 cm sont **B**, **C**, **D**, **E**, **F**, **H**, **I** et **J**.

4. Les points cherchés sont les points qui appartiennent à la fois au disque délimité par le cercle $\mathscr{C}_1$ et au disque délimité par le cercle $\mathscr{C}_2$: **C**, **D** et **H**.

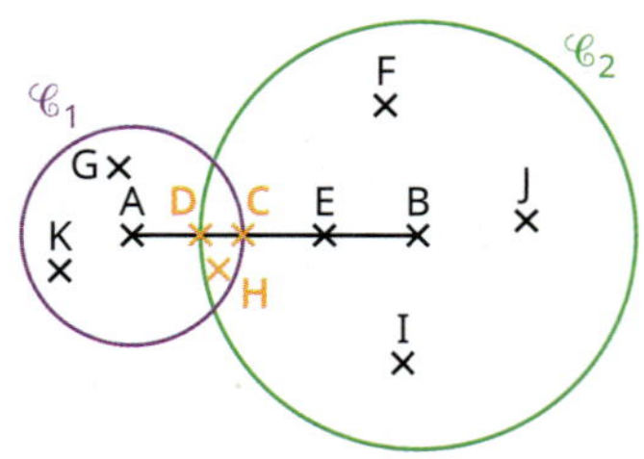

JE M'EXERCE

1. Tracer un segment [AB] de 6 cm.
2. Tracer un cercle $\mathscr{C}_1$ de centre A et de rayon 4 cm.
3. Tracer un cercle $\mathscr{C}_2$ de centre B et de rayon 3 cm.
4. Sans mesurer, placer un point M situé à moins de 4 cm de A.
5. Sans mesurer, placer un point N situé à plus de 3 cm de B.
6. Sans mesurer, placer un point P situé à moins de 3 cm de B et à plus de 4 cm de A. Où doit se trouver ce point ?
7. Sans mesurer, placer un point O situé à moins de 4 cm de A et à moins de 3 cm de B. Où doit se trouver ce point ?

Exercice corrigé **p. 316**

2 Utiliser la définition et la propriété caractéristique de la médiatrice

1. Tracer un segment [AB] de 8 cm et construire sa médiatrice.

2. Placer un point O sur la médiatrice du segment [AB] tel que OA = 5 cm.
Que peut-on dire de la longueur OB ?

POUR VOIR LE TUTO DE LISA
edubelin.fr/25mmat6-211

Solution

1. Deux méthodes peuvent être utilisées pour construire la médiatrice d'un segment.

Méthode 1 : En utilisant la définition de la médiatrice, la règle graduée et l'équerre

Étape 1 En utilisant la règle graduée, on place M, le milieu du segment [AB].

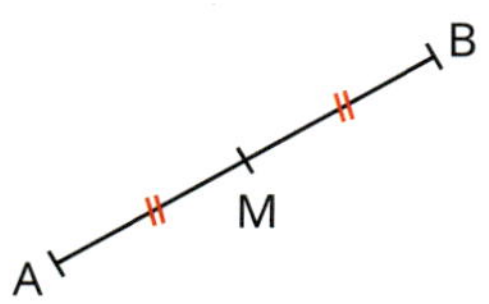

Étape 2 En utilisant l'équerre, on trace la droite perpendiculaire au segment [AB] passant par M.

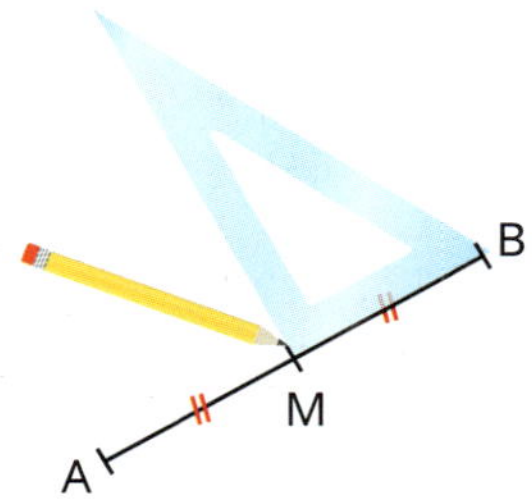

Étape 3 Cette perpendiculaire est la médiatrice du segment [AB]. On code la figure pour finir.

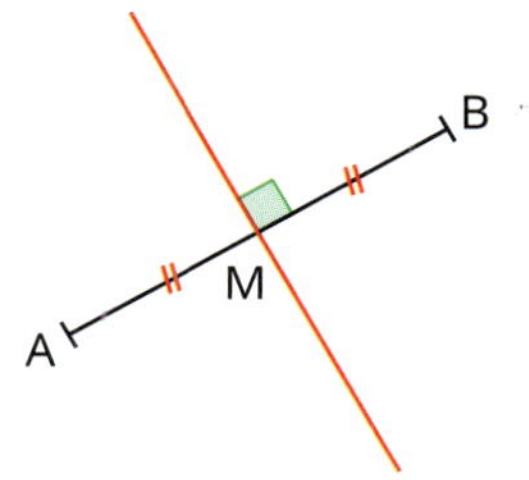

Méthode 2 : En utilisant la propriété caractéristique de la médiatrice, le compas et la règle

Étape 1 On choisit un écartement de compas de plus de la moitié de la longueur de [AB] afin que les arcs de cercles tracés à l'étape suivante se coupent en deux points.

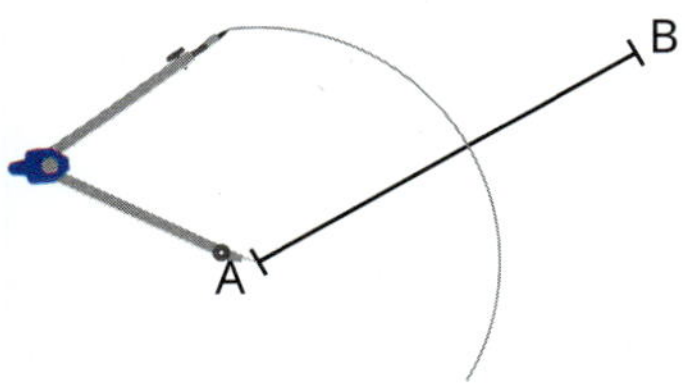

Étape 2 On trace alors deux arcs de cercles de même rayon, l'un de centre A, l'autre de centre B. Ils se coupent en deux points I et J. I et J sont à égale distance de A et de B. Ils sont donc sur la médiatrice du segment [AB].

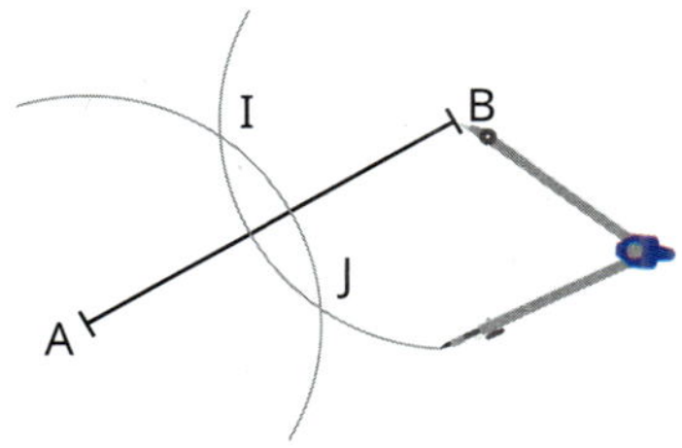

Étape 3 La droite (IJ) est la médiatrice du segment [AB]. On code la figure pour finir.

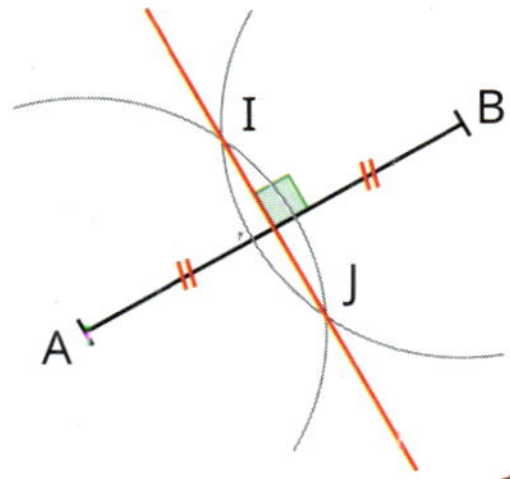

Remarque : La droite (IJ) étant la médiatrice du segment [AB], elle le coupe en son milieu.

La méthode 2 est plus précise. Il n'y a pas de mesure à effectuer.

2. Le point O est sur la médiatrice du segment [AB], or la médiatrice d'un segment est l'ensemble des points équidistants des extrémités de ce segment. Donc le point O est à la même distance de A et de B, donc OB = OA = 5 cm.

JE M'EXERCE

1. Tracer un segment [JP] de 6 cm et construire sa médiatrice.

2. Placer un point Y à 4 cm de J et à 4 cm de P.

3. Placer un second point Z, différent de Y, également à 4 cm de J et à 4 cm de P.

Exercice corrigé **p. 317**

Je prends confiance

Je prends mon élan

1 A, B et C sont trois points alignés dans cet ordre.
Si AC = 7 cm et BC = 5,8 cm, combien vaut AB ?

2 **Vrai ou faux ?**

a. Si OA = OB, alors O est le milieu du segment [AB].

b. Le centre d'un cercle est le milieu de chaque diamètre de ce cercle.

3 **QCM**
Sur quelle(s) figure(s) la droite (d) est-elle la médiatrice du segment [AB] ?

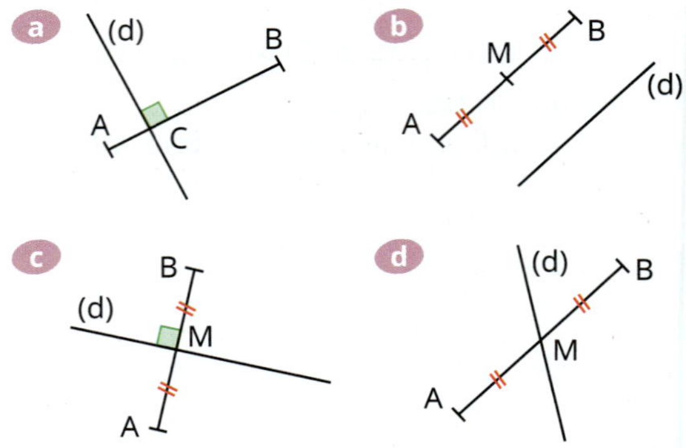

Je me lance

Mobiliser vocabulaire et notations

4 Sur une feuille quadrillée, placer quatre points A, B, C et D comme ci-dessous :

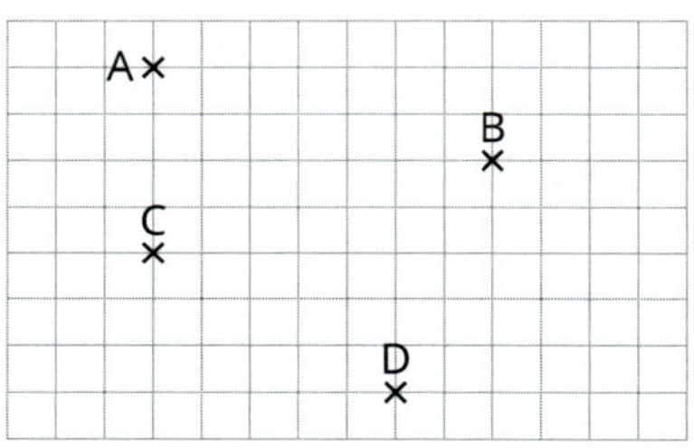

1. Tracer la droite (AD).
2. Tracer le segment [CB].
3. Placer le point E à l'intersection des droites (AD) et (CB).
4. Tracer la demi-droite [AC).
5. Tracer la droite parallèle à (AD) passant par le point B.

5 Recopier et compléter par les symboles ∈ (appartient à) ou ∉ (n'appartient pas à).

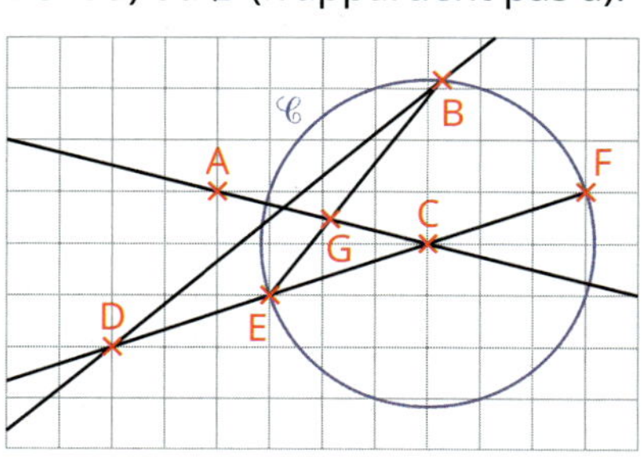

a. A ... [GC] **b.** B ... [GE] **c.** C ... 𝒞
d. C ... [CF] **e.** E ... [FC) **f.** E ... 𝒞
g. B ... (DB) **h.** C ... [AG] **i.** G ... [AC]

6

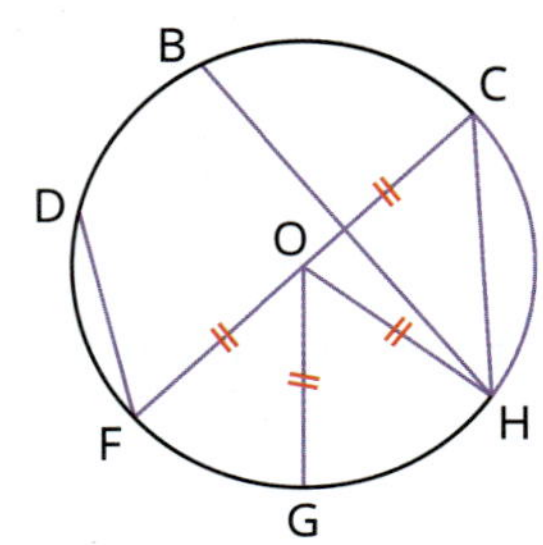

Recopier et compléter avec le vocabulaire du cercle :

a. Le point O est le ... du cercle.

b. [OH] et ... sont des ... du cercle.

c. [FC] est un ... du cercle.

d. [CH] et [DF] sont des ... du cercle.

e. $\overset{\frown}{CH}$ est le petit ... de cercle d'extrémités C et H.

7 **Automatismes**

Dans chaque cas, indiquer si la droite tracée est la médiatrice du segment [AB]. Justifier.

a.

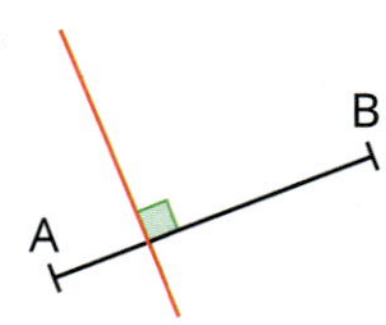

b.

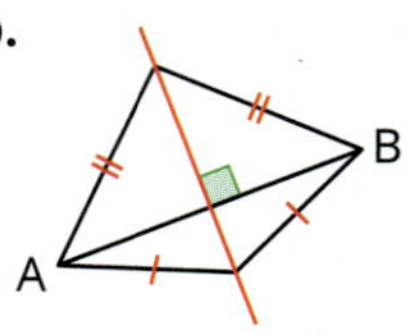

c.

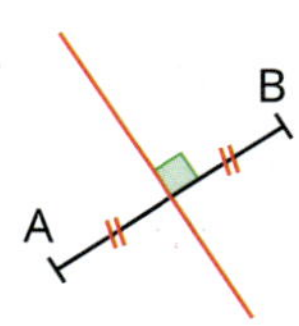

d.

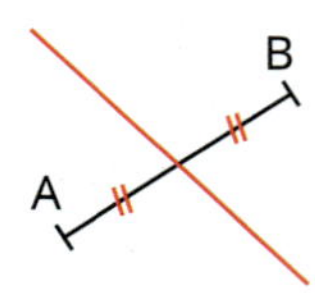

Construire à base de cercles

8 **1.** Réaliser ce programme de construction :

- Tracer un segment [AB] de 12 cm de longueur.
- Placer C le milieu de [AB], D le milieu de [AC] et E le milieu de [BC].
- Tracer le cercle $\mathscr{C}_1$ de centre C passant par B.
- Tracer le cercle $\mathscr{C}_2$ de diamètre [AC].
- Tracer le cercle $\mathscr{C}_3$ de centre E et de rayon 1,5 cm.
  Il coupe [AB] en M et N.

2. Prouver que M et N sont les milieux de [CE] et [EB].

9 **Automatismes**

1. Reproduire ces figures à l'aide des carreaux du cahier :

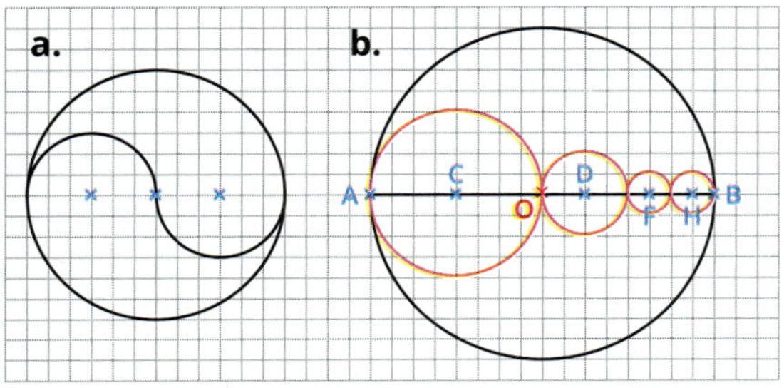

2. Rédiger un programme de construction permettant d'obtenir la seconde figure.

Estimer des distances

10 Indiquer le point qui semble être le centre de chaque cercle sans utiliser d'instruments.

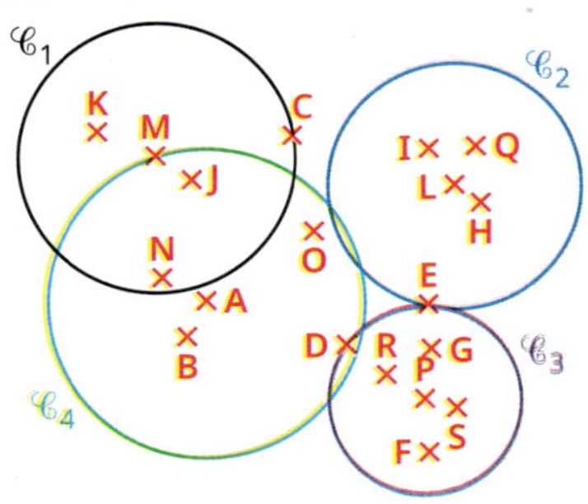

11 **1.** À l'œil nu, sans mesurer, classer ces quatre distances par ordre croissant.

2. Mesurer chaque segment. Que remarque-t-on ?

3. Comment appelle-t-on cet effet ?

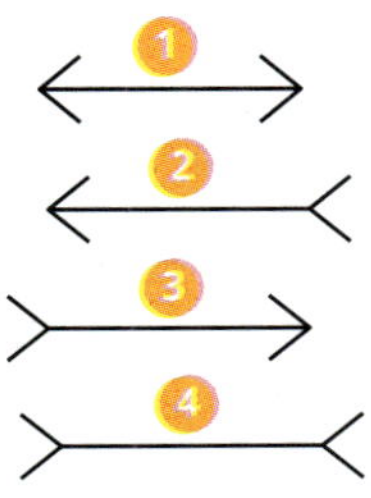

12 Voici un cercle de centre O et de rayon 3,5 cm :

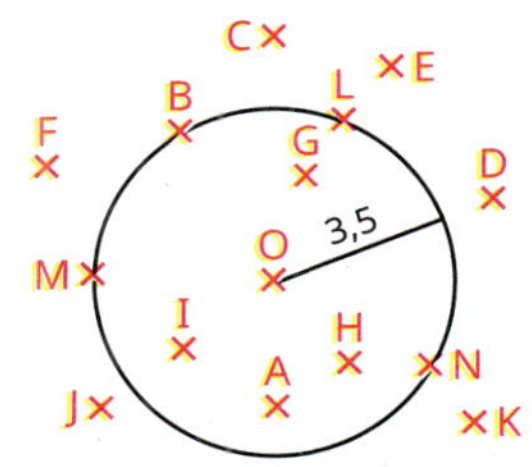

1. Reproduire et compléter ce tableau :

Points à moins de 3,5 cm de O	Points à exactement 3,5 cm de O	Points à plus de 3,5 cm de O

2. Dans quelle(s) colonne(s) de ce tableau se trouvent les points du disque de centre O et de rayon 3,5 cm ?

Raisonner sur les distances

13 **1.** Reproduire cette figure :

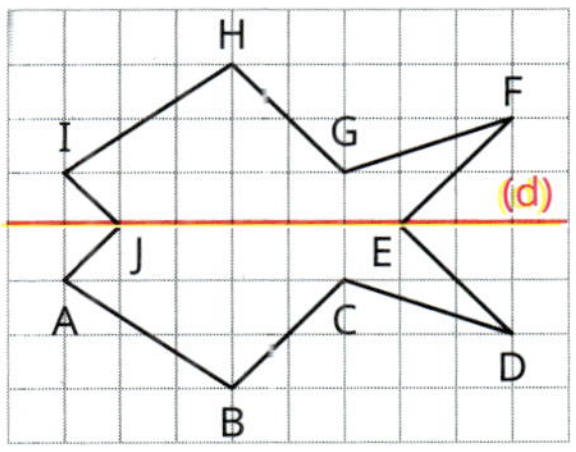

2. La droite (d) est la médiatrice de plusieurs segments. Lesquels et pourquoi ?

3. Donner deux segments de même longueur dont une extrémité est E.

14 **1.** Indiquer des points appartenant à une médiatrice de segment.
Expliquer pourquoi.

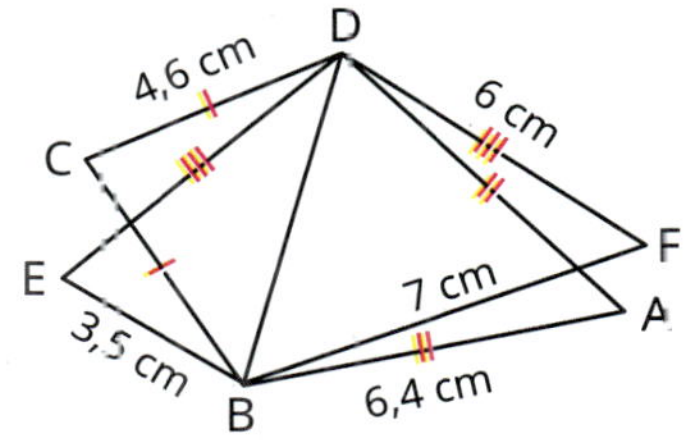

2. Quelle est la médiatrice du segment [BD] ?

3. Reproduire la figure en vraie grandeur, en utilisant la règle graduée et le compas.

4. Tracer à la règle uniquement la médiatrice du segment [BD].

5. Terminer de coder la figure.

J'avance à mon rythme

Fiches d'exercices
edubelin.fr/25mmat6-214a
Toutes les fiches en PDF

Avec des parcours d'apprentissage

Je construis au compas

- Exercice **9 p. 213**
- Exercice **21 p. 215**
- Exercice **22 p. 215**
- Exercice **38 p. 218**
- Exercice **71 p. 223**

J'estime des distances

- Exercice **10 p. 213**
- Exercice **30 p. 216**
- Exercice **40 p. 218**
- Exercice **45 p. 219**
- Exercice **67 p. 222**

Je raisonne sur des distances

- Exercice **14 p. 213**
- Exercice **15 p. 214**
- Exercice **29 p. 216**
- Exercice **53 p. 220**
- Exercice **70 p. 222**

Je régionne le plan

- Exercice **12 p. 213**
- Exercice **25 p. 216**
- Exercice **28 p. 216**
- Exercice **48 p. 219**
- Exercice **68 p. 222**

Je m'initie à la démonstration

- Exercice **8 p. 213**
- Exercice **34 p. 217**
- Exercice **35 p. 217**
- Exercice **52 p. 220**
- Exercice **72 p. 223**

OU avec un plan de travail

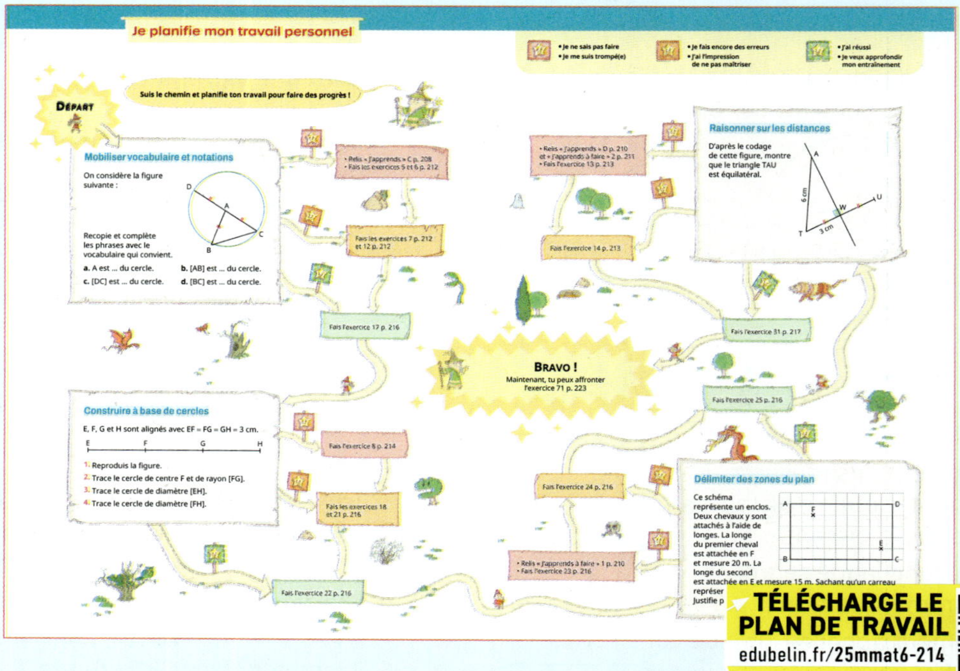

TÉLÉCHARGE LE PLAN DE TRAVAIL
edubelin.fr/25mmat6-214

J'applique mes connaissances

Mobiliser vocabulaire et notations

15 Placer trois points A, B et C tels que A soit équidistant de B et de C mais ne soit pas le milieu de [BC].
Existe-t-il plusieurs possibilités pour placer le point A ?

16 Réaliser ce programme de construction :

- Placer trois points A, B et C non alignés.
- Tracer la droite (AB).
- Tracer la perpendiculaire à (AB) passant par le point C. On note I le point d'intersection des deux droites.
- Tracer le segment [BC].
- Placer le milieu M de [BC].
- Tracer la demi-droite [MI).

17 Réaliser ce programme de construction :

- Placer trois points D, E et F non alignés.
- Tracer le segment [EF].
- Tracer la droite (DE).
- Tracer la parallèle à (DE) passant par F.
- Tracer le cercle de centre E et de rayon [EF].
- Tracer le cercle de diamètre [EF].

Construire à base de cercles

18 Reproduire cette figure et rédiger un programme de construction permettant de l'obtenir.

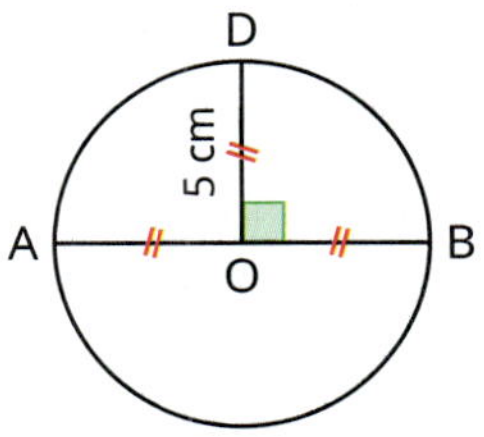

19 **1.** Reproduire ces figures à l'aide des carreaux du cahier :

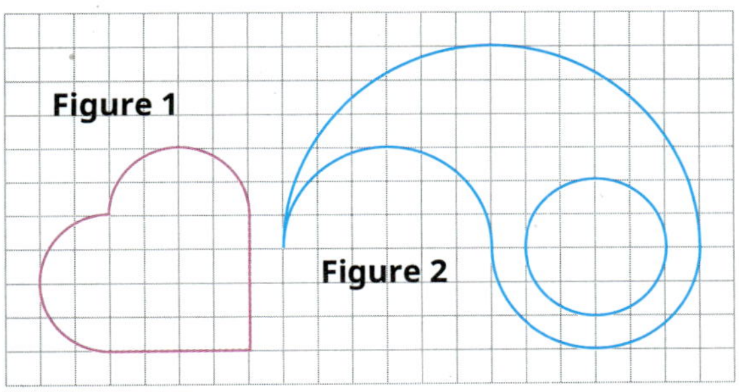

2. Rédiger un programme de construction permettant d'obtenir la figure 1.

20 ABCD est un carré de 8 cm de côté et E, F, G et H sont les milieux de ses côtés.

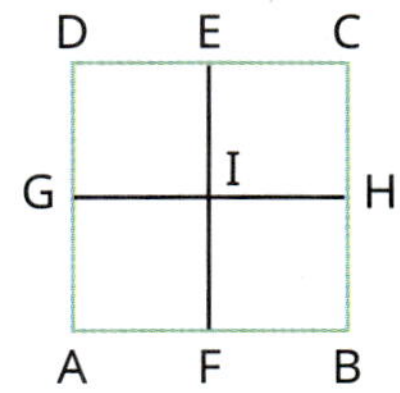

1. Reproduire la figure.

Pour les questions qui suivent, utilise uniquement le compas.

2. Tracer le cercle de centre E et de rayon [EC].
3. Tracer le cercle de diamètre [CB].
4. Tracer le cercle de centre F et de rayon 4 cm.
5. Tracer le cercle de centre G et de diamètre 8 cm.
6. Tracer le cercle de centre I et de rayon 8 cm.

21 Dans cette figure, C est le milieu de [AB], D et E sont respectivement les milieux de [AC] et [CB] et DG = GC = CF = FE.

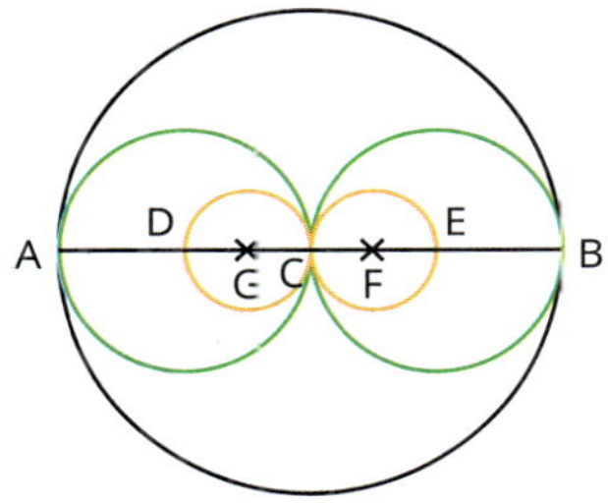

1. Reproduire la figure en prenant AB = 8 cm.
2. Rédiger un programme de construction permettant d'obtenir cette figure.

22 **Un pattern**

Un pattern désigne une suite répétitive ou évolutive de motifs ou de nombres.

1. Reproduire cette figure, constituée de demi-cercles.

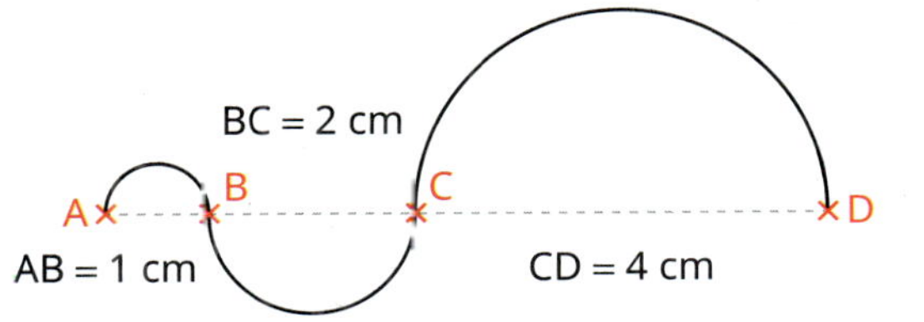

2. Indiquer la règle de construction permettant de prolonger cette figure vers la droite.
On considère le demi-cercle $\overset{\frown}{AB}$ comme l'étape 1.
3. Tracer l'étape suivante.
4. Quel sera le rayon du dernier demi-cercle tracé à l'étape 10 ?

J'applique mes connaissances

Délimiter des zones du plan

23 **Automatismes**

1. Tracer un segment [JP] de 10 cm.
2. Colorier en rouge l'ensemble des points situés à une distance de J inférieure à 3 cm.
3. Colorier en vert l'ensemble des points situés à la fois à plus de 2 cm de P et à moins de 4 cm de P.
4. Obtient-on des points à la fois verts et rouges ? Justifier.
5. Charlène dit qu'il est impossible de colorier en bleu des points situés à moins de 6 cm de J et à moins de 5 cm de P. Corentin pense le contraire. Qui a raison ? Justifier.

24
1. Tracer un segment [KL] de 7 cm.
2. Tracer l'ensemble des points situés à exactement 5,8 cm de K.
3. Tracer l'ensemble des points situés à exactement 3,2 cm de L.
4. Repasser en rouge les points remplissant les deux conditions.
5. Tracer le triangle JKL avec JK = 5,8 cm et JL = 3,2 cm.

25 À la fin d'une bataille, deux seigneurs victorieux, Pat-le-vert et Jim-le-rouge, se partagent les terres de leur ennemi commun. Ils décident de garder chacun les terres les plus proches de leur château.

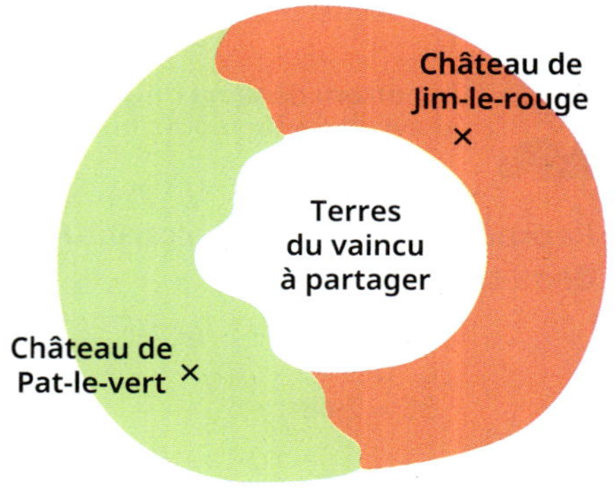

1. Reproduire approximativement ce plan.
2. Colorier en vert ou en rouge les terres du vaincu pour procéder au partage des terres.

26
1. Tracer un segment [UV] de 5 cm.
2. Colorier en rouge les points du disque de centre V et de rayon 3 cm plus proches de U que de V.

27
1. Tracer un segment [RT] de 10 cm.
2. Placer sur ce segment un point S tel que RS = 3 cm.
3. Construire les médiatrices des segments [RS] et [ST].
4. Colorier en bleu les points à la fois plus proches de S que de R et plus proches de S que de T.

28
1. Tracer un segment [AB] de 7 cm.
2. Tracer le cercle de diamètre [AB]. Nommer O son centre.
3. Tracer le cercle de centre O et de rayon 2 cm.
4. Colorier en rouge les points remplissant toutes les conditions suivantes :
   - être à équidistance de A et de B ;
   - appartenir au disque de diamètre [AB] ;
   - être à plus de 2 cm de O.

Raisonner sur les distances

29 **Automatismes**

Dans cette figure, ABCD est un rectangle :

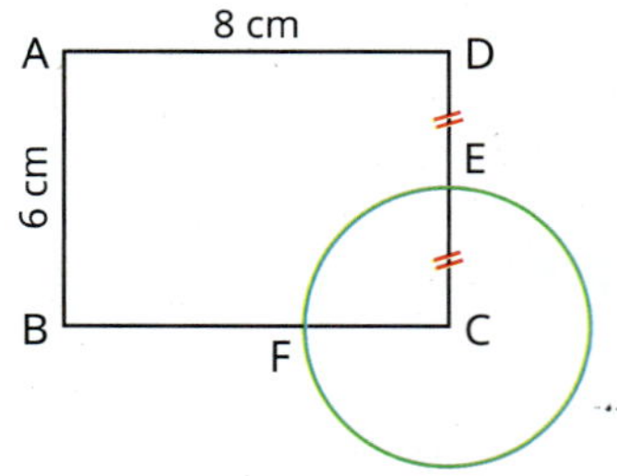

1. Combien mesure le segment [DC] ? Justifier.
2. Calculer la longueur du segment [EC]. Justifier.
3. Calculer la longueur du segment [BF]. Justifier.

30 Cette figure est constituée de deux cercles : l'un de centre I et de rayon 6 cm, et l'autre de centre J et de rayon 4 cm. De plus, IJ = 9 cm.

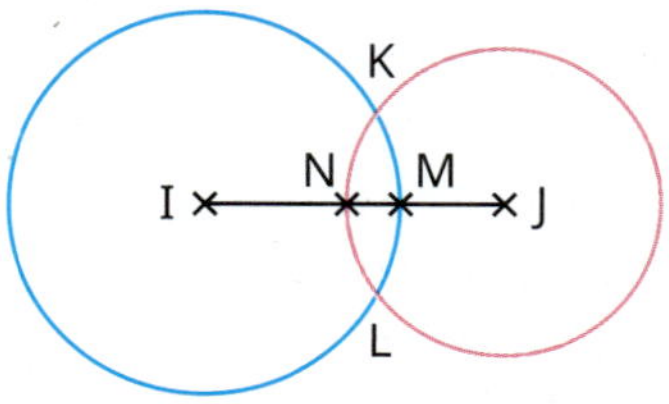

Déterminer les longueurs suivantes :

a. IK **b.** JK **c.** IN **d.** MJ **e.** MN

31 **Automatismes**

1. Tracer un segment [CN] de 4 cm.
2. Construire sa médiatrice.
3. Placer un point R sur cette médiatrice tel que NR = 4 cm.
4. Que peut-on dire de la longueur CR ? Justifier.
5. Quelle est la nature* du triangle CRN ? Justifier.

* **La « nature » est la particularité de la figure étudiée.**

32 1. Tracer un segment [AB].
2. Tracer le cercle $\mathscr{C}_1$ de centre A et de rayon [AB].
3. Tracer le cercle $\mathscr{C}_2$ de centre B et de rayon [AB].
4. Nommer M et N, les points d'intersection de $\mathscr{C}_1$ et $\mathscr{C}_2$.
5. Tracer la droite (MN).
6. Justifier que la droite (MN) est perpendiculaire au segment [AB].

33 Quels sommets du pentagone ABCDE appartiennent à la médiatrice de segments dont les extrémités sont deux autres sommets de ce pentagone ?

Les segments sont des côtés ou des diagonales de ABCDE.

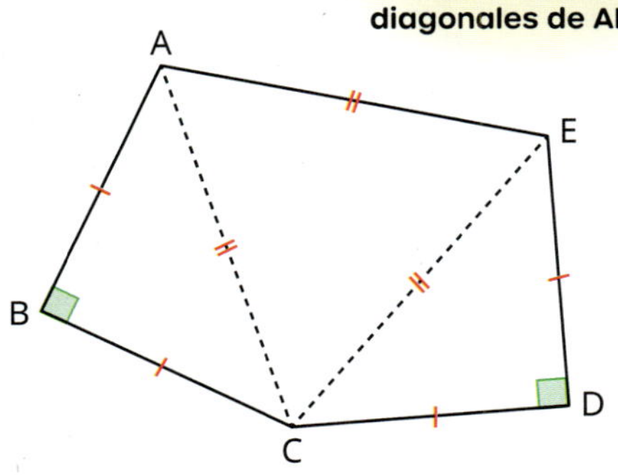

34 1. Tracer un cercle de centre O et de rayon 4 cm.
2. Choisir un point A sur ce cercle.
3. Tracer la médiatrice du segment [OA].
4. Appeler B et C les points d'intersection de cette médiatrice avec le cercle.
5. Quelle est la nature des triangles OAB et OAC ? Justifier.
6. Quelle est la nature du quadrilatère OBAC ? Justifier.

35 1. Tracer un segment [PO] de 6 cm.
2. Construire sa médiatrice.
3. **a.** Placer un point X sur cette médiatrice tel que PX = 3 cm.
   b. Que peut-on dire de la longueur OX ? Justifier.
4. **a.** Placer un point Y différent de X sur la médiatrice tel que PY = 3 cm.
   b. Que peut-on dire de la longueur OY ? Justifier.
5. Quelle est la nature du quadrilatère PXOY ? Justifier.

36 Alba, Bilal et Clélia veulent faire la course en partant de trois endroits différents de la cour du collège.

1. Placer trois points A, B et C non alignés pour représenter les emplacements des trois camarades.
2. Alba et Bilal font d'abord une course ensemble. Où peuvent-ils placer le plot d'arrivée pour que la course soit équitable ?
3. C'est au tour de Clélia de faire la course contre Bilal. Où peuvent-ils placer le plot d'arrivée pour que la course soit équitable ?
4. Les trois amis décident de faire la course en même temps. Où peuvent-ils placer le plot d'arrivée pour que la course soit équitable ?
5. Si d'autres camarades veulent faire la course avec eux, où devront-ils se placer pour garder une course équitable ?

37 **J'accélère**

Calcul mental
edubelin.fr/25mmat6-217
5 séries en PDF

5 min

Calculer mentalement :

a. 20×3 **b.** 7 529 – 400
c. $3{,}6 + 9{,}6$ **d.** le double de 45,2
e. 36 : 8 **f.** $5{,}23 = ... + \frac{...}{10} + \frac{...}{100}$

38 Représenter

Dans cette figure, A, B, C et D sont les quatre sommets d'un carré.

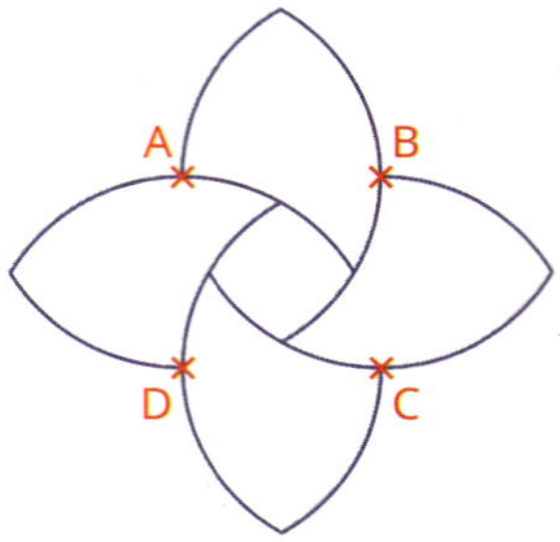

1. Au centre d'une feuille non quadrillée, tracer un carré ABCD de 5 cm de côté. Gommer les côtés pour ne garder que les sommets du carré.
2. En utilisant uniquement le compas, tracer les arcs de cercles composant cette figure.

39 Raisonner et Communiquer

1. Tracer un carré ABCD de 5 cm de côté.
2. À l'extérieur du carré, tracer quatre triangles équilatéraux : ABE, BCF, CDG et ADH.
3. **a.** Tracer en vert le segment [GH].
   b. Construire en vert sa médiatrice.
   c. Par quels points semble passer cette médiatrice ?
   d. Prouver que le point D appartient à la médiatrice du segment [GH].
4. **a.** Choisir deux points au hasard parmi les huit points nommés de la figure.
   b. Tracer en rouge le segment reliant ces deux points.
   c. Tracer en rouge la médiatrice de ce segment.
   d. Quelle remarque peut-on faire ?
5. **a.** Répéter deux fois la question **4** en changeant de couleur.
   b. La remarque du **4 d** reste-t-elle valable ?

40 Représenter et Raisonner

Un segment [AB] mesure 10 cm. Sohan affirme que, pour aller de A à B, s'il passe par un point C situé à 6,3 cm de A et à 2,7 cm de B, il fera un détour. A-t-il raison ? Justifier.

41 Raisonner et Communiquer

1. Reproduire cette figure.

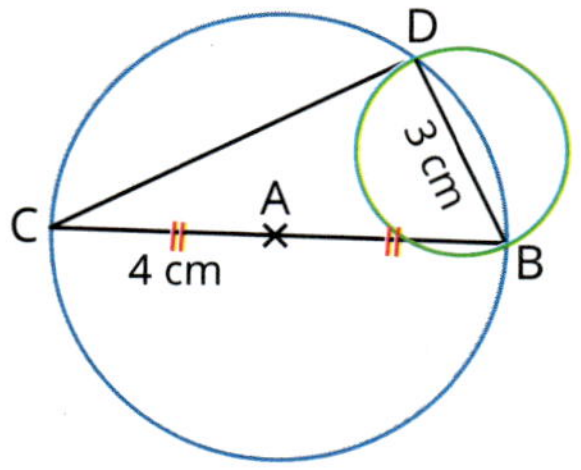

2. Rédiger un programme de construction de cette figure.

42 Raisonner et Représenter

Thibaut veut planter un palmier dans son jardin. Pour des raisons de sécurité, le palmier doit se situer à plus de 4 m du barbecue B. Pour pouvoir être arrosé, il doit être à moins de 4 m de l'arrivée d'eau E.
Enfin, pour des raisons esthétiques, Thibaut veut qu'il soit aligné avec les deux arbres A et C déjà présents dans le jardin.

Reproduire le plan du jardin, puis colorier en vert les emplacements possibles pour le palmier.

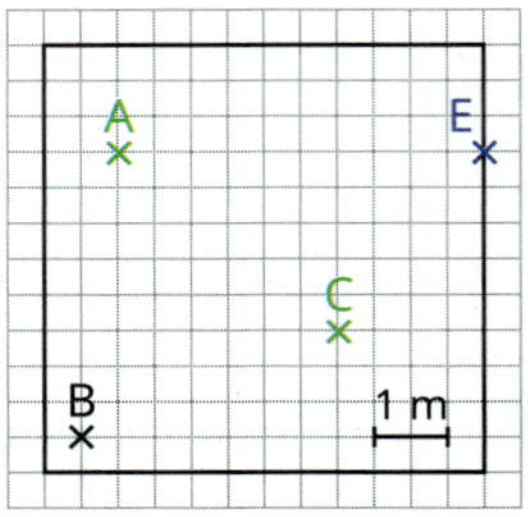

43 Raisonner et Représenter

Le pirate Barbe Verte a laissé une carte avec des indications pour retrouver son trésor :

J'ai enterré mon trésor à équidistance du palmier P et de la carcasse de baleine B, et à équidistance du volcan V et du lac L.

1. Reproduire le plan de l'île en y plaçant correctement les points P, B, L et V.
2. Trouver l'emplacement du trésor.

44 Manipulation

1. Choisir un objet circulaire (tube de colle, verre, rouleau de ruban adhésif…) et utiliser son contour pour tracer un cercle.
2. Retrouver le centre du cercle ainsi tracé. Justifier.

45 **Raisonner et Calculer**

Cette figure est composée de trois cercles, dont un cercle de centre A et de rayon 5 cm et un cercle de centre B et de rayon 8 cm.
De plus, AB = 11 cm.

Quel est le diamètre du cercle de centre D ?

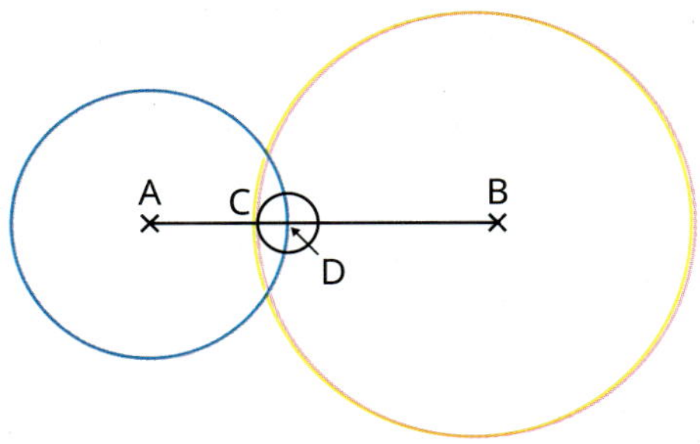

46 **Raisonner et Communiquer**

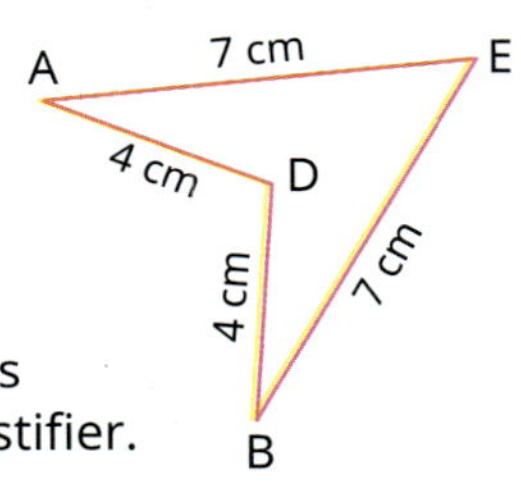

1. Justifier que le point E se trouve sur la médiatrice du segment [AB].
2. Que dire du point D ?
3. Préciser la position des droites (AB) et (DE). Justifier.
4. Construire la figure en prenant AB = 6,5 cm.

47 **Représenter**

Éliot dit qu'il est magicien : il sait donner l'illusion de cercles sans utiliser de compas.
Voici l'une de ses créations :

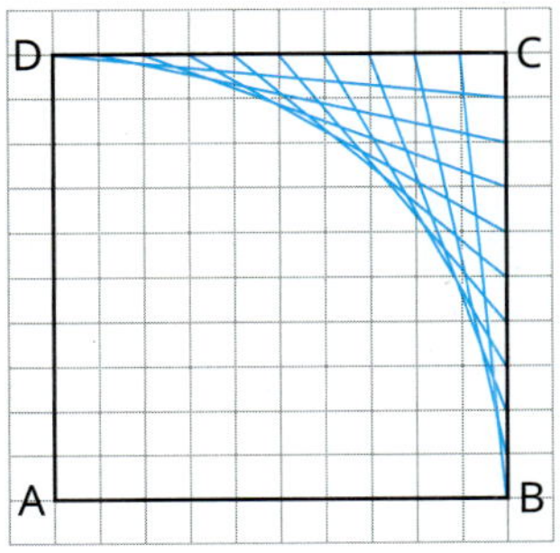

1. Sur papier quadrillé, reproduire la figure en utilisant uniquement la règle.
2. Quelle figure semble-t-on obtenir ?
3. Tracer le symétrique de cette figure par rapport à la droite (BD).
4. Tracer le symétrique de l'ensemble de la figure obtenue par rapport à la droite (CB).
5. Tracer le symétrique de l'ensemble de la figure obtenue par rapport à la droite (AB).

48 **Raisonner et Représenter**

1. Tracer un triangle équilatéral de 6 cm de côté.
2. Construire les médiatrices de ses côtés.
La figure fait apparaître six régions.

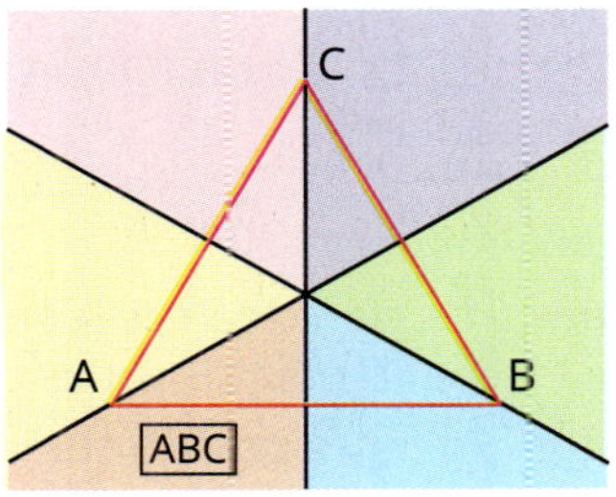

3. Dans chaque région, indiquer l'ordre de proximité des points, en écrivant par exemple ABC si les points de la région sont plus proches du point A que du point B mais aussi plus proches du point B que du point C.

49 **Raisonner et Communiquer**

Voici un programme réalisé sur Scratch :

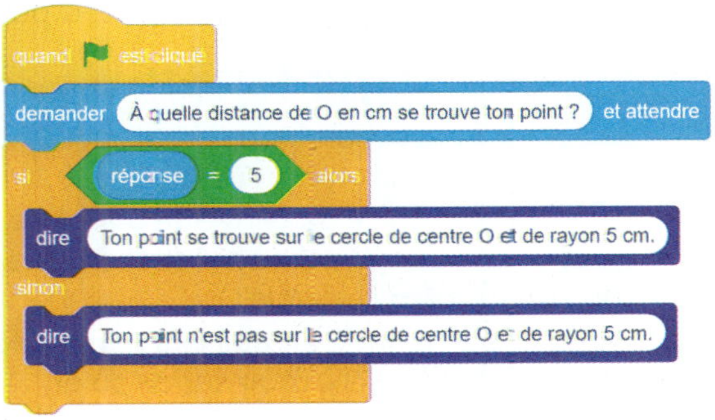

1. Que dit le lutin si on répond 6 à la question posée ?
2. À quoi sert ce programme ?
3. Écrire les deux phrases manquantes de ce second programme, qui caractérise les points d'un disque :

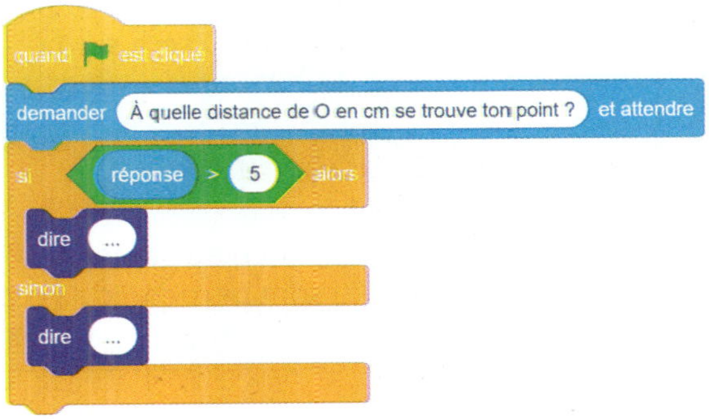

Je développe mes savoir-faire

50 Raisonner et Communiquer

1. Placer deux points A et B.
2. Tracer un cercle passant par A et par B. On appelle O son centre.
3. Tracer un second cercle passant par A et B. On appelle P son centre.
4. Justifier que les droites (OP) et (AB) sont perpendiculaires.

51 Communiquer

1. Tracer un cercle de centre A et de rayon 5 cm. Placer un point B sur ce cercle.
2. **a.** Placer un autre point C sur le cercle.
   b. Tracer le cercle de diamètre [BC].
3. Recommencer la question 2 avec 10 autres points sur le cercle.
4. Repasser le contour de la forme obtenue. À quoi fait-elle penser ?

Les mathématiciens appellent cette courbe une « cardioïde ».

5. Donner des mots de la même famille que « cardioïde » qui peuvent ainsi expliquer le nom choisi par les mathématiciens pour cette courbe.
6. **a.** Réaliser les étapes 1 et 2 sur un logiciel de géométrie dynamique en utilisant le bouton *Point sur objet* pour le point C.
   b. Afficher la trace du cercle de diamètre [BC] en utilisant le menu qui s'affiche avec un clic droit sur ce cercle.
   c. Animer le point C en utilisant le menu qui s'affiche avec un clic droit sur ce point.

52 Raisonner et Communiquer

1. Tracer un cercle de centre O.
2. Placer un point M à l'intérieur de ce cercle.
3. Tara aimerait construire la corde [AB] du cercle qui admet M comme milieu. Recopier et compléter son raisonnement :

> Les points A et B seront sur le ... de centre O donc ... = ..., donc O sera sur la médiatrice du ... [...].
>
> Le point M doit être le ... du segment [AB], donc il appartiendra lui aussi à la ... du segment [AB].
>
> Ainsi (...) sera la médiatrice du segment [AB]. Donc (...) et (...) sont perpendiculaires et se coupent en M, ... de [AB].

4. Construire cette corde.

53 Raisonner et Communiquer

Voici le devoir d'Enzo :

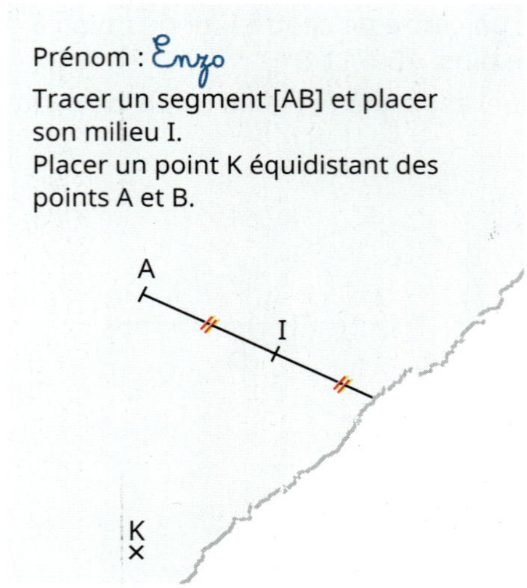
Prénom : Enzo
Tracer un segment [AB] et placer son milieu I.
Placer un point K équidistant des points A et B.

Enzo : « Madame, promis, j'ai fait mon exercice, mais mon chien en a mangé un bout ! »
La professeure : « Je veux bien accepter ton devoir si tu me prouves que ton point K est bien placé. »
Expliquer comment Enzo doit s'y prendre pour prouver à sa professeure qu'il a placé le point K au bon endroit.

54 Raisonner et Communiquer

Sara veut construire le triangle BOL tel que BO = 7 cm, OL = 2 cm et BL = 3 cm.
Son ami Mathys lui dit que ce n'est pas possible.

1. Qui a raison et pourquoi ?
2. En déduire une condition pour qu'un triangle soit constructible.

55 Je fais une pause

Sur ce damier, Mathilde a posé un pion.
Elle veut ajouter d'autres pions en respectant les règles suivantes :
- aucune rangée horizontale ou verticale ne doit contenir plus de deux pions ;
- les cases qui touchent une case contenant un pion, même en diagonale, doivent être vides.

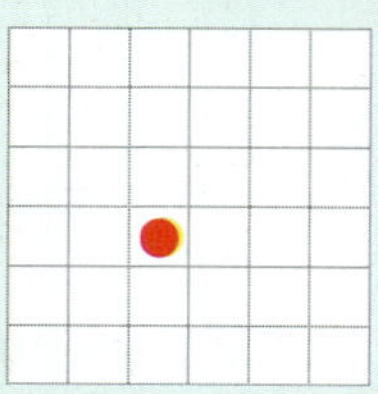

Combien de pions peut-elle poser au maximum, en comptant le pion déjà posé ?

Je prépare mon évaluation

45 min

Je contrôle mes connaissances

	a	b	c
56 **Si un cercle a un rayon de 5 cm, quelle est la mesure de son diamètre ?**	2,5 cm	5 cm	10 cm
57 **Si un segment [AB] est un diamètre d'un cercle de centre O, alors :**	A et B sont à égale distance de O.	O appartient à [AB].	[AB] n'est pas une corde du cercle.
58 **Si une médiatrice passe par un point H, alors :**	H est à égale distance des extrémités du segment.	H est nécessairement au milieu du segment.	H appartient forcément au segment.
59 **A, B et C sont alignés dans cet ordre. Si AC = 7 cm et BC = 4,3 cm, alors :**	AB = 11,3 cm	AB = 2,7 cm	AB = 3,3 cm

Je mobilise le vocabulaire

60 Reproduire cette figure et rédiger un programme de construction permettant de l'obtenir.

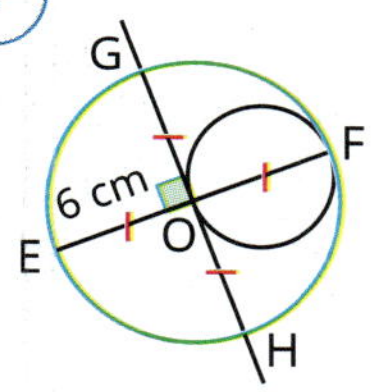

Je délimite des zones du plan

61 **1.** Tracer un segment [PJ] de 10 cm.
2. Colorier en rouge l'ensemble des points situés à moins de 4 cm de J.
3. Colorier en vert l'ensemble des points situés à la fois à plus de 3 cm de P et à moins de 5 cm de P.
4. Obtient-on des points à la fois verts et rouges ? Justifier.

62 **1.** Tracer un rectangle ABCD tel que AB = 8 cm et AD = 6 cm.
2. En utilisant uniquement le compas et la règle non graduée pour les constructions, colorier l'ensemble des points qui remplissent les quatre conditions suivantes :
– être plus près du point A que du point B ;
– être plus près du point D que du point A ;
– appartenir au disque de centre A et de rayon 4 cm ;
– se situer à plus de 3 cm du point D.

Je raisonne sur les distances

63 Cette figure est constituée de deux cercles : l'un de centre A et de rayon 10 cm, l'autre de centre B et de rayon 4 cm.
On a AB = 7 cm.

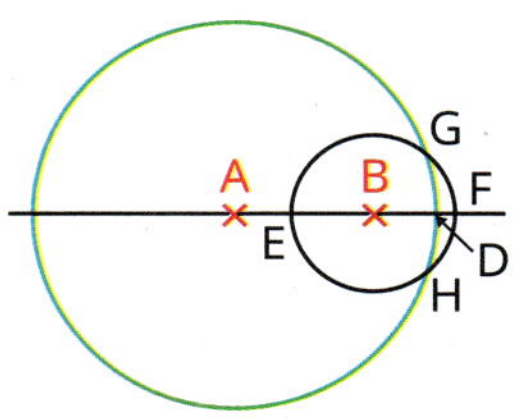

Déterminer les longueurs suivantes :
a. AG **b.** BG **c.** AE **d.** BD **e.** DF

64 **1.** Tracer un segment [CN] de 5 cm.
2. Construire sa médiatrice.
3. Placer un point R sur cette médiatrice tel que NR = 5 cm.
4. Que peut-on dire de la longueur CR ? Justifier.
5. Quelle est la nature du triangle CRN ? Justifier.

65 **1.** Tracer un segment [AB].
2. Tracer le cercle de centre A passant par B.
3. Tracer le cercle de centre B passant par A.
4. Nommer M et N, les points d'intersection des deux cercles.
5. Tracer la droite (MN). Elle coupe le segment [AB] en un point I.
6. Prouver que le point I est le milieu du segment [AB].

Exercices 56 à 65 corrigés p. 317

Je mobilise mes compétences

66 **Raisonner et Communiquer**

1. Reproduire cette figure :

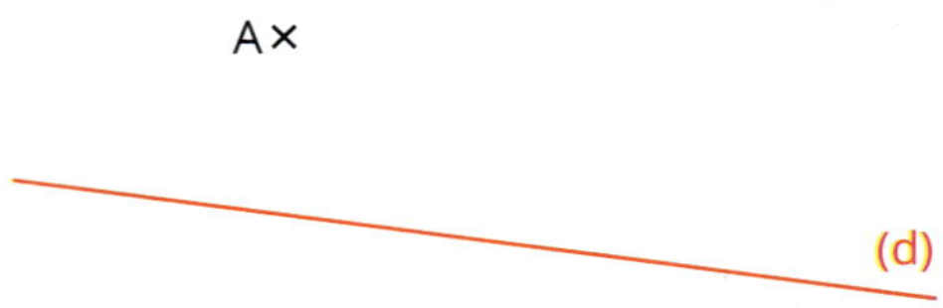

2. Construire le point B tel que (d) soit la médiatrice du segment [AB]. Justifier.

67 **Représenter et Raisonner**

De retour de promenade, Pedro s'est arrêté avec son cheval sous un arbre. Comme il est très fatigué et son cheval assoiffé, Pedro aimerait emmener son cheval au canal et rentrer à l'écurie par le chemin le plus court.

1. Tracer une droite (d) pour représenter le bord du canal et placer un point A pour l'arbre et un point E pour l'écurie.
2. Placer au hasard un point R sur la droite (d) et mesurer le chemin reliant A à E en passant par R.
3. **a.** Répéter l'étape **2** avec deux autres points S et T.
   b. Obtient-on la même distance à parcourir les trois fois ?
4. Pedro se rappelle que le chemin le plus court entre deux points est la ligne droite.
   a. Construire le point F tel que (d) soit la médiatrice du segment [EF].
   b. Tracer le plus court chemin entre A et F.
   c. Ce chemin coupe la droite (d) en un point M. Que peut-on dire des longueurs ME et MF ? Justifier.
   d. Repasser en rouge le chemin que doit emprunter Pedro.

68 **Représenter et Communiquer**

Pour irriguer un champ, on peut utiliser des tourniquets qui peuvent être réglés pour faire un tour complet, un demi-tour ou un quart de tour.
Anouk possède un champ rectangulaire de 32 m sur 20 m. Elle a acheté trois tourniquets ayant une portée de 16 m.
Elle en place deux aux extrémités d'un grand côté de son champ et un au milieu du côté opposé.

1. Représenter la situation en prenant 1 cm pour 2 m.
2. Indiquer pour chaque tourniquet si on doit le régler sur un tour complet, un quart de tour ou un demi-tour.
3. Anouk a-t-elle correctement placé ses tourniquets pour que son champ soit presque totalement irrigué ?

69 **Raisonner et Communiquer**

1. Tracer un cercle de centre I et de rayon 5 cm.
2. **a.** Placer un point R sur ce cercle.
   En partant de R et en reportant successivement cinq fois le rayon, placer les points O, S, A, C et E régulièrement répartis sur le cercle.
   b. Tracer le polygone ROSACE. Comment s'appelle un polygone à six côtés ?
   c. Calculer le périmètre de ROSACE.
3. Construire les médiatrices des côtés de ce polygone. Elles coupent le cercle en six points J, K, L, M, N, P (J entre R et O, etc.).
4. Lylia et Tobias ont aussi suivi ce programme de construction.
   a. Lylia mesure RJ = 3,3 cm et JO = 3,1 cm. A-t-elle réalisé la figure avec précision ? Justifier.
   b. Tobias, lui, mesure RJ = JO = 3 cm. A-t-il réalisé la figure avec précision ? Justifier.
   c. Le périmètre du polygone RJOKSLAMCNEP sera-t-il supérieur ou inférieur à celui du polygone ROSACE ? à celui du cercle de départ ?

70 **Représenter et Calculer**

Anaë a disposé six boules de pétanque, bien collées les unes aux autres, dans une boîte qui mesure 15 cm de large et 22,5 cm de long.

1. Quel est le diamètre des boules ?
2. Représenter une vue de dessus de la boîte avec les six boules.
3. Anaë y range aussi le cochonnet, comme sur la photo. En représentant le cochonnet sur la figure de la question **2**, puis en mesurant, déterminer son diamètre.

71 Représenter et Chercher

On souhaite construire des serpentins en suivant ces cinq règles :

- Espacer de la même distance des points sur une droite.
- Tracer des demi-cercles joignant ces points, en alternant une fois au-dessus, une fois en dessous de la droite.
- Les demi-cercles ne peuvent pas se couper.
- On ne peut pas revenir sur un point déjà utilisé.
- Deux serpentins symétriques par rapport à la droite sont identiques.

1. Vérifier que les règles sont respectées pour ce serpentin à six points.

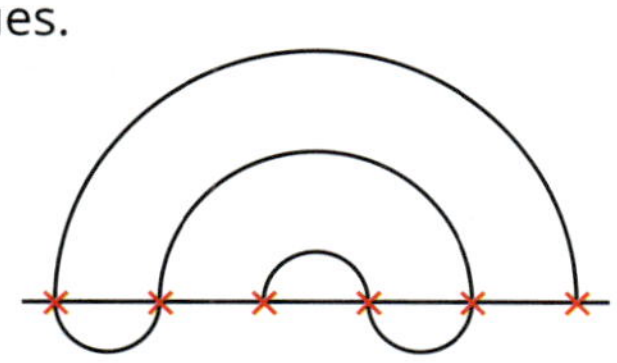

2. Trouver, puis construire au compas les deux seuls serpentins différents à trois points.
3. Trouver, puis construire au compas tous les serpentins différents à quatre points.
4. Même question pour cinq points.

72 Raisonner et Communiquer

1. Tracer un triangle équilatéral ABC de 6 cm de côté.
2. Placer un point M à l'intérieur de ce triangle.
3. **a.** Tracer la droite parallèle à (AB) passant par M.
   Elle coupe (AC) en un point Q.
   b. Tracer la droite parallèle à (BC) passant par M.
   Elle coupe (AB) en un point R.
   c. Tracer la droite parallèle à (AC) passant par M.
   Elle coupe (BC) en un point P.
4. **a.** Mesurer les distances MP, MQ et MR.
   b. Calculer MP – MQ + MR.
   Que remarque-t-on ?
   c. Prouver cette remarque.

Repère les parallélogrammes et les triangles équilatéraux.

Adaptations
edubelin.fr/25mmat6-223
Livret complémentaire p. 34

73 Je prends des initiatives — Chercher et Représenter

LE PROBLÈME **Marguerite, la vache, vit dans un immense pré. Pour qu'elle puisse brouter différentes parcelles du pré, elle peut être attachée par une corde à différents endroits du terrain.**

1. Représenter chaque situation en prenant 1 cm sur la feuille pour 1 m dans la réalité.
2. Pour chaque situation, colorier la surface que peut brouter Marguerite.

Pour aller plus loin
Calculer le périmètre des trois surfaces coloriées.

Situation 1
Marguerite est attachée à un poteau par une corde de 7 m.

Situation 2
Cette fois, la corde de 7 m de Marguerite peut, grâce à un anneau, coulisser sur une tige de fer.
Cette tige est maintenue par deux poteaux à la hauteur de Marguerite et mesure 5 m de long.

Situation 3
Dans le pré se trouve une étable de forme rectangulaire de 8 m sur 6 m.
Sur l'un des grands murs de cette étable, un anneau est fixé à 2 m d'un coin de l'étable.
Marguerite est attachée à cet anneau par une corde de 14 m.
Elle ne peut pas entrer à l'intérieur de l'étable.

Des cercles bien carrés

Niveau mathématique ●●○ Niveau technique ●●○

45 min

Mobiliser les connaissances sur les cercles et les médiatrices.

Comment faire pour construire sans équerre une figure avec de nombreux angles droits ?

On se propose ici de réaliser une figure en plusieurs étapes.
À chaque étape, construire uniquement avec les outils indiqués la figure présentée.

Étape 1 À l'aide des outils Cercle (centre-point), Droite et Intersection

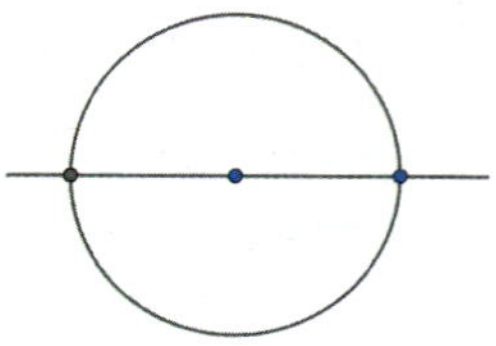

Étape 2 À l'aide des outils Cercle (centre-point), Intersection, Droite et Afficher/Cacher l'objet

Pense à la médiatrice d'un segment !

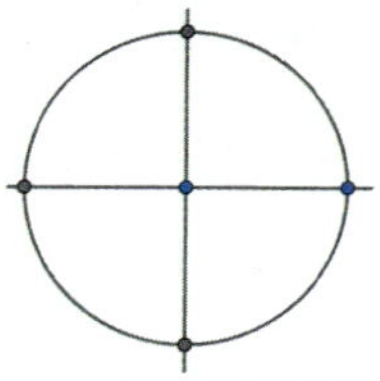

Étape 3 À l'aide des outils Cercle (centre-point), Intersection, Segment et Afficher/Cacher l'objet

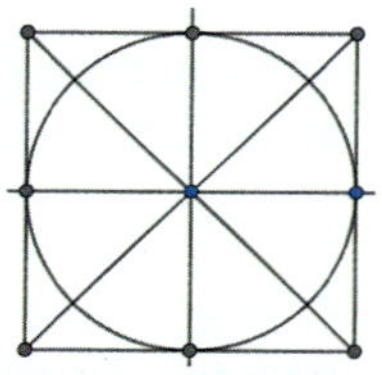

Étape 4 À l'aide des outils Segment et Intersection

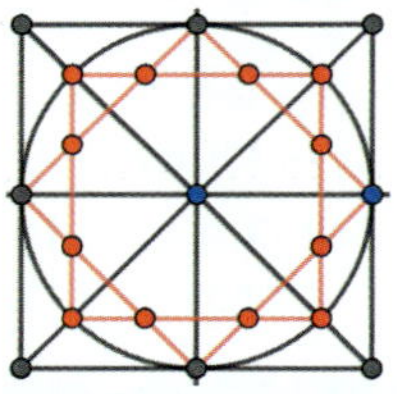

Étape 5 À l'aide des outils Polygone et Afficher/Cacher l'objet

6 Un défi pour aller plus loin ! Construire l'araignée en blanc.

Je **joue** avec les acquis du chapitre

LABYMESURES

La mission

Retrouve le chemin qui passe par tous les points en respectant les longueurs des étapes.

Les règles

- Les longueurs des étapes entre les points sont données.
- Il faut relier les étapes dans l'ordre donné.

Pour certains défis, le point de départ est signalé par 🚩. Tu peux utiliser du papier calque pour reproduire les figures.

Exemple

Étapes : 4 cm, 5 cm, 1 cm

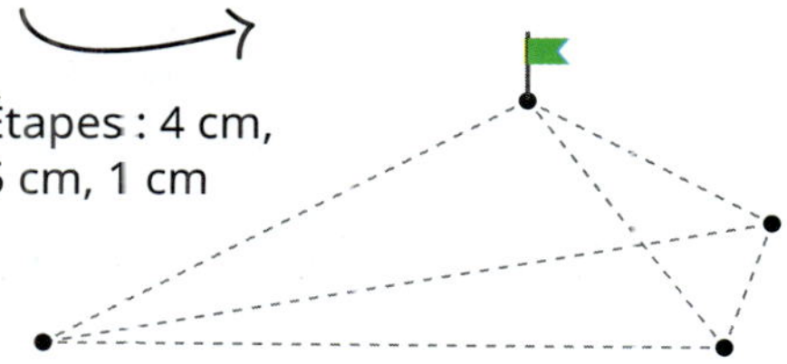

Solution

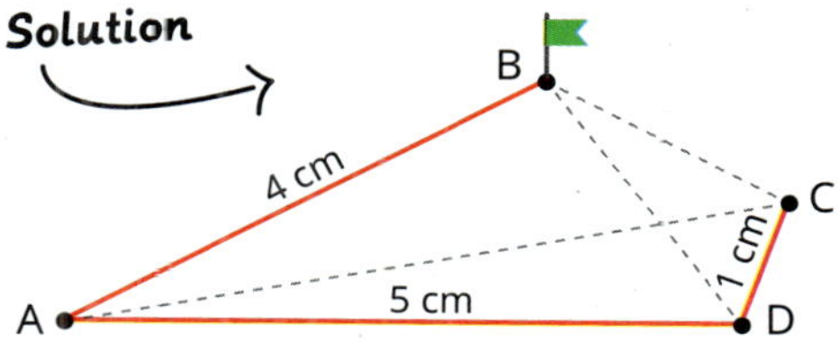

À ton tour !

1 Étapes : 1 cm, 3 cm, 4 cm

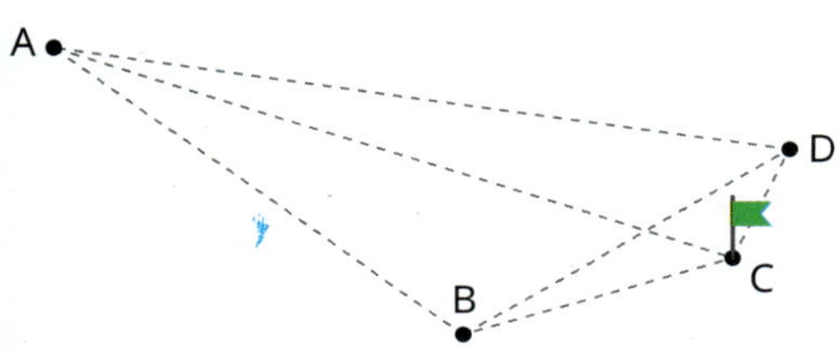

2 Étapes : 7 cm, 3 cm, 3 cm, 2 cm

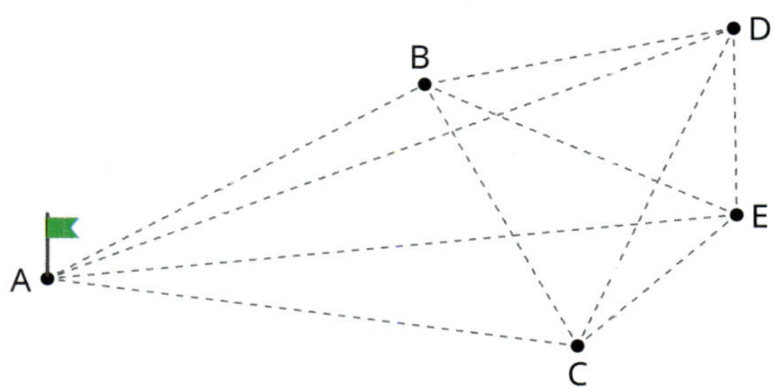

3 Étapes : 3 cm, 5 cm, 4 cm

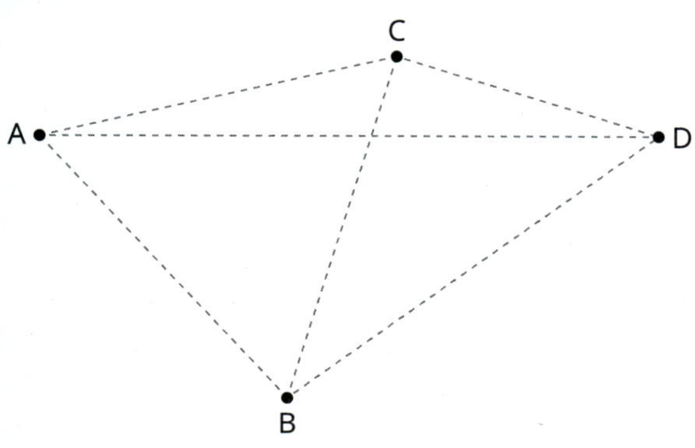

4 Étapes : 1 cm, 2 cm, 2 cm, 5 cm

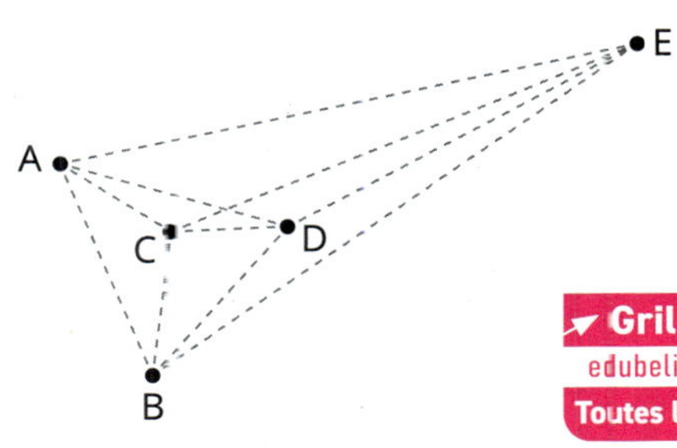

Grilles de jeu
edubelin.fr/25mmat6-225
Toutes les grilles en PDF

5 Étapes : 4 cm, 1 cm, 2 cm, 3 cm

6 Étapes : 4 cm, 4 cm, 1 cm, 2 cm

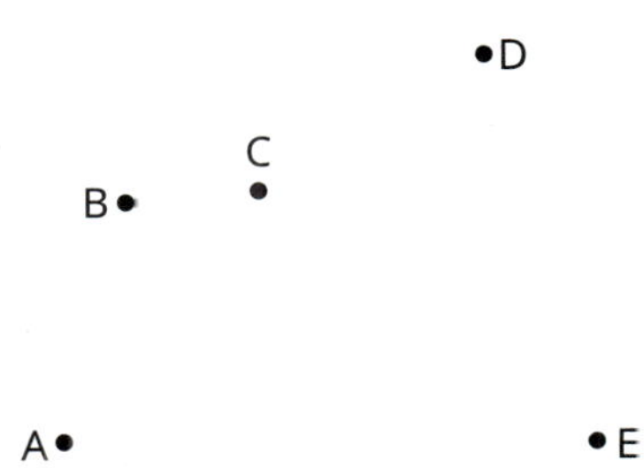

CHAPITRE 11

Angles

Nous voici à Prague, où l'on peut voir la plus vieille horloge astronomique en fonctionnement dans le monde : elle a été construite en 1410 !

ON FAIT des MATHS ?

Pourquoi y a-t-il 60 minutes dans une heure et non 100 ?

Pourquoi le rapporteur est-il découpé en 180° plutôt qu'en 100° ? Pourquoi y a-t-il 60 minutes dans une heure et non 100 ? Et si ces deux questions avaient une seule et même réponse ? Stéphane et Adrien t'emmènent en voyage vers le passé, il y a plus de 2 500 ans, pour tenter de comprendre les origines communes de notre façon de mesurer les angles et les durées !

POUR VOIR LA VIDÉO
edubelin.fr/25mmat6-226

Je développe mes automatismes

Automatismes
edu.belin.fr/25mmat6-227
5 séries en PDF

5 min

Réponds à ces questions sans utiliser la calculatrice !

1. Combien vaut cent fois trois centièmes ?

2. $\frac{13}{20} + \frac{3}{20} + \frac{?}{?} = 1$

3. Quelle est l'heure affichée par cette horloge ?

4. Quelle figure a pour axe de symétrie la droite (d) ?

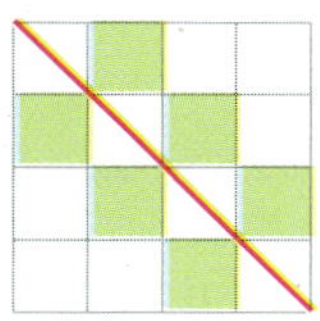

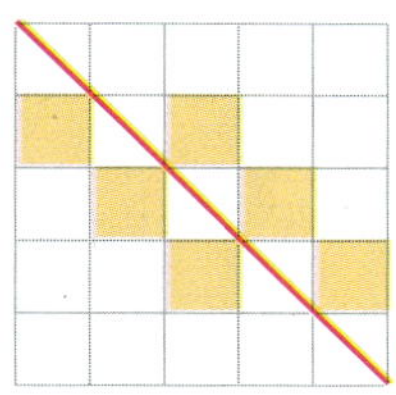

5. Mathéo achète 2 gommes et 3 crayons et paye 6,80 €. Teddy achète 1 gomme et 2 crayons et paye 4,20 €. Gabriella achète 1 gomme et 1 crayon. Combien paye-t-elle ?

6.

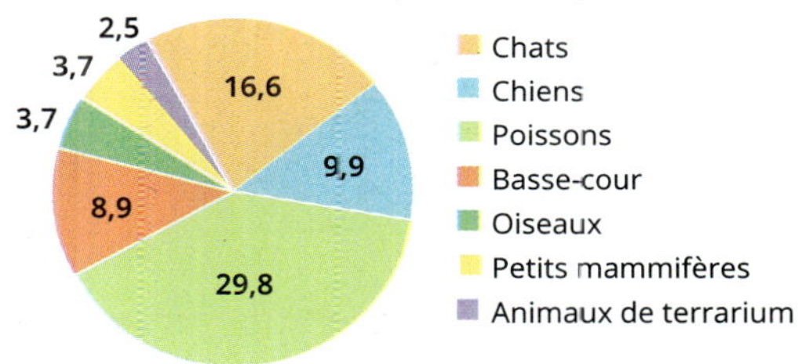

Le nombre total d'animaux en France est-il proche de 50 millions, 75 millions ou 100 millions ?

Objectifs :
• Réactiver la notion d'angle et la notation.
• Revoir le vocabulaire des angles.
• Utiliser les notions de sommes et de multiples.

Je manipule avec mes acquis

20 min

1. **a.** Combien d'angles comportent ces figures ?

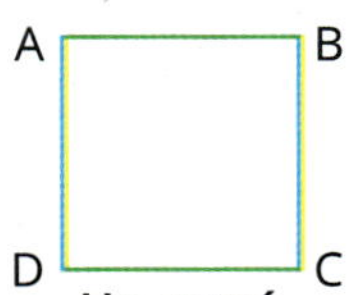

Un carré

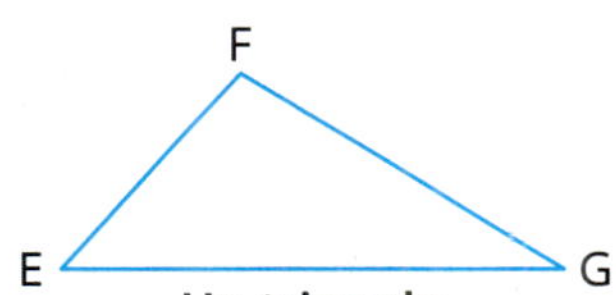

Un triangle

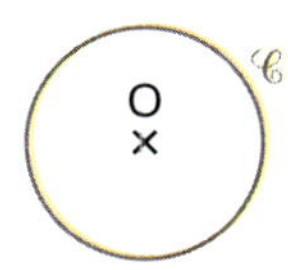

Un cercle

b. Choisis, parmi les propositions, celles qui désignent un angle dans le triangle EFG.

• $\widehat{FEG}$ • E • $\widehat{GEF}$ • $\widehat{e}$ • [EF) • $\widehat{E}$ • (EG) • GEF • [EF]

2. **a.** À partir d'une feuille A4, suis ces consignes :

b. Retourne ton pliage et complète-le avec les notations de la photographie ci-contre.

c. Colorie en rouge l'angle aigu, en bleu l'angle obtus et en vert un angle droit.

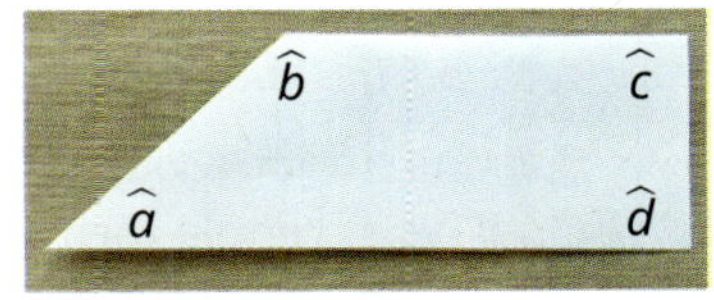

3. À l'aide de la figure obtenue par pliage, trace sur ton cahier :

a. un angle de 180°

b. un angle égal à $\widehat{a} + \widehat{b}$

c. un angle égal à $3 \times \widehat{a}$

d. un angle égal à $\frac{1}{2}\widehat{b}$

Je découvre

JE REVOIS

QCM Donner la ou les bonnes réponses parmi les trois propositions.

1. Combien d'angles possède un triangle ?
a 1 b 2 a 3

2. Combien d'angles possède un quadrilatère ?
a 0 b 1 c 4

3. Quel angle semble être un angle droit ?
a b c

4. Parmi les angles suivants, lequel est obtus ?
a b c

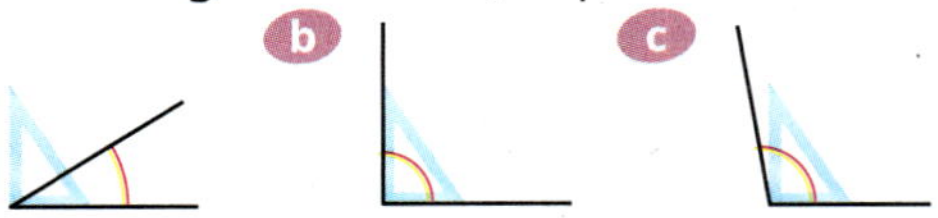

5. Cet angle est :

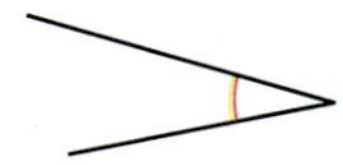

a aigu b droit c obtus

6. Classer les angles suivants du plus petit au plus grand :

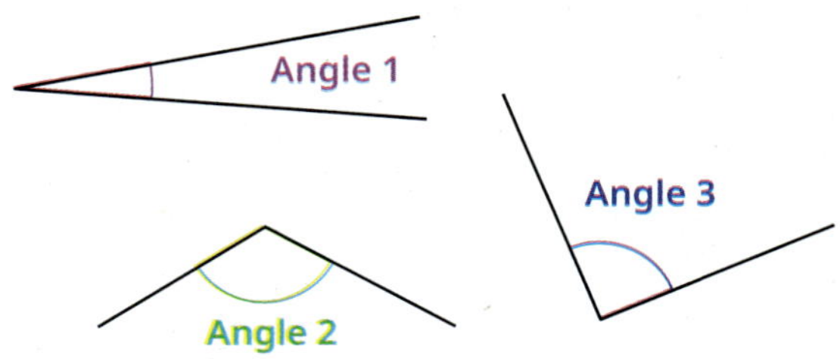

Activité 1 Angles et horloges

Objectif : Découvrir les notions d'angle et de mesure d'angle

Position des aiguilles

Sur une horloge, l'ouverture entre les deux aiguilles peut être assimilée à un angle.
Cet angle varie au fil de la journée.
Voici quelques images d'une horloge prises à des instants différents :

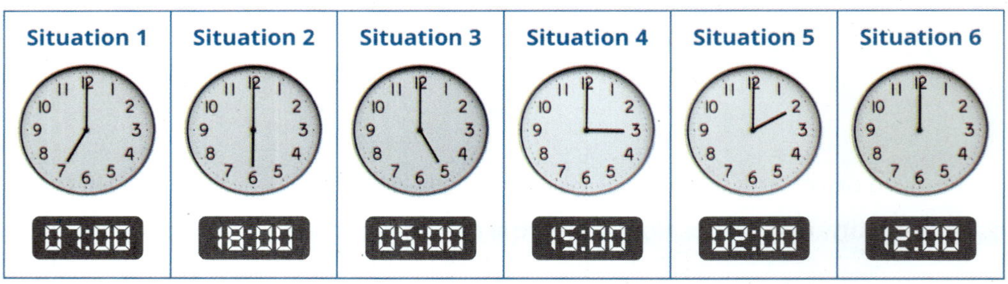

1. Classer les angles entre les deux aiguilles de chaque horloge du plus petit au plus grand.
Dans toute l'activité, on ne s'intéressera qu'au plus petit des deux angles formés par les aiguilles.

2. Dans quelle(s) situation(s) l'angle semble-t-il aigu ? obtus ? droit ?

3. Léana se dit que, si l'horloge avait des aiguilles plus grandes, les angles formés seraient également plus grands. A-t-elle raison ?

Partage du temps

Pour cette partie, télécharger les horloges vierges en PDF.

4. a. Sur une horloge vierge, tracer les aiguilles pour indiquer 6 h 00.

b. Quel type d'angle forment alors les aiguilles ?

c. Quelle fraction de l'angle plein l'angle formé par les aiguilles représente-t-il ?

d. On décide d'associer à l'angle plein la mesure de 360 degrés.
Quelle est alors la mesure de l'angle formé par les aiguilles de l'horloge ?

PDF edubelin.fr/25mmat6-228
Horloges vierges

•••

POUR INFO !

Les Babyloniens utilisaient un système en base 60. Ils ont divisé le cercle en 360 degrés, car 360 est un nombre qui a de nombreux diviseurs. Le lien entre 360° et 3 600 secondes hérité des Babyloniens a influencé notre manière de mesurer les angles et l'écoulement du temps.

5. a. Sur deux autres horloges vierges, placer les aiguilles pour indiquer 3 h 00 et 21 h.
b. Dans chaque cas, donner le type d'angle formé par les aiguilles.
c. Quelle est la mesure en degrés d'un angle droit ? Expliquer.

6. Voici trois nouvelles horloges :

a. Quelle fraction de l'angle plein représente chacun des angles saillants formés par les aiguilles ?
b. Dans chaque cas, quelle est la mesure de cet angle ?

7. a. Placer les aiguilles sur trois autres horloges vierges pour former un angle représentant $\frac{3}{4}$ de l'angle plein, un autre représentant $\frac{2}{3}$ de l'angle plein et un dernier représentant $\frac{5}{12}$ de l'angle plein.
b. Dans chacun des cas, quelle est la mesure de l'angle en degrés ?
c. Dans chacun des cas, quelle est l'heure indiquée ?

Activité 2 Angles et hexagone

Objectif : Découvrir différents types d'angles et la notion de bissectrice

On a tracé ci-contre un hexagone régulier ABCDEF de centre O.

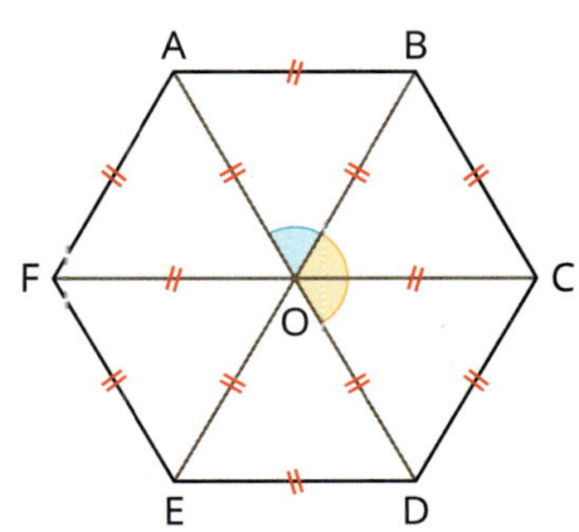

1. Déterminer, en justifiant, les mesures des angles $\widehat{AOB}$ et $\widehat{BOD}$, puis vérifier que $\widehat{AOB} + \widehat{BOD} = 180°$.
Deux angles comme $\widehat{AOB}$ et $\widehat{BOD}$ dont la somme des mesures est égale à 180° sont dits **supplémentaires**.

2. Citer deux angles ayant le même sommet, un côté commun et étant situés de part et d'autre de ce côté commun.
Deux angles répondant à ces critères sont dits **adjacents**.

3. Les droites (AD) et (BE) se coupent en O.
On dit que les angles $\widehat{AOB}$ et $\widehat{EOD}$ sont **opposés par le sommet**.
a. Comparer les mesures de ces deux angles.
b. Citer deux autres angles opposés par le sommet. Comparer leurs mesures.
c. Peut-on conjecturer une propriété sur les mesures d'angles opposés par le sommet ?

4. a. Reproduire l'hexagone en prenant OA = 5 cm, puis découper la figure.
b. Tracer en vert la droite qui partage l'angle $\widehat{AOC}$ en deux angles de même mesure.
Cette droite verte s'appelle la **bissectrice** de cet angle.
c. Plier selon la droite verte. Que remarque-t-on ?

J'apprends

A Notion d'angle

Définition

Deux demi-droites de même origine définissent deux secteurs angulaires que l'on assimile à des **angles** : un angle saillant et un angle rentrant ou deux angles plats.

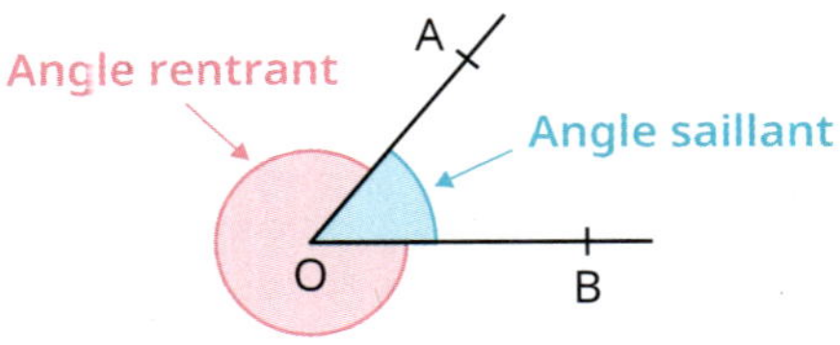

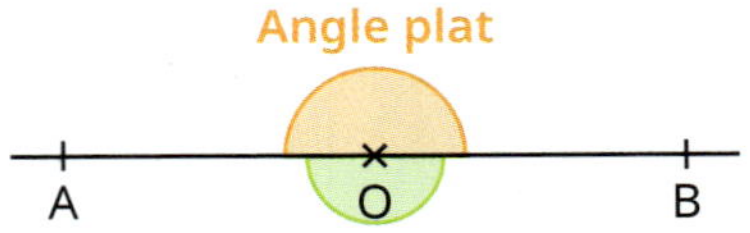

Vocabulaire

Dans cette figure :

- Le **sommet** de l'angle est le point O.
- Ses **côtés** sont les demi-droites [OA) et [OB).
- Cet **angle** se note $\widehat{AOB}$ ou $\widehat{BOA}$.

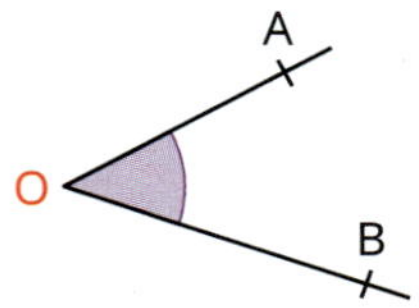

La lettre du milieu désigne toujours le sommet de l'angle.

Remarque : Quand il n'y a, comme ici, qu'un seul angle de sommet O, on peut aussi écrire $\widehat{O}$ pour désigner l'angle $\widehat{AOC}$.

B Mesure d'un angle

Pour comparer les angles ou pour les reproduire à l'identique, il est pratique d'associer à chaque angle une mesure. On définit pour cela une unité de mesure, le **degré**.

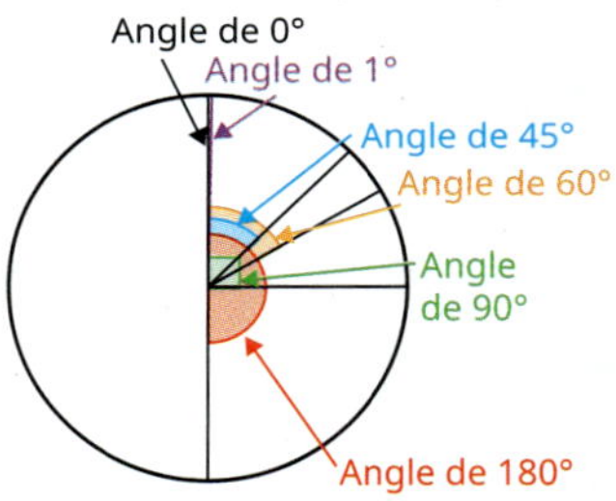

Définition

1 **degré**, noté 1°, correspond à $\frac{1}{360}$ de l'angle plein.

Le prolongement des côtés d'un angle ne change pas la mesure de celui-ci.

Angle	Nul	Aigu	Droit	Obtus	Plat	Plein	Autres exemples	
Figure				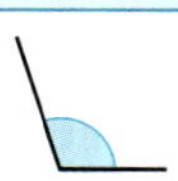	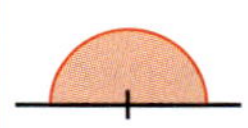	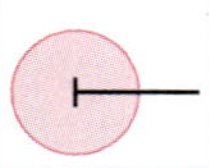	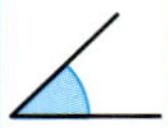	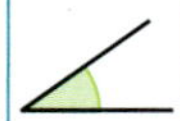
Fraction de l'angle plein	0		$\frac{1}{4}$		$\frac{1}{2}$	1	$\frac{1}{8}$	$\frac{1}{10}$
Mesure	0°	Entre 0° et 90°	90°	Entre 90° et 180°	180°	360°	45°	36°
Position des côtés de l'angle	Confondus		Perpendiculaires		Dans le prolongement l'un de l'autre	Confondus		

Je retiens

Quand tu as appris ton cours, cache-le avec une feuille et réponds aux questions.

Comment nommer un angle ? Y a-t-il plusieurs possibilités ?

Quelle est l'unité utilisée pour mesurer un angle ?

Quelles sont les natures d'angles possibles et quelles sont les particularités de chacune ?

C Autres types d'angles

Angles opposés par le sommet

Définition

Deux **angles** sont **opposés par le sommet** lorsqu'ils ont le même sommet et des côtés dans le prolongement l'un de l'autre.

Propriété (admise)

Deux angles opposés par le sommet ont la même mesure.

Exemple

Les angles $\widehat{DAE}$ et $\widehat{CAB}$ d'une part et les angles $\widehat{DAC}$ et $\widehat{EAB}$ d'autre part sont des angles opposés par le sommet donc égaux.

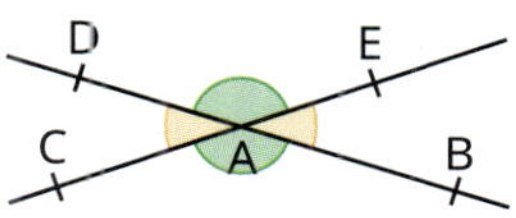

Angles adjacents

Définition

Deux **angles** sont **adjacents** s'ils ont le même sommet, un côté commun et sont situés de part et d'autre de ce côté commun.

Exemple

L'angle $\widehat{UTV}$ et l'angle $\widehat{VTW}$ sont adjacents.

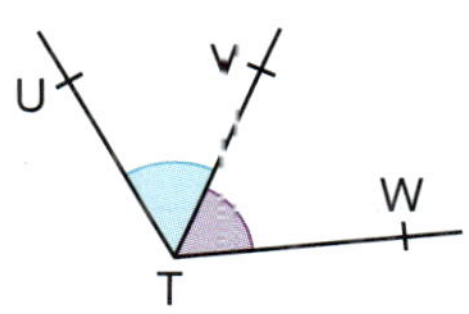

Angles supplémentaires

Définition

Deux **angles** sont **supplémentaires** si la somme de leurs mesures est égale à 180°.

Exemple

$50° + 130° = 180°$

Les angles $\widehat{HIJ}$ et $\widehat{KLM}$ sont donc supplémentaires.

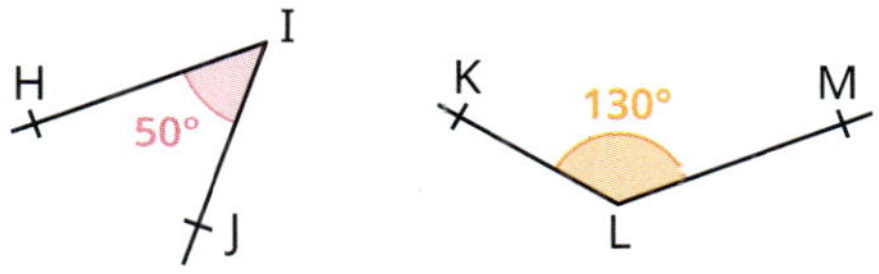

D Bissectrice d'un angle

Définition

La **bissectrice** d'un angle est la droite qui partage cet angle en deux angles adjacents de même mesure.

Propriété (admise)

La bissectrice d'un angle est l'axe de symétrie de cet angle.

Exemple

$\widehat{GFI}$ et $\widehat{IFH}$ sont des angles adjacents égaux, donc **(FI)** est la bissectrice de $\widehat{GFH}$.

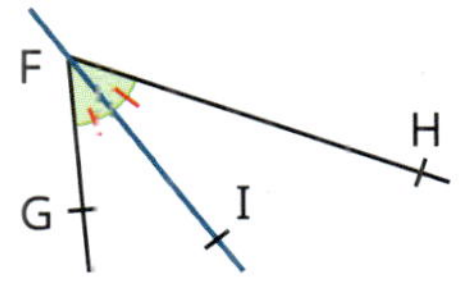

Je retiens

Que sont des angles opposés par le sommet ? Que dire des mesures de deux angles opposés par le sommet ?

Que sont des angles adjacents ?

Que sont des angles supplémentaires ?

Qu'est-ce que la bissectrice d'un angle ? Que représente-t-elle pour l'angle ?

MON QCM DE RÉVISION
edubelin.fr/25mmat6-231

J'apprends à faire

1 Mesurer un angle

POUR VOIR LE TUTO DE LISA
edubelin.fr/25mmat6-232

Quelle est la mesure de cet angle ?

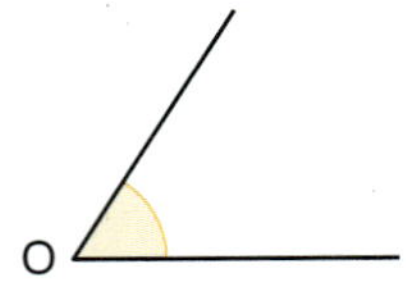

Solution

Tu peux commencer par prolonger les côtés de l'angle en fonction de la taille de ton rapporteur.

Étape 1
On place le **centre** du rapporteur sur le **sommet** de l'angle.

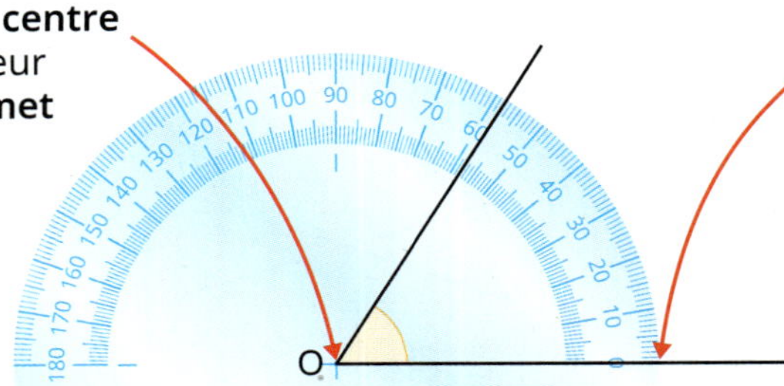

Étape 2
On aligne la graduation **0°** avec l'un des **côtés** de l'angle.

Étape 3
On compte le nombre de graduations en partant de 0°. Cet angle mesure 58°.

JE M'EXERCE

Mesurer les angles colorés de cette figure :

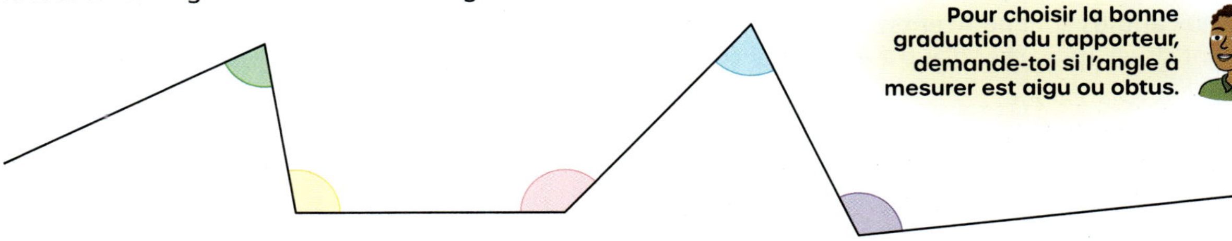

Pour choisir la bonne graduation du rapporteur, demande-toi si l'angle à mesurer est aigu ou obtus.

Exercice corrigé **p. 317**

2 Construire un angle

Construire un angle $\widehat{AOB}$ de 40°.

Solution

Étape 1 On trace un côté de l'angle, c'est-à-dire une demi-droite [OA).

Étape 2 On place le centre du rapporteur sur le sommet O de l'angle et la graduation 0° sur le côté [OA).

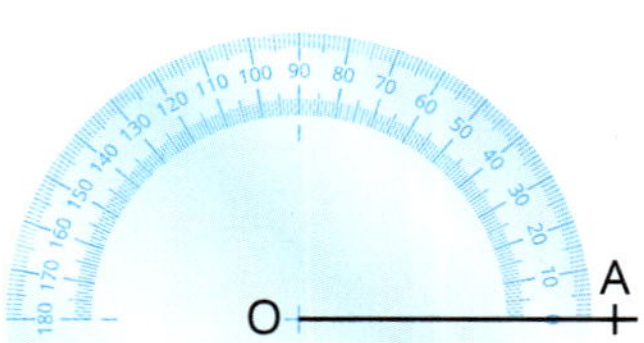

Étape 3 À partir du zéro placé sur [OA), on suit la ligne de graduation jusqu'au nombre voulu. On place un point B à cet endroit.

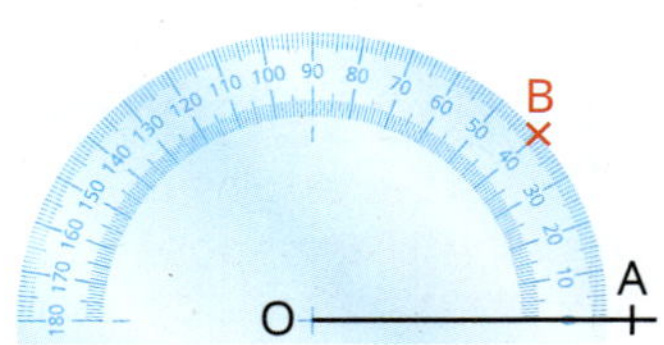

Étape 4 On trace le côté manquant de l'angle en traçant la demi-droite d'origine O passant par le point B.

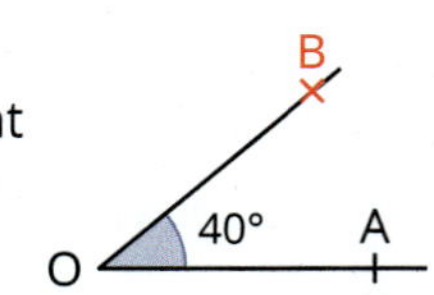

JE M'EXERCE

Construire un angle mesurant :
a. 42° **b.** 15° **c.** 78° **d.** 134° **e.** 163°

Exercice corrigé **p. 317**

3 Construire la bissectrice d'un angle

Construire la bissectrice de cet angle avec le rapporteur.

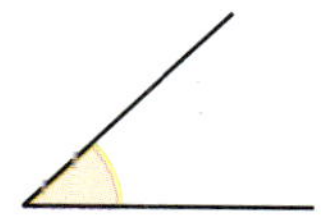

Solution

Étape 1 On mesure l'angle avec un rapporteur.

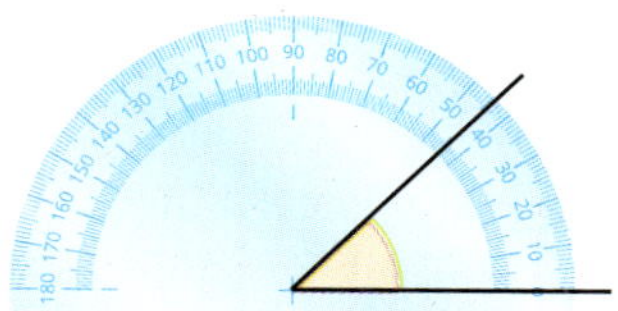

Ici, on lit 44°.

Étape 2 On divise cette mesure par 2 et on place un point.

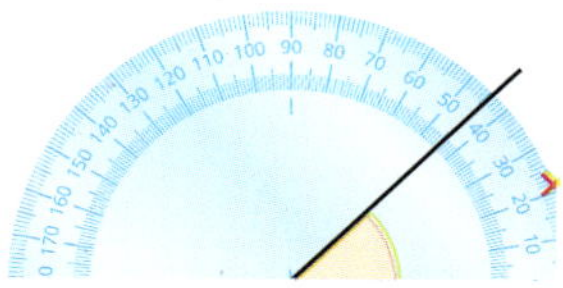

Ici, on place un point pour former deux angles de 22°.

Étape 3 On trace avec la règle la demi-droite reliant le sommet de l'angle au point placé. Il s'agit de la demi-droite partageant l'angle de départ en deux angles de même mesure.

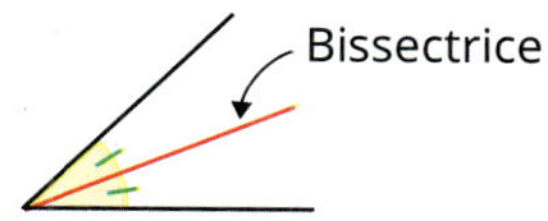

JE M'EXERCE

Reproduire l'angle ci-contre sur du papier calque, puis construire sa bissectrice.

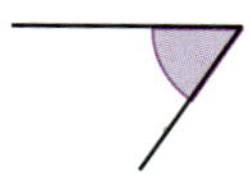

Vérifie ta construction en pliant la feuille de papier calque suivant la bissectrice : celle-ci est bien tracée si les deux côtés de l'angle se superposent.

Exercice corrigé **p. 317**

4 Calculer la mesure d'un angle

Dans le rectangle ABDC de centre E, l'angle $\widehat{AEC}$ mesure 132° et la demi-droite [EF) est la bissectrice de l'angle $\widehat{CED}$. Calculer la mesure des angles $\widehat{BEA}$, $\widehat{CED}$ et $\widehat{DEF}$.

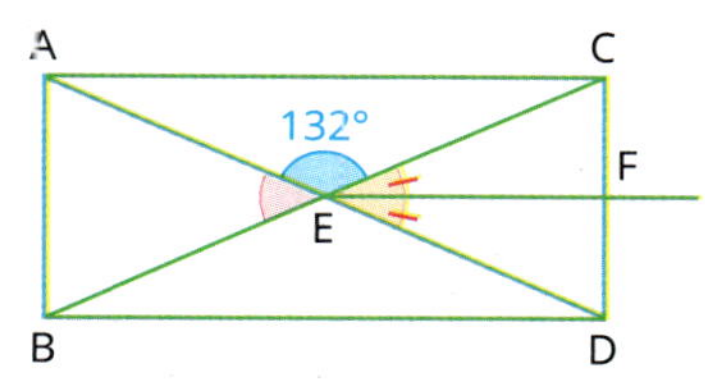

Solution

Étape 1 Le point E est le point d'intersection des deux diagonales [AD] et [BC] du rectangle.
Les points B, E et C sont donc alignés et les angles $\widehat{BEA}$ et $\widehat{AEC}$ sont supplémentaires.
Or, si deux angles sont supplémentaires, la somme de leurs mesures est égale à 180°.
Donc $\widehat{BEA} = 180° - \widehat{AEC} = 180° - 132° = 48°$.

Étape 2 Les angles $\widehat{BEA}$ et $\widehat{CED}$ sont des angles opposés par le sommet.
Or des angles opposés par le sommet ont la même mesure.
Donc $\widehat{CED} = \widehat{BEA} = 48°$.

Étape 3 [EF) est la bissectrice de l'angle $\widehat{CED}$ qui mesure 48°.
Or la bissectrice d'un angle partage cet angle en deux angles adjacents de même mesure.
Donc les angles $\widehat{CEF}$ et $\widehat{DEF}$ sont égaux à la moitié de la mesure de $\widehat{CED}$.
Donc $\widehat{DEF} = \widehat{CED} : 2 = 48° : 2 = 24°$.

JE M'EXERCE

Construire un demi-cercle de centre O et de diamètre [RS], avec RS = 10 cm.
Placer un point P sur le demi-cercle tel que $\widehat{ROP} = 36°$.
Tracer la bissectrice de l'angle $\widehat{POS}$. Elle coupe le demi-cercle en un point T.
Calculer la mesure de l'angle $\widehat{TOS}$.

Exercice corrigé **p. 317**

Je prends confiance

Je prends mon élan

1 **QCM**
Donner la ou les bonnes réponses parmi les trois propositions.

1. L'angle $\widehat{BAT}$ a pour sommet :
   (a) le point B.
   (b) le point A.
   (c) le point T.
2. Les côtés de l'angle $\widehat{JOB}$ sont :
   (a) les demi-droites [JO) et [JB).
   (b) les droites (JO) et (JB).
   (c) les demi-droites [OJ) et [OB).
3. L'angle $\widehat{CER}$ se nomme aussi :
   (a) $\widehat{REC}$ (b) $\widehat{CRE}$ (c) $\widehat{RCE}$
4. La mesure d'un angle aigu est :
   (a) inférieure à 90°.
   (b) égale à 90°.
   (c) supérieure à 90°.
5. Un angle dont la mesure est comprise entre 90° et 180° est :
   (a) un angle droit.
   (b) un angle plat.
   (c) un angle obtus.
6. D'après les codages de cette figure, on sait que :
   (a) $\widehat{CBA} = 90°$
   (b) $\widehat{BAC} = \widehat{BCA}$
   (c) $\widehat{BCD} = \widehat{BCA}$

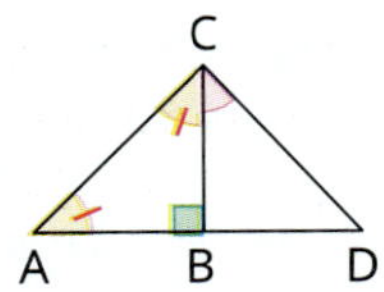

Je me lance

Définir un angle

2 Quels sont tous les noms possibles de l'angle violet ci-contre ?

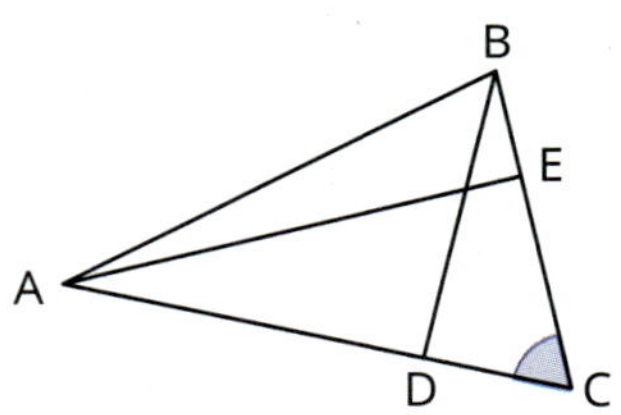

3 **Automatismes**
Nommer chacun des angles marqués de cette figure, puis préciser leur nature :

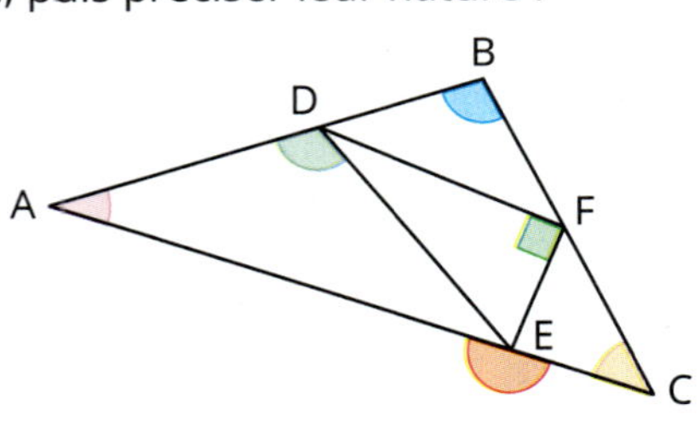

4 1. Reproduire à main levée cette figure :

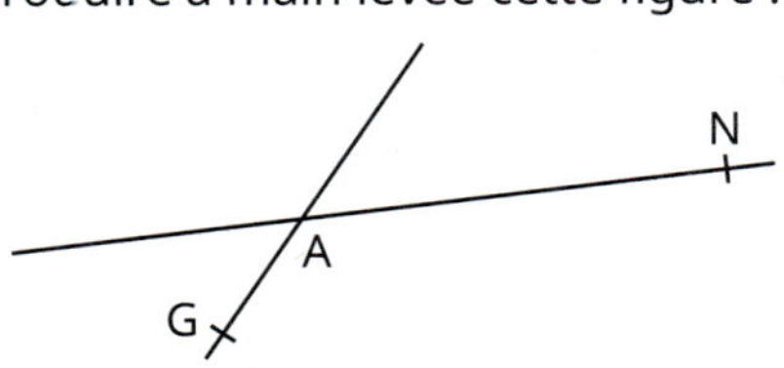

2. Sur les droites déjà tracées, placer :
a. le point L pour que $\widehat{GAL}$ soit plat ;
b. le point E pour que $\widehat{NAE}$ soit aigu ;
c. le point S pour que $\widehat{GAS}$ soit obtus.

Mesurer un angle

5 Louisa a mesuré l'angle $\widehat{AOB}$ et a trouvé 65°. Aymen pense qu'elle s'est trompée.

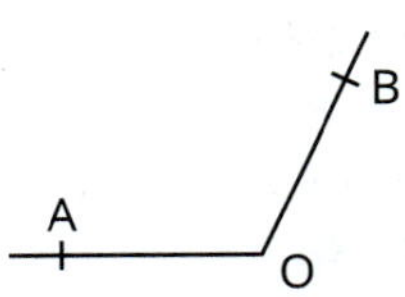

Qui a raison ? Pourquoi ?

6 Quatre élèves ont mesuré un angle. Dans chaque cas, le rapporteur est-il bien placé ?

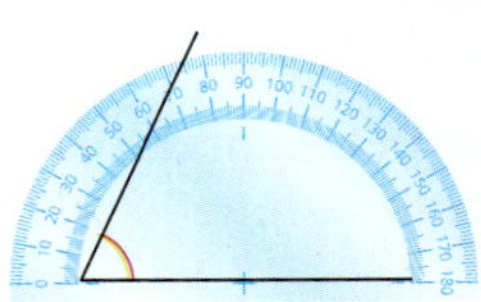
Rapporteur d'Amara

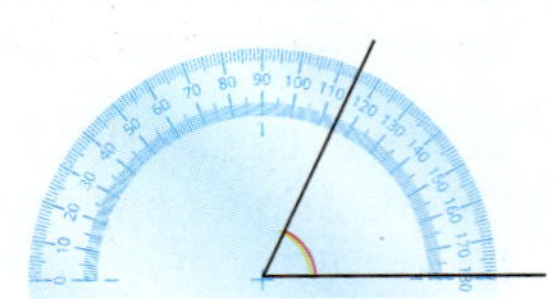
Rapporteur de Benjamin

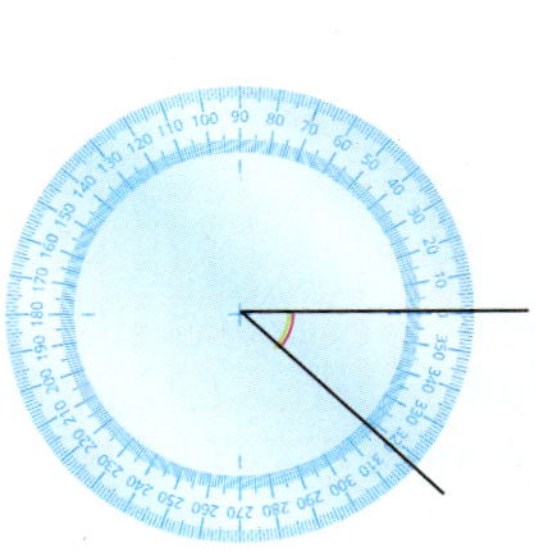
Rapporteur de Diego

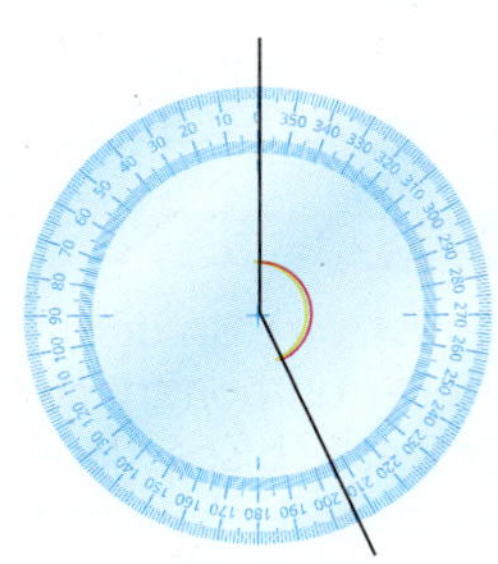
Rapporteur d'Ela

7 Voici huit angles :

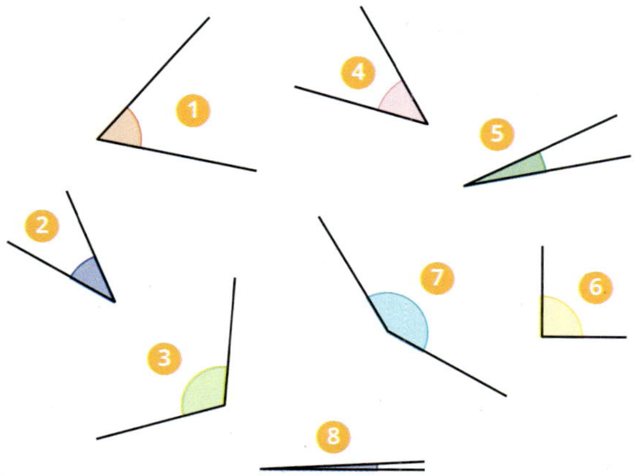

Sans utiliser de rapporteur, retrouver les mesures en degrés de chacun des angles parmi les nombres suivants :

110   3   150   37   15

45   90   60

Construire un angle

8 À l'aide d'un rapporteur, construire :

a. un angle de 25° ;
b. un angle de 68° ;
c. un angle de 94° ;
d. un angle de 137°.

9 **1.** Tracer un angle de 65° et le découper. Il servira de gabarit pour la question suivante.

2. À l'aide du gabarit, dire si les angles suivants ont une mesure inférieure, supérieure ou égale à 65° :

a.

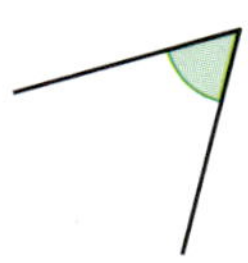

b.

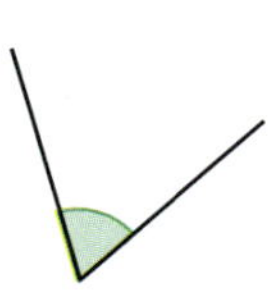

c.

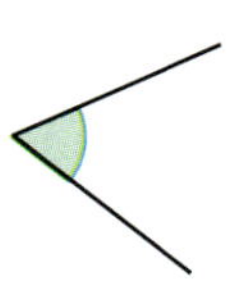

d.

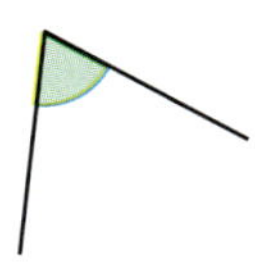

e.

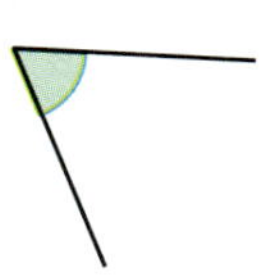

f.

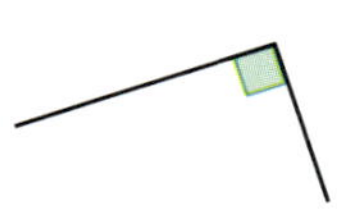

10 Reproduire les figures suivantes :

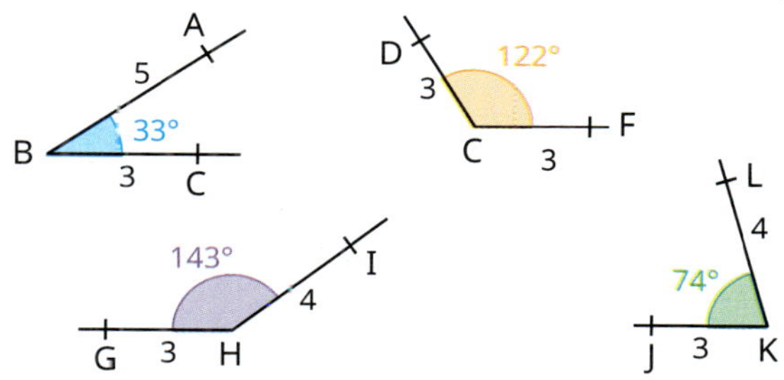

Les longueurs données sont en centimètres.

Calculer la mesure d'un angle

11 Les droites (PL), (MN) et (RQ) sont sécantes en O.

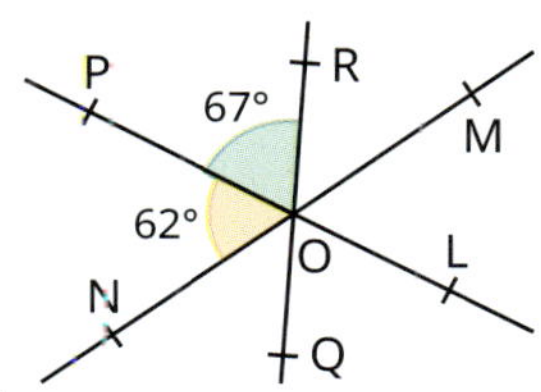

Dans chaque cas, citer l'angle opposé par le sommet à l'angle proposé et donner sa mesure.

a. $\widehat{NOP}$ **b.** $\widehat{RON}$ **c.** $\widehat{ROL}$ **d.** $\widehat{NOL}$

12 Dans chaque cas, dire si les angles bleu et vert sont adjacents, supplémentaires, ou les deux.

a.

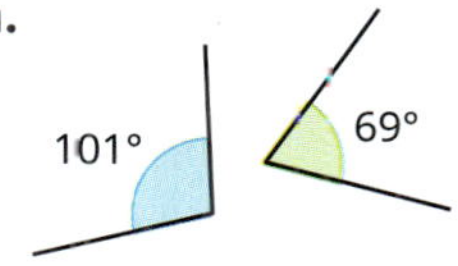

b.

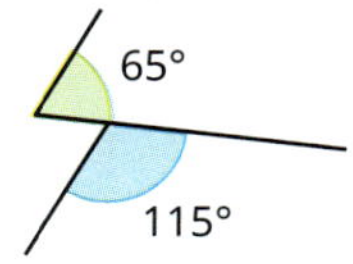

c.

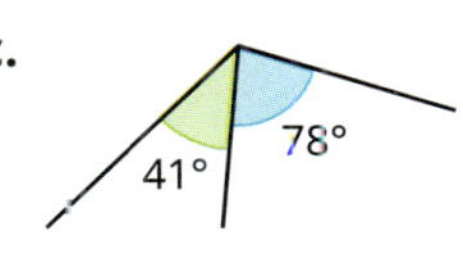

d.

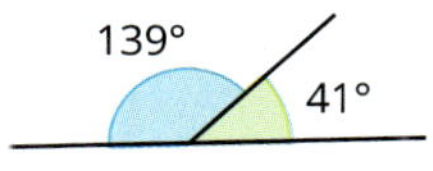

13 **Automatismes**

Les points B, A et C sont alignés.

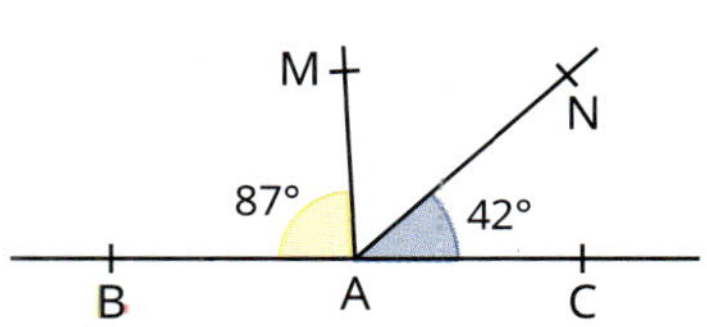

1. Calculer, en détaillant, les mesures des angles $\widehat{MAN}$, $\widehat{BAN}$ et $\widehat{MAC}$.

2. Que dire des angles $\widehat{BAN}$ et $\widehat{NAC}$?

J'avance à mon rythme

Fiches d'exercices
edubelin.fr/25mmat6-236a
Toutes les fiches en PDF

Avec des parcours d'apprentissage

Je mesure des angles

- Exercice **7 p. 235**
- Exercice **20 p. 237**
- Exercice **22 p. 238**
- Exercice **36 p. 240**
- Exercice **61 p. 244**

Je construis des angles

- Exercice **10 p. 235**
- Exercice **24 p. 238**
- Exercice **35 p. 240**
- Exercice **40 p. 240**
- Exercice **60 p. 244**

Je calcule des angles

- Exercice **13 p. 235**
- Exercice **30 p. 239**
- Exercice **32 p. 239**
- Exercice **44 p. 241**
- Exercice **45 p. 241**

Je développe ma pensée algorithmique

- Exercice **31 p. 239**
- Exercice **48 p. 242**
- Exercice **50 p. 242**
- Exercice **51 p. 242**
- Exercice **62 p. 244**

Je m'initie à la démonstration

- Exercice **16 p. 237**
- Exercice **27 p. 239**
- Exercice **43 p. 241**
- Exercice **46 p. 241**
- Exercice **47 p. 242**

OU avec un plan de travail

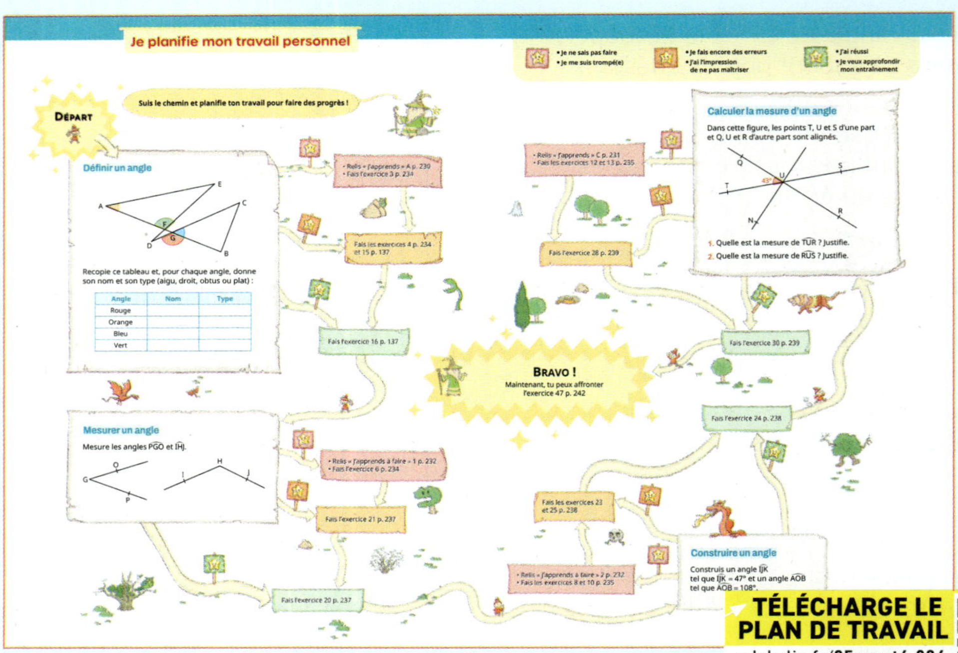

TÉLÉCHARGE LE PLAN DE TRAVAIL
edubelin.fr/25mmat6-236

J'applique mes connaissances

Définir un angle

14 Voici cinq gymnastes, dont la position des jambes varie selon la pose.
Dans chaque situation, déterminer la nature de l'angle formé par les jambes.

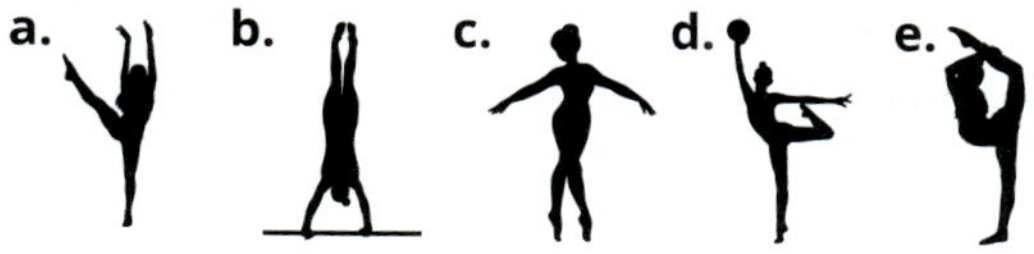

15 Milo a construit un triangle VAL tel que AV = 5 cm, $\widehat{LVA}$ = 30° et LV = 3 cm.
Voici ce qu'il a obtenu :

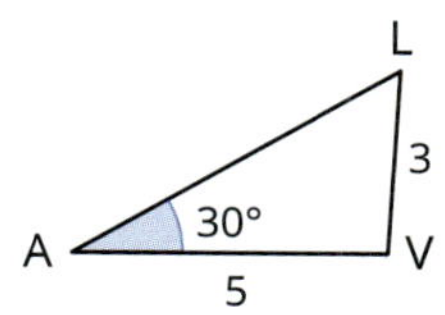

Son professeur lui annonce que sa construction n'est pas correcte.
Quelle est l'erreur de Milo ?

16 Dans ce système planétaire, les planètes verte, rouge et rose se déplacent sur leur orbite* autour de leur étoile dans le sens des aiguilles d'une montre.

*** Une orbite est la trajectoire d'un objet autour d'un autre, maintenue par la gravité.**

La position de départ des trois planètes autour de leur étoile est la suivante :

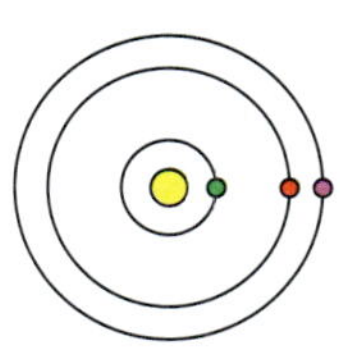

Les trois planètes ne tournent pas toutes à la même vitesse. Pendant que la planète verte fait un tour de 360°, la planète rouge tourne de 180° et la planète rose tourne de 270°.
Représenter la position des trois planètes lorsque la verte revient à sa position initiale.

D'après MSF junior 2010

POUR INFO !

Notre système solaire contient huit planètes, mais il existe de nombreux autres systèmes planétaires que les scientifiques continuent de découvrir.

17 Quelle est la nature de l'angle formé par les deux aiguilles d'une horloge lorsqu'il est :
a. 9 h 00 ? **b.** 18 h 00 ?
c. 0 h 00 ? **d.** 19 h 32 ?
e. 3 h 38 ? **f.** 5 h 04 ?

18 Recopier et compléter ce tableau :

Après une durée de …	la grande aiguille d'une horloge aura, par rapport à sa position initiale (midi), tourné d'un angle de …
30 minutes	
	90°
45 minutes	
20 minutes	
	240°
10 minutes	
6 minutes	
	96°

Mesurer un angle

19
1. Sur une feuille blanche, tracer plusieurs droites sécantes.
2. Demander à un camarade de mesurer chacun des angles ainsi créés.
3. Vérifier ses réponses.

20 **Automatismes**

Calie s'est acheté un nouveau vélo.
Voici les indications fournies par le vendeur :

Mesurer chacun de ces angles pour aider Calie à mieux connaître son vélo.

21 Mesurer les angles d'une équerre. L'un d'eux doit être droit. Vérifier que les deux autres mesurent 60° et 30°, ou bien 45° et 45°.

J'applique mes connaissances

22 **Travail en groupe**

Au rugby, pour transformer un essai, un joueur doit placer le ballon sur une droite perpendiculaire à la ligne de but.
L'objectif est de trouver une stratégie à conseiller au buteur (point T) pour que son angle de tir (en rouge) soit le plus grand possible.

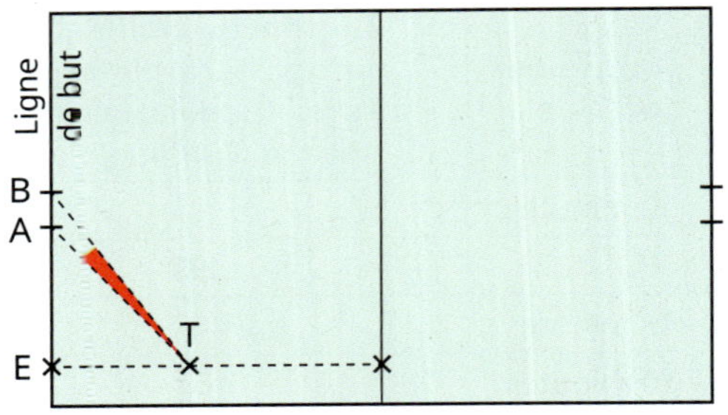

1. Sur une feuille, chaque élève du groupe représente la ligne de but, les deux poteaux A et B distants de 6 cm, un point E sur (AB) et, en pointillés, la perpendiculaire à (AB) passant par E.
Chacun prend une longueur AE différente.
2. Chacun place des points T à différents endroits sur la droite en pointillés et mesure les angles $\widehat{ATB}$ avec un rapporteur.
3. Comparer les différents résultats du groupe, puis modéliser le problème avec un logiciel de géométrie dynamique.
4. Émettre une hypothèse sur la meilleure position pour un buteur.

Construire un angle

23
1. Tracer un angle plat $\widehat{MOT}$ et le partager en six angles adjacents égaux de sommet O.
2. Placer un point N tel que la mesure de $\widehat{TON}$ soit comprise entre 30° et 60°.
3. Donner un encadrement de la mesure de l'angle $\widehat{MON}$.

24 **Automatismes**

Construire cette tête d'animal en vraie grandeur, sachant que (IJ) est un axe de symétrie de la figure.

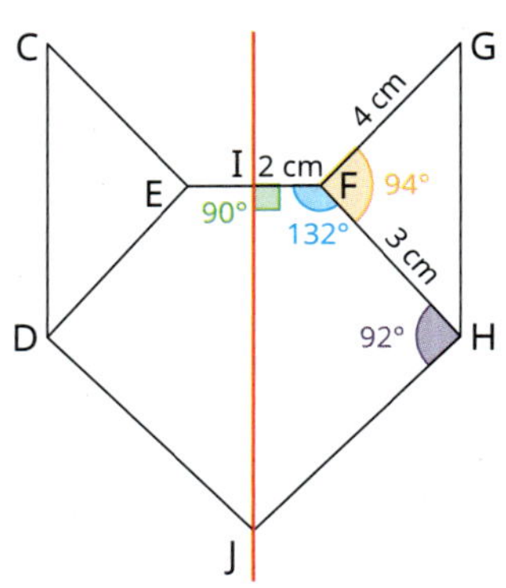

25 Construire un quadrilatère ABCD tel que AB = 5 cm ; AD = 4 cm ; $\widehat{DAB} = 123°$; $\widehat{ABC} = 74°$ et $\widehat{ADC} = 108°$.
Mesurer le périmètre de ce quadrilatère.

26 Lino est géomètre-topographe* et aimerait connaître la hauteur de la cathédrale de Strasbourg. Pour cela, il se place à 180 m de la cathédrale. Il utilise un instrument de mesure situé à 1 m du sol, vise le sommet et trouve un angle de 36° avec l'horizontale.

POUR INFO !

Un géomètre-topographe est un professionnel qui mesure, délimite et cartographie les terrains et les infrastructures pour des projets d'aménagement ou de construction.

Le schéma suivant permet d'expliquer la situation, mais n'est pas en vraie grandeur :

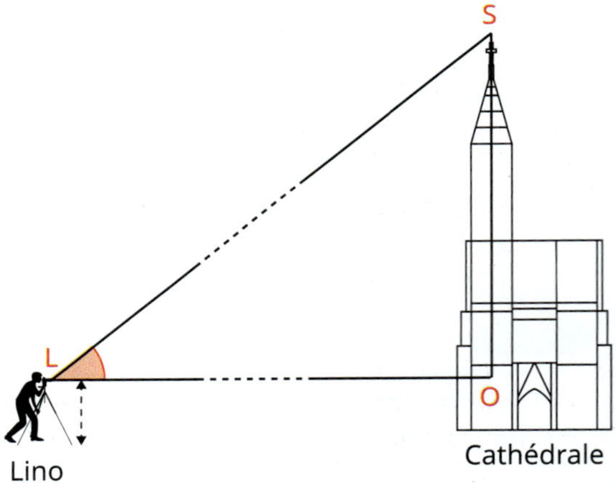

En réalisant une figure à l'échelle du triangle SLO (prendre 1 cm pour représenter 20 m), donner une estimation* de la hauteur de la cathédrale.

* **Une estimation d'une mesure est un ordre de grandeur de la mesure demandée.**

POUR INFO !

La cathédrale de Strasbourg, chef-d'œuvre de l'architecture gothique, se distingue par sa flèche unique et son horloge astronomique, attirant chaque année des milliers de visiteurs.

Calculer la mesure d'un angle

27 **Automatismes**

Vrai ou faux ? Répondre en observant les codages de cette figure.

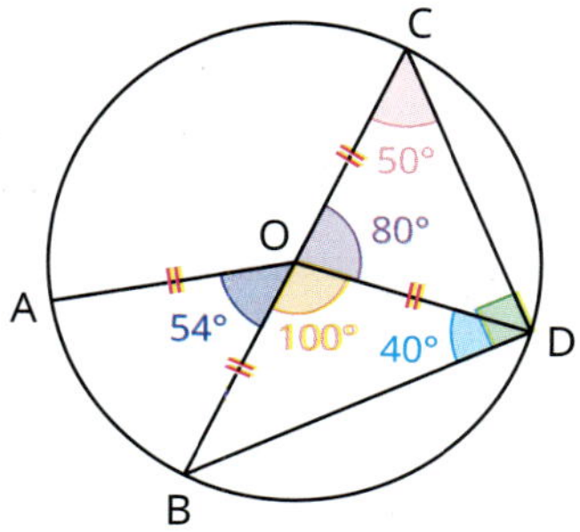

a. $\widehat{ODC} = 40°$

b. C, O, B sont des points alignés.

c. $\widehat{AOC} = 116°$

d. $\widehat{AOB}$ et $\widehat{AOC}$ sont des angles supplémentaires.

e. [DO) est la bissectrice de l'angle $\widehat{BDC}$.

f. $\widehat{CDB} = 50°$

28 Pour la chandeleur, Antoine fait des crêpes qu'il aimerait plier en 6 comme indiqué sur ce schéma :

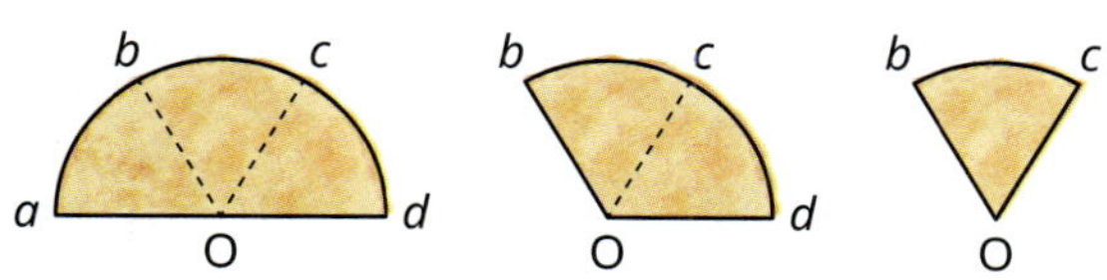

1. Quelles sont les mesures des angles $\widehat{aOb}$, $\widehat{bOc}$ et $\widehat{cOd}$?

2. Que représente la demi-droite [Oc) pour l'angle $\widehat{bOd}$?

29 **1.** Créer huit cartes. Pour chacune :

a. sur le recto, tracer deux angles en indiquant leurs mesures et noter les questions : « Les angles sont-ils adjacents ? supplémentaires ? opposés par le sommet ? »

b. sur le verso, indiquer les trois réponses.

2. Échanger ensuite les cartes avec celles du voisin et répondre à ses questions.

30 KLMN est un quadrilatère de centre O.

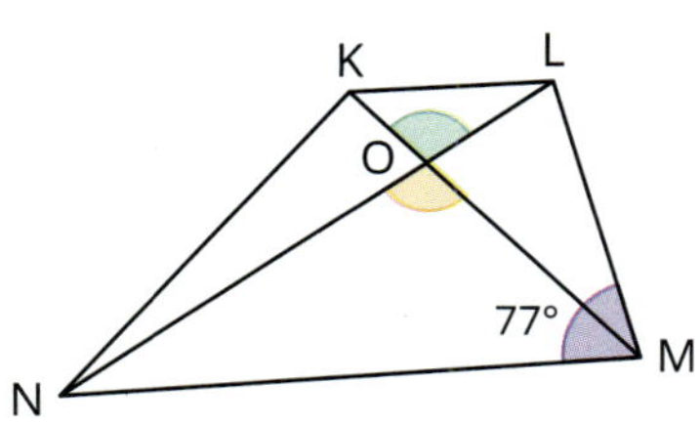

Sachant que les angles $\widehat{LMN}$ et $\widehat{KOL}$ sont supplémentaires, déterminer la mesure de l'angle $\widehat{NOM}$. Expliquer le raisonnement suivi.

31 **Manipulation**

À partir d'une feuille de papier carrée, effectuer les pliages en suivant les étapes indiquées pour réaliser une cocotte en origami :

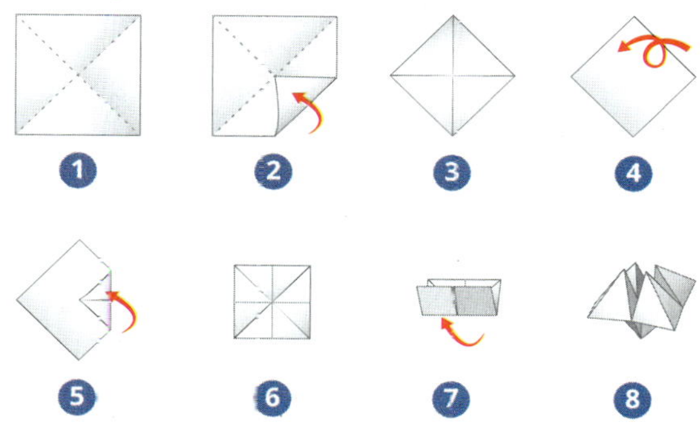

Déplier ensuite la feuille et, sans utiliser de rapporteur, indiquer les mesures de tous les angles ainsi créés. Justifier.

32 Soline a construit un angle $\widehat{EBJ}$ de 130°. Elle l'a partagé en trois angles adjacents de 20° et deux autres angles adjacents de même mesure.

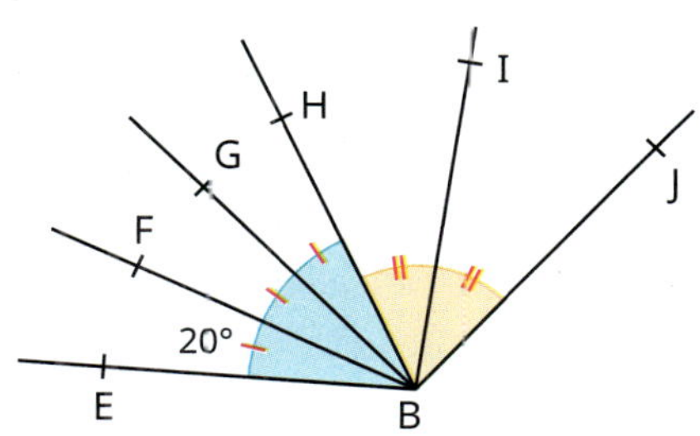

Déterminer la mesure des angles $\widehat{HBI}$ et $\widehat{GBI}$.

Tu peux t'aider du schéma en barres suivant :

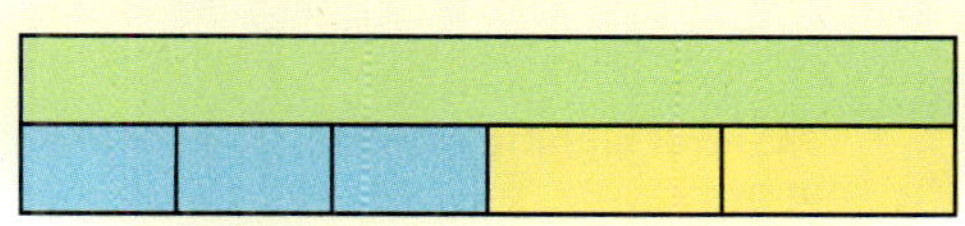

33 **J'accélère** Calcul mental edubelin.fr/25mmat6-239 5 séries en PDF 5 min

Calculer mentalement :

a. $3{,}37 + 0{,}9$ **b.** $100 \times 2{,}368$

c. $79 + 38$ **d.** $15{,}2 : 2$

e. 5×324 **f.** $50 \times 7 \times 4$

Je développe mes savoir-faire

34 **Chercher et Communiquer**

Construire un carré ABCD et un rectangle EFGH qui ne soit pas un carré.

1. La diagonale (AC) du carré est-elle la bissectrice de l'angle $\widehat{DAB}$? Justifier.
2. La diagonale (FH) du rectangle est-elle la bissectrice de l'angle $\widehat{EFG}$? Justifier.

35 **Chercher et Raisonner**

Construire deux angles de 25° et 55° et les découper. Ils serviront de gabarits.
Sans utiliser le rapporteur, mais en utilisant ces deux gabarits, tracer un angle de 80°, un angle de 30°, un angle de 85° et un angle de 5°.

36 **Raisonner et Communiquer**

On veut fabriquer un escalier de 272 cm de hauteur.
En voici une vue de profil :

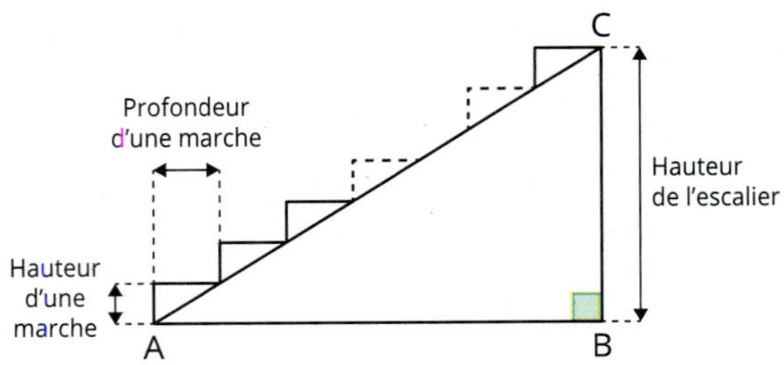

La hauteur d'une marche est de 17 cm.
La profondeur d'une marche est de 27 cm.

1. Montrer* qu'il faut 16 marches pour construire cet escalier.
2. En déduire que la longueur AB mesure 432 cm.
3. Pour permettre une montée agréable, l'angle $\widehat{BAC}$ doit être compris entre 25° et 40°. Sachant que la vue de profil est à l'échelle, mesurer l'angle $\widehat{BAC}$ et déterminer si la montée de cet escalier sera agréable.

*** Montrer signifie expliquer la réponse donnée.**

D'après DNB 2023

37 **À l'oral**

Je suis la mesure d'un angle compris entre le cinquième et le tiers d'un angle plat. Je suis divisible par 3. Je suis un diviseur de la mesure d'un angle droit. Qui suis-je ?

Enregistrer la réponse en détaillant à l'oral le raisonnement suivi.

38 **Travail en groupe**

En groupe, réaliser ce pavage automnal. Chaque élève doit reproduire le motif de feuille, puis colorier et ajouter les nervures. Découper et juxtaposer ensuite les productions de chacun pour former un pavage.

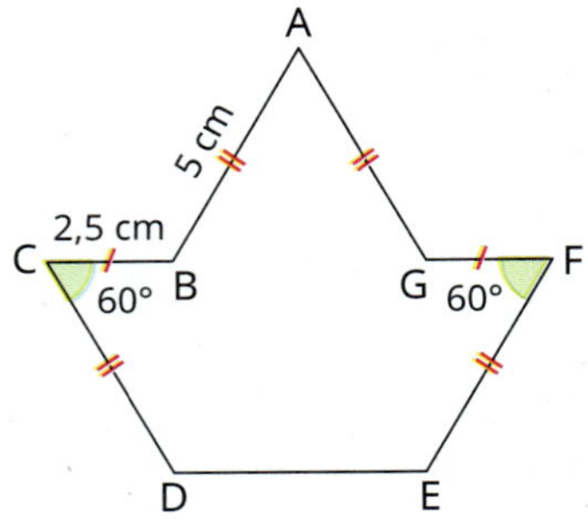

39 **Chercher et Communiquer**

Rédiger un programme de construction permettant de reproduire la figure suivante :

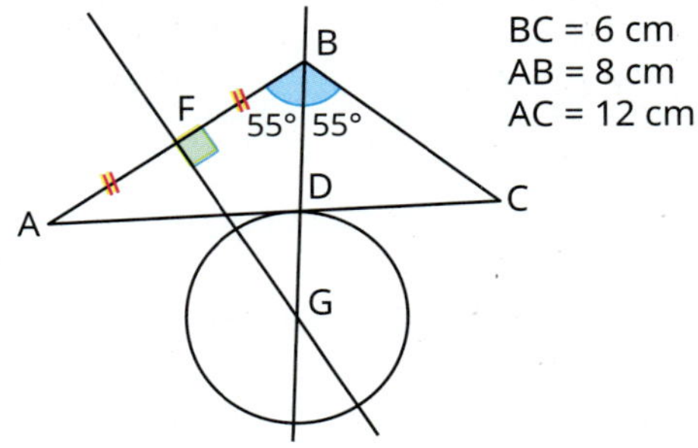

40 **Représenter**

Reproduire le logo de Flash en suivant ce programme de construction :

- Tracer trois cercles de centre O : un de rayon 3 cm, un de rayon 3,5 cm et un de rayon 5 cm.
- Placer deux points I et J à 0,5 cm de O tels que O soit le milieu de [IJ].
- Placer deux points K et L à 3,5 cm de O tels que O soit le milieu de [KL] et que L, I, O, J et K soient tous alignés dans cet ordre.
- Tracer les segments [JK] et [LI].
- Placer le point E tel que $\widehat{OKE} = 17°$ et KE = 6,5 cm.
- Tracer le segment [EI].
- Placer le point F tel que $\widehat{OLF} = 17°$ et LF = 6,5 cm.
- Tracer le segment [FJ].

41 **Représenter et Communiquer**

1. Reproduire le logo de Captain America en prenant 6 cm comme rayon du petit cercle.
2. Rédiger un programme de construction de ce logo.

42 **Représenter**

La ville de Neuf-Brisach en Alsace est une cité fortifiée de l'architecte Vauban.

POUR INFO !

Neuf-Brisach est célèbre pour son plan en étoile, ses remparts classés au patrimoine mondial de l'Unesco et son riche patrimoine historique et culturel, offrant une plongée unique dans l'ingénierie militaire du XVIIe siècle.

Cette ville a la forme d'une étoile que l'on peut simplifier par ce schéma :

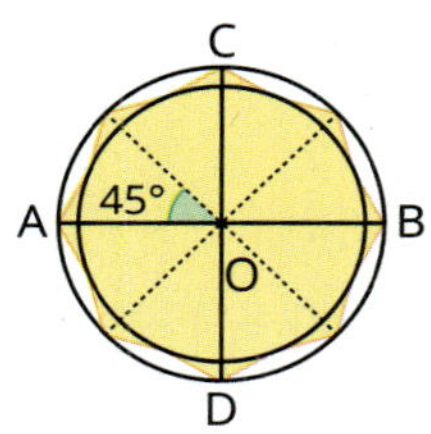

Reproduire cette étoile en suivant ce programme de construction :

a. tracer un cercle de centre O et de rayon 8 cm ;

b. construire deux diamètres [AB] et [CD] perpendiculaires ;

c. tracer les bissectrices des angles droits $\widehat{AOC}$, $\widehat{COB}$, $\widehat{BOD}$ et $\widehat{DOA}$. Elles coupent le cercle respectivement en E, F, G et H ;

d. tracer le cercle de centre O de rayon 7 cm ;

e. tracer les bissectrices des angles $\widehat{AOE}$, $\widehat{EOC}$, $\widehat{COF}$, $\widehat{FOB}$, $\widehat{BOG}$, $\widehat{GOD}$, $\widehat{DOH}$ et $\widehat{HOA}$. Elles coupent le petit cercle respectivement en I, J, K, L, M, N, P et R ;

f. tracer le polygone AIEJCKFLBMGNDPHR.

POUR INFO !

Vauban était un ingénieur français du XVIIe siècle, célèbre pour ses fortifications et ses techniques de défense.

École française 17e siècle, Portrait de Sébastien Le Pestre, seigneur de Vauban (détail). Angers, musée du Génie militaire

43 **Raisonner et Calculer**

Les points sur ce cercle ont été régulièrement placés. Quelle est la mesure de l'angle $\widehat{EAC}$?

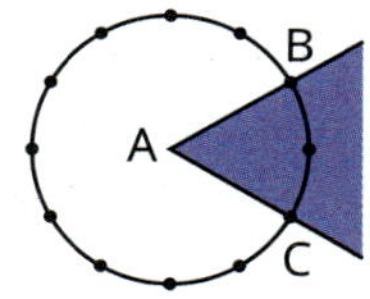

44 **Calculer et Raisonner**

On a demandé aux élèves d'une classe s'ils ont un animal chez eux et, si oui, lequel.
Les résultats ont été représentés à l'aide d'un diagramme circulaire.

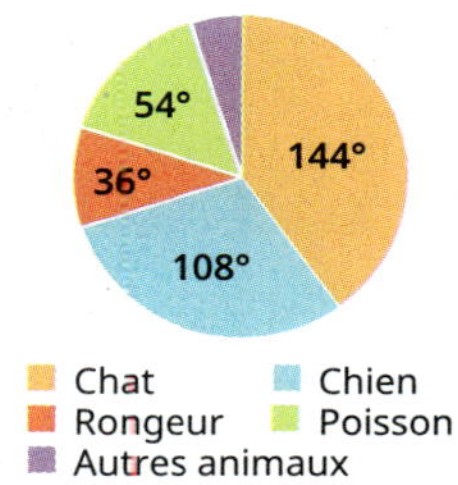

1. Quelle est la mesure de l'angle du secteur représentant les autres animaux ?
2. Quelle est la fraction représentée par les rongeurs par rapport à la totalité des animaux ?

45 **Calculer et Raisonner**

Sur cette figure, [ID) est la bissectrice de l'angle $\widehat{CIE}$.

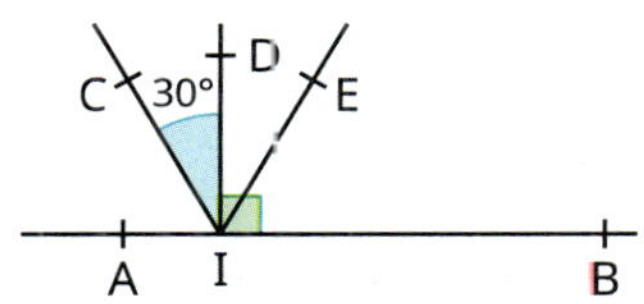

Chaque réponse devra être justifiée.

1. Calculer la mesure de l'angle $\widehat{BIE}$.
2. La demi-droite [IC) est-elle la bissectrice d'un des angles tracés sur la figure ?

46 **Calculer et Raisonner**

Les droites (AP), (UR) et (EV) sont concourantes en M.

Justifie chacune de tes réponses.

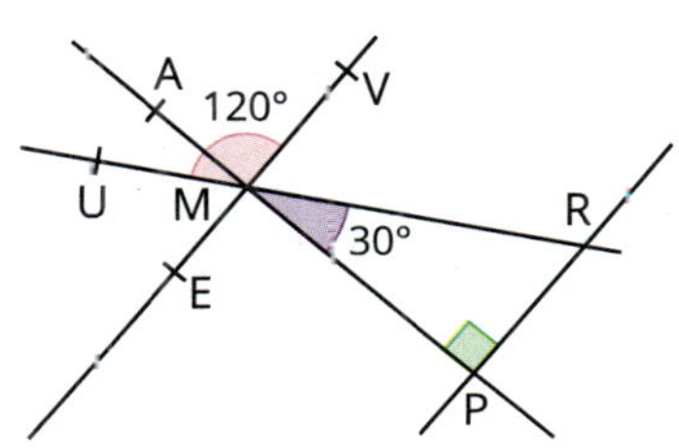

1. Déterminer la mesure de l'angle $\widehat{UMA}$.
2. Que peut-on dire des droites (VE) et (PR) ?
3. Joshua construit la bissectrice de l'angle $\widehat{UMP}$. Elle coupe (PR) en N.
Déterminer la mesure de l'angle $\widehat{AMN}$.

Je développe mes savoir-faire

47 **Un pattern**

À partir d'un demi-disque de papier, Jade a plié la feuille en 2, puis encore en 2, puis encore en 2, et ainsi de suite, comme le montrent les photos suivantes :

1. Quelle est la mesure du secteur angulaire obtenu à l'étape 2 ? à l'étape 3 ? à l'étape 4 ?
2. Quelle sera la mesure du secteur angulaire obtenu à l'étape 5 ?
3. Jade obtient un secteur angulaire de 5,625°. À quelle étape se trouve-t-elle ?
4. Peut-elle obtenir un secteur angulaire de 2° ?

48 **Manipulation**

Voici les six étapes pour réaliser une baleine en origami à partir d'une feuille carrée :

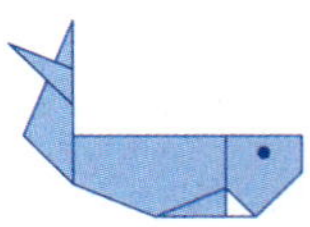

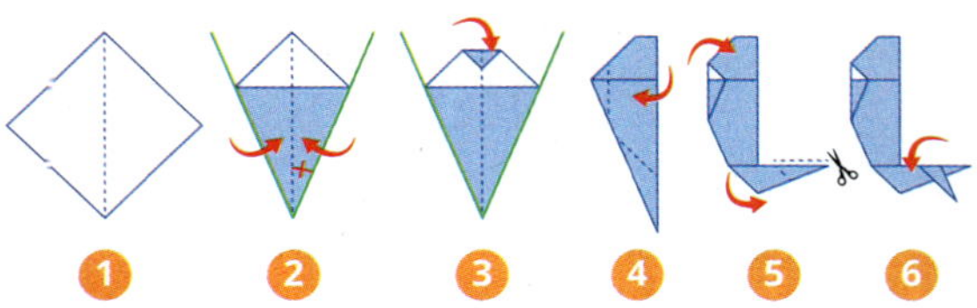

1. Que représentent les droites vertes ?
2. Sans utiliser d'instruments de géométrie, peut-on déterminer la mesure de l'angle codé en rouge à l'étape 2 ? Si oui, préciser la démarche suivie.
3. Construire cette baleine en origami.

49 **Raisonner et Calculer**

Nils a commencé un programme Scratch pour tracer cette figure :

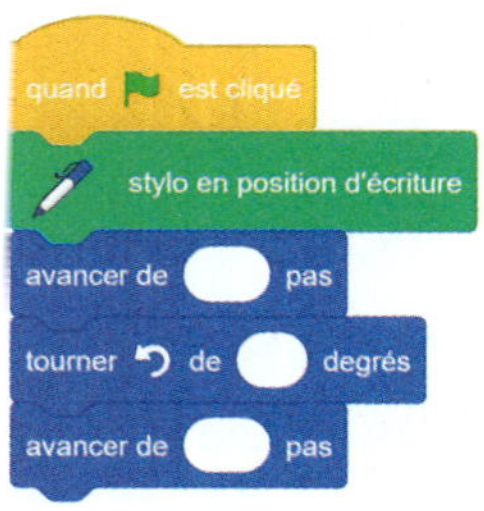

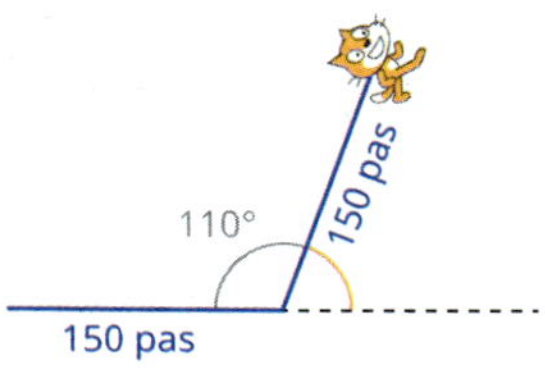

1. Calculer la mesure de l'angle orange.
2. En déduire les valeurs que Nils doit placer dans son programme.

50 **Raisonner et Communiquer**

Le Logo est un langage de programmation très simple dont voici quelques instructions de base :

av : avance **re** : recule
td : tourne à droite **tg** : tourne à gauche
🐢 : matérialise la position de départ

1. Avec des instructions en Logo, créer un programme pour tracer un carré.

Après le tracé, la tortue doit reprendre sa position de départ.

2. Reprendre le programme précédent et le compléter pour tracer cette figure :

D'après IREM Paris Nord

51 **Raisonner et Communiquer**

1. Avec des instructions en Logo, créer un programme pour tracer cette figure :

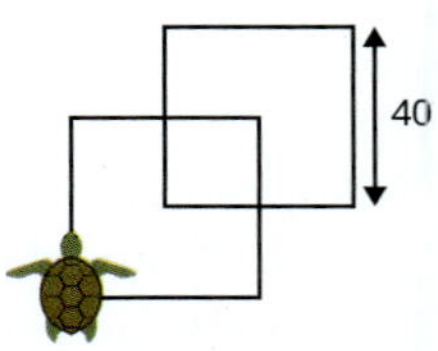

2. Reprendre le programme précédent et le compléter pour tracer cette figure :

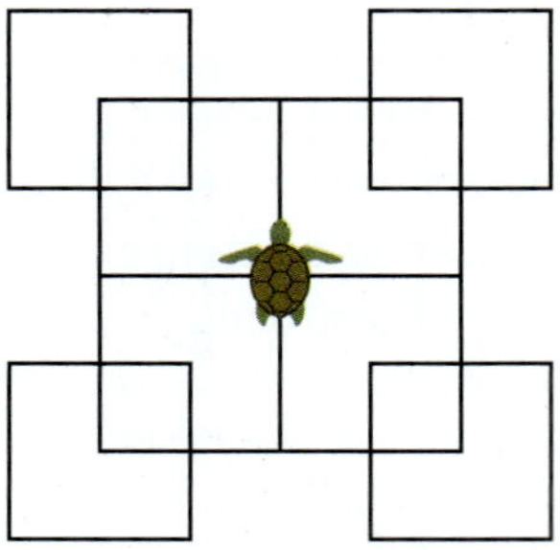

D'après IREM Paris Nord

52 **Je fais une pause**

Trois enfants se partagent 40 cm de fil pour un bricolage.
Evan prend 4 cm de plus qu'Alix.
Carla prend 5 cm de plus qu'Evan.
Quelle est la longueur du fil d'Evan ?

Je prépare mon évaluation

45 min

Je contrôle mes connaissances

	a	b	c
53 **Cléo a construit un angle aigu. Dario a construit un angle dont la mesure est égale au double de celui de Cléo. L'angle de Dario est :**	aigu	obtus	On ne peut pas savoir.
54 **Il est 12 h 00. Quelle heure sera-t-il quand la grande aiguille aura tourné de 30° ?**	12 h 05	12 h 12	12 h 30
55 **(d) est la bissectrice de l'angle $\widehat{AET}$. Quel est le symétrique du point C par rapport à (d) ?** 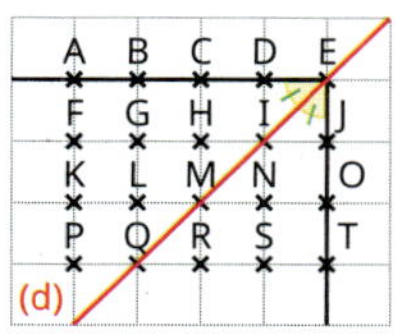	R	S	O

Je développe mon esprit critique

56 Les égalités suivantes sont-elles vraies ou fausses ? Expliquer les erreurs lorsqu'elles sont fausses.

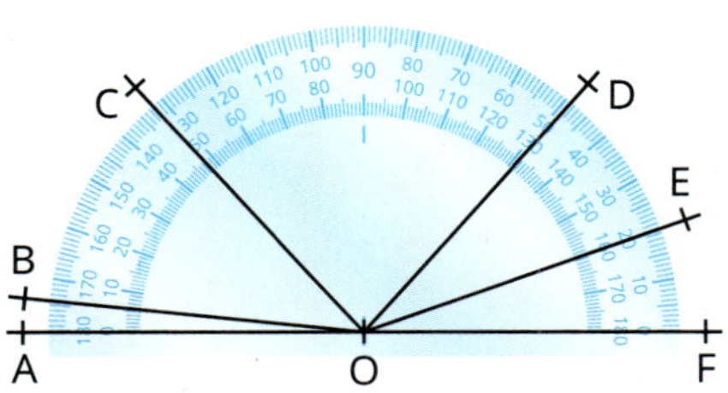

a. $\widehat{AOB} = 6°$ **b.** $\widehat{AOC} = 52°$ **c.** $\widehat{AOD} = 49°$
d. $\widehat{FOE} = 160°$ **e.** $\widehat{FOC} = 132°$ **f.** $\widehat{COD} = 83°$

Je calcule des mesures d'angles

57 Dans cette figure, G, O et L sont alignés et [OK) est la bissectrice de l'angle $\widehat{JOL}$.

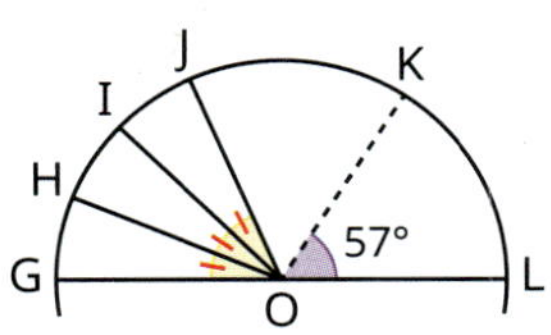

1. Calculer la mesure de $\widehat{GOH}$. Expliquer.
2. Citer deux angles supplémentaires.
3. Citer deux angles adjacents.
4. Soit M le point diamétralement opposé à K. Calculer la mesure de $\widehat{GOM}$. Expliquer.

Exercices 53 à 59 corrigés **p. 317**

Je reproduis une figure

58 Reproduire cette figure en vraie grandeur :

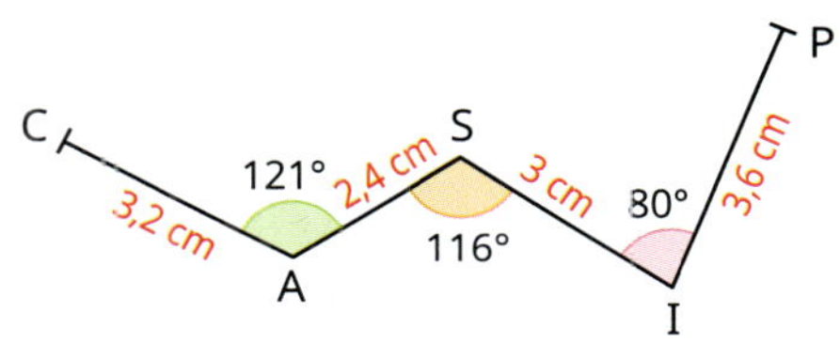

J'observe et je déduis

59 Voici des photos de moulins à vent et d'éoliennes :

1. Dans chaque cas, préciser la mesure de l'angle entre deux ailes consécutives, sachant qu'elles sont toutes régulièrement espacées.

Schéma de 1

2. Pour que l'angle entre deux ailes consécutives soit un nombre entier et que les ailes soient régulièrement espacées, il faut que le nombre d'ailes soit un diviseur de 360. Proposer d'autres possibilités.

Je mobilise mes compétences

60 **1.** A, B, C et D sont quatre points placés sur un cercle comme ci-contre. Que peut-on dire des mesures des angles $\widehat{AOB}$, $\widehat{BOC}$, $\widehat{COD}$ et $\widehat{DOA}$? Justifier.

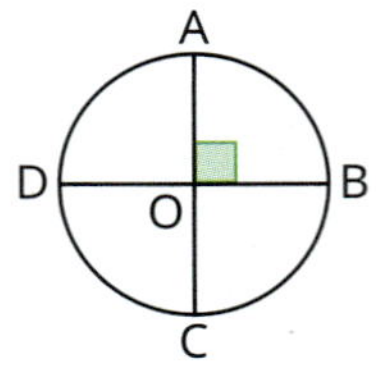

2. Si cinq points sont régulièrement espacés sur un cercle, que peut-on dire des mesures de $\widehat{EAD}$, $\widehat{DAC}$, $\widehat{CAB}$, $\widehat{BAF}$ et $\widehat{FAE}$? Quelles sont leurs mesures ?

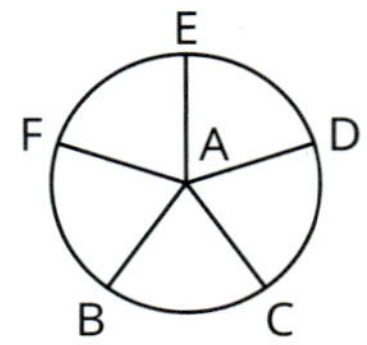

3. Reproduire cette étoile en prenant 10 cm comme diamètre du cercle :

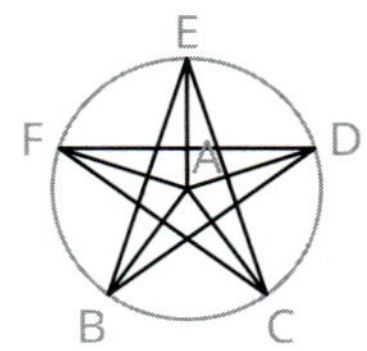

4. S'inspirer des questions précédentes pour reproduire ces étoiles :

a. 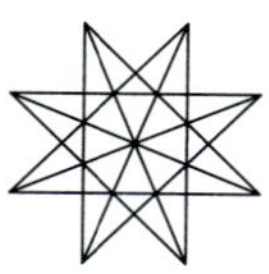 **b.**  **c.** 

61 **1.** En voiture, Victoria a parcouru 20 kilomètres en 15 minutes. On admet que sa vitesse est constante. Quelle est sa vitesse en kilomètres par heure ?

2. Victoria a trouvé cette affiche liant l'angle du champ de vision d'un automobiliste à sa vitesse :

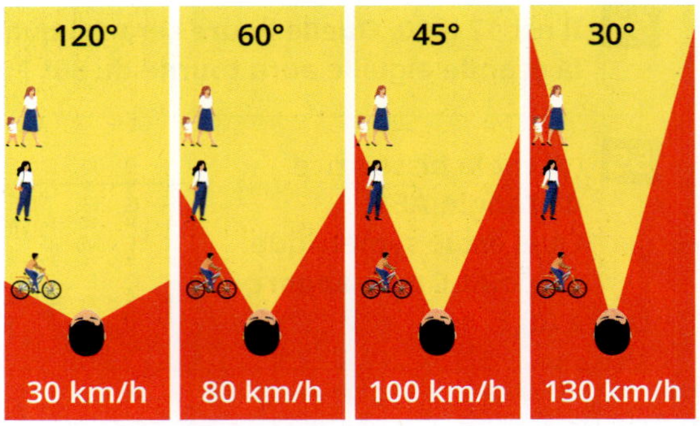

Si Victoria est dans la situation ci-contre, perçoit-elle l'enfant au bord de la route ?

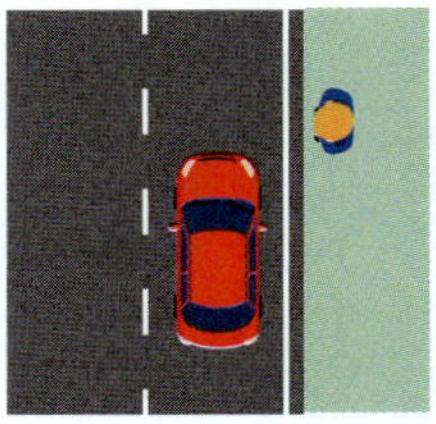

62 Les « jolygônes » sont des figures géométriques obtenues par répétition. En voici des exemples :

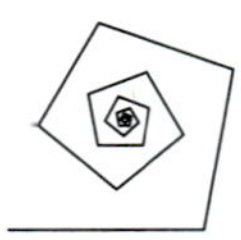
Angle = 100°
Coefficient = 0,85

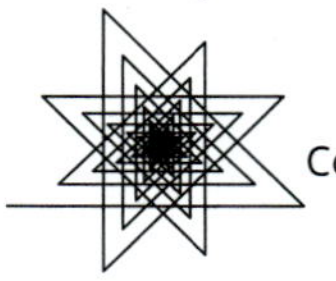
Angle = 45°
Coefficient = 0,95

Angle = 130°
Coefficient = 0,99

À l'aide des indications suivantes, construire un jolygône sur une feuille blanche en réalisant un maximum de tracés. Arrondir les longueurs au millimètre.

Étapes

1. Choisir :

a. un coefficient compris entre 0,80 et 1 ;

b. une mesure d'angle entre 20° et 180° ;

c. une longueur de départ entre 15 et 30 cm.

2. Tracer le premier segment de la longueur choisie.

3. Calculer la longueur du segment suivant en effectuant le produit de la longueur précédente par le coefficient. Il forme avec le premier segment l'angle choisi au départ. Le tracer en tournant toujours dans le sens des aiguilles d'une montre.

4. Répéter l'étape 3 autant que possible.

Exemple

a. coefficient : 0,95 **b.** angle : 25°

c. longueur initiale : 15 cm

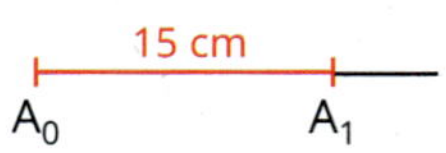

$A_1A_2 = 0{,}95 \times 15 \approx 14{,}3$ cm et $\widehat{A_0A_1A_2} = 25°$

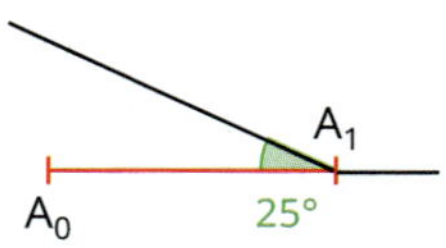

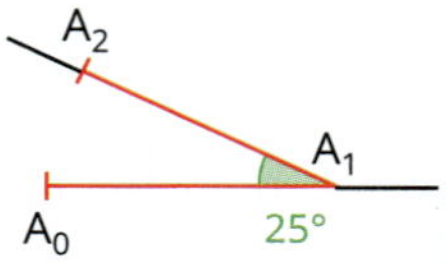

$A_2A_3 = 0{,}95 \times A_1A_2 = 0{,}95 \times 14{,}3 \approx 13{,}6$ cm

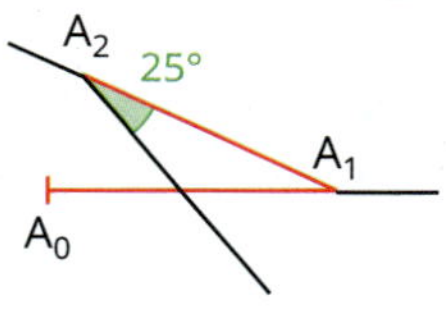

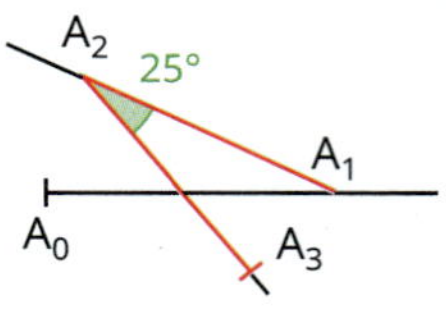

63 Dans une bouteille jetée à la mer, on trouve ce plan et les indications pour trouver un trésor :

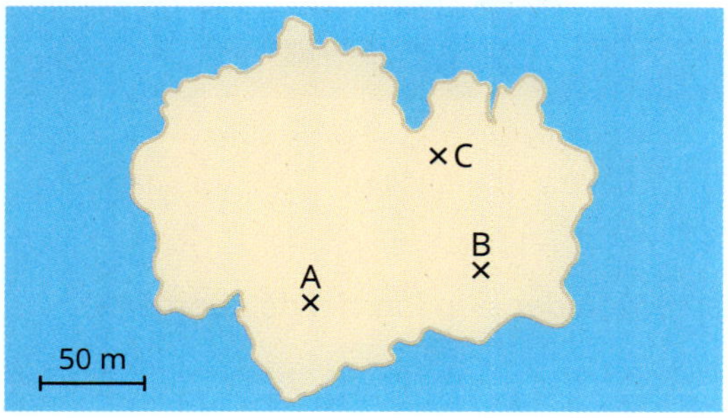

1. Reproduire sur une feuille de papier calque les trois points A, B et C ainsi que l'échelle du plan.

2. Suivre les indications données pour savoir où se situe le trésor.

a. Tracer la bissectrice de l'angle $\widehat{ABC}$. Elle coupe la droite (AC) en D.

b. Placer E le point tel que les angles $\widehat{ADB}$ et $\widehat{CDE}$ soient opposés par le sommet et $DE = 2 \times DC$.

c. Placer F le point tel que les angles $\widehat{DAB}$ et $\widehat{DAF}$ soient des angles supplémentaires et AF = 50 m.

d. Placer I le milieu du segment [EF].

e. Colorier les points situés à moins de 50 m de I. C'est dans cette zone que se trouve le trésor.

Adaptations
edubelin.fr/25mmat6-245
Livret complémentaire p. 37

64 Je prends des initiatives

LE PROBLÈME François Morellet (1926-2016) est un artiste français précurseur de l'art minimal, dont de nombreux tableaux géométriques abstraits sont exposés au musée des Beaux-Arts d'Angers.
Tous ses tableaux de la série « Pi piquant » sont construits sur le même principe : Morellet a utilisé les 50 premières décimales du nombre π pour obtenir les angles entre les différents segments de même longueur.

- Dessiner un « Pi piquant » à la façon de François Morellet sur une feuille blanche.

Pour cela, choisir :
- le nombre de décimales à utiliser ;
- la longueur des segments ;
- la mesure de l'angle de départ.

Salle François Morellet au musée des Beaux-Arts d'Angers. À gauche : « Pi piquant n° 11, 1 = 1,5° », 2001 et à droite : « Pi Strip-teasing 1 = 25° G », 2005

Document 1 La méthode

Dans l'un de ses tableaux, l'artiste a multiplié les décimales de π par 10°.
Lorsque la décimale de π est 0, il a choisi de le remplacer par le nombre 10.
Voici les premières étapes de la construction de ce tableau :

$\pi \approx \mathbf{3},1415$	$\pi \approx 3,\mathbf{1}415$	$\pi \approx 3,1\mathbf{4}15$	$\pi \approx 3,14\mathbf{1}5$	$\pi \approx 3,141\mathbf{5}$
$\mathbf{3} \times 10° = 30°$	$\mathbf{1} \times 10° = 10°$	$\mathbf{4} \times 10° = 40°$	$\mathbf{1} \times 10° = 10°$	$\mathbf{5} \times 10° = 50°$

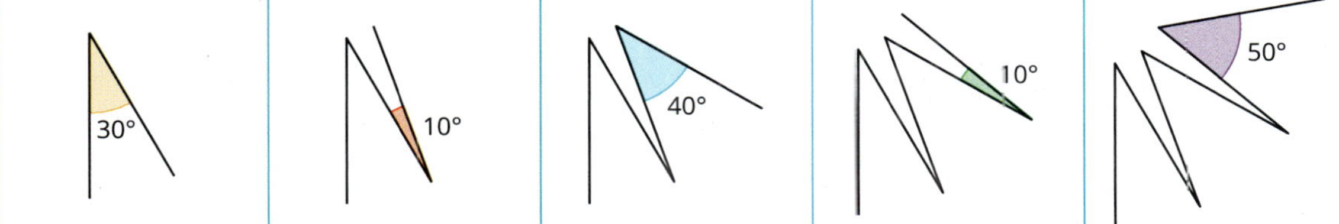

Document 2 Les 50 premières décimales de π

3,14159265358979323846264338327950288419716939937510

D'après IREM Paris Nord

J'utilise un logiciel de géométrie dynamique

Constructions programmées

Niveau mathématique ●●● Niveau technique ●●○

45 min

- Mobiliser les connaissances sur le vocabulaire des angles et sur les bissectrices.
- Suivre et rédiger un programme de construction.

Des programmes de construction à suivre et des figures à inventer !

1 Réaliser la figure décrite par ce programme de construction dans un logiciel de géométrie dynamique :

1. Construire un segment [AB] qui mesure 3 cm.
2. Construire le cercle de centre B et de rayon AB.
3. Construire un angle de 50° ayant pour sommet le point B et pour côté la demi-droite [BA).
4. Nommer C le point d'intersection de l'autre côté de cet angle avec le cercle.
5. Construire la bissectrice de l'angle $\widehat{ABC}$.
6. Placer le point D sur la bissectrice de l'angle $\widehat{ABC}$ à 2 cm du point B.
7. Tracer le polygone ABCD.

Pour construire un 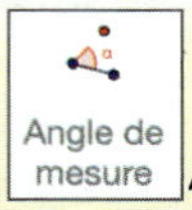

, on clique d'abord sur un point d'un côté de l'angle, puis sur son sommet avant d'indiquer la mesure d'angle souhaitée ainsi que le sens de rotation.

2 **a** Écrire un programme de construction permettant de réaliser la figure suivante :

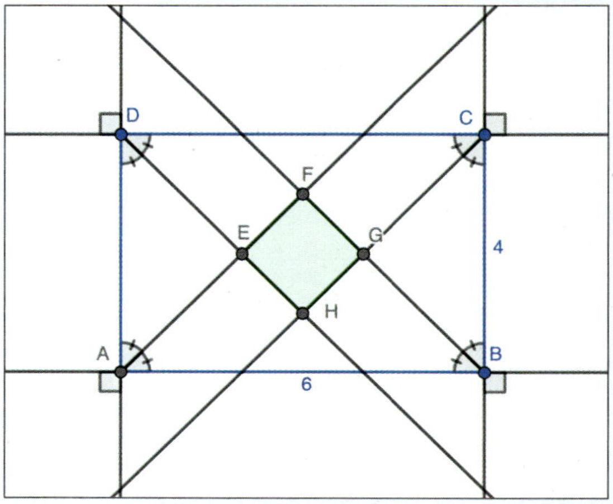

b Dans un logiciel de géométrie dynamique, suivre le programme de construction trouvé en **a** et vérifier qu'on obtient bien la figure donnée.

3 **a** Inventer une figure dont l'une des étapes de construction est le tracé d'une bissectrice.

b Rédiger un programme de construction permettant de la réaliser.

c Échanger son programme de construction avec un ou une autre élève et réaliser sa figure dans un logiciel de géométrie dynamique.

LABYRANGLES

La mission

Retrouve le chemin qui relie la case de départ à la case d'arrivée.

Les règles

- Les nombres dans les cases-étapes indiquent la mesure de l'angle que le chemin forme quand il passe dans cette case.
- Le chemin passe une seule fois par case, mais il ne traverse pas nécessairement toutes les cases.

Exemple

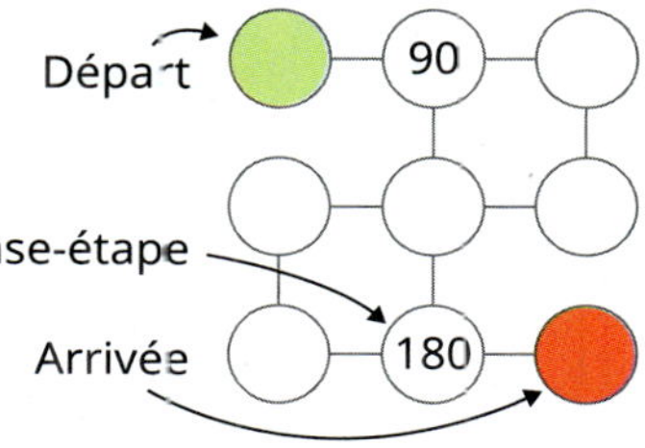

Solution

Le chemin forme un angle droit en passant dans la case « 90 » puis un angle plat en passant dans la case « 180 ».

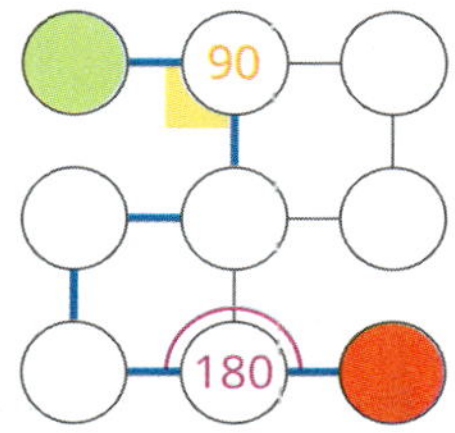

À ton tour !

■ Associe chaque chemin à la liste de mesures d'angles correspondante.

1

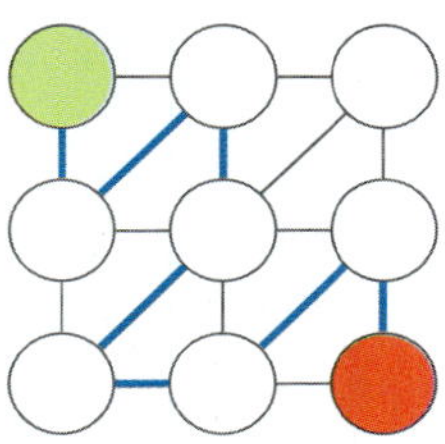

2

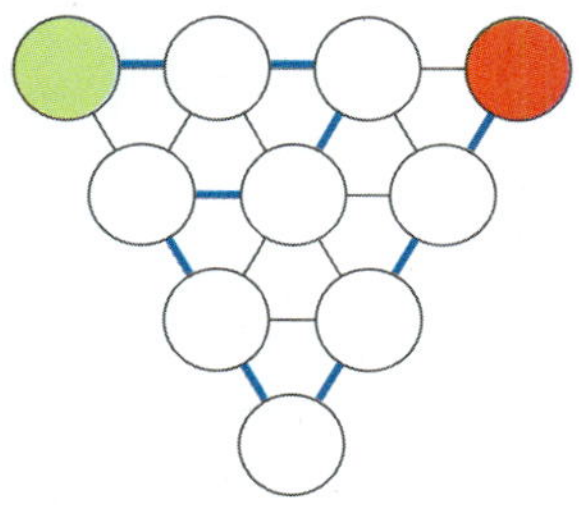

3

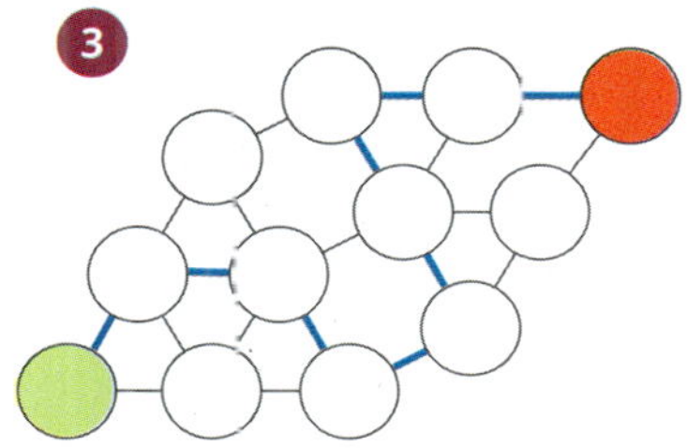

A 180 • 60 • 120 • 60 • 180 • 60 • 180 • 180

B 45 • 45 • 135 • 45 • 135 • 45

C 120 • 120 • 90 • 90 • 180 • 60 • 180

■ Retrouve le bon chemin.

Grilles de jeu
edubelin.fr/25mmat6-247
Toutes les grilles en PDF

4

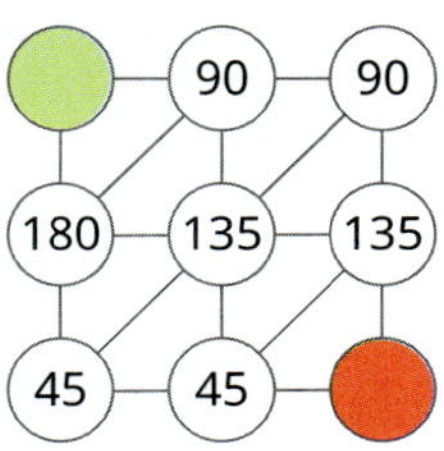

5

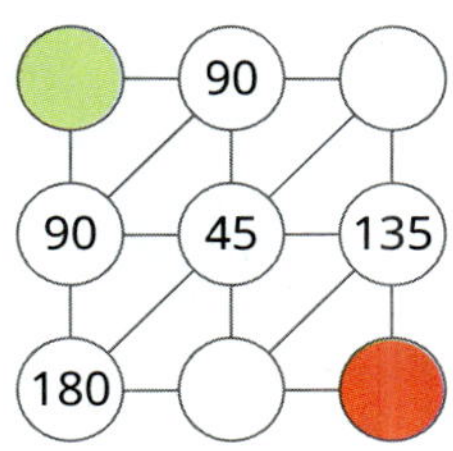

6

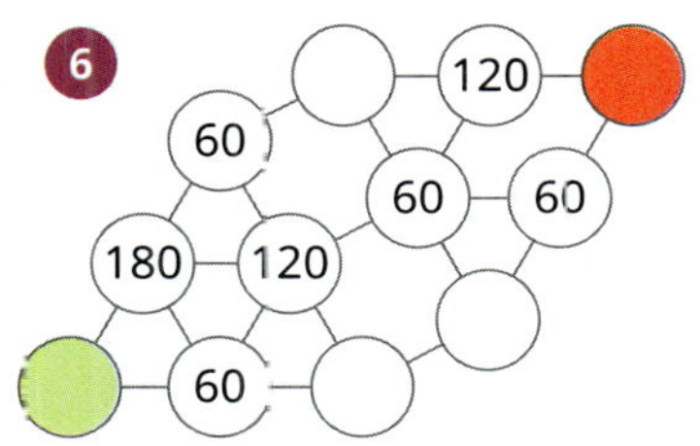

7

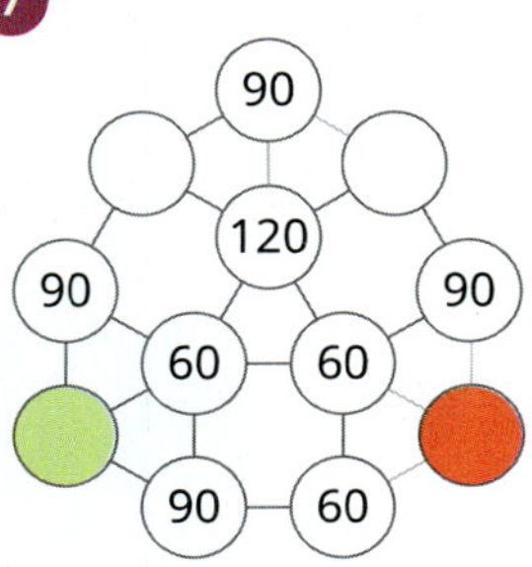

8

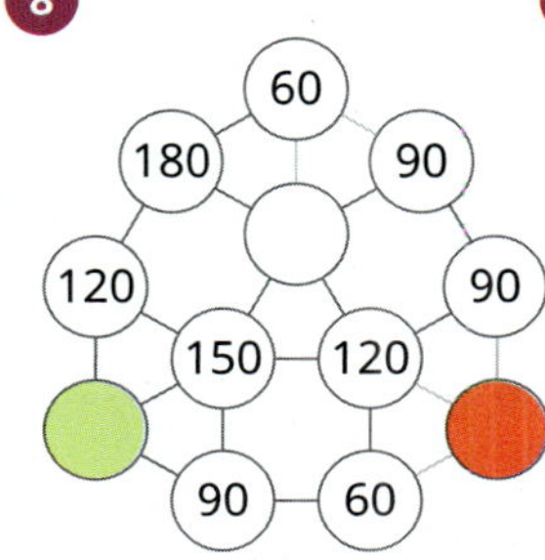

9

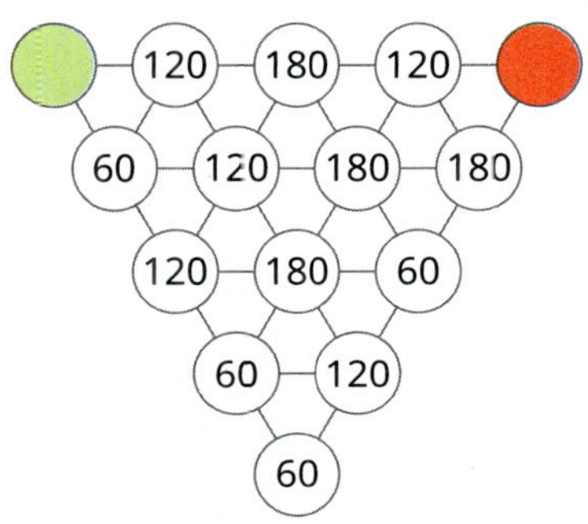

CHAPITRE 12

Triangles

Combien de triangles comptes-tu dans cette œuvre de Man Ray ?

Man Ray, « Triangle », 1953. Collection Marconi

ON FAIT des MATHS ?

Comment trouver le « centre » d'un triangle ?

Au cours d'une partie de jeu vidéo, Stéphane et Adrien partent à la recherche d'un trésor caché au « centre » de trois points. Mais savais-tu qu'il existe plus de 41 000 façons de définir le centre d'un triangle ? Résolution d'énigme, intuition mathématique et constructions géométriques te mèneront jusqu'à la découverte de l'une d'entre elles : le centre du cercle circonscrit à un triangle.

POUR VOIR LA VIDÉO
edubelin.fr/**25mmat6-248**

Je développe mes **automatismes**

Automatismes
edu.belin.fr/25mmat6-249
5 séries en PDF

5 min

Réponds à ces questions sans utiliser la calculatrice !

1. En 2023, la production mondiale de plastique était de 413,8 milliards de tonnes. Écrire ce nombre en chiffres.

2. Quelle est l'abscisse du point L ?

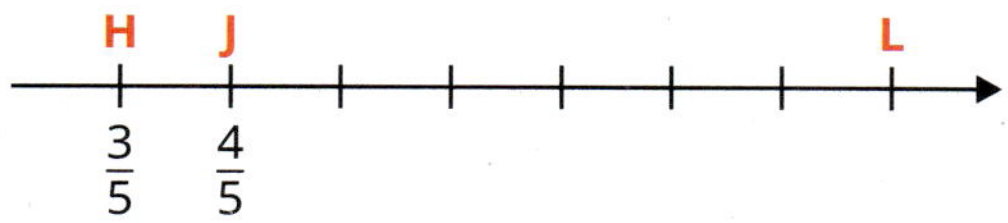

3. Ce carré et ce rectangle ont la même aire. Quelle est la largeur du rectangle ?

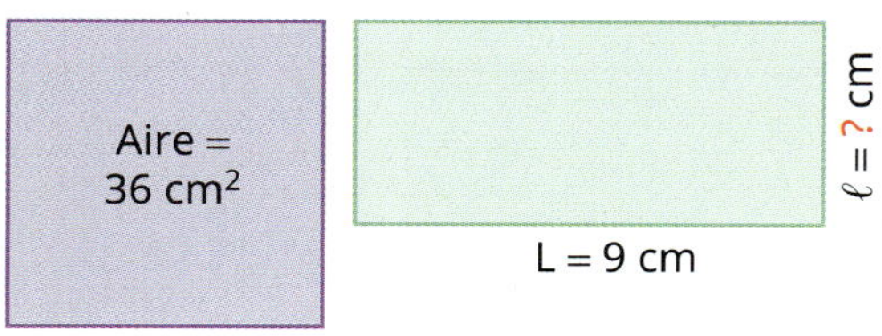

4. Tina parcourt 6 km en une heure. Quelle distance a-t-elle parcourue en 15 minutes ?

5. Cinq fruits et légumes par jour, cela veut dire cinq portions de 90 g à 150 g. Quelle est la masse minimale de fruits et légumes recommandée ?

6. Voici un pattern de figures :

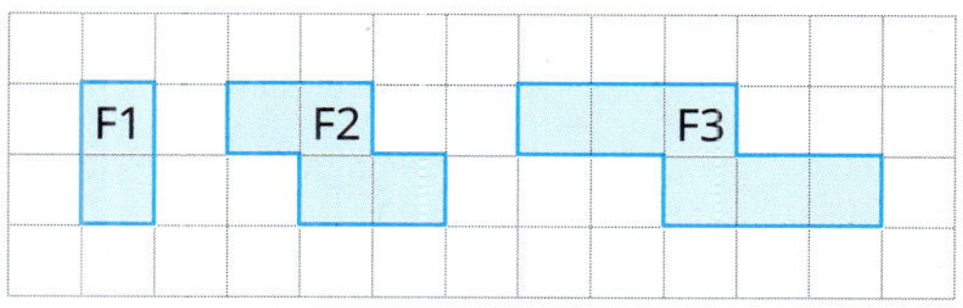

Combien y a-t-il de carreaux dans la figure F14 ?

Objectifs : • Réactiver la nature des triangles, les codages, les notions de sommet, angle et côté.
• Appliquer un programme de construction.

Je **manipule** avec mes acquis

20 min

1. Associe sur ton cahier chaque figure codée au nom du triangle qui lui correspond :

Triangle rectangle

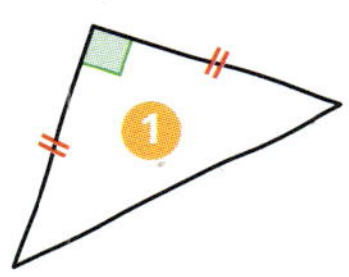

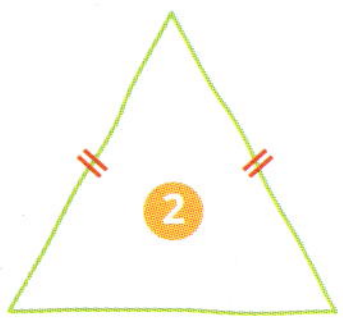

Triangle isocèle

Triangle équilatéral

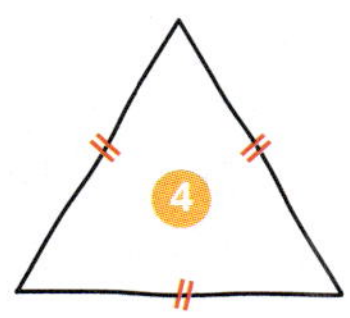

Triangle rectangle isocèle

2. À partir des indices suivants, trace le triangle demandé :
- A est un sommet du triangle ;
- l'angle $\widehat{IAF}$ est droit ;
- le côté [AI] mesure 4,2 cm ;
- IF = 5,7 cm.

Attention à bien vérifier que ta figure porte toutes les indications données en consigne !

3. a. Indique sur ton cahier si ces affirmations sont vraies ou fausses :
- Un triangle isocèle a deux angles égaux.
- Un triangle équilatéral a deux côtés égaux.

b. Indique ensuite quelle affirmation est une définition et laquelle est une propriété.

Je découvre

JE REVOIS

QCM Donner la ou les bonnes réponses parmi les trois propositions.

1. Ce triangle est :
- **a** équilatéral
- **b** rectangle
- **c** isocèle

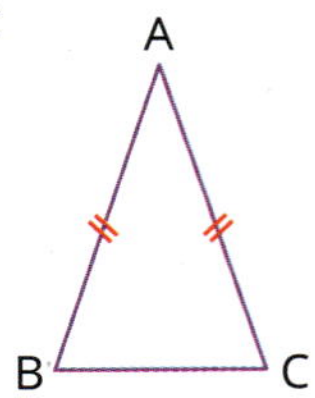

2. Un triangle rectangle est un triangle qui a :
- **a** un angle droit
- **b** deux côtés égaux
- **c** trois côtés égaux

3. Le triangle RAZ est rectangle isocèle en Z tel que ZA = 4 cm.
- **a** ZR = 90 cm
- **b** ZR = 4 cm
- **c** On ne peut pas connaître la longueur ZR.

4. Dans cette figure, le cercle $\mathscr{C}$ a pour centre le point M et MB = 5 cm.
- **a** MA < 5 cm
- **b** MA = 5 cm
- **c** MA > 5 cm

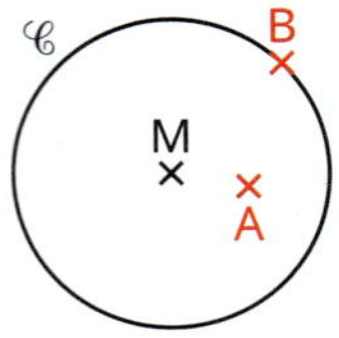

5. Le cercle $\mathscr{C}'$ de centre O passe par les points A et B.
- **a** Le triangle AOB est rectangle en O.
- **b** Le triangle AOB est isocèle en A.
- **c** Le triangle AOB est isocèle en O.

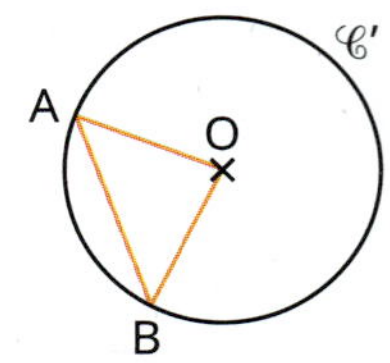

Activité 1 Construire un triangle avec des réglettes

Objectif : Découvrir l'inégalité triangulaire

En utilisant trois réglettes, une de longueur 3, une de longueur 5 et une de longueur 6, Inès observe qu'elle peut construire ce triangle :

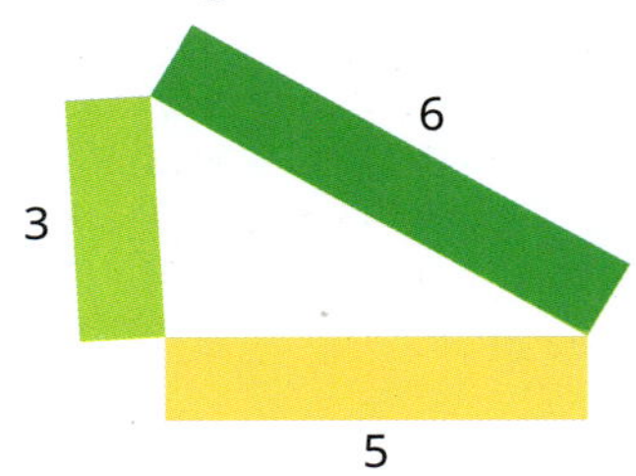

Elle veut faire de même avec ces trois réglettes :

1. Pourra-t-elle construire un triangle ? Justifier.

2. Dans chaque cas, préciser si le triangle est constructible ou non constructible.

Cas n° 1	Cas n° 2	Cas n° 3	Cas n° 4	Cas n° 5	Cas n° 6
6 7 9	3 5 9	2 2 5	3 5 8	3 4 5	6 6 8

Les carrés numérotés comme celui-ci 6 indiquent la réglette du matériel à utiliser.
6 → réglette verte de longueur 6 unités.

3. Que se passe-t-il de particulier pour le cas n° 4 ?

4. Quelle semble être la condition pour que, trois longueurs étant données, un triangle soit constructible ?

JE REVOIS

QCM Donner la ou les bonnes réponses parmi les trois propositions.

1. Tous les angles verts sont égaux à 42°.
Quelle est la mesure de l'angle rose ?

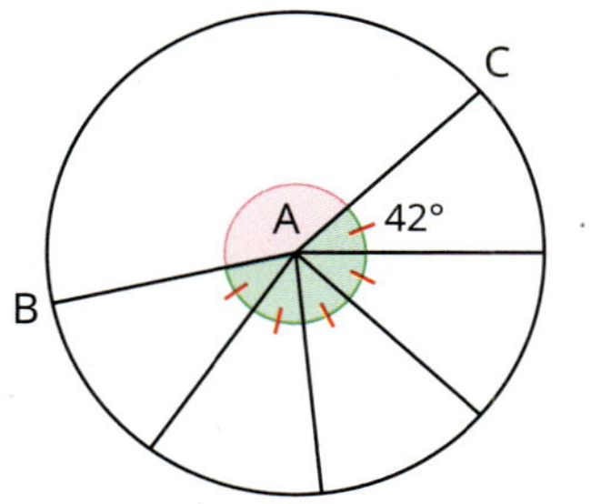

ⓐ 138° ⓑ 142° ⓒ 150°

2. Les points N, P et O sont alignés.
La bissectrice de l'angle $\widehat{QPO}$ est la demi-droite [PR).
Quelle est la mesure de l'angle $\widehat{NPR}$?

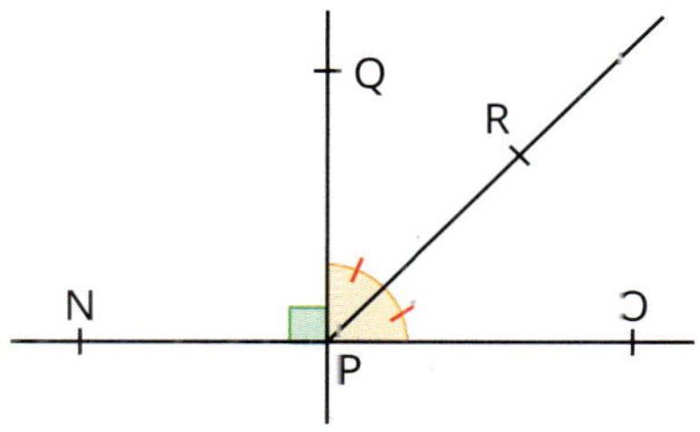

ⓐ 45° ⓑ 110° ⓒ 135°

Activité 2 Somme des angles d'un triangle

Objectif : Conjecturer une propriété sur les angles des triangles

Par groupes de trois élèves

1. Se répartir les constructions ci-contre en veillant à ce que les trois triangles construits ne soient pas superposables.

Élève 1	Élève 2	Élève 3
Triangle rectangle • Tracer un triangle rectangle et mesurer ses deux angles aigus.	**Triangle isocèle** • Tracer un triangle isocèle et mesurer ses deux angles à la base.	**Triangle équilatéral** • Tracer un triangle équilatéral et mesurer ses trois angles.

Regroupement par type de triangle

2. Se regrouper entre élèves de la classe qui ont construit le même type de triangle.

3. Que peut-on conjecturer* comme résultat pour la catégorie de triangle particulier construite ?

4. Par groupe, exposer la conjecture trouvée au reste de la classe.

*** Conjecturer signifie émettre une hypothèse.**

Vers une preuve

Le triangle FRL est un triangle quelconque.
On a tracé le segment [FO] perpendiculaire au côté [RL] et les médiatrices des segments [RO] et [OL].

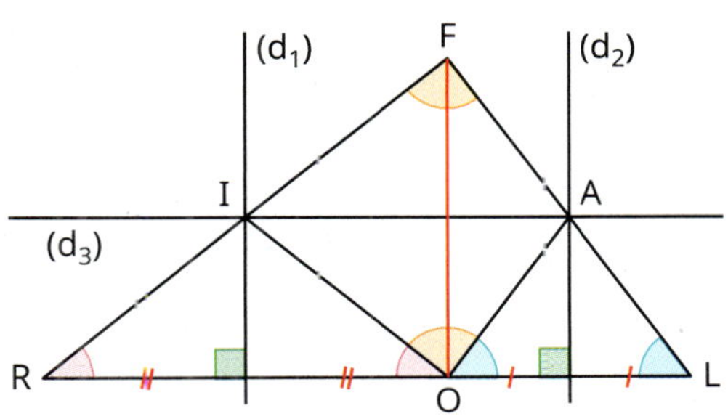

5. En utilisant la symétrie d'axe (d_1), justifier que les angles roses sont de même mesure.

6. De la même façon, justifier que les angles bleus sont de même mesure.

7. On admet que les angles orange sont égaux. Quelle symétrie axiale semble le justifier ?

8. Sans mesurer, quel angle peut-on former avec les trois angles de couleur de sommet O ?

9. En déduire le résultat conjecturé dans la question **3**.

J'apprends

A Construire un triangle

Conditions de constructibilité d'un triangle

Soit trois points A, B et C distincts.

- **Si** B ∈ [AC], **alors** AB + BC = AC.

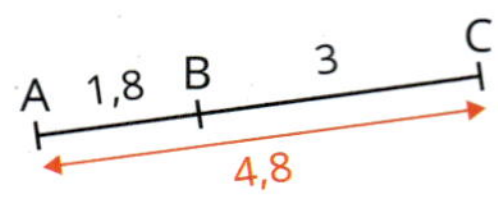

- **Si** A, B et C sont trois points non alignés, **alors** on a :

AB + BC > AC ;
AC + CB > AB ; BA + AC > BC.

Ces points forment un triangle.

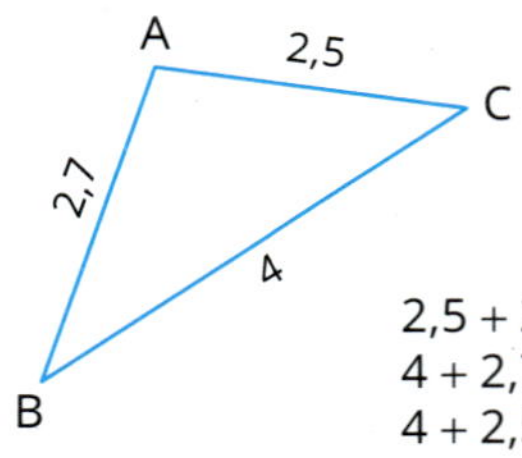

2,5 + 2,7 > 4
4 + 2,7 > 2,5
4 + 2,5 > 2,7

Propriété (admise)

Pour pouvoir construire un triangle non « aplati », il faut que la plus grande des trois longueurs soit inférieure à la somme des deux autres.

Conséquence : Pour savoir si un triangle est constructible, il faut vérifier que la plus grande des longueurs est inférieure à la somme des deux autres.

Exemples

- Un triangle avec des côtés de longueurs 4 cm, 5 cm et 7 cm est constructible car 4 cm + 5 cm > 7 cm.

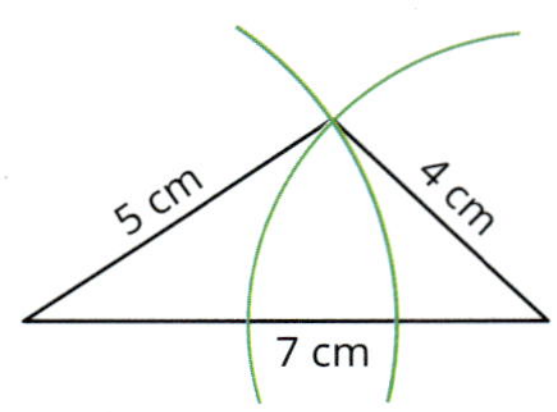

- Un triangle avec des côtés de longueurs 3,4 cm, 10 cm et 5,2 cm n'est pas constructible car 3,4 cm + 5,2 cm < 10 cm.

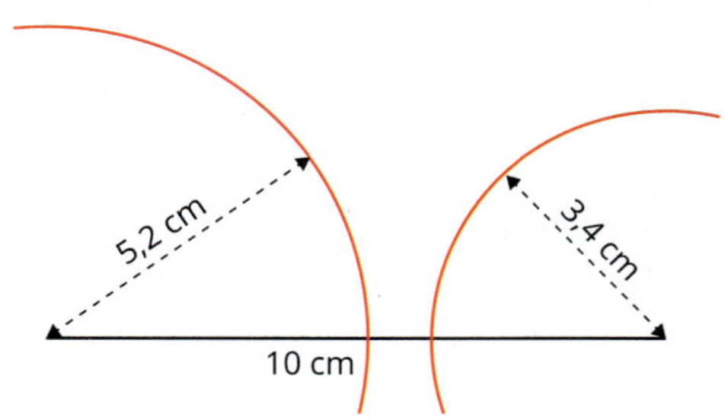

Somme des mesures des angles d'un triangle

Propriété

La somme des mesures des trois angles d'un triangle est égale à 180°.

Démonstration p. 251

Exemple d'application

Dans le triangle ASM, on peut calculer la mesure de $\widehat{ASM}$: 180° – 44° – 72° = 64°.

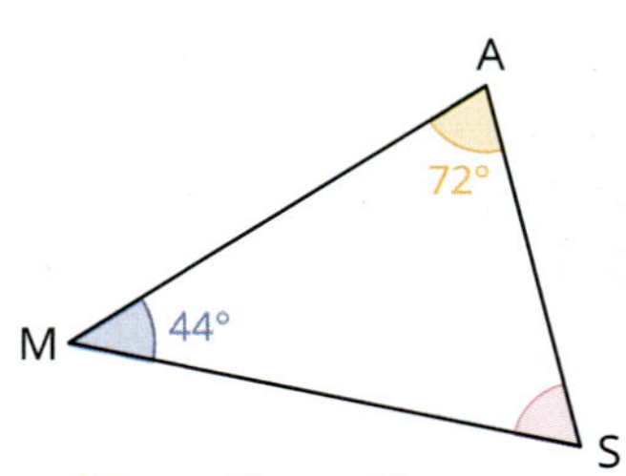

$\widehat{MAS} + \widehat{ASM} + \widehat{SMA} = 180°$

Je retiens

Quand tu as appris ton cours, cache-le avec une feuille et réponds aux questions.

À quelle condition sur ses longueurs un triangle est-il constructible ?

Un triangle avec des longueurs égales à 9 cm, 5 cm et 6 cm est-il constructible ?

Un triangle avec des longueurs égales à 5 cm, 1 cm et 3 cm est-il constructible ?

Que peut-on dire de la somme des mesures des angles d'un triangle ? Est-ce toujours le cas ?

B Triangles particuliers

Les axes bleus sont des axes de symétrie (médiatrices de côtés et bissectrices d'angles).

Je retiens

Triangle isocèle

Définition

Un **triangle isocèle** est un triangle qui possède au moins deux côtés de même longueur.

Propriété (admise)

Un triangle isocèle possède au moins deux angles de même mesure.

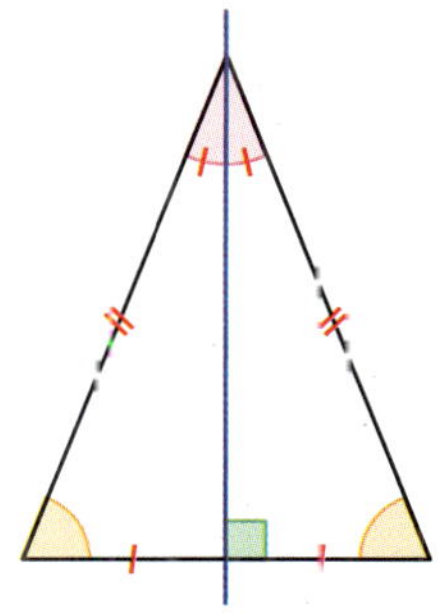

Quelles sont les particularités d'un triangle isocèle ?

Triangle équilatéral

Définition

Un **triangle équilatéral** est un triangle qui a ses trois côtés de même longueur.

Propriété

Les trois angles d'un triangle équilatéral sont égaux et mesurent 60°.

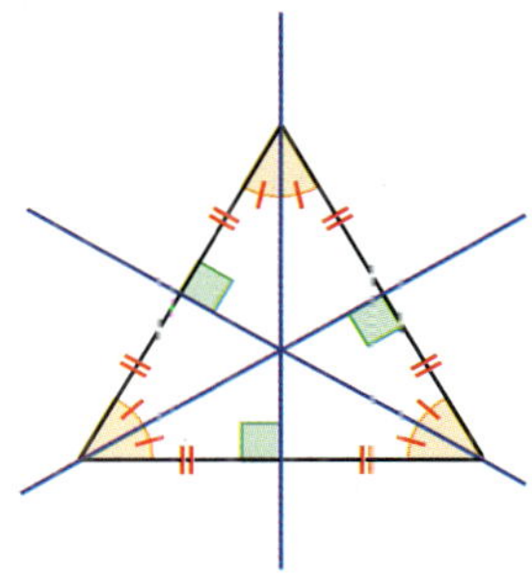

Quelles sont les particularités d'un triangle équilatéral ?

Triangle rectangle

Définition

Un **triangle rectangle** est un triangle qui possède un angle droit.

Propriété

La somme des mesures des deux angles aigus d'un triangle rectangle est égale à 90°.

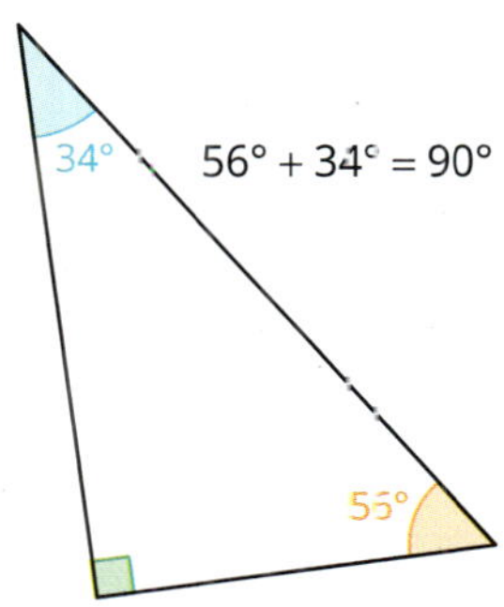

Quelles sont les particularités d'un triangle rectangle ?

C Cercle circonscrit à un triangle

Définition

Le **cercle circonscrit** à un triangle est l'unique cercle passant par les trois sommets de ce triangle.

Propriété (admise)

Le centre du cercle circonscrit à un triangle est le point d'intersection des médiatrices des côtés du triangle.

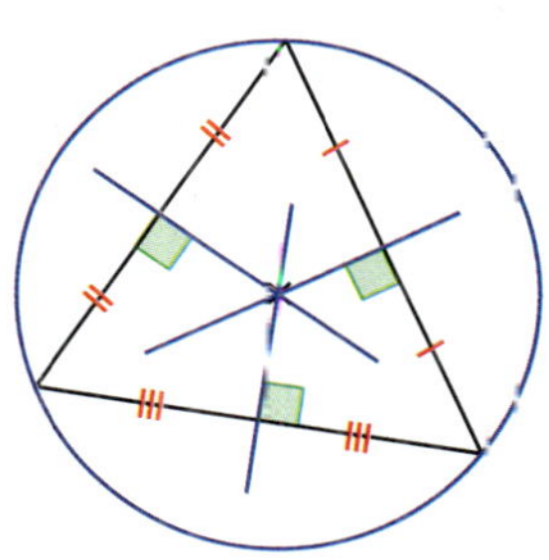

Qu'est-ce que le cercle circonscrit à un triangle ? Où est situé son centre ?

MON QCM DE RÉVISION
edubelin.fr/25mmat6-253

1 Construire un triangle à partir de quelques grandeurs

Dans chaque cas, construire le triangle demandé, puis rédiger le programme de construction correspondant. Les figures doivent être tracées en taille réelle.

Tu peux commencer par faire une représentation à main levée de la situation et y noter les informations données. Cela peut t'aider à trouver l'ordre des étapes de construction.

1. Construire le triangle ABC tel que AB = 3 cm ; BC = 4,5 cm et CA = 5 cm.
2. Construire le triangle EFG tel que EF = 4,5 cm ; EG = 5,3 cm et $\widehat{FEG}$ = 47°.
3. Construire le triangle IJK tel que IJ = 6 cm ; $\widehat{IJK}$ = 73° et $\widehat{KIJ}$ = 57°.

Solution

1. Connaissant les longueurs des trois côtés

Pour commencer, vérifie que ce triangle est constructible.

Figure à main levée

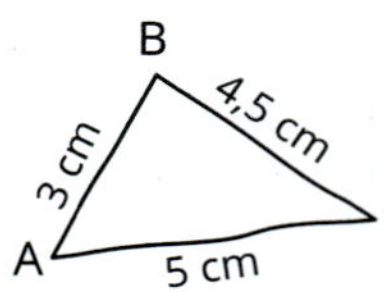

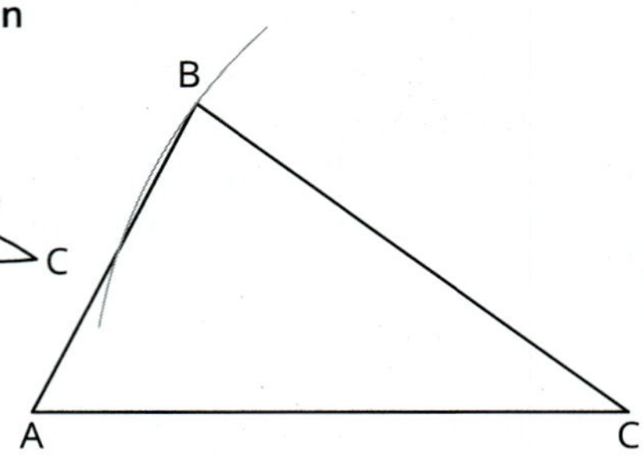

Étape 1 On trace le segment [CA] de longueur 5 cm.

Étape 2 On trace le cercle de centre A et de rayon 3 cm.

Étape 3 On trace le cercle de centre C et de rayon 4,5 cm.

Étape 4 On nomme B un des deux points d'intersection des cercles.

Étape 5 On trace les segments [AB] et [CB].

2. Connaissant deux longueurs et un angle

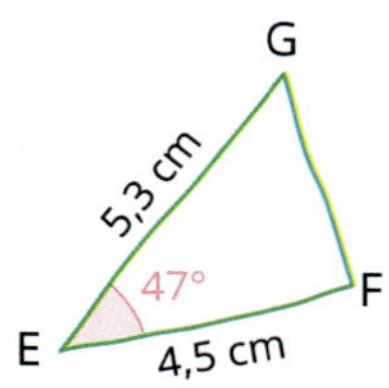

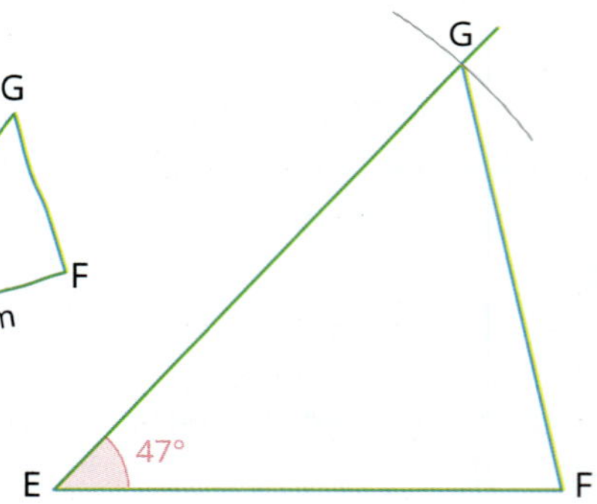

Étape 1 On trace le segment [EF] de longueur 4,5 cm.

Étape 2 On trace la demi-droite [Ex) telle que $\widehat{FEx}$ = 47°.

Étape 3 On trace l'arc de cercle de centre E et de rayon 5,3 cm coupant [Ex).

Étape 4 On nomme G ce point d'intersection.

Étape 5 On trace le segment [FG].

3. Connaissant une longueur et deux angles

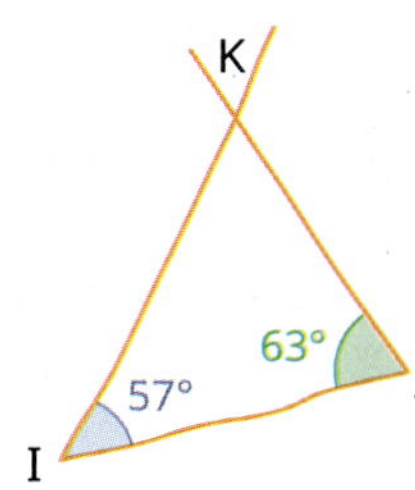

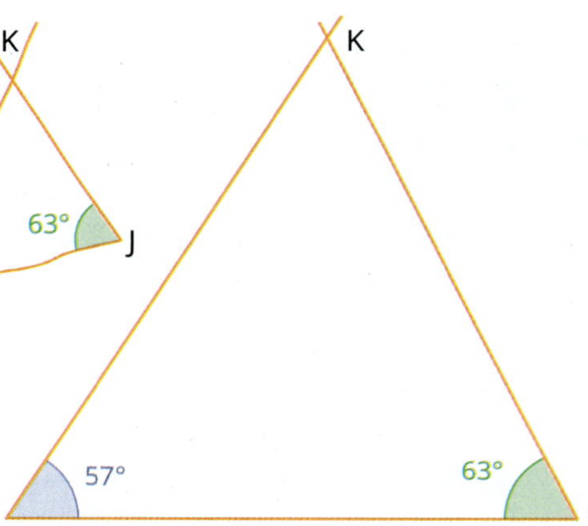

Étape 1 On trace le segment [IJ] de longueur 6 cm.

Étape 2 On trace la demi-droite [Jx) telle que $\widehat{IJx}$ = 63°.

Étape 3 On trace la demi-droite [Iy) telle que $\widehat{JIy}$ = 57°.

Étape 4 On nomme K le point d'intersection des deux demi-droites.

JE M'EXERCE

Construire les triangles suivants :

a. RST tel que RS = 6,3 cm ; ST = 8 cm et TR = 3,7 cm ;
b. UVW tel que UV = 6,8 cm ; $\widehat{UVW}$ = 52° et $\widehat{WUV}$ = 88° ;
c. XYZ tel que XY = 7,4 cm ; YZ = 4,9 cm et $\widehat{XYZ}$ = 110°.

→ Exercice corrigé p. 317

2 Calculer la mesure d'un angle dans un triangle

1. Dans le triangle FRC, calculer la mesure de l'angle $\widehat{FCR}$.

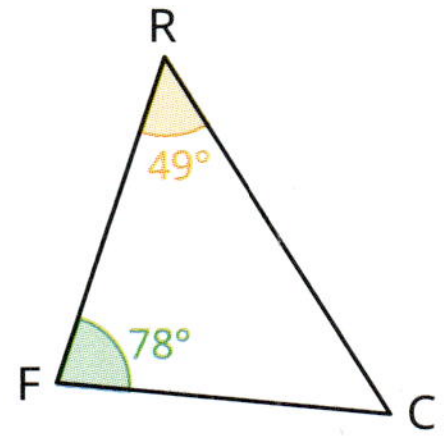

2. Dans le triangle ABC isocèle en A, l'angle $\widehat{BAC}$ mesure 76°. Calculer la mesure des angles $\widehat{ABC}$ et $\widehat{ACB}$.

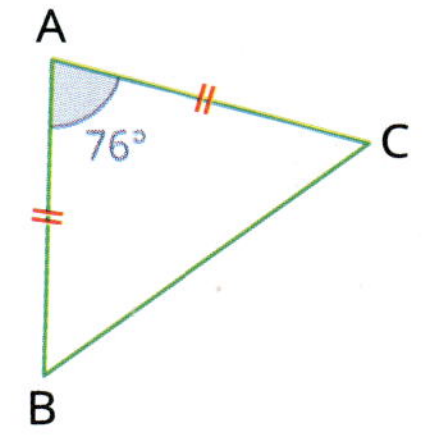

Solution

1. Pour trouver la mesure de $\widehat{FCR}$, on utilise la propriété des angles d'un triangle : La somme des mesures des trois angles d'un triangle est égale à 180°.

Autrement dit, $\widehat{FRC} + \widehat{FCR} + \widehat{RFC} = 180°$.
C'est-à-dire que $49° + \widehat{FCR} + 78° = 180°$.
Donc $\widehat{FCR} + 127° = 180°$.
Donc $\widehat{FCR} = 180° - 127° = 53°$.

2. Étape 1 Comme le triangle est isocèle en A, on sait que les deux angles à la base sont égaux. Donc $\widehat{ABC} = \widehat{ACB}$.

Étape 2 Pour trouver la mesure de $\widehat{ABC}$ et $\widehat{ACB}$, on utilise la propriété des angles d'un triangle : La somme des mesures des trois angles d'un triangle est égale à 180°.

Autrement dit, $\widehat{BAC} + \widehat{ABC} + \widehat{ACB} = 180°$.
C'est-à-dire que $76° + \widehat{ABC} + \widehat{ACB} = 180°$.
Donc $76° + 2 \times \widehat{ABC} = 180°$.
Donc $\widehat{ABC} = (180° - 76°) : 2 = 104° : 2$.
Donc $\widehat{ABC} = \widehat{ACB} = 52°$.

JE M'EXERCE

RST est un triangle isocèle en S tel que $\widehat{SRT} = 18°$.
Déterminer la mesure de l'angle $\widehat{RST}$.

Exercice corrigé **p. 317**

3 Utiliser la notion de cercle circonscrit à un triangle

Soit A, B et C, trois points non alignés.
Construire le cercle passant par les points A, B et C.

Solution

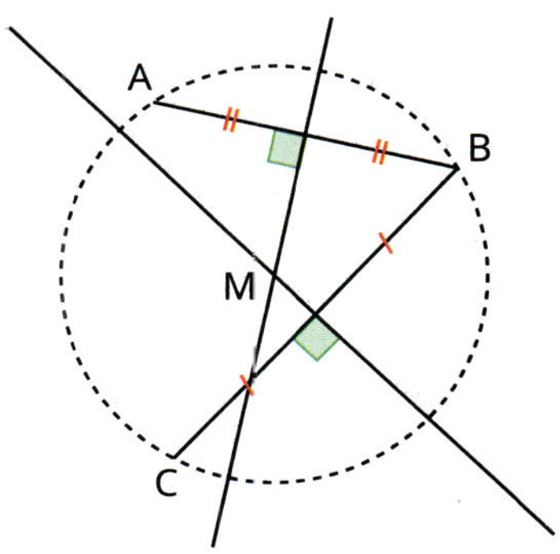

Étape 1 On place trois points A, B et C distincts et non alignés.

Étape 2 Si les points A, B et C sont sur un cercle de centre M, alors MA = MB = MC. On cherche donc un point M équidistant de A, B et C.

Étape 3 M est équidistant de A et B, il est donc situé sur la médiatrice de [AB]. On trace cette droite.

Étape 4 M est équidistant de B et C, il est donc situé sur la médiatrice de [BC]. On trace cette droite.

Étape 5 On nomme M le point d'intersection des deux médiatrices.
Le point M est équidistant de A, B et C. Il est donc le centre du cercle passant par les points A, B et C, c'est-à-dire le centre du cercle circonscrit au triangle ABC.

Étape 6 On trace le cercle de centre M et de rayon [MA].

JE M'EXERCE

1. Construire un rectangle EFGH de longueur EF = 7 cm et de largeur EH = 4 cm.
2. Tracer la diagonale [EG].
3. Construire le cercle circonscrit au triangle EFG.
4. Que constate-t-on ?

Exercice corrigé **p. 317**

Je prends confiance

Je prends mon élan

1 **QCM** Donner la ou les bonnes réponses parmi les trois propositions.

1. Dans cette figure, A, B et D sont alignés. D'après le codage, on sait que :

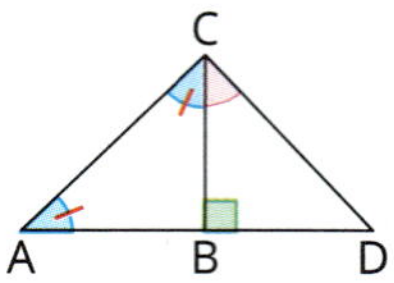

ⓐ $\widehat{CBA} = 90°$ ⓑ $\widehat{BAC} = \widehat{BCA}$
ⓒ $\widehat{BCD} = \widehat{BCA}$

2. Dans la figure précédente, quelle est la mesure des angles $\widehat{CAB}$ et $\widehat{ACB}$?

ⓐ 40° ⓑ 45° ⓒ 50°

3. Le triangle GAR est isocèle en G. On sait alors que :

ⓐ $\widehat{GAR} = \widehat{AGR}$
ⓑ $\widehat{GRA} = \widehat{AGR}$
ⓒ $\widehat{RAG} = \widehat{GRA}$

4. Dans le triangle EFG :

ⓐ $\widehat{GEF} = 31°$
ⓑ $\widehat{EGF} = 31°$
ⓒ $\widehat{EGF} = 41°$

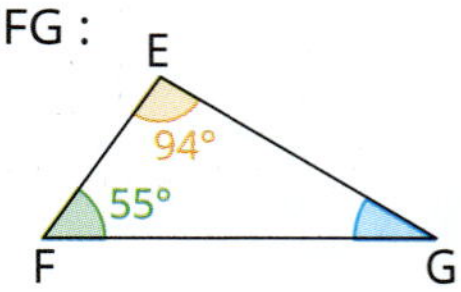

Je me lance

Construire un triangle

2 Dans chaque cas, les longueurs des côtés d'un triangle ABC sont données.
Déterminer si le triangle est constructible.
Justifier et préciser les cas où les sommets sont alignés.

a. AB = 6 cm ; CA = 1 cm ; BC = 5 cm.
b. AB = 5 cm ; CA = 4 cm ; BC = 3 cm.
c. AB = 4 cm ; CA = 7 cm ; BC = 2 cm.
d. AB = 6 cm ; CA = 3 cm ; BC = 8 cm.
e. AB = 4 cm ; CA = 2 cm ; BC = 9 cm.
f. AB = 5 cm ; CA = 7 cm ; BC = 2 cm.

3 Après avoir réalisé une figure à main levée, construire les triangles suivants en vraie grandeur :

a. PIL tel que PI = 9 cm, PL = 4 cm et IL = 7 cm ;
b. FOG tel que FO = 3 cm, FG = 5 cm et OG = 6 cm ;
c. DAM tel que AM = 8,5 cm, AD = 4 cm et DM = 5,5 cm ;
d. BUN tel que UN = 7,4 cm, BN = 10,2 cm et BU = 5,9 cm.

4 Après avoir réalisé une figure à main levée, construire les triangles suivants en vraie grandeur :

a. ULM tel que UL = 5 cm, $\widehat{ULM} = 50°$ et LM = 4 cm ;
b. OLA tel que LA = 6 cm, $\widehat{ALO} = 120°$ et LO = 6 cm ;
c. TRI tel que RI = 7 cm, $\widehat{TRI} = 24°$ et $\widehat{RIT} = 128°$;
d. DOS tel que DS = 4 cm, $\widehat{ODS} = 58°$ et $\widehat{DSO} = 62°$.

5 Pour le 1er avril, un professeur propose l'exercice suivant à sa classe de 6e :
« Construire deux triangles sur une feuille blanche :
– un triangle ABC ayant deux angles obtus ;
– un triangle FGH tel que FG = 4 cm, GH = 6 cm et HF = 11 cm. »
Expliquer pourquoi ces constructions sont impossibles.

6 Voici un programme de construction pour tracer un triangle dont les instructions ont été mises dans le désordre :

- Tracer le cercle de centre I et de rayon 5 cm.
- Nommer J un des deux points d'intersection des cercles.
- Tracer le cercle de centre K et de rayon 6 cm.
- Tracer les segments [IJ] et [KJ].
- Tracer un segment [KI] de longueur 8 cm.

Recopier les instructions dans le bon ordre et construire le triangle correspondant.

7 **1.** Rédiger un programme de construction de cette figure.

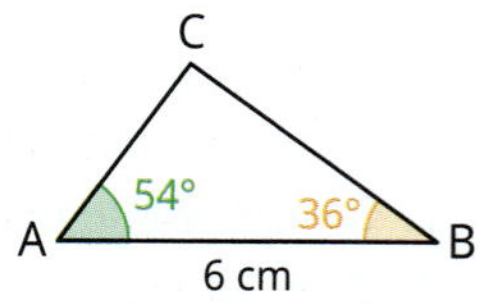

2. Construire la figure.
3. Que peut-on dire de ce triangle ? Justifier.

8 Le triangle MNP isocèle en N a mal été cadré sur cette illustration :

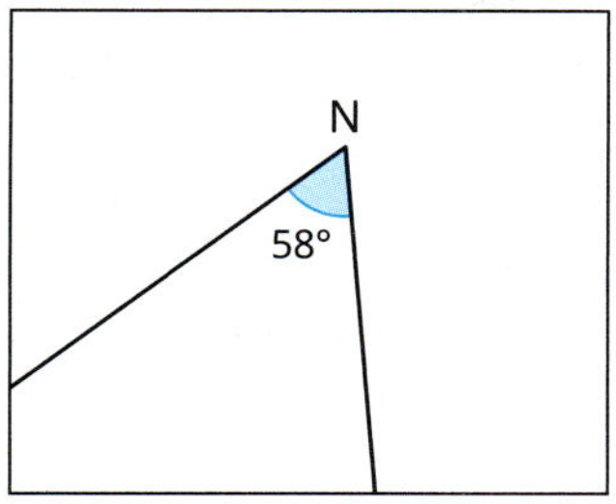

Déterminer, en justifiant, les mesures des deux angles cachés.

Calculer une mesure d'angle

9 Noham a noté les mesures des angles des triangles suivants qu'il a lues avec son rapporteur :

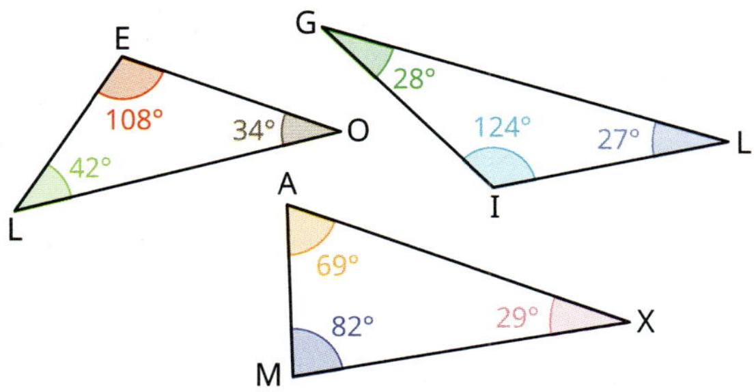

Noham a-t-il fait des erreurs ?
Si oui, dans quel(s) triangle(s) ? Justifier.

10 **Automatismes**

Dans chaque cas, on donne deux mesures d'angles. Calculer la troisième. Justifier.

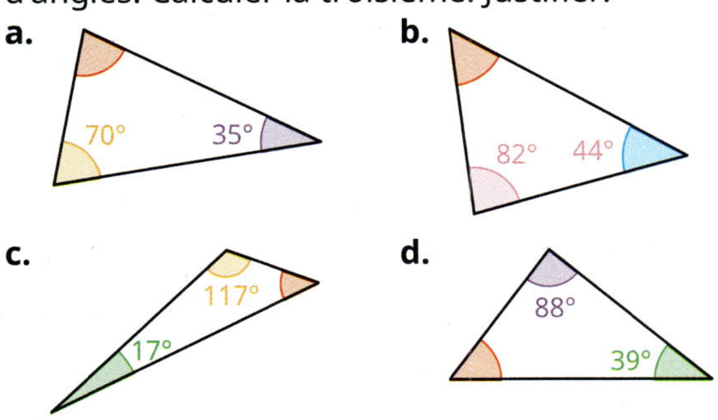

Utiliser des propriétés de triangles

11 Pour chacun des triangles suivants :
1. indiquer sa nature ;
2. nommer les angles égaux s'il y en a ;
3. calculer les mesures d'angles lorsque cela est possible.

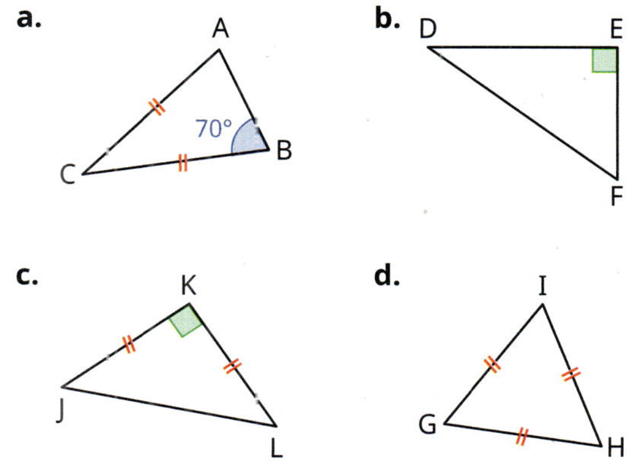

12 Pour chaque triangle, indiquer sa nature et nommer les longueurs égales s'il y en a.

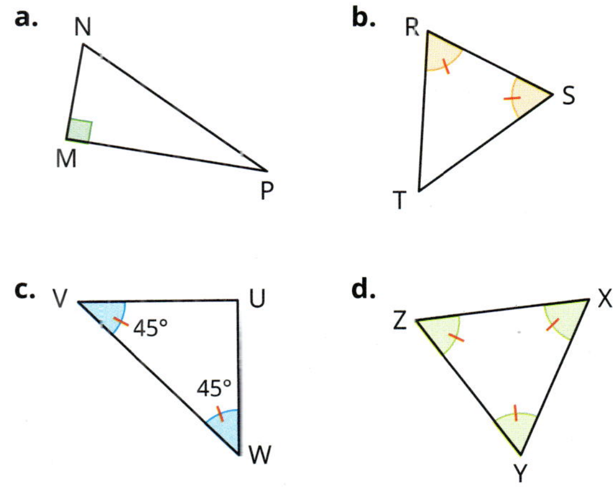

Construire le cercle circonscrit à un triangle

13
1. Construire un triangle ABC quelconque.
2. Tracer la médiatrice du côté [AB].
3. Tracer la médiatrice du côté [BC].
4. Nommer O le point d'intersection des médiatrices.
5. Tracer le cercle de centre O et de rayon [OA].
6. Par quels points passe ce cercle ? Pourquoi ? Comment s'appelle-t-il ?

14
1. Construire un triangle ABC ayant trois angles aigus, puis construire le cercle circonscrit au triangle ABC.
2. **a.** Construire un triangle DEF ayant un angle obtus.
b. Placer le point O équidistant des trois sommets du triangle DEF.

J'avance à mon rythme

Fiches d'exercices
edubelin.fr/25mmat6-258a
Toutes les fiches en PDF

Avec des parcours d'apprentissage

Je construis des triangles

- Exercice **4 p. 256**
- Exercice **17 p. 259**
- Exercice **41 p. 262**
- Exercice **54 p. 264**
- Exercice **69 p. 266**

Je repère des situations constructibles

- Exercice **2 p. 256**
- Exercice **18 p. 259**
- Exercice **19 p. 259**
- Exercice **47 p. 263**
- Exercice **51 p. 263**

Je calcule des angles

- Exercice **10 p. 257**
- Exercice **27 p. 260**
- Exercice **30 p. 261**
- Exercice **55 p. 264**
- Exercice **72 p. 267**

Je résous des problèmes d'équidistance

- Exercice **13 p. 257**
- Exercice **32 p. 261**
- Exercice **33 p. 261**
- Exercice **36 p. 262**
- Exercice **50 p. 263**

Je rédige des écrits mathématiques

- Exercice **7 p. 256**
- Exercice **31 p. 261**
- Exercice **39 p. 262**
- Exercice **44 p. 262**
- Exercice **71 p. 267**

OU avec un plan de travail

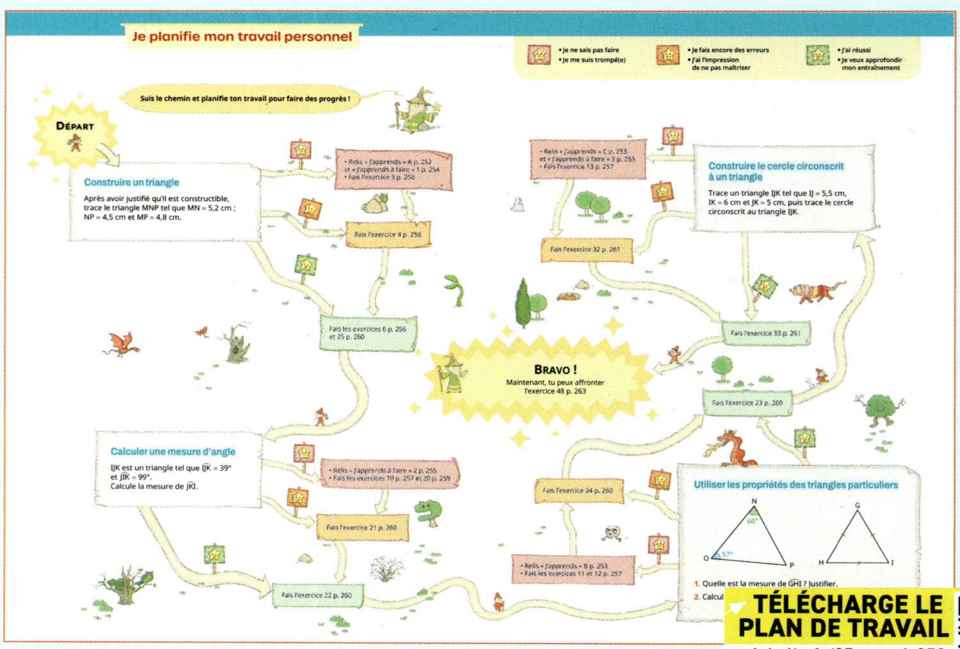

TÉLÉCHARGE LE PLAN DE TRAVAIL
edubelin.fr/25mmat6-258

Construire un triangle

Dans les exercices 15 et 16, laisse les traits de construction visibles.

15 Construire en vraie grandeur les triangles suivants, tracés à main levée :

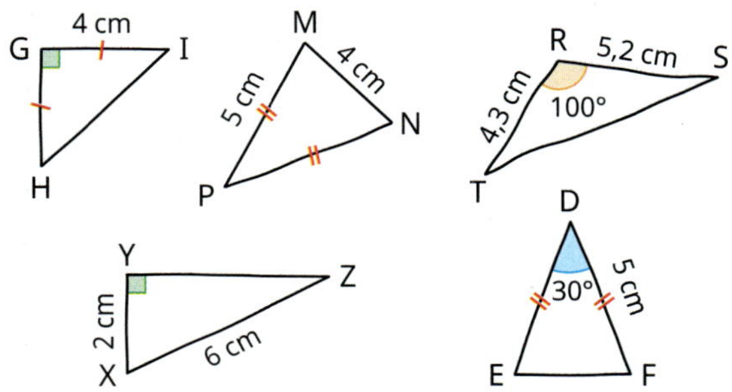

16 **Automatismes**

Pour chaque triangle, faire un schéma à main levée avec les informations données, puis le construire en vraie grandeur.

Triangle	Longueurs	Angles
UVW	UV = 4 cm VW = 5 cm	$\widehat{UVW} = 37°$
ABC	AB = 6,7 cm AB = BC	$\widehat{ABC} = 120°$
EFG	EF = 7,3 cm	$\widehat{EFG} = 54°$ $\widehat{GEF} = 82°$
RST	RS = 5,8 cm	$\widehat{SRT} = 90°$ $\widehat{RST} = 36°$

17 **1.** Sur des papiers de couleurs différentes, tracer les six triangles suivants :

a. ABC avec AC = 12 cm et AB = CB = 8 cm ;
b. ACF avec AC = 12 cm et $\widehat{CAF} = \widehat{FCA} = 56°$;
c. AHG avec AH = 4,6 cm ; HG = 8,6 cm et $\widehat{AHG} = 112°$;
d. EDC avec CD = 11,4 cm ; ED = 8,8 cm et $\widehat{CDE} = 23°$;
e. IFJ avec IF = 2 cm, FJ = 4,4 cm et IJ = 4,8 cm ;
f. FLK avec LK = 5 cm, $\widehat{FLK} = 64°$ et $\widehat{LKF} = 23°$.

2. Assembler les triangles pour reproduire ce poisson :

Utilise les couleurs que tu veux pour ton poisson !

18 **Automatismes**

Dans chaque cas, le triangle ABC décrit est-il constructible ? Justifier.

a. AB = 3,8 cm ; BC = 2,1 cm et CA = 5,6 cm.
b. AB = 3,4 cm ; BC = 4 dm et CA = 3,9 cm.
c. AB = 7,1 cm ; BC = 4,2 cm et CA = 25 mm.
d. AB = 43 mm ; BC = 5,2 cm et CA = 7 cm.
e. AB = 0,9 dm ; BC = 8,9 cm et CA = 17,9 cm.

19 **1.** Andréa lance trois dés à six faces. Elle tombe sur les faces 5, 3 et 2. Arrivera-t-elle à construire un triangle dont les longueurs des côtés en cm correspondent aux nombres obtenus sur les dés ? Justifier.

2. Sur quelles faces peut-elle tomber pour que son triangle soit aplati ? Donner toutes les possibilités.

3. Sur quelles faces peut-elle tomber pour que son triangle existe et ne soit pas aplati ? Donner trois possibilités.

4. Donner deux possibilités de tirage de dés pour lesquelles le triangle obtenu n'est pas constructible.

Calculer une mesure d'angle

20 Dans ces triangles, deux mesures d'angles sont données. Calculer la troisième. Justifier.

a.

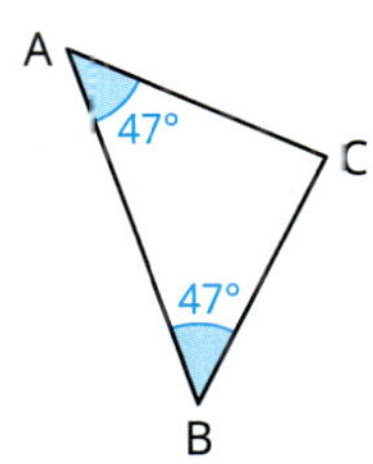

b.

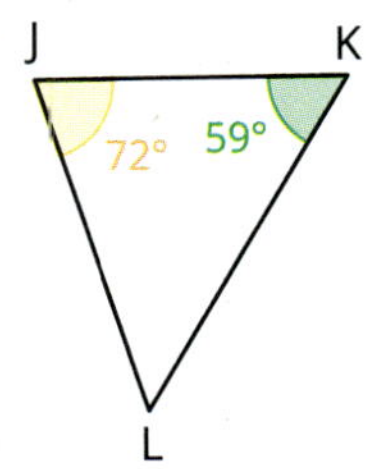

c.

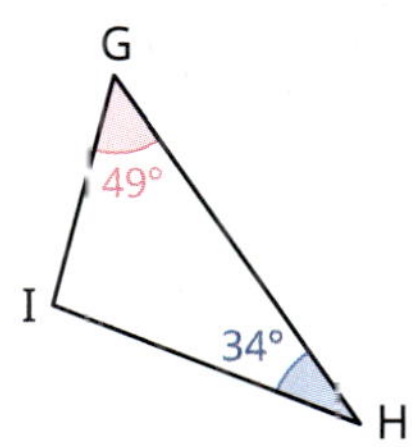

d.

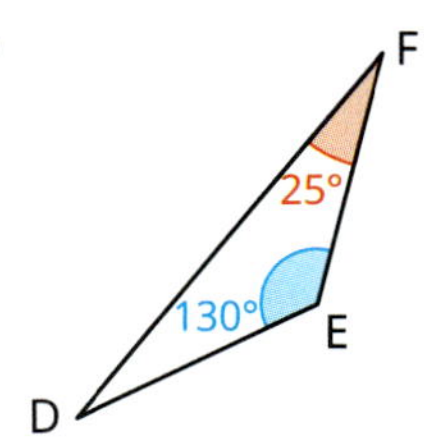

e.

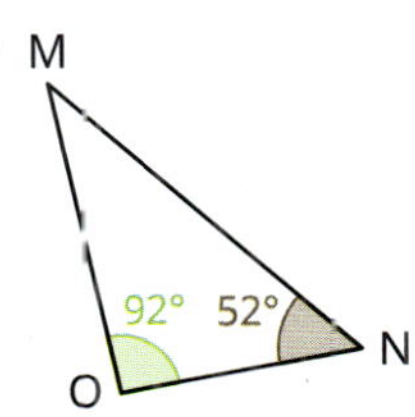

f.

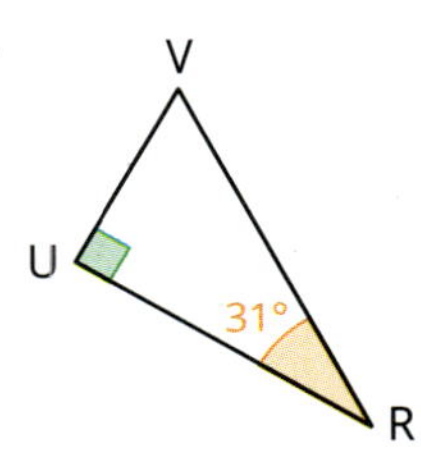

21 Les triangles suivants existent-ils ? Expliquer.

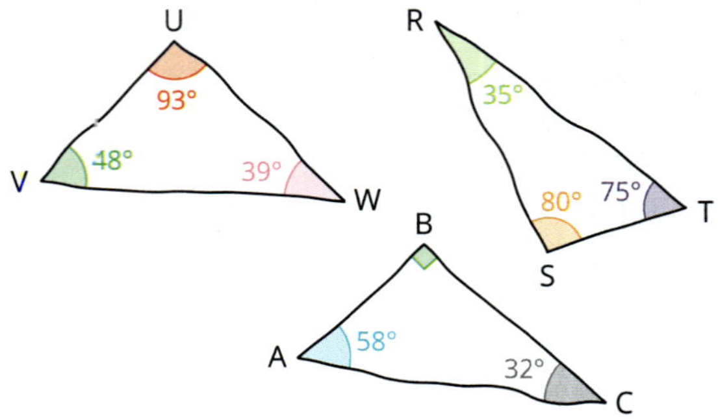

22 DAV est un triangle tel que $\widehat{A} + \widehat{V} = 95°$ et $\widehat{D} + \widehat{A} = 135°$.
Retrouver les mesures des trois angles du triangle.

Utiliser des propriétés de triangles

23 Tracer deux triangles équilatéraux de 9 cm de côté et six triangles équilatéraux de 3 cm de côté.
Découper les triangles construits et les superposer pour obtenir ce flocon.

D'après MSF junior 2008

24 Dans chaque cas, calculer la mesure de l'angle manquant et donner la nature* du triangle.

Triangle	Angle 1	Angle 2	Angle 3
ABC	$\widehat{A} = 30°$	$\widehat{B} = 60°$	$\widehat{C} =$ **?**
DEF	$\widehat{D} =$ **?**	$\widehat{E} = 51°$	$\widehat{F} = 51°$
GHI	$\widehat{G} = 60°$	$\widehat{H} =$ **?**	$\widehat{I} = 60°$
JKL	$\widehat{J} = 28°$	$\widehat{K} = 124°$	$\widehat{L} =$ **?**
MNO	$\widehat{M} = 90°$	$\widehat{N} =$ **?**	$\widehat{O} = 29°$
PQR	$\widehat{P} =$ **?**	$\widehat{Q} = 45°$	$\widehat{R} = 45°$

*** Donner la nature du triangle consiste à préciser s'il est équilatéral, rectangle, isocèle ou quelconque.**

25 Construire les triangles suivants :

a. ILE isocèle en E, avec EI = 3,5 cm et $\widehat{IEL} = 113°$;

b. MNO isocèle en O, avec MN = 6,2 cm et $\widehat{MNO} = 70°$;

c. CYR avec YR = 6 cm, CY = YR et $\widehat{RYC} = 48°$.

26 Dans chaque cas, calculer la mesure de l'angle indiqué en fonction des informations données.

a.

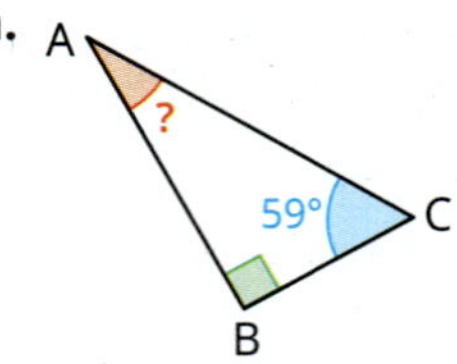

b.

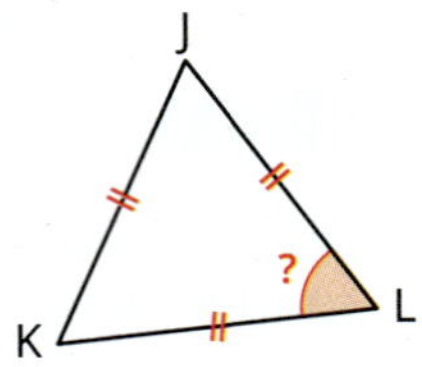

c.

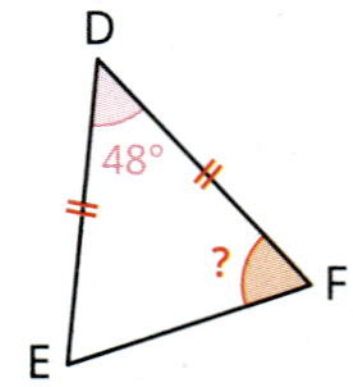

d.

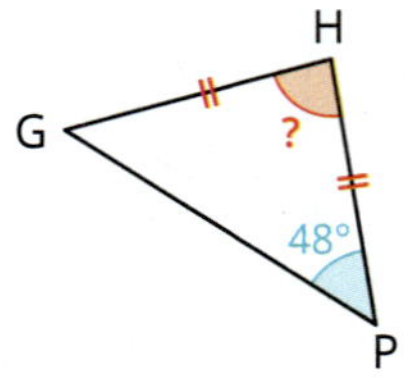

27 **Automatismes**

Lilian a un potager qu'il a divisé en trois parties : une partie de forme carrée pour les salades, une partie réservée aux carottes qui a la forme d'un triangle isocèle et une dernière de forme triangulaire réservée aux radis.

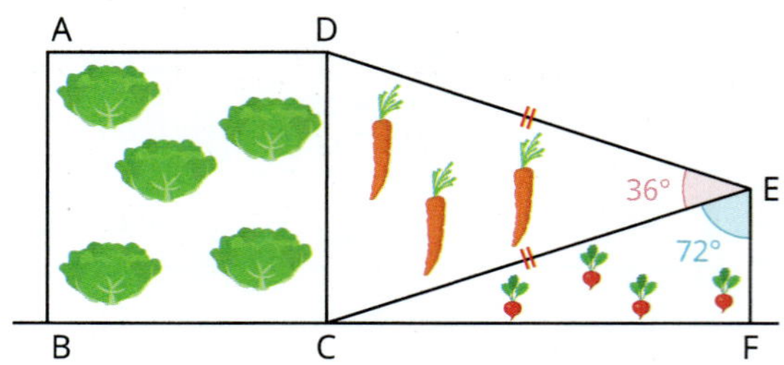

On sait que le point C appartient à la droite (BF) et que $\widehat{DEC} = 36°$ et $\widehat{CEF} = 72°$.

1. Calculer la mesure de l'angle $\widehat{DCE}$.
2. Calculer la mesure de l'angle $\widehat{CFE}$.
3. Que peut-on en déduire concernant les segments [AB] et [EF] ? Justifier.

28
1. Tracer un rectangle ABCD de centre O et un losange EFGH de centre N.
2. Coder les angles égaux et les longueurs égales sur les deux constructions.
3. Indiquer tous les triangles particuliers visibles dans ces deux quadrilatères et donner leur nature.

29 Quelle est la nature des huit triangles visibles si on trace un rectangle qui ne soit pas un carré et ses deux diagonales ? Justifier.

Et dans le cas où la figure est un losange, de quelle nature sont ces triangles ?

30 Dans cette figure, la droite (HG) est un axe de symétrie et les points M, L et T sont alignés.

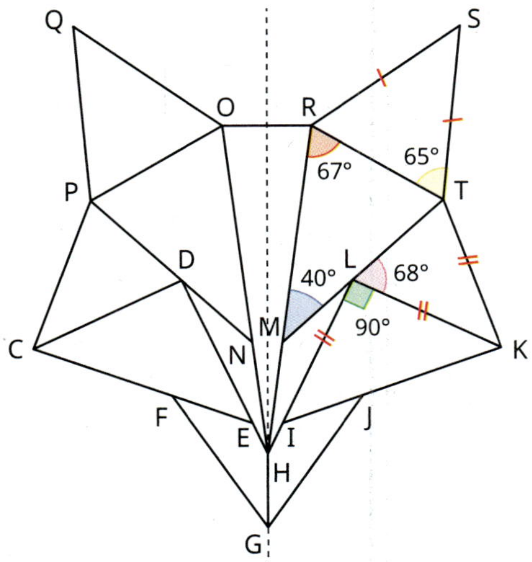

Avec les informations fournies, déterminer les mesures des angles suivants :

a. $\widehat{RTM}$ **b.** $\widehat{TSR}$ **c.** $\widehat{LKI}$ **d.** $\widehat{TKL}$
e. $\widehat{MLH}$ **f.** $\widehat{CDP}$ **g.** $\widehat{PON}$

31 On considère un triangle isocèle TOI dont la mesure d'un des angles est égale à 50°.
Tracer à main levée toutes les configurations possibles du triangle TOI, en précisant les mesures des deux autres angles.

Construire le cercle circonscrit à un triangle

32 **Automatismes**

Voici un message de Longue-Barbe le pirate :

J'ai enfoui un trésor à égale distance du palmier, du volcan et de la grotte.
La distance entre le palmier et le volcan est de 50 pas.
La distance entre la grotte et le volcan est de 80 pas.
La distance entre la grotte et le palmier est de 100 pas.

1. Faire une figure représentant le palmier, le volcan et la grotte, sur laquelle 1 cm représente 10 pas.
2. Indiquer en justifiant l'emplacement du trésor.

33
1. Construire un quadrilatère ABCD tel que la somme des mesures des angles opposés $\widehat{ABC}$ et $\widehat{CDA}$ soit égale à 180°.
2. Tracer le cercle circonscrit à l'un des deux triangles ABC ou ADC.
Vérifier que les quatre points A, B, C et D sont sur ce cercle.

Pour aller plus loin

Inversement, en utilisant un logiciel de géométrie dynamique, vérifier que tout quadrilatère non croisé dont les quatre sommets sont sur un même cercle a des angles opposés dont la somme vaut 180°.

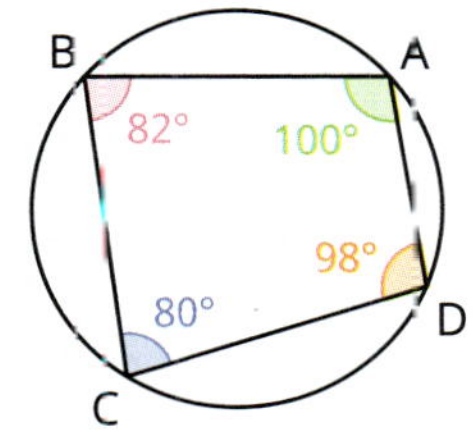

34
1. Construire un triangle ABC quelconque.
2. Placer un point E sur le segment [AC].
3. Placer un point F appartenant à la demi-droite [AB), mais pas au segment [AB].
4. Tracer la droite (EF). Elle coupe (BC) en D.
5. Tracer les cercles circonscrits aux triangles ABC, DBF, AEF et DEC.
6. Vérifier que ces quatre cercles ont un point commun que l'on nommera M.
Ce point est connu sous le nom de « point de Miquel ».

POUR INFO !

Auguste Miquel est un mathématicien français du XIXᵉ siècle, auteur de plusieurs théorèmes de géométrie plane portant sur les cercles et polygones.

35 **J'accélère**

Calcul mental
edubelin.fr/25mmat6-261
5 séries en PDF
5 min

Calculer mentalement :

a. $\frac{1}{2}$ = ...,... **b.** 752 + 600
c. 56 × 9 **d.** 76 : 8
e. 240 min = ... h **f.** $\frac{784}{10}$ = ...,...

Je développe mes savoir-faire

36 Raisonner et Calculer

Des poules ont un espace de liberté dans lequel il y a un arbre, symbolisé par le point A, à 6,5 m de l'entrée de leur poulailler, symbolisé par le point E.
Leurs œufs ont disparu, elles cherchent la coupable ! Chacune précise l'endroit où elle se trouvait au moment du vol :

- Caramel : « J'étais à 4,2 m du poulailler et à 3,7 m de l'arbre. »
- Flocon : « J'étais à 4,1 m du poulailler et à 2,3 m de l'arbre. »
- Plume : « J'étais à 5,3 m du poulailler et à 3,9 m de l'arbre. »
- Dune : « J'étais à 2,9 m du poulailler et à 3,2 m de l'arbre. »
- Roussette : « J'étais à 1,8 m du poulailler et à 4,7 m de l'arbre. »

Vérifier les témoignages des poules pour les innocenter : quelles poules pouvaient être placées là où elles le prétendent ? Justifier.

37 Raisonner et Calculer

1. Construire le triangle IOE en respectant les indications.
2. Démontrer que le triangle IOE est équilatéral.

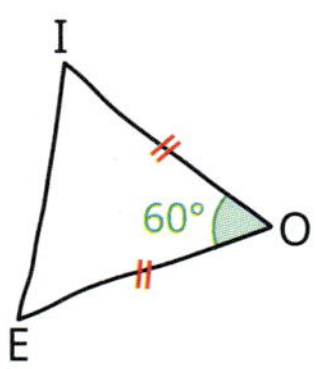

38 Raisonner et Calculer

Soit ABC un triangle isocèle en A avec $\widehat{BAC} = 20°$. Soit D le point du segment [BA] tel que BD = BC.

1. Réaliser une figure à main levée.
2. Calculer la mesure de l'angle $\widehat{DCB}$. Justifier.

39 Raisonner

Cette figure est obtenue avec dix triangles équilatéraux. Le triangle ACB est équilatéral et son côté mesure 2 cm. Le triangle ADE est équilatéral et son côté mesure 7 cm.

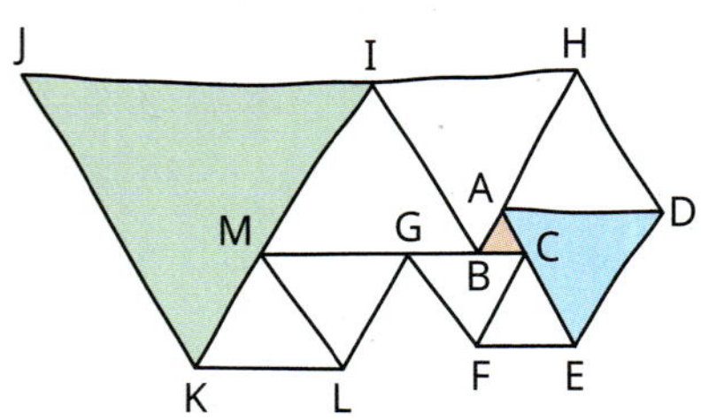

Quelle est la longueur du côté du triangle équilatéral JIK ?

D'après MSF junior 2012

40 Calculer

Les cartes flash sont des cartes recto-verso qui posent une question sur une face et y répondent sur l'autre.
Ce système permet d'apprendre et de s'entraîner à la mémorisation de manière ludique.

1. Créer cinq cartes flash :
   a. sur le recto, construire un triangle annoté de deux mesures d'angles ;
   b. sur le verso, écrire la mesure en degrés du dernier angle.
2. Avec d'autres élèves de la classe, échanger les cartes créées, puis les tester.

41 Représenter et Raisonner

1. Construire un triangle quelconque.
2. Construire un autre triangle obtenu en multipliant les longueurs du premier par 2.
3. Construire un autre triangle obtenu en multipliant les longueurs du premier par 1,5.
4. Mesurer les angles de chaque triangle.
5. Que peut-on conjecturer ?

42 Raisonner et Calculer

Dans chaque cas, calculer la mesure de l'angle indiqué. Justifier.

a.

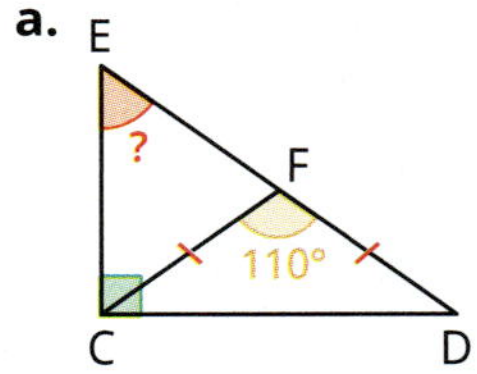

b.

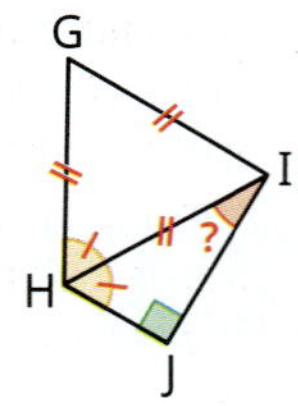

43 Raisonner et Calculer

Sachant que la droite (UW) est la bissectrice de l'angle $\widehat{TUV}$ et que les points T, W et V sont alignés, calculer la mesure de l'angle $\widehat{UTW}$. Justifier.

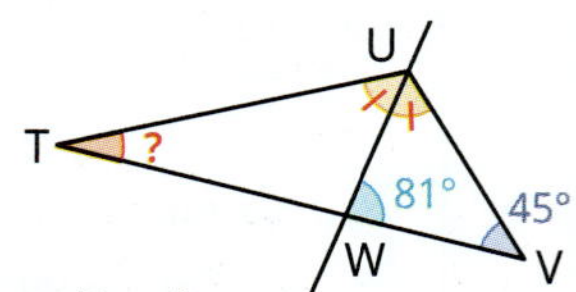

44 Raisonner et Communiquer

Quelle doit être la mesure de l'angle $\widehat{DCE}$ pour que les points A, C et E soient alignés ? Présenter le raisonnement suivi.

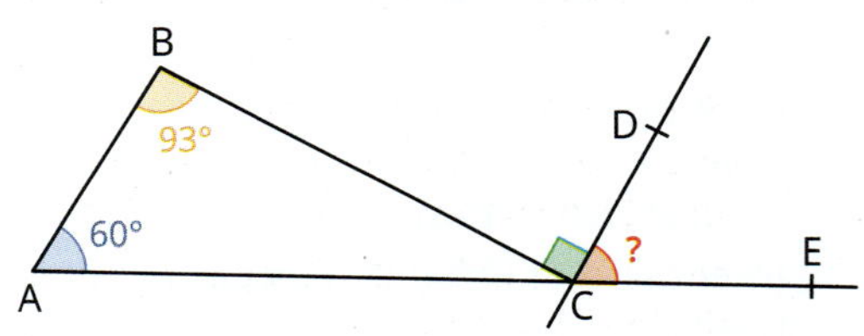

45 **Raisonner et Calculer**

Le triangle ABC est rectangle en B :

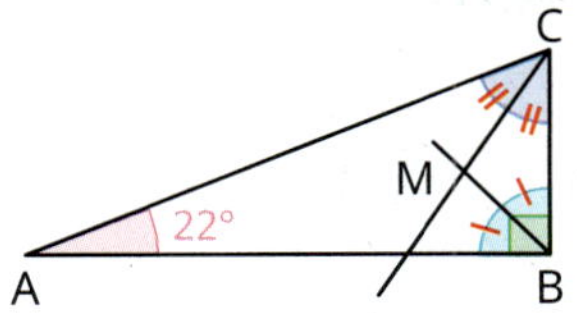

Les droites (CM) et (BM) sont les bissectrices des angles $\widehat{ACB}$ et $\widehat{CBA}$. Calculer la mesure de l'angle $\widehat{BMC}$ sachant que $\widehat{CAB} = 22°$.

46 **Raisonner et Communiquer**

En utilisant uniquement une règle non graduée, une équerre et un compas, construire les triangles suivants dont les mesures d'angles sont données. Expliquer la démarche dans chaque cas.

- **Triangle 1 :** 60° ; 60° et 60°
- **Triangle 2 :** 90° ; 45° et 45°
- **Triangle 3 :** 45° ; 67,5° et 67,5° (en s'aidant du triangle 1)
- **Triangle 4 :** 150° ; 15° et 15° (en s'aidant des triangles 1 et 2)

Défi ! Triangle 5 : 105° ; 37,5° et 37,5°

47 **À l'oral**

Peut-on tracer un triangle dont deux bissectrices sont perpendiculaires comme sur ce schéma à main levée ? Détailler le raisonnement à l'oral en enregistrant la réponse.

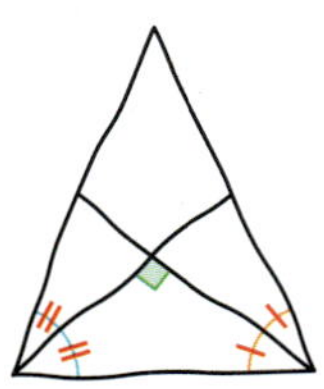

48 **Un pattern**

Un pattern désigne une suite répétitive ou évolutive de motifs ou de nombres.

On construit des triangles isocèles ayant deux côtés de 5 cm sur le modèle suivant :

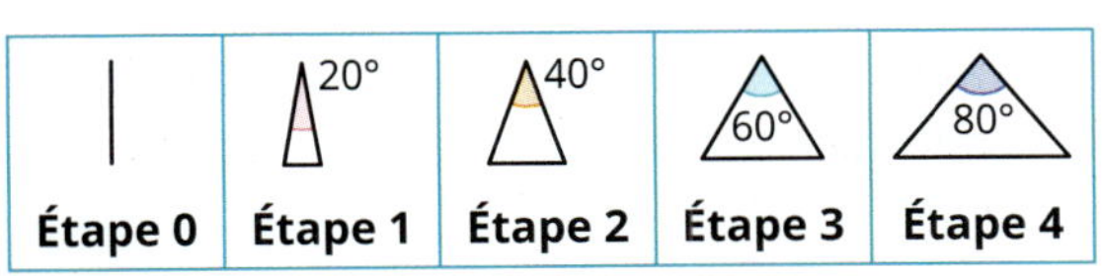

1. Construire le triangle de l'étape 5.
2. Quel est le numéro de l'étape maximale donnant un triangle non aplati ? Justifier.
3. Quel est le numéro de l'étape dont les angles à la base sont égaux à 20° ? Justifier.

49 **Représenter et Raisonner**

1. Tracer un losange EFGH tel que EF = 5 cm et EG = 6 cm.
2. Construire le cercle circonscrit au triangle EFG et nommer K le centre de ce cercle.
3. Quelle est la nature du quadrilatère EKGH ? Justifier.

50 **Représenter**

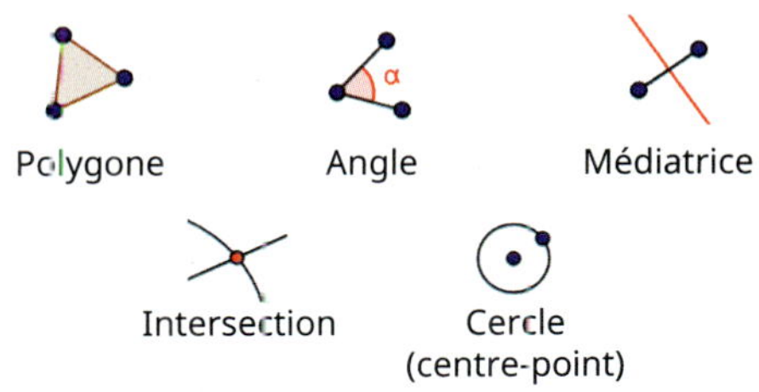

1. Avec un logiciel de géométrie dynamique, utiliser les outils ci-dessus pour réaliser ce programme de construction :
   - Tracer un triangle ABC quelconque.
   - Afficher les trois mesures d'angles.
   - Tracer les médiatrices de [AB] et de [AC].
   - Nommer D leur point d'intersection.
   - Tracer le cercle circonscrit au triangle ABC.
2. En utilisant l'outil Déplacer, conjecturer dans quels cas :
   a. le point D est « à l'intérieur » du triangle ;
   b. le point D appartient à l'un des côtés ;
   c. le point D est à l'extérieur du triangle.
3. Construire une figure illustrant chaque cas.

51 **Manipulation**

Soit un triangle EFG tel que $\widehat{EFG} = 2 \times \widehat{FGE}$ et $\widehat{FGE} = 3 \times \widehat{GEF}$.

1. La situation a été représentée par ce schéma en barres :

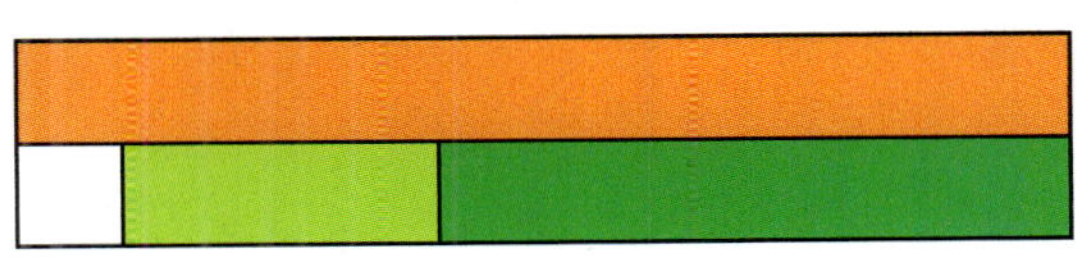

Préciser ce que représente chaque réglette.

2. Déterminer la mesure de l'angle qui correspond à la réglette blanche.
3. En déduire les autres mesures d'angles.
4. Construire un tel triangle avec EF = 4 cm.

Je développe mes savoir-faire

52 **Chercher et Raisonner**

Un triangle PLI est tel que $\widehat{LPI} = 2 \times \widehat{PIL}$ et $\widehat{PLI} = 3 \times \widehat{PIL}$.
Quelles sont les mesures des angles du triangle PLI ?

53 **Chercher et Raisonner**

Dans le triangle DEF, on sait que $\widehat{DEF}$ est égal au triple de la mesure de $\widehat{DFE}$ et que $\widehat{EDF}$ est égal à la somme de 10° et de la mesure de $\widehat{DFE}$. Quelle est la mesure de $\widehat{DFE}$?

54 **Raisonner**

Voici quatre figures et quatre programmes Scratch.
Associer chaque figure à son programme.

Programme 1

Programme 2

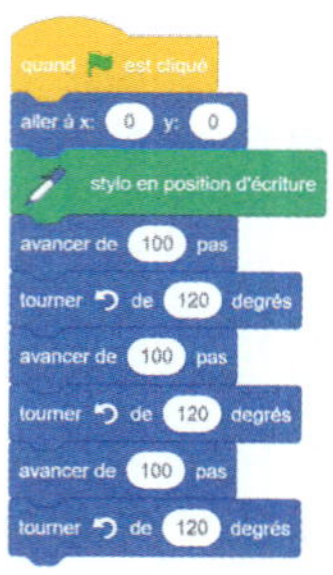

Programme 3

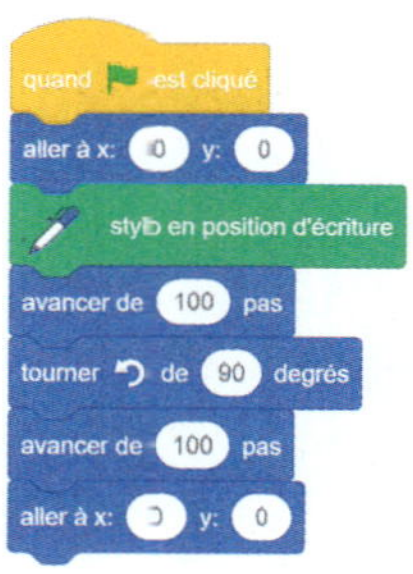

Programme 4

Figure A

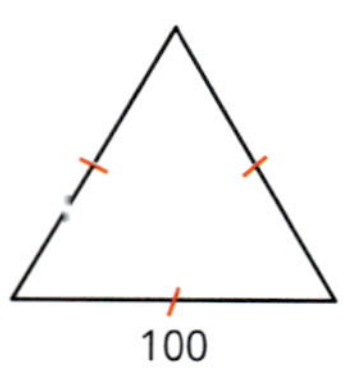

Figure B

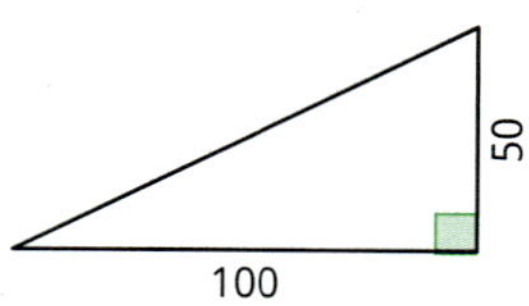

Figure C

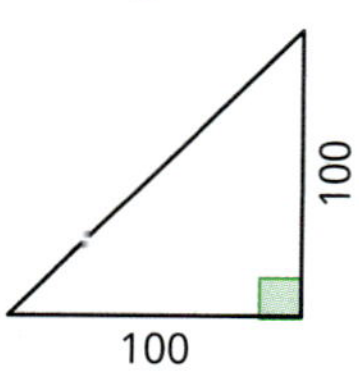

Figure D

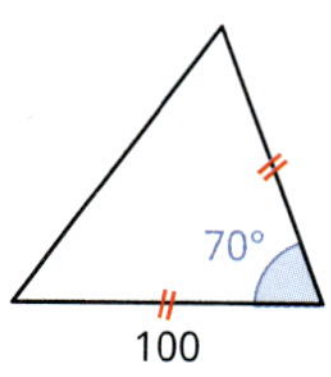

55 **Raisonner et Calculer**

La mosaïque de Lod a été retrouvée en Israël lors de fouilles archéologiques.

Photo

Schéma simplifié

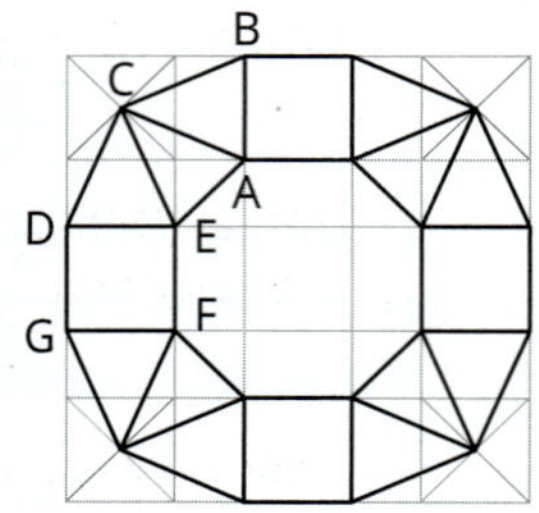

Sachant que le quadrilatère DEFG est un carré, que l'angle $\widehat{AEF}$ mesure 135° et que les triangles CDE, CEA et CAB sont tous égaux et isocèles en C, déterminer les mesures des angles $\widehat{CED}$ et $\widehat{DCE}$. Justifier.

POUR INFO !

Une mosaïque est une œuvre d'art composée d'assemblages de petites pièces colorées utilisées pour créer des motifs décoratifs sur les sols, les murs ou les plafonds.

56 **Raisonner et Communiquer**

Pour tracer le cercle circonscrit à un triangle équilatéral ABC, Juliette a tracé deux bissectrices du triangle et pris pour centre du cercle leur point d'intersection.
Naïm lui fait remarquer qu'il fallait prendre deux médiatrices de côtés et non des bissectrices.
Juliette proteste et affirme : « Ça marche quand même, car le triangle est équilatéral ! »
Expliquer pourquoi Juliette et Naïm ont, dans ce cas, tous les deux raison.

57 **Je fais une pause**

Lina découpe cinq figures identiques qui ont cette forme :

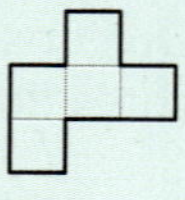

Elle les colle de manière à recouvrir entièrement cette grande figure.
Retrouve son collage.

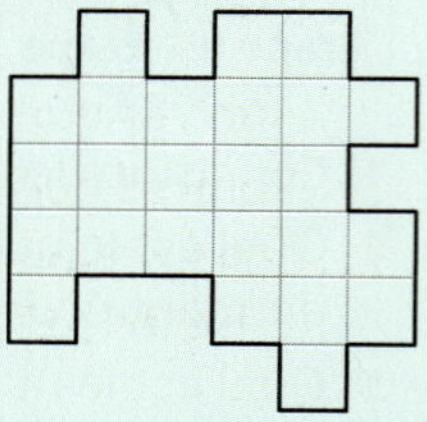

Lina peut faire pivoter les pièces à plat, mais pas les retourner.

Je prépare mon évaluation

45 min

Je contrôle mes connaissances

	a	b	c
58 **Un triangle ABC tel que AB = 4,7 cm ; BC = 7,4 cm et CA = 3 cm :**	n'est pas constructible.	est constructible.	On ne peut pas savoir sans essayer.
59 **(AB) et (DE) sont deux droites perpendiculaires.** 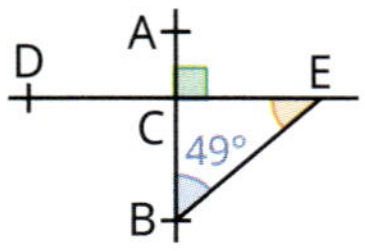	$\widehat{CEB} = 41°$	$\widehat{CEB} = 49°$	$\widehat{CEB} = 131°$
60 **Trois élèves ont mesuré les angles d'un même triangle MNP à l'aide d'un rapporteur :** **– Loïc : $\widehat{MNP} = 35°$, $\widehat{MPN} = 47°$ et $\widehat{NMP} = 107°$;** **– Léa : $\widehat{MNP} = 36°$, $\widehat{MPN} = 47°$ et $\widehat{NMP} = 107°$;** **– Léon : $\widehat{MNP} = 36°$, $\widehat{MPN} = 47°$ et $\widehat{NMP} = 97°$.**	Loïc s'est trompé.	Léa s'est trompée.	Léon s'est trompé.
61 **Le cercle circonscrit à un triangle ABC a pour centre le point O.**	O est équidistant de A, B et C.	OA = OB = OC	O est sur la médiatrice du segment [BC].

Je construis des triangles

62 **1.** Placer quatre points distincts A, B, C et D tels que le quadrilatère ABCD ne soit pas croisé.

2. Construire les points suivants, toujours à l'extérieur du quadrilatère ABCD :
- le point E tel que ABE soit équilatéral ;
- le point F tel que BCF soit rectangle en C avec CF = 4 cm ;
- le point G tel que CDG soit rectangle en G et l'angle $\widehat{CDG} = 40°$;
- le point H tel que ADH soit isocèle en H avec $\widehat{DAH} = 53°$.

Je calcule une mesure d'angle

63 *Cette figure n'est pas à l'échelle.*
On admet que $\widehat{BDC} = 37°$.

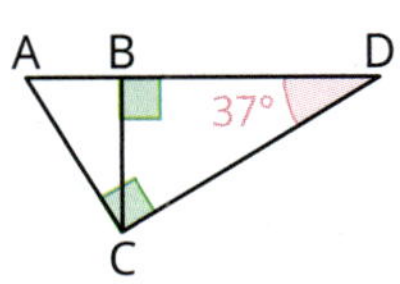

1. Montrer que $\widehat{CAB} = \widehat{BCD} = 53°$.

2. Montrer que $\widehat{ACB} = 37°$.

3. Que peut-on dire des angles des triangles ABC, ACD et BCD ?

Je construis le cercle circonscrit à un triangle

64 **1.** Construire un triangle HIJ tel que IH = 8 cm, IJ = 7 cm et JH = 11 cm.

2. Construire le cercle circonscrit au triangle HIJ.

3. Mesurer le rayon de ce cercle.
Ce schéma correspond à une rocade circulaire reliant les trois villes H, I et J ainsi qu'aux routes directes menant d'une ville à l'autre.

4. On considère que 1 cm sur le schéma représente 1 km en réalité.
En utilisant la valeur du rayon mesuré à la question **3**, donner une valeur approchée de la longueur de la rocade circulaire.

Le périmètre d'un disque de rayon *r* est égal à $2 \times \pi \times r$ (on prendra $\pi \approx 3,14$).

Exercices 58 à 64 corrigés **p. 317-318**

Je mobilise mes compétences

65 **Représenter et Raisonner**

Pour chaque quadrilatère, réaliser un schéma à main levée codé à partir des informations données, puis le construire en vraie grandeur.

a. Un rectangle MATH avec MA = 5,7 cm et $\widehat{MAH} = 50°$.

b. Un losange FLOR avec FO = 6,3 cm et $\widehat{LOF} = 70°$.

c. Un cerf-volant STEP avec $PE = 2 \times ST = 6$ cm et $\widehat{PST} = 80°$.

Pense à représenter les diagonales de chaque quadrilatère et utilise les éléments de symétrie de chacun.

66 **Communiquer**

On veut calculer à l'aide d'un tableur la troisième mesure d'angle dans un triangle donné.

	A	B	C
1	Mesures d'angles en degré		
2	1er angle	2e angle	3e angle
3	36	107	

Quelle formule écrire dans la cellule **C3** pour obtenir la mesure du troisième angle ?

67 **Raisonner et Chercher**

ABCD est un parallélogramme dont l'angle $\widehat{BCD}$ mesure 60°.
Les bissectrices des angles $\widehat{DAB}$ et $\widehat{ABC}$ se coupent en M.
De plus, A, B et E sont alignés.
Quelle est la nature du triangle AMB ?
Justifier.

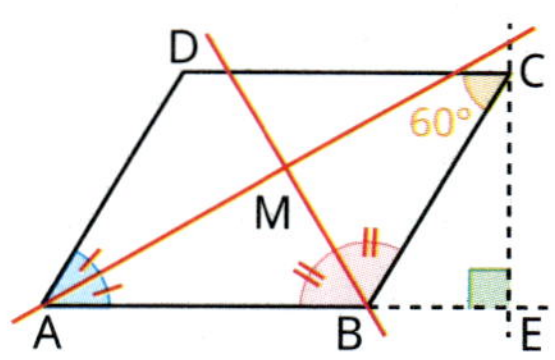

Les angles opposés d'un parallélogramme ont des mesures égales. Utilise le triangle CEB pour montrer que $\widehat{ABC} = 120°$.

68 **Représenter et Raisonner**

1. Construire un segment [MN] de 7 cm.
2. Placer un point O_1 tel que MNO_1 soit rectangle en O_1.
3. Placer d'autres points notés O_2, O_3, ..., O_{10} tels que MNO_i soit rectangle en O_i.
4. À quel ensemble de points semblent appartenir tous les points ainsi construits ?

69 **Raisonner et Calculer**

Construire un triangle ABC équilatéral et un triangle DEF isocèle en D de même périmètre égal à 18 cm.

70 **Raisonner**

Sur le graphique ci-dessous, on place des points selon le protocole suivant :

On considère un triangle dont on mesure les trois angles. Le point correspondant sur le graphique a pour **abscisse** la **plus petite valeur** des trois angles, et pour **ordonnée** la **plus grande valeur** des trois angles.

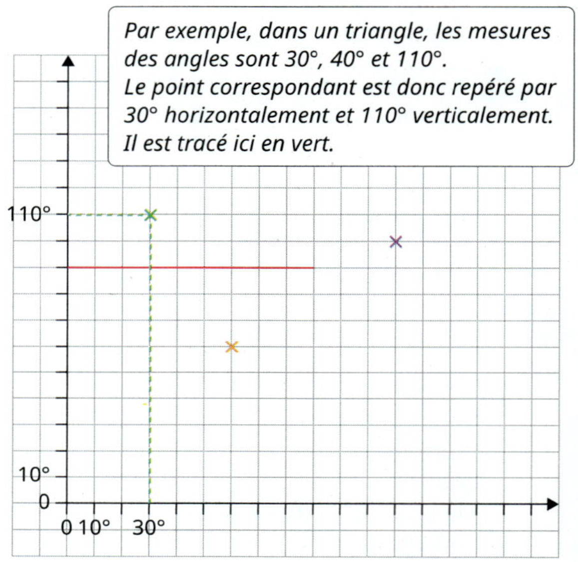

1. Un triangle a pour mesures d'angles 120°, 20° et 40°. Recopier le graphique et y placer le point correspondant.
2. Dans un autre triangle, on connaît deux mesures d'angles : 60° et 50°.
   Placer le point qui lui correspond.
3. Placer un troisième point dans le repère et donner les mesures d'angles correspondant à ce triangle.
4. Si on place un point sur le segment rouge (extrémités exclues), quelle est la nature du triangle correspondant ? Justifier.
5. Quelle est la nature du triangle correspondant au point orange ? Justifier.
6. Prouver que le point violet est mal placé car il ne peut pas être associé à un triangle.
7. Deux triangles isocèles ayant chacun un angle de 30° sont-ils forcément représentés par le même point ? Justifier.

71 Chercher et Raisonner

Soit un cercle de centre O et de rayon 4 cm.

Une conjecture

1. Tracer ce cercle et y placer trois points distincts A, B et M.
2. Tracer les segments [AM], [BM], [OA] et [OB].
3. Mesurer les angles $\widehat{AOB}$ et $\widehat{AMB}$.
4. Que remarque-t-on ?
5. Est-ce aussi le cas pour le choix d'autres points A, B et M ?

Une démonstration

Solal obtient cette figure :

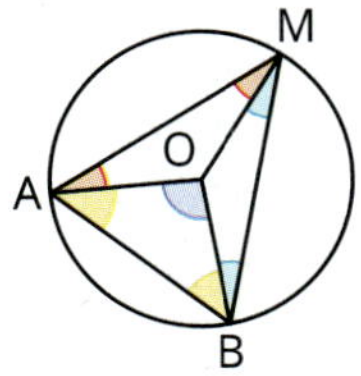

Il en déduit ce schéma en barres :

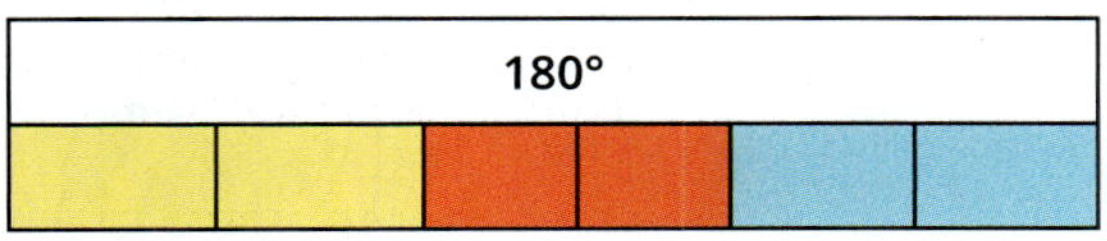

6. Que représentent les différentes barres de couleur ? Dans quel triangle a-t-il obtenu ce schéma ?
7. Dans le triangle AOB, Solal obtient le schéma suivant. À quel angle correspond la barre violette ?

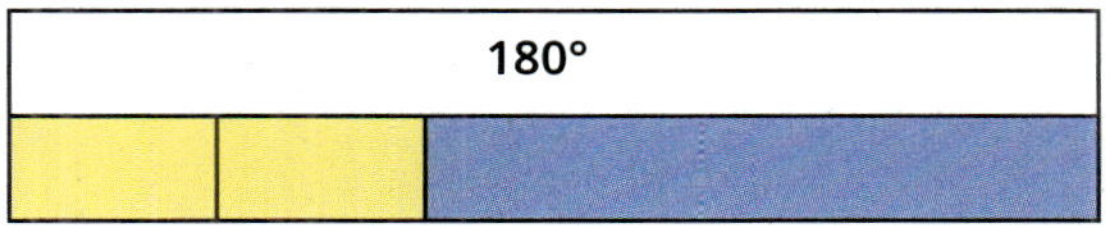

8. À quel angle correspond le schéma ci-contre ?

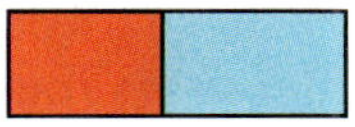

9. En déduire le résultat observé au **4**.

72 Raisonner et Calculer

Sur cette figure, ABCD est un carré et le triangle DCE construit à l'extérieur du carré est équilatéral.

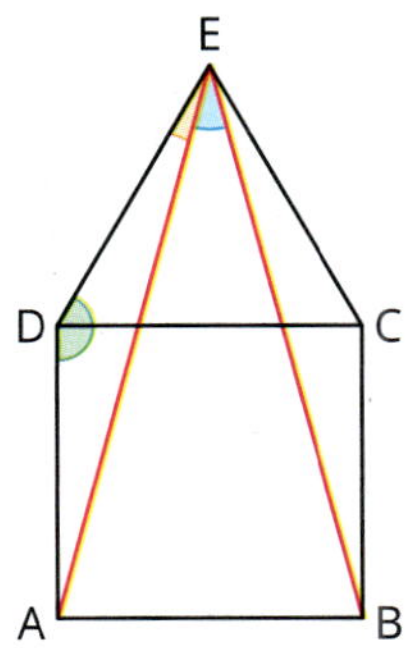

1. Déterminer la nature du triangle DAE.
2. Calculer la mesure de l'angle $\widehat{ADE}$.
3. En déduire la mesure de l'angle $\widehat{DEA}$.
4. Déterminer la mesure de l'angle $\widehat{AEB}$.

Adaptations
edubelin.fr/25mmat6-267
Livret complémentaire p. 40

73 Je prends des initiatives

Chercher et Raisonner

LE PROBLÈME Un polygone régulier est un polygone qui possède autant d'axes de symétrie que de côtés. Ainsi, tous les côtés sont de même longueur et tous les angles formés par deux côtés consécutifs sont de même mesure.

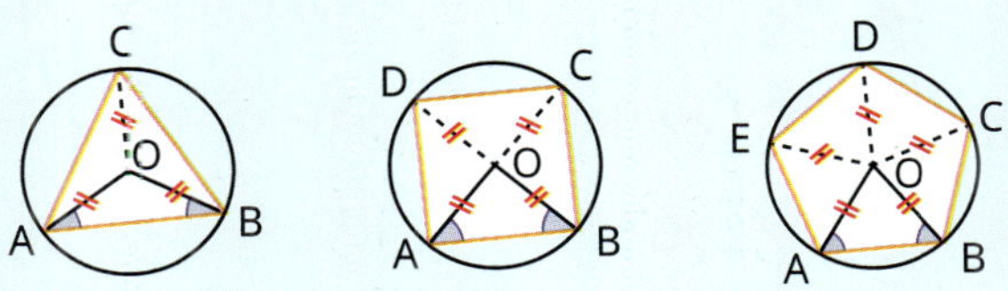

On admet que tout polygone régulier est inscrit dans un cercle. L'objectif est de déterminer la somme des angles d'un polygone régulier, quel que soit le nombre de ses côtés.

1. **Cas du carré**
   a. Pourquoi un carré est-il un polygone régulier ?
   b. Calculer la somme de ses angles.
2. **Cas du pentagone régulier**
   On admet que le triangle OAB est isocèle en O et que tous les triangles tracés ayant O pour sommet sont superposables.
   a. Quelle est la mesure de l'angle $\widehat{AOB}$?
   b. En déduire la mesure des angles entre deux côtés consécutifs d'un pentagone régulier.
   c. Calculer la somme de ses angles.
3. **Cas de l'hexagone régulier**
   Un hexagone régulier se compose de six triangles équilatéraux identiques ayant un sommet en commun.
   a. Construire un hexagone régulier.
   b. Déterminer la somme de ses angles.
4. **Cas du décagone régulier**
   Un décagone régulier est un polygone régulier à 10 côtés.
   En observant les résultats précédents, conjecturer la somme des mesures des dix angles d'un décagone régulier.

J'utilise un logiciel de géométrie dynamique

Géométrie téléphonée

Niveau mathématique ●●○ Niveau technique ●●○ 45 min

Mobiliser les connaissances sur la construction de triangles à partir des longueurs et des cercles circonscrits.

Jérémie n'a pas pu assister au cours de mathématiques aujourd'hui. Il appelle Yousra pour qu'elle lui explique ce qu'ils ont fait pendant la séance.

1 Yousra lui explique qu'ils ont construit deux figures à l'aide d'un logiciel de géométrie dynamique. Elle lui donne les instructions pour construire la première :

- D'abord, tu dois tracer un triangle équilatéral de côté 4 cm, nommé ABC.
- Ensuite, tu traces le cercle circonscrit à ce triangle.
- Les points d'intersection entre les médiatrices du triangle ABC et le cercle circonscrit de ce triangle se nomment D, E et F.
- Tu finis par tracer le triangle DEF.

- Réaliser cette figure dans un logiciel de géométrie dynamique en n'utilisant que les outils « Cercle (centre-rayon) », « Cercle (centre-point) », « Segment » et « Afficher/Cacher l'objet ».

2 Lorsque Yousra dit à Jérémie que la deuxième figure est beaucoup plus compliquée à décrire, Jérémie lui demande si elle ne pourrait pas plutôt lui en envoyer une capture d'écran.

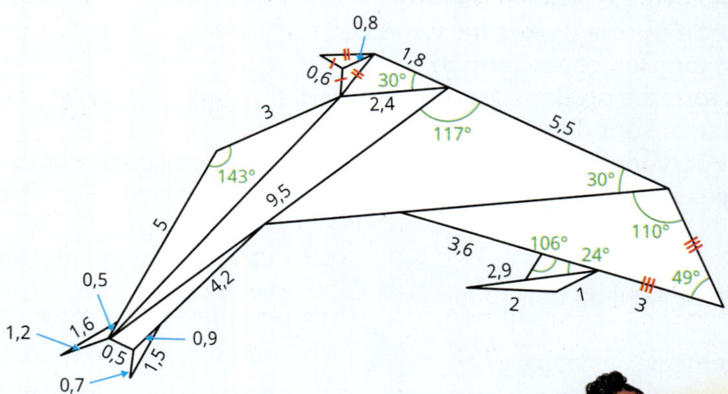

Reproduire cette figure dans un logiciel de géométrie dynamique.

N'hésite pas à cacher les cercles au fur et à mesure pour y voir plus clair !

3 **Un défi pour finir !** Jérémie a tellement travaillé sa géométrie, que dans la nuit, il a rêvé d'un ami géométrique qui s'appelait Toby. Représenter Toby à l'aide d'un logiciel de géométrie dynamique.

Ses grandes pupilles triangulaires dans ses yeux tout ronds rappelaient des cercles circonscrits. Il avait un nez très symétrique, on aurait dit un triangle isocèle. Il avait l'air cool avec son sourire en angle droit et sa tête en forme de triangle équilatéral.

Je joue avec les acquis du chapitre

ANGLES EN SÉRIE

La mission

Retrouve l'ordre dans lequel les cartes se suivent.

La règle

La carte *Départ* donne la mesure d'un angle ; la carte qui doit suivre affiche une figure qui représente cet angle et donne une nouvelle mesure, qui est représentée sur la carte suivante qui donne une nouvelle mesure... et ainsi de suite jusqu'à la carte *Fin*.

Exemple

1 — DÉPART — Je mesure 90°

2 — Je suis

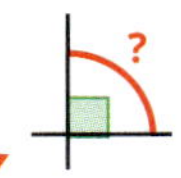

Je mesure 25°

Note l'ordre d'enchaînement des cartes sur ton cahier.

À ton tour !

A — DÉPART — Je mesure **105°**

B — Je suis

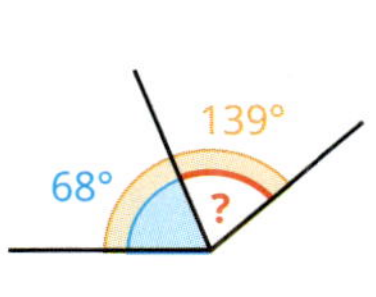

Je mesure **65°**

C — Je suis

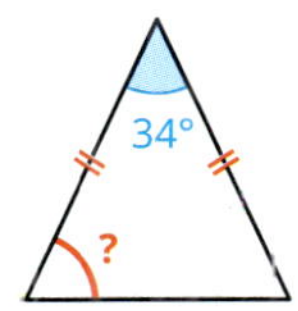

Je mesure **59°**

D — Je suis

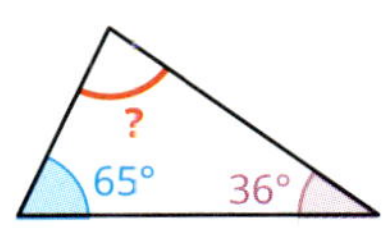

Je mesure **20°**

E — Je suis

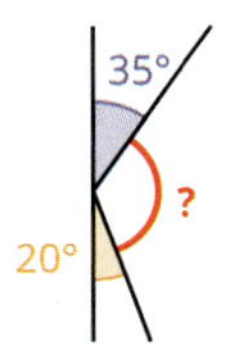

Je mesure **46°**

F — Je suis

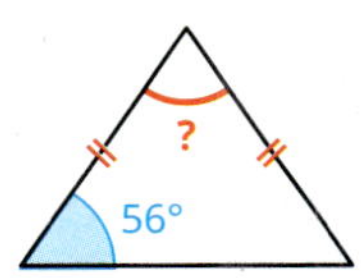

Je mesure **73°**

G — Je suis

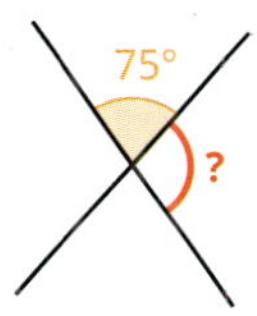

Je mesure **117°**

H — Je suis

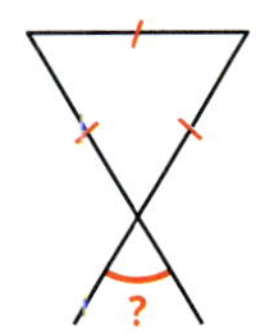

Je mesure **76°**

I — Je suis

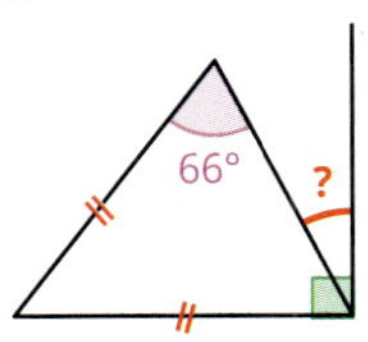

Je mesure **60°**

J — Je suis

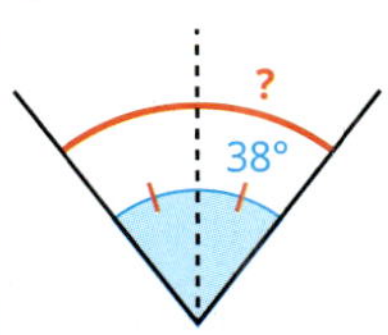

Je mesure **68°**

K — Je suis

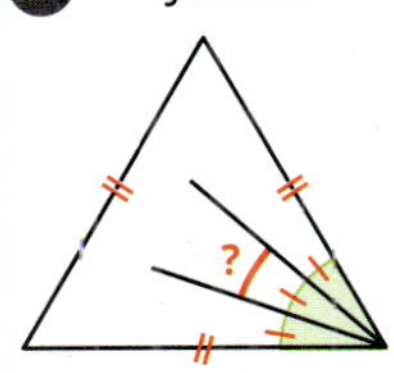

Je mesure **125°**

L — Je suis

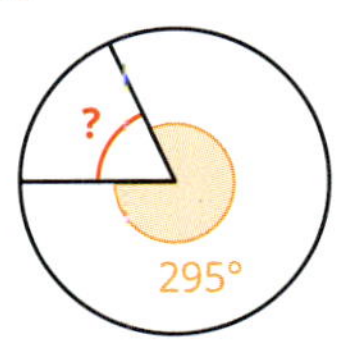

Je mesure **24°**

M — Je suis

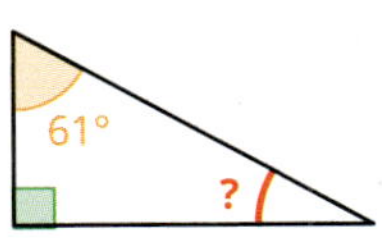

Je mesure **71°**

N — Je suis

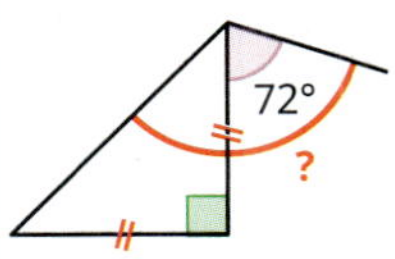

Je mesure **79°**

O — Je suis

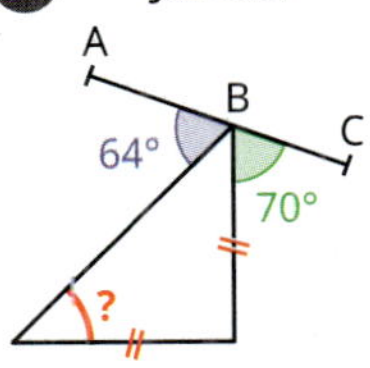

Je mesure **29°**

P — Je suis

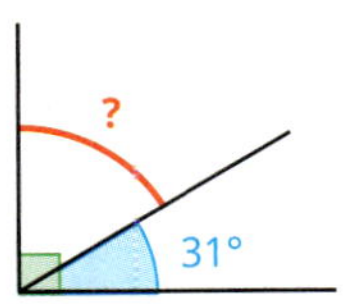

FIN

CHAPITRE 13

Symétrie axiale

Voici le Taj Mahal en Inde.
Ce symbole d'amour éternel est un monument aussi artistique que mathématique !

ON FAIT des MATHS ?

La symétrie axiale est un outil pour l'art ou les mathématiques ?

De l'image dans un miroir jusqu'au reflet dans l'eau, en passant par la peinture et l'architecture ou simplement dans la nature, la symétrie axiale se cache partout autour de nous. Dans cette vidéo, Stéphane et Adrien te proposent d'apprendre à la repérer et à observer le monde avec un œil d'artiste, grâce à quelques exemples célèbres !

POUR VOIR LA VIDÉO
edubelin.fr/25mmat6-270

Je développe mes **automatismes**

Automatismes
edubelin.fr/25mmat6-271
5 séries en PDF

5 min

Réponds à ces questions sans utiliser la calculatrice !

1. Quand Janelle va acheter du pain, elle peut garder la monnaie. Actuellement, elle a 10 pièces de 20 centimes, 21 pièces de 10 centimes et 30 pièces de 5 centimes. Quelle somme d'argent a-t-elle ?

2. Ranger dans l'ordre croissant :

$$\frac{3}{4} \ ; \ \frac{4}{3} \text{ et } 1.$$

3.

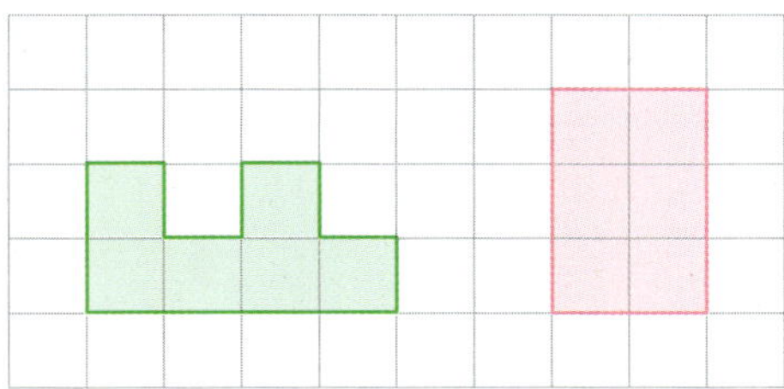

Quelle est la proposition vraie ?

a Ces deux polygones ont la même aire et la figure rose a un périmètre supérieur à celui de la figure verte.

b Ces deux polygones ont la même aire et la figure verte a un périmètre supérieur à celui de la figure rose.

c La figure verte a une aire et un périmètre supérieurs à ceux de la figure rose.

4. Entre 12 ans et 15 ans, le rythme cardiaque moyen varie entre 62 et 96 battements par minute.
Au début d'une séance d'EPS, Noa compte 13 battements en 10 secondes.
Son rythme cardiaque est-il dans la moyenne ?

5. Pour les 8-12 ans, les matchs de handball se déroulent en trois tiers temps de 12 minutes chacun, avec 5 minutes de pause entre les tiers temps.
Quelle est la durée d'un match de handball pour les 8-12 ans ?

6. Combien y a-t-il d'élèves en 6e C ?

	6e A	6e B	6e C	Total
Élèves demi-pensionnaires	10	13		36
Élèves externes	14		8	

Objectifs : • Identifier/reconnaître la symétrie axiale. • Repérer les axes de symétrie d'une figure.

Je **manipule** avec mes acquis

20 min

1. Identifie les situations dans lesquelles les pièces rouges sont symétriques par rapport à la droite bleue :

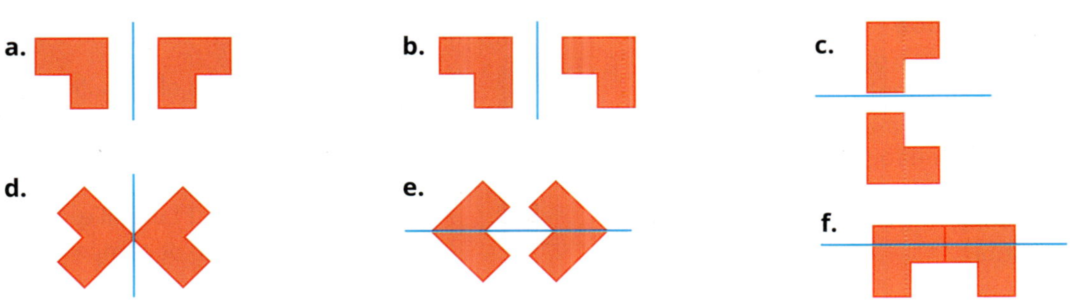

Explique tes choix.

2. Reproduis ces pièces sur ton cahier, puis trace leur(s) axe(s) de symétrie.

Je découvre

JE REVOIS

QCM Donner la ou les bonne(s) réponse(s) parmi les trois propositions.

1. Dans quel(s) cas C′ est-il le symétrique du point C par rapport à la droite rouge ?

a

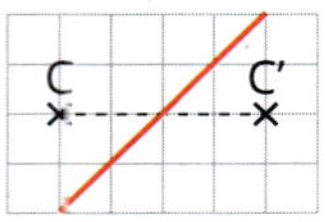

b

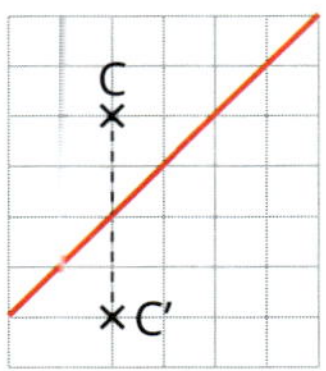

c

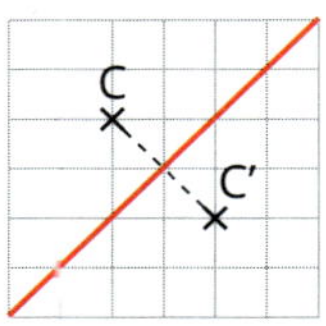

2. Dans quelle(s) situation(s) les figures sont-elles symétriques par rapport à la droite rouge ?

a

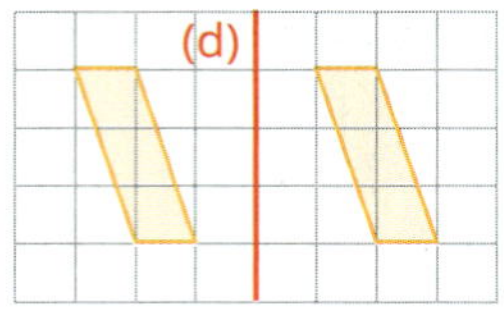

b

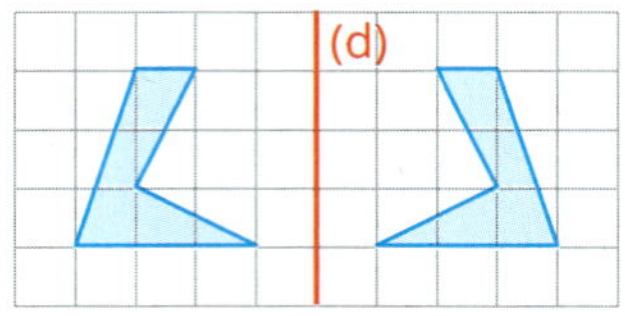

c

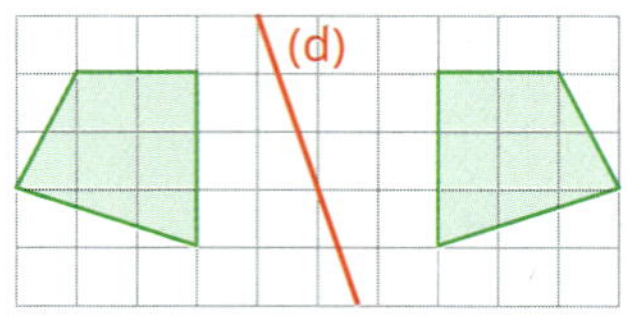

3. Dans quel(s) cas la droite rouge est-elle la médiatrice du segment tracé ?

a

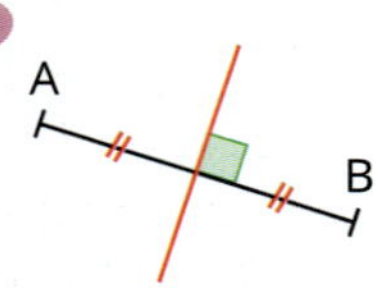

b

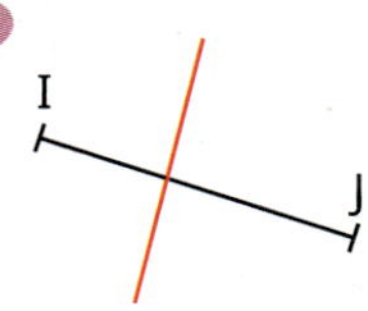

c

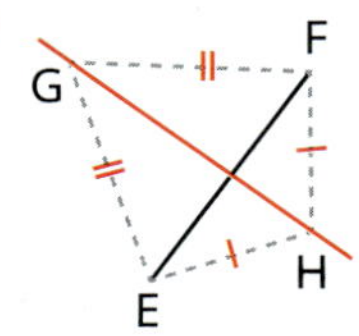

Activité 1 Les pliages

Objectif : Manipuler pour comprendre les effets d'une symétrie axiale

Matériel

5 feuilles de papier A4

Manipulation

• Prendre une feuille de papier.
• La plier en deux trois fois de suite suivant l'ordre des plis indiqué par le schéma.

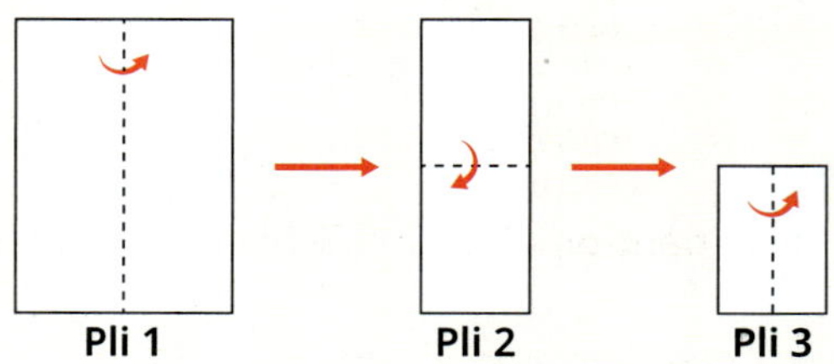

1. Manipulation 1

On perce un trou à l'intérieur du dernier rectangle obtenu.

a. Combien y a-t-il de trous dans la feuille une fois dépliée ?

b. Après avoir reproduit la figure ci-contre, représenter leurs positions.

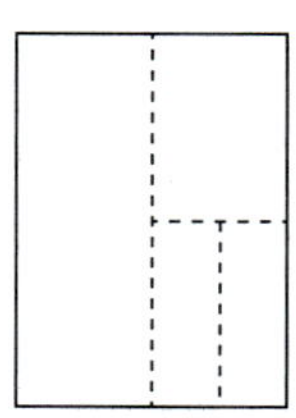

2. Manipulation 2

On prend une nouvelle feuille pliée trois fois. On coupe la zone bleue comme indiqué ici.

a. Représenter ce qui sera obtenu en dépliant la feuille.

b. Déplier la feuille et comparer.

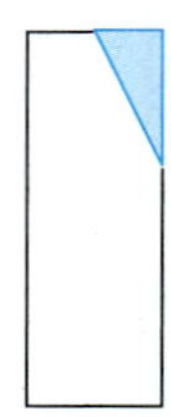

3. Manipulations 3, 4 et 5

Faire de nouveaux découpages selon les modèles ci-contre. Représenter ce qui sera obtenu en dépliant la feuille.

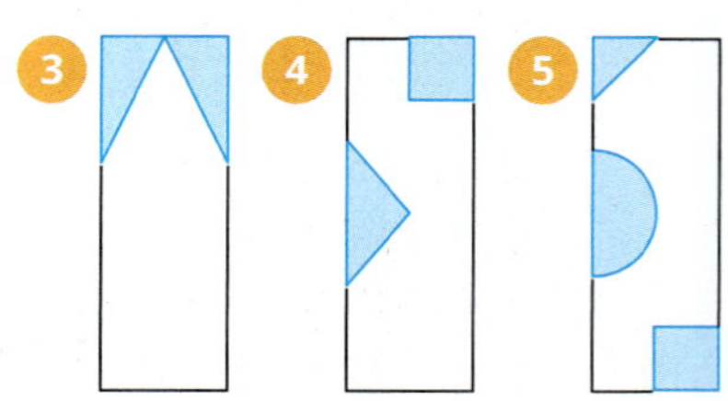

4. Pour conclure, recopier et compléter :
« Deux figures sont … par rapport à … lorsqu'elles se superposent par … selon cette droite. »

JE REVOIS

QCM Donner la ou les bonne(s) réponse(s) parmi les trois propositions.

1. La médiatrice d'un segment [AB] :
- **a** coupe le segment en son milieu.
- **b** est perpendiculaire au segment [AB].
- **c** est l'ensemble des points équidistants de A et B.

2. **a** Les points A et E sont symétriques par rapport à la droite rouge.
b Les points A et D sont symétriques par rapport à la droite rouge.
c Les points A et F sont symétriques par rapport à la droite rouge.

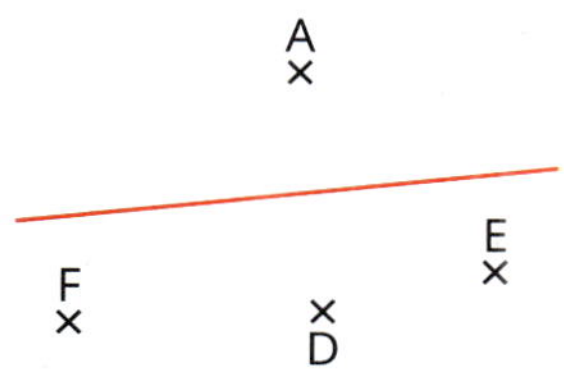

3. ABCD est un carré.
- **a** Les points A et C sont symétriques par rapport à la droite (BD).
- **b** Le point B est le symétrique du point A par rapport à la médiatrice de [CD].
- **c** Les points A et D sont symétriques par rapport à la droite (BC).

Activité 2 Un axe qui traverse la figure

Objectif : Identifier les propriétés de la symétrie axiale

Figure symétrique

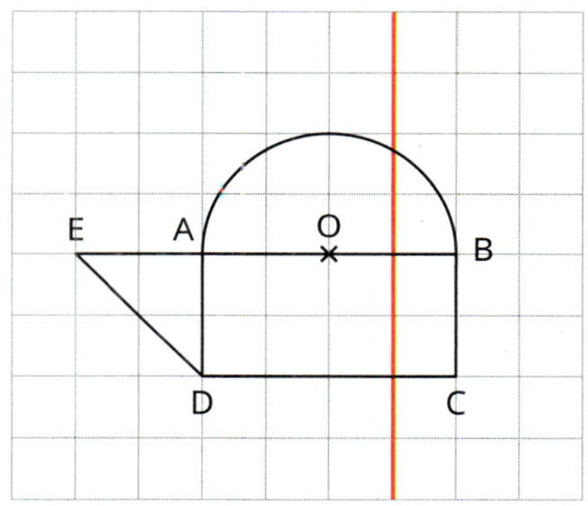

1. Reproduire cette figure sur du papier calque et construire son symétrique par rapport à la droite rouge.

2. Repérer les points A', B', C' et D', symétriques des points A, B, C et D, et tracer les segments [AA'], [BB'], [CC'] et [DD'].

3.

Il y a autant de carreaux à droite qu'à gauche entre la droite et les points A et A', B et B', C et C', D et D'.

La droite rouge est perpendiculaire à chacun des segments [AA'], [BB'], [CC'] et [DD'].

Que peut-on dire de la droite rouge pour ces quatre segments ?

Propriétés de la symétrie axiale

On utilise la figure tracée à la question **1**.

4.

> **Définition :** Un point est dit **invariant** par une symétrie axiale quand son symétrique par rapport à la droite considérée est lui-même.

a. Placer un point I sur la figure de façon à ce qu'il soit invariant par la symétrie d'axe rouge.
b. Placer sur la figure deux autres points invariants par la symétrie d'axe rouge.

5. **a.** Quel est le symétrique du segment [BC] par rapport à la droite rouge ?
b. Quelle est sa longueur ?

6. **a.** Quel est le symétrique de l'angle $\widehat{ABC}$ par rapport à la droite rouge ?
b. Quelle est sa mesure ?

7. Recopier et compléter les propriétés suivantes :
a. Le symétrique d'un segment est … de … .
b. Le symétrique d'un angle est … de … .
c. Le symétrique d'un demi-cercle est … de … .

J'apprends

A La symétrie axiale

Définition

Le **symétrique d'un point** M par rapport à une droite (d) est :

- le point M lui-même s'il appartient à la droite (d). On dit qu'il est **invariant** par la symétrie d'axe (d).

- l'unique point M′ tel que la droite (d) soit la **médiatrice du segment [MM′]**.

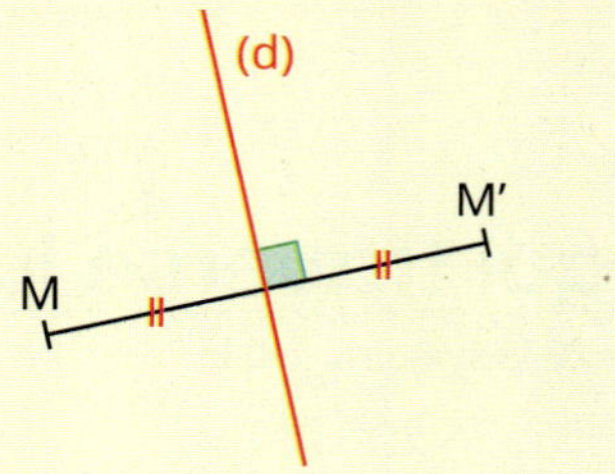

B Symétrique d'une figure

Définition

Le **symétrique de la figure** $\mathcal{F}$ par la symétrie axiale d'axe (d) est la figure $\mathcal{F}'$ obtenue en construisant le symétrique de chaque point de $\mathcal{F}$ par rapport à (d).

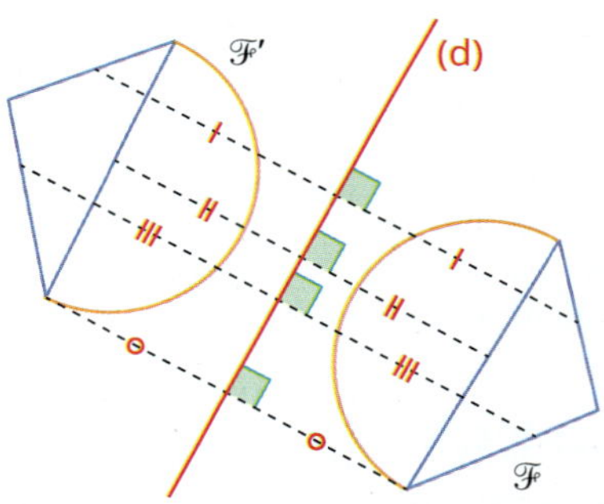

Remarques

- On dit alors que $\mathcal{F}'$ est la **figure symétrique de** $\mathcal{F}$ par rapport à la droite (d).
- Les figures $\mathcal{F}$ et $\mathcal{F}'$ **sont superposables** par pliage le long de la droite (d).

C Propriétés de la symétrie axiale

Propriétés (admises)

- La symétrie axiale conserve l'alignement des points.
- La symétrie axiale conserve les distances.
- La symétrie axiale conserve les mesures d'angles.
- La symétrie axiale conserve les aires.

Ces propriétés sont appelées « propriétés de conservation de la symétrie ».

Je retiens

Quand tu as appris ton cours, cache-le avec une feuille et réponds aux questions.

Dans quel cas le symétrique d'un point M par rapport à une droite (d) est-il le point M lui-même ?

Si M ≠ M′, à quelle condition a-t-on M et M′ symétriques par rapport à une droite (d) ?

Comment peut-on qualifier deux figures symétriques par rapport à une droite (d) ?

Conséquences

- Le **symétrique d'une droite** est une droite.

Exemple

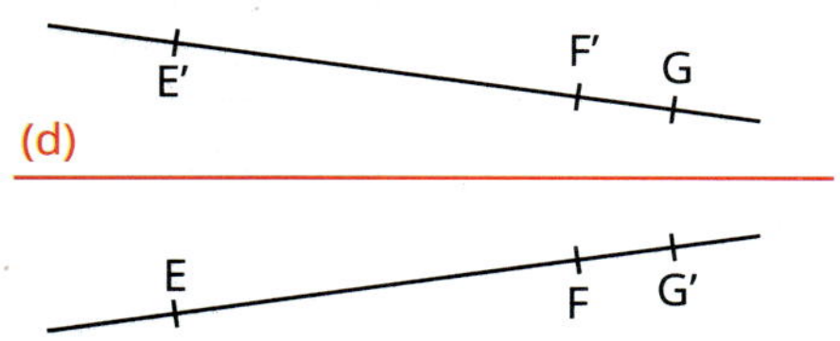

– Les points E, F et G sont alignés et leurs symétriques respectifs par rapport à (d) aussi.
– Les droites (EF) et (E'F') sont symétriques par rapport à (d).

- Le **symétrique d'un segment** est un segment de même longueur.

Exemple

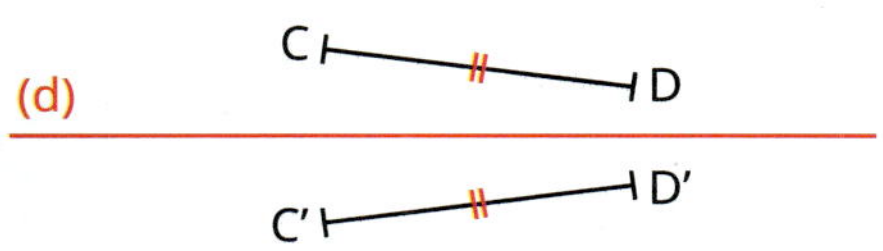

- Le **symétrique d'un angle** est un angle de même mesure.

Exemple

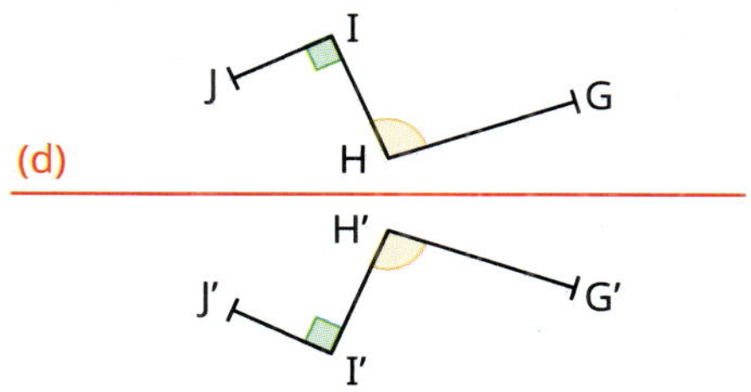

- Le **symétrique d'un cercle** est un cercle de même rayon dont le centre est le symétrique du centre du cercle de départ.

Exemple

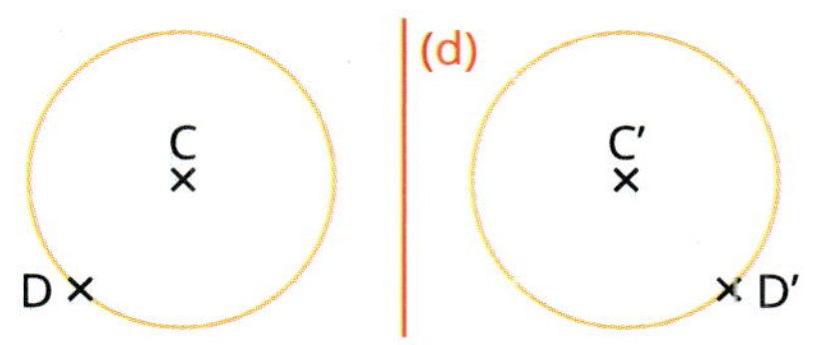

Je retiens

Que signifie l'expression « La symétrie axiale conserve l'alignement » ?

Quand deux segments sont symétriques, que peut-on dire de leurs longueurs ?

Quand deux angles sont symétriques, que peut-on dire de leurs mesures ?

Quand deux cercles sont symétriques, que peut-on dire de leurs rayons ?

Quand peut-on dire qu'une figure possède un axe de symétrie ?

Pour chaque figure, citer, sans justifier, son nombre d'axes de symétrie : carré, cercle et triangle équilatéral.

D Axes de symétrie d'une figure

Définition

Si la figure symétrique d'une figure $\mathscr{F}$ par rapport à une droite est elle-même, alors cette droite est un **axe de symétrie** de la figure $\mathscr{F}$.

Exemples à retenir

- La médiatrice d'un segment est un axe de symétrie de ce segment.

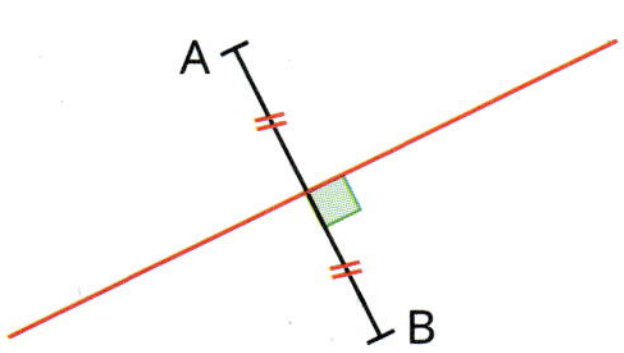

- La bissectrice d'un angle est l'unique axe de symétrie de cet angle.

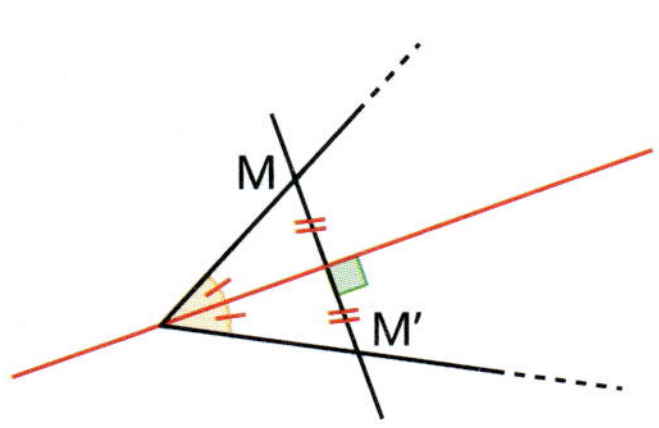

- Un triangle équilatéral possède trois axes de symétrie.

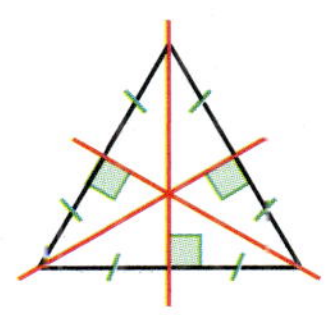

- Un carré possède quatre axes de symétrie.

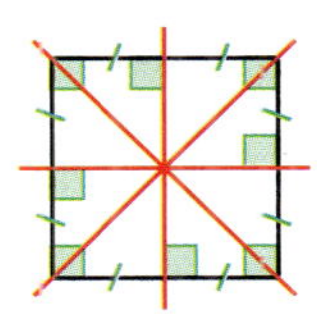

- Un cercle possède une infinité d'axes de symétrie passant par le centre de ce cercle.

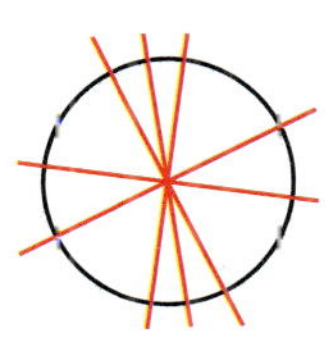

MON QCM DE RÉVISION
edubelin.fr/25mmat6-275

J'apprends à faire

1 Construire le symétrique d'un point

Soit (d) une droite et A un point n'appartenant pas à cette droite. Construire le point B, symétrique du point A par rapport à (d), selon deux méthodes différentes.

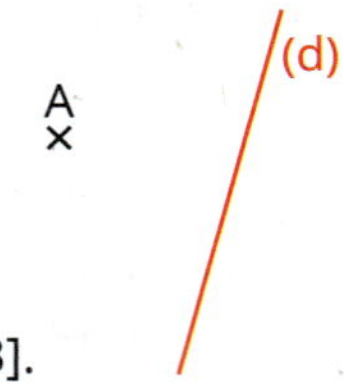

Solution

Dans les deux méthodes, on utilise le fait que (d) doit être la médiatrice du segment [AB].

Méthode 1 Avec la règle graduée et l'équerre

On s'appuie sur cette définition :
La médiatrice de [AB] est la droite perpendiculaire à [AB] passant par son milieu.

Étape 1 On construit la demi-droite [A*x*) perpendiculaire à la droite (d) avec la règle et l'équerre.

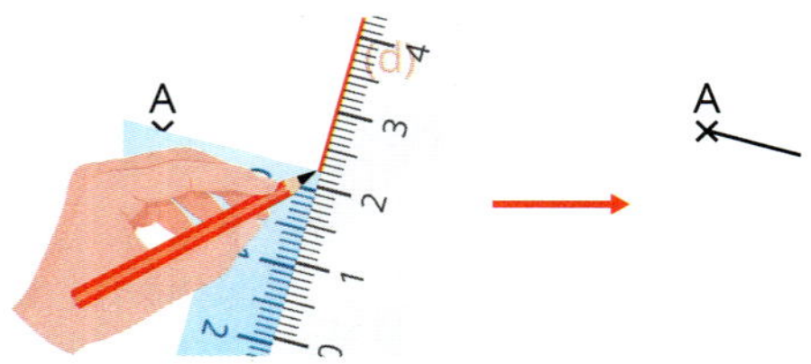

Étape 2 On mesure la distance entre A et (d) et on la reporte de l'autre côté de (d) pour placer B.

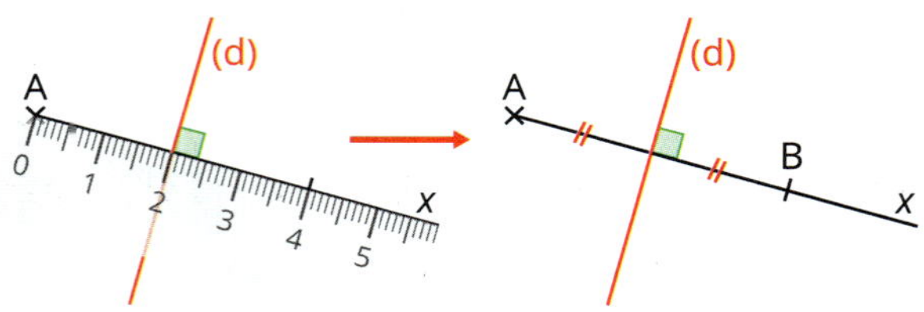

Méthode 2 Avec la règle et le compas

On s'appuie sur une autre définition :
La médiatrice de [AB] est l'ensemble des points équidistants de A et B.

Étape 1 On trace deux arcs de cercle de centre A coupant la droite (d) en deux points.

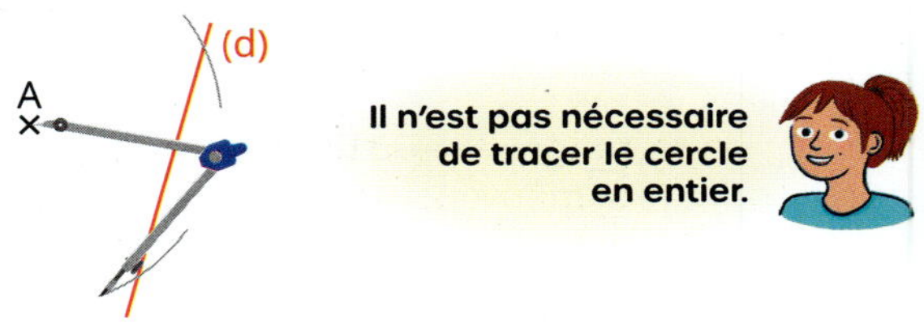

Étape 2 Sans changer l'écartement du compas, on trace deux arcs de cercle sécants ayant pour centres les deux points créés précédemment.
Le point ainsi tracé est le point B.

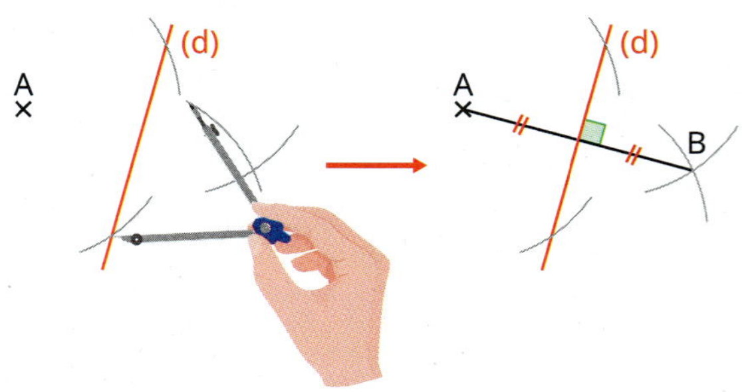

JE M'EXERCE

1. Sur une feuille blanche, tracer une droite (d) et trois points E, F et G n'appartenant pas à cette droite et situés de part et d'autre* de celle-ci.
2. Construire les symétriques de chaque point par rapport à (d) en utilisant les deux méthodes de construction.

* **« De part et d'autre » signifie de chaque côté.**

Exercice corrigé **p. 318**

2 Construire le symétrique d'une figure

Tracer un triangle équilatéral ABC sur une feuille blanche, puis tracer une droite qui traverse le triangle.
Construire le symétrique de ABC par rapport à cette droite.

Solution

Grâce aux **propriétés de conservation de la symétrie axiale**, on peut construire le symétrique de deux sommets du triangle (A et B par exemple), puis terminer la construction en utilisant le fait que le symétrique d'un segment est un segment de même longueur.

Étape 1 On construit les points A' et B', symétriques respectifs de A et B par rapport à la droite rouge, (d).

Étape 2 ABC est un triangle équilatéral, donc son symétrique est aussi un triangle équilatéral dont la longueur du côté est identique. On trace deux arcs de cercle de rayon AC, l'un de centre A', l'autre de centre B'.

Étape 3 Le point C' est le point d'intersection des deux arcs de cercle tels que C et C' soient de part et d'autre de la droite (d).

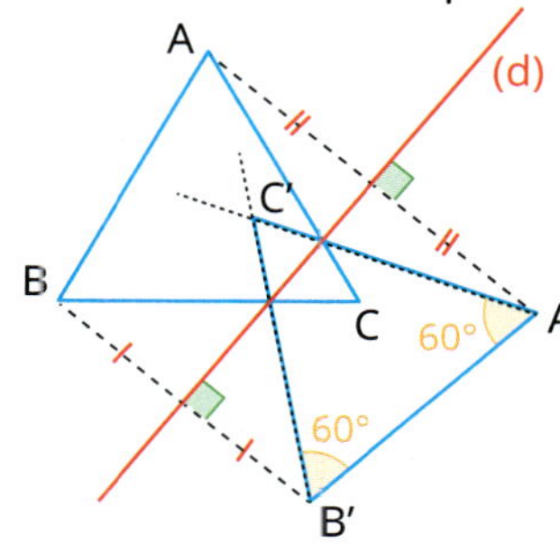

Il est possible d'utiliser d'autres méthodes que celle présentée ici : je peux aussi construire le symétrique de chaque sommet du triangle, puis relier les points obtenus, par exemple.

JE M'EXERCE

Tracer un rectangle ABCD sur une feuille blanche, puis tracer une droite qui le traverse.
Construire le symétrique de ABCD par rapport à cette droite.

Exercice corrigé **p. 318**

3 Utiliser les propriétés de la symétrie axiale pour démontrer

Un rectangle ABCD admet deux axes de symétrie qui sont les médiatrices de ses côtés.

1. Faire un schéma à main levée de la situation.
2. Prouver que les diagonales d'un rectangle sont toujours de la même longueur.

Solution

1.

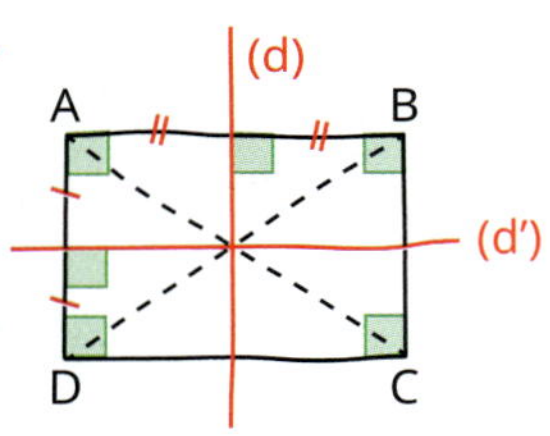

2. Soit ABCD un rectangle :
- (d) est la médiatrice de [AB], donc le point B est le symétrique de A par rapport à (d) ;
- (d) est aussi la médiatrice de [CD], donc le point D est le symétrique de C par rapport à (d).

Ainsi, [BD] est le symétrique de [AC] par rapport à (d).
D'après la propriété de **conservation des longueurs par symétrie axiale**, AC = BD.
On peut donc conclure que les deux diagonales du rectangle ont la même longueur.

On aurait pu faire la même démonstration en choisissant la droite (d').

JE M'EXERCE

On admet que les diagonales d'un losange sont ses axes de symétrie.

1. En utilisant la définition de deux points symétriques par rapport à une droite, démontrer que les diagonales d'un losange sont perpendiculaires et se coupent en leur milieu.
2. Un cerf-volant est une figure dont une diagonale est un axe de symétrie.
   Démontrer que l'autre diagonale est perpendiculaire à cet axe de symétrie.

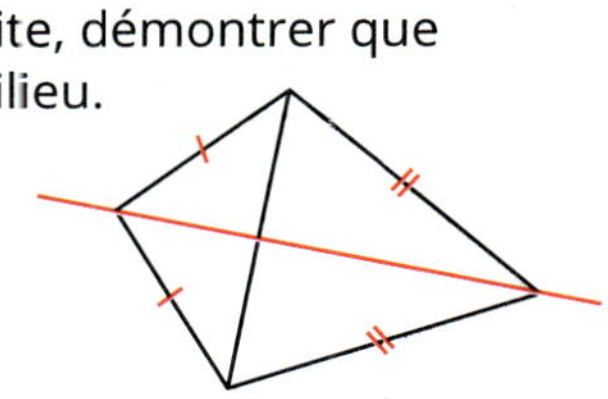

Exercice corrigé **p. 318**

Je prends confiance

Je prends mon élan

1 **QCM** Donner la ou les bonne(s) réponse(s) parmi les trois propositions.

1. Quelles figures semblent symétriques par rapport à la droite tracée en rouge ?

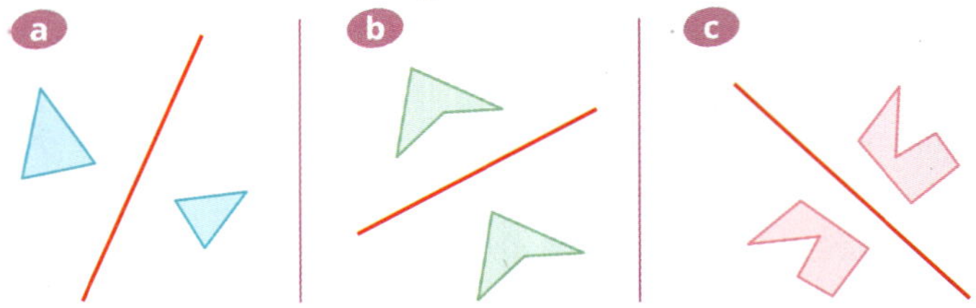

2. Les points A et B sont symétriques par rapport à une droite (d).
   a Le milieu du segment [AB] est situé sur (d).
   b (d) est la médiatrice du segment [AB].
   c (d) est perpendiculaire au segment [AB].

3. Combien d'axes de symétrie possède un carré ?
   a 4 **b** 2 **c** 1

Je me lance

Reconnaître des figures symétriques

2 On a tracé le symétrique de la figure bleue par rapport à chacune des droites (d_1), (d_2) et (d_3) :

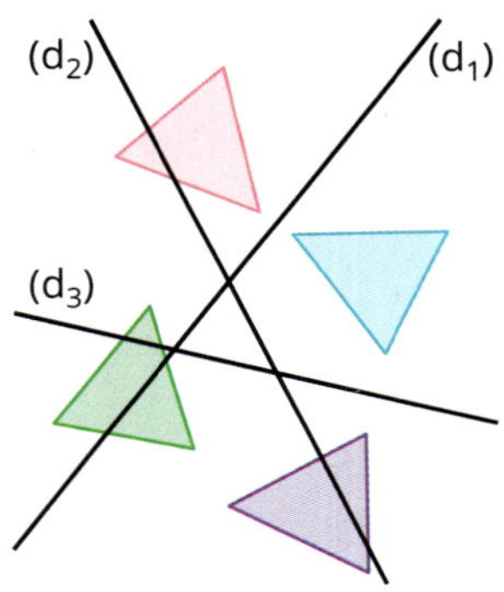

Donner la couleur de la figure symétrique à la figure bleue par rapport à chaque droite.

Construire le symétrique d'une figure

3 Le point M_1 se trouve dans la zone A1.
Le point M_2 se trouve dans la zone F3.

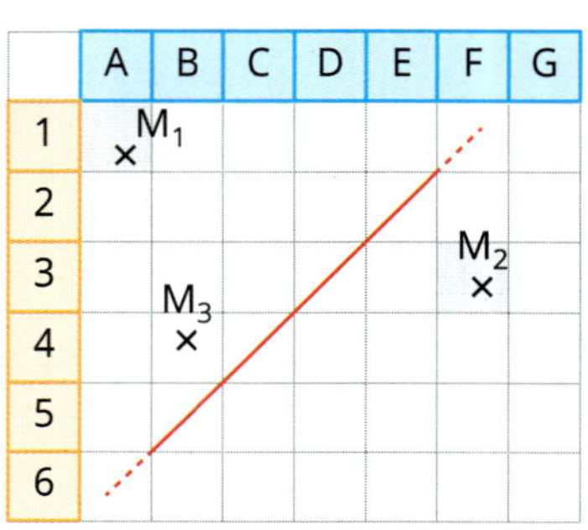

1. Dans quelle zone se situe le point M_3 ?
2. Indiquer dans quelle zone se trouve le symétrique de chaque point par rapport à la droite tracée en rouge.
3. Vérifier les réponses à l'aide d'un calque, en procédant par pliage.

4 Recopier et compléter chaque phrase.
Plusieurs réponses sont possibles.

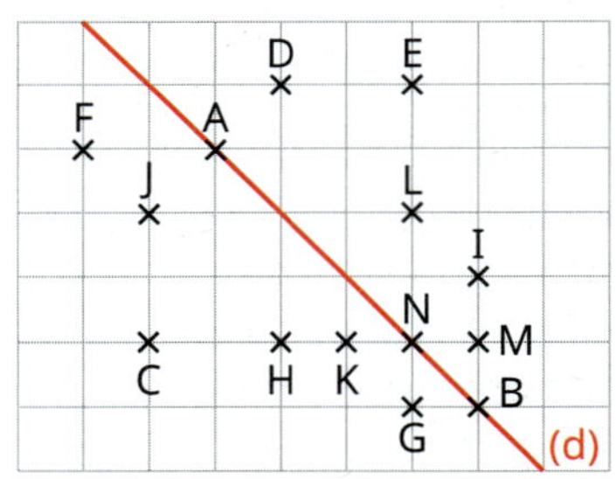

a. ... est le symétrique du point ... par rapport à ... .
b. ... et ... sont symétriques par rapport à ... .
c. Le point ... est invariant par la symétrie d'axe ... .

5 1. Tracer une droite (d), un point A situé sur (d) et un point B n'appartenant pas à (d).
2. Quel est le symétrique de A par rapport à (d) ?
3. Construire le point B′, symétrique de B par rapport à (d).
4. Que représente :
   a. la droite (d) pour le segment [BB′] ?
   b. la droite (d) pour l'angle $\widehat{BAB'}$?

6 **Automatismes**

Reproduire les situations proposées, puis construire le symétrique des carrés colorés par rapport à chacune des deux droites :

a.

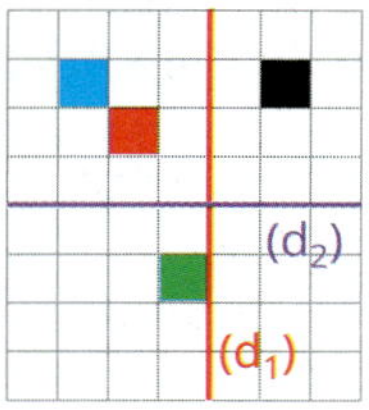

b.

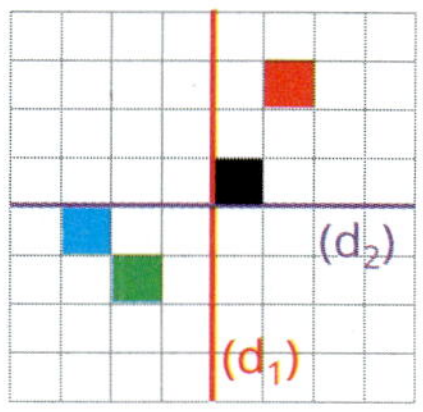

7 Reproduire cette figure, puis construire son symétrique par rapport à la droite rouge :

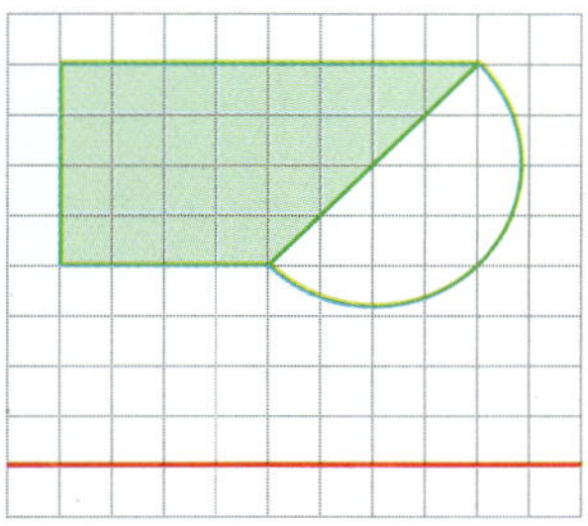

Pense à la place nécessaire pour construire le symétrique.

8 **Manipulation**

Dans chaque cas, chercher un assemblage de polyminos en L qui convient pour obtenir la figure décrite.

a. Une figure composée d'une seule couleur et ayant un unique axe de symétrie.

b. Une figure composée de deux couleurs et ayant un unique axe de symétrie.

c. Une figure composée de trois couleurs et ayant un unique axe de symétrie.

d. Une figure composée de plusieurs couleurs et ayant deux axes de symétrie.

9 **1.** Reproduire cette figure, puis placer le point E_1, symétrique de E par rapport à la droite (d_1).

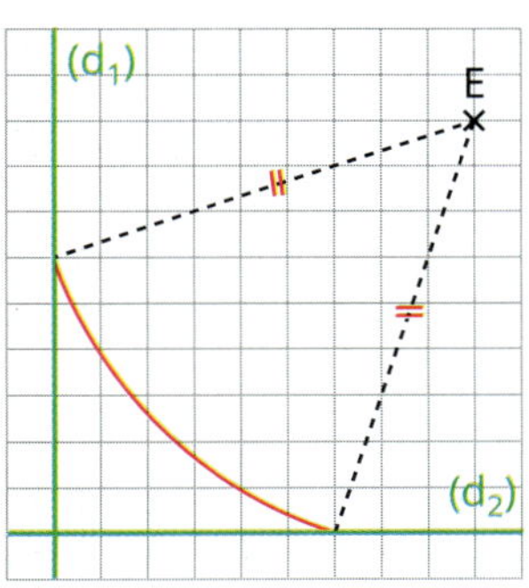

2. Tracer l'arc de cercle symétrique par rapport à cette même droite.

3. Terminer la figure par symétrie par rapport à la droite (d_2).

Déduire des informations

10 **Automatismes**

Les triangles ECD et HGF sont symétriques par rapport à la droite (d).

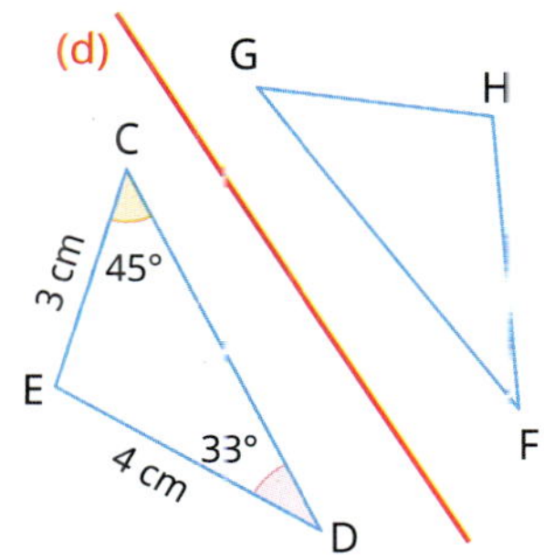

Donner les longueurs et les mesures d'angles que l'on peut déterminer dans le triangle HGF. Justifier.

11 **1. Vrai ou Faux ?**

Dans une symétrie axiale :

a. des segments symétriques peuvent avoir un point commun ;

b. des segments symétriques peuvent être de longueur différente ;

c. des segments symétriques peuvent être parallèles.

2. Illustrer chaque phrase vraie par un exemple tracé à l'aide des instruments.

Reconnaître des axes de symétrie

12 Nommer tous les axes de symétrie du rectangle ABCD.

Tu peux plier une feuille rectangulaire pour t'aider.

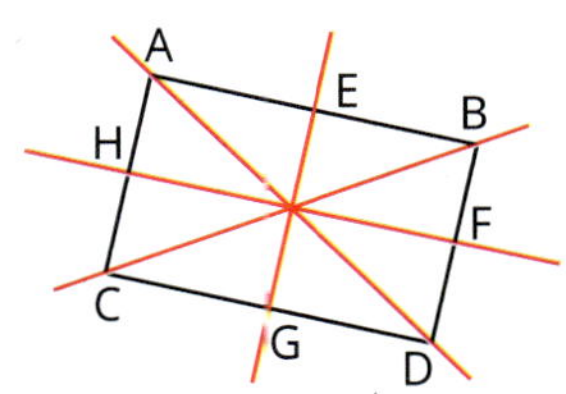

13 Reproduire et compléter cet « *invader* » avec un minimum de carrés pour qu'il ait un axe de symétrie que l'on tracera.

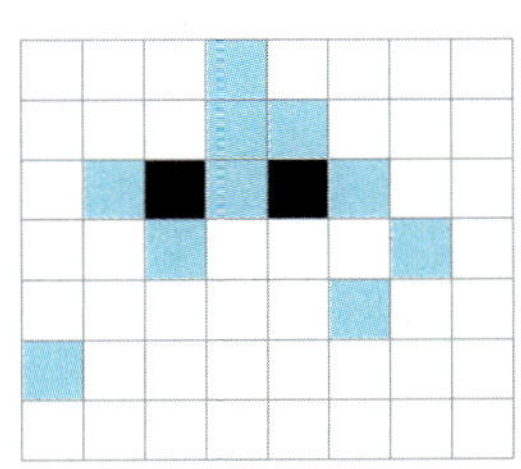

J'avance à mon rythme

Fiches d'exercices
edubelin.fr/25mmat6-280a
Toutes les fiches en PDF

Avec des parcours d'apprentissage

Je construis avec un quadrillage

- Exercice **6 p. 279**
- Exercice **15 p. 281**
- Exercice **33 p. 283**
- Exercice **41 p. 284**
- Exercice **63 p. 288**

Je construis sans quadrillage

- Exercice **5 p. 278**
- Exercice **18 p. 281**
- Exercice **30 p. 282**
- Exercice **47 p. 285**
- Exercice **68 p. 289**

Je repère des axes de symétrie

- Exercice **13 p. 279**
- Exercice **31 p. 283**
- Exercice **34 p. 283**
- Exercice **49 p. 286**
- Exercice **62 p. 288**

Je déduis et je démontre

- Exercice **10 p. 279**
- Exercice **26 p. 282**
- Exercice **39 p. 284**
- Exercice **48 p. 286**
- Exercice **64 p. 288**

Je développe mes compétences orales

- Exercice **11 p. 279**
- Exercice **22 p. 281**
- Exercice **44 p. 285**
- Exercice **46 p. 285**
- Exercice **66 p. 288**

ou avec un plan de travail

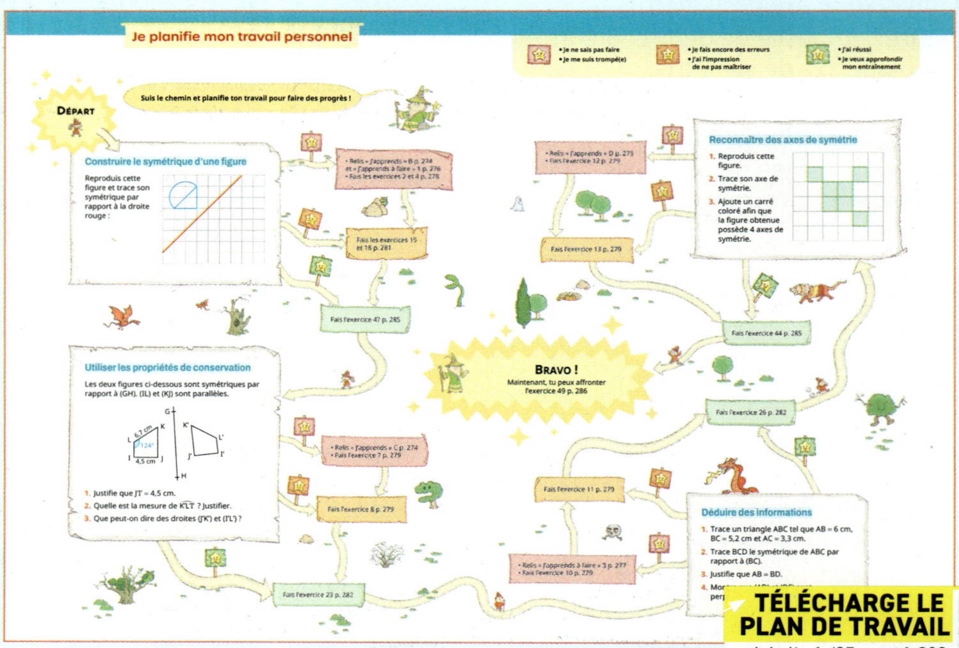

TÉLÉCHARGE LE PLAN DE TRAVAIL
edubelin.fr/25mmat6-280

J'applique mes connaissances

Construire le symétrique d'une figure

14 Dans chaque situation, les points A et B sont-ils symétriques par rapport à la droite (d) ? Justifier.

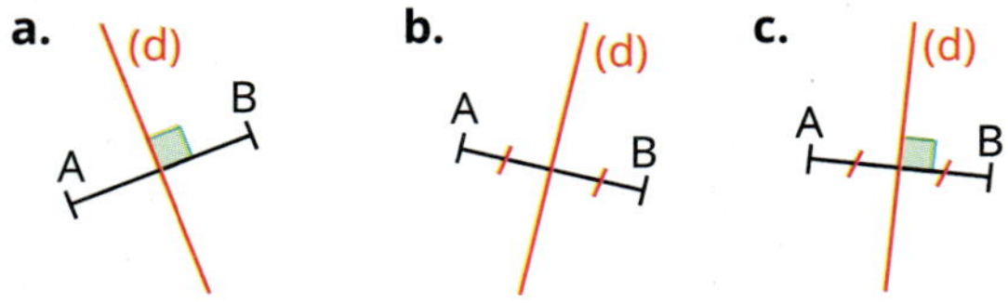

15 **1.** Reproduire cette figure et construire le symétrique du triangle EGH par rapport à la droite rouge.

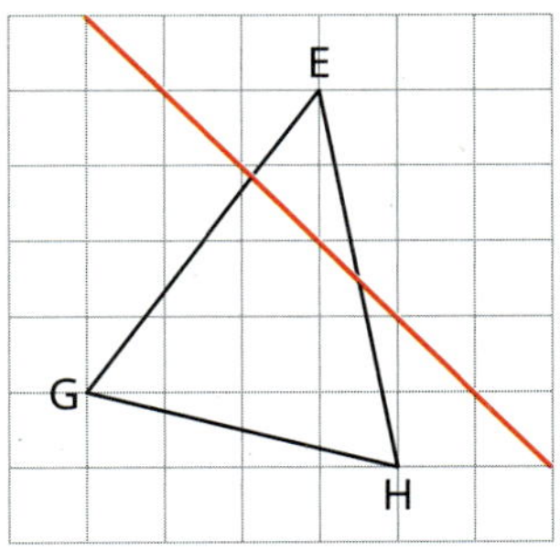

2. Placer un point du triangle dont le symétrique par rapport à la droite rouge est lui-même.

16 **1.** Placer quatre points distincts* A, B, C et D.

2. Tracer la droite (d) telle que C et D soient symétriques par rapport à (d).

3. Construire les points A′ et B′, symétriques de A et B par rapport à (d).

4. Tracer en rouge la figure symétrique du quadrilatère A′CB′D.

*** « Distincts » signifie ici que les points sont bien tous différents les uns des autres.**

17 **1.** Réaliser ce programme de construction :

- Tracer un segment [AB] de 5 cm.
- Tracer le cercle de centre A et de rayon 3 cm.
- Placer un point C sur ce cercle n'appartenant pas à (AB).
- Construire le point D, symétrique du point C par rapport à la droite (AB).
- Tracer le quadrilatère ACBD.

2. Que peut-on penser des longueurs BC et BD ? Justifier.

18 **Automatismes**

1. Reproduire la ligne brisée ci-contre.

2. Tracer une droite (d) passant par C et coupant les segments [DB] et [AB].

3. Tracer la figure symétrique de cette ligne brisée par rapport à la droite (d).

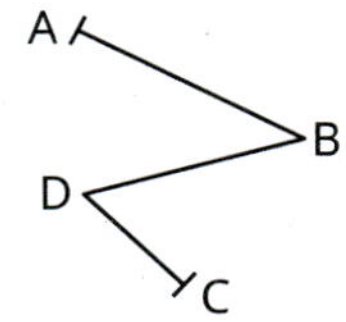

Déduire des informations

19 **1.** Reproduire cette figure et construire la figure X′Y′Z′, symétrique de XYZ par rapport à la droite bleue :

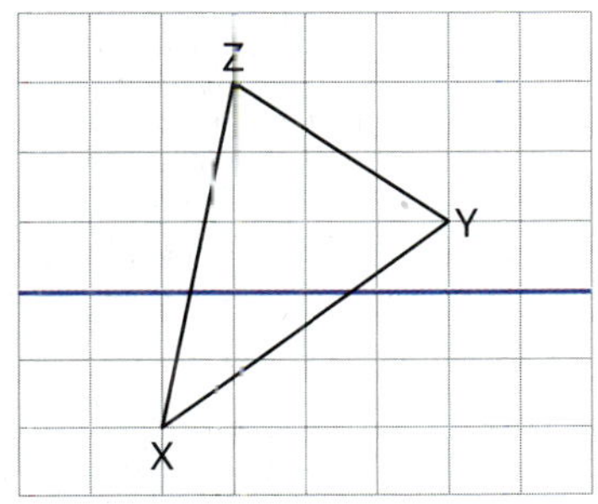

2. Coder sur la figure obtenue les égalités de longueurs.

3. Coder sur la figure obtenue les égalités de mesure d'angles.

20 **1.** Tracer deux droites parallèles (d_1) et (d_2).

2. Tracer une droite (d) sécante à ces deux droites.

3. Tracer les deux droites (d'_1) et (d'_2), symétriques de (d_1) et (d_2) par rapport à (d).

4. Que peut-on conjecturer sur les droites (d'_1) et (d'_2) ?

21 **1.** Placer deux points M et N distants de 7 cm.

2. Construire deux cercles de centres M et N et de rayon 4 cm.

3. Nommer K et L les points d'intersection des deux cercles.

4. Tracer (KL) et montrer que les deux cercles sont symétriques par rapport à cette droite.

22 On admet que, si on trace deux cercles de même rayon, il existe une droite telle que les deux cercles soient symétriques par rapport à cette droite.

1. Réaliser une figure pour illustrer ce résultat.

2. Rédiger un programme de construction permettant de construire cette droite.

J'applique mes connaissances

23 **1.** Construire un angle $\widehat{xOy}$ de mesure 55°.
2. Tracer une droite (d) parallèle à l'un des côtés de l'angle.
3. Construire le point O', symétrique du point O par rapport à la droite (d).
4. Expliquer comment construire l'angle $\widehat{x'O'y'}$, symétrique de $\widehat{xOy}$ par rapport à (d), sans utiliser de nouveau point symétrique.

24 **1.** Tracer un segment [AB] de longueur 5 cm.
2. Construire la médiatrice (d) de ce segment.
3. Placer un point C sur cette médiatrice.
4. Justifier que (d) est la bissectrice de l'angle $\widehat{ACB}$.

25 **Une démonstration**

Montrer que le symétrique du milieu M d'un segment [AB] par rapport à une droite est le milieu du segment symétrique à [AB].

M est le milieu du segment [AB] si M ∈ (AB) et MA = MB.

26 On considère un rectangle ABCD de 6 cm de longueur et 4 cm de largeur, ainsi que la droite (AC).
1. Faire un schéma à main levée de la situation.
2. Marwan pense que B et D sont symétriques par rapport à (AC). Le professeur lui démontre que c'est faux par écrit, mais certaines parties de son texte sont illisibles. Recopier et compléter la démonstration du professeur :

> A et C sont .... par la symétrie d'axe (AC) car ils sont situés ....
>
> **Si** B et D étaient symétriques **alors** par ....
> on aurait AB = AD et ....
>
> **Or** ABCD est un rectangle **donc** on sait que .... = ... et BC = DA.
> On aurait donc les quatre longueurs du rectangle qui sont ....
>
> **Or** nous savons que la longueur et la largeur du rectangle ABCD sont bien différentes **donc** il n'est pas possible que B et D soient ....

27 **1.** Tracer deux droites (d) et (d') sécantes.
2. Placer un point A sur (d) et un point B sur (d').
3. Construire C, symétrique de A par rapport à (d') et D, symétrique de B par rapport à (d).
4. Montrer que CB = AD.

28 **1.** Tracer un triangle ABC quelconque.
2. Construire D, symétrique de A par rapport à (BC).
3. Construire E, symétrique de B par rapport à (CA).
4. Construire F, symétrique de C par rapport à (AB).
5. Démontrer que le périmètre du polygone AECDBF est le double de celui du triangle ABC.

29 Soit une droite (d), deux points A et D distincts et A' et D' leurs symétriques par rapport à (d).

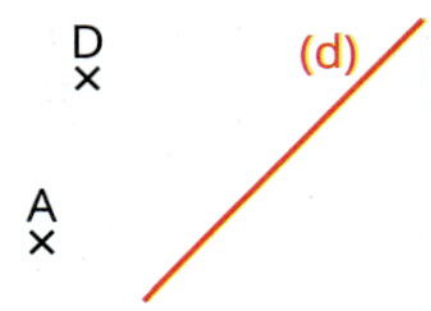

1. Montrer que ADD'A' est un trapèze isocèle*.

*** Un trapèze est un quadrilatère qui a deux côtés parallèles. Si, en plus, les deux autres côtés sont de même longueur, on parle de « trapèze isocèle ».**

2. Quelle(s) condition(s) ajouter sur le segment [AD] pour que ADD'A' soit :
a. un trapèze non isocèle ?
b. un rectangle ?
c. un carré ?
3. Peut-on avoir ADD'A' qui soit un losange ?

30 **Automatismes**

Cette figure est composée uniquement d'arcs de cercle dont les centres sont à repérer :

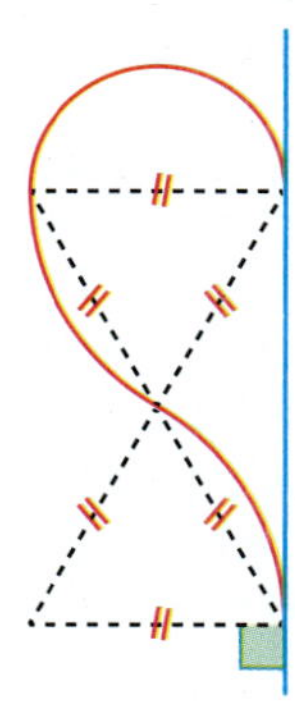

Reproduire et compléter ce cœur par symétrie par rapport à la droite tracée en bleu.

Reconnaître des axes de symétrie

31 Adama a tracé trois figures avec tous leurs axes de symétrie sur son cahier, mais il y a des erreurs.
Reproduire son travail et le corriger.

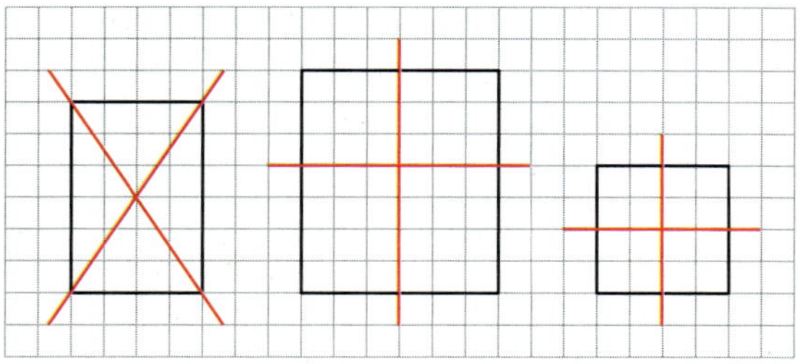

32 Chaque droite colorée est un axe de symétrie du polygone.
Préciser pour chaque polygone le ou les segment(s) dont elle est la médiatrice.
a. Le cerf-volant ABDC

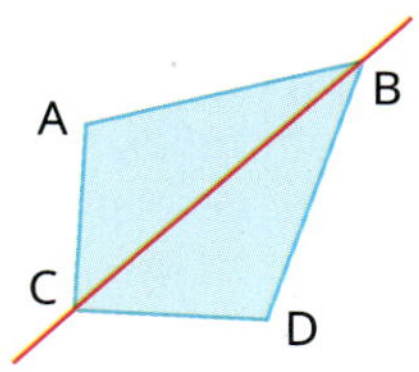

b. Le pentagone régulier EFGHI

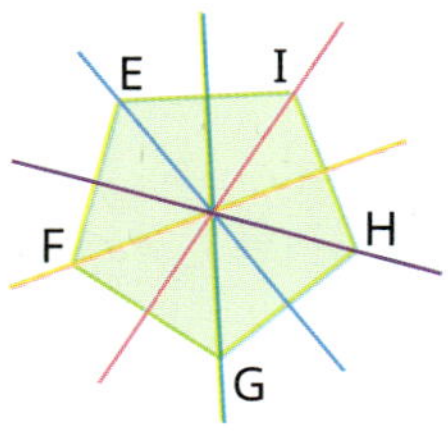

33 Combien de petits triangles bleus faut-il colorier au minimum pour que la figure admette pour axe de symétrie :
a. la droite rouge ?
b. la droite verte ?
c. la droite rouge et la droite verte ?

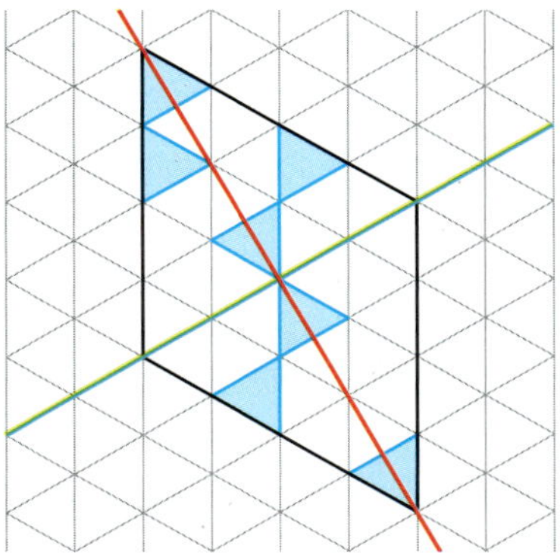

34 **Automatismes**
Voici des panneaux de signalisation :

1. Lesquels admettent un ou plusieurs axes de symétrie ? Expliquer.
2. Rechercher la signification de ces panneaux.

35 **1.** Tracer un cercle de centre O et de rayon 4 cm.
2. Tracer [AC] et [BD], deux diamètres perpendiculaires de ce cercle.
3. Justifier que ABCD est un carré.
4. Tracer les deux autres axes de symétrie de ce carré.
5. Placer les points E, F, G et H tel que AEBFCGDH soit un octogone admettant huit axes de symétrie.

POUR INFO !
Cette construction permet d'obtenir un motif de base des zelliges, art décoratif maghrébin.

36 On sait qu'un segment admet sa médiatrice pour axe de symétrie.
Est-elle son seul axe de symétrie ? Justifier.

37 Reproduire sur une feuille quadrillée tous les polyminos fournis avec ce livre et tracer leurs axes de symétrie éventuels.

38 **J'accélère**
Calcul mental
edubelin.fr/25mmat6-283
5 séries en PDF
5 min

Calculer mentalement :

a. 83 + ... = 100
b. $\frac{1}{2} = \frac{...}{100}$
c. 23,56 : 10
d. 3,5 + 2,8
e. 50×300
f. la moitié de 15,2

39 **Raisonner et Calculer**

Sachant que la figure entière n'est pas visible mais qu'elle admet les deux droites tracées en vert comme axes de symétrie, déterminer, en justifiant, l'aire de la figure entière en unités d'aire.

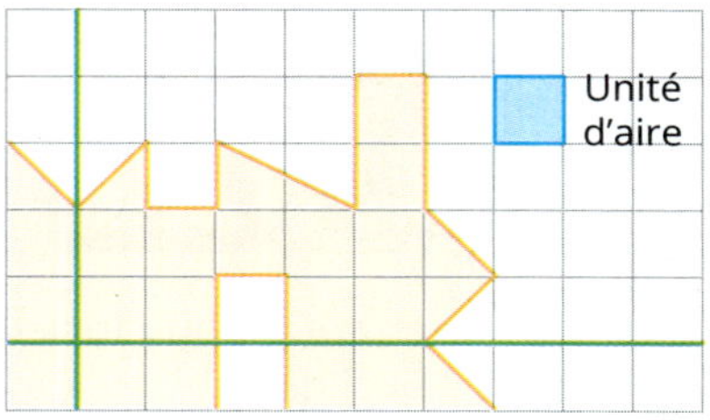

40 **Représenter et Raisonner**

Voici deux programmes Scratch :

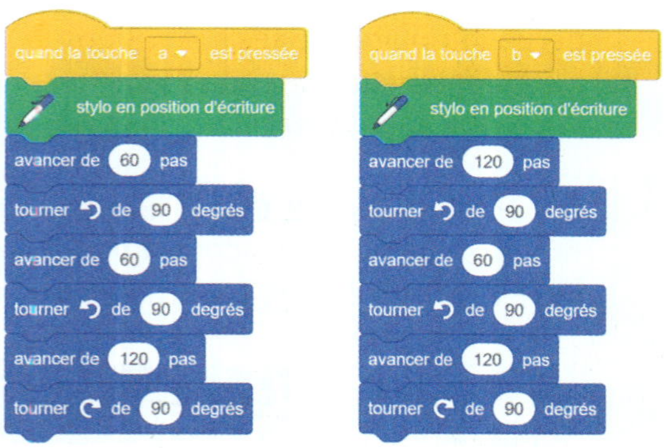

1. Tracer la figure obtenue avec chaque programme.
2. Tracer le ou les axe(s) de symétrie de chaque figure quand ils existent.

41 **Chercher et Communiquer**

1. Reproduire la figure $\mathcal{F}$.

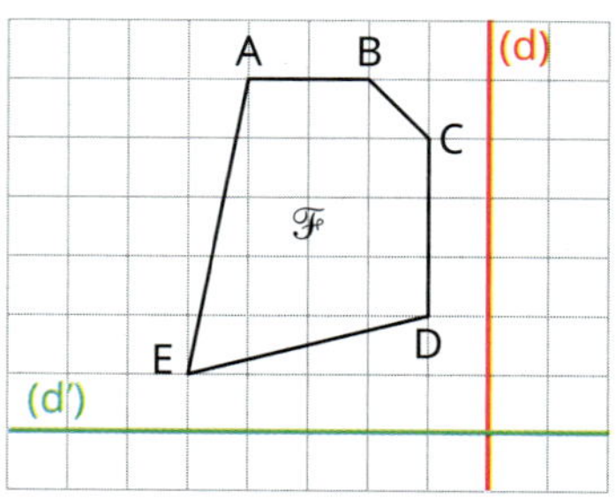

2. Construire la figure $\mathcal{F}_1$, symétrique de $\mathcal{F}$ par rapport à (d), puis la figure $\mathcal{F}_2$, symétrique de $\mathcal{F}_1$ par rapport à (d').
3. $\mathcal{F}$ et $\mathcal{F}_2$ sont-elles symétriques par rapport à une droite ?
4. Quel type de déplacement peut-on envisager pour passer de $\mathcal{F}$ à $\mathcal{F}_2$?

42 **Chercher et Raisonner**

L'écran du radio-réveil d'Ulysse donne l'heure sous le format **? ? : ? ?** et les différents chiffres s'affichent ainsi :

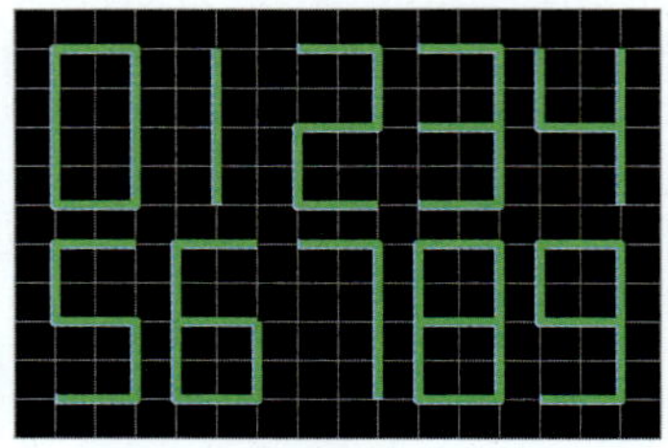

1. Le radio-réveil est posé sur une table en verre qui reflète les chiffres de l'écran. En lisant l'heure sur l'écran, Solal compte 3 heures et 30 minutes de moins qu'en lisant l'heure sur son reflet.
   Si on suppose que les quatre chiffres à l'écran sont tous différents, quelles sont toutes les possibilités d'horaires envisageables ?
2. Quelles sont toutes les heures qui admettent comme axe de symétrie la droite passant par les deux points centraux ?

43 **Une démonstration**

Ces dessins à main levée représentent les axes de symétrie de trois figures usuelles :

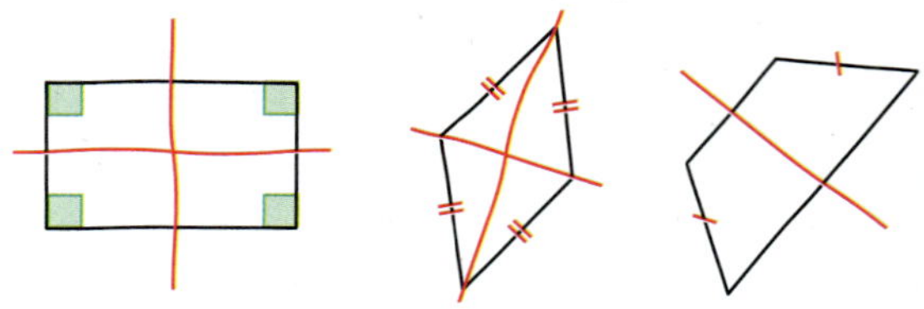

Démontrer les trois propriétés suivantes en utilisant les propriétés de la symétrie axiale.

a. Les diagonales d'un rectangle se coupent en leur milieu.

Montre que le symétrique d'une diagonale par rapport à l'un des axes est l'autre diagonale.

b. Les diagonales d'un losange sont perpendiculaires.

Montre que l'un des axes est la médiatrice d'une diagonale.

c. Les diagonales d'un trapèze isocèle ont la même longueur.

44 Chercher et Raisonner

Dans un jeu de rapidité, on tire quatre cartes avec des motifs de couleurs.
Pour gagner une manche, il faut être le premier à attraper deux cartes qui vérifient l'une des conditions suivantes :

Les deux cartes sont de couleurs différentes mais possèdent le même nombre d'axes de symétrie.

Les deux cartes sont de la même couleur mais n'ont aucun axe de symétrie.

On change les quatre cartes à chaque manche et on compte un point par manche gagnée.
Voici le tirage d'une manche :

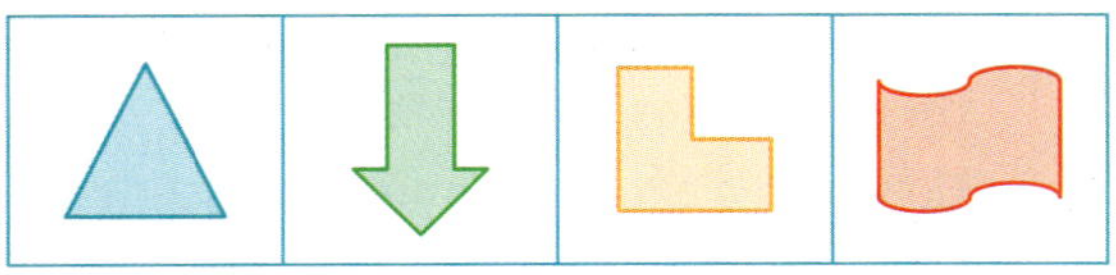

Ici, on marque un point car le triangle bleu et la flèche verte n'ont pas la même couleur et possèdent tous les deux un axe de symétrie.

1. Peut-on marquer un point lors des manches suivantes ? Justifier.

a.

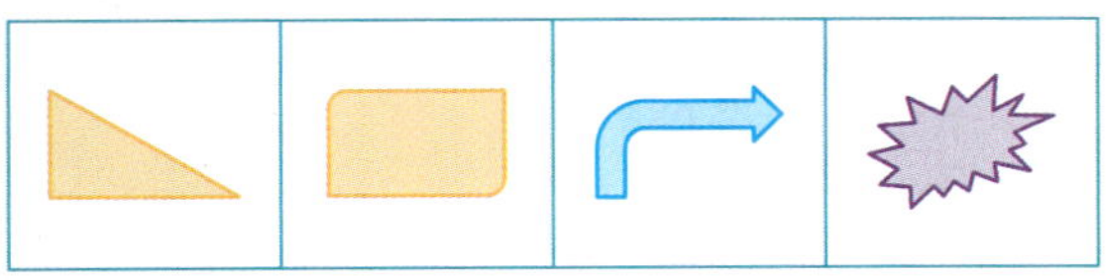

b.

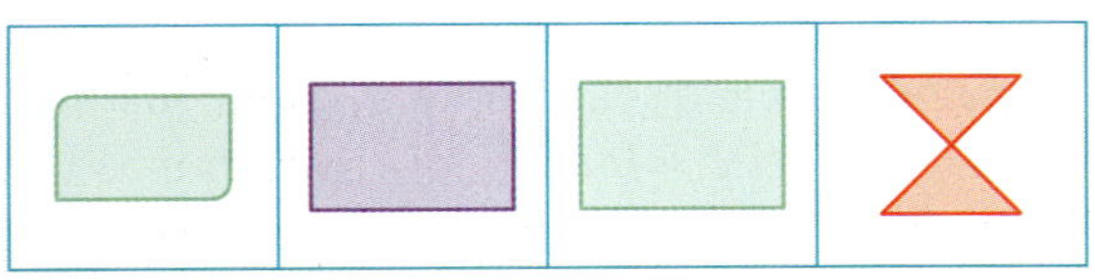

c.

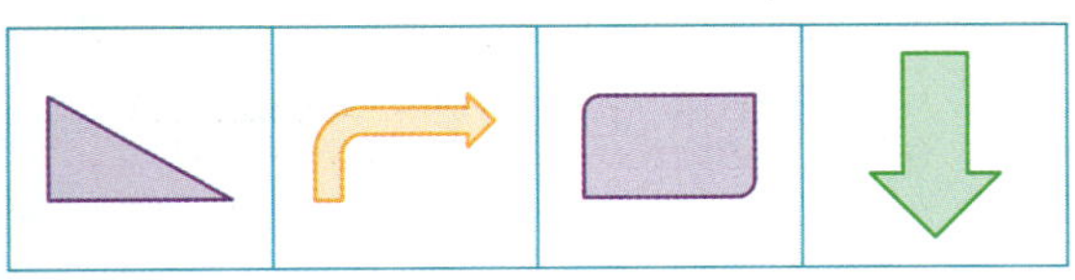

d.

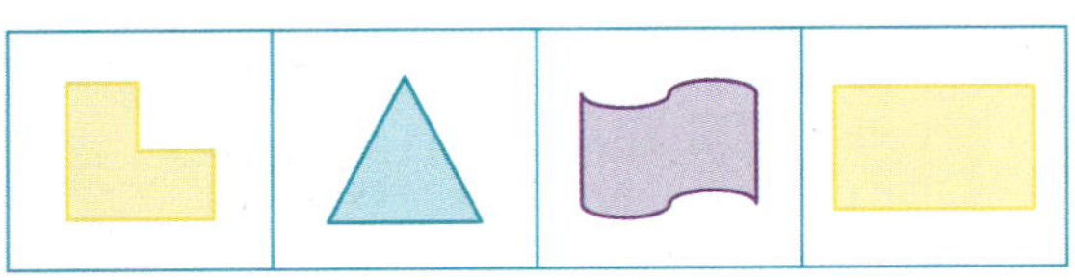

2. En utilisant les formes du 1, proposer un tirage où aucun point ne peut être marqué.

45 Chercher et Représenter

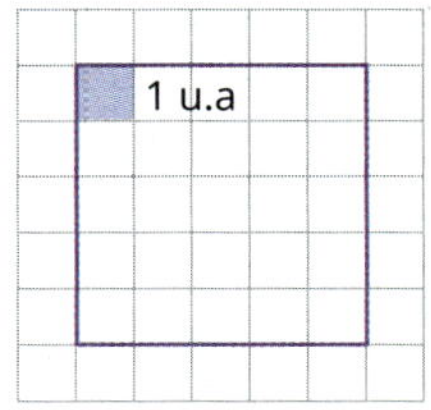

Tracer une figure qui respecte les contraintes suivantes :
- la figure est dans le carré violet ;
- le périmètre de la figure est supérieur à celui du carré violet ;
- la figure a une aire de 14 u.a ;
- la figure admet les mêmes axes de symétrie que le carré violet.

46 Raisonner et Communiquer

Margot a tracé deux droites perpendiculaires (d_1) et (d_2) et a placé un point E en dehors de ces deux droites.
Elle a ensuite construit un quadrilatère ABCD tel que :
- le point E appartient au segment [AD] ;
- les points A et C appartiennent à (d_1) ;
- les points B et D appartiennent à (d_2).

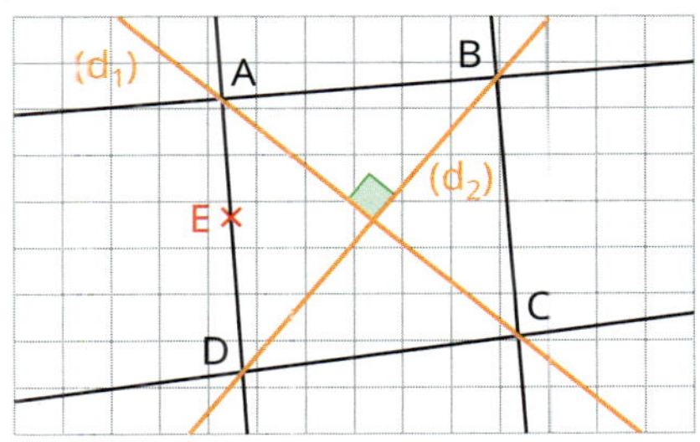

Margot n'est pas satisfaite du résultat ; elle voudrait obtenir un carré. Comment l'aider ? Présenter la démarche de construction à suivre et la justifier.

Que représentent les droites (AC) et (BD) pour le carré ABCD ?

47 Représenter

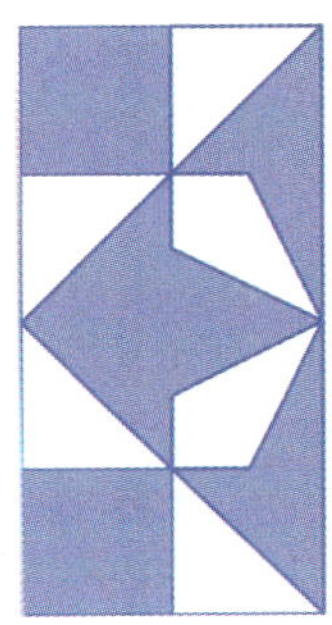

1. Reproduire cette figure en partant d'un rectangle de 12 cm de longueur et 6 cm de largeur, dont on a repéré le milieu de chaque côté.
2. Compléter la figure par symétrie pour obtenir un motif de forme carrée.

Il y a deux possibilités.

D'après « Papiers Crayons », Irem Nord

Je développe mes savoir-faire

48 **Raisonner**

1. Tracer deux droites (d_1) et (d_2) sécantes en un point O, puis la bissectrice (d) d'un des deux angles obtus formés par ces deux droites.

Rappelle-toi, la bissectrice d'un angle est son axe de symétrie.

2. En exprimant deux sommes d'angles particulières, démontrer que les deux angles aigus opposés par le sommet sont de même mesure.
3. En déduire qu'il en est de même pour les angles obtus.

49 **Un pattern**

Un pattern désigne une suite répétitive ou évolutive de motifs ou de nombres.

Voici une suite logique de figures :

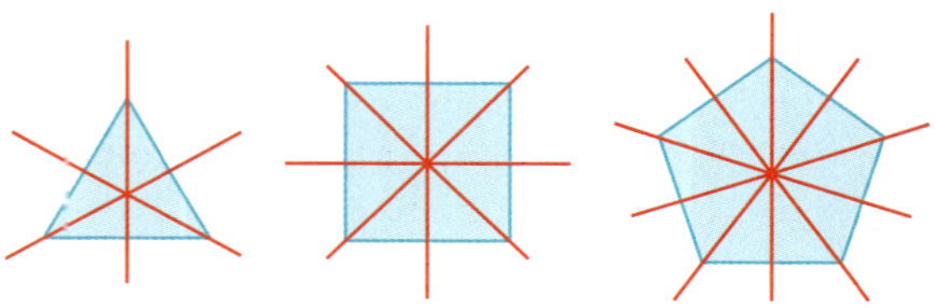

Figure 1 **Figure 2** **Figure 3**

1. Combien d'axes de symétrie aura la figure 10 en suivant cette logique ?
2. Construire la figure 4.
3. Construire la figure 6.

50 **Représenter et Communiquer**

1. Reproduire cette configuration avec AM < 5 cm :

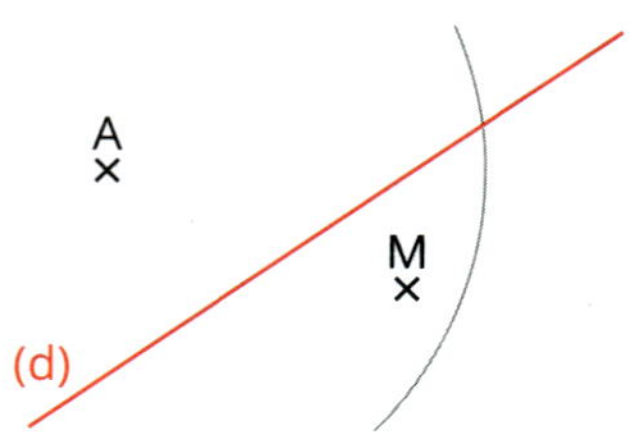

2. Rédiger le programme de construction permettant d'obtenir un losange ABCD dont (d) est un axe de symétrie tel que M soit un point de [CD].
3. Construire la figure.

51 **Représenter**

1. En utilisant l'outil Polygone régulier dans un logiciel de géométrie dynamique, tracer un pentagone, un hexagone et un octogone réguliers, puis tracer les diagonales nécessaires pour obtenir les trois étoiles suivantes :

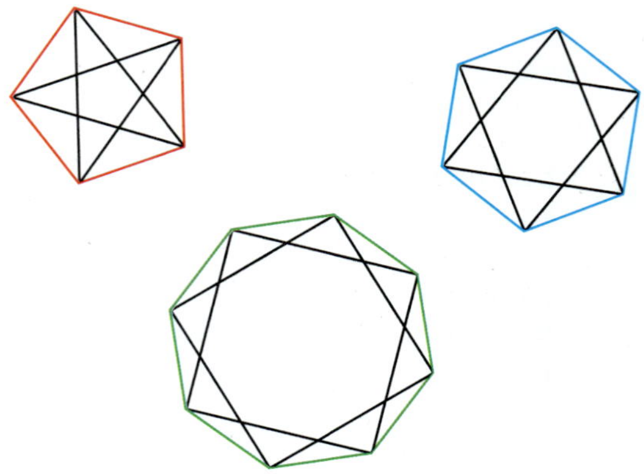

2. Combien d'axes de symétrie possède chacune de ces étoiles ?
3. En traçant d'autres diagonales, construire dans un octogone une étoile différente de celle proposée, mais ayant également des axes de symétrie.

52 **Représenter et Raisonner**

On sait qu'un cercle admet une infinité d'axes de symétrie.
Montrer qu'en traçant deux cordes de même longueur, la figure obtenue n'admet plus qu'un seul axe de symétrie. De quelle droite s'agit-il ? Justifier.

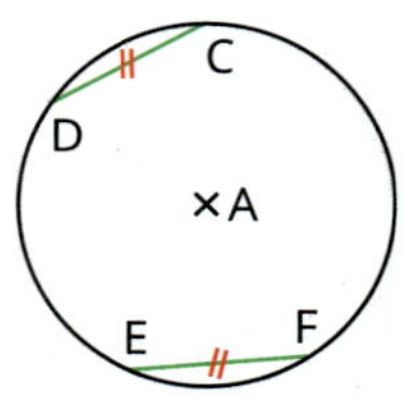

53 **Je fais une pause**

À Mathland, la monnaie est le ludic.
Il existe deux sortes de timbres : des timbres à 2 ludics et des timbres à 5 ludics.
Aya doit affranchir un colis à 41 ludics.
De combien de façons différentes peut-elle l'affranchir si elle dispose de suffisamment de timbres de chaque sorte ?

Je prépare mon évaluation

45 min

Je contrôle mes connaissances

	a	b	c
54 **Dans quel cas les figures sont-elles symétriques par rapport à la droite (d) ?**	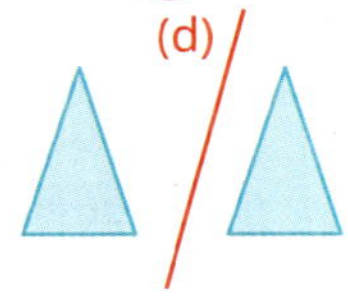	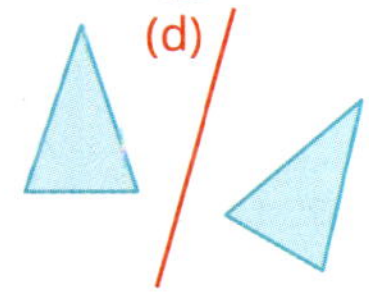	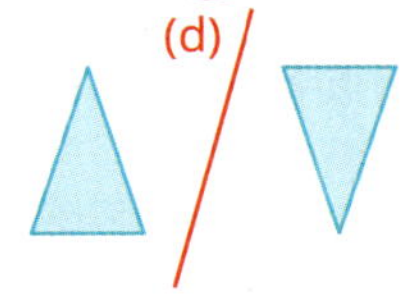
55 **Dans quel cas les points A et B sont-ils symétriques par rapport à (d) ?**	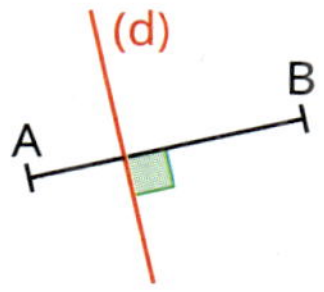	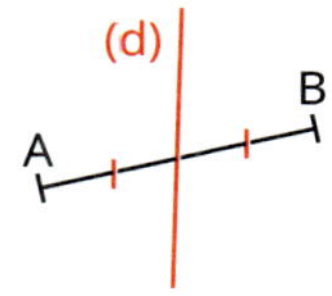	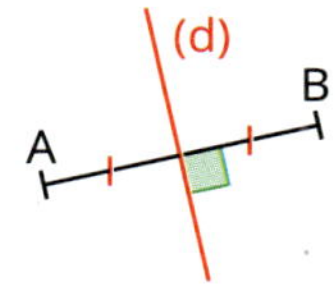
56 **Le symétrique d'un angle de 37° est un angle de :**	37°.	53°.	143°.

Je construis une figure symétrique

57 1. Reproduire la figure ci-contre.
2. Tracer le symétrique de cette figure par rapport à chacune des trois droites.

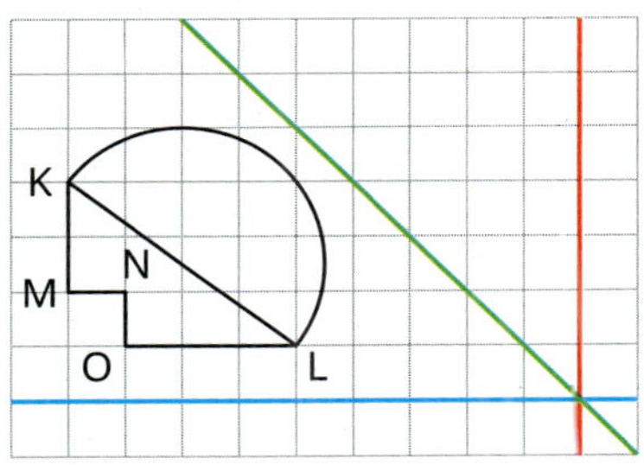

58 1. Construire une figure semblable à celle-ci.
2. Construire E′, le symétrique de E par rapport à (AB). Que représente la droite (AB) pour le segment [EE′] ?
3. Construire la figure symétrique du polygone CDEF par rapport à la droite (AB). Laisser visibles les traits de construction.

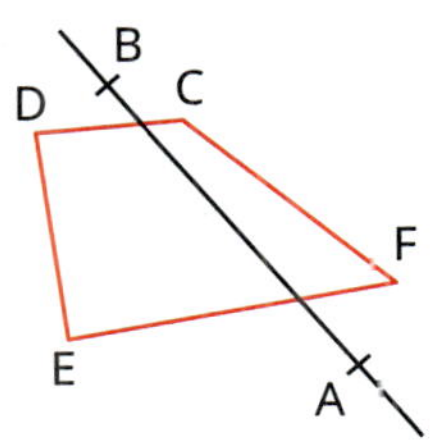

Je reconnais des axes de symétrie

59 1. Parmi ces lettres de l'alphabet, lesquelles admettent des axes de symétrie ?

A	D	K	Y	Z

2. Donner une autre lettre possédant un seul axe de symétrie vertical.
3. Donner une autre lettre possédant un seul axe de symétrie horizontal.
4. Donner une lettre possédant deux axes de symétrie.

Je déduis des informations

60 Dans cette figure, les points C′, D′ et E′ sont les symétriques respectifs des points C, D et E par rapport à la droite (d).
Les points I, C′ et D′ sont alignés et HE′C′I est un losange.

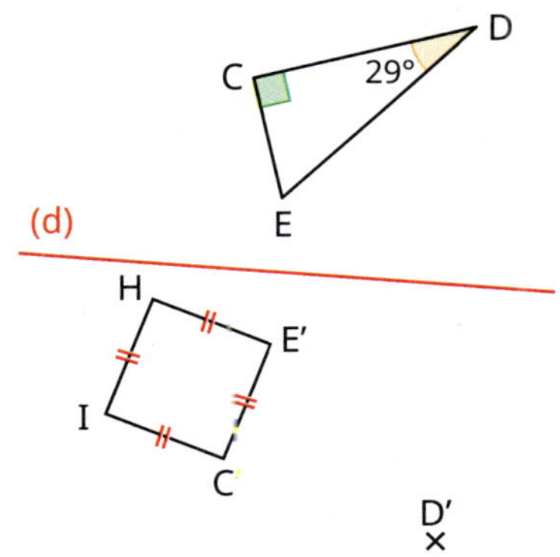

1. Combien mesure l'angle $\widehat{E'D'C'}$? Justifier.
2. Démontrer que HE′C′I a un angle droit.
3. On suppose que le périmètre du losange HE′C′I est 20 cm. Combien mesure CE ? Justifier.

Exercices 54 à 60 corrigés **p. 318**

Je mobilise mes compétences

61 **Travail en groupe**

Tracer une figure semblable à celle-ci, puis construire un rectangle ADEF de périmètre 20 cm tel que (BC) soit l'un de ses axes de symétrie.

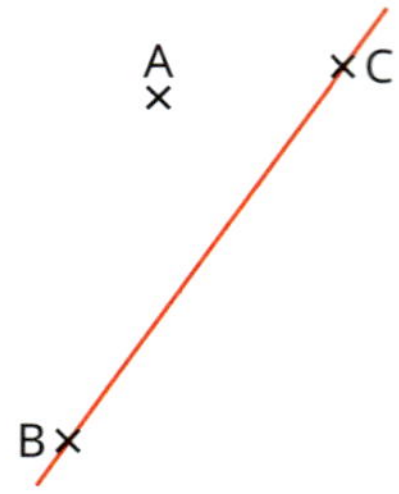

Chaque membre du groupe doit construire un rectangle non superposable à celui de ses camarades !

62 **Représenter**

1. Utiliser un miroir pour lire le mot suivant. Quel est ce mot ?

Cela s'appelle « l'écriture miroir », il s'agit d'un ambigramme qui repose sur la symétrie axiale.

2. Écrire « Multiples » en écriture miroir :

a. en capitales majuscules ;

b. en script minuscules ;

c. en écriture cursive.

POUR INFO !

Un ambigramme est un mot lisible dans plusieurs sens. De légères déformations permettent une certaine symétrie…

3. Proposer un exemple d'ambigramme.

63 **Représenter**

Construire un patron coloré de ce cube de telle sorte que les trois faces visibles soient symétriques par rapport à leur arête commune.

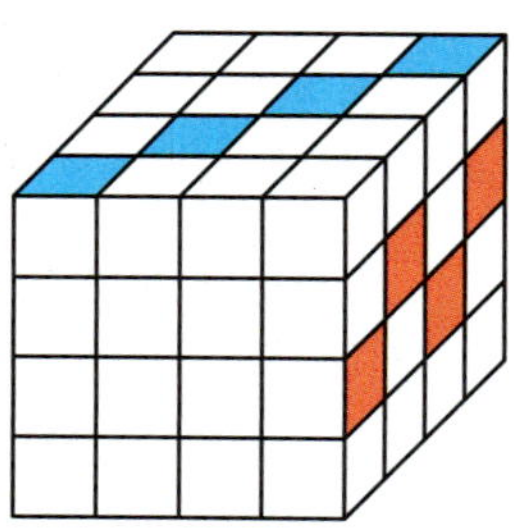

64 **Raisonner et Communiquer**

Les droites (d_1), (d_2) et (d_3) sont les bissectrices des trois angles du triangle HIJ.

On admet qu'elles ont un unique point commun nommé K.

On considère les points L, M et N obtenus en traçant les perpendiculaires à chaque côté passant par K.

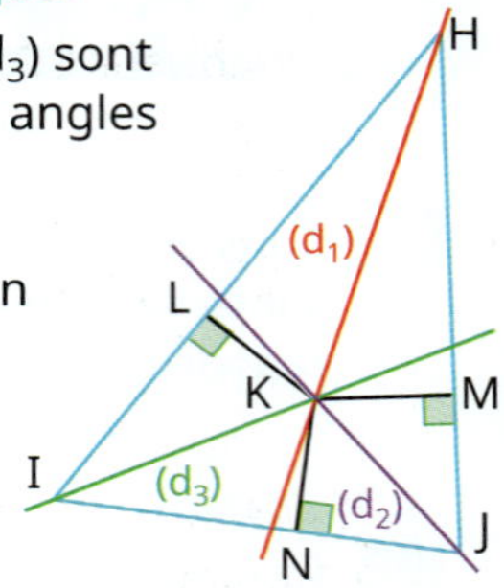

1. Quel est le symétrique du point M par rapport à (d_1) ?

2. Que peut-on aussi dire des points N et L ?

3. Montrer que KL = KM = KN.

4. Elias affirme alors que les points L, M et N sont situés sur un même cercle. Quel est son centre ?

5. Reproduire la figure et tracer ce cercle.

On l'appelle le cercle inscrit dans le triangle.

65 **Représenter et Raisonner**

1. Quelle figure le programme Scratch ci-contre permet-il d'obtenir ?

2. Compléter ce programme pour obtenir une figure possédant deux axes de symétrie.

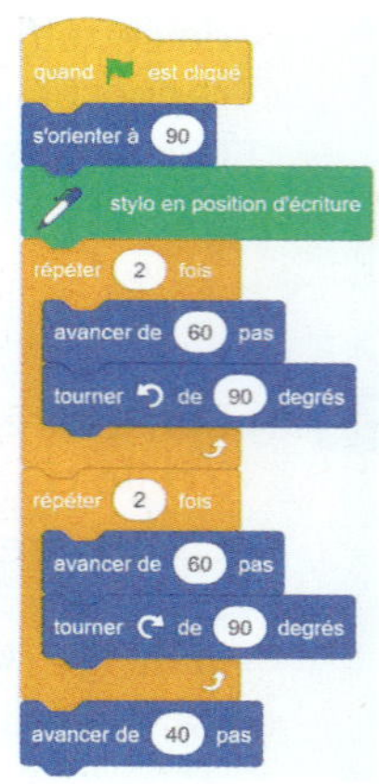

66 **Raisonner et Communiquer**

Rédiger un programme de construction permettant d'obtenir la figure symétrique du carré CDEF, représenté de manière incomplète, par rapport à la droite verte.

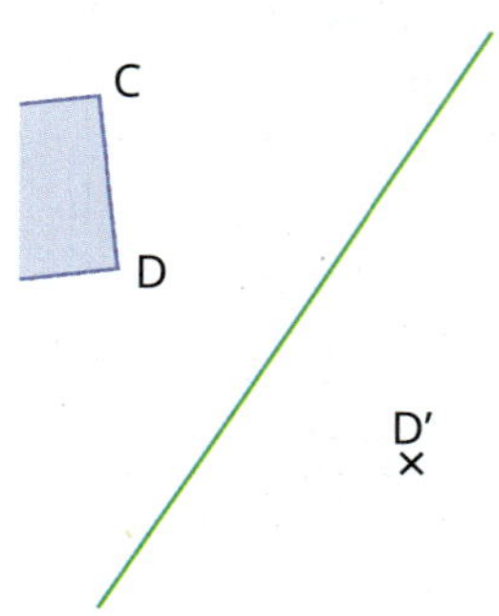

67 Chercher et Raisonner

1. La longueur CD vaut 10 cm.

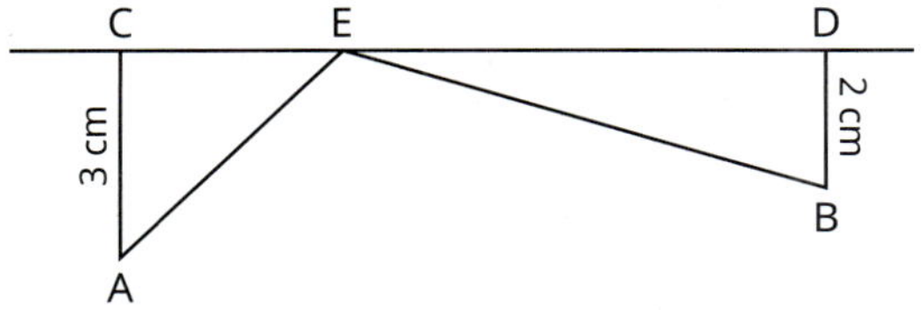

Des élèves cherchent à trouver la position du point E pour que la distance AE + EB soit la plus petite possible. Leur professeur donne les conseils suivants :
• placer le point B′ symétrique de B par rapport à la droite (CD) ;
• montrer que la distance AE + EB est égale à la distance AE + EB′.
Il rappelle également que « le plus court chemin entre deux points est la ligne droite ».
Résoudre le problème en suivant ces instructions.

2. Au billard, la boule blanche doit rebondir sur une bande avant d'aller toucher une autre boule, comme sur le schéma suivant :

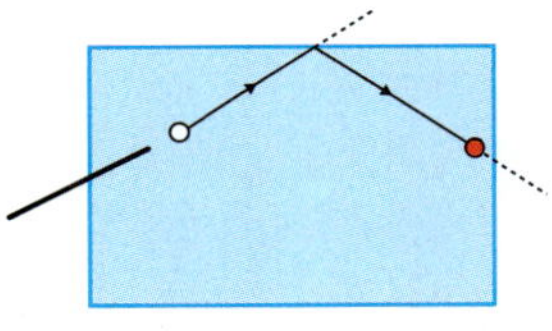

Tracer un rectangle représentant le billard et placer au hasard un point B pour la boule blanche et un point R pour la boule rouge. Trouver le point C sur lequel la boule blanche devra rebondir pour toucher la boule rouge.

68 Représenter

La figure suivante est uniquement composée de demi-cercles. Les deux droites tracées en rouge sont perpendiculaires.

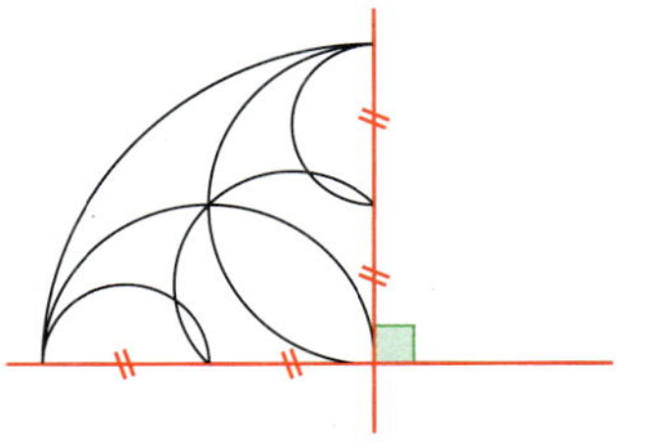

Reproduire cette figure sur une feuille blanche et la compléter pour que les deux droites perpendiculaires soient des axes de symétrie de la figure finale.

69 Représenter

Les points C et C′ sont symétriques par rapport à la droite rouge.
[CC′] et [C′F] sont égaux et perpendiculaires.
Le point E est le milieu de [C′F].
La figure est composée d'un segment et d'arcs de cercle dont les centres sont à retrouver.

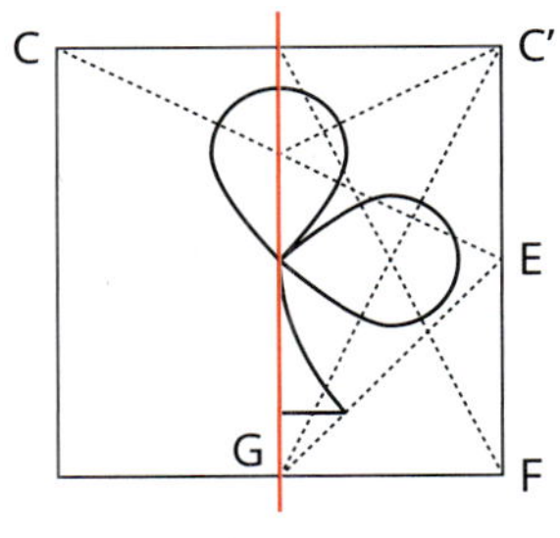

Reproduire la figure agrandie sur feuille blanche et obtenir le motif « Trèfle » par symétrie.

Adaptations
edubelin.fr/25mmat6-289
Livret complémentaire p. 43

70 Je prends des initiatives

Chercher et Raisonner

LE PROBLÈME Maïa est graphiste. Pour répondre à un concours de création, elle doit concevoir un nouveau symbole de cartes à jouer : un symbole de pique revisité.
Elle doit faire preuve d'originalité pour être sélectionnée, mais aussi répondre aux contraintes imposées.

• Aider Maïa à répondre au concours.

Document 1 Règlement du concours

Vous proposerez un exemple de votre création.
Il sera accompagné d'un programme qui donne toutes les instructions permettant la reproduction de votre création.

Document 2 Les contraintes

• Le symbole ne comportera que des segments et des arcs de cercle.
• Le symbole devra être contenu dans ce carré et seuls les points indiqués peuvent être utilisés pour tracer des segments ou être des centres d'arcs de cercles.

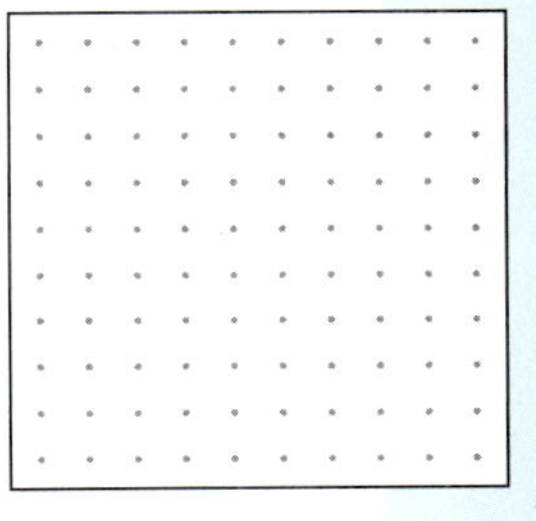

• Le symbole devra présenter au moins deux couleurs et un axe de symétrie.

J'utilise un logiciel de géométrie dynamique

Vision axiale

Niveau mathématique ●●○ Niveau technique ●○○

30 min

Mobiliser les connaissances sur la symétrie axiale.

Des défis à relever, uniquement à l'aide de la symétrie axiale !

1 Atteindre l'objectif à partir de la situation de départ disponible dans le fichier fourni en utilisant uniquement l'outil :

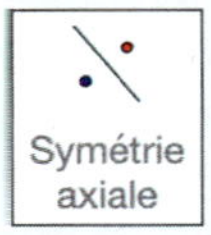

Fichiers GeoGebra
edubelin.fr/25mmat6-290

Situation de départ

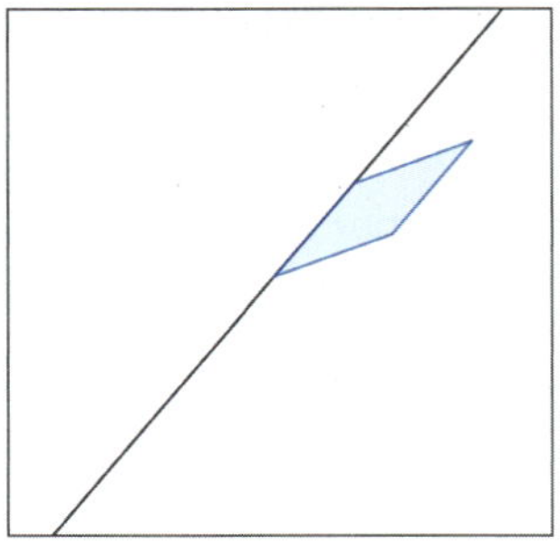

Objectif

2 Atteindre l'objectif à partir de la situation de départ disponible dans le fichier fourni en utilisant uniquement l'outil :

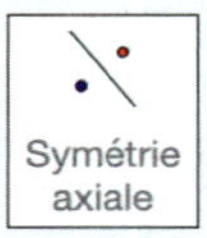

Situation de départ

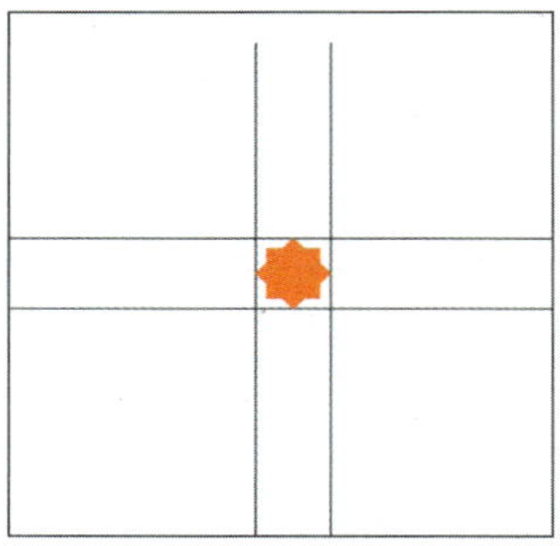

Objectif

3 Atteindre l'objectif à partir de la situation de départ disponible dans le fichier fourni en utilisant uniquement l'outil :

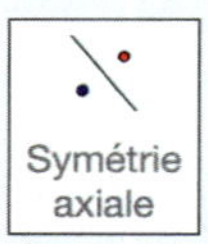

Situation de départ

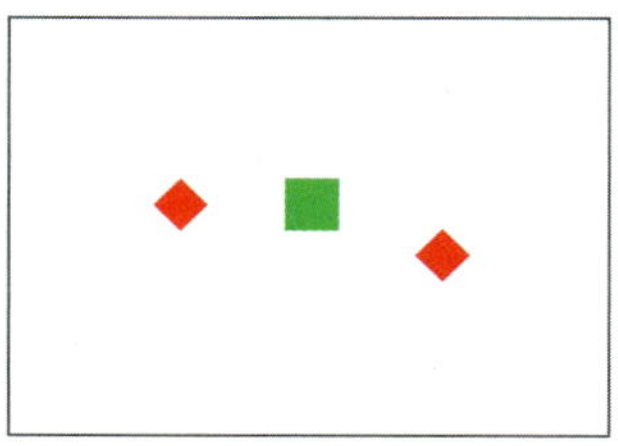

Objectif

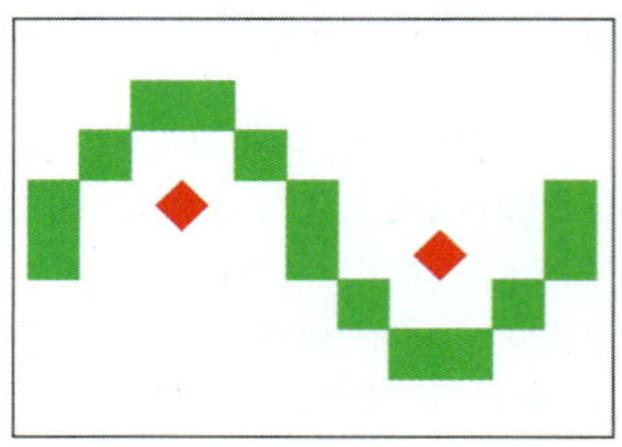

4  **Invente ton propre défi et propose-le à tes camarades.**

Je joue avec les acquis du chapitre

SYMAX

La mission

Partage la grille en zones possédant un ou plusieurs axes de symétrie.

Exemple

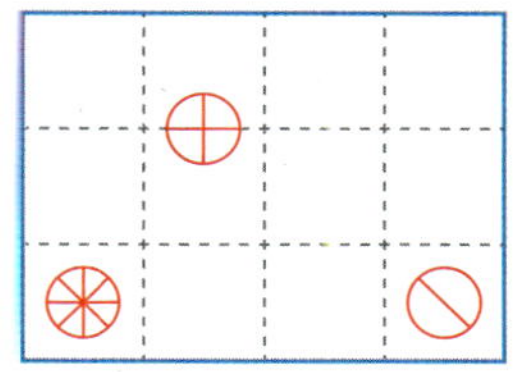

Solution

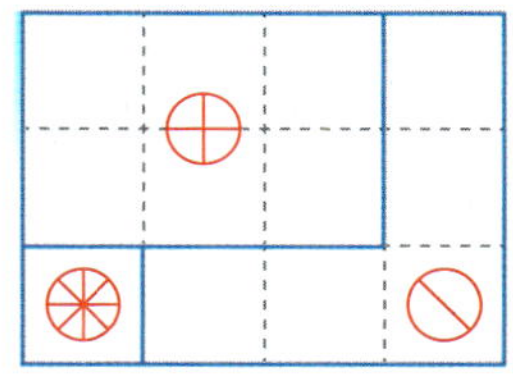

Les règles

- Dans une zone, le nombre exact d'axe(s) de symétrie et leur orientation sont indiqués par les symboles suivants :

1 axe — 2 axes — 4 axes

- Toutes les cases d'une grille appartiennent à une seule zone.
- La limite entre deux zones doit suivre le quadrillage.

À ton tour !

Indique pour chaque zone le symbole qui lui correspond.

1

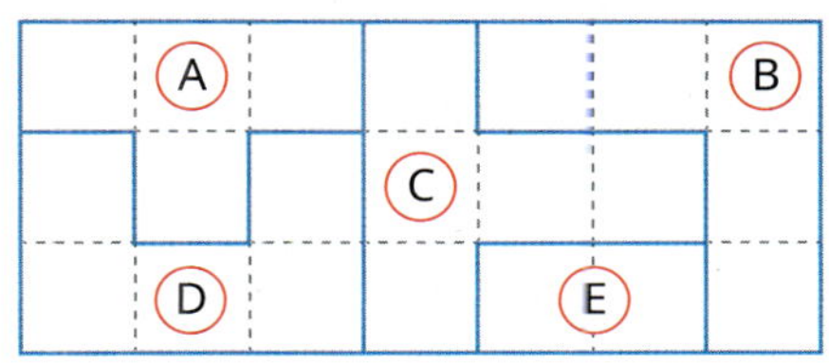

Grilles de jeu
edubelin.fr/25mmat6-291
Toutes les grilles en PDF

Retrouve les limites entre les zones de chaque grille.

Utilise les polyminos et les réglettes !

2

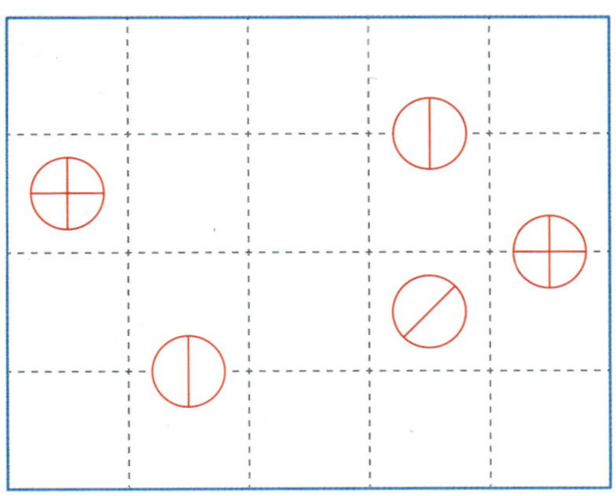

3

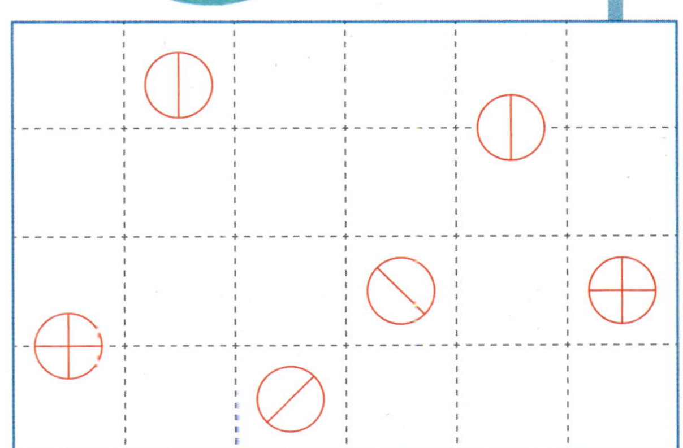

4

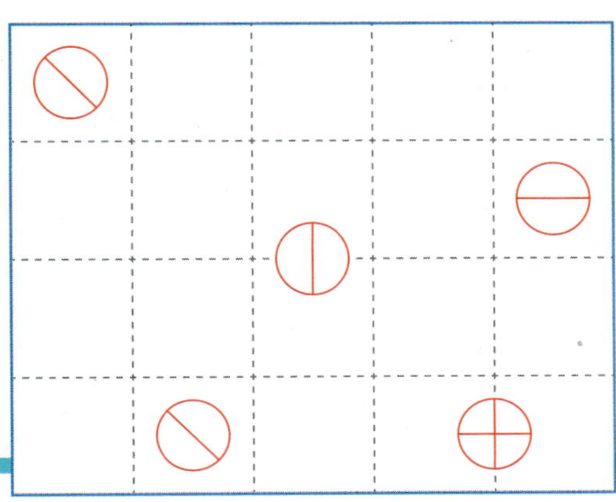

5

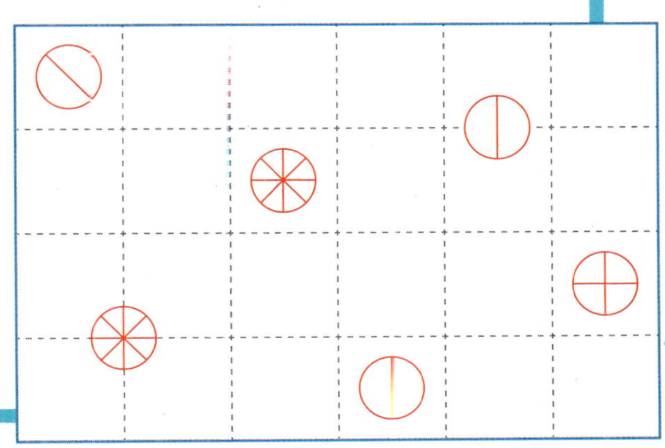

CHAPITRE 14

Espace et volume

Dans cette ambiance de Noël, les solides sont au premier plan !

ON FAIT des MATHS ?

As-tu remarqué des solides autour de toi ?

Boules, pyramides ou cylindres, les solides apparaissent partout dans notre vie de tous les jours sous la forme de différents objets. À la façon de Charlie Chaplin qui serait devenu instagrammeur, Stéphane et Adrien te présentent les solides à connaître en classe de 6e.

POUR VOIR LA VIDÉO
edubelin.fr/25mmat6-292

Je développe mes **automatismes**

Automatismes
edubelin.fr/25mmat6-293
5 séries en PDF

5 min

Réponds à ces questions sans utiliser la calculatrice !

1. 2,9 milliards – 50 millions = **?**

2. Un sac contient 40 billes colorées.
La proportion de billes vertes est $\frac{2}{5}$.
Combien y a-t-il de billes vertes ?

3. ***Ingrédients pour un sirop de fraises***
- 0,4 kg de fraises
- 260 g de sucre
- 4 mL de citron
- 8 cL d'eau

Une cuillère à soupe contient 20 g de sucre. Combien de cuillères à soupe de sucre sont nécessaires pour réaliser cette recette ?

4. 1 h 56 min + 15 min = **?** min

5.
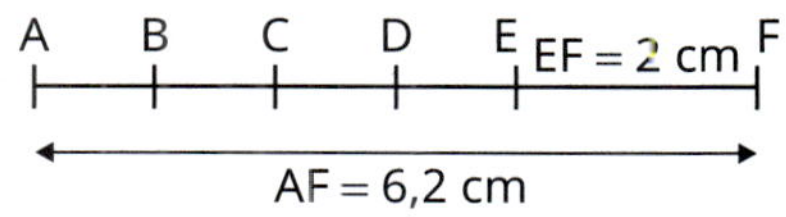

Quelle est la longueur du segment [AB] ?

6.
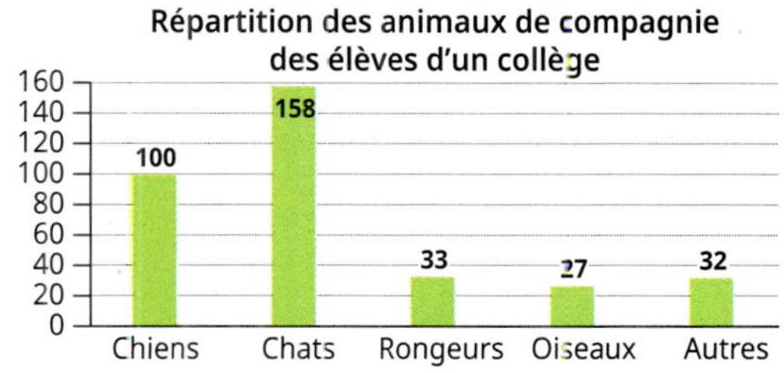

Combien d'élèves de ce collège ont un animal de compagnie ?

Objectifs : • Réactiver les solides de référence et la notion de patron. • Passer de l'espace au plan.
• Faire travailler la perception dans l'espace.

Je **manipule** avec mes acquis

20 min

1. Associe chaque objet présenté en photo au nom du solide correspondant :

cube | pavé droit | cylindre | pyramide | prisme droit | boule | cône

a. 

b. 

c. 

d. 

e. 

f. 

g. 

h. 

2. Parmi ces polyminos, lequel ou lesquels sont des patrons de cube ?

3. Voici la représentation d'une pièce d'un jeu de construction :

Dessine sur ton cahier :
a. la vue de face de la pièce ;
b. la vue de dessus de la pièce ;
c. la vue de droite de la pièce.

Chaque représentation d'une vue est composée de carrés que tu dois colorier selon ce que tu vois sur le dessin.

Je découvre

JE REVOIS **QCM** Donner la ou les bonnes réponses parmi les trois propositions.

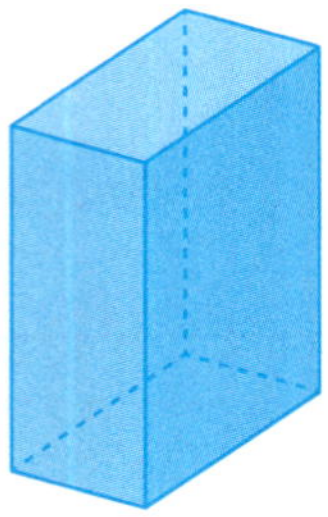

1. Quel est ce solide ?
   - (a) Un cube
   - (b) Un pavé droit
   - (c) Un prisme droit
2. Ses faces sont :
   - (a) des rectangles.
   - (b) des carrés.
   - (c) des parallélogrammes.

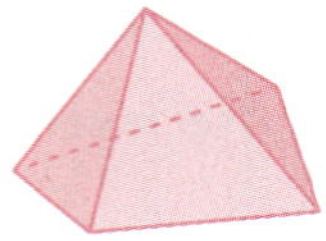

3. Quel est ce solide ?
   - (a) Une pyramide
   - (b) Un cône
   - (c) Un prisme droit
4. Combien de sommets possède ce solide ?
   (a) 1 (b) 4 (c) 5
5. Combien d'arêtes possède ce solide ?
   (a) 4 (b) 7 (c) 8
6. Combien de faces possède ce solide ?
   (a) 4 (b) 5 (c) 6

Voici le patron d'un solide :

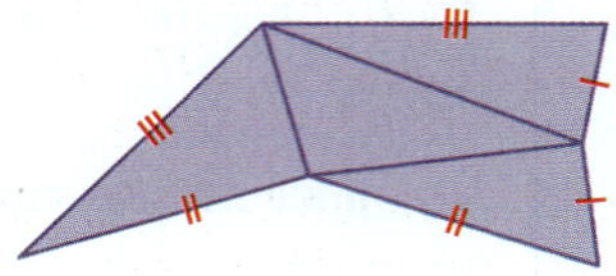

7. Quel est ce solide ?
   - (a) Une pyramide
   - (b) Un cône
   - (c) Un prisme droit
8. Combien de sommets possède ce solide ?
   (a) 3 (b) 4 (c) 6
9. Combien d'arêtes possède ce solide ?
   (a) 3 (b) 6 (c) 9

Activité 1 Mise en perspective

Objectif : Comparer les propriétés de différentes perspectives

Il existe différentes façons de représenter des solides sur une feuille. En voici quelques exemples :

Perspective avec un point de fuite	Perspective cavalière	Perspective isométrique
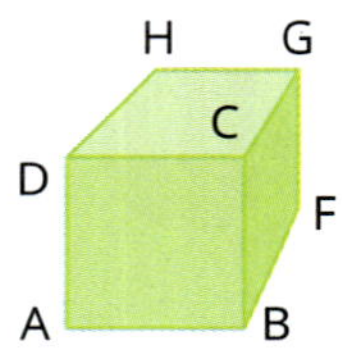	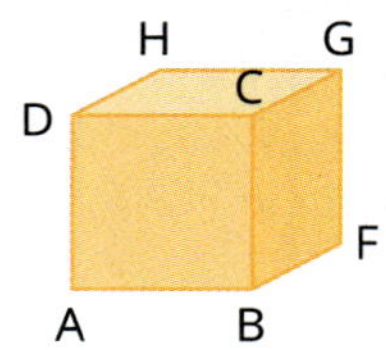	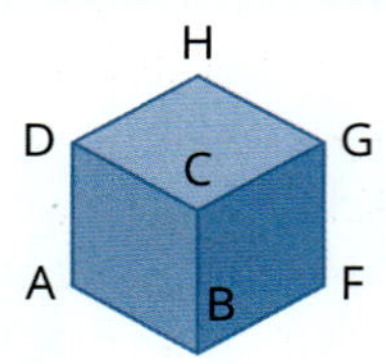

Pour chaque affirmation, dire si elle est « toujours fausse », « parfois vraie » ou « toujours vraie ». Justifier.

1. « Les droites parallèles dans la réalité le sont aussi sur la représentation...
   - **a.** en perspective avec un point de fuite. »
   - **b.** en perspective cavalière. »
   - **c.** en perspective isométrique. »
2. « Les droites perpendiculaires dans la réalité le sont aussi sur la représentation...
   - **a.** en perspective avec un point de fuite. »
   - **b.** en perspective cavalière. »
   - **c.** en perspective isométrique. »
3. « Les arêtes de la même longueur dans la réalité le sont aussi sur la représentation...
   - **a.** en perspective avec un point de fuite. »
   - **b.** en perspective cavalière. »
   - **c.** en perspective isométrique. »

JE REVOIS **QCM** Donner la ou les bonnes réponses parmi les trois propositions.

1. De combien de cubes est composé cet assemblage ?
ⓐ 9 ⓑ 10 ⓒ 11

2. De combien de petits cubes est composé ce grand cube ?
ⓐ 9 ⓑ 27 ⓒ 54

3. 85 L = …
ⓐ 8 500 cL ⓑ 8 500 mL ⓒ 850 dL

4. Quelle est la vue de dessus de cette casserole ?

ⓐ 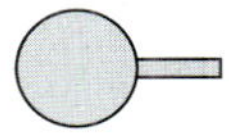 ⓑ 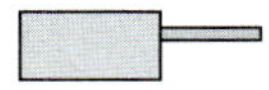 ⓒ 

5. Quelle est la vue de gauche de cette construction ?

ⓐ  ⓑ  ⓒ 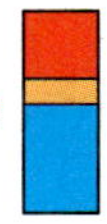

Activité 2 Le volume d'un pavé droit

Objectif : Comprendre la notion de volume

Assemblage A	Assemblage B	Assemblage C
	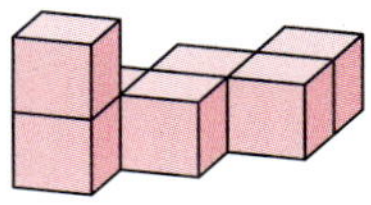	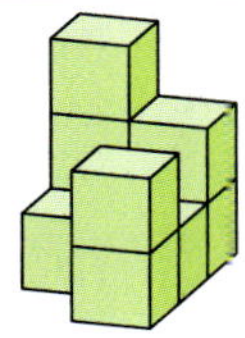

1. On cherche à mesurer l'espace occupé par ces assemblages composés de cubes de 1 cm d'arête, autrement dit leur volume. On prend comme unité le volume d'un cube de 1 cm d'arête. Recopier et compléter les phrases suivantes :
a. L'assemblage A a un volume de … cubes de 1 cm d'arête.
b. L'assemblage B a un volume de … cubes de 1 cm d'arête.
c. L'assemblage C a un volume de … cubes de 1 cm d'arête.

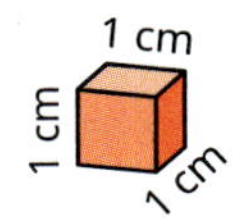

2. Pour simplifier les écritures, le volume d'un cube de 1 cm d'arête sera appelé « centimètre-cube » et noté cm^3. Recopier et compléter :
a. L'assemblage A a un volume de … cm^3.
b. L'assemblage B a un volume de … cm^3.
c. L'assemblage C a un volume de … cm^3.

3. On cherche à déterminer le volume en cm^3 de ce pavé droit, c'est-à-dire le nombre de cubes rouges de 1 cm d'arête qu'il peut contenir.

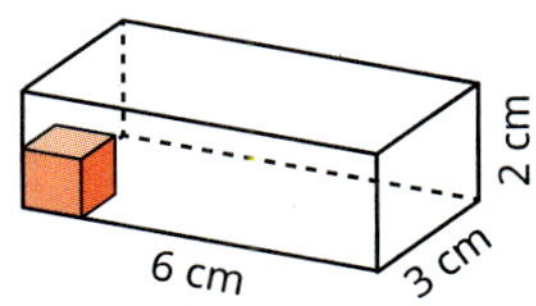

Étape 1	Étape 2	Étape 3
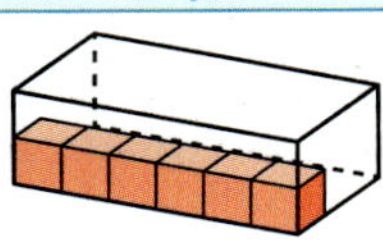	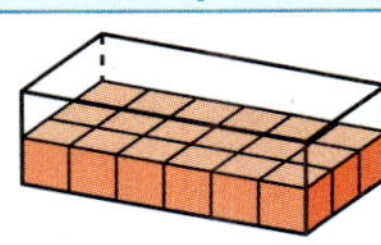	

a. Combien de cubes rouges sont nécessaires pour former l'arête de 6 cm (Étape 1) ?
b. Combien de cubes rouges sont nécessaires pour recouvrir la base de ce pavé droit (Étape 2) ?
c. Combien de cubes rouges sont nécessaires pour remplir totalement ce pavé (Étape 3) ?
d. Recopier et compléter : « Le volume de ce pavé droit est donc de … cm^3. »

4. a. En utilisant la même méthode, déterminer le volume des deux solides ci-contre.
b. Comment pourrait-on rapidement calculer le volume d'un pavé droit ?

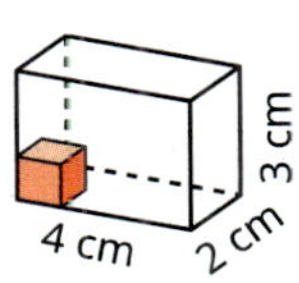

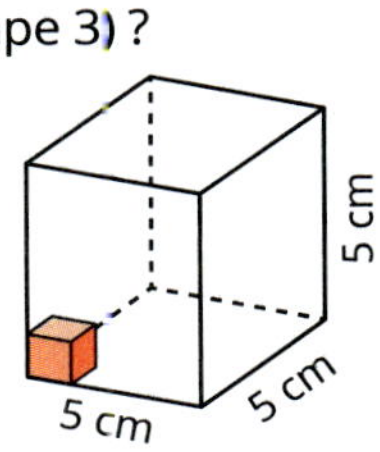

J'apprends

A Reconnaissance de solides

Cube	Pavé droit	Prisme droit	Cylindre	Pyramide	Cône	Boule
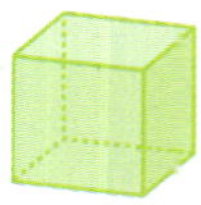		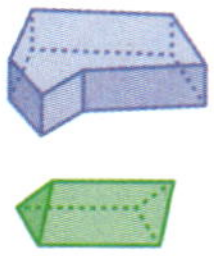	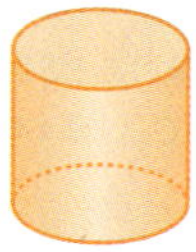	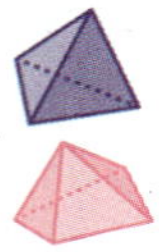		

B Pavés droits

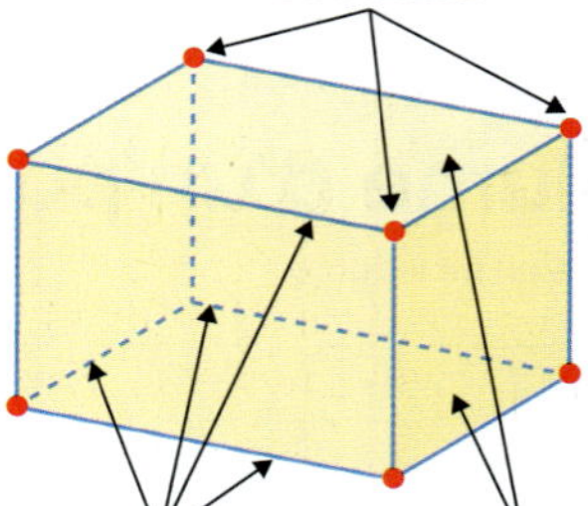

Définition

Un **pavé droit** ou parallélépipède rectangle est un solide dont les six faces sont rectangulaires.

Propriété (admise)

Un pavé droit possède 8 sommets et 12 arêtes.

Propriété (admise)

Les faces opposées d'un pavé droit sont identiques et parallèles.

Cas particulier : le cube

Définition

Un **cube** est un pavé droit qui a ses six faces carrées.

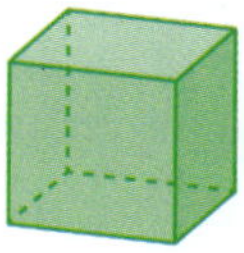

Propriété (admise)

Toutes les arêtes d'un cube ont la même longueur.

Patrons d'un pavé droit

Définition

Un **patron** de solide est une figure plane qui, après pliage, permet de construire ce solide sans que deux faces se superposent.

Exemple

Patron — Pliage — Solide

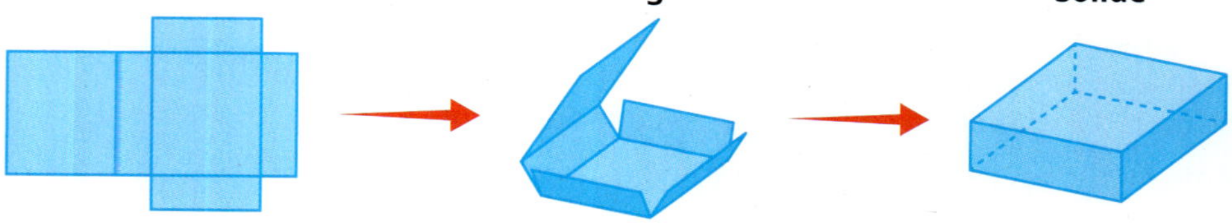

Il existe plusieurs façons de déplier un solide pour obtenir un patron.
Voici d'autres exemples de patrons de pavés droits :

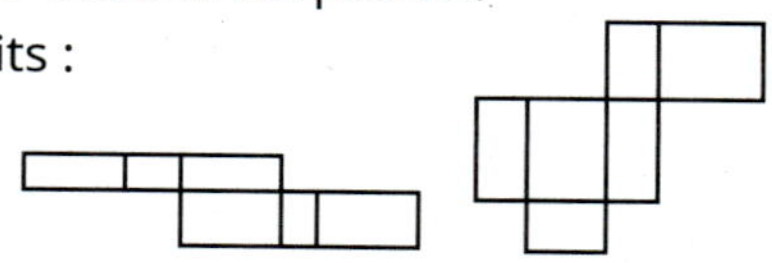

Je retiens

Quand tu as appris ton cours, cache-le avec une feuille et réponds aux questions.

Donne le nom des solides que tu connais.

Combien de faces a un pavé droit ? Quelle est la nature de ces faces ?

Le cube est un pavé droit particulier. Quelles sont ses particularités ?

Qu'est-ce qu'un patron ?

C Différentes représentations de solides

La perspective cavalière

La représentation en perspective cavalière n'est pas fidèle à ce que l'on voit. Elle conserve néanmoins certaines propriétés présentes dans la réalité, dont le parallélisme et l'alignement.

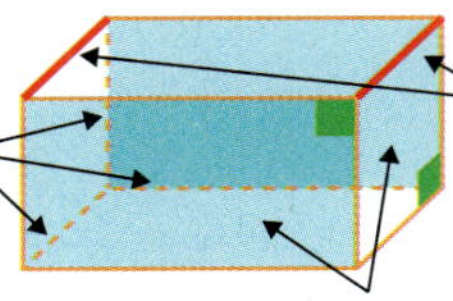

Les arêtes cachées sont représentées en pointillés.

Les **arêtes parallèles et de même longueur** dans la réalité sont représentées parallèles et de même longueur.

Les segments et les angles des faces **avant et arrière** sont représentés à l'identique de la réalité.
Par conséquent, sur ces deux faces avant et arrière, des droites perpendiculaires dans la réalité le sont aussi sur la représentation en perspective cavalière.

Remarque : Les angles droits dans la réalité ne le sont pas forcément sur la représentation en perspective cavalière.

Les différentes vues d'un solide

Représenter un solide selon une vue, c'est tracer ce que voit un observateur qui regarderait depuis la direction indiquée.

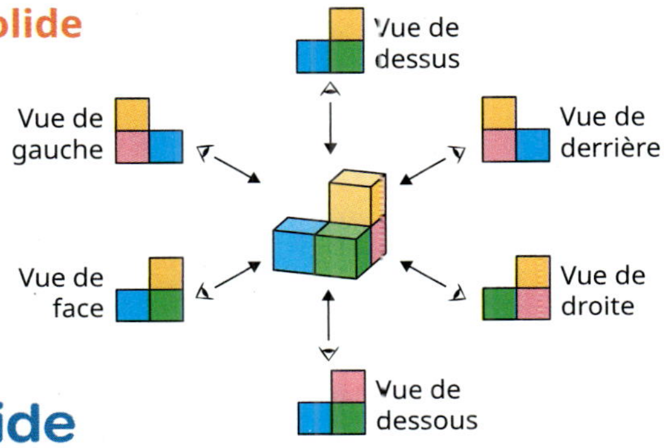

D Volume d'un solide

Définition

Le **volume** d'un solide est une grandeur qui correspond à l'espace occupé par ce solide.

L'unité couramment utilisée pour mesurer cette grandeur est le cube de 1 cm de longueur d'arête.
Son volume est appelé le centimètre cube et est noté cm^3.
Calculer le volume d'un solide en centimètres cube revient alors à déterminer le nombre de cubes de 1 cm d'arête nécessaires pour le remplir.

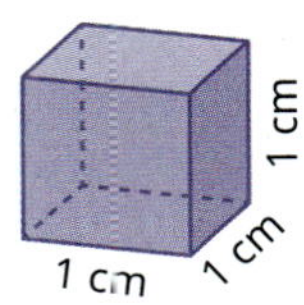

Propriétés (admises)

- Dans le cas d'un pavé droit, la détermination de son volume peut se résumer en un seul calcul :

  Volume$_{\text{pavé droit}}$ = longueur × largeur × hauteur

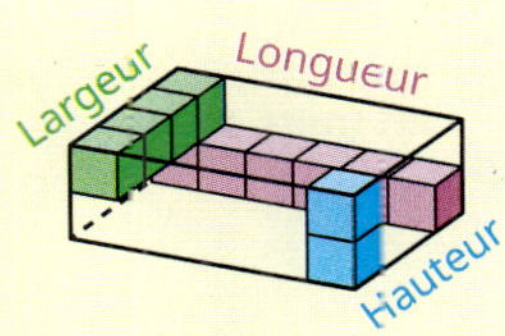

- Par conséquent, la détermination du volume d'un cube peut se faire avec ce calcul :

  Volume$_{\text{cube}}$ = **côté × côté × côté**

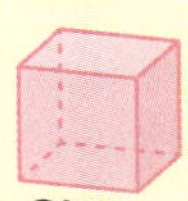

Je retiens

À quoi doit-on faire attention quand on représente un solide en perspective cavalière ?

À quoi correspond l'unité de volume « cm^3 » ?

À quoi correspond le volume d'un solide ?

Quel calcul permet d'obtenir le volume d'un pavé droit ?

MON QCM DE RÉVISION
edubelin.fr/25mmat6-297

J'apprends à faire

1 Représenter un pavé droit en perspective cavalière

Représenter en perspective cavalière un pavé droit
dont les dimensions sont 4 cm, 6 cm et 2 cm.

Solution

Étape 1

Nous représentons le rectangle de la face avant en utilisant les vraies longueurs, ici 4 cm et 6 cm.

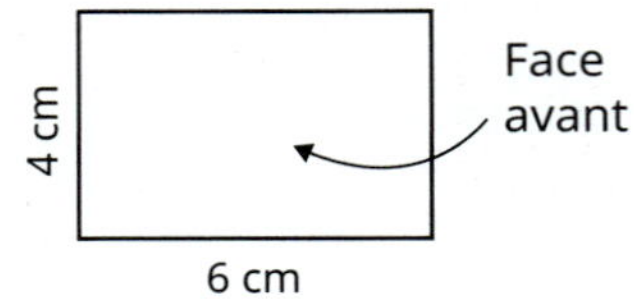

Étape 2

Je représente le rectangle de la face arrière légèrement en « décalage ». Il a les mêmes dimensions que celui de la face avant.

OU

Je représente les quatre arêtes parallèles et de même longueur qui partent des quatre sommets de la face avant. Leur longueur sur le dessin doit être inférieure à celle des arêtes du solide dans la réalité, ici 2 cm.

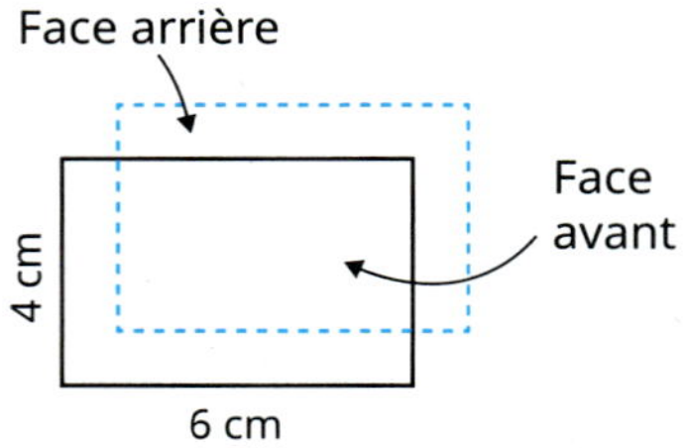

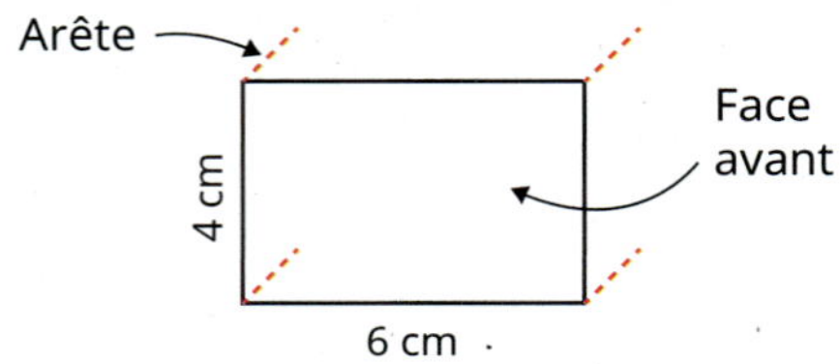

Étape 3

Je complète en traçant les arêtes qui joignent les quatre sommets de la face avant aux quatre sommets de la face arrière.

OU

Je représente le rectangle de la face arrière en rejoignant les extrémités des quatre arêtes que je viens de tracer.

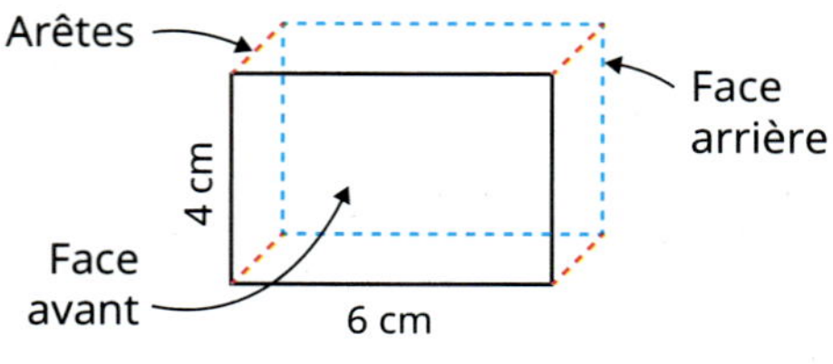

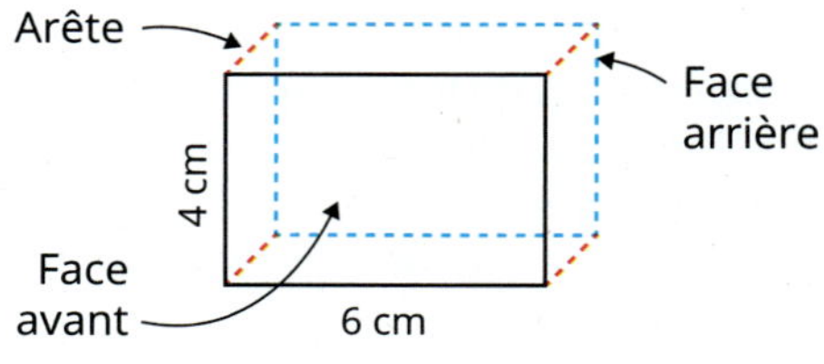

Étape 4

Nous traçons les arêtes visibles en traits pleins.

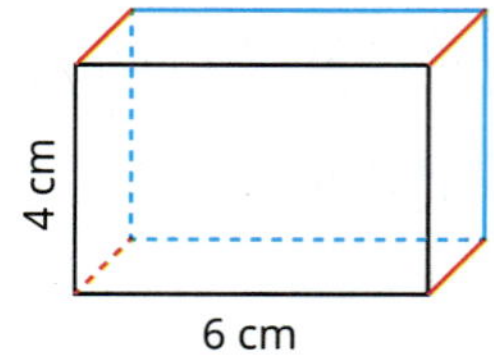

JE M'EXERCE

1. Tracer la représentation en perspective cavalière d'un cube de côté 3 cm.
2. Tracer la représentation en perspective cavalière d'un pavé droit dont les dimensions sont 3 cm, 4 cm et 7 cm.

→ Exercice corrigé **p. 318**

2 Tracer un patron de pavé droit

Représenter un patron de ce pavé droit.

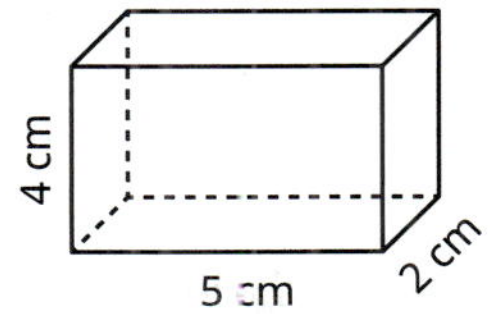

Solution

Étape 1 On trace une **face** en vraie grandeur.

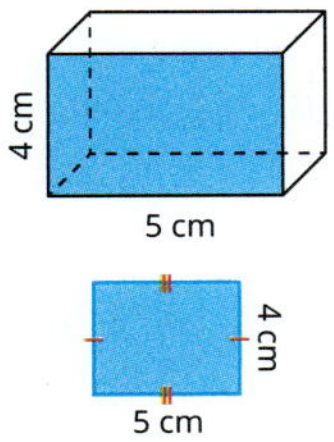

Étape 2 On ajoute une nouvelle **face**.

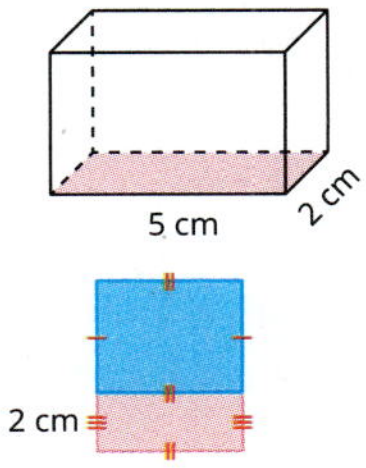

Étape 3 On continue de la même façon pour compléter son patron.

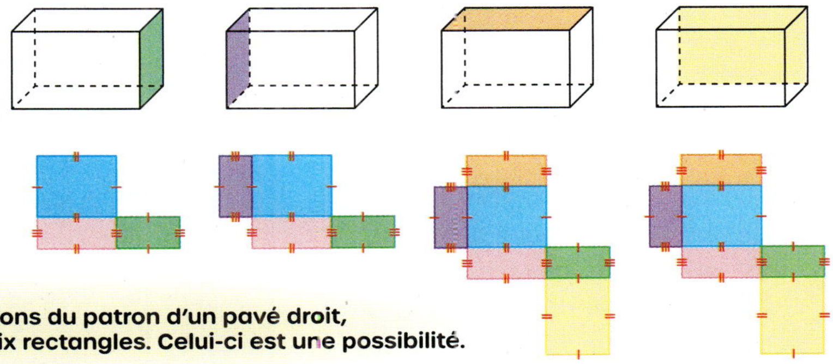

Il existe plusieurs représentations du patron d'un pavé droit, selon le positionnement des six rectangles. Celui-ci est une possibilité.

JE M'EXERCE

1. Tracer le patron d'un cube d'arête 3 cm.

2. Tracer le patron d'un pavé droit dont les dimensions sont 3 cm, 4 cm et 5 cm.

Exercice corrigé p. 318

3 Représenter selon différents points de vue

POUR VOIR LE TUTO DE LISA
edubelin.fr/25mmat6-299

Représenter la vue de derrière et la vue de dessus de cet assemblage composé de six cubes :

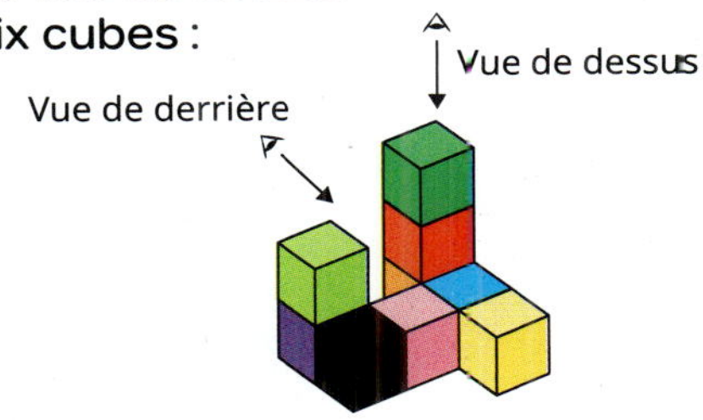

Solution

- **Vue de derrière :** l'assemblage peut se décomposer en trois plans.

❶ Le premier plan est composé de cinq cubes. Tous les cubes sont visibles.

❷ Le deuxième plan est composé de trois cubes. Les cubes noir et bleu sont cachés, seul le rose est visible.

❸ Le troisième plan est composé d'un seul cube. C'est le jaune, mais il est caché.

- **Vue de dessus** : l'assemblage peut se décomposer en trois tranches.

❶ La première tranche est composée d'un seul cube. Il est visible.

❷ La deuxième tranche est composée de deux cubes. Le cube rouge est caché et le vert clair est visible.

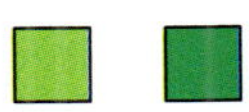

❸ La troisième tranche est composée de six cubes. Les cubes violet et orange sont cachés, les autres sont visibles.

JE M'EXERCE

Représenter les vues de droite, de gauche et de face de l'assemblage de cubes proposé dans l'exercice précédent.

Exercice corrigé p. 318

Je prends mon élan

1 **QCM** On considère le pavé droit suivant :

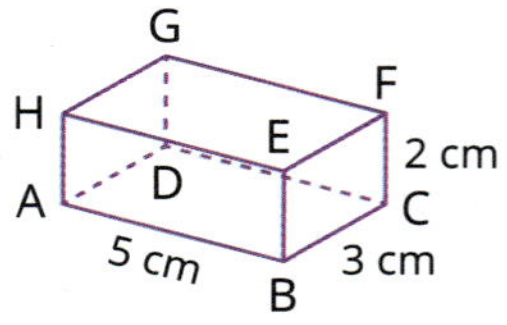

Donner la ou les bonnes réponses parmi les trois propositions.

1. [AD] est :
- **a** une arête du pavé droit.
- **b** une face du pavé droit.
- **c** un sommet du pavé droit.

2. HADG est :
- **a** un rectangle.
- **b** une face visible.
- **c** une face cachée.

3. Les arêtes [HA] et [HG] sont :
- **a** parallèles.
- **b** perpendiculaires.
- **c** de même longueur.

4. Sur un patron de ce pavé droit, la face EFGH est représentée par un rectangle dont les dimensions sont :
- **a** longueur = 3 cm et largeur = 2 cm.
- **b** longueur = 5 cm et largeur = 2 cm.
- **c** longueur = 5 cm et largeur = 3 cm.

5. Pour recouvrir la base de ce pavé droit, il faut :

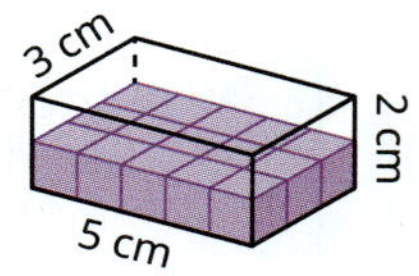

- **a** 5 cubes de 1 cm d'arête.
- **b** 15 cubes de 1 cm d'arête.
- **c** 3 pavés composés chacun de 5 cubes de 1 cm d'arête.

Je me lance

Reconnaître des solides

2 **Automatismes**

Solide 1

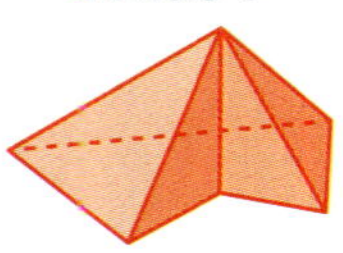

Solide 2

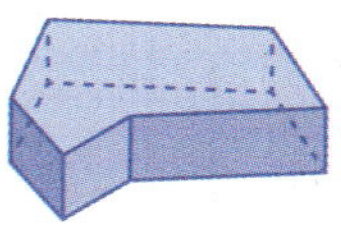

Solide 3

Solide 4

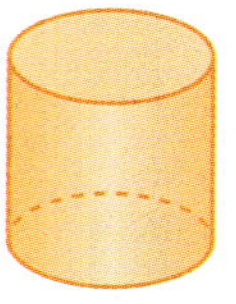

1. Nommer ces solides.

2. Déterminer le nombre de faces, d'arêtes et de sommets de chacun d'entre eux.

3 **a.**

b.

c.

d.

Décrire les objets ci-dessus en précisant le nom des solides qui les composent.

Représenter en perspective

4

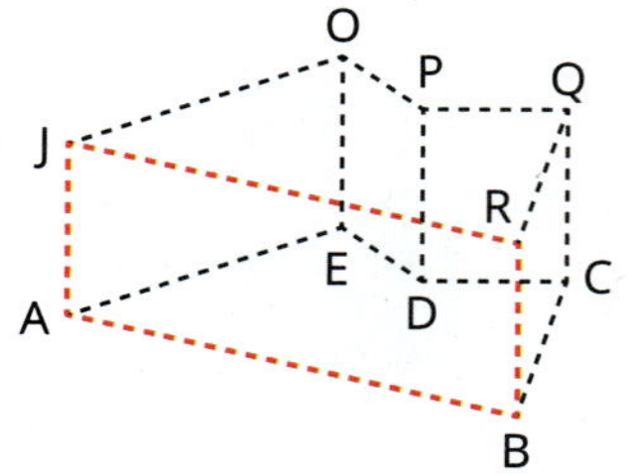

1. La face JRBA de ce prisme droit est une face visible.
Quelles arêtes doivent être en traits pleins ?

2. Même question si la face AEDCB est visible.

5 On peut voir ici la représentation en perspective d'une pyramide à base carrée.
Les affirmations suivantes sont-elles vraies ou fausses ?
Justifier.

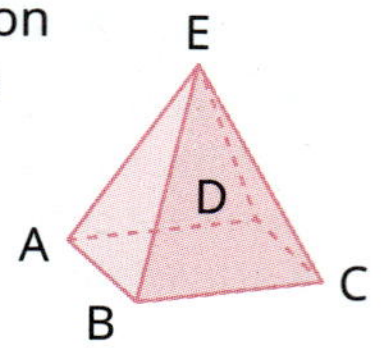

a. (AB) et (BC) sont perpendiculaires.

b. (DC) et (AB) sont parallèles.

c. [AD] et [BC] sont de même longueur.

d. [BC] et [DC] sont de même longueur.

6 Reproduire, puis compléter ce début de représentation en perspective cavalière d'un cube.

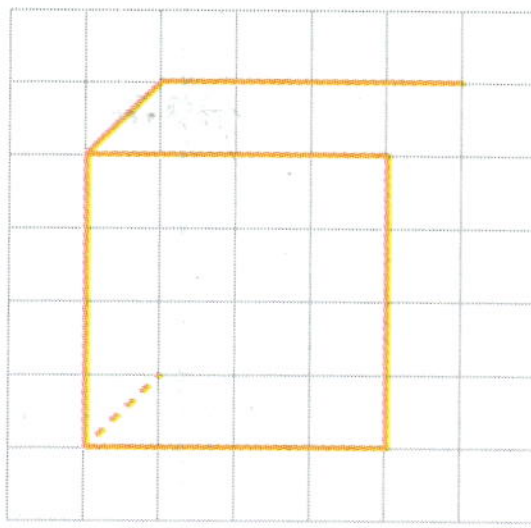

7 **Automatismes**

Reproduire, puis compléter ce début de représentation en perspective cavalière d'un pavé droit.

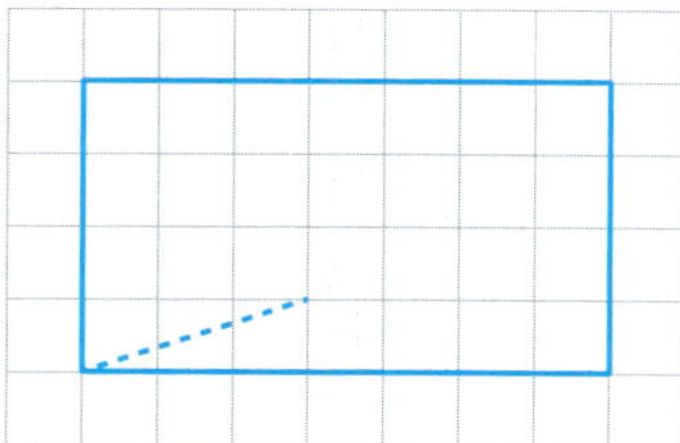

Reconnaître des patrons de solides

8 Associer chaque solide au patron qui lui correspond :

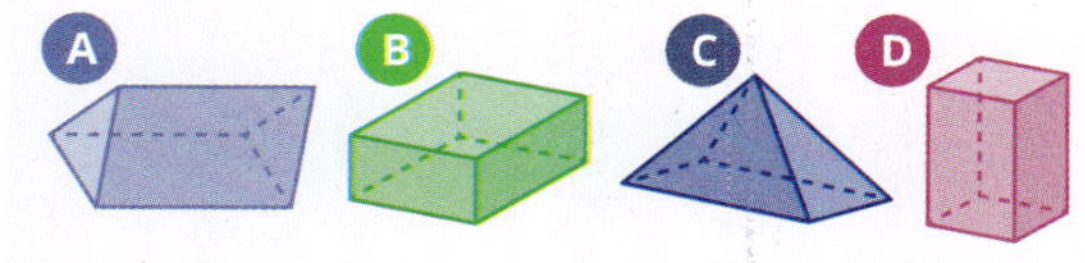

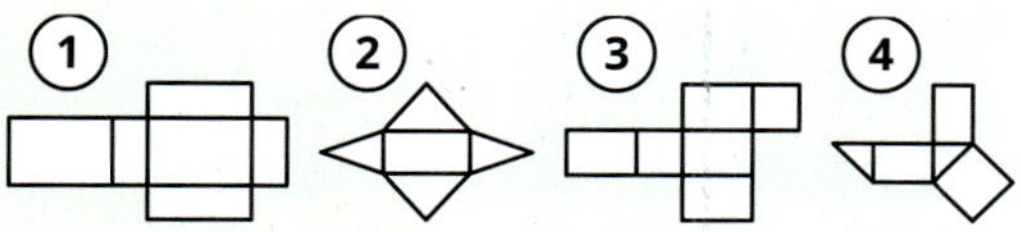

9 Enzo a commencé à tracer un patron de ce pavé droit.

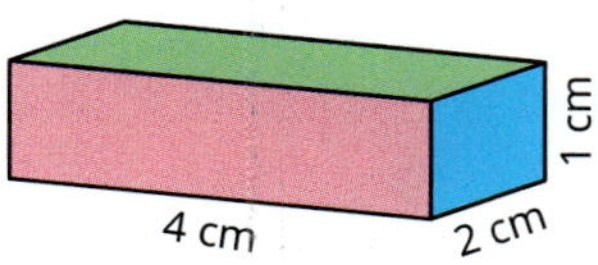

Reproduire et compléter le patron d'Enzo, puis colorier les faces opposées de la bonne couleur :

Calculer des volumes

10 De combien de cubes est composé chacun de ces assemblages ?

a.

b.

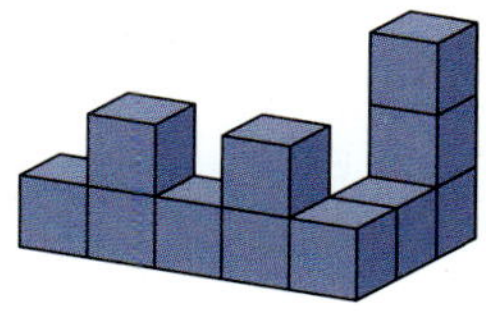

Dans les exercices 11 et 12, des cubes de 1 cm^3 de volume ont été placés dans un pavé droit.

11 **Automatismes**

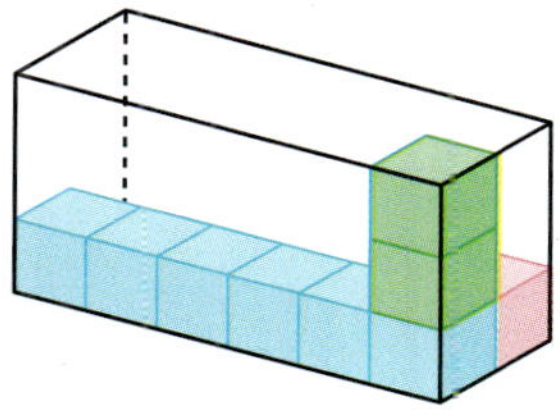

1. Combien de cubes peut-on voir dans ce pavé droit ?
2. Combien de cubes manque-t-il pour remplir ce pavé droit ?
3. En déduire le volume de ce pavé droit.

12

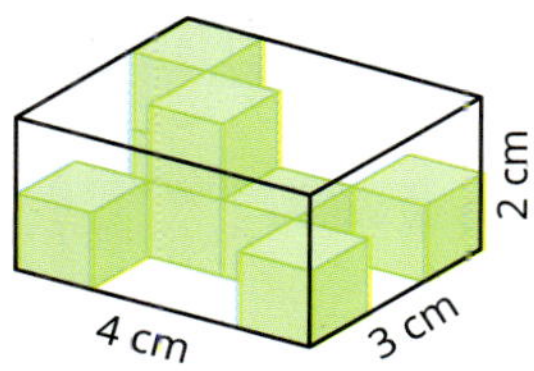

1. Combien de cubes sont nécessaires pour recouvrir la base de ce pavé droit ?
2. Combien de cubes manque-t-il pour remplir ce pavé droit ?
3. En déduire le volume de ce pavé droit.

13 Un cube de 1 cm d'arête est représenté à l'intérieur de ces solides.

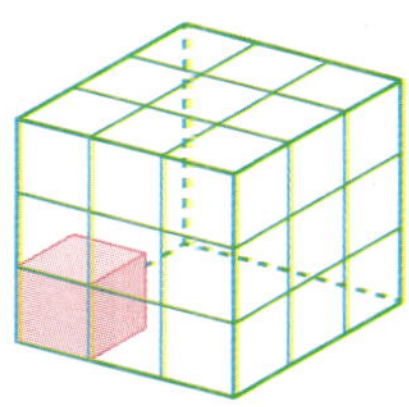

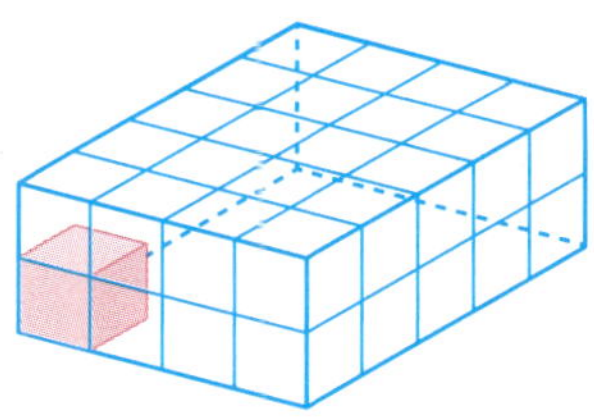

Déterminer le volume en cm^3 du cube vert et celui du pavé bleu.

J'avance à mon rythme

Fiches d'exercices
edubelin.fr/25mmat6-302a
Toutes les fiches en PDF

Avec des parcours d'apprentissage

Je développe ma vision spatiale

- Exercice **4 p. 300**
- Exercice **14 p. 303**
- Exercice **34 p. 306**
- Exercice **37 p. 306**
- Exercice **60 p. 310**

Je représente des solides

- Exercice **7 p. 301**
- Exercice **18 p. 303**
- Exercice **25 p. 305**
- Exercice **39 p. 307**
- Exercice **49 p. 308**

Je construis des solides

- Exercice **8 p. 301**
- Exercice **9 p. 301**
- Exercice **22 p. 304**
- Exercice **46 p. 307**
- Exercice **62 p. 310**

Je calcule des volumes

- Exercice **11 p. 301**
- Exercice **26 p. 305**
- Exercice **28 p. 305**
- Exercice **42 p. 307**
- Exercice **63 p. 311**

Je collabore efficacement

- Exercice **15 p. 303**
- Exercice **19 p. 304**
- Exercice **47 p. 308**
- Exercice **51 p. 308**
- Exercice **59 p. 310**

ou avec un plan de travail

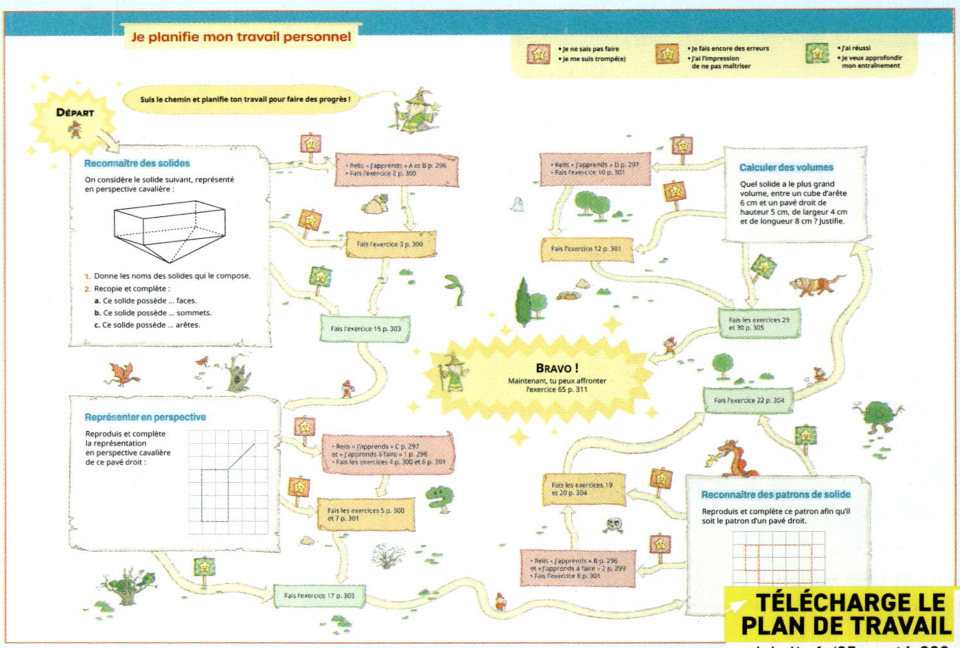

TÉLÉCHARGE LE PLAN DE TRAVAIL
edubelin.fr/25mmat6-302

J'applique mes connaissances

Reconnaître des solides

14 Classé monument historique, le château de Culan est une forteresse médiévale construite à la fin du XIIe siècle sur un éperon rocheux dominant la vallée de l'Arnon, dans le Cher.

Nommer trois solides présents sur cette photographie du château.

15 Ces deux représentations correspondent à des assemblages de plusieurs solides :

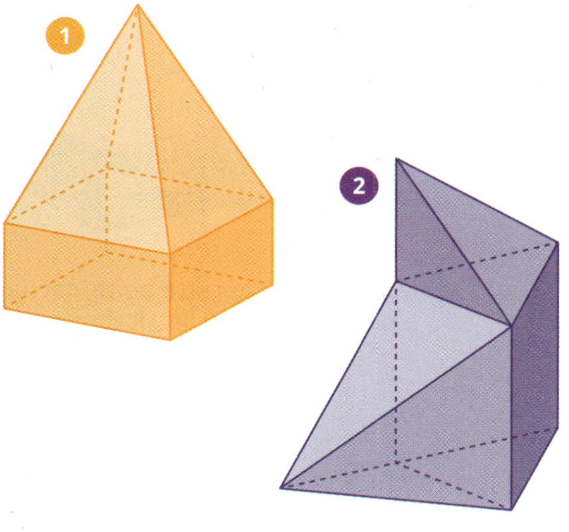

1. Décrire chacun des deux assemblages en donnant les noms des solides qui les composent.
2. Indiquer le nombre de sommets, d'arêtes et de faces que possède chacun de ces assemblages.
3. Quand on additionne le nombre d'arêtes de chacun des solides qui composent l'assemblage 1, on n'obtient pas le nombre d'arêtes de l'assemblage 1. Comment expliquer cette différence ?

Représenter en perspective

16 On considère un pavé droit dont les dimensions des arêtes sont 2,5 cm, 3,5 cm et 4 cm.

1. Représenter ce pavé droit en perspective cavalière.
2. Proposer deux autres représentations en perspective cavalière possibles en changeant de point de vue.

17 Lorena a commencé à représenter un empilement de trois cubes en perspective cavalière.
Reproduire et compléter cette représentation :

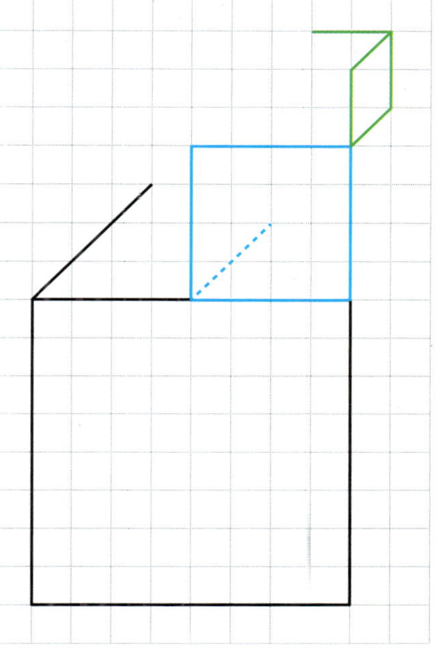

18 Noam a commencé à représenter un pavé droit en perspective.
Il a décidé de ne pas mettre une face au premier plan, mais une arête.
Reproduire et compléter sa représentation :

Construire des patrons de solide

19 Kenzo a tracé le patron de cette pyramide tronquée :

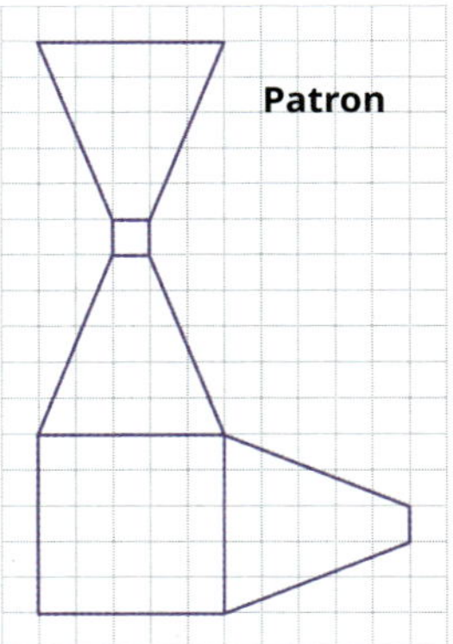

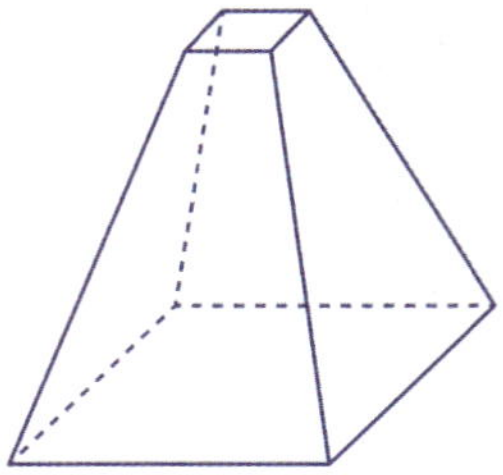

POUR INFO !
Une pyramide tronquée est une pyramide à laquelle on a ôté une pyramide « plus petite » contenant le sommet principal.

1. Son amie Clémentine lui dit :
« Pas la peine de le découper pour le plier, je suis sûre qu'il est faux ».
Comment a-t-elle fait pour savoir que le patron n'est pas correct d'un seul coup d'œil ?
2. Reproduire et corriger le travail de Kenzo.
3. Tracer deux autres exemples de patrons possibles de cette pyramide tronquée.

20 **Automatismes**

1. Expliquer pourquoi ces trois propositions de patrons de pavés droits sont fausses :

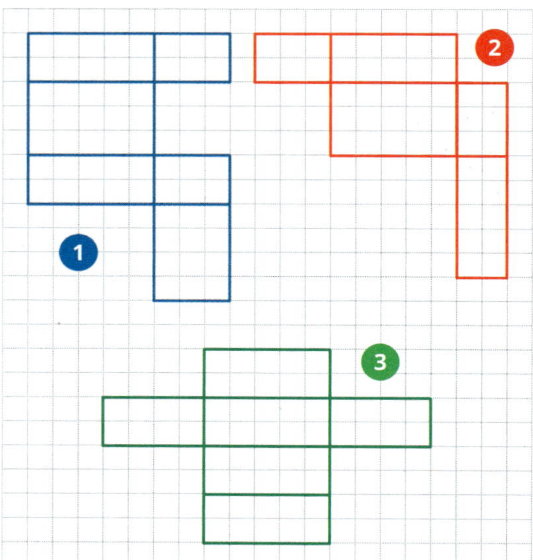

2. Reproduire les propositions et les corriger.

21 Voici trois patrons d'un même cube :

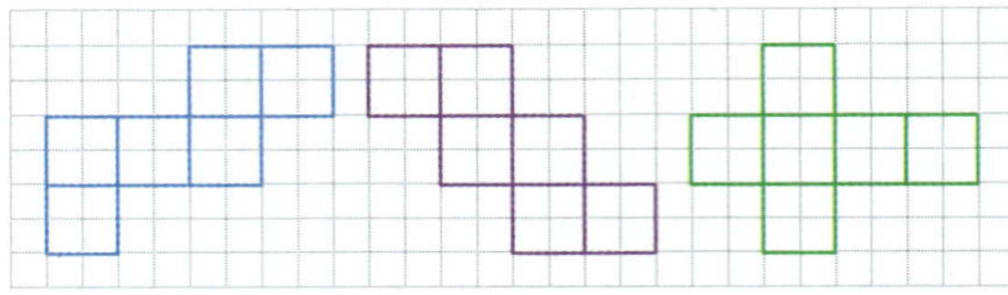

Reproduire ces patrons et, sur chacun d'entre eux, colorier de la même couleur les faces opposées du cube.

22 Voici trois débuts de propositions de patrons d'un même pavé droit :

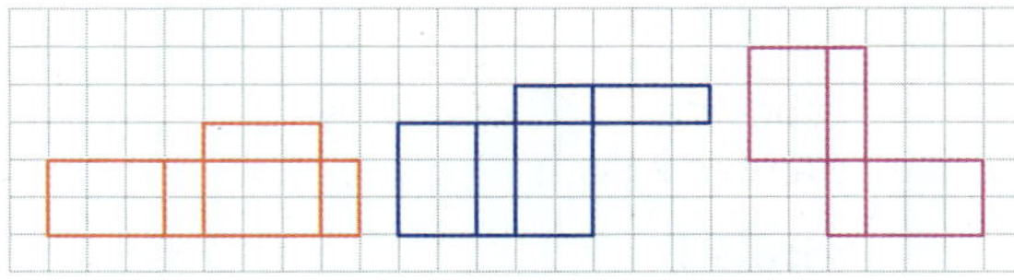

Les reproduire, les compléter, puis colorier de la même couleur les faces opposées du pavé droit.

23 Laure, grande sportive, souhaite créer une boîte pour y ranger toutes ses médailles.

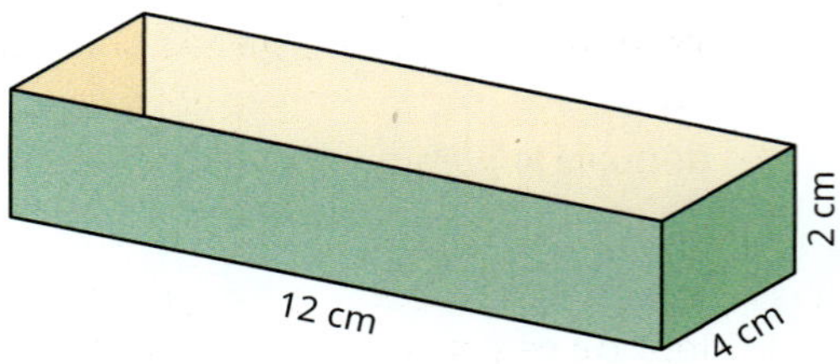

Construire un patron de cette boîte, sachant que Laure ne veut pas qu'elle ait de couvercle.

Calculer des volumes

24 Max a commencé à remplir ce pavé droit avec des cubes de 1 cm^3 de volume.

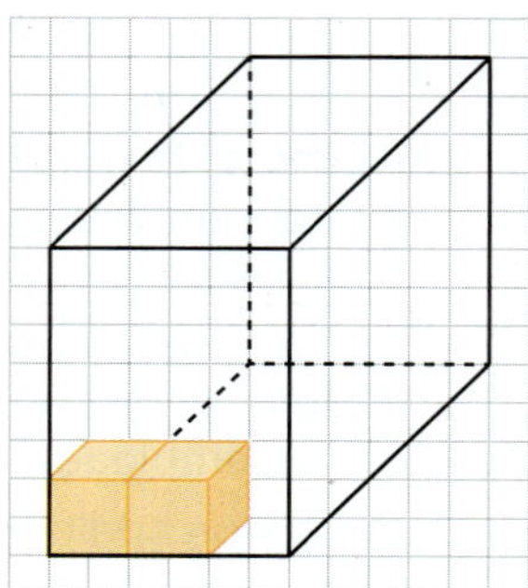

1. Reproduire cette représentation de pavé droit en perspective cavalière.
2. Ajouter les cubes manquants pour recouvrir sa base.
3. Quel est le volume en cm^3 du pavé de Max ?

25 Voici un assemblage de cubes de 1 cm d'arête :

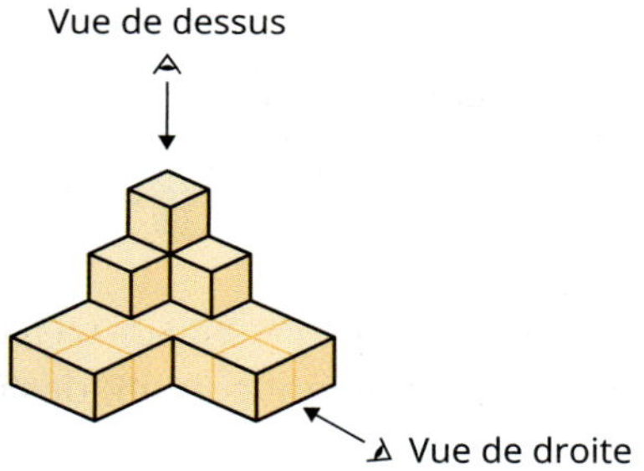

1. Représenter la vue de dessus, puis la vue de droite de cet assemblage.

2. Déterminer le volume de cet assemblage.

26 Des cubes de 1 cm^3 de volume sont représentés à l'intérieur de ces prismes droits :

Prisme 1

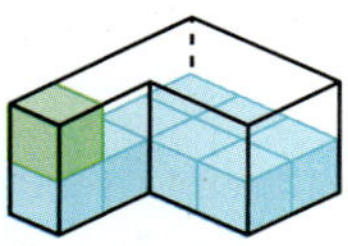

Prisme 2

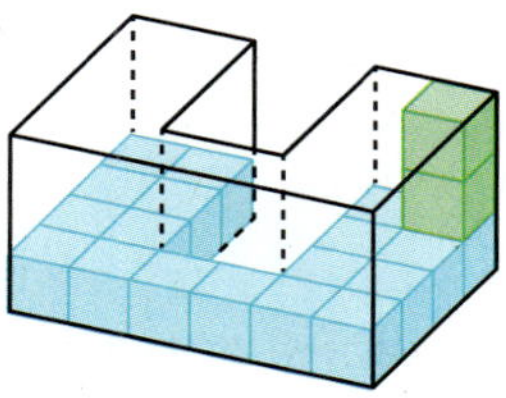

1. Déterminer le nombre de cubes bleus représentés à l'intérieur de ces prismes droits.

2. En déduire le volume de ces prismes droits.

27 Des cubes de 1 cm^3 sont représentés à l'intérieur de ce prisme droit :

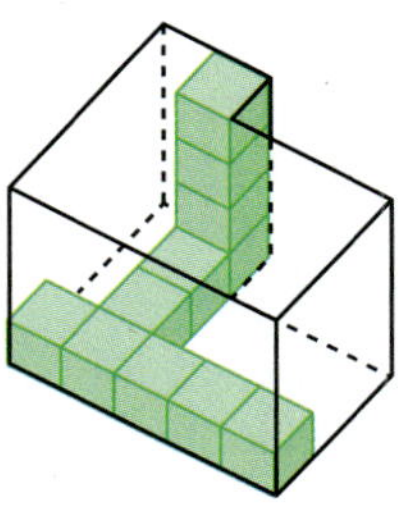

Déterminer le volume de ce prisme droit.

28 Recopier et compléter ce tableau :

Largeur du pavé (en cm)	Longueur du pavé (en cm)	Hauteur du pavé (en cm)	Volume du pavé (en cm^3)
5	6	3	
4	7		280
	2	8	80

29 **Automatismes**

Timéo possède un cube de 6 cm d'arête.
Il décide d'enlever à son cube un petit cube de 3 cm d'arête au niveau de l'un de ses sommets.

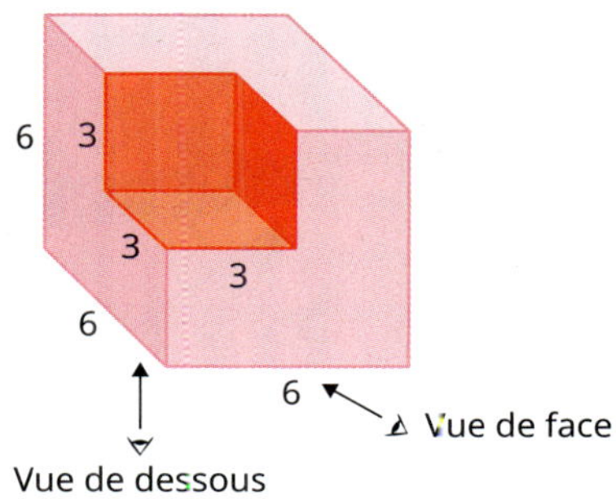

1. Représenter la vue de dessous et la vue de face du nouveau solide de Timéo.

2. Déterminer le volume de ce solide en présentant la démarche employée.

30 Zoé a construit une pyramide maya à l'aide de briques de constructions en s'inspirant de cette photo.

Elle a obtenu cet assemblage :

Combien de briques de construction de ce type a-t-elle utilisées ?

31 **J'accélère**

Calcul mental
edubelin.fr/25mmat6-305
5 séries en PDF
5 min

Calculer mentalement :

a. 23 : 2
b. 6,52 – 1,2
c. 7,2 × 100
d. le double de 45,7
e. 2,4 × 50
f. 0,5 × 7 × 2

Je développe mes savoir-faire

32 **Manipulation**

1. Quelles réglettes ne reposent pas au sol sur toute leur longueur ?
2. Dans quel ordre peut-on retirer les réglettes une à une sans déplacer les autres ?

33 **Représenter et Raisonner**

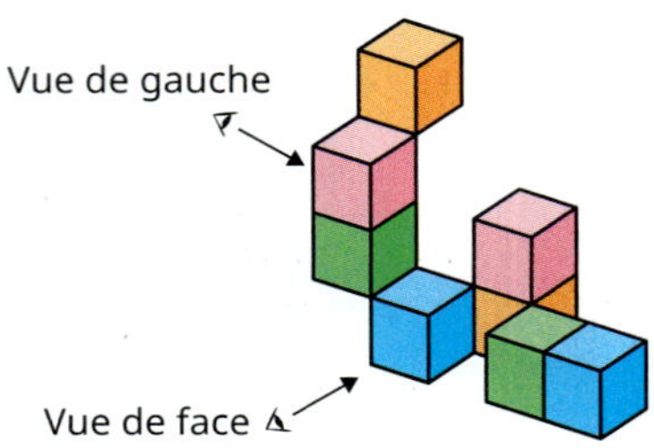

1. Représenter la vue de face et la vue de gauche de cet assemblage.
2. Combien manque-t-il de cubes au minimum pour obtenir un pavé droit ?
3. Combien manque-t-il de cubes au minimum pour obtenir un « grand » cube ?

34 **Représenter**

On a représenté une table vue de dessus sur laquelle se trouvent un verre, une bouteille et une boîte de chocolats.

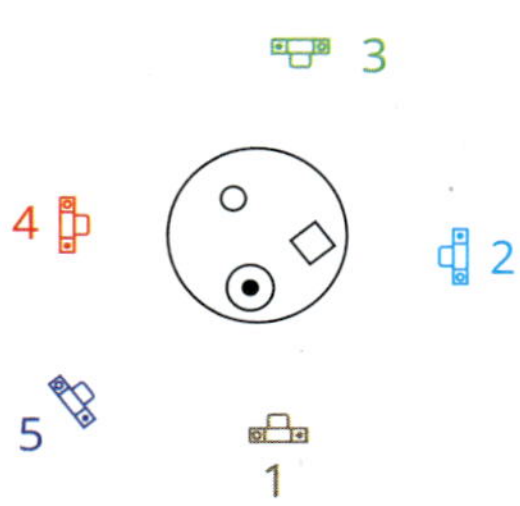

Attribuer sa photographie à chacun des appareils disposés autour de la table.

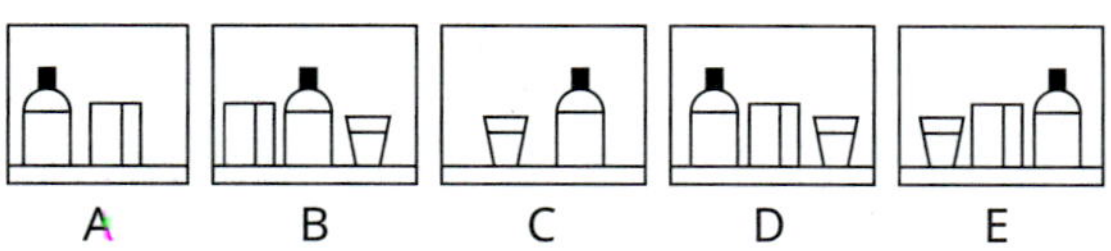

35 **Représenter**

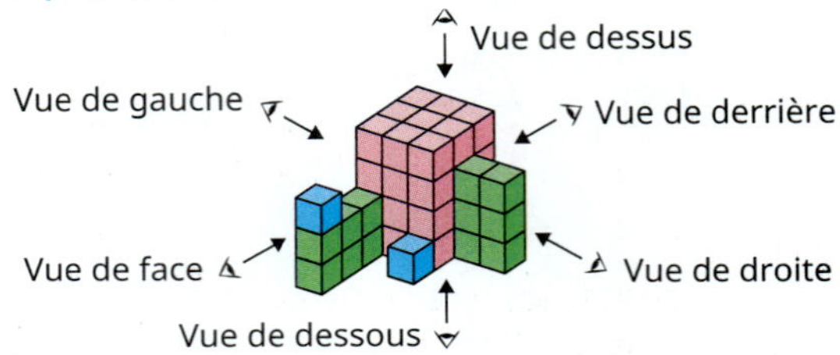

Représenter, en tenant compte des couleurs, cet empilement de pavés droits suivant les différents points de vue.
Tous les pavés droits sont visibles sur la représentation en perspective.

36 **Représenter**

Thomas souhaite ajouter à cet assemblage un cube vert sans que la vue de gauche ni celle de dessous ne changent.

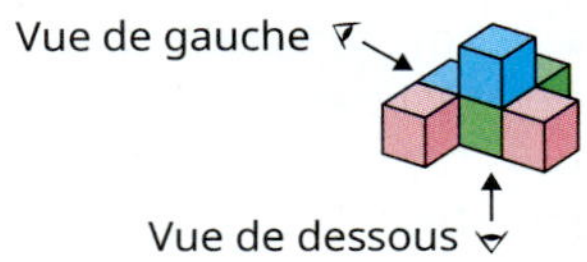

Représenter la vue de droite, la vue de face, la vue de derrière et la vue de dessus du solide qu'il peut obtenir après ajout du cube vert.

37 **Représenter**

Lisandre joue avec ses briques et construit des assemblages.

Représenter pour chacun d'entre eux leur vue de face, de droite et de dessus.

38 **Représenter**

Lya a construit un assemblage de quatre cubes. Elle le regarde selon deux points de vue :

Elle a commencé à le représenter en perspective.

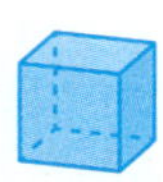

1. Reproduire et compléter sa représentation en perspective en tenant compte des couleurs.
2. Représenter les vues de gauche, de dessus, de dessous, de face et de derrière de son assemblage.

39 Raisonner et Représenter

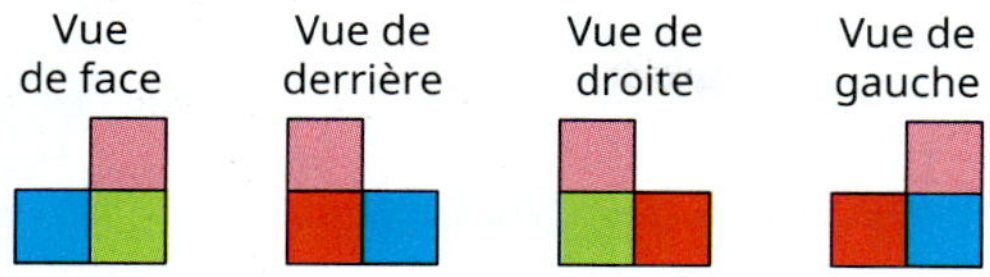

Représenter les vues de dessus et de dessous de cet assemblage de cubes identiques.

40 Calculer et Chercher

Dylan a coupé un cube en deux solides identiques.

1. Nommer le solide obtenu.
2. Calculer le volume de ce solide en présentant la méthode utilisée.

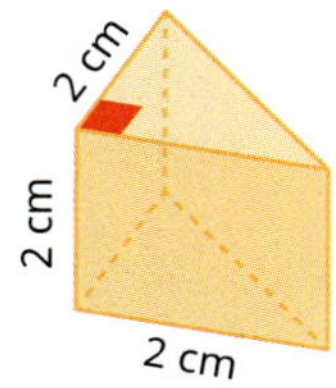

41 Calculer

Coumba a rempli le vase A. Elle verse l'eau contenue dans le vase A à l'intérieur du vase B, puis rajoute 108 cm^3 d'eau.
À quelle hauteur l'eau arrive-t-elle dans le vase B ?

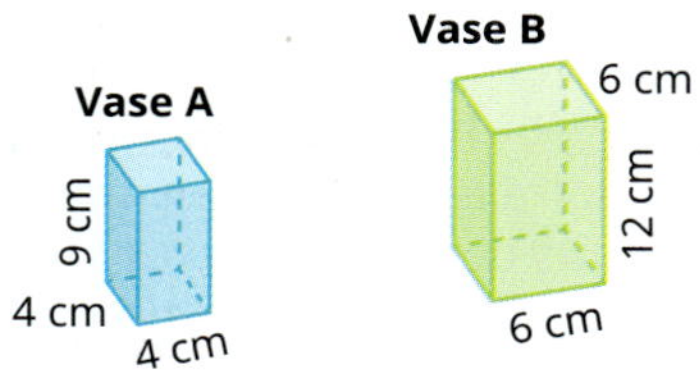

42 Raisonner et Communiquer

Aurélien affirme : « Le pavé droit bleu a un volume 2 fois plus grand que le rose. »
Cara n'est pas d'accord : « Le pavé bleu a un volume 8 fois plus grand que le pavé rose. »
Qui de Cara ou d'Aurélien a raison ? Justifier.

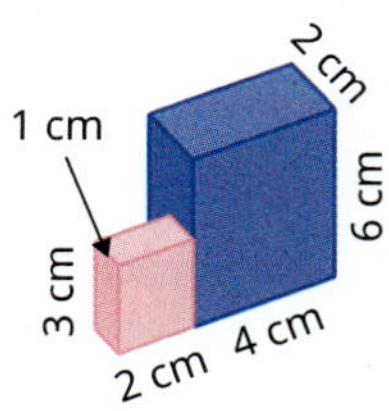

43 Calculer et Représenter

Calculer le volume du pavé droit dont Jules a commencé à construire un patron ci-dessous :

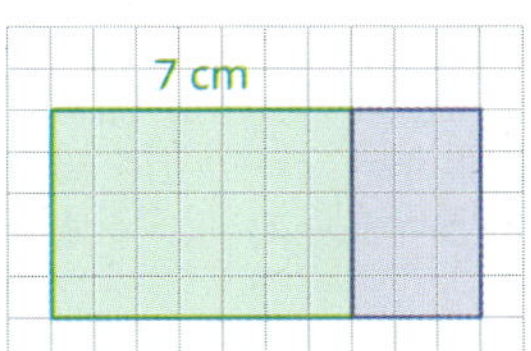

44 Calculer et Représenter

Tristan a commencé le tracé d'un patron de pavé droit de 54 cm^3 de volume.

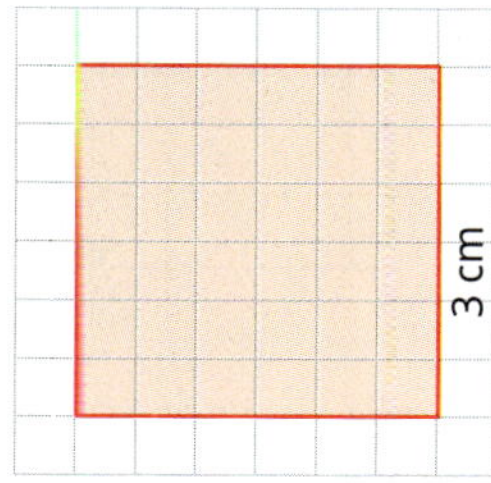

Recopier et compléter le travail de Tristan.

45 Raisonner et Calculer

Kiara souhaite réaliser une œuvre d'art en plâtre qui représente le squelette d'un cube.
Elle a commencé à colorier des cubes de 1 cm d'arête en alternant des cubes violets et des cubes verts.

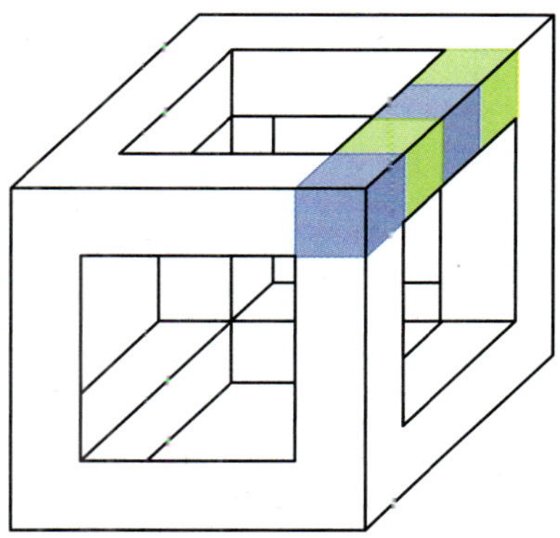

1. Calculer le volume en cm^3 de plâtre dont Kiara a besoin pour faire cette œuvre d'art.
2. Combien de cubes de 1 cm d'arête seront coloriés en violet ?

46 Manipulation

Adrien a décidé de faire des patrons de cube en rassemblant deux pièces identiques :

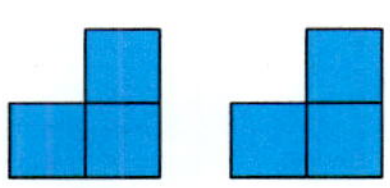

Pour l'instant, il n'a trouvé qu'un seul patron :

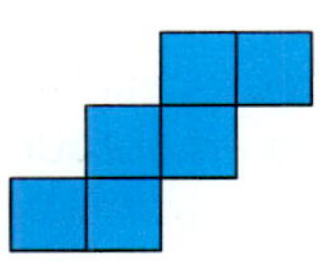

Trouver, puis tracer les cinq autres patrons possibles.

Je développe mes savoir-faire

47 **Chercher et Raisonner**

Naomi dispose de pièces de puzzle :

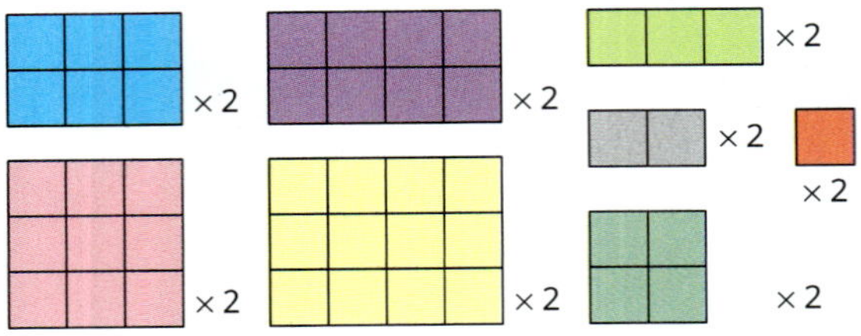

Elle souhaite obtenir des patrons de pavés droits en assemblant certaines de ces pièces. Voici les pièces qu'elle a choisies pour son premier essai :

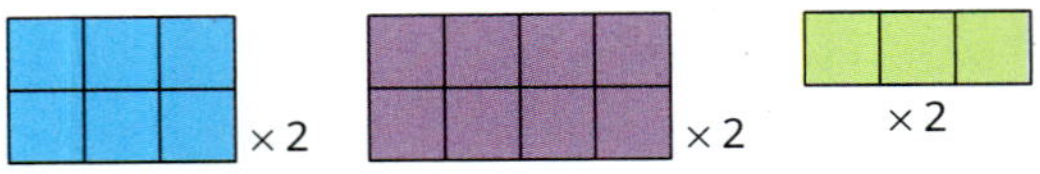

1. Expliquer pourquoi son choix ne lui permet pas de construire un patron de pavé droit.
2. Quelles sont les dimensions des pavés droits qu'elle pourra construire ?
Présenter la démarche suivie et justifier les choix effectués.

48 **Raisonner et Communiquer**

Peut-on construire un pavé droit qui ne soit pas un cube et dont quatre faces soient des carrés ?

49 **Représenter**

Ilona dispose d'un tampon en forme de pavé droit qu'elle peut transformer en enlevant certains des cubes qui le composent.

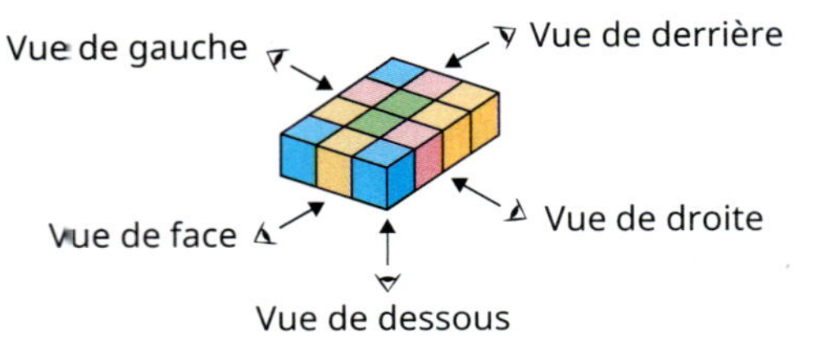

En enlevant les cubes bleus, elle obtient les empreintes de tampons suivants :

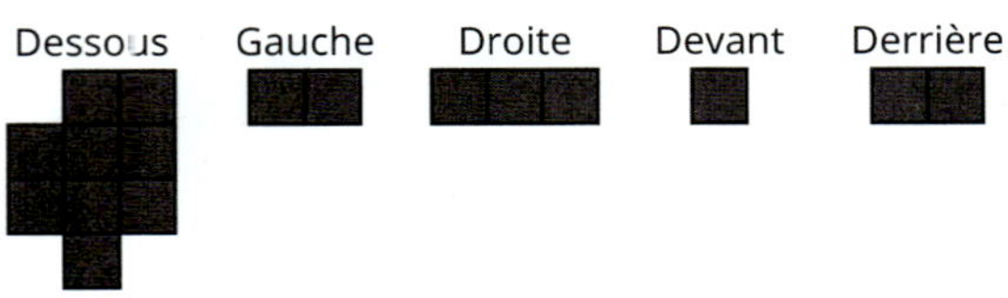

Représenter les empreintes de tampons obtenues en enlevant du pavé droit :
a. les cubes verts ;
b. les cubes roses ;
c. les cubes orange.

50 **Représenter**

Ugo a commencé le tracé d'un patron de cet assemblage de cubes. Recopier et compléter son patron en tenant compte des couleurs.

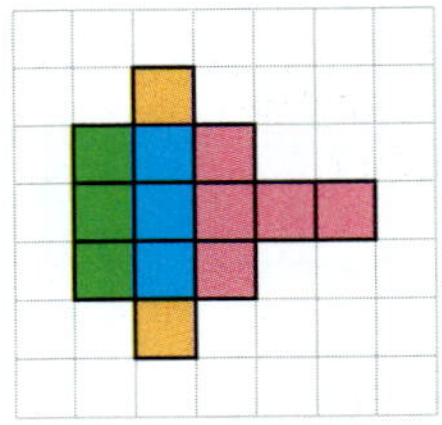

51 **Travail en groupe**

Trois tubes de colle identiques I, J et K sont placés sur une table et photographiés depuis trois points A, B et C.

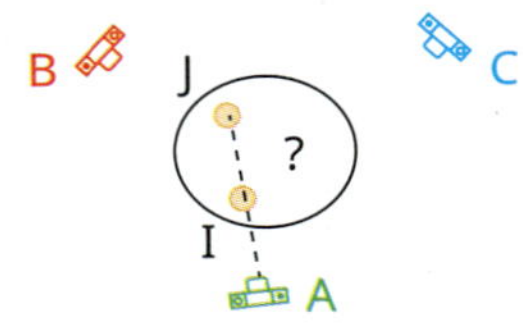

Sur chacune des trois photos, on ne voit que deux des trois tubes de colle.

1. Reproduire le schéma qui montre la vue de dessus de la situation et indiquer les deux positions possibles du troisième tube de colle. Expliquer.
2. Proposer une disposition de quatre tubes de colle et de trois endroits depuis lesquels prendre des photos pour que, sur chacune des photos, on ne voie que deux tubes de colle.
3. Proposer une disposition de cinq tubes de colle et de trois endroits depuis lesquels prendre des photos pour que, sur chacune des photos, on ne voit que trois tubes de colle.

52 **Je fais une pause**

Roméo vient d'ouvrir une pizzeria.
Il a acheté des tables carrées identiques et des chaises. S'il laisse toutes les tables séparées, chacune avec quatre chaises autour, il lui manque trois chaises.
S'il regroupe toutes les tables deux par deux pour obtenir cinq tables rectangulaires, chacune avec six chaises autour, combien de chaises aura-t-il en trop ?

Je contrôle mes connaissances

	a	b	c
53 Parmi ces propositions, quelle vue **ne** correspond **pas** à ce solide ? 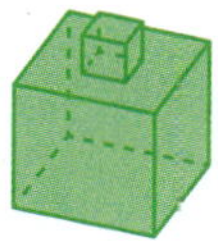		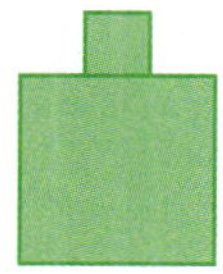	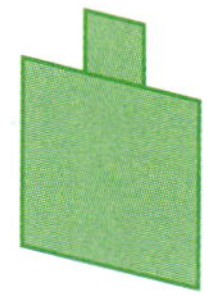
54 Lequel de ces patrons est un patron de pavé droit ?	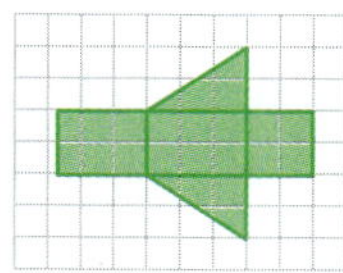	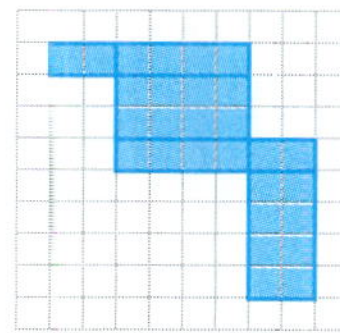	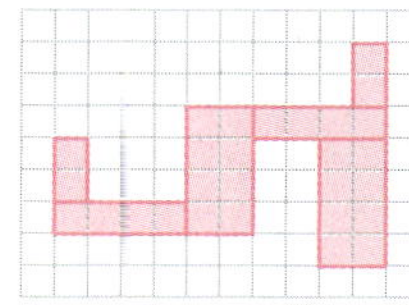
55 Quel calcul effectuer pour déterminer le volume de ce pavé droit ? 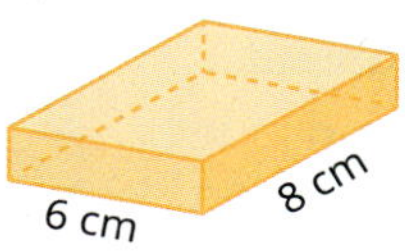	$2 + 6 + 8$	$2 \times 6 \times 8$	$(2 + 6) \times 8$

J'analyse, je représente

56 1. Nommer les deux solides qui composent cet assemblage.

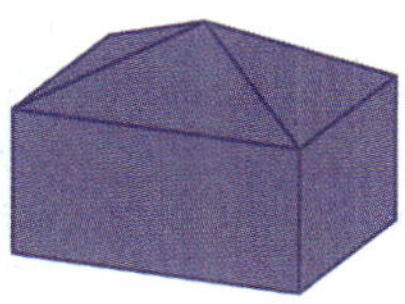

2. Combien de faces, d'arêtes et de sommets possède chacun de ces deux solides ?
3. Léo se rend compte que, quand il additionne le nombre de faces des deux solides, il n'obtient pas le même nombre que le nombre de faces du solide de départ. Expliquer cette différence.
4. Représenter la vue de dessus de ce solide.

Je représente

57 1. Reproduire et compléter ce début de représentation en perspective cavalière d'un pavé droit :

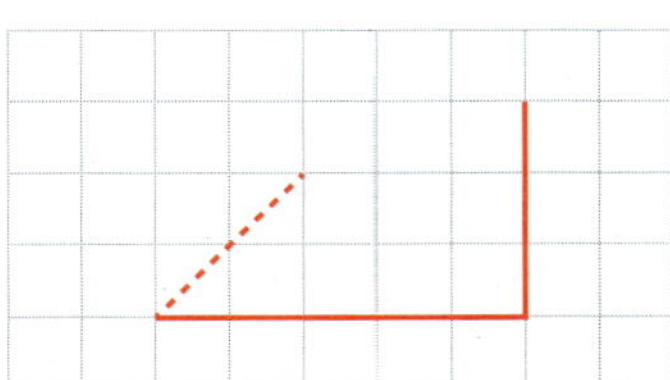

2. Représenter un patron de ce pavé droit.

Je calcule

58 Lequel de ces trois solides a le plus grand volume ? Justifier.

Solide 1

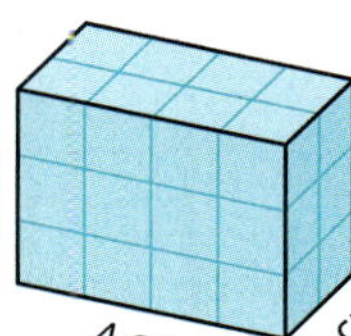

Solide 2

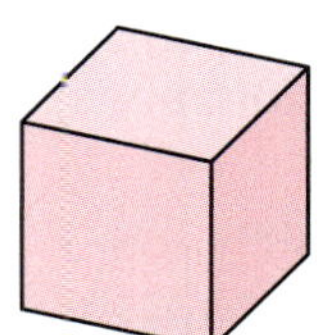

Solide 3

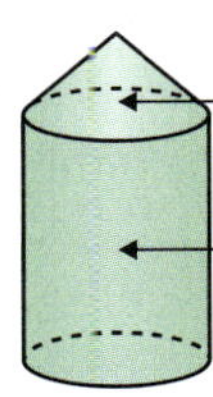

Exercices 53 à 58 corrigés **p. 318**

Je mobilise mes compétences

59 **Raisonner et Représenter**

Un escargot a laissé des traces sur ce cube. Adonis observe le trajet de l'escargot. Il remarque que l'escargot s'est toujours déplacé en ligne droite.

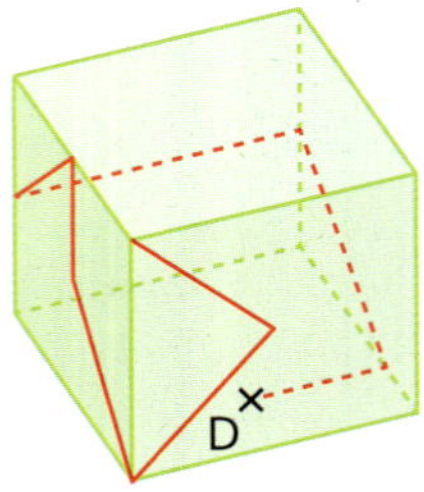

1. Reproduire les patrons ci-dessous et y tracer le trajet effectué par l'escargot.

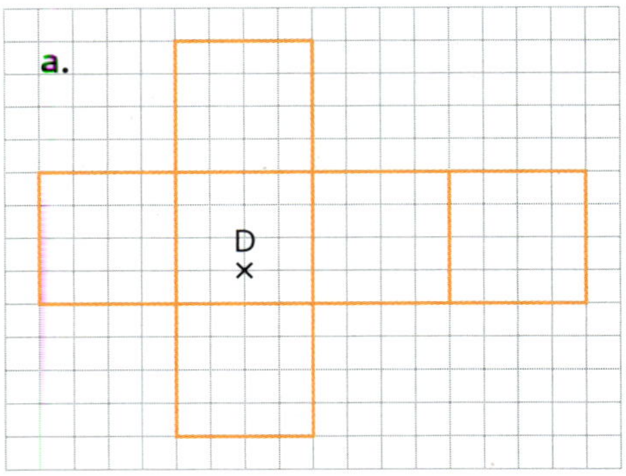

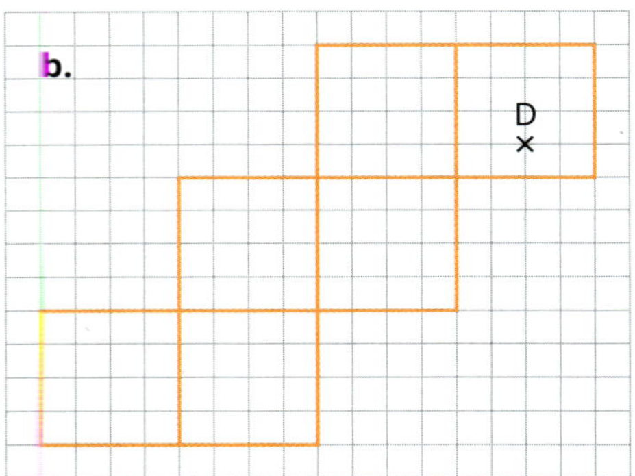

2. Adonis pense que l'escargot n'a pas emprunté le chemin le plus court. Il imagine sur ces patrons ce que serait le chemin le plus court. Comment peut-il procéder ? Le tracer.

60 **Communiquer**

Victor Vasarely est un artiste du XXe siècle. Il se distingue dans l'art contemporain en créant de nombreuses illusions d'optique.

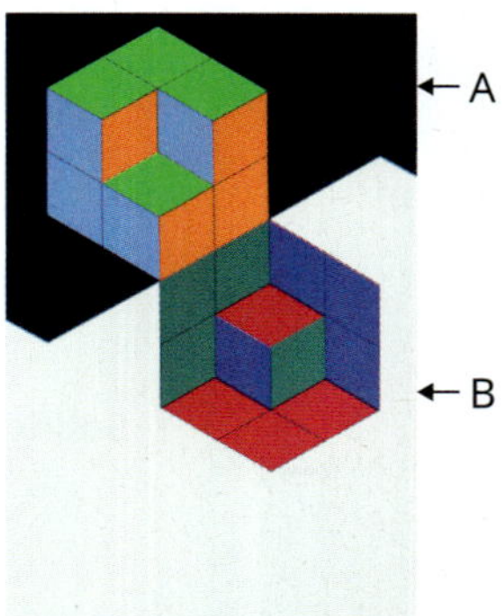

Victor Vasarely, « Bi-Hexa », 1975

1. Combien de cubes sont visibles dans la partie A de l'œuvre ?
2. Combien de cubes sont visibles dans la partie B de l'œuvre ?

61 **Un pattern**

Lana joue à empiler des cubes.
Voici les premières étapes de sa construction, qui est pleine à l'intérieur :

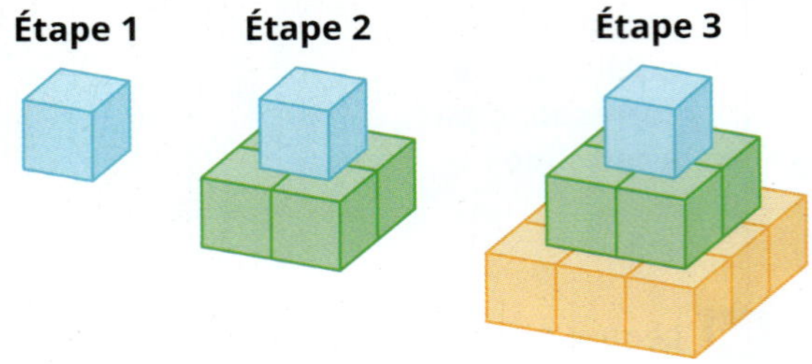

Elle dispose de 60 cubes.

1. Représenter en perspective cavalière (sans les arêtes cachées) la dernière étape que Lana peut atteindre.
2. Représenter la vue de dessus et une vue de côté de sa construction finale.

62 **Raisonner et Manipuler**

Un *paper toy* est un jouet de papier animé ou non par des mécanismes et représentant le plus souvent des personnages.

Le buste : un cube		Le buste est composé d'un cube de 4 cm d'arête.
La tête : un pavé droit		La largeur et la profondeur de la tête sont 2 cm plus grandes que celle du buste. La tête a la même hauteur que le buste.
Les bras : deux pavés droits		Pour construire les patrons des bras, on a dessiné un carré de 1 cm de côté, puis un rectangle de 3 cm de longueur.
Les jambes : un pavé droit		La largeur et la profondeur des jambes sont la moitié de la largeur de la tête. La hauteur des jambes est la moitié de l'arête du buste.

Réaliser un *paper toy* en suivant les étapes décrites et en respectant les dimensions indiquées.

Pense à colorier les patrons avant d'assembler les quatre pavés et le cube !

63 **Calculer et Raisonner**

Mahel a acheté une piscine. Il souhaite savoir combien de temps il lui faudra pour la remplir.

1. Sachant qu'un litre équivaut à 1 000 cm^3, combien de litres d'eau sont nécessaires pour remplir la piscine ?
2. Quand Mahel remplit son arrosoir de 12 litres avec son tuyau d'arrosage, il lui faut 1 minute. Mettra-t-il moins d'une journée pour remplir la piscine avec ce tuyau ?

64 **Raisonner et Calculer**

Cam a fabriqué un pluviomètre en forme de pavé. Dans la nuit, le pluviomètre s'est rempli aux $\frac{2}{5}$ de sa hauteur.

Combien de litres par m^2 est-il tombé dans le jardin de Cam cette nuit ?

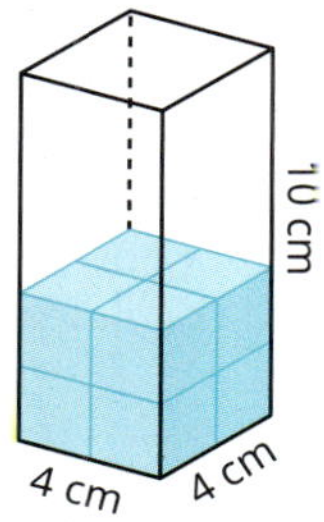

L'unité pour mesurer des précipitations (quantité de pluie tombée) est le litre par mètre carré. 1 L/m^2 signifie que sur une surface de 1 m^2, il est tombé l'équivalent de 1 L, soit 1 000 cm^3.

Adaptations
edubelin.fr/25mmat6-311
Livret complémentaire p. 46

65 Je prends des initiatives

Chercher et Raisonner

LE PROBLÈME Énora a réalisé plusieurs constructions avec des réglettes de bois ayant toutes les mêmes dimensions et la même masse.

Document 1 Les constructions d'Énora

Construction A

Construction B

Construction C

Document 2 La hauteur des constructions

- Construction A : 12 cm
- Construction B : 8,5 cm

Document 3 La masse des réglettes en dg

1. Déterminer la hauteur et la masse de la construction C en présentant la démarche utilisée.
2. Énora se lance maintenant le défi de construire une tour de plus de 1 m en empilant plusieurs fois la construction C. De combien de réglettes de bois aura-t-elle besoin ?

J'utilise un logiciel de géométrie dynamique

Vision spatiale

Niveau mathématique ●●○ Niveau technique ●○○

30 min

Développer la vision spatiale des élèves.

Relever des défis spatiaux, tout en gardant les pieds sur Terre !

Tutoriel : Déplacer des éléments et les assembler

1. Dans GeoGebra, lorsqu'on place le curseur de la souris sur la boule rouge, des flèches apparaissent pour nous permettre de déplacer le cube.

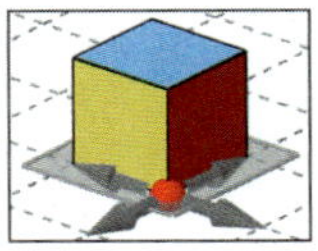

2. En cliquant sur la boule rouge, la flèche change pour indiquer qu'on déplace maintenant le cube verticalement.

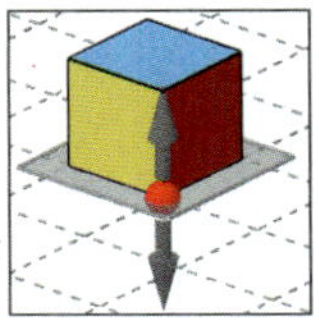

1 Télécharger le fichier fourni, puis l'ouvrir. Reproduire la figure suivante :

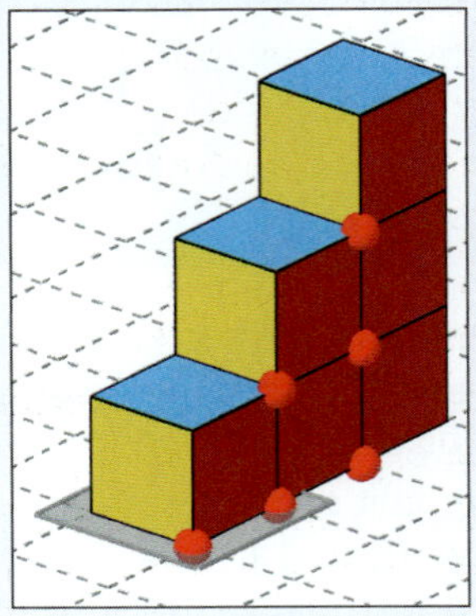

Fichier GeoGebra
edubelin.fr/25mmat6-312

2 Réaliser l'assemblage correspondant aux vues ci-dessous.

Vue de face	Vue de dessus	Vue de gauche	Vue de droite
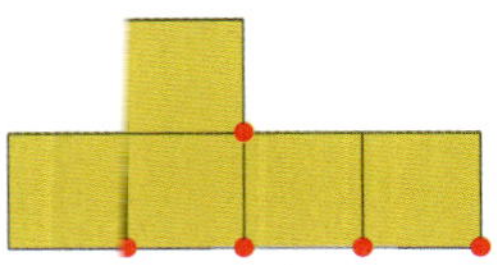	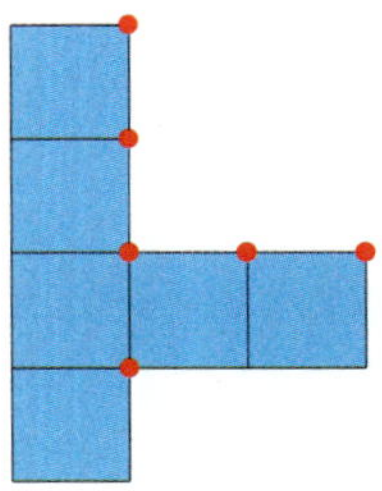	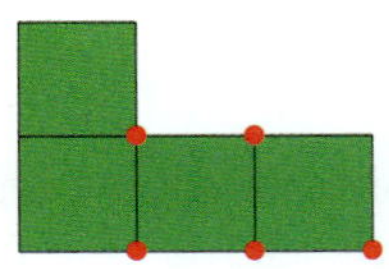	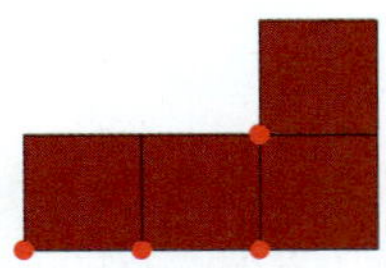

3 Réaliser l'assemblage correspondant aux vues ci-dessous.

Vue de face	Vue de dessus	Vue de gauche	Vue de droite
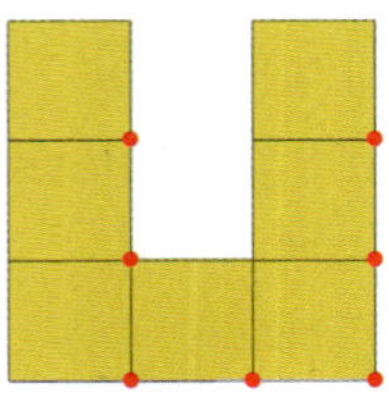	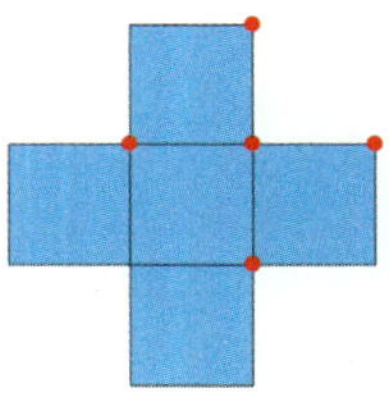	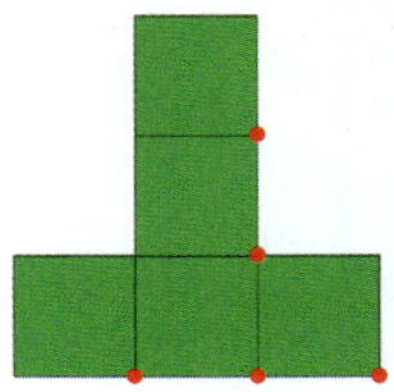	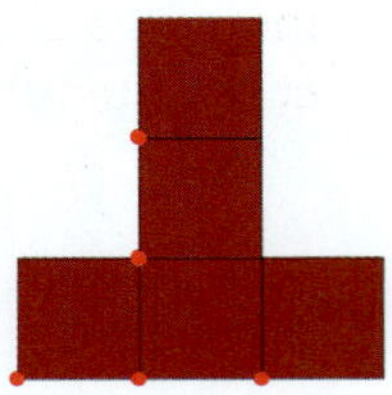

4 • Réaliser un assemblage correspondant aux vues ci-contre.
• Est-il unique ? En proposer un deuxième ayant un nombre de cubes différent.
• Rechercher l'assemblage utilisant le moins de cubes possible.

Vue de face	Vue de gauche
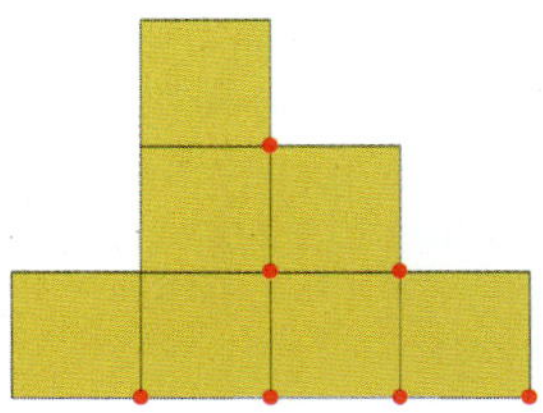	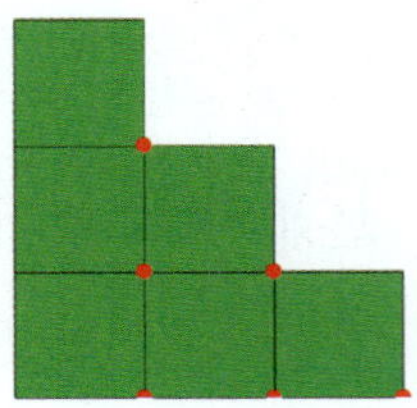

Je joue avec les acquis du chapitre

TARTAN

La mission

Retrouve l'ordre dans lequel placer les réglettes pour obtenir le motif entrelacé.

Exemple

Des solutions

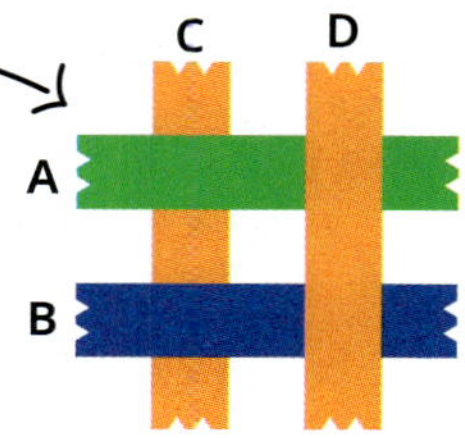

Ici, on a placé :
- en n° 1, la réglette C de couleur orange ;
- en n° 2, A en vert ;
- en n° 3, B en bleu ;
- en n° 4, D en orange.

Les règles

- Les couleurs du dessus de chaque intersection sont imposées par les carrés de couleur. En l'absence de couleur, le choix est libre.
- Tous les emplacements doivent contenir une réglette.
- Les emplacements où les réglettes sont placées ne sont pas de la longueur de la réglette.
- Il peut exister plusieurs solutions, dans l'ordre des réglettes comme dans la couleur choisie.

À ton tour !

De quelle couleur sont les carrés aux intersections ?

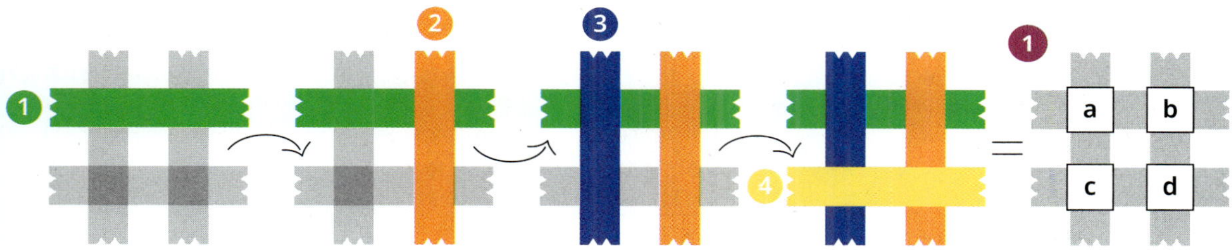

Reconstruis l'entrelacement avec tes réglettes. Indique à chaque étape la réglette placée et sa couleur.

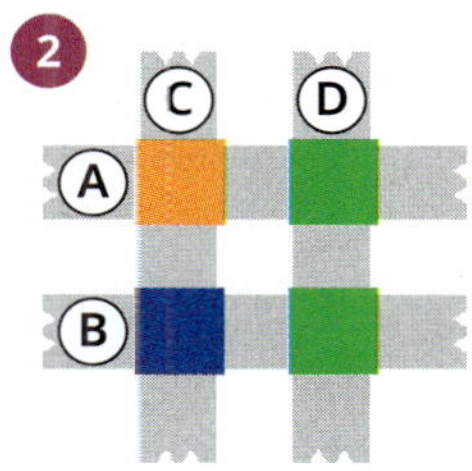

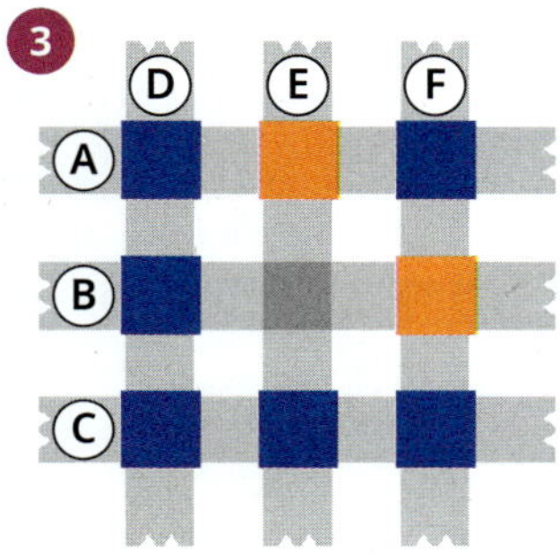

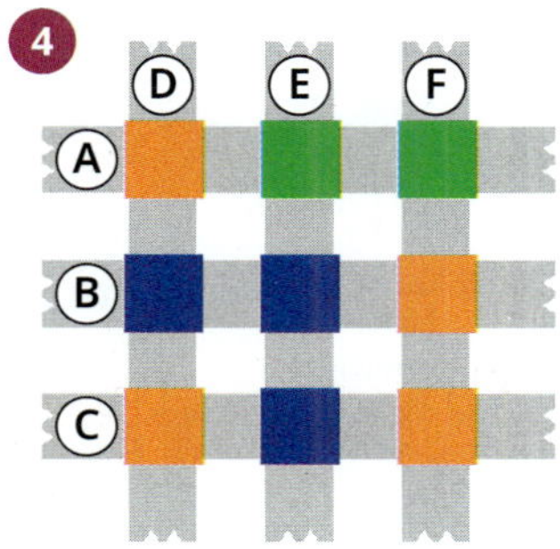

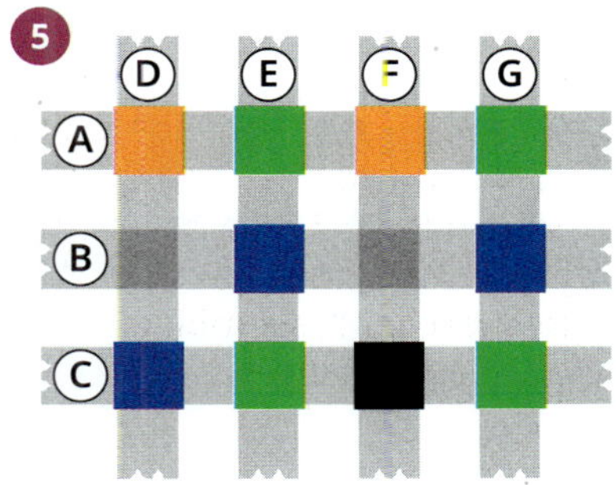

Corrigés

Chapitre 1

J'apprends à faire

Je m'exerce 1, p. 12

$\frac{14}{5} = 2 + \frac{4}{5}$ donc $2 < \frac{14}{5} < 3$.

Je m'exerce 2, p. 12

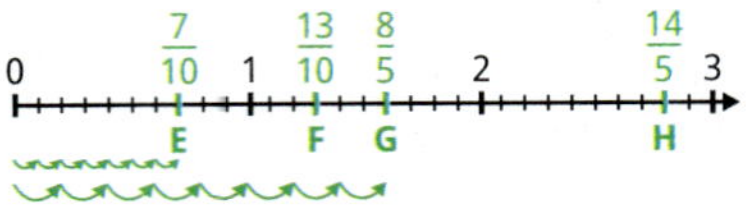

Je m'exerce 3, p. 13

1. $\frac{1}{2} + \frac{1}{5} + \frac{3}{10} = \frac{5}{10} + \frac{2}{10} + \frac{3}{10} = \frac{10}{10}$

Donc Nina est arrivée.

2. $7 \times 5 = 35$. Donc la longueur totale de la randonnée est de 35 km.

Je prépare mon évaluation

77 b **78** c **79** c

80 Méline a tort : la partie colorée represente $\frac{3}{8}$.

81 $\frac{7}{5}$ **82** $\frac{7}{11}$

83 **1.** et **2.** On obtient 2.

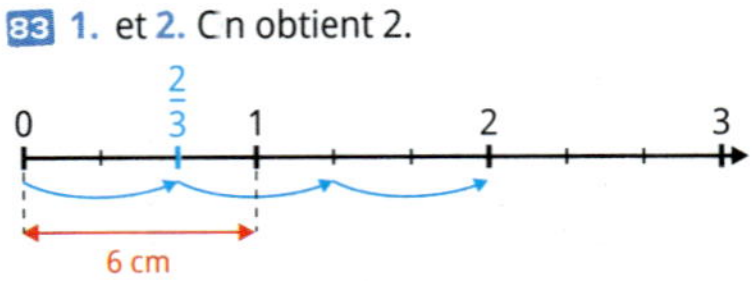

3. $\frac{4}{6}$ est au même endroit que $\frac{2}{3}$ donc $\frac{4}{6} = \frac{2}{3}$.

4. $\frac{25}{6} = 4 + \frac{1}{6}$, donc $4 < \frac{25}{6} < 5$. Selon la façon dont tu as tracé l'axe gradué sur ta feuille, il se peut que tu ne puisses pas marquer la graduation 4.

84 $\frac{23}{6} = 4 - \frac{1}{6}$; $\frac{18}{6} = 3$; $\frac{14}{12} = \frac{7}{6}$.

85 **a.** $\frac{17}{8} > \frac{7}{8}$ car des fractions de même dénominateur se rangent dans l'ordre des numérateurs.

b. $\frac{19}{6} > \frac{19}{8}$ car des fractions de même numérateur se rangent dans l'ordre inverse des dénominateurs.

c. $\frac{13}{8} > 1$ car le numérateur est plus grand que le dénominateur.

d. $\frac{7}{8} < \frac{10}{9}$ car $\frac{7}{8} < 1$ et $1 < \frac{10}{9}$.

e. $\frac{17}{6} < \frac{16}{5}$ car $2 < \frac{17}{6} < 3$ et $3 < \frac{16}{5} < 4$.

f. $\frac{17}{18} > \frac{5}{6}$ car $\frac{5}{6} = \frac{15}{18}$ et $\frac{17}{18} > \frac{15}{18}$.

86 $\frac{3}{4} = \frac{9}{12}$; $\frac{7}{6} = \frac{14}{12}$; $\frac{4}{3} = \frac{16}{12}$; $\frac{3}{2} = \frac{18}{12}$; $\frac{5}{12}$; $\frac{12}{6} = \frac{24}{12}$.

Or $\frac{5}{12} < \frac{9}{12} < \frac{14}{12} < \frac{16}{12} < \frac{18}{12} < \frac{24}{12}$.

Donc $\frac{5}{12} < \frac{3}{4} < \frac{7}{6} < \frac{4}{3} < \frac{3}{2} < \frac{12}{6}$.

87 **a.** $\frac{52}{25} - \frac{42}{25} = \frac{10}{25} = \frac{2}{5}$

b. $\frac{11}{5} + \frac{1}{15} = \frac{33}{15} + \frac{1}{15} = \frac{34}{15}$

c. $1 + \frac{7}{15} = \frac{15}{15} + \frac{7}{15} = \frac{22}{15}$

88 $1 - \frac{1}{2} - \frac{1}{3} = \frac{1}{6}$ des femmes sont en EPS.

Le nombre de femmes est donc : $6 \times 4 = 24$.

Elles représentent $\frac{3}{5}$ des professeurs.

$24 : 3 = 8$ et $8 \times 5 = 40$.

Il y a donc 40 professeurs.

89 Quantité de chocolats au lait :

$1 - \frac{2}{5} - \frac{7}{20} = \frac{20}{20} - \frac{8}{20} - \frac{7}{20} = \frac{5}{20}$

Or $\frac{5}{20} < \frac{7}{20}$. Les chocolats au chocolat au lait ne sont donc pas les plus nombreux dans la boîte. Donc Tom a tort.

Chapitre 2

J'apprends à faire

Je m'exerce 1, p. 34

1. $\frac{7}{100}$ et $\frac{1}{10}$ sont des fractions décimales de dénominateurs respectifs 100 et 10.

$\frac{1\,000}{3}$ et $\frac{78}{13}$ ne peuvent pas s'écrire sous forme de fractions décimales car la division de 1 000 par 3 et la division de 78 par 13 ne s'arrêtent jamais.

2. a. 63 427 millièmes $= \frac{63\,427}{1\,000}$

b. $\frac{1}{5} = \frac{1 \times 2}{5 \times 2} = \frac{2}{10}$

c. $870 + \frac{12}{1\,000} = \frac{870\,012}{1\,000}$ **d.** $30\,\% = \frac{30}{100} = \frac{3}{10}$

3. a. $\frac{7}{10} = \frac{7 \times 10}{10 \times 10} = \frac{70}{100} = \frac{70 \times 10}{100 \times 10} = \frac{700}{1\,000}$

b. $\frac{800}{1\,000} = \frac{800 : 10}{1\,000 : 10} = \frac{80}{100} = \frac{80 : 10}{100 : 10} = \frac{8}{10}$

Je m'exerce 2, p. 35

1. La partie entière est 9 et sa partie décimale est 0,105 car $9{,}105 = 9 + 0{,}105$ avec $0{,}105 < 1$.

2. $9{,}105 = 9 \times 1 + 1 \times 0{,}1 + 5 \times 0{,}001$

$= 9 + \frac{1}{10} + \frac{5}{1\,000}$

3. $9{,}105 = 9 \times 1 + 1 \times \frac{1}{10} + 5 \times \frac{1}{1\,000}$

9,105 = 9 unités, 1 dixième et 5 millièmes.

Le chiffre des centièmes est 0.

4. $9{,}105 + 0{,}1 = \frac{9\,105}{1\,000} + \frac{100}{1\,000} = \frac{9\,205}{1\,000} = 9{,}205$

$9{,}205 = 9 + 2 \times \frac{1}{10} + 5 \times \frac{1}{1\,000}$

$= 92 \times \frac{1}{10} + 5 \times \frac{1}{1\,000}$

= 92 dixièmes et 5 millièmes

Son nombre de dixièmes est donc 92.

Je m'exerce 3, p. 35

1. $3{,}4 = \frac{340}{100}$ et $3{,}35 = \frac{335}{100}$

$\frac{340}{100} > \frac{335}{100}$ donc $3{,}4 > 3{,}35$.

2. $\frac{330}{100} < \frac{335}{100} < \frac{340}{100}$ donc $3{,}3 < 3{,}35 < 3{,}4$.

3. $\frac{335}{100} < \frac{337}{100} < \frac{339}{100} < \frac{340}{100}$ donc $3{,}35 < 3{,}37 < 3{,}39 < 3{,}4$.

Je prépare mon évaluation

65 b et c **66** a et c **67** c

68 **1.** Le chiffre des centièmes du rayon de la Terre en kilomètres est 3.

2. Le nombre d'unités du rayon du Soleil en kilomètres est 696 342.

3. Le nombre de dixièmes du rayon de la Lune en kilomètres est 17 374.

4. Le rayon de la Terre est 6 371 030 m, celui du Soleil est 696 342 000 m et celui de la Lune est 1 737 400 m.

5. $6\,371{,}03 = \frac{637\,103}{100}$;

$696\,342 = \frac{6\,963\,420}{10}$; $1\,737{,}4 = \frac{17\,374}{10}$.

69 AB = 0,9 ; CD = 1,1 ; EF = $\frac{1}{10}$; GH = 0,06.

70

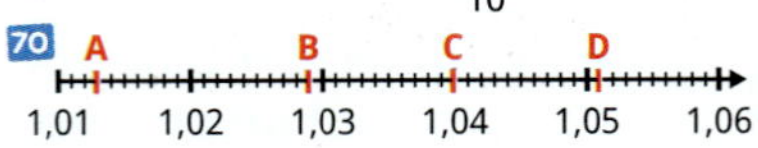

71 **1.** 7 µm = 0,000 007 m.

$\frac{11}{100}$ µm = 0,11 µm = 0,000 000 11 m.

0,06 mm = 0,000 06 m.

0,006 mm = 0,000 006 m.

0,000 075 dm = 0,000 007 5 m.

$\frac{120}{1\,000}$ µm = 0,12 µm = 0,000 000 12 m.

0,3 nm = 0,000 000 000 3 m.

2. 0,000 06 m > 0,000 007 5 m > 0,000 007 m > 0,000 006 m > 0,000 000 12 m > 0,000 000 11 m > 0,000 000 000 3 m

Chapitre 3

J'apprends à faire

Je m'exerce 1, p. 56

1. $6{,}78 + 0{,}925 + 1{,}38 \approx 7 + 1 + 1$ et $7 + 1 + 1 = 9$.

La masse de ses achats est d'environ 9 kg.

2. $62 \times 9 + 47 \times 11{,}30 \approx 60 \times 9 + 45 \times 11$ et $60 \times 9 + 45 \times 11 = 540 + 495 = 1\,035$.

Les ordres de grandeur choisis sont en dessous des valeurs réelles, donc il ne pourra pas acheter les 62 livres et les 47 DVD avec 1 000 €.

Je m'exerce 2, p. 56

a. $0{,}6 \times 7 = 4{,}2$ **b.** $8 \times 0{,}9 = 7{,}2$

c. $5 \times 0{,}5 = 2{,}5$ **d.** $0{,}12 \times 3 = 0{,}36$

Je m'exerce 3, p. 57

1. a. $7{,}02 \times 8{,}67 = 60{,}8634$

b. $23{,}5 \times 5{,}7 = 133{,}95$

2. $25{,}6 \times 1{,}62 = 41{,}472$

Le prix de 25,6 litres est de 41,47 € environ.

Je m'exerce 4, p. 57

$1{,}6 \times 3{,}25 + 2{,}3 \times 6{,}30 = 5{,}2 + 14{,}49 = 19{,}69$, donc elle a assez d'argent avec 20 €.

Je prépare mon évaluation

68 b **69** c **70** c

71 **a.**

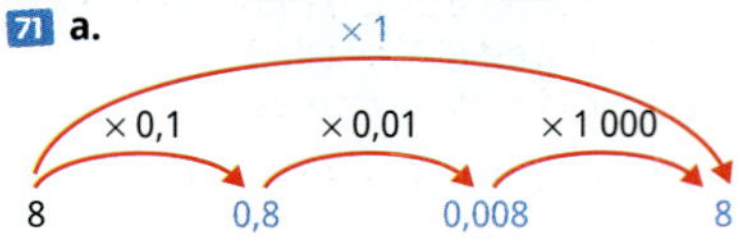

b.

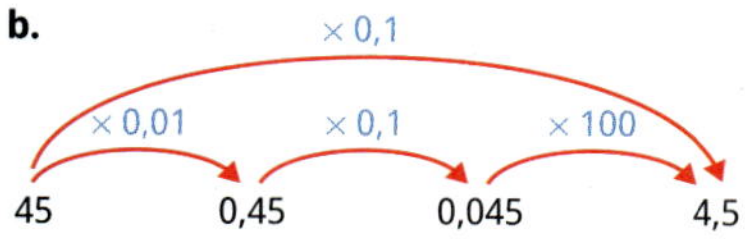

72 **a.** 17,5 **b.** 1,12 **c.** 13,5 **d.** 0,21

73 **a.** $456+56{,}78+27{,}12=539{,}9$;
$456+56{,}78+27{,}12\approx 450+50+30=530$.
b. $254{,}3-167{,}8=86{,}5$;
$254{,}3-167{,}8\approx 250-170=80$.
c. $308\times 0{,}751=231{,}308$;
$308\times 0{,}751\approx 300\times 0{,}8=240$.
d. $65{,}7\times 4{,}03=264{,}771$;
$65{,}7\times 4{,}03\approx 70\times 4=280$.

74 **a.**

	0,0072	
0,06	0,12	
0,2	0,3	0,4

b.

	0,0072	
0,06	0,12	
0,2	0,3	0,4

75 $4\,805{,}59+2{,}22=4\,807{,}81$
Son altitude en 2021 était de 4 807,81 m.

76 $0{,}23\times 16{,}95+4{,}9\times 2{,}45=15{,}9035$
Raphaël va payer 15,90 €.

77 **1.** $18\times 524=9\,432$
2. **a.** $18\times 52{,}4=943{,}2$ donc la recette de Paul est de 943,20 €.
b. $5{,}24\times 1{,}80=9{,}432$ donc Ava a payé 9,43 €.
c. $18\times 5{,}24=94{,}32$ donc Thomas a parcouru 94,32 km.
d. $52{,}4\times 1{,}8:100=94{,}32:100=0{,}9432$ donc la voiture consomme 0,9432 litre de carburant.

Chapitre 4

J'apprends à faire

Je m'exerce 1, p. 78

Il faut partager 710 macarons en 30 parts égales. Il faut donc effectuer la division euclidienne de 710 par 30.

```
  7 1 0 | 3 0
- 6 0   |-----
  1 1 0 | 2 3
-   9 0 |
    2 0 |
```

$710=30\times 23+20$. Il peut mettre au maximum 23 macarons dans chaque boîte et il reste 20 macarons.

Je m'exerce 2, p. 78

261 — 520 — 2 455 — 8 628 — 1 254 520

Je m'exerce 3, p. 79

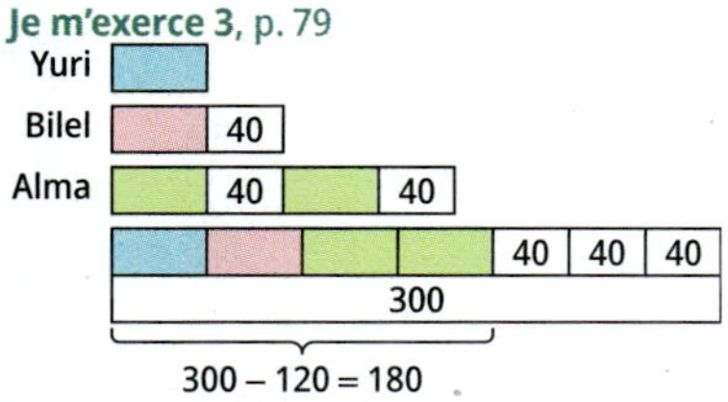

Le nombre de stylos de Yuri est : $180:4=45$.
Le nombre de stylos de Bilel est : $45+40=85$.
Le nombre de stylos d'Alma est : $2\times 85=170$.

Je prépare mon évaluation

71 b **72** c **73** a **74** c

75 **1.**

```
  3 4 5 | 7
- 2 8   |-----
    6 5 | 4 9
-   6 3 |
      2 |
```

2.

```
  8 1 3 | 9
- 8 1   |-----
    0 3 | 9 0
-     0 |
      3 |
```

76 **a.** Vrai car $15<27$.
b. Faux car le reste de la division euclidienne de 393 par 14 est différent de 0.
c. Faux car $14<15$. Le reste est 1.

77 **a.** $8{,}3\text{ h}=8\text{ h}+0{,}3\text{ h}=8\text{ h}+\frac{3}{10}\text{ h}$

$8{,}3\text{ h}=8\text{ h}+\frac{18}{60}\text{ h}$ donc $8{,}3\text{ h}=8\text{ h }18\text{ min}$

b. $295\text{ min}=4\times 60+55=4\text{ h }55\text{ min}$

78

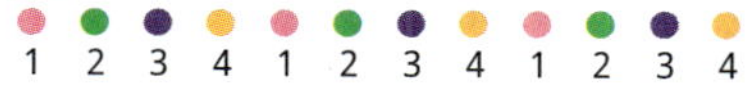

$238=4\times 59+2$. Comme le reste est égal à 2, la 238e perle est verte.

79 **1.** **a.**

```
  3 4,2 | 4
- 3 2   |-------
    2 2 | 8,5 5
-   2 0 |
      2 0
-     2 0
        0
```

b.

```
  1 7,0 | 5
- 1 5   |-----
    2 0 | 3,4
-   2 0 |
      0 |
```

c.

```
  2,0 4 | 6
- 0     |-------
  2 0   | 0,3 4
- 1 8   |
    2 4 |
-   2 4 |
      0 |
```

2.

```
  1 5,2 | 7
- 1 4   |-------
    1 2 | 2,1 7
-     7 |
      5 0
-     4 9
        1
```

80 **a.** 1,73 **b.** 0,815 **c.** 0,007 2

81

```
  3 1 7     | 1 1
- 2 2       |------------
    9 7     | 2 8,8 1 8 1 ...
-   8 8     |
      9 0   |     200e chiffre = 1
        2 0 |
          9 |
        ... |
```

82 250 est divisible par 2, 5 et 10, pas par 3.
348 est divisible par 3 et 2, pas par 5 et 10.
4 065 est divisible par 3 et 5, pas par 2 et 10.
891 est divisible par 3, pas par 2 et 10.
301 n'est pas divisible par 2 ; 3 ; 5 et 10.
2 025 est divisible par 3 et 5, pas par 2 et 10.
1 524 est divisible par 2 et 3, pas par 5 et 10.

83 9 000 ou 8 055 car :
- 00 et 55 sont deux multiples de 11 ;
- 80 est un multiple de 10 ;
- $9+0+0+0=9$ et $8+0+5+5=18$ sont des multiples de 9.

84 $2{,}5\text{ m}=250\text{ cm}$ et $250-2\times 35=180$.
$180:12=15$ donc il y a 15 ampoules.

85 $2\,254{,}3-304=1\,950$
$1\,950:12=162{,}5$
Le montant d'une mensualité est de 162,50 €.

Chapitre 5

J'apprends à faire

Je m'exerce 1, p. 99

a. $1{,}43:24\approx 0{,}0596$ et $1{,}44:26\approx 0{,}0553$.
Les résultats sont différents donc la taille moyenne n'est pas proportionnelle au nombre d'élèves.
b. Prix d'un litre d'essence pour chaque client : $51{,}60:40=1{,}29$ € ; $64{,}50:50=1{,}29$ € et $45{,}15:35=1{,}29$ €. Le prix est proportionnel au volume d'essence.
c. Prix par personne : $150:4=37{,}50$ € ; $187{,}50:5=37{,}50$ € et $120:3=40$ €. Le prix n'est pas proportionnel au nombre de personnes.

Je m'exerce 2, p. 100

1.

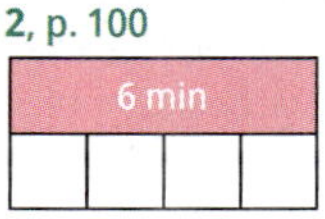

2. Pour 8 Go, on peut utiliser ce schéma :

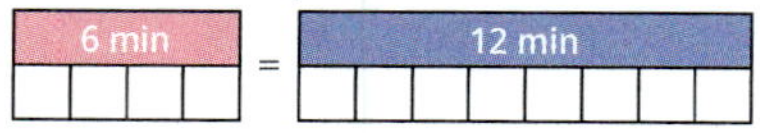

$8\text{ Go}=2\times 4\text{ Go}$, donc pour 8 Go, on a besoin de : $2\times 6=12$ min.

3. Pour 3 min :
$3\text{ min}=6\text{ min}:2$,
donc en 3 min, on télécharge : $4\text{ Go}:2=2\text{ Go}$.

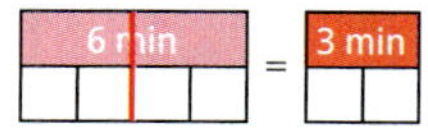

Je m'exerce 3, p. 101

a. $3\text{ kg}=2\times 1{,}5\text{ kg}$, donc le prix de 3 kg d'amandes est : $2\times 12\text{ €}=24\text{ €}$.
b. $36\text{ €}=12\text{ €}+24\text{ €}$, donc avec 36 €, on peut acheter $1{,}5\text{ kg}+3\text{ kg}=4{,}5\text{ kg}$.

Je prépare mon évaluation

65 a **66** b **67** c **68** b

69 **1.** Dans le lot de 1,2 kg, il y a 3 pierres.
2. Le lot de 7 pierres a une masse de 2,7 kg.
3. Masse d'une pierre dans les lots précédents : $1{,}2:3=0{,}4$ et $2{,}7:7\approx 0{,}386$.
Les masses sont différentes, donc le nombre de pierres et la masse du lot ne sont pas proportionnels.

70 **1.** Masse d'un dé : $33:6=5{,}5$ g.
2. Masse de 20 dés : $20\times 5{,}5\text{ g}=110$ g.

71 **1.** Prix d'une image : $12:5=2{,}40$ €.
Prix de 9 images : $9\times 2{,}40\text{ €}=21{,}60$ €.
2. On calcule le nombre d'images :
$7{,}20\text{ €}:2{,}40\text{ €}=3$ images.

72 **1.** L'épaisseur d'une pièce de 1 € est :
$6{,}5\text{ cm}:25=0{,}26$ cm.
2. Nombre de pièces de 1 € dans la pile : $8{,}84\text{ cm}:0{,}26\text{ cm}=34$ pièces, soit de 34 €.
3. $828\text{ m}=82\,800$ cm. Nombre de pièces de 1 € pour égaler cette hauteur :
$82\,800\text{ cm}:0{,}26\text{ cm}\approx 318\,461{,}54$ pièces.
Il faudrait empiler environ 318 462 pièces.

Chapitre 6

J'apprends à faire

Je m'exerce 1, p. 122

Comme 300 tirs est égal à 3×100 tirs, alors elle a réussi : $3\times 56\text{ tirs}=168$ tirs.
Comme 50 tirs est égal à 100 tirs : 2, alors elle a réussi : $56\text{ tirs}:2=28$ tirs.

Je m'exerce 2, p. 122

$\frac{4}{20}=\frac{20}{100}=20\ \%$

Je m'exerce 3, p. 123

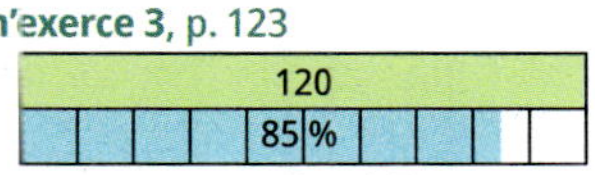

$85\ \%=80\ \%+5\ \%=\frac{8}{10}+\frac{0{,}5}{10}$.

Or $\frac{1}{10}$ de 120 est égal à $120:10=12$.

Donc la masse de cacao dans la plaquette est : $8\times 12+0{,}5\times 12=96+6=102$ g.

Je m'exerce 4, p. 123

a. Entre l'hôtel de ville et la porte des Bés, on mesure 3,7 cm sur le plan.
Donc, en réalité, il y a : $3{,}7\times 100\text{ m}=370$ m.
b. On mesure 4,1 cm entre la porte St-Vincent et la porte de Dinan sur le plan.
Donc, en réalité, il y a $4{,}1\times 100\text{ m}=410$ m.

Je prépare mon évaluation

62 c **63** b **64** c **65** c

66 **a.** 14 absents.
b. 3×14 élèves $=42$ absents.
c. 14 élèves : $2=7$ absents.
d. $650=(2\times 300)+50$ donc il y aurait :
$2\times 42+7=84+7=91$ absents.

67 **1. a.** $\frac{120}{250}=\frac{12}{25}$ **b.** $\frac{50}{250}=\frac{1}{5}$

2. Le pourcentage de personnes de moins de 35 ans est : $\frac{120}{250}=\frac{12}{25}=\frac{48}{100}=48\ \%$.

Celui des plus de 65 ans est :

$\frac{50}{250}=\frac{1}{5}=\frac{20}{100}=20\ \%$.

3. Le pourcentage des personnes âgées de 35 à 65 ans est : 100 % – 48 % – 20 % = 32 %.

68 **1.** Il a perdu :

$\frac{25}{100}\times 80=\frac{1}{4}\times 80=20$ points de vie.

2. Il lui reste donc : 80 – 20 = 60 points de vie.

3. La 2e attaque lui a ôté :

$\frac{20}{100}\times 60=0{,}2\times 60=12$ points de vie.

4. Ainsi il lui reste : 60 – 12 = 48 points de vie.

69 **1.** 1 cm sur le plan représente 21 km en réalité.

2. À l'aide de la règle graduée, on mesure 2,9 cm entre Boulouparis et Nouméa.

3. On calcule la distance réelle entre ces deux villes : 2,9 × 21 = 60,9 km.

Chapitre 7

J'apprends à faire

Je m'exerce 1, p. 144

1. Il s'appelle Artus.

2. C'est *Dune : Deuxième partie*.

3. Trois films français.

4. Vrai, car 8 427 652 – 6 948 983 = 1 478 669.

Je m'exerce 2, p. 145

1. Turkish Airlines en possède cinq.

2. Ce sont les États-Unis avec 79 + 65 = 134 avions pour United Airlines et Alaska Airlines.

3. Vrai : 4 × 19 = 76, ce qui est proche de 79.

Je m'exerce 3, p. 145

L'évolution des températures de la Méditerranée à Antibes sur une journée

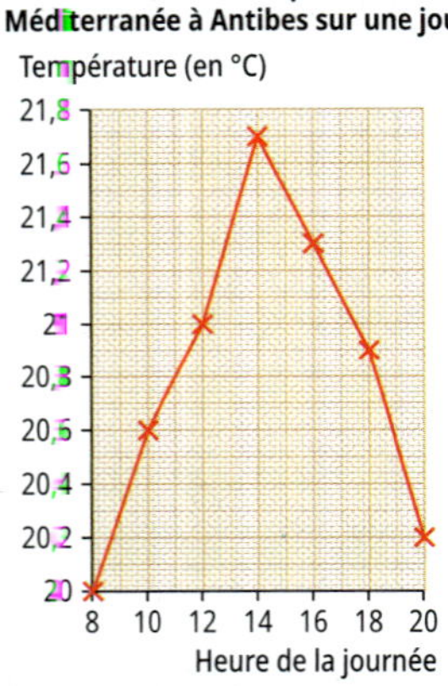

Je prépare mon évaluation

36 a, b et c **37** a et c **38** c

39 **1.**

Méthode de révision	6^e^	5^e^	4^e^	3^e^	Total
Par cœur	5	6	4	3	18
En groupe	3	5	7	6	21
Avec des fiches	6	4	6	5	21
Sur internet	2	3	4	4	13
Total	16	18	21	18	73

2. Les 6e semblent préférer les fiches.

3. Ce sont les élèves de 4e.

4. Dans la colonne « Total », on voit que les révisions sur internet sont les moins favorisées.

40 **1.** La faune sauvage a diminué de 60 % en Asie et Pacifique.

2. La région du monde la plus touchée est l'Amérique latine et les Caraïbes (avec 95 %).

3. 2 × 35 = 70 donc l'affirmation est vraie.

41 **L'évolution de la masse en fonction de l'âge**

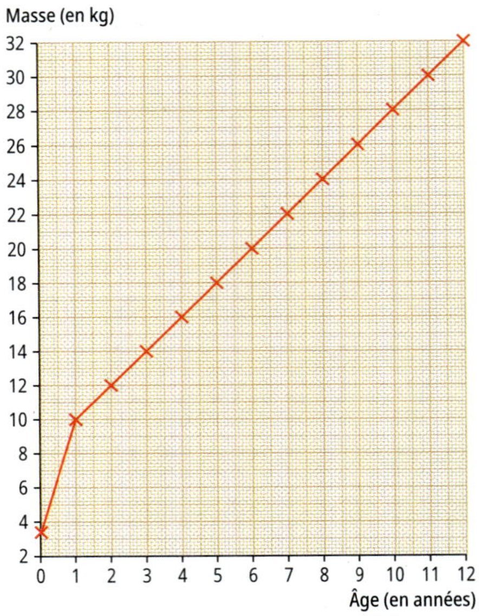

Chapitre 8

J'apprends à faire

Je m'exerce 1, p. 166

1. On compte 12 boules, donc il y a 12 issues.

2. Issues : 1, 1, 1, 1, 2, 2, 2, 2, 3, 3, 3 et 3.

3. Issues : B, B, B, V, V, V, R, R, R, J, J et J.

Je m'exerce 2, p. 166

1. et **2.**

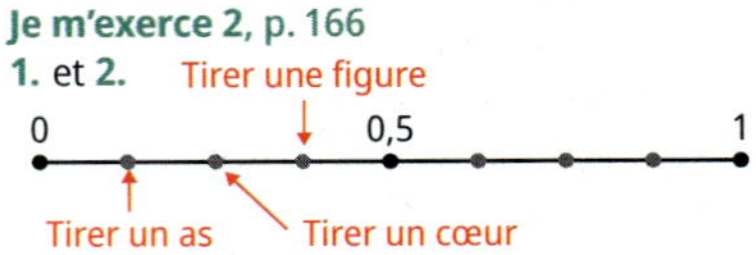

Il y a 4 as, soit un huitième des cartes. Un peu moins de la moitié des cartes sont des figures. Les cœurs représentent le quart des cartes.

Je m'exerce 3, p. 167

a. Il y a 2 T parmi les 7 lettres, donc la probabilité d'obtenir le T est de $\frac{2}{7}$.

b. Il y a 1 A parmi les 7 lettres, donc la probabilité d'obtenir le A est de $\frac{1}{7}$.

Je m'exerce 4, p. 167

1. Parmi les 36 issues possibles, 6 sont des doubles (1-1, 2-2, 3-3, 4-4, 5-5 et 6-6). Donc la probabilité de faire un double est de $\frac{6}{36}=\frac{1}{6}$.

2. Il y a 11 issues avec un 2 (1-2, 2-2, 3-2, 4-2, 5-2, 6-2, 2-1, 2-3, 2-4, 2-5 et 2-6) parmi les 36 issues, donc la probabilité est de $\frac{11}{36}$.

Je prépare mon évaluation

57 a **58** c **59** b

60 L'événement A est réalisé par : 11, 13, 15, 17 et 19.

Les issues réalisant B sont 15 et 20.

Pour C, les issues sont 12 et 18.

Pour D, les issues sont : 12, 15, 16 et 20.

61

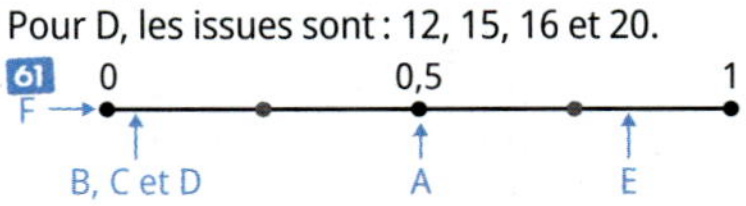

62 **1. a.** Le nombre de boules avec la lettre A est : 4 + 1 + 5 = 10.

b. Le nombre de boules vertes est : 5 + 2 = 7.

2. a. Parmi les 17 boules, 3 sont jaunes avec la lettre B, donc la probabilité d'obtenir une telle boule est de $\frac{3}{17}$.

b. Il y a 6 boules bleues, donc la probabilité d'obtenir une boule bleue est de $\frac{6}{17}$.

c. Il y a 7 boules B parmi les 17, donc la probabilité d'obtenir le B est de $\frac{7}{17}$.

63 **1.**

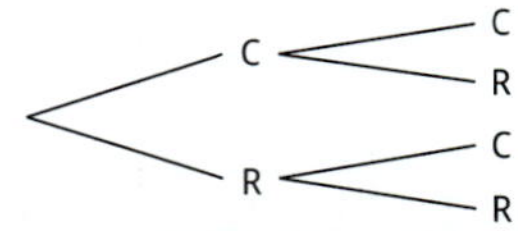

2. a. Il y a 4 issues. Parmi celles-ci, 2 ont des séances différentes, donc la probabilité que les séances soient différentes est de $\frac{2}{4}=\frac{1}{2}$.

b. Parmi les 4 entraînements possibles, 3 contiennent de la course à pied. Donc la probabilité est de $\frac{3}{4}$.

Chapitre 9

J'apprends à faire

Je m'exerce 1, p. 188

$P=\pi\times D=\pi\times 10\approx 31{,}42$ m

Je m'exerce 2, p. 188

$P=3+4+(5-2)+(2\times\pi\times 1):2$

$P\approx 10+3{,}14\approx 13{,}14$ m

Je m'exerce 3, p. 189

1. 72 dm² = 0,72 m²

2. 43 700 cm² = 437 dm² = 4,37 m²

Je m'exerce 4, p. 189

53 cm = 0,53 m. $A=L\times l=1{,}5\times 0{,}53=0{,}795$ m²

Je m'exerce 5, p. 189

$A=9\times 2+3\times 2=18+6=24$ cm²

Je prépare mon évaluation

63 a et c **64** b et c **65** b et c

66 $P=2\times\pi\times R=2\times\pi\times 8{,}5\approx 53{,}41$ dm

67 $P=2+4\times 5+(\pi\times 3):2\approx 22+4{,}7\approx 26{,}7$ cm

68 **1.** 1 dm² est l'aire d'un carré de 1 dm de côté. 1 cm² est l'aire d'un carré de 1 cm de côté. 1 dm² = 1 dm × 1 dm = 10 cm × 10 cm = 100 cm². Donc 1 cm² est le centième de 1 dm².

2. a. 5 dm² = 500 cm **b.** 3,57 dm² = 357 cm²
c. 700 cm² = 7 dm² **d.** 440 cm² = 4,4 dm²

69 **1.** 4,5 dm = 45 cm. $A=45\times 45=2\,025$ cm².

2. $A=c\times c=81$ cm², or 9 × 9 = 81, donc $c=9$ cm.

70 **1.** 0,3 dm = 3 cm. $A=6{,}5\times 3=19{,}5$ cm².

2. 460 cm = 4,6 m et 23 dm = 2,3 m.

$A=4{,}6\times 2{,}3=10{,}58$ m².

71 **1.** Longueur minimale :

96 + 10 + 10 = 116 m. Largeur minimale : 68 m.

Aire minimale du terrain : 116 × 68 = 7 888 m².

2. 7 888 : 200 = 39,44 donc 40 lots à 950 €.

Donc un coût total de : 40 × 950 = 38 000 €.

Chapitre 10

J'apprends à faire

Je m'exerce 1, p. 210

1. 2. 3. 4. 5.

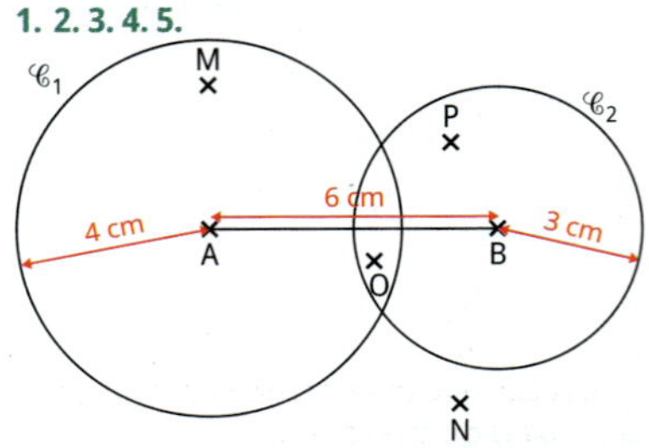

6. P est à l'extérieur du disque délimité par $\mathscr{C}_1$ et il appartient au disque délimité par $\mathscr{C}_2$.

7. O doit appartenir au disque délimité par $\mathscr{C}_1$ et au disque délimité par $\mathscr{C}_2$.

Je m'exerce 2, p. 211
Le schéma est réalisé à l'échelle 1/2.

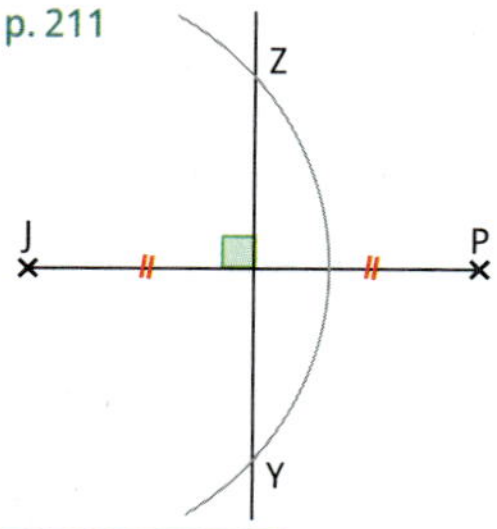

Je prépare mon évaluation

56 b **57** a et b **58** a **59** b

60 • Tracer un cercle de centre O et de 6 cm de rayon.
• Tracer un diamètre [EF] de ce cercle.
• Tracer le cercle de diamètre [OF].
• Tracer la médiatrice du segment [EF]. Elle coupe le cercle de centre O aux points G et H.

61 **1. 2. 3.**

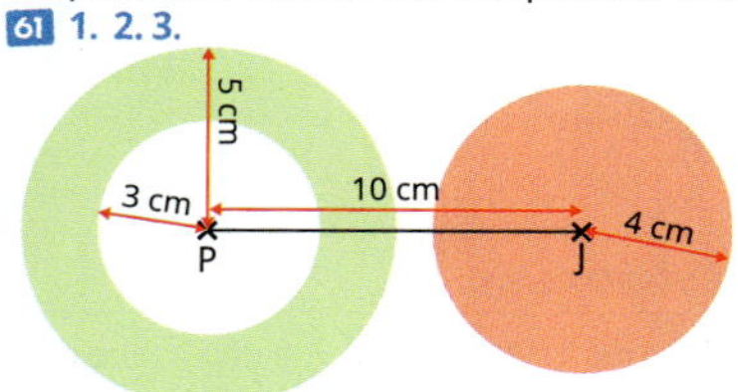

4. $5+4=9<10$ donc non.

62

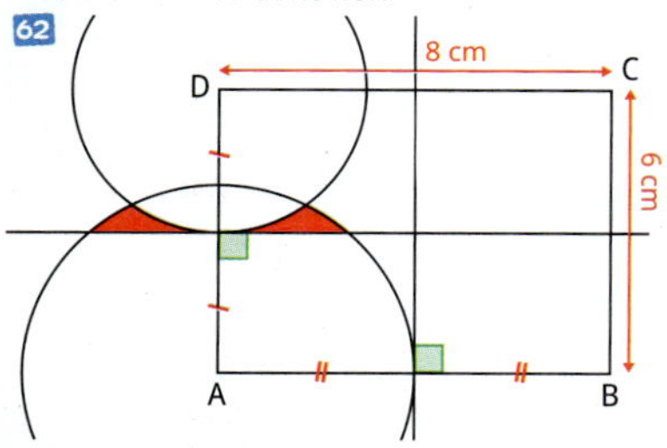

63 **a.** AG = 10 cm (rayon du grand cercle).
b. BG = 4 cm (rayon du petit cercle).
c. AE = AB – BE = 7 – 4 = 3 cm
d. BD = AD – AB = 10 – 7 = 3 cm
e. DF = BF – BD = 4 – 3 = 1 cm

64 **1. 2. 3.** Le schéma est réalisé à l'échelle 1/2.

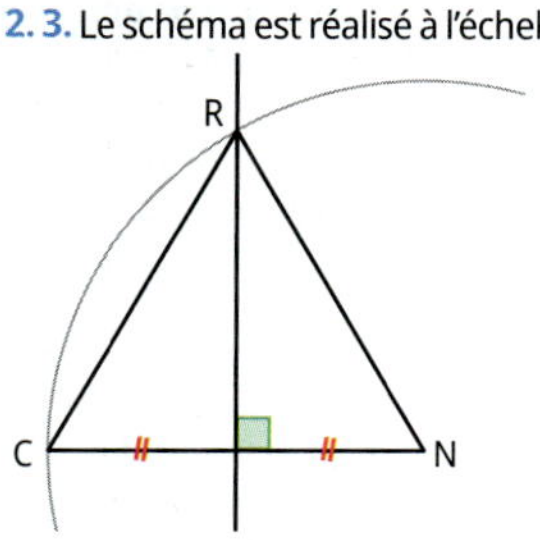

4. Le point R appartient à la médiatrice du segment [CN] donc CR = NR = 5 cm.
5. Comme CN = 5 cm également, les trois côtés du triangle CNR sont de même longueur, donc CNR est un triangle équilatéral.

65 **1. 2. 3. 4. 5.**

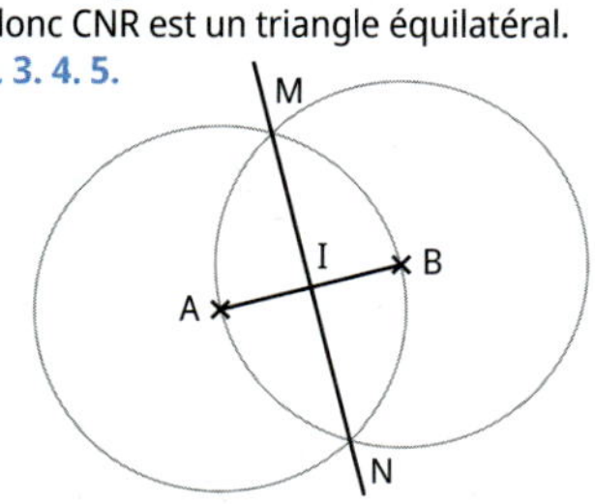

6. Les deux cercles sont de même rayon donc leurs points d'intersection M et N sont à égale distance de A et de B. Donc ils appartiennent à la médiatrice du segment [AB] : la droite (MN) est la médiatrice du segment [AB]. Elle coupe donc le segment [AB] en son milieu, le point I.

Chapitre 11

J'apprends à faire

Je m'exerce 1, p. 232

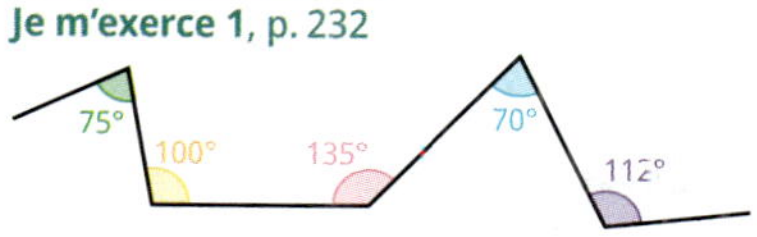

Je m'exerce 2, p. 232

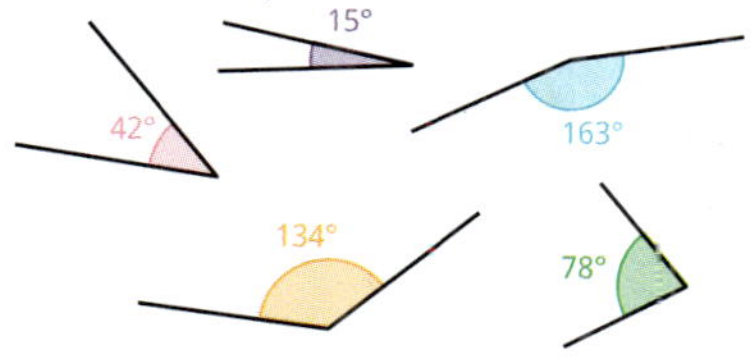

Je m'exerce 3, p. 233

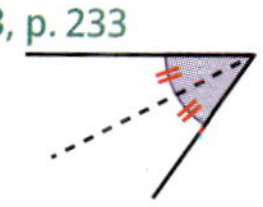

Je m'exerce 4, p. 233
Le schéma est réalisé à l'échelle 1/4.

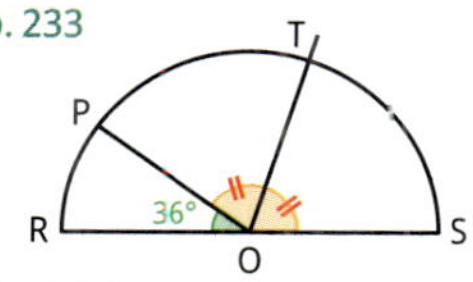

$\widehat{ROS}$ est un angle plat donc
$\widehat{POS} = 180° - \widehat{ROP} = 180° - 36° = 144°$.
Comme [OT) est la bissectrice de l'angle $\widehat{FOS}$, alors $\widehat{TOS} = \widehat{POS} : 2 = 144° : 2 = 72°$.

Je prépare mon évaluation

54 c **55** a **56** c

57 **a.** Vrai. **b.** Faux, 48°.
c. Faux, $\widehat{AOD}$ est un angle obtus de 131°.
d. Faux, $\widehat{FOE}$ est un angle aigu de 20°.
e. Vrai. **f.** Vrai car $132° - 49° = 83°$.

58 **1.** $\widehat{GOH} = \dfrac{180° - 2 \times 57°}{3} = 22°$

2. $\widehat{GOJ}$ et $\widehat{JOL}$, par exemple, sont des angles supplémentaires car la somme de leur mesure est égale à 180°.
3. $\widehat{GOH}$ et $\widehat{HOI}$, par exemple, sont des angles adjacents car ils ont le même sommet O, un côté commun [OH) et sont situés de part et d'autre du côté [OH).
4. $\widehat{GOM}$ et $\widehat{KOL}$ sont des angles opposés par le sommet. Donc $\widehat{GOM} = \widehat{KOL} = 57°$.

59 Le schéma est réalisé à l'échelle 1/2.

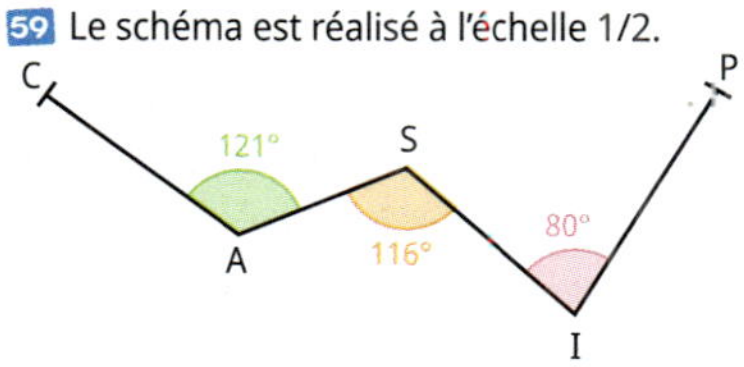

60 **1.** Pour le premier dispositif, l'angle entre deux ailes consécutives est $360° : 18 = 20°$.
Pour le deuxième, il mesure $360° : 4 = 90°$.
Pour le troisième, il mesure $360° : 3 = 120°$.
Pour le quatrième, il mesure $360° : 6 = 60°$.
2. 1, 2, 3, 4, 5, 6, 8, 9, 10, 12, 15, 18, 20, 24, 30, 36, 40, 45, 60, 72, 90, 120, 180 et 360 sont les diviseurs de 360. L'angle entre deux ailes consécutives peut être égal à 360° divisé par un de ces diviseurs, donc : 180° ; 72° ; 45° ; 40° ; 36° ; 30° ; 24° ; 18° ; 15° ; 12° ; 10° ; 9° ; 8° ; 6° ; 5° ; 4° ; 3° ; 2° ; 1°.

Chapitre 12

J'apprends à faire

Je m'exerce 1, p. 254
Les schémas sont réalisés à l'échelle 1/2.

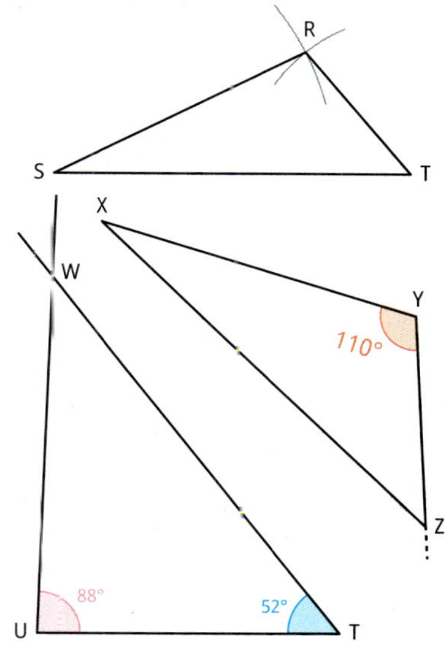

Je m'exerce 2, p. 255
RST est un triangle isocèle en S donc les deux angles qui n'ont pas pour sommet S sont égaux. Donc $\widehat{SRT} = \widehat{STR} = 18°$.
La somme des trois mesures d'angle de RST vaut 180° donc $18° + 18° + \widehat{RST} = 180°$.
Ainsi $\widehat{RST} = 180° - 36° = 144°$.

Je m'exerce 3, p. 255
1. 2. 3. Le schéma est réalisé à l'échelle 1/2.

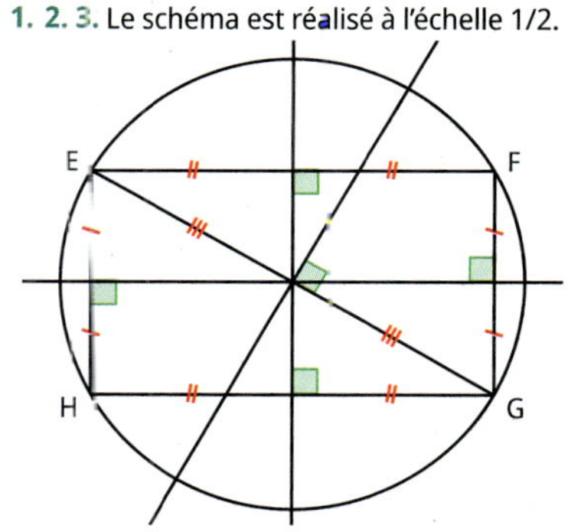

4. Il semblerait que le point H soit aussi sur le cercle circonscrit au triangle EFG.

Je prépare mon évaluation

58 b **59** c **60** a
61 a et b **62** a, b et c

63 **1. 2.** Le schéma est réalisé à l'échelle 1/2.

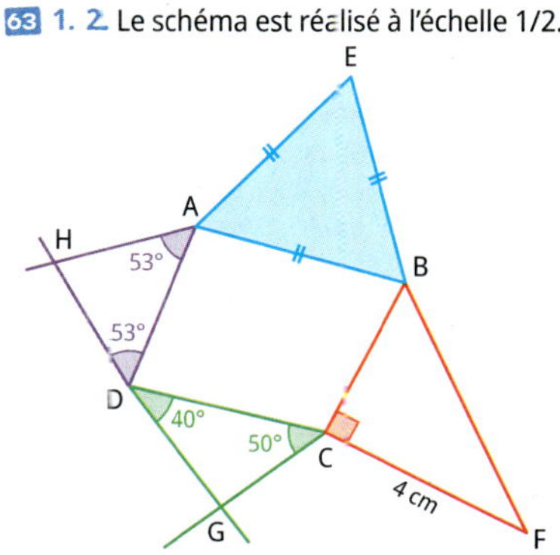

64 **1.** Dans le triangle BCD rectangle en B, on a : $\widehat{BCD} = 90° - \widehat{BDC} = 90° - 37° = 53°$.
Les points A, B et D étant alignés, on a :
$\widehat{ADC} = \widehat{BDC} = 37°$.

Donc, dans le triangle ACD rectangle en C, on a aussi : $\widehat{CAB} = 90° - \widehat{ADC} = 90° - 37° = 53°$.

2. Le triangle ABC est rectangle en B donc : $\widehat{ACB} = 90° - \widehat{CAB} = 90° - 53° = 37°$.

3. Les triangles ABC, ACD et BCD ont les trois mêmes mesures d'angles.

65 1. 2. Le schéma est réalisé à l'échelle 1/2.

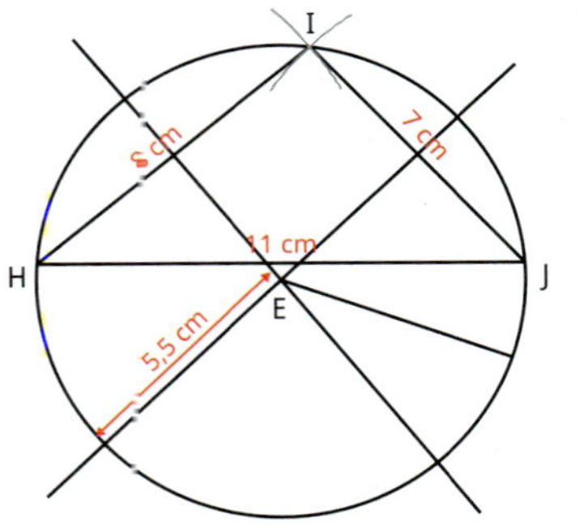

3. Le rayon du cercle mesure environ 5,5 cm.

4. La longueur de la rocade est le périmètre réel du disque délimité par le cercle circonscrit : $P = 2 \times \pi \times 5{,}5\ \text{km} \approx 11\ \text{km} \times 3{,}14 = 34{,}54\ \text{km}$.

Chapitre 13

J'apprends à faire

Je m'exerce 1, p. 276

1. 2.

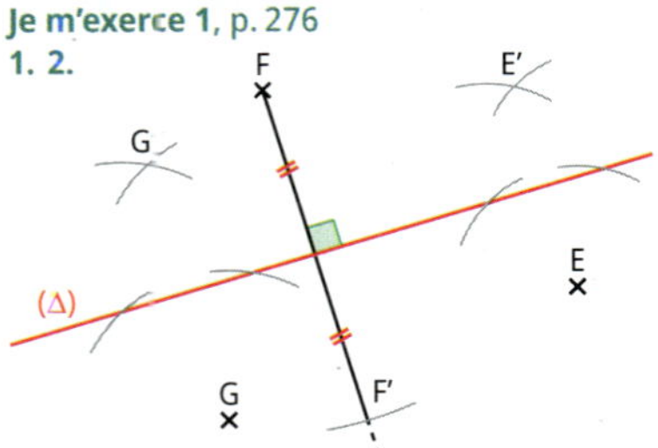

Je m'exerce 2, p. 277

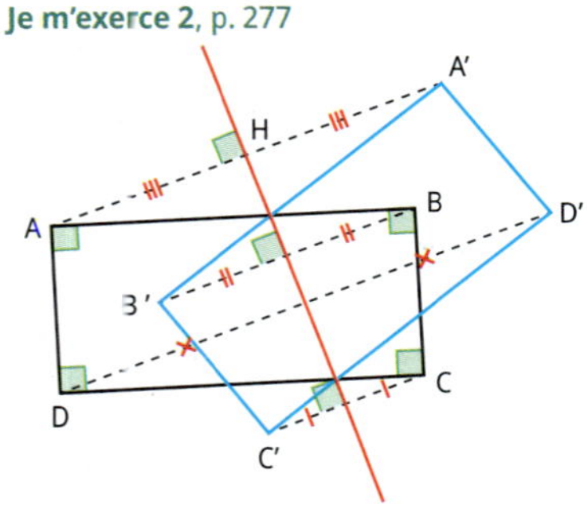

Je m'exerce 3, p. 277

1. Si ABCD est un losange et si (AC) est un axe de symétrie de celui-ci, alors le symétrique de B par rapport à (AC) est D. Donc (AC) est la médiatrice du segment [BD]. Ainsi les deux diagonales sont perpendiculaires et leur point d'intersection est le milieu de [BD]. De plus, comme (BD) est un axe de symétrie du losange aussi, alors A est le symétrique de C par rapport à la droite (BD) et (BD) est aussi la médiatrice de [AC]. Ainsi le point d'intersection des deux diagonales est aussi le milieu de [AC].

2. Si un quadrilatère MNOP est un cerf-volant, alors une des diagonales, par exemple (MO), est un axe de symétrie de ce quadrilatère.

Les deux sommets N et P du cerf-volant sont alors symétriques par rapport à (MO). Ainsi (MO) est la médiatrice de [NP] qui est l'autre diagonale. Les deux diagonales sont donc perpendiculaires.

Je prépare mon évaluation

52 b **53** c **54** a

55

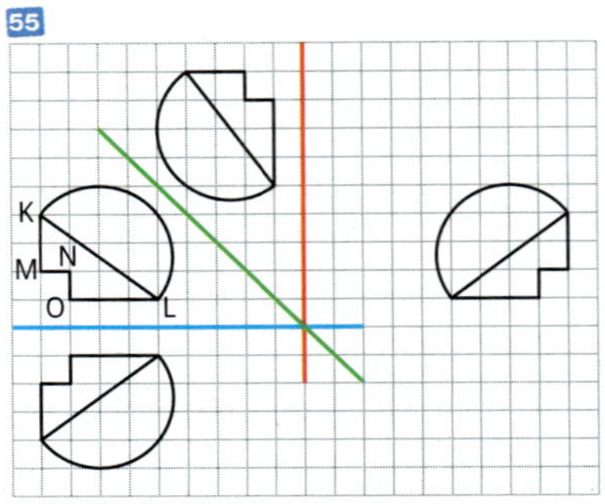

56

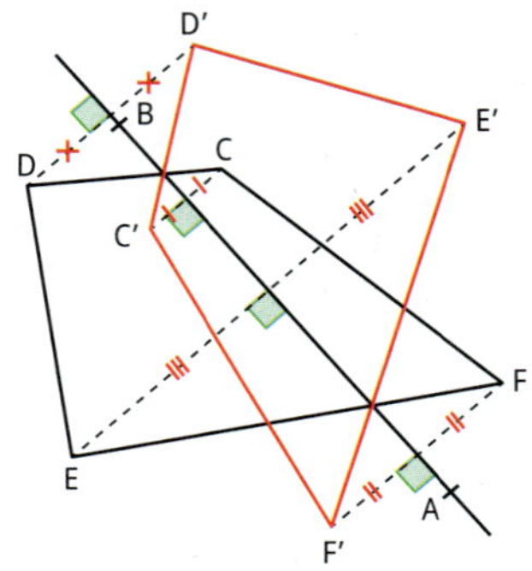

57 1. Toutes sauf le Z :

A	D	K	Y	Z

2. M 3. C. 4. H.

58 1. Les points E', D' et C' sont les symétriques respectifs de E, D et C par rapport à la droite (d). La symétrie conserve les mesures d'angle donc $\widehat{E'D'C'} = \widehat{EDC} = 35°$.

2. On démontre de la même façon que $\widehat{E'C'D'} = \widehat{ECD} = 90°$. On peut donc affirmer que les droites (E'C') et (C'D') sont perpendiculaires.

Les points I, C' et D' étant alignés, les droites (C'D') et (IC') sont confondues. On en déduit que (IC') et (E'C') sont perpendiculaires. Le quadrilatère HE'C'I possède donc un angle droit.

3. Le périmètre du losange HE'C'I vaut 20 cm donc chaque côté du losange mesure 5 cm, en particulier C'E' = 5 cm.

De plus, C' est le symétrique de C par rapport à (d), E' est le symétrique de E par rapport à (d). La symétrie axiale conserve les longueurs donc EC = E'C' = 5 cm.

Chapitre 14

J'apprends à faire

Je m'exerce 1, p. 298

1.

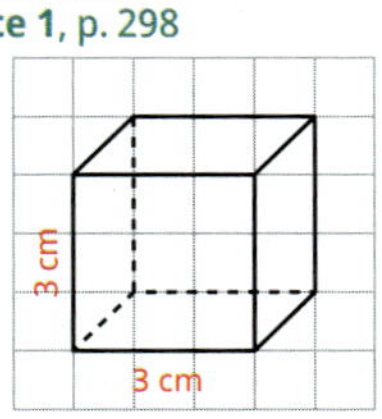

2. Il existe plusieurs représentations possibles selon le choix de la face avant, en voici une :

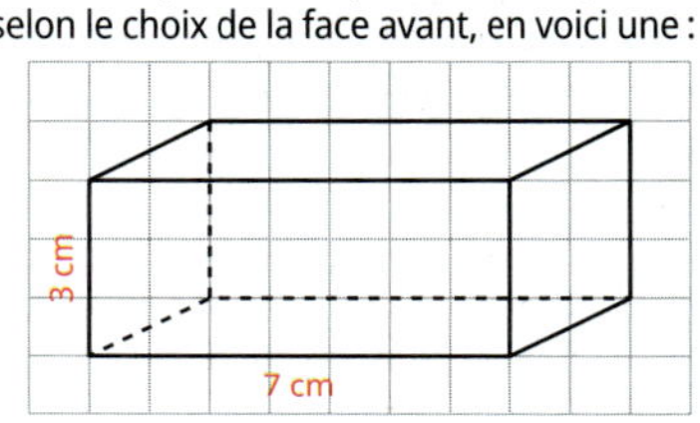

Je m'exerce 2, p. 299

1. Voici un patron possible :

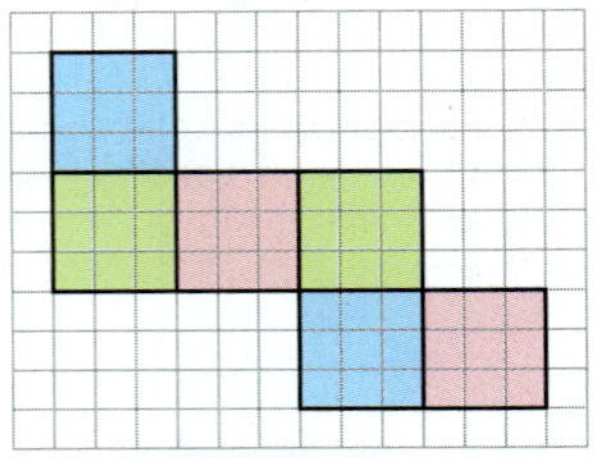

2. Voici un patron possible :

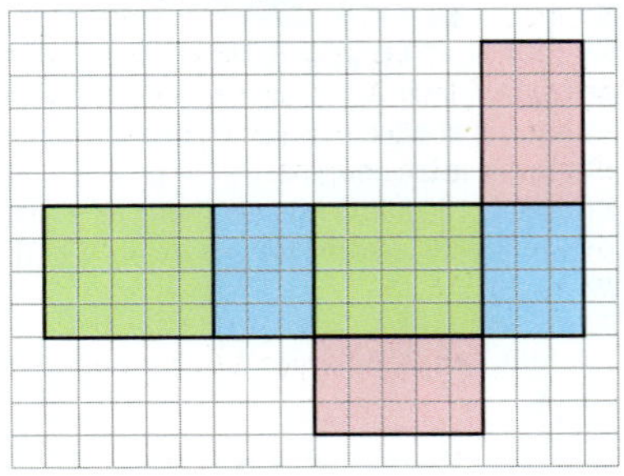

Je m'exerce 3, p. 299

Vue de droite	Vue de gauche	Vue de dessous	Vue de face

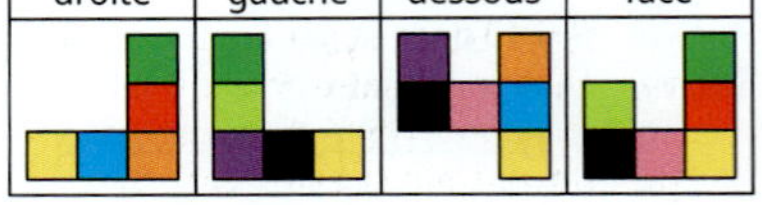

Je prépare mon évaluation

53 c **54** b **55** b

56 1. Un pavé droit et une pyramide à base rectangulaire.

2. Le pavé droit possède 6 faces, 12 arêtes et 8 sommets. La pyramide possède 5 faces, 8 arêtes et 5 sommets.

3. En additionnant les faces des deux solides, on obtient 11 alors que l'assemblage possède 9 faces. Cette différence s'explique par la face en commun entre le pavé et la pyramide, qui est à l'intérieur de l'assemblage, et qu'il ne faut donc pas compter.

4.

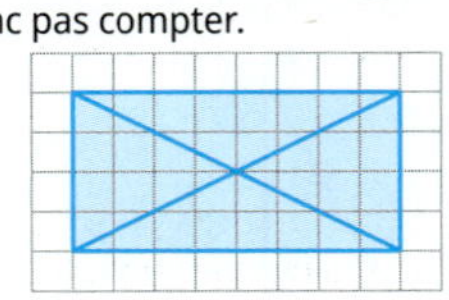

57 1.

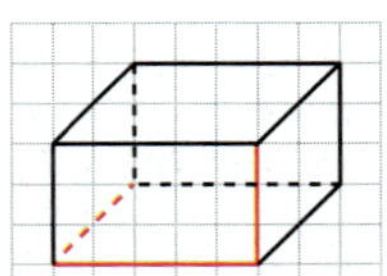

2. Voici un patron possible :

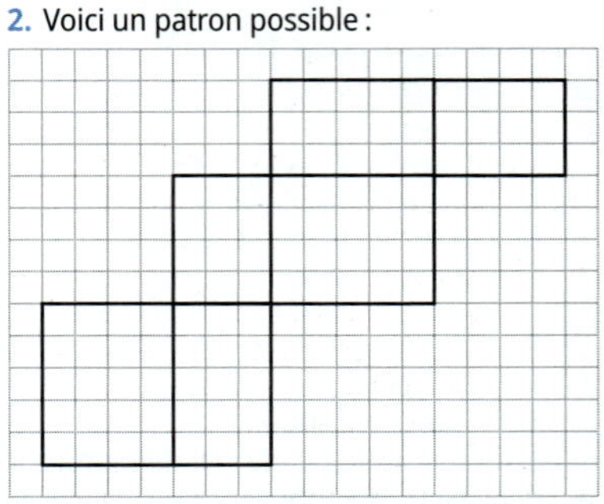

58 $V_{\text{Solide 1}} = 4 \times 2 \times 3 = 24\ \text{cm}^3$; $V_{\text{Solide 2}} = 3 \times 3 \times 3 = 27\ \text{cm}^3$; $V_{\text{Solide 3}} = 4 + 22 = 26\ \text{cm}^3$.

C'est le solide 2 qui a le plus grand volume.

Lexique

Les mots orange sont les mots de consigne que tu croiseras le plus souvent dans les exercices de ce manuel.

A

Abscisse, p. 11 : Nombre associé à la position d'un point sur une demi-droite d'origine O qui est graduée.
Aire, p. 187 : Mesure de la surface d'une figure, exprimée le plus souvent en cm^2, m^2, ...
Angle, p. 230 : Secteur formé par deux demi-droites de même origine.
Arbre, p. 165 : Représentation visuelle qui permet de dénombrer toutes les possibilités d'une expérience.
Axe de symétrie, p. 274 : Droite qui partage une figure en deux parties superposables par pliage.

B

Bissectrice, p. 231 : Droite qui partage un angle en deux angles de même mesure.

C

Carré : Quadrilatère ayant quatre côtés de même longueur et quatre angles droits.
Centimètre (cm) : Unité de mesure de longueur. 1 cm = 10 mm et 1 cm = 0,01 m.
Cercle, p. 209 : Ensemble des points situés à la même distance d'un point appelé centre.
Cercle circonscrit, p. 253 : Cercle qui passe par tous les sommets d'un polygone.
Comparer des nombres : Déterminer si un nombre est plus grand, plus petit ou égal à un autre.
Conjecturer : Émettre une idée ou une proposition qui semble vraie mais qui n'a pas été encore prouvée.
Côté : Segment délimitant un polygone.
Cube, p. 296 : Pavé droit dont toutes les faces sont des carrés.
Cylindre, p. 296 : Solide composé de deux bases circulaires parallèles, reliées par une surface latérale rectangulaire lorsqu'on le déplie.

D

Déduire/En déduire : Utiliser un résultat précédent pour obtenir une nouvelle réponse.
Degré, p. 230 : Unité de mesure des angles, de symbole °.
Démontrer : Établir la vérité d'une affirmation par un raisonnement mathématique s'appuyant sur des définitions et des propriétés.
Dénominateur, p. 10 : Nombre qui divise ou partie d'une fraction qui indique en combien de parts l'unité est divisée.
Distance, p. 208 : Longueur du plus court chemin entre deux points.
Distincts : Éléments qui sont différents les uns des autres.
Distributivité, p. 55 : Moyen de transformer une multiplication en addition ou soustraction et ainsi d'effectuer plus rapidement et simplement un calcul.
Division, p. 11 : Opération qui consiste à répartir une quantité en parts égales ou à déterminer combien de fois une quantité est contenue dans une autre.
Division décimale, p. 77 : Division dont le quotient est un nombre décimal, obtenue en poursuivant la division après la virgule.
Division euclidienne, p. 76 : Division d'un nombre entier, le dividende, par un nombre entier différent de 0, le diviseur, donnant deux autres nombres entiers : un quotient et un reste.

E

Échelle de probabilités, p. 164 : Intervalle de valeurs entre 0 et 1 représentant la probabilité d'un événement.
Échelle graphique, p. 121 : Moyen de représenter le rapport entre des distances réelles et des distances présentes sur une carte ou un plan.
Effectif, p. 150 : Nombre total d'éléments dans un groupe ou une catégorie.
Égalité : Relation indiquant que deux expressions ont la même valeur.
Encadrer : Déterminer deux nombres entre lesquels se situe un nombre donné.
Équidistant, p. 209 : À égale distance de plusieurs points.
Événement, p. 164 : Ensemble d'issues d'une expérience aléatoire.
Expérience aléatoire, p. 164 : Expérience dont le résultat est incertain.

F

Facteur, p. 54 : Nombres que l'on multiplie.
Fraction, p. 10 : Écriture mathématique représentant une partie d'un tout, sous la forme d'un quotient de deux nombres entiers.
Fraction décimale, p. 32 : Fraction dont le dénominateur est 10, 100, 1 000, ...

G

Grandeurs proportionnelles, p. 98 : Deux grandeurs sont proportionnelles si leurs valeurs varient dans le même rapport, c'est-à-dire si l'on passe de l'une à l'autre en multipliant toujours par le même nombre différent de zéro.

I

Indiscernables, p. 167 : Se dit d'objets que l'on ne peut pas distinguer, par exemple en les touchant.
Intercaler : Trouver un nombre qui soit compris entre deux nombres.
Issue, p. 164 : Résultat possible d'une expérience aléatoire.

J

Justifier : Donner les raisons d'une affirmation, d'un choix ou d'une réponse.

L

Longueur : Mesure d'un segment ou d'une distance entre deux points, exprimée en unités de longueur.

M

Médiatrice d'un segment, p. 209 : Droite perpendiculaire au segment et passant par son milieu.
Milieu d'un segment, p. 209 : Point du segment qui le partage en deux segments de même longueur.
Montrer : Expliquer la réponse donnée pour un calcul par des arguments, par la présentation d'une démarche.

N

Nature d'une figure, p. 218 : Particularité d'une figure étudiée, par exemple, « isocèle » quand on parle d'un triangle ayant deux côtés de même longueur.
Numérateur, p. 10 : Nombre qui est divisé ou partie d'une fraction qui indique le nombre de parts de l'unité contenues dans une fraction.

P

Partie décimale, p. 32 : Partie d'un nombre décimal située après la virgule.
Partie entière, p. 32 : Partie d'un nombre décimal située avant la virgule.
Pattern, p. 24 : Suite répétitive ou évolutive de motifs ou de nombres.
Pavé droit, p. 296 : Solide ayant six faces rectangulaires.
Périmètre, p. 186 : Longueur du contour d'une figure plane.
Polygone : Figure plane fermée constituée de segments de droite.
Prisme droit, p. 296 : Solide composé de deux bases parallèles et identiques, reliées par des faces latérales rectangulaires.
Probabilité, p. 165 : Nombre compris entre 0 et 1 mesurant la chance qu'un événement se réalise.
Produit, p. 54 : Résultat d'une multiplication.
Proportion, p. 120 : Relation entre deux grandeurs. On l'écrit sous la forme d'une fraction ou d'un nombre décimal.

Q

Quotient, p. 76, 77 : Résultat d'une division.

R

Ranger : Organiser des nombres, des objets ou des figures selon un ordre défini (longueur, aire, volume, ...), par exemple, du plus petit au plus grand.
Rapporteur, p. 232 : Instrument de mesure permettant de mesurer et de tracer des angles, le plus souvent gradué en degrés (°).
Rayon, p. 208 : Distance entre le centre d'un cercle et n'importe quel point du cercle.
Rectangle : Quadrilatère ayant quatre angles droits et dont les côtés opposés sont de même longueur.
Reste, p. 76 : Ce qui subsiste après une division euclidienne.

S

Schéma en barres, p. 8 : Représentation d'un problème par une double barre, celle du haut représentant le tout et celle du bas, les parties.
Segment : Partie d'une droite délimitée par deux points distincts.
Simplifier une fraction : Transformer une fraction en une fraction égale dont le numérateur et le dénominateur sont les plus petits possibles.
Sommet : Point d'intersection de deux côtés d'un polygone.
Symétrie axiale, p. 274 : Transformation qui associe à chaque point d'une figure son symétrique par rapport à une droite donnée.

T

Triangle, p. 252 : Polygone à trois côtés.
Triangle équilatéral, p. 253 : Triangle dont les trois côtés sont de même longueur et dont les trois angles sont égaux.
Triangle isocèle, p. 253 : Triangle ayant au moins deux côtés de même longueur.
Triangle rectangle, p. 253 : Triangle qui possède un angle droit.

V

Volume, p. 297 : Mesure de l'espace occupé par un solide, exprimée le plus souvent en cm^3, m^3, ...

Scratch

Scratch est un *logiciel de programmation visuelle* qui permet de créer facilement des histoires interactives, des jeux et des animations. Il utilise des blocs de code colorés que l'on assemble comme des pièces de puzzle pour donner des instructions à des personnages, appelés *sprites*.

LibreOffice Calc

LibreOffice Calc est un *tableur*, c'est-à-dire un logiciel qui permet d'organiser et de calculer des données sous forme de tableaux. On l'utilise pour créer des graphiques et faire des calculs automatiques.

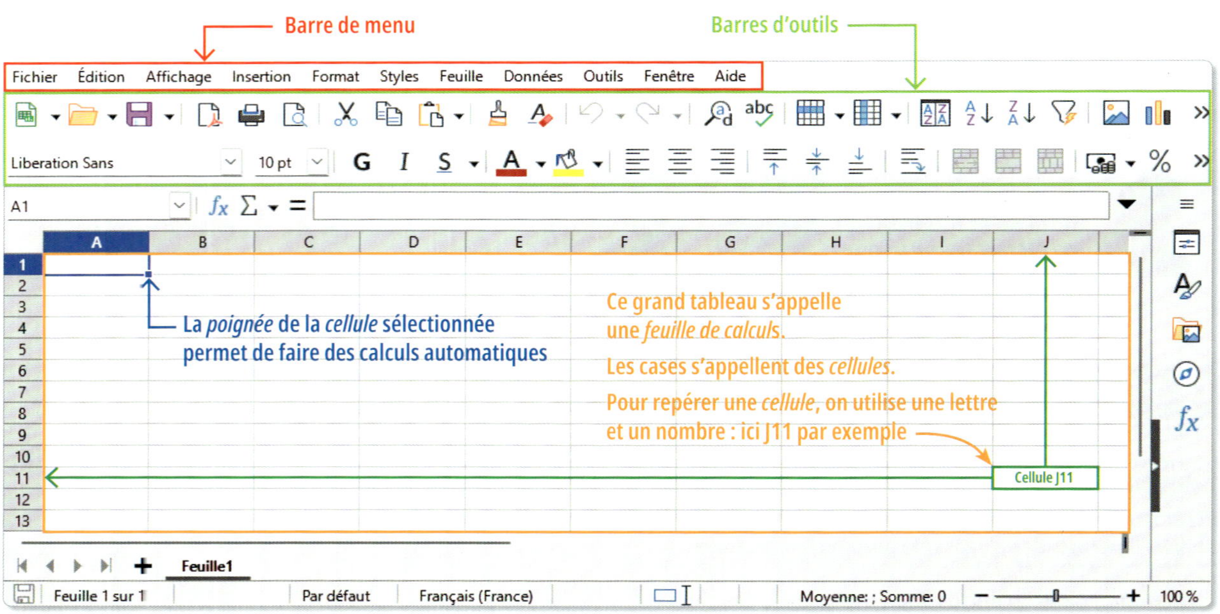

En général on travaille sur la feuille de calculs mais parfois, on peut avoir besoin d'utiliser les barres d'outils ou de menu !

Il existe plusieurs tableurs offrant les mêmes fonctionnalités principales. Bien que les captures d'écran de ce manuel soient réalisées avec LibreOffice Calc, les étapes sont généralement identiques ou très similaires sur d'autres tableurs.